KB090876

산업위생관리 기술사

서영민, 양홍석, 임대성 지음

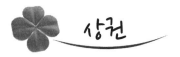

상권

BM (주)도서출판 **성안당**

머리말

본서는 한국산업인력공단 산업위생관리기술사 출제기준 및 산업위생에 관한 시사성 문제를 포함하여 구성하였으며, 산업위생관리기술사 시험을 준비하는 수험생 여러분들이 효율적으로 학습할 수 있도록 최근 출제경향을 기본으로 필수 내용만 정성껏 담았습니다.

> **본 교재의 특징**
>
> 1. 최근 출제경향의 특성 분석에 의한 이론 및 문제풀이 수록
> 2. 산업위생 관련 기본적 이론 및 사회적 이슈 문제에 관한 내용 수록
> 3. 각 이론마다 해당되는 기출문제 및 필수예상문제를 구성
> 4. 최근 출제되었던 기출문제를 포함하여 수록

차후 실시되는 산업위생관리기술사 문제를 반영할 예정이며, 미흡하고 부족한 점을 계속 수정 · 보완해 나가도록 하겠습니다.

끝으로 이 책을 출간하기까지 끊임없는 성원과 배려를 해주신 성안당 이종춘 회장님, 편집부 최옥현 전무님, 아들 서지운에게 깊은 감사를 전합니다.

저자 서영민

시험안내

1 기본정보

(1) 자격명 : 산업위생관리기술사
(2) 영문명 : Professional Engineer Industrial Hygiene Management
(3) 관련부처 : 고용노동부
(4) 시행기관 : 한국산업인력공단

2 개요

산업장에서 쾌적한 작업환경의 조성과 근로자의 건강보호 및 증진을 위하여 작업과정이나 작업장에서 발생되는 화학적, 물리적, 인체공학적 혹은 생물학적 유해요인을 측정·평가하여 관리, 감소 및 제거할 수 있는 고도의 전문인력 양성이 시급하게 되었다.

3 수행직무

산업위생 분야에 관한 고도의 전문지식과 실무경험에 입각한 계획, 연구, 설계, 분석, 시험, 운영, 시공, 평가 또는 이에 관한 지도, 감리 등의 기술업무를 수행한다.

4 진로 및 전망

(1) 환경 및 보건관련 공무원, 각 산업체의 보건관리자, 작업환경 측정업체, 연구소, 학계 등으로 진출할 수 있다.

(2) 종래 직업병 발생 등 사회문제가 야기된 후에야 수습대책을 모색하는 사후관리 차원에서 벗어나 사전의 근본적 관리제도를 도입, 산업안전보건사항에 대한 국제적 규제 움직임에 대응하기 위해 안전인증제도의 정착, 질병발생의 원인을 찾아내기 위하여 역학조사를 실시할 수 있는 근거(「산업안전보건법」 제6차 개정)를 신설, 산업인구의 중·고령화와 과중한 업무 및 스트레스 증가 등 작업조건의 변화에 의하여 신체부담작업 관련 뇌·심혈관계 질환 등 작업관련성 질병이 점차 증가, 물론 유기용제 등 유해 화학물질 사용 증가에 따른 신종직업병 발생에 대한 예방대책이 필요하는 등, 증가 요인으로 인하여 산업위생관리기술사 자격취득자의 고용은 증가할 예정이나 사업주에 대한 안전·보건관련 행정규제를 폐지하거나 완화를 인하여 공공부문보다 민간부문에서 인력수요가 증가할 것이다.

5 시험정보

(1) 시험수수료 : 필기(67,800원)/실기(87,100원)
(2) 취득방법
    ① 시행처 : 한국산업인력공단
    ② 관련학과 : 대학 및 전문대학의 보건관리학, 보건위생학 관련학과
    ③ 시험과목 : 산업위생학, 산업환기, 작업환경측정 및 평가방법, 작업환경 관리에
       관한 사항
    ④ 검정방법
       – 필기 : 단답형 및 주관식 논술형(매교시당 100분 총 400분)
       – 면접 : 구술형 면접시험(30분 정도)
    ⑤ 합격기준 : 100점 만점에 60점 이상

6 검정현황

연 도	필 기			실 기		
	응시(명)	합격(명)	합격률(%)	응시(명)	합격(명)	합격률(%)
2023	155	19	12.3	49	9	18.4
2022	168	22	13.1	49	9	18.4
2021	188	19	10.1	40	13	32.5
2020	135	12	8.9	47	17	36.2
2019	163	13	8	46	10	21.7
2018	159	40	25.2	59	24	40.7
2017	154	6	3.9	26	12	46.2
2016	132	16	12.1	23	8	34.8
2015	121	10	8.3	17	7	41.2
2014	139	18	12.9	27	15	55.6
2013	143	6	4.2	21	12	57.1

★ 좀더 자세한 내용에 대해서는 Q-Net 홈페이지(www.q-net.or.kr)를 참고해 주시기 바랍니다. ★

출제기준

■ 필기시험

직무 분야	안전관리	중직무 분야	안전관리	자격 종목	산업위생관리기술사	적용 기간	2023.1.1.~2026.12.31.

• **직무 내용** : 산업현장에서 쾌적한 작업환경의 조성과 근로자의 건강보호 및 증진을 위하여 화학적, 물리적, 인간공학적, 생물학적 유해요인과 작업으로 인한 스트레스에 기인하는 유해요인을 측정·평가하여 관리를 통한 산업위생 분야에 관한 고도의 전문지식과 실무경험에 입각한 계획, 연구, 설계, 분석, 시험, 운영, 시공, 평가 또는 이에 관한 지도, 감리 등의 기술업무 수행

검정 방법	단답형/주관식 논문형	시험 시간	4교시, 400분(1교시당 100분)

시험 과목	주요 항목	세부 항목
산업위생학, 산업환기, 작업환경측정 및 평가방법, 작업환경관리에 관한 사항	1. 산업위생	(1) 산업보건관리 　① 보건관리의 목표 　② 안전보건관리체제 　③ 사업장 건강증진 (2) 산업심리 　① 직무스트레스 원인 및 평가관리 　② 조직과 집단 　③ 직업과 적성 (3) 산업피로 및 작업능률 　① 산업피로의 본질, 종류, 대책 　② 작업생리와 작업조건 등 (4) 산업재해 　① 산업재해관리 　② 재해조사, 재해통계, 예방대책 (5) 산업독성 – 산업위생 유해인자 (6) 직업성 질환 – 직업성 질환 원인과 예방대책
	2. 산업환기	(1) 환기의 기본원리 (2) 전체환기 (3) 국소배기 (4) 국소배기시설의 설계 및 시공 – 산업환기평가 설계 (5) 국소배기시설의 점검 및 유지관리 – 성능측정 및 방법 (6) HVAC 설계원리 및 관리원칙
	3. 작업환경측정 및 평가	(1) 산업보건 노출 및 허용기준 (2) 작업환경측정 (3) 작업환경 시료분석 (4) 평가 및 해석
	4. 작업환경관리	(1) 산업위생 유해인자관리 (2) 인간공학적 작업환경관리 (3) 실내환경 및 사무실 공기질관리 (4) 산업보건 위험성평가

■ **면접시험**

직무 분야	안전관리	중직무 분야	안전관리	자격 종목	산업위생관리기술사	적용 기간	2023.1.1.~2026.12.31.

• **직무 내용** : 산업현장에서 쾌적한 작업환경의 조성과 근로자의 건강보호 및 증진을 위하여 화학적, 물리적, 인간공학적, 생물학적 유해요인과 작업으로 인한 스트레스에 기인하는 유해요인을 측정·평가하여 관리를 통한 산업위생 분야에 관한 고도의 전문지식과 실무경험에 입각한 계획, 연구, 설계, 분석, 시험, 운영, 시공, 평가 또는 이에 관한 지도, 감리 등의 기술업무 수행

검정 방법	단답형/주관식 논문형	시험 시간	15~30분 내외

시험 과목	주요 항목	세부 항목
산업위생학, 산업환기, 작업환경측정 및 평가방법, 작업환경관리에 관한 전문지식 및 기술	1. 산업위생	(1) 산업보건관리 ① 보건관리의 목표 ② 안전보건관리체제 ③ 사업장 건강증진 (2) 산업심리 ① 직무스트레스 원인 및 평가관리 ② 조직과 집단 ③ 직업과 적성 (3) 산업피로 및 작업능률 ① 산업피로의 본질, 종류, 대책 ② 작업생리와 작업조건 등 (4) 산업재해 ① 산업재해관리 ② 재해조사, 재해통계, 예방대책 (5) 산업독성 – 산업위생 유해인자 (6) 직업성 질환 – 직업성 질환 원인과 예방대책
	2. 산업환기	(1) 환기의 기본원리 (2) 전체환기 (3) 국소배기 (4) 국소배기시설의 설계 및 시공 – 산업환기평가 설계 (5) 국소배기시설의 점검 및 유지관리 – 성능측정 및 방법 (6) HVAC 설계원리 및 관리원칙
	3. 작업환경측정 및 평가	(1) 산업보건 노출 및 허용기준 (2) 작업환경측정 (3) 작업환경 시료분석 (4) 평가 및 해석
	4. 작업환경관리	(1) 산업위생 유해인자 관리 (2) 인간공학적 작업환경관리 (3) 실내환경 및 사무실 공기질관리 (4) 산업보건 위험성평가
품위 및 자질	5. 기술사로서의 품위 및 자질	(1) 기술사가 갖추어야 할 주된 자질, 사명감, 인성 (2) 기술사 자기개발 과제

기출문제 출제경향분석

구 분		출제회차						출제빈도
부 문	핵심 키워드	119~110	109~100	99~90	89~80	79~70	69~63	
Part I. 산업 위생학	노출기준(ACGIH)	2		2	1			★
	감시기준(AL)			1			1	
	허용농도 상한치(EL)		1	1	1	1		★
	산업위생 전문분야종사자 윤리강령	1	1				1	
	작업강도, 노동생리	1		1				
	피로현상(전신·국소) 및 예방	2	2	1	2	1		★
	노동생리(혐기성·호기성대사)	1		1	1			
	휴식시간비에 의한 계산			1	1		1	
	GHS		1					
	허용농도설정 이론적 배경	1			2	1	2	★
	TWA·STEL·C	3				1		
	실내공기(빌딩증후군)			1				
	실내오염물질 단위			1				
	중량물 취급기준(AL·MPL·RWL)	1		1	2	1	1	★
	인체특성 및 인체측정치수		1	3				★
	인체측정자료			2	1			
	작업분석 평가방법(평가도구)			1	1			
	예방관리프로그램		2					
	근골격계부담 작업의 범위	1		1	1	1	1	★
	산업재해통계	1	1	2	1			★
	하인리히재해 관련법칙			1	1			
	산업재해정도(ILO)			1				
	사고예방대책				1			
	매슬로우 관련 이론				1			
	직업병		1					
	농도단위	1						
	해파필터		1					
	MPL·RWL·LI 계산			1		1		
	테크노불안증				2		1	
	누적외상성 장애(질환)		1			1	2	★
	사무실 공기오염원 및 관리방법			1			1	
	사무실 공기오염물질				1			
	근골격계 질환 발생요인·위험요인				1	2		

구 분		출제회차						출제빈도
부 문	핵심 키워드	119~110	109~100	99~90	89~80	79~70	69~63	
Part I. 산업 위생학	들기작업지침, 위험요소	1		1	1			
	산업위생통계		3		1	1		★
	SHD(안전흡수량)	1				1	1	
	기체법칙		1					
	방독마스크(흡수제)		1	2		2		★
	귀마개(청력보호구)		1			1		
	보호구 구비조건				1			
	개인보호구 관리		1					
	밀착도 검사(호흡용보호구)	1	2			1		
	방진마스크	1			1			
	교대작업				1			
	직무스트레스(요인)		2	1				
	허용농도 보정					1	1	
	야간작업 검진대상		1					
	폐기능 검사		1					
	Bake-out	1						
	인간공학 개념			1			1	
	인간공학(발병3단계)			1				
	인간공학(유해요인조사)			1				
	인간공학(건강증진운동)					1		
	인간공학(수공구 사용원칙)			1				
	기관장애(Hatch)			1			1	
	산업피로(스트레인 척도)			1				
	직업병발생경보(제4군감염병)		1					
	산업재해(4M), 악성사망사고	1		1				
	직업성 만성 폐쇄성 폐질환	1						
	PEL, skin	1					1	
	유해물질(물리적 성상분류)						1	
	허용농도 보정(비정상작업)						2	
	중량물취급 작업기준-영향·요인						1	
	노출기준 사용상 유의사항						1	
	산업보건 관리기능(ILO/WHO)						1	
	실내공기질(중요성)					1		
	유해물질 체내 침입경로					1		

기출문제 출제경향분석

구 분		출제회차						출제빈도
부 문	핵심 키워드	119~110	109~100	99~90	89~80	79~70	69~63	
	원자흡광광도법	1		1	1			
	가스크로마토그래피, HPLC	3	2					★
	유도결합플라즈마	1	1				1	
	가스크로마토그래피-질량분석기		1					
	오차(계통적 · 분석)			1	1			
	검량선 작성, 표준용액제조	1	1					
	시료채취방법(순간)	1		1	1	2	2	★
	시료채취시간(점검 · 확인사항)		1		1	2		★
	유해인자 채취방법(가스)		1			1	1	
	입자상물질 채취방법	1		2		1	1	★
	표준기구(1,2차)			1		1	1	
	고체 포집법(고체 흡착관)	1	2	2	1	1		★
	액체 포집법(흡수액)	1		1			1	
	여과 포집법 및 여과지		1	2		1	2	★
Part Ⅱ.	여과 채취원리(입자상물질)			2	1	2		★
작업	수동식 채취(결핍현상)		1	2	1	2		★
환경	직경분립 충돌기	2	2	1		1		★
측정	카타온도계				1			
평가	개인시료, 지역시료	1	1	1	1			
	공시료, 용매선택	2	1					
	작업환경 측정목적 및 측정물질	1		1				
	예비측정 계획서		1	1				
	HEG(동일노출그룹)	1		1		1	1	
	정량한계 · 검출한계	1	1		2	1		★
	농도계산		1		1	2	3	★
	호흡성 먼지 측정(cyclone)		1			2		
	측정 · 분석 및 용어	4	5	1	2			★
	회수율/탈착효율 시료제조방법	1		2	1	1		★
	시료채취시 고려사항	1						
	회화용액 · 분석과정		1	2				
	정밀도 · 정확도			1				
	검출기	1			1			
	램버트-비어 법칙					1		

구분		출제회차						출제빈도
부 문	핵심 키워드	119~110	109~100	99~90	89~80	79~70	69~63	
Part Ⅱ. 작업 환경 측정 평가	작업장 유해물질 농도측정 및 평가 4단계					1		
	측정오차(시료채취·분석과정)					1		
	가스크로마토그래피(검출기, 내부표준물질)	1				1		
	원자흡광광도법(정량법)					1		
	물리적 직경			1				
	Fume			1				
	IPM·TPM·RPM			1	1	1	1	★
	가스·증기		1					
	분배계수				1			
	분석능력(영향요인)			1				
	증기위험성지수(VHI)			2				
	WBGT, 고열측정	1		1			1	
	사이클론의 채취원리	1				1		
	여과지 선택시 고려사항	1					1	
	공기채취량 결정시 고려사항	2					1	
	유해화합물 분석과정시 오차	1						
	채취 최소시간, LOD·LOQ	1					2	
	회수율 실험(검증기능부문)						1	
	석면섬유 측정방법	1					2	
	톨루엔 분석 및 분석과정						1	
	Pilot Tube(속도)						1	
	입자상물질(호흡성 침착기전)						2	
	회수율, 표준물 첨가법	1					1	
	공기채취량(계산)						1	
	시료채취목적(미국산업위생학회), 매체						1	
	포집시료 취급·관리 원칙						1	
	농도환산(mg/m³, ppm), 농도계산	1					1	
	ACGIH, OSHA, NIOSH(fulll name)						1	
	변이계수(CV)						1	
	물리적 입경						1	
	G·C 검량선 계산						1	
	먼지측정(중량법, 직독식)						1	
	불꽃원자흡광 분석기						1	

기출문제 출제경향분석

구 분		출제회차						출제빈도
부 문	핵심 키워드	119~110	109~100	99~90	89~80	79~70	69~63	
Part Ⅱ. **작업** **환경** **측정** **평가**	실리카겔 장·단점					1		
	고체흡착제(시료채취영향인자)	1				2		
	고체흡착(파과)					1		
	입자상물질 측정방법(고시상5가지)					1		
	기하평균·기하표준편차	1				1		
	총누적오차					1		
Part Ⅲ. **석면**	석면 종류		1			1		
	분석방법(고형시료)		1		1			
	석면조사(보고서), 농도기준	1		2				
	대체섬유				2			
	측정방법(공기중)		1	1	1			
	감리인		1					
	정도관리			1				
	계수방법, 농도계산	2		1				
	위상차 현미경 분석		2					
	NIOSH 분석방법			1				
	시료채취			1				
	작업수칙			2				
	작업조치내용			1				
Part Ⅳ. **산업** **환기**	**전체환기량 이론 및 계산**	1	1	2	2	3	3	★
	폭발·화재방지 환기량				1	2	1	★
	발열관련 필요환기량			1				
	열상승기류 필요환기량		1					
	레이놀드 수					1		
	연속방정식 가정조건		1					
	압력(정압 변화 및 측정)	2	1		1			
	전체환기 적용조건, 안전계수	1			2	1		★
	자연환기				1			
	후드압력손실 계산(후두정압)	1					1	
	배기구 설치조건(15-3-15)	1	1	1	1	1		★
	K(안전계수) 결정인자		1					
	전체환기(강제환기X)설치(설계)기본원칙		1	1		2		★
	국소배기 설계순서	1	1	2	1		1	★

구 분		출제회차						출제빈도
부 문	핵심 키워드	119~110	109~100	99~90	89~80	79~70	69~63	
Part Ⅳ. 산업 환기	ACH(공기조화시스템)			2	1	2		★
	제어속도(ACGIH, 고용노동부)	2	2	3	1	2		★
	후드 개구면 속도(균일방법)			3		1	1	★
	후드 재료 및 종류, 유량계산	1		1		1		
	충만실(Plenum)	1	1				1	
	제어속도 측정, 유량계산, null point	2		2	1			★
	후드정압(SPh), 음압특징	1				2	1	
	베나수축(유입손실, 유입계수)		2				1	
	후드 플랜지 효과	1		1	1	1		★
	후드 선택시 고려사항, 후드유동특성	1		1		1		
	후드불량 원인·대책	1	1			1		
	Push-Pull Hood	1		1				
	Slot Hood	1		1				
	챔버형 Hood				1			
	캐노피형 Hood, 레시버식 Hood	1	1					
	후드설계 오류 및 송풍량 감소방법	1	1					
	덕트 설치시 고려사항	1	2					
	반송속도			2				
	덕트재질, 덕트계산	2						
	총압력손실 계산방법	1	1	1		1		
	직관·확대관·축소관 압력손실	1	1			1	3	★
	송풍기 상사법칙(계산·이론)	2			2		3	★
	송풍기 풍량조절방법		1	1			1	
	I·D Fan 문제점		1					
	송풍기 서징현상		1					
	원심력 송풍기	1		1	1			
	송풍기 정압	2				2		
	송풍기 특성(성능)곡선, 동작점	1	5	1	2			★
	송풍기 시스템 손실			2				
	Turbo Fan		1			1		
	축류식 송풍기				2	1		
	송풍기 형식 선정시 주의사항		1					
	송풍기 성능 저하 원인		1					
	HVAC	3						

기출문제 출제경향분석

구 분		출제회차						출제빈도
부 문	핵심 키워드	119~110	109~100	99~90	89~80	79~70	69~63	
	송풍기 점검사항, Six In And Three Out	1	1	1				
	공기공급시스템		1	1		2	1	★
	국소배기장치 선정 · 고장 · 검사	2	1	2	1		1	★
	후드 · 덕트 성능검사 및 점검사항		2	1	1			★
	국소배기장치 사용전, 신규설치, 보수시점검사항	1			1			
	송풍기 축수상태, 벨트 검사 및 판정			1		2		
	집진장치 선정시 고려사항		1		1	1	1	★
	집진장치(일반설계 · 선정)			3	1		1	★
	집진효율			1				
	여과집진장치	1	2		1		1	★
	전기집진장치	1		2		1		
	유해가스 처리설비(처리방법)	1	1					
	충진탑 · 분무탑 · 단탑	1	1					
	흡착장치				1		1	
	VOC 제어기술			1	1	1	2	★
Part Ⅳ. 산업 환기	저온응축법					1		
	상부캐노피 후드	1						
	송풍기 선정순서	1						
	송풍기모터 검사 · 판정	1						
	국소배기장치(압력손실계산목적)						1	
	정압측정구(설치시주의사항)						1	
	Sirocco Fan, Axial Fan						1	
	송풍기 소음						1	
	국소배기장치 특례						1	
	장방형 덕트(설계)						1	
	원형 덕트(수력직경)						1	
	송풍기(전동기 동력), 설치위치	1					1	
	최소덕트속도가 높아야 하는 이유	1				1		
	국소배기 선정 기준, 안전검사	1				1		
	제어속도 결정인자					1		
	배기시스템의 최적설계	1				1		
	Fan 설치 위치					1		
	충전탑(Flooding 현상)					1		

구 분		출제회차						출제빈도
부 문	핵심 키워드	119~110	109~100	99~90	89~80	79~70	69~63	
	청감보정회로(A · B · C특성)	2	1			2	1	★
	누적소음노출량 측정기(Noise Dosemeter)	1	2			1		★
	소음성 난청(판정 · 인정 · 보상기준)	1	3	2	1		3	★
	소음기			1	1			
	차음효과(NRR) · 노출수준		1	1	1	1		★
	등청감곡선				2	1	1	★
	C5-dip현상				1			
	SPL과 PWL 관계 · 계산(거리감쇠)	2			1		1	★
	소음 · 진동 영향				2			
	청력역치 및 기타용어	1		1	1			
	주파수 특성				1			
	청력검사	1		1				
Part Ⅴ. 소음 · 진동	흡음 및 흡음량 계산			1	1	2	1	★
	보상시 판정기준		1					
	소음 대책			1				
	소음 평가, Leq 계산	1				1		
	공명주파수(진동장해)				1			
	강렬한 소음작업				1			
	소음계, 노출기준	1			1		1	
	소음성 난청(영향요소), 조치사항	2						
	진동에 대한 생체반응						1	
	TWA(소음), Noise Dose(%)	2					1	
	소음허용기준 초과 유무						2	
	흡음평가 방법, 소음계산	1					1	
	주파수 범위 및 분석	1					1	
	실내 잔향 시간						1	
	국소진동 대책					1		
Part Ⅵ. 산업 독성학	산업역학조사 및 계산	1	1	1				
	위험도 계산(RR, OR)	1		1		1		
	생물학적 모니터링	2	2	10	6	3	2	★
	질식제(CO, HCN)		1			2	1	★

기출문제 출제경향분석

구 분		출제회차						출제빈도
부 문	핵심 키워드	119~110	109~100	99~90	89~80	79~70	69~63	
	노출기준(SKIN)	1		1				
	돌연변이(기전)		1					
	호흡기 축적기전				1	1		
	직업성 피부질환	1	1	1	1			★
	독성종류(신장 독성)				2			
	공기중 혼합작용 이론 및 계산		1	2	1		1	★
	양-반응 관계				1			
	용어(NEL, NOEL, NOAEL)	1	1				1	
	독성 결정인자 및 독성평가			1	1	1		
	인체 방어기전		1		1			
	자극제 · 마취제			1	1			
	독성물질(제1상 반응)	1				1		
	금속독성, 만성질환	1		1		1		
	호흡기 감작물질			1				
	노출인년					1		
Part VI. 산업 독성학	**발암성 물질 구분, 암 발생기전**	2		4	1	2		★
	발암성 물질 정보제공기관	2						
	금속열		1				1	
	가습기 살균제	1						
	망간, 크롬(3가, 6가)	1			1			
	생식독성 정보물질 표기(IA)	1						
	일산화탄소 중독	1						
	메탄올 · 에탄올 흡수 차이점	1						
	화학물질 발암단계	1						
	BEI						3	
	벤젠(백혈병 3단계), TWA, STEL	1					1	
	규폐증 · 석면폐증						1	
	납중독						1	
	직업성 천식	1				1	1	
	LD50, LC50					1		
	첩보시험					1		
	진폐증(발생요인), 진폐증 종류	1				1		

| 구 분 | | 출제회차 | | | | | | 출제빈도 |
부 문	핵심 키워드	119~110	109~100	99~90	89~80	79~70	69~63	
	실내 공기질 관리법			1				
	관리 대상 유해물질	1	3	1				★
	신규화학물질 유해·위험성 조사				1	1		
	물질안전보건자료(MSDS)	4	3	2	1		1	★
	잠수작업·잠수기구 점검				1			
	가압·감압시 조치사항		1	1				
	단시간·임시작업 설비특례			1	1	1		
	금지유해물질, 화학물질 분류기준	2	1					
	위험성평가·절차·실시계획서	2	5	1	1	1		★
	청력보존프로그램	1		1		1		
	사무실 공기 관리기준	1	1	2		2		★
	허용기준 대상 유해인자	2		1				
	석면해체·제거 작업시 조치사항	1	1					
	산업위생교육, 안전보건진단	1	2					
Part Ⅶ. 산업 위생 관련 법규	유해·위험방지계획서 및 평가	2	2					
	건강장해예방 보건조치	2	1					
	건강증진활동		1					
	GHS			1				
	사무실 오염 건강장해예방					1		
	직업적 노출기준			1				
	농약 관련 조치사항			1				
	특별관리물질	4	2					★
	호흡기 보호 프로그램	1	1	1				
	직무스트레스 예방조치	1		1	1	1		
	곤충 및 동물 매개 감염병	2		1	1			
	야간작업	1	2					
	혈액 매개감염		1					
	공기 매개감염		1					
	직업병–직업성 질환·작업관련성 질병	1		1	2			
	근골격계 관리예방프로그램	5			1			★
	보건관리자 직무, 보건관리위탁	2		1				
	진동작업			1				
	발암성 물질			1				

기출문제 출제경향분석

구 분		출제회차						출제빈도
부 문	핵심 키워드	119~110	109~100	99~90	89~80	79~70	69~63	
Part Ⅶ. 산업 위생 관련 법규	신뢰성 평가	2		2	1			★
	허용농도대상 유해인자				1			
	업무상 질병 인정기준		1					
	석면안전관리법		1					
	병원체 노출시 주지사항		1					
	건강위해성 평가	1				1		
	용어(Risk/Hazard)			1				
	위험성 평가, 유해성 평가	5	1					★
	중대재해			1				
	근로시간 연장제한 질병자			1				
	금지유해작업(도금)	1						
	산ㆍ알카리 종류		1					
	독성물질종류					1		
	직업병 발생경보				1			
	특수건강진단(시기ㆍ주기ㆍ물질)	4						★
	밀폐공간작업(건강장해)	4						
	건강진단결과(서류보존)	1						
	건강관리수첩발급(업무, 대상물질, 목적)	1						
	건강유해성	1						
	화학물질 노출시간, 유해인자	2						
	근로자 건강관리(구분, 물질)	2					1	
	사업주ㆍ근로자 안전보건 기본수칙						1	
	작업면 조도기준						1	
	화학설비 누출방지 작업수칙						1	
	국소배기설치시 따라야 할 요건						1	
	근로자에 대한 교육시기(MSDS)						1	

부 문	핵심 키워드	119~110	109~100	99~90	89~80	79~70	69~63	출제빈도
	구 분			출제회차				출제빈도
	사무실 공기오염 방지조치(미생물)					1		
	건설업체 산업재해발생률	1						
	근골격계 부담작업	1			1	1		
	교대 작업자		1					
	호흡기 감작물질		1					
	직업성 암의 업무		2					
	잠수작업자				1			
	순음청력검사			1				
	직무스트레인 요인 측정		2					
	자외선 소독기 자외선 노출				1			
	고열작업 환경관리		1					
Part Ⅷ. KOSHA GUIDE CODE	한랭작업 환경관리			1				
	농약 방제작업 근로자				1			
	나노물질 제조ㆍ취급 근로자	1	1					
	비파괴 작업근로자				1			
	실험실 안전보건		1					
	공기매개 경계	1						
	석면해체ㆍ제거작업	1	1	1				
	업무적합성 평가			1				
	VDT 취급근로자 관리		1		1	1	1	★
	뇌ㆍ심혈관질환 예방ㆍ요인ㆍ인정기준	2	2				1	★
	밀폐공간 출입	1						
	사무실 공기관리 지침	3			1			★
	단순작업근로자 작업관리지침						1	
	근로자 폐활량검사 및 판정에 관한 지침	1						

기출문제 출제경향분석

구 분		출제회차						출제빈도
부 문	핵심 키워드	119~110	109~100	99~90	89~80	79~70	69~63	
Part IX. 작업 환경 관리 및 기타	밀폐공간 가스 · 농도, 적정공기	2			1			
	산소결핍 측정 · 증상		2					
	밀폐공간 프로그램	2		1				
	송기마스크(안전확인), 방진마스크	1			1			
	적정공기(관리자직무)		2		1	1		★
	밀폐공간 작업절차, 조치사항	1		1				
	밀폐공간 예방대책			1				
	밀폐공간 출입 전 · 작업 전 확인사항	1	1					
	밀폐공간-위해요인		1		1			
	밀폐공간-질식제	1		1				
	용접작업	1				2	1	★
	고열질환(고열장애)			1	2	1		★
	고열관리대책			1				
	고열-강도구분				1			
	고열측정, 고열 예방조치	1				1		
	온열지수					1	1	
	고열 위해성 평가		1					
	주물작업					1	1	
	전리 · 비전리 방사선(경계), 비이온화 전자기장(EMF)	1		1				
	자외선, 방사선, 방사성 물질	1			1	3		★
	전리방사선(붕괴)		1					
	전리방사선 대책				1			
	화학물질	1			1	1		
	레이저, 극저주파	2						
	조도, 단위(조명)	1		1				
	나노물질		2					

구 분		출제회차						출제빈도
부 문	핵심 키워드	119~110	109~100	99~90	89~80	79~70	69~63	
	수은중독		1					
	라돈(특성, 영향, 측정)	1	1					
	TDI(이소시아 네이트)				2	1	1	★
	스티븐즈 존슨 증후군					1		
	절삭유(냄새원인)					1		
	안전보건 경영시스템				1	1		
	D.M.F		1		2			
	화학물질 누출, 조치, 예방대책		3					
	건설업					1		
	산업장 유해인자			1				
	한랭작업, 예방조치	1	1					
Part Ⅸ. 작업 환경 관리 및 기타	분진청소, 분진작업	2				1		
	고령화 대책				1			
	건강증진전략(뇌·심혈관 질환)					1		
	소방관 작업 보호방안		1					
	감정노동		1					
	고온작업환경(적성배치)						1	
	공기중 산소소비 원인						1	
	방독 마스크						1	
	작업장 채광						1	
	악취(Weber-Fechner)						1	
	무산소호흡 에너지원						1	
	작업환경관리(공학적 대책)					1	1	
	직업적 노출확인(주요특성조사)					1		
	온열환경 작업장(개선방법)					1		
	고압환경(2차적 건강피해)					1		
	산업현장 4대 필수안전수칙	1						

차 례

PART 01 산업위생 개론

PART 02 산업환기

PART 03 작업환경 측정 및 평가

차 례

PART
04 소음·진동

제　　회

국가기술자격검정 기술사 필기시험 답안지(제1교시)

제1교시	종 목 명	

수험자 확인사항 ☑ 체크바랍니다.	1. 문제지 인쇄 상태 및 수험자 응시 종목 일치 여부를 확인하였습니다. 확인 ☐ 2. 답안지 인적 사항 기재란 외에 수험번호 및 성명 등 특정인임을 암시하는 표시가 　 없음을 확인하였습니다. 확인 ☐ 3. 지워지는 펜, 연필류, 유색 필기구 등을 사용하지 않았습니다. 확인 ☐ 4. 답안지 작성 시 유의사항을 읽고 확인하였습니다. 확인 ☐

답안지 작성시 유의사항

1. 답안지는 표지 및 연습지를 제외하고 총 7매(14면)이며, 교부받는 즉시 매수, 페이지 순서 등 정상여부를 반드시 확인하고 1매라도 분리되거나 훼손하여서는 안됩니다.

2. 시험문제지가 본인의 응시종목과 일치하는지 확인하고, 시행 회, 종목명, 수험번호, 성명을 정확하게 기재하여야 합니다.

3. 수험자 인적사항 및 답안작성(계산식 포함)은 **지워지지 않는 검은색 필기구만을 계속 사용**하여야 합니다.

4. 답안 정정시에는 **두줄(=)을 긋고 다시 기재 가능**하며 **수정테이프 사용 또한 가능**합니다.

5. 답안작성 시 자(직선자, 곡선자, 템플릿 등)를 사용할 수 있습니다.

6. 문제의 순서에 관계없이 답안을 작성하여도 되나 주어진 **문제번호와 문제를 기재**한 후 답안을 작성하고 전문용어는 원어로 기재하여도 무방합니다.

7. 요구한 문제수 보다 많은 문제를 답하는 경우 기재 순으로 요구한 문제수까지 채점하고 나머지 문제는 채점대상에서 제외됩니다.

8. 답안작성 시 답안지 양면의 페이지 순으로 작성하시기 바랍니다.

9. 기 작성한 문항 전체를 삭제하고자 할 경우 반드시 해당 문항의 답안 전체에 대하여 명확하게 X표시 (X표시한 답안은 채점대상에서 제외) 하시기 바랍니다.

10. 수험자는 시험시간이 종료되면 즉시 답안작성을 멈춰야 하며, 종료시간 이후 계속 답안을 작성하거나 감독위원의 **답안지 제출지시에 불응할 때에는 당회 시험을 무효 처리**합니다.

11. 각 문제의 답안작성이 끝나면 바로 옆에 **"끝"**이라고 쓰고, 최종 답안작성이 끝나면 줄을 바꾸어 중앙에 **"이하여백"**이라고 써야합니다.

12. **다음 각호에 1개라도 해당되는 경우 답안지 전체 혹은 해당 문항이 0점 처리됩니다.**

〈답안지 전체〉
　1) 인적사항 기재란 이외의 곳에 성명 또는 수험번호를 기재한 경우
　2) 답안지(연습지 포함)에 답안과 관련 없는 특수한 표시를 하거나 특정인임을 암시하는 경우
〈해당 문항〉
　1) 지워지는 펜, 연필류, 유색 필기류, 2가지 이상 색 혼합사용 등으로 작성한 경우

※ 부정행위처리규정은 뒷면 참조

HRDK 한국산업인력공단
Human Resources Development Service of Korea

부정행위 처리규정

국가기술자격법 제10조 제6항, 같은 법 시행규칙 제15조에 따라 국가기술자격검정에서 부정행위를 한 응시자에 대하여는 당해 검정을 정지 또는 무효로 하고 3년간 이법에 따른 검정에 응시할 수 있는 자격이 정지됩니다.

1. 시험 중 다른 수험자와 시험과 관련된 대화를 하는 행위
2. 답안지를 교환하는 행위
3. 시험 중에 다른 수험자의 답안지 또는 문제지를 엿보고, 자신의 답안지를 작성하는 행위
4. 다른 수험자를 위하여 답안을 알려주거나 엿보게 하는 행위
5. 시험 중 시험문제 내용과 관련된 물건을 휴대하여 사용하거나 이를 주고 받는 행위
6. 시험장 내외의 자로부터 도움을 받고 답안지를 작성하는 행위
7. 미리 시험문제를 알고 시험을 치른 행위
8. 다른 수험자와 성명 또는 수험번호를 바꾸어 제출하는 행위
9. 대리시험을 치르거나 치르게 하는 행위
10. 수험자가 시험시간에 통신기기 및 전자기기[휴대용 전화기, 휴대용 개인정보 단말기(PDA), 휴대용 멀티미디어 재생장치(PMP), 휴대용 컴퓨터, 휴대용 카세트, 디지털 카메라, 음성파일 변환기(MP3), 휴대용 게임기, 전자사전, 카메라 부착 펜, 시각표시 외의 기능이 부착된 시계]를 사용하여 답안지를 작성하거나 다른 수험자를 위하여 답안을 송신하는 행위
11. 그 밖에 부정 또는 불공정한 방법으로 시험을 치르는 행위

[연 습 지]

[연 습 지]

번호			

PART

1

산업위생
개론

SECTION 1 산업위생의 개념

01 산업위생의 정의 ●출제율 20%

(1) 일반적 정의

　산업위생은 근로자의 건강과 쾌적한 작업환경을 위해 공학적으로 연구하는 학문을 말하며, 산업위생의 가장 기본적인 과제는 작업능력의 신장 및 저하에 따른 작업조건의 연구이다.

(2) 미국산업위생학회(AIHA ; American Industrial Hygiene Association, 1994) 정의

　근로자나 일반 대중(지역주민)에게 질병, 건강장애와 안녕방해, 심각한 불쾌감 및 능률 저하 등을 초래하는 작업환경 요인과 스트레스를 예측, 측정, 평가하고 관리하는 과학과 기술이다(예측, 인지(확인), 측정, 평가, 관리 의미와 동일함).

02 산업위생 관리의 목적 ●출제율 20%

(1) 작업환경과 근로조건의 개선 및 직업병의 근원적 예방

(2) 작업환경 및 작업조건의 인간공학적 개선(최적의 작업환경 및 작업조건으로 개선하여 질병을 예방)

(3) 작업자의 건강보호 및 생산성 향상(근로자의 건강을 유지·증진시키고 작업능률을 향상)

(4) 근로자들의 육체적, 정신적, 사회적 건강을 유지 및 증진

(5) 산업재해의 예방 및 직업성 질환 유소견자의 작업전환

03 산업위생의 역사

(1) Hippocrates(B.C. 4세기)

① 광산에서의 납중독 보고(역사상 최초로 기록된 직업병 : 납중독)
② 직업과 질병의 상관관계의 예를 제시

(2) Philippus Paracelsus(1493~1541년)

① 폐질환 원인물질은 수은, 황, 염이라고 주장
② 모든 화학물질은 독물이며, 독물이 아닌 화학물질은 없다. 따라서 적절한 양을 기준으로 독물 또는 치료약으로 구별된다고 주장, 독성학의 아버지로 불림
③ 모든 물질은 독성을 가지고 있으며, 중독을 유발하는 것은 용량(dose)에 의존한다고 주장

(3) Benardino Ramazzini(1633~1714년) ●출제율 20%

① 산업보건의 시조이며, 산업의학의 아버지로 불림(이탈리아 의사)
② 1700년에 저서 "직업인의 질병(De Morbis Artificum Diatriba)"
③ 직업병의 원인을 크게 두 가지로 구분
　㉠ 작업장에서 사용하는 유해물질
　㉡ 근로자들의 불완전한 작업이나 과격한 동작
④ 20세기 이전에 인간공학 분야에 관하여 원인과 대책 언급

(4) Percivall Pott(18세기)

① 영국의 외과의사로 직업성 암을 최초로 보고하였으며, 어린이 굴뚝청소부에게 많이 발생하는 음낭암(scrotal cancer) 발견
② 암의 원인물질은 검댕 속 여러 종류의 다환방향족탄화수소(PAH)
③ 굴뚝청소부법을 제정하도록 함(1788년)

(5) Alice Hamilton(20세기)

① 미국의 여의사이며 미국 최초의 산업위생학자, 산업의학자로 인정받음
② 현대적 의미의 최초 산업위생전문가(최초 산업의학자)

③ 20세기 초 미국의 산업보건 분야에 크게 공헌(1910년 납공장에 대한 조사 시작)

④ 유해물질(납, 수은, 이황화탄소) 노출과 질병의 관계 규명

⑤ 1910년 납공장에 대한 조사를 시작으로 40년간 각종 직업병 발견 및 작업환경 개선에 힘을 기울임

⑥ 미국의 산업재해보상법을 제정하는 데 크게 기여

04 산업위생 윤리강령 ●출제율 40%

(1) 개요

산업위생전문가(industrial hygienist)는 사업장 내에 존재하는 물리적, 화학적, 생물학적, 인간공학적 및 사회·심리적 유해요인의 정성적 유무를 판단할 학문적 배경과 경험은 물론 이를 정량적으로 예측할 수 있는 능력이 있어야 한다. 또한 기업주와 근로자 사이에서 엄격한 중립을 지켜야 한다.

(2) 산업위생 분야 종사자들의 윤리강령(미국산업위생학술원, AAIH) : 윤리적 행위의 기준

① 산업위생전문가로서의 책임

㉠ 성실성과 학문적 실력 면에서 최고 수준을 유지한다(전문적 능력 배양 및 성실한 자세로 행동).

㉡ 과학적 방법의 적용과 자료의 해석에서 경험을 통한 전문가의 객관성을 유지한다(공인된 과학적 방법 적용, 해석).

㉢ 전문 분야로서의 산업위생을 학문적으로 발전시킨다.

㉣ 근로자, 사회 및 전문 직종의 이익을 위해 과학적 지식을 공개하고 발표한다.

㉤ 산업위생활동을 통해 얻은 개인 및 기업체의 기밀은 누설하지 않는다(정보는 비밀 유지).

㉥ 전문적 판단이 타협에 의히여 좌우될 수 있기니 이해관계가 있는 상황에는 개입하지 않는다.

② 근로자에 대한 책임

㉠ 근로자의 건강보호가 산업위생전문가의 일차적 책임임을 인지한다(주된 책임 인지).

ⓛ 근로자와 기타 여러 사람의 건강과 안녕이 산업위생전문가의 판단에 좌우된다는 것을 깨달아야 한다.

ⓒ 위험요인의 측정, 평가 및 관리에 있어서 외부 영향력에 굴하지 않고 중립적(객관적) 태도를 취한다.

ⓔ 건강의 유해요인에 대한 정보(위험요소)와 필요한 예방조치에 대해 근로자와 상담(대화)한다.

③ 기업주와 고객에 대한 책임

ⓐ 결과 및 결론을 뒷받침할 수 있도록 정확한 기록을 유지하고, 산업위생사업을 전문가답게 전문부서들을 운영 관리한다.

ⓛ 기업주와 고객보다는 근로자의 건강보호에 궁극적 책임을 두어 행동한다.

ⓒ 쾌적한 작업환경을 조성하기 위하여 산업위생의 이론을 적용하고 책임감 있게 행동한다.

ⓔ 신뢰를 바탕으로 정직하게 권하고 성실한 자세로 충고하며, 결과와 개선점 및 권고사항을 정확히 보고한다.

④ 일반 대중에 대한 책임

ⓐ 일반 대중에 관한 사항은 학술지에 정직하게 사실 그대로 발표한다.

ⓛ 적정(정확)하고도 확실한 사실(확인된 지식)을 근거로 전문적인 견해를 발표한다.

SECTION 2 허용기준(TLV ; 노출기준)

01 정의

▶ **미국정부산업위생전문가협의회(ACGIH ; American Conference of Government Industrial Hygienists)**

허용기준(TLV ; Threshold Limit Values)은 거의 모든 근로자가 건강상의 장애를 받지 않고 매일 반복하여 노출될 수 있는 공기 중 유해물질의 농도 또는 물리적 인자의 강도이다.

참고 미국정부산업위생전문가협의회 ●출제율 30%

1. ACGIH(American Conference of Government Industrial Hygienists)
2. 1938년에 창립
3. 매년 화학물질과 물리적 인자에 대한 노출기준 및 생물학적 노출지수를 발간하여 노출기준 제정에 있어서 국제적으로 선구적인 역할을 담당하고 있는 기관
4. "산업환기(Industrial Ventilation)"를 2년마다 개정하여 발간
5. 허용기준(TLVs) 제정에 있어서 국제적인 선구적 역할
6. 허용기준(TLVs ; Threshold Limit Values) : 세계적으로 가장 널리 이용(권고사항)
7. 생물학적 노출지수(BEIs ; Biological Exposure Indices)
   ㉠ 근로자가 특정한 유해물질에 노출되었을 때 체액이나 조직 또는 호기 중에 나타나는 반응을 평가함으로써 근로자의 노출 정도를 권고하는 기준
   ㉡ 근로자가 유해물질에 어느 정도 노출되었는지를 파악하는 지표로서, 작업자의 생체 시료에서 내사산물 등을 측성하여 유해물실의 노출량을 추성하는 네 사용

---

02 허용기준의 의미

(1) 개인의 감수성, 질병여부, 건강상태, 습관 등의 차이에 따라 노출기준 이하에서도 건강에 장애를 초래할 수 있다.

(2) 다른 노출조건, 진단이나 분석기술의 발달 등으로 노출기준은 낮아질 수 있다.

(3) 노출기준은 확실하게 안전한 절대값은 아니고 현재까지 과학적인 사실에 의해서 안전하다고 여겨지는 참고치일 뿐이다.

03 ACGIH에서 권고하고 있는 TLV 적용상 주의사항 ●출제율 40%

(1) 대기오염 평가 및 지표(관리)에 사용할 수 없다.

(2) 24시간 노출 또는 정상 작업시간을 초과한 노출에 대한 독성 평가에는 적용할 수 없다.

(3) 기존의 질병이나 신체적 조건을 판단(증명 또는 반증 자료)하기 위한 척도로 사용될 수 없다.

(4) 작업조건이 다른 나라에서 ACGIH-TLV를 그대로 사용할 수 없다.

(5) 안전농도와 위험농도를 정확히 구분하는 경계선이 아니다.

(6) 독성의 강도를 비교할 수 있는 지표는 아니다.

(7) 반드시 산업보건(위생)전문가에 의하여 설명(해석), 적용되어야 한다.

(8) 피부로 흡수되는 양은 고려하지 않은 기준이다.

(9) 산업장의 유해조건을 평가하기 위한 지침이며, 건강장애를 예방하기 위한 지침이다.

04 ACGIH 노출기준 종류 ●출제율 50%

(1) 시간가중평균 허용기준(TLV-TWA ; Time Weighted Average)

① 1일 8시간 또는 1주일 40시간 동안의 노출되는 평균농도

② 시간가중치로서 거의 모든 근로자가 1일 8시간 또는 주 40시간의 작업에 있어서 나쁜 영향을 받지 않고 노출될 수 있는 농도

③ 시간에 중점을 둔 유해물질의 평균농도이며, 이 농도에서는 장시간 작업하여도 건강장애를 일으키지 않는 관리지표로 사용

④ 노출기준이 설정된 모든 물질이 가지고 있는 기준

⑤ 만성적인 노출을 평가하기 위한 기준

⑥ 산출 공식

$$\text{TWA} = \frac{(C_1 \times T_1) + \cdots + (C_n \times T_n)}{8}$$

여기서, C : 유해물질의 측정농도(ppm or mg/m³)
T : 유해물질의 발생시간(hr)

(2) 단시간 허용기준(TLV-STEL ; Short Time Exposure Limit)

① 근로자가 자극, 만성 또는 불가역적 조직장해, 사고유발, 응급대처능력 저하 및 작업능률 저하를 초래할 정도의 마취를 일으키지 않고 단시간(15분) 동안 노출될 수 있는 농도(기준)

② 급성독성 물질이나 독작용을 빠르게 나타내는 유해물질에 대한 단시간(15분)의 노출로 야기될 수 있는 건강상의 장애를 예방하기 위한 기준

③ 작업장의 TWA가 기준치 이하라고 하더라도 15분 동안 노출되어서는 안 되는 시간평균농도

④ TLV-TWA에 대한 보완기준

⑤ 유해작용이 주로 만성이고 고농도에서 급성중독을 일으키는 물질에 적용

⑥ 작업장의 TWA가 기준치 이상이고 STEL 이하라면 1일 4회를 넘어서는 안 되며, 이 범위 농도에서 반복 노출 시에는 1시간 간격이 필요함

(3) 천정값 허용기준(TLV-C ; Ceiling)

① 최고허용기준 의미

② 1일 작업시간 동안 잠시도 초과되어서는 안 되는 기준

③ 허용기준에 초과되어 노출 시 즉각적으로 비가역적인 반응이 나타나는 물질에 적용

④ 허용기준 앞에 'C'를 붙여 표시

⑤ 자극성 가스나 독작용이 빠른 물질 및 TLV-STEL이 설정되지 않은 물질에 적용

⑥ 측정은 실제로 순간 농도측정이 불가능하며, 따라서 약 15분간 측정함

(4) 노출상한치(TLV-Excursion Limits)

① TLV-TWA는 설정되어 있으나 독성자료가 부족하여 단시간 노출기준(TLV-STEL)이 설정되어 있지 않은 물질에 적용한다.

② ACGIH에서의 노출상한선과 노출시간 권고사항

㉠ TLV-TWA의 3배(30분 이하)

㉡ TLV-TWA의 5배(잠시라도 노출금지)

05 기관 및 국가별 허용기준 ●출제율 20%

산업보건 허용기준(Occupational Health Standards)이라는 용어는 국가 또는 제정 기관에 따라 다르며, 우리나라 고시에는 노출기준이라는 용어를 사용한다.

(1) 미국산업안전보건청(OSHA ; Occupational Safety and Health Administration) : 미국산업안전보건부

① 노출기준 : PEL(Permissible Exposure Limits)

② PEL은 미국에서 법적인 구속력을 지닌 유일한 기준이며, 우리나라 고용노동부 성격과 유사함

③ PEL은 TLV보다 수치가 높은 편이며, 설정 시 건강상의 영향과 사업장에 적용할 수 있는 기술 가능성도 고려한 것임

④ PEL 설정 시 고려사항

㉠ 법률 · 행정적

건강상 영향에 대한 문제로 OSHA의 허용기준을 개정하기는 ACGIH의 허용 농도를 개정하는 것에 비해서 훨씬 어려움(현재 OSHA의 허용기준 1988년 이전에 정해진 기준)

ⓛ 기술적

　사업장에서 기술적인 관리가 가능한가(경제적인 측면에서 적용 가능성) 고려

(2) 미국국립산업안전보건연구원(NIOSH ; National Institute for Occupational Safety and Health)

① 노출기준 : REL(Recommended Exposure Limits)
② REL은 기술적인 적용 가능성을 고려하지 않고 오직 건강상의 영향을 예방하는 것을 목적으로 함
③ OSHA가 PEL 설정 시 과학적인 근거자료로 REL을 이용하기도 함
④ 법적인 구속력은 없지만 노출기준을 제정하는 모든 사람에게 사용의 범위, 독성학적인 정보를 제공하는 자료로서 역할을 함

(3) 미국산업위생학회(AIHA ; American Industrial Hygiene Association)

① 노출기준 : WEEL(Workplace Environmental Exposure Limits)
② ACGIH의 TLV 위원회가 설정하지 않은 물질이나 AIHA 회원들이 요청한 물질에 대한 노출기준을 제정
③ 약 80여 개의 물질에 대한 WEEL이 설정

(4) 각 국가의 노출기준

① 영국

　WEL(Workplace Exposure Limits)
② 프랑스

　OEL(Occupational Exposure Limits)
③ 독일(노출기준 미설정 의미의 기준)

　MAK(Maximum Concentration Values)
④ 스웨덴

　OEL(Occupational Exposure Limits)
⑤ 일본

　ⓐ 관리농도(노동안전위생법)

　ⓛ 권고농도(일본산업보건학회)

ⓛ ERPG-2

거의 모든 사람이 1시간 동안 노출되어도 보호조치 불능의 증상을 유발하거나 회복 불가능 또는 심각한 건강상의 영향이 나타나지 않는 공기 중의 최대농도

ⓒ ERPG-3

거의 모든 사람이 1시간 동안 노출되어도 생명의 위험을 느끼지 않는 공기 중의 최대농도

(2) IDLH(Immediately Dangerous to Life and Health)

① 정의

NIOSH가 제안하고 있는 농도 값으로 생명 또는 건강에 즉각적으로 위험을 초래하는 농도를 말한다.

② 의미

30분 동안 폭로 시 나타나는 작용을 기준으로 정하여지며, 30분 이내에 폭로에서 벗어나지 않으면 건강상태를 회복할 수 없는 직접위험농도를 의미한다.

(3) LC_{50}

① 실험동물군을 상대로 기체상태의 독성물질을 호흡시켜 50%가 죽는 농도이다.
② 시험 유기체의 50%를 죽게 하는 독성물질의 농도이다.
③ 동물의 종, 노출지속시간, 노출 후 관찰시간과 밀접한 관계가 있다.

(4) ED_{50}

① 사망을 기준으로 하는 대신에 약물을 투여한 동물의 50%가 일정한 반응을 일으키는 양을 의미한다.
② 시험 유기체의 50%에 대하여 준치사적인 거동감응 및 생리감응을 일으키는 독성물질의 양을 의미한다.
③ ED는 실험동물을 대상으로 얼마가의 양을 투여했을 때 독성을 초래하지 않지만 실험군의 50%가 관찰 가능한 가역적인 반응이 나타나는 작용량, 즉 유효량을 의미한다.

(5) TL_{50}

① 시험 유기체의 50%가 살아남는 독성물질의 양을 의미한다.
② 생존율이 50%인 독성물질의 양으로 허용한계 의미에서 사용한다.

(6) TD$_{50}$

시험 유기체의 50%에서 심각한 독성반응을 나타내는 양, 즉 중독량을 의미이다.

(7) 안전역

화학물질의 투여에 의한 독성범위을 말한다.

$$안전역 = \frac{TD_{50}}{ED_{50}} = \frac{중독량}{유효량} = \frac{LD_1}{ED_{99}}$$

(8) TI(치료지수)

생물학적인 활성을 갖는 약물의 안전성을 평가하는 데 이용하는 치료지수이다.

$$치료지수 = \frac{LD_{50}}{ED_{50}} = \frac{치사량}{유효량}$$

08 노출기준 사용상 유의사항(고용노동부 고시) ●출제율 30%

(1) 각 유해인자의 노출기준은 당해 유해인자가 단독으로 존재하는 경우의 노출기준을 말하며, 2종 또는 그 이상의 유해인자가 혼재하는 경우에는 각 유해인자의 상가작용으로 유해성이 증가할 수 있으므로 노출기준 규정에 의하여 산출하는 노출기준을 사용하여야 한다.

(2) 노출기준은 1일 8시간 작업을 기준으로 하여 제정된 것이므로 이를 이용할 때에는 근로시간, 작업의 강도, 온열조건, 이상기압 등이 노출기준 적용에 영향을 미칠 수 있으므로 이와 같은 제반요인에 대한 특별한 고려를 하여야 한다.

(3) 유해인자에 대한 감수성은 개인에 따라 차이가 있으며 노출기준 이하의 작업환경에서도 직업성 질병에 이환되는 경우가 있으므로 노출기준을 직업병진단에 사용하거나 노출기준 이하의 작업환경이라는 이유만으로 직업성 질병의 이환을 부정하는 근거 또는 반증자료로 사용할 수 없다.

(4) 노출기준은 대기오염의 평가 또는 관리상의 자료로 사용할 수 없다.

> **참고** 화학물질 및 물리적인자의 노출기준
>
> 1. 화학물질이 2종 이상 혼재하는 경우 혼재하는 물질 간에 유해성이 인체의 서로 다른 부위에 작용한다는 증거가 없는 한 유해작용은 가중되므로 노출기준은 다음 식에 의하여 산출하는 노출지수가 1을 초과하지 아니하는 것으로 한다.
>
> $$\frac{C_1}{T_1} + \frac{C_2}{T_2} + \cdots + \frac{C_n}{T_n}$$
>
> 여기서, C : 화학물질 각각의 측정치, T : 화학물질 각각의 노출기준
>
> 2. 1.의 경우와는 달리 혼재하는 물질 간에 유해성이 인체의 서로 다른 부위에 유해작용을 하는 경우에는 유해성이 각각 작용하므로 혼재하는 물질 중 어느 한 가지라도 노출기준을 넘는 경우 노출기준을 초과하는 것으로 한다.

09 노출기준 적용범위

(1) 노출기준은 작업장의 유해인자에 대한 작업환경개선기준과 작업환경측정결과의 평가기준으로 사용할 수 있다.

(2) 고용노동부 고시에 유해인자의 노출기준이 규정되지 아니하였다는 이유로 법, 영, 규칙 및 보건규칙의 적용이 배제되지 아니하며, 이와 같은 유해인자의 노출기준은 미국산업위생전문가협의회(ACGIH)에서 매년 채택하는 노출기준(TLVs)을 준용한다.

> **참고** 우리나라 화학물질의 노출기준 참고사항(표기) ●출제율 20%
>
> 1. SKIN 표시물질은 점막과 눈 그리고 경피로 흡수되어 전신영향을 일으킬 수 있는 물질을 말한다. (피부자극성을 뜻하는 것이 아님)
> 2. 발암성 정보물질의 표기는 "화학물질의 분류 · 표시 및 물질안전보건자료에 관한 기준"에 따라 다음과 같이 표기한다.
>   ▶ 1A : 사람에게 충분한 발암성 증거가 있는 물질
>   ▶ 1B : 실험동물에서 발암성 증거가 충분히 있거나 실험동물과 사람 모두에게 제한된 발암성 증거가 있는 물질
>   ▶ 2 : 사람이나 동물에서 제한 증거가 있지만, 구분 1로 분류하기에는 증거가 충분하지 않은 물질
> 3. 생식세포 변이원성 정보물질의 표기는 "화학물질의 분류 · 표시 및 물질안전보건자료에 관한 기준"에 따라 다음과 같이 표기한다.
>   ▶ 1A : 사람에게서의 역학조사 연구결과 양성의 증거가 있는 물질
>   ▶ 1B : 다음 어느 하나에 해당하는 물질
>   ① 포유류를 이용한 생체 내 유전성 생식세포 변이원성 시험에서 양성
>   ② 포유류를 이용한 생체 내 체세포 변이원성 시험에서 양성이고, 생식세포에 돌연변이를 일으킬 수 있다는 증거가 있음

      ③ 노출된 사람의 정자세포에서 이수체 발생빈도의 증가와 같이 사람의 생식세포 변이원성 시험에서 양성

   ▶ 2 : 다음 어느 하나에 해당되어 생식세포 유전성 돌연변이를 일으킬 가능성이 있는 물질

     ① 포유류를 이용한 생체 내 체세포 변이원성 시험에서 양성

     ② 기타 시험동물을 이용한 생체 내 체세포 유전독성 시험에서 양성이고, 시험관 내 변이원성 시험에서 추가로 입증된 경우

     ③ 포유류 세포를 이용한 변이원성 시험에서 양성이며, 알려진 생식세포 변이원성 물질과 화학적 구조활성관계를 가지는 경우

4. 생식독성 정보물질의 표기는 "화학물질의 분류·표시 및 물질안전보건자료에 관한 기준"에 따라 다음과 같이 표기한다.

   ▶ 1A : 사람에게 성적기능, 생식능력이나 발육에 악영향을 주는 것으로 판단할 정도의 사람에서의 증거가 있는 물질

   ▶ 1B : 사람에게 성적기능, 생식능력이나 발육에 악영향을 주는 것으로 추정할 정도의 동물시험 증거가 있는 물질

   ▶ 2 : 사람에게 성적기능, 생식능력이나 발육에 악영향을 주는 것으로 의심할 정도의 사람 또는 동물시험 증거가 있는 물질

   ▶ 수유독성 : 다음 어느 하나에 해당하는 물질

     ① 흡수, 대사, 분포 및 배설에 대한 연구에서, 해당 물질이 잠재적으로 유독한 수준으로 모유에 존재할 가능성을 보임

     ② 동물에 대한 1세대 또는 2세대 연구결과에서, 모유를 통해 전이되어 자손에게 유해영향을 주거나, 모유의 질에 유해영향을 준다는 명확한 증거가 있음

     ③ 수유기간 동안 아기에게 유해성을 유발한다는 사람에 대한 증거가 있음

5. 화학물질이 IARC(국제 암연구소) 등의 발암성 등급과 NTP(미국 독성 프로그램)의 R등급을 모두 갖는 경우에는 NTP의 R등급은 고려하지 아니한다.

6. 혼합용매추출은 에틸에테르, 톨루엔, 메탄올을 부피비 1 : 1 : 1로 혼합한 용매나 이와 동등 이상의 용매로 추출한 물질을 말한다.

7. 노출기준이 설정되지 않은 물질의 경우 이에 대한 노출이 가능한 한 낮은 수준이 되도록 관리하여야 한다.

10 중요 화학물질의 노출기준 ●출제율 30%

◆ 중요 화학물질의 노출기준

화학물질	노출기준
가성소다(NaOH)	STEL → C2mg/m³
규조토	TWA → 10mg/m³
니켈(가용성 화합물)	TWA → 0.1mg/m³
니켈(불용성 무기화합물)	TWA → 0.2mg/m³
니켈(금속)	TWA → 1mg/m³
벤젠(C₆H₆)	TWA → 0.5ppm STEL → 2.5ppm

화학물질	노출기준
석회석(Lime stone)	TWA → 10mg/m^3
시클로헥사논($C_6H_{11}O$)	TWA → 25ppm STEL → 50ppm
아세톤(CH_3COCH_3)	TWA → 500ppm STEL → 750ppm
용접 흄 및 분진	TWA → 5mg/m^3
이황화탄소(CS_2)	TWA → 1ppm
일산화탄소(CO)	TWA → 30ppm STEL → 200ppm
카드뮴 및 그 화합물(Cd/CdO)	TWA → 0.01mg/m^3
크롬광 가공(크롬산)	TWA → 0.05mg/m^3
크롬(금속)	TWA → 0.5mg/m^3
크롬(6가)화합물(불용성 무기화합물)	TWA → 0.01mg/m^3
크롬(6가)화합물(수용성)	TWA → 0.05mg/m^3
크롬(3가)화합물	TWA → 0.5mg/m^3
클로로포름($CHCl_3$)	TWA → 10ppm
톨루엔($C_6H_5CH_3$)	TWA → 50ppm STEL → 150ppm
트리클로로에틸렌(CCl_2CHCl)	TWA → 10ppm STEL → 25ppm
포름알데히드(HCHO)	TWA → 0.3ppm
노말-헥산[$CH_3(CH_2)_4CH_3$]	TWA → 50ppm
황산(H_2SO_4)	TWA → 0.2mg/m^3 STEL → 0.6mg/m^3
황화수소(H_2S)	TWA → 10ppm STEL → 15ppm
기타 분진(산화규소 결정체 1% 이하)	TWA → 10mg/m^3

참고 라돈의 노출기준

작업장 농도(Bq/m^3)
600

[주] 1. 단위환산(농도) : $600Bq/m^3$=16pCi/L(※ 1pCi/L=$37.46Bq/m^3$)
    2. 단위환산(노출량) : $600Bq/m^3$인 작업장에서 연 2,000시간 근무하고, 방사평형인자(Feq)값을 0.4로 할 경우 9.2mSv/y 또는 0.77WLM/y에 해당(※ $800Bq/m^3$(2,000시간 근무, Feq= 0.4)=1WLM=12mSv)

11 허용농도 설정 이론적 배경 ●출제율 30%

(1) 화학구조의 유사성

① TLV를 설정하는 가장 기초적인 단계이다.

② 기타 자료(동물실험, 인체실험, 산업장 역학조사)가 부족할 때 이용한다.

③ 유사한 화학구조라도 독성의 구조가 다른 경우가 많은 것이 한계점이다.

④ 구조가 유사한 다른 물질, 즉 독성이 알려진 물질과 비교하여 해당 물질의 허용농도를 정한다.

⑤ 화학물질의 물리적인 특성, 즉 지질용해도, 물에 대한 용해도, 증기압, 냄새역치 등을 종합적으로 고려한다.

(2) 동물시험 자료

① 인체실험, 산업장 역학조사 자료가 부족할 때 적용한다.

② 동물실험 자료를 적용하여 노출기준을 정할 때는 안전계수를 충분히 고려해야 한다.

③ 동물실험에서는 급성독성의 경구독성(LD_{50}), 경피독성(LD_{50}), 피부와 눈의 자극, 흡입독성에 대한 자료를 이용하여 이중 흡입독성 자료가 가장 필요하다.

(3) 인체실험 자료

① 인체실험이라 극히 제한적으로 실시한다.

② 제한적 조건

  ㉠ 안전한 물질을 대상으로 함

  ㉡ 자발적 참여자를 대상으로 하여야 하고 참여자들에게 발생 가능한 모든 유해작용을 알려주어야 함

  ㉢ 영구적 신체장해를 일으킬 가능성이 없어야 함

  ㉣ 실험참여자는 서명으로 실험에 참여할 것을 동의해야 함

(4) 역학조사 자료

① 근로자가 대상이다.

② 가장 신뢰성을 가진다. (이유 : 의도하지는 않았지만 실제 근로자들이 유해물질에 노출됨으로써 나타난 건강상 장해이기 때문)

③ 허용농도 설정에 있어서 가장 중요한 자료이다.

④ 주의할 점은 산업장에서 노출량과 반응과의 관계를 정확히 평가하여 양-반응관계를 규명하기 매우 어려워 반드시 산업위생전문가와 산업역학전문가의 참여가 필요하다.

참고 허용기준 이하 유지대상 유해인자(대통령령으로 정하는 유해인자) ●출제율 20%

1. 납 및 그 무기화합물
2. 니켈(불용성 무기화합물로 한정한다)
3. 디메틸포름아미드
4. 벤젠
5. 2-브로모프로판
6. 석면(제조·사용하는 경우만 해당한다)
7. 6가 크롬화합물
8. 이황화탄소
9. 카드뮴 및 그 화합물
10. 톨루엔-2,4-디이소시아네이트
11. 트리클로로에틸렌
12. 포름알데히드
13. 노말헥산

12 노출인년(Person-year of exposure) ●출제율 20%

(1) 개요

① 조사근로자를 1년 동안 관찰할 수치로 환산한 수치이다.
② 조사근로자의 노출을 1년 기준으로 환산한 값이다.
③ 역학조사에서 자주 사용하는 노출량의 단위이다.

(2) 관계식

$$노출인년(인년) = \Sigma[조사인원 \times (조사한\ 개월\ 수/12월)]$$

기출문제

노출인년(Person-year of exposure)은 조사근로자를 1년 동안 관찰한 수치로 환산한 것을 말한다. 다음 근로자들의 조사년한을 노출인년으로 환산하여 보시오.

▶ 3개월 노출농도를 조사한 사람의 수 : 8명
▶ 6개월 노출농도를 조사한 사람의 수 : 20명
▶ 3년 노출농도를 조사한 사람의 수 : 10명

풀이 노출인년(인년)$=[8 \times (3/12)] + [20 \times (6/12)] + [(10 \times (36/12)] = 42$인년

기출문제

벤젠을 생산하는 정유공장부서의 라인을 점검하는 UT 근무자에 대하여 벤젠농도를 측정한 결과 다음과 같은 결과를 얻었다. ACGIH의 TLV를 초과하는지 여부를 판단하시오.

시 간	벤젠농도(ppm)	업 무
09:00~09:30	0.1	control room 근무
09:30~09:35	1.2	라인점검
09:35~09:40	4.3	밸브점검
09:40~09:45	1.5	라인점검
09:45~09:50	0.5	순환
09:50~10:15	0.2	control room 근무
10:15~10:20	1.3	라인점검
10:20~10:25	4.1	밸브점검
10:25~10:30	1.0	라인점검
10:30~10:35	0.4	순환
10:35~12:00	0.1	control room 근무
12:00~13:00	0.0	점심시간
13:00~14:30	0.1	control room 근무
14:30~16:10	0.2	자재/공구 점검
16:10~16:15	1.1	라인점검
16:15~16:20	2.3	밸브점검
16:20~16:25	0.9	라인점검
16:25~16:30	0.5	순환
16:30~18:00	0.1	control room 근무

풀이 사용량(g/hr)

$$\text{TWA} = \frac{C_1 T_1 + \cdots + C_n T_n}{8}$$

$$= \frac{\begin{bmatrix} (0.5 \times 0.1) + (0.0833 \times 1.2) + (0.0833 \times 4.3) + (0.0833 \times 1.5) + (0.0833 \times 0.5) \\ + (0.4166 \times 0.2) + (0.0833 \times 1.3) + (0.0833 \times 4.1) + (0.0833 \times 1.0) + (0.0833 \times 0.4) \\ + (0.4166 \times 0.1) + (1.5 \times 0.1) + (1.666 \times 0.2) + (0.833 \times 1.1) + (0.0833 \times 2.3) \\ + (0.0833 \times 0.9) + (0.0833 \times 0.5) + (0.5 \times 0.1) \end{bmatrix}}{8}$$

$$= \frac{2.29921}{8}$$

$$= 0.28\text{ppm}$$

∴ 벤젠의 노출기준이 TWA로 0.5ppm이므로 측정결과에 의한 TWA는 TLV 미만으로 평가함

참고 유해인자별 노출농도의 허용기준 ●출제율 30%

유해인자	허용기준			
	시간가중평균값(TWA)		단시간 노출값(STEL)	
	ppm	mg/m³	ppm	mg/m³
1. 납 및 그 무기화합물		0.05		
2. 니켈(불용성 무기화합물)		0.2		
3. 디메틸포름아미드	10			
4. 벤젠	0.5		2.5	
5. 2-브로모프로판	1			
6. 석면(제조, 사용하는 경우만 해당)		0.1개/cm³		
7. 6가 크롬화합물 불용성		0.01		
수용성		0.05		
8. 이황화탄소	1			
9. 카드뮴 및 그 화합물		0.01 (호흡성 분진인 경우 0.002)		
10. 톨루엔-2,4-디이소시아네이트 또는 톨루엔-2,6-디이소시아네이트	0.005		0.02	
11. 트리클로로에틸렌	10		25	
12. 포름알데히드	0.3			
13. 노말헥산	50			

[비고] 1. "시간가중평균값(TWA ; Time-Weighted Average)"이란 1일 8시간 작업을 기준으로 한 평균노출농도로서 산출 공식은 다음과 같다.

$$TWA = \frac{C_1 \cdot T_1 + C_2 \cdot T_2 + \cdots + C_n \cdot T_n}{8}$$

[주] C : 유해인자의 측정농도(단위 : ppm, mg/m³ 또는 개/cm³)
　　　T : 유해인자의 발생시간(단위 : 시간)

2. "단시간 노출값(STEL ; Short-Term Exposure Limit)"이란 15분 간의 시간가중평균값으로서 노출농도가 시간가중평균값을 초과하고 단시간 노출값 이하인 경우에는 ① 1회 노출 지속시간이 15분 미만이어야 하고, ② 이러한 상태가 1일 4회 이하로 발생해야 하며, ③ 각 회의 간격은 60분 이상이어야 한다.

참고 유해인자 허용기준의 준수 제외사항

1. 시설 및 설비의 설치나 개선이 현존하는 기술로 가능하지 아니한 경우
2. 천재지변 등으로 시설과 설비에 중대한 결함이 발생한 경우
3. 고용노동부령으로 정하는 임시작업과 단시간 작업의 경우
4. 그 밖에 대통령령으로 정하는 경우

SECTION 3 노출기준과 양-반응관계

01 개요

산업보건 분야에서 양-반응관계를 Theodore Hatch(1972)가 이론적으로 정립하였으며, 산업독성학에서 보통 화학물질이 생체에 미치는 영향을 나타내는 방법이다.

02 양-반응에 대한 의미

(1) 양(Dose)

① 동물실험인 경우
   ㉠ 실험에 투여된 물질의 양을 의미
   ㉡ 일반적으로 동물실험을 통해 노출기준 설정 시에는 무관찰 작용량(NOEL)을 이용함
② 역학조사인 경우
   ㉠ 유해인자에 노출된 유해인자의 양을 의미
   ㉡ 노출된 양은 개인시료(간접방법)에서 추정한 "공기 중 유해물질농도×노출시간"

(2) 반응(Response)

① 노출된 유해인자의 양에 따라 대상자가 나타내는 생리적, 독성적, 의학적 변화를 의미한다.
② 반응은 항상성을 유지하기 위한 매우 민감한 변화에서부터 사망까지 매우 다양하다.

(3) 양-반응관계 곡선 ●출제율 30%

① 개요

　㉠ 양-반응관계 곡선은 항상성 유지단계, 보상단계, 고장단계로 구분되며 곡선의
　　 기울기가 완만하나 보상단계를 넘어서면 곡선의 기울기가 급해지는데 이것은
　　 인체의 기능장애가 급격히 진행, 즉 고장장애 단계를 의미한다.

　㉡ 독성물질의 거동학으로부터 양-반응관계 곡선이 유도된다.

② 기관장애 3단계

　㉠ 항상성(homeostasis) 유지단계

　　ⓐ 정상적인 상태로 유해인자 노출에 적응할 수 있는 단계

　　ⓑ 온도, 기압 상태가 변화해도 인체의 세포가 반응하는 단계

　㉡ 보상(compensation) 유지단계

　　ⓐ 인체가 가지고 있는 방어기전에 의해서 유해인자를 제거하여 기능장애를 방
　　　 지할 수 있는 단계

　　ⓑ 노출기준의 설정단계로 질병이 일어나기 전 단계를 의미

　㉢ 고장(breakdown) 단계

　　ⓐ 질병이 시작되는 단계 즉, 기관의 파괴를 의미

　　ⓑ 보상이 불가능한 비가역적 단계

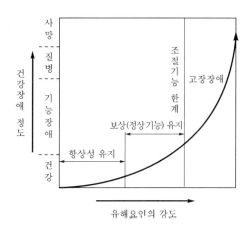

‖ 기관장애 3단계 ‖

SECTION 4 공기 중 유해물질의 체내흡수와 노출기준 추정

01 분배계수(Partition Coefficient)

(1) 유해물질의 폐흡수율을 나타내는 계수이다.

(2) 유해물질의 공기/혈액(물) 분배계수에 의해 유해물질의 폐흡수율이 결정된다.

(3) 분배계수가 작을수록 폐흡수율은 증가한다.

02 체내잔유율(Retention)

$$체내잔유율(R) = \frac{C_i - C_o}{C_i}$$

여기서, C_i : 흡입공기 중 유해물질농도
C_o : 호기 중 유해물질농도

03 체내흡수량(Absorbed Dose) ●출제율 20%

(1) 개요

인간에게 안전하다고 여겨지는 유해물질의 양을 의미하며, 인체 내 흡수가 안전흡수량을 초과하지 않도록 규제하는 공기 중 유해물질농도가 노출기준이다.

(2) 관계식

$$체내흡수량(mg) = C \times T \times V \times R$$

여기서, 체내흡수량(SHD) : 안전계수와 체중을 고려한 것

C : 공기 중 유해물질농도(mg/m^3)

T : 노출시간(hr)

V : 호흡률(폐환기율)(m^3/hr)

R : 체내잔유율(보통 1.0)

(3) 특징

동물실험을 통하여 산출한 독물량의 한계치(NOEL ; No Observed Effect Level : 무관찰 작용량)을 사람에게 적용하기 위하여 인간의 안전폭로량(SHD)을 계산할 때 체중을 기준으로 외삽(extrapolation)한다.

필수 예상문제 ✔ 출제확률 40%

구리(Cu) 독성에 관한 인체실험 결과 안전흡수량(일기준)이 체중 kg당 0.1mg이었다. 1일 8시간 작업 시 구리의 체내흡수를 안전흡수량 이하로 유지하려면 공기 중 구리농도는 얼마이어야 하는가? (단, 성인근로자 평균체중 70kg, 작업 시 폐환기율 1.2m³/hr, 체내잔유율 1.0)

풀이 체내흡수량$(mg) = C \times T \times R \times V$

체내흡수량$(SHD) \rightarrow 0.1mg/kg \times 70kg = 7mg$

T : 노출시간 $\rightarrow$ 8hr

V : 폐환기율 $\rightarrow$ 1.2m³/hr

R : 체내잔유율 $\rightarrow$ 1.0

$7 = C \times 8 \times 1.2 \times 1$

$\therefore C = 0.73mg/m^3$

기출문제

이소프로필알코올(IPA)을 세척제로 주로 사용하는 전자제품 가공공정에서 근로자가 150분 정도 노출되는 동안 작업 공기 중 IPA의 농도가 2,000μg/m³인 작업환경(경작업이며 폐환기율 0.95m³/hr, 체내잔류율은 자료 미비 조건)에서 체내흡수량(Absorbed dose, mg)을 계산하시오.

▸ 체내흡수량(mg)$= C \times T \times R \times V$

▸ C(공기 중 유해물질농도, mg/m³), T(노출시간, hr), R(체내잔류율),
V(폐환기율, m³/hr)

풀이 체내흡수량$(\mathrm{mg}) = C \times T \times R \times V$

$\qquad C$: $2000\mu\mathrm{g/m^3} \times 10^{-3}\mathrm{mg}/\mu\mathrm{g} = 2\mathrm{mg/m^3}$

$\qquad T$: $150\mathrm{min} \times \mathrm{hr}/60\mathrm{min} = 2.5\mathrm{hr}$

$\qquad R$: 자료가 없을 경우 보통 1.0

$\qquad V$: $0.95\mathrm{m^3/hr}$

$\qquad = 2 \times 2.5 \times 1.0 \times 0.95 = 4.75\mathrm{mg}$

SECTION 5 비정상 작업시간에 대한 허용기준 보정

01 OSHA의 보정방법

(1) 노출기준 보정계수(RF)를 구하여 노출기준에 곱하여 계산한다.

(2) 급성중독을 일으키는 물질(대표적 : 일산화탄소)

$$보정된 \ 노출기준 = 8시간 \ 노출기준 \times \frac{8시간}{노출시간/일}$$

(3) 만성중독을 일으키는 물질(대표적 : 중금속)

$$보정된 \ 노출기준 = 8시간 \ 노출기준 \times \frac{40시간}{작업시간/주}$$

(4) 노출기준(허용농도)에 보정 생략할 수 있는 경우

① 천정값(C ; Ceiling)으로 되어 있는 노출기준
② 가벼운 자극(만성중독 야기 안 함)을 유발하는 물질에 대한 노출기준
③ 기술적으로 타당성이 없는 노출기준

02 Brief와 Scala의 보정방법

(1) 노출기준 보정계수(RF)를 구하여 노출기준에 곱하여 계산한다.

(2) 노출기준 보정계수(RF) : 1일 노출시간 기준

$$RF = \left(\frac{8}{H}\right) \times \frac{24-H}{16}$$

여기서, H : 비정상적인 작업시간(노출시간/일)
16 : 휴식시간 의미

(3) 노출기준 보정계수(RF) : 1주간 노출시간 기준

$$RF = \left(\frac{40}{H}\right) \times \frac{168-H}{128}$$

여기서, H : 비정상적인 작업시간(노출시간/주)

(4) 이 방법은 작업시간이 정상보다 많을 때 적용되고 단시간일 때는 적용하지 않는다.

(5) 이 방법은 일반적으로 전신중독 또는 기관장해를 일으키는 물질에 적용한다.

(6) 보정된 노출기준=RF×TLV(노출기준 ; 허용농도)

필수 예상문제 ✔ 출제확률 40%

톨루엔(TLV=150ppm)을 사용하는 작업장의 작업시간이 10시간일 때 허용기준을 보정하여야 한다. OSHA 보정법과 Brief and Scala 보정법을 적용하였을 경우 보정된 허용기준치 간의 차이는?

풀이 ① OSHA 보정방법

보정된 노출기준=8시간 노출기준× $\dfrac{8시간}{노출시간/일}$ =150× $\dfrac{8}{10}$ =120ppm

② Brief and Scala 보정방법

$RF = \left(\dfrac{8}{H}\right) \times \dfrac{24-H}{16} = \left(\dfrac{8}{10}\right) \times \dfrac{24-10}{16} = 0.7$

보정된 노출기준=TLV×RF=150×0.7=105ppm

∴ 허용기준치의 차이=120−105=15ppm

기출문제

톨루엔의 노출기준이 50ppm이다. 이 노출기준은 통상적으로 1일 8시간, 1주일 5일(40시간) 노출되는 것을 기준으로 하고 있다. 만약 1일 10시간씩 1주일에 5일(50시간) 노출된다고 하면 노출기준의 보정이 필요하다. 세계적으로 노출시간이 늘어남에 따라 노출기준을 정하는 방법은 크게 가장 약한 것과 가장 강한 것의 두 가지가 적용되고 있다. 다음 물음에 답하시오.

(1) 이 두 가지 방법이 무엇인지 쓰시오.

(2) 각각의 방법에 따라 위의 톨루엔 노출기준을 보정하시오.

───────────────

풀이 (1) 두 가지 방법

　　① OSHA의 보정방법

　　② Brief와 Scala의 보정방법

(2) 톨루엔의 노출기준

　　① OSHA의 보정방법

$$보정된\ 허용기준 = 8시간\ 노출기준 \times \frac{8시간}{노출시간/일}$$

$$= 50\text{ppm} \times \frac{8}{10} = 40\text{ppm}$$

　　② B · S의 보정방법

$$RF(보정계수) = \left(\frac{8}{H}\right) \times \frac{24-H}{16}$$

$$= \frac{8}{10} \times \frac{24-10}{16} = 0.7$$

$$보정된\ 허용기준 = TLV \times RF$$

$$= 50\text{ppm} \times 0.7 = 35\text{ppm}$$

SECTION 6 공기 중 혼합물질의 화학적 상호작용

●출제율 30%

01 상가작용(Additive effect)

(1) 정의

① 작업환경 중의 유해인자가 2종 이상 혼재하는 경우에 있어서 혼재하는 유해인자가 인체의 같은 부위에 작용함으로써 그 유해성이 가중되는 것을 말한다.

② 화학물질 및 물리적 인자의 노출기준에 있어 2종 이상의 화학물질이 공기 중에 혼재하는 경우에는 유해성이 인체의 서로 다른 조직에 영향을 미치는 근거가 없는 한 유해물질들 간의 상호작용을 나타낸다.

(2) 상대적 독성 수치로 표현

2+3=5

여기서 수치는 독성의 크기를 의미한다.

(3) 복합노출지수의 계산

$$\text{복합노출지수(EI)} = \frac{C_1}{T_1} + \cdots + \frac{C_n}{T_n}$$

여기서, C_n : 상가작용을 일으키는 각각의 화학물질농도

T_n : 각 화학물질의 노출기준

• E의 노출기준 값은 "1" : EI>1 → 노출기준 초과

EI<1 → 노출기준 미만

02 상승작용(Synergism effect)

(1) 정의

각각 단일물질에 노출되었을 때 독성보다 훨씬 독성이 커짐을 말한다.

(2) 상대적 독성 수치로 표현

2+3=20

(3) 예

① 사염화탄소와 에탄올
② 흡연자가 석면에 노출 시

03 잠재작용(Potentiation effect)(=가승작용)

(1) 정의

인체의 어떤 기관이나 계통에 영향을 나타내지 않는 물질이 다른 독성물질과 복합적으로 노출되었을 때 그 독성이 커지는 것을 말한다.

(2) 상대적 독성 수치로 표현

2+0=10

(3) 예

이소프로필알코올은 간에 독성을 나타내지 않으나 이것이 사염화탄소와 동시에 노출 시 나타낸다.

04 길항작용(Antagonism effect)(=상쇄작용)

(1) 정의

두 가지 화합물이 함께 있었을 때 서로의 작용을 방해하는 것을 말한다.

(2) 상대적 독성 수치로 표현

2+3=1

(3) 예

페놀바비탈은 디란틴을 비활성화시키는 효소를 유도함으로써 급·만성의 독성이 감소되는 것이다.

(4) 종류

① 화학적 길항작용
두 화학물질이 반응하여 저독성의 물질을 형성하는 경우
② 기능적 길항작용
동일한 생리적 기능에 길항작용을 나타내는 경우
③ 배분적 길항작용
물질의 흡수, 대사 등에 영향을 미쳐 표적기관 내 축적기관의 농도가 저하되는 경우
④ 수용적 길항작용
두 화학물질이 같은 수용체에 결합하여 독성이 저하되는 경우

기출문제

다음과 같이 오염원이 다른 곳에서 유해물질이 발생하여 독성의 상가작용을 나타내었다.
다음에 답하시오.

▸ 이클로로에탄(TLV ; 50ppm) 10ppm
▸ 이브로모에탄(TLV ; 20ppm) 10ppm
▸ 사염화탄소(TLV ; 10ppm) 5ppm

(1) 허용농도 초과 여부
(2) 새로운 허용기준

풀이 (1) 복합노출지수(EI) $= \dfrac{C_1}{T_1} + \cdots + \dfrac{C_n}{T_n} = \dfrac{10}{50} + \dfrac{10}{20} + \dfrac{5}{10} = 1.2$

1을 초과하므로 허용농도 초과 판정

(2) 보정된 허용기준 $= \dfrac{C_1 + C_2 + C_3}{EI} = \dfrac{10 + 10 + 5}{1.2} = 20.83 \text{ppm}$

필수 예상문제　　　　　　　　　　　　　　　　　　✔ 출제확률 50%

공기 중 혼합물로서 carbon tetrachloride(TLV=10ppm) 5ppm, 1,2-dichloroethane
(TLV=50ppm) 25ppm, 1,2-dibromoethane(TLV=20ppm) 5ppm으로 존재 시 허용농
도 초과 여부를 평가하고, 허용기준(ppm)을 구하여라. (단, 혼합물은 상가작용을 한다.)

풀이 ① 노출지수(EI) $= \dfrac{C_1}{TLV_1} + \dfrac{C_2}{TLV_2} + \cdots + \dfrac{C_n}{TLV_n}$

$= \dfrac{5}{10} + \dfrac{25}{50} + \dfrac{5}{20} = 1.25$ (1을 초과하므로 허용농도 초과 판정)

② 보정된 허용농도(기준) $= \dfrac{\text{혼합물의 공기 중 농도}(C_1 + C_2 + C_3)}{\text{노출지수}}$

$= \dfrac{(5+25+5)\text{ppm}}{1.25} = \dfrac{35\text{ppm}}{1.25} = 28\text{ppm}$

농도

(1) 정의

일정한 용적의 용매 중에 섞여 있는 용질의 양을 농도라고 한다.

(2) 표준상태

① 산업위생 분야 표준상태(작업환경측정)

25℃, 1기압이며, 이때 물질 1mol의 부피는 24.45L

② 산업환기 분야 표준상태

21℃, 1기압이며, 이때 물질 1mol의 부피는 24.1L

③ 일반대기 분야 표준상태

0℃, 1기압이며, 이때 물질 1mol의 부피는 22.4L

(3) 질량농도(mg/m³)와 용량농도(ppm)의 환산(0℃, 1기압)

$$\text{ppm} \Rightarrow \text{mg/m}^3, \ \text{mg/m}^3 = \text{ppm} \times \frac{\text{분자량}(\text{g})}{22.4\,\text{L}}$$

$$\text{mg/m}^3 \Rightarrow \text{ppm}, \ \text{ppm} = \text{mg/m}^3 \times \frac{22.4\,\text{L}}{\text{분자량}(\text{g})}$$

산업위생 분야 표준상태 경우 24.45L 적용

(4) 분율에 의한 농도 표시

분율은 혼합물의 단위부피 중에 함유된 어떤 성분의 양을 나타낸다.

① 백분율(%)

$$\% = \frac{\text{목적성분의 양}}{\text{혼합물의 양}} \times 100 = \text{분율비} \times 100$$

- $1\% = 10^4 \text{ppm}$

② 천분율(ppt)

$$\text{ppt} = \frac{\text{목적성분의 양}}{\text{혼합물의 양}} \times 1,000 = \text{분율비} \times 10^3 = \% \times 10$$

③ 백만분율(ppm)

$$\text{ppm} = \frac{\text{목적성분의 양}}{\text{혼합물의 양}} \times 10^6 = \text{분율비} \times 10^6 = \% \times 10^4$$

- $1\text{ppm(V/V)} = 1\text{mL/m}^3 = 1\mu\text{L/L}$
- $1\text{ppm(W/W)} = 1\text{mg/kg} = 1\mu\text{g/g}$

④ 1억분율(pphm)

$$\text{pphm} = \frac{\text{목적성분의 양}}{\text{혼합물의 양}} \times 10^8 = \text{분율비} \times 10^8 = \% \times 10^6$$

⑤ 10억분율(ppb)

$$\text{ppb} = \frac{\text{목적성분의 양}}{\text{혼합물의 양}} \times 10^9 = \text{ppm} \times 10^3$$

- $1\text{ppb(V/V)} = 1\mu\text{L/m}^3$
- $1\text{ppb(W/W)} = 1\text{mg/ton}$

필수 예상문제　　　　　　　　　　　　　　　　　　　✔ 출제확률 50%

어느 작업장의 SO₂ 농도가 5ppm이었다. 이를 mg/m³로 나타내면 얼마인가? (단, 온도 25°C, 750mmHg)

풀이 우선 일반대기 분야 표준상태에 의해 부피를 환산하면

$$22.4\text{L} \times \frac{273+25}{273} = 24.45\text{L}$$

$$\therefore \ \text{mg/m}^3 = 5\text{ppm} \times \frac{64[32+(16\times2)]}{22.4\text{L} \times \dfrac{273+25}{273} \times \dfrac{760}{750}} = 12.91\text{mg/m}^3$$

필수 예상문제 ✔ 출제확률 60%

공기 중 벤젠(분자량 78)을 0.5L/min으로 20분 동안 채취하여 분석한 결과 10mg이었다. 공기 중 벤젠농도는 몇 ppm인가? (단, 25°C, 1기압)

풀이 우선 농도를 중량으로 나타내면

$$\frac{질량}{부피} = \frac{10mg}{0.5L/min \times 20min} = 1mg/L \times 10^3 L/m^3 = 1,000mg/m^3$$

$$\therefore ppm = 1,000mg/m^3 \times \frac{24.45}{78} = 313.46ppm$$

기출문제

산업위생학에서 일반적인 기준으로 하고 있는 표준작업환경의 조건에서 공기 중 톨루엔의 농도가 190mg/m³이다. 이 농도를 %, ppm, ppb, ppt로 환산하시오.

풀이 표준작업환경 조건 : 25°C, 1atm

① $ppm = mg/m^3 \times \frac{24.45}{분자량} = 190mg/m^3 \times \frac{24.45}{92} = 50.49ppm$

② $\% = 50.49ppm \times 1\%/10,000ppm = 0.005049\%$

③ $ppt = \% \times 10 = 0.005049\% \times 10 = 0.05049ppt$

④ $ppb = ppm \times 10^3 = 50.49ppm \times 10^3 = 50,490ppb$

근골격계 질환

01 개요

(1) 직업관련성 근골격계 질환(WMSDs ; Work Related Musculo Skeletal Disorders) 이란 작업과 관련하여 특정신체부위 및 근육의 과도한 사용으로 인해 근육, 관절, 혈관, 신경 등에 미세한 손상이 발생하여 목, 어깨, 팔, 손목 및 손가락 등의 상지에 나타나는 만성적인 건강장해를 말한다.

(2) 산업안전보건기준에 관한 규칙상 근골격계 질환이란 반복적인 동작, 부적절한 작업자세, 무리한 힘의 사용, 날카로운 면과의 신체접촉, 진동 및 온도 등의 요인에 의하여 발생하는 건강장해로서 목, 어깨, 허리, 팔·다리의 신경·근육 및 그 주변 신체조직 등에 나타나는 질환을 말한다.

(3) 발생원인 중 갑작스러운 사고나 미끄러짐, 추락이나 충돌에 의한 상해는 제외된다.

(4) 근조직과 같은 부드러운 신체조직에 발생하는 미세균열(micro fracture)이 누적되어 신체 조직기능에 손상을 일으키는 경우를 의미한다.

02 유사 용어 ●출제율 20%

(1) 누적외상성 질환

CTDs ; Cumulative Trauma Disorders

(2) 반복성 긴장장애

RSI ; Repetition Strain Injuries

(3) 근골격계 질환

MSDs ; Musculo Skeletal Disorders

(4) 경견환증후군

고용노동부 · 재해 인정기준에서 사용

03 근골격계 질환의 특징

(1) 미세한 근육이나 조직의 손상으로 시작되며, 운동장애를 수반하는 경우도 발생한다.

(2) 일반적으로 서서히 발생하지만, 간혹 갑자기 발생할 수도 있고 손상의 정도 측정이 용이하지 않다.

(3) 발생 초기에 치료하지 않으면 증상이 악화될 수 있고 완치가 어렵다.

(4) 신체의 기능적 장애를 유발하며 집단으로 발병하는 경우가 많으며, 회복과 악화가 반복적인 특징이 있다.

(5) 일반적으로 한 번 통증이 발생되면 1주일 이상 지속되거나, 과거 1년간 적어도 1달에 1번 이상 통증이 반복되는 경우에 해당한다.

(6) 완전하게 예방이 불가능하므로 발생을 최소화하는 것이 중요하다. 즉 근골격계 질환의 최우선 관리목표는 발생의 최소화이다.

(7) 노동력 손실에 따른 경제적 피해가 크다.

(8) 단편적인 작업환경 개선으로 좋아질 수 없다.

04 근골격계 질환의 발병 3단계 ●출제율 20%

(1) 1단계

① 작업 중 통증을 호소하고 피로감을 느낀다.

② 일반적으로 하룻밤 지나면 증상이 없어진다.

③ 작업능력의 감소는 없다.

④ 악화와 회복이 며칠 동안 반복되며 지속된다.

(2) 2단계

① 작업시작 초기부터 통증이 발생한다.

② 하룻밤 지나도 통증은 계속된다.

③ 작업능력이 감소된다.

④ 악화와 회복이 몇 주, 몇 달동안 반복되며 지속된다.

⑤ 화끈거리는 증상 때문에 숙면을 취하지 못한다.

(3) 3단계

① 휴식시간 중에도 통증이 나타난다.

② 하루 종일 통증이 지속된다.

③ 작업수행이 불가능하다.

④ 통증으로 인하여 불면증이 나타난다.

05 근골격계 질환발생 작업종류

(1) 단순반복작업

① 전화교환작업

② 키펀치작업(컴퓨터 사무작업)

③ 금전등록기의 계산작업

(2) VDT(Video Display Terminals) 작업

(3) 중량물 취급작업

(4) 각종 수공구를 취급하는 작업

(5) 각종 조립작업

(6) 포장작업

06 근골격계 질환의 원인 ●출제율 40%

(1) 작업관련성 위험요인

① 반복성(Repetitiveness)

  ㉠ 같은 근육, 힘줄 또는 관절을 사용하여 동일한 동작이 반복하여 일어나는 것을 의미한다.

  ㉡ 영향인자

    ⓐ 반복횟수

    ⓑ 반복동작의 빠르기

    ⓒ 관련 근육군의 수

    ⓓ 사용되는 힘

  ㉢ 대책

    ⓐ 작업순환(Job Rotation)

    ⓑ 공정의 자동화

  ㉣ 반복성 기준

    ⓐ 손가락 : 200회/분 이상

    ⓑ 손목/전완 : 10회/분 이상

    ⓒ 상완/팔꿈치 : 10회/분 이상

    ⓓ 어깨 : 2.5회/분 이상

② 부자연스런 또는 취하기 어려운 자세(Work Postures)

  ㉠ 작업수행 동안 중립자세로부터 벗어나는 부자연스러운 자세로 정적인 작업을 장시간 하는 경우를 말한다. 즉 반복적이거나 지속적인 팔을 뻗음, 비틂, 구부림, 머리위 작업, 무릎을 꿇음, 쪼그림, 고정자세를 유지함, 손가락으로 집기 등이 있다.

ⓛ 원인

작업장의 설계가 작업공정과 작업공구 중심으로 이루어진 것이 원인이다.

ⓒ 예

ⓐ 손목을 뒤로 젖히거나 구부리기

ⓑ 손가락으로 집기

ⓒ 손목을 오른쪽이나 왼쪽으로 돌리기

ⓓ 팔꿈치 들기

ⓔ 무릎 꿇기 및 쪼그려 앉기

③ 과도한 힘의 사용(Forcefulness)

㉠ 물건 취급 시 들어올리거나 내리기, 밀거나 당기기, 돌리기, 운반하기 등과 같은 행위, 동작으로 인해 근육의 힘을 많이 사용해야 하는 경우, 즉 작업을 수행하기 위해 근육을 과도하게 사용하는 것을 말한다.

㉡ 대책

ⓐ 동력공구로 교체

ⓑ 손에 맞는 공구 선택

ⓒ 미끄러운 물체에 마찰력 부가

ⓓ 적절한 작업공간

④ 접촉 스트레스(신체접촉에 의한 압력 : Contact Stress)

작업대 모서리, 키보드, 작업공구 등으로 인해 손목, 손바닥, 팔 등이 지속적으로 눌리거나 손바닥 또는 무릎 등을 사용해 반복적으로 물체에 압력을 가함으로써 해당 신체 부위가 충격을 받게 되는 경우를 말한다.

⑤ 진동(Vibration)

㉠ 지속적이거나 높은 강도의 손, 팔 또는 몸 전체의 진동, 즉 국소진동 및 전신진동을 말한다.

㉡ 대책

ⓐ 진동을 경감할 수 있는 진동공구의 설계 및 개선

ⓑ 진동공구의 제한된 사용관리

ⓒ 근로자 신체의 보온

⑥ 기타 요인

㉠ 극심한 저온 또는 고온

㉡ 너무 밝거나 어두운 조명

참고 유해요인의 용어설명(유해요인 및 원인평가서 사용을 위한) ● 출제율 40%

1. 반복성
   같은 동작이 반복하여 일어나는 것으로 그 유해도는 반복횟수, 반복동작의 빠르기, 관련되는 근육군의 수, 사용되는 힘에 달려있다.

2. 부자연스런 또는 취하기 어려운 자세
   각 신체부위가 취할 수 있는 중립자세를 벗어나는 자세를 말하며, 예를 들면 손목을 뒤로 젖히거나 구부리기, 손가락에 힘을 주어 누르기, 손가락으로 집기, 팔을 들거나 뻗기, 손목을 오른쪽이나 왼쪽으로 돌리기, 손목을 굽히거나 뒤로 젖히기, 팔꿈치 들기, 팔 근육 비틀기, 목을 젖히거나 숙이기, 허리 돌리기 · 구부리기 · 비틀기 · 무릎 꿇기 · 쪼그려 앉기, 한발로 서기 등의 작업자세 등이 있다.

3. 과도한 힘
   물체 등을 취급할 때 들어올리거나 내리기, 밀거나 당기기, 돌리기, 휘두르기, 지탱하기, 운반하기, 던지기 등과 같은 행위 · 동작으로 인해 근육의 힘을 많이 사용해야 하는 경우를 말한다.

4. 접촉 스트레스
   작업대 모서리, 키보드, 작업공구, 가위사용 등으로 인해 손목, 손바닥, 팔 등이 지속적으로 눌리거나 손바닥 또는 무릎 등을 사용하여 반복적으로 물체에 압력을 가함으로써 해당 신체부위가 충격을 받게 되는 것을 말한다.

5. 진동
   신체의 특정부위가 동력기구 또는 장비와 같은 진동하는 물체와 접촉함으로써 영향을 받게 되는 것으로 버스, 트럭 등 장시간 운전으로 인한 전신진동 및 착암기, 연삭기, 임팩트 등 진동물체에 접하는 손, 팔 부위에서 받는 국소진동으로 구별할 수 있다.

6. 정적자세
   근로자 신체의 특정부위가 움직임이 없이 일정시간 이상 지속되는 작업자세를 말한다.

참고 WMSDs의 발생요인 구분 ● 출제율 30%

1. 작업자와 작업설비(Work Setting) 측면의 신체적 특성에 대한 위험인자
   ㉠ 작업자세   ㉡ 소요되는 힘
   ㉢ 동작속도   ㉣ 반복 정도
   ㉤ 노출시간   ㉥ 휴식시간
   ㉦ 중량물 부하작업   ㉧ 국소진동

2. 작업자와 작업환경(Work Environment) 측면의 환경적 특성에 대한 위험인자
   ㉠ 열부하   ㉡ 저온
   ㉢ 전신진동   ㉣ 조명
   ㉤ 소음

3. 작업장의 위험요인(Other Workplace Risks)
   ㉠ 업무 스트레스   ㉡ 업무 단순성
   ㉢ 작업조직   ㉣ 작업부하
   ㉤ 작업시간   ㉥ 표식 및 제어장치
   ㉦ 전리방사선   ㉧ 화학물질
   ㉨ 전자파   ㉩ 전기에너지

(2) 개인적 위험요인

① 과거 병력　　　　　　② 생활습관(운동) 및 취미
③ 작업경력　　　　　　④ 작업습관
⑤ 연령　　　　　　　　⑥ 성별
⑦ 음주 · 흡연　　　　　⑧ 신체조건

(3) 사회심리적 위험요인

① 직무 스트레스　　　　② 작업 만족도
③ 근무조건 만족도　　　④ 상사 및 동료들과의 인간관계
⑤ 휴식시간

07　근골격계부담작업의 평가 ●출제율 30%

(1) 개요

① 근골격계부담작업이란 작업량, 작업속도, 작업강도 및 작업장 구조 등에 따라 고용노동부장관이 정하여 고시하는 작업을 말한다.
② "부담작업"은 단기간 작업 또는 간헐적인 작업에 해당되지 않는 작업으로써 다음의 11가지 기준에 해당하는 작업이 각각 주당 1회 이상 지속적으로 행해지거나 연간 총 60일 이상 행해지는 작업을 말한다.

(2) 근골격계부담작업의 범위

① 하루에 4시간 이상 집중적으로 자료입력 등을 위해 키보드 또는 마우스를 조작하는 작업
② 하루에 총 2시간 이상 목, 어깨, 팔꿈치, 손목 또는 손을 사용하여 같은 동작을 반복하는 작업
③ 하루에 총 2시간 이상 머리 위에 손이 있거나, 팔꿈치가 어깨 위에 있거나, 팔꿈치를 몸통으로부터 들거나, 팔꿈치를 몸통 뒤쪽에 위치하도록 하는 상태에서 이루어지는 작업

④ 지지되지 않은 상태이거나 임의로 자세를 바꿀 수 없는 조건에서, 하루에 총 2시간 이상 목이나 허리를 구부리거나 드는 상태에서 이루어지는 작업

⑤ 하루에 총 2시간 이상 쪼그리고 앉거나 무릎을 굽힌 자세에서 이루어지는 작업

⑥ 하루에 총 2시간 이상 지지되지 않은 상태에서 1kg 이상의 물건을 한 손의 손가락으로 집어 옮기거나, 2kg 이상에 상응하는 힘을 가하여 한 손의 손가락으로 물건을 쥐는 작업

⑦ 하루에 총 2시간 이상 지지되지 않은 상태에서 4.5kg 이상의 물건을 한 손으로 들거나 동일한 힘으로 쥐는 작업

⑧ 하루에 10회 이상 25kg 이상의 물체를 드는 작업

⑨ 하루에 25회 이상 10kg 이상의 물체를 무릎 아래에서 들거나, 어깨 위에서 들거나, 팔을 뻗은 상태에서 드는 작업

⑩ 하루에 총 2시간 이상, 분당 2회 이상 4.5kg 이상의 물체를 드는 작업

⑪ 하루에 총 2시간 이상, 시간당 10회 이상 손 또는 무릎을 사용하여 반복적으로 충격을 가하는 작업

(3) 부담작업의 평가원칙

① 부담작업은 사업장 내 모든 작업(공정)을 대상으로 평가표를 사용하여 평가하여야 한다.

② 단위작업으로 구성된 작업이나 공정은 단위작업 각각에 대하여 부담작업 여부를 평가하여야 하며, 단위작업을 구분하기 어려운 작업이나 공정은 그 자체를 하나의 작업으로 보고 평가하여야 한다.

③ 비정형 작업의 부담작업 평가는 근로자의 직종만으로 임의 판단하여서는 안 되며, 근로자가 실제 수행하는 작업내용 등 구체적인 작업상황을 고려하여야 한다.

④ 근로자 1명이 2개 이상의 독립작업(공정)에 종사하는 경우에는 각각의 독립작업(공정)에 대하여 부담작업 여부를 평가하여야 한다.

08 근골격계 질환의 종류

(1) 경부(Neck)에서 발생하는 질환

① 근막통증후군(MPS ; Myofascial Pain Syndrome)

㉠ 원인

ⓐ 급성외상

ⓑ 근긴장

ⓒ 감정적 스트레스

ⓓ 미세 누적손상

㉡ 신체부위 및 증상

ⓐ 압통, 방사통, 신전통

ⓑ 경부 운동제한

ⓒ 두통, 심부통

② 경추자세증후군(CPS ; Cervical Postural Syndrome)

㉠ 원인

ⓐ 상부 경추전만의 증가

ⓑ 턱을 앞으로 내밀고 있는 자세

ⓒ 견관절 운동 제한

㉡ 신체부위 및 증상

ⓐ 상부 경추신전근과 승모근 주위, 어깨, 목, 귀, 후두부 통증 지속

ⓑ 자세악화

ⓒ 두통동반

③ 경추부 염좌(Cervical Strain)

④ 경추부 추간판 탈출증

(2) 손(Hands)과 손목(Wrist) 부위에서 발생하는 질환

① 수근관증후군(손목터널증후군)(CTS ; Carpal Tunnel Syndrome)

㉠ 원인

반복동작으로 지나친 손목의 굴곡과 신전, 손목의 인대들이 손목신경의 압박

ⓛ 신체부위 및 증상

　ⓐ 손가락의 저림

　ⓑ 감각의 저하(단, 새끼손가락은 제외)

　ⓒ 손을 계속 사용 시 증세 악화됨

② 데꿔벵 건초염(DeQuervain' disease)

　㉠ 원인

　　수부나 수근관절의 과도한 사용으로 섬유막이 비후되어 발생

　ⓛ 신체부위 및 증상

　　ⓐ 30~50세 여성에게 주로 발생

　　ⓑ 경상돌기가 있는 요골의 엄지손가락 윗부분에 동통과 압통

③ 결정종(Ganglionic cyst)

　㉠ 원인

　　관절액 또는 건막의 활액이 세어나와서 고임

　ⓛ 신체부위 및 증상

　　신경이나 혈관을 누르면 동통이나 근력 약화됨

④ 철골관증후군(UTS ; Ulnar Tunnel Syndrome)

　㉠ 원인

　　ⓐ 망치질 같은 반복적인 둔탁한 외상

　　ⓑ 척골신경의 압박

　　ⓒ 손목을 바깥쪽으로 많이 굽히는 동작 및 손목 바깥쪽의 압박

　ⓛ 신체부위 및 증상

　　ⓐ 약지와 새끼손가락(4번째, 5번째)의 저림

　　ⓑ 손 악력의 저하

⑤ 방아쇠 손가락(Trigger finger) : 방아쇠 수지

　㉠ 원인

　　장시간 손에 쥐는 작업에서 손바닥의 반복적인 마찰로 발생

　ⓛ 신체부위 및 증상

　　ⓐ 45세의 이상 성인에게 주로 발생

　　ⓑ 수지굴건의 결절

⑥ 수지진동증후군(HAVS ; Hand-arm Vibration Syndrome)

　㉠ 원인

　　장시간 진동공구 사용에 의한 혈관반응 및 혈관경련

ⓒ 신체부위 및 증상

　　ⓐ 혈관수축

　　ⓑ 촉각의 양적 저하

　　ⓒ 신경 전도의 이상

⑦ 흉곽출구증후군(TOS ; Thoracic Outlet Syndrome)

　ⓐ 원인

　　ⓐ 견관절 과신전

　　ⓑ 군대자세　　　　　→ 흉부 출구 축소로 발생

　　ⓒ 팔외전 수면 습관

　ⓒ 신체부위 및 증상

　　ⓐ 손가락 저림

　　ⓑ 손가락 근력 약화(4번째, 5번째 손가락 마비)

(3) 허리(Low back) 부위에서 발생하는 질환

① 요추부 염좌(Strain, Sprain)

　ⓐ 원인

　　인양, 운반, 밀기, 당기기 등으로 인대 또는 근육의 염좌

　ⓒ 신체부위 및 증상

　　ⓐ 내부적으로 통증이 심하며, 염증반응과 부종이 동반

　　ⓑ X-ray 검사 시 이상이 없는 것이 특징

　　ⓒ 만성염좌 경우 근막통증후군이나 디스크 유발가능성 높음

② 추간판 탈출증(Herniations of intervertebral disc)

　ⓐ 원인

　　인양, 운반, 밀기, 당기기 자세로 디스크 수핵이 이탈하여 신경조직을 압박

　ⓒ 신체부위 및 증상

　　ⓐ 요통 및 좌골신경통

　　ⓑ 통증 및 저림증상(감각신경 이상)

　　ⓒ 근위축 및 근위약화(운동신경 이상)

③ 요추관 협착증

④ 추간판 내장증

(4) 견관절(Shoulder) 부위에서 발생하는 질환

① 근막통증후군(MPS ; Myofascial Pain Syndrome)
  ㉠ 원인
    ⓐ 급성외상
    ⓑ 근긴장
    ⓒ 감성적 스트레스
  ㉡ 신체부위 및 증상
    ⓐ 압통
    ⓑ 연관통
    ⓒ 어깨통증
② 극상근 건염(Supraspinatus Tendinitis)
  ㉠ 원인
    ⓐ 지속적 외상과 기계적인 자극
    ⓑ 불충분한 회복
    ⓒ 염증성 반응과 석회화
  ㉡ 신체부위 및 증상
    상완골 외전 시 심한 통증
③ 회전근 개염(충돌증후군 포함)
④ 퇴행성 관절염

(5) 팔꿈치(Elbow) 부위에서 발생하는 질환

① 주관절 외상과염(Lateral epicondylitis ; Tennis elbow)
  ㉠ 원인
    ⓐ 과다한 손목 동작(신전/회전)
    ⓑ 손가락 동작(신전)
  ㉡ 신체부위 및 증상
    ⓐ 팔꿈치 외측의 통증
    ⓑ 인양자세 불편호소
    ⓒ 주먹자세 통증
    ⓓ 손목관절 후방 굴곡 시 심함
② 주관절 내상과염(Medial epicondylitis : Golfer's elbow)
  ㉠ 원인
    손목 및 손가락 동작의 굴곡 및 회전

ⓒ 신체부위 및 증상

　　팔꿈치 내측의 통증 유발

③ 팔굽터널증후군(척골관증후군 : Cubital tunnel syndrome)

　　㉠ 원인

　　　　ⓐ 팔꿈치의 과도한 동작

　　　　ⓑ 척골신경의 감각 저하나 소실

　　㉡ 신체부위 및 증상

　　　　ⓐ 새끼손가락의 저림

　　　　ⓑ 팔꿈치를 굽히면 증상 악화

(6) 무릎 부위에서 발생하는 질환

① 연골 연화증

② 반월상 연골 손상

③ 퇴행성 관절염

(7) 발목 및 발 부위에서 발생하는 질환

① 발목관절 염좌

② 족저근막염

참고 근골격계 질환의 대표적 종류와 원인 및 증상 ●출제율 20%●

종 류	원 인	증 상
근육통증후군 (기용터널증후군)	목이나 어깨를 과다 사용하거나 굽히는 자세	목이나 어깨 부위 근육의 통증 및 움직임 둔화
요통 (건초염)	• 중량물 인양 및 옮기는 자세 • 허리를 비틀거나 구부리는 자세	추간판 탈출로 인한 신경 압박 및 허리 부위에 염좌가 발생하여 통증 및 감각 마비
손목뼈터널증후군 (수근관증후군)	반복적이고 지속적인 손목 압박 및 굽힘 사세	손가락의 저림 및 통증, 감각 저하
내 · 외상과염	과다한 손목 및 손가락의 동작	팔꿈치 내 · 외측의 통증
수완진동증후군	진동공구 사용	손가락의 혈관수축, 감각마비, 하얗게 변함

09 근골격계부담작업의 유해요인조사 ●출제율 40%

(1) 용어 정의

① "근골격계부담작업 유해요인"이라 함은 작업방법, 작업자세 및 작업환경으로 인해 근골격계에 부담을 줄 수 있는 반복성, 부자연스런 또는 취하기 어려운 자세, 과도한 힘, 접촉 스트레스, 진동 등을 말한다.

② "조사자"라 함은 근골격계부담작업이 있는 부서의 유해요인조사를 수행하는 자로서 보건관리자 또는 관련업무의 수행능력 등을 고려하여 사업주가 지정하는 자를 말한다.

(2) 유해요인조사 목적

유해요인조사의 목적은 근골격계질환 발생을 예방하기 위해 근골격계부담작업이 있는 부서의 유해요인을 제거하거나 감소시키는데 있다. 따라서 유해요인조사의 결과를 근골격계질환의 이환을 부정하는 근거 또는 반증 자료로 사용할 수 없다.

(3) 유해요인조사 시기

① 사업주는 매 3년 이내에 정기적으로 유해요인조사를 실시한다. (단, 신설되는 사업장의 경우에는 신설일부터 1년 이내에 최초의 유해요인조사를 실시하여야 한다.)

② 사업주는 다음에서 정하는 경우에는 수시로 유해요인조사를 실시하여야 한다. (수시조사에 한 가지라도 해당되면, 지체없이(1개월 이내) 실시)

㉠ 임시건강진단 등에서 근골격계질환자가 발생하였거나 산업재해보상보험법에 의한 업무상 질병으로 인정받은 근골격계질환자가 발생한 경우

㉡ 근골격계부담작업에 해당하는 새로운 작업·설비를 도입한 경우

㉢ 근골격계부담작업에 해당하는 업무의 양과 작업공정 등 작업환경을 변경한 경우

(4) 유해요인조사 방법

① 유해요인조사는 다음 [그림]에서 정하는 바와 같이 유해요인 기본조사, 근골격계질환 증상조사와 유해도 평가로 이루어지며, 유해요인 조사결과에 따라 개선 우선순위 결정, 개선대책 수립과 실시 등의 유해요인관리와 개선효과 평가의 순서로 진행한다.

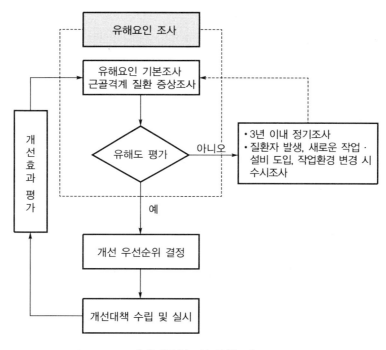

∥ 유해요인조사 흐름도 ∥

② 유해요인 기본조사와 근골격계 질환 증상조사는 유해요인 기본조사표와 근골격계 질환 증상조사표를 사용한다. 다만, 유해요인 기본조사와 근골격계 질환 증상조사 결과 추가적인 정밀평가가 필요하다고 판단되는 경우 작업분석·평가도구를 이용한다.

③ 유해도 평가는 유해요인 기본조사 총 점수가 높거나 근골격계 질환 증상호소율이 다른 부서에 비해 높은 경우에는 유해도가 높다고 할 수 있다.

④ 개선 우선순위 결정은 유해도가 높은 작업 또는 특정근로자 중에서도 다음의 사항에 따른다.
   ㉠ 다수의 근로자가 유해요인에 노출되고 있거나 증상 및 불편을 호소하는 작업
   ㉡ 비용편익효과가 큰 작업

⑤ 사업주는 사업장 내 근골격계부담작업에 대하여 전수조사를 원칙으로 한다. 다만, 동일한 작업형태와 동일한 작업조건의 근골격계부담작업이 존재하는 경우에는 일부 작업에 대해서만 단계적 유해요인조사를 수행할 수 있다.

(5) 유해요인조사 내용

① 유해요인 기본조사의 내용은 작업장 상황 및 작업조건 조사로 구성된다.

      ⊙ 작업장 상황조사 시 포함항목

         ⓐ 작업공정

         ⓑ 작업설비

         ⓒ 작업량

         ⓓ 작업속도 및 최근 업무의 변화 등

      ⓛ 작업조건 조사 시 포함사항

         ⓐ 반복성

         ⓑ 부자연스런 또는 취하기 어려운 자세

         ⓒ 과도한 힘

         ⓓ 접촉 스트레스

         ⓔ 진동 등

    ② 근골격계 질환 증상조사 시 포함항목

      ⊙ 증상과 징후

      ⓛ 직업력(근무력)

      ⓒ 근무형태(교대제 여부 등)

      ⓔ 취미생활

      ⓜ 과거 질병력

참고 **근골격계부담작업에 근로자를 종사하도록 하는 경우의 유해요인 조사사항**

1. 설비 · 작업공정 · 작업량 · 작업속도 등 작업장 상황
2. 작업시간 · 작업자세 · 작업방법 등 작업장 조건
3. 작업과 관련된 근골격계 질환 징후 및 증상유무 등

---

(6) 근골격계부담작업 근로자에게 유해성 주지사항

    ① 근골격계부담작업의 유해요인

    ② 근골격계 질환의 징후 및 증상

    ③ 근골격계 질환 발생 시 대처요령

    ④ 올바른 작업자세 및 작업도구, 작업시설의 올바른 사용방법

    ⑤ 그 밖에 근골격계 질환 예방에 필요한 사항

10 근골격계 질환 예방을 위한 작업환경개선

(1) 용어 정의

① 작업환경

작업시간, 작업방법, 작업자세 등 작업조건과 작업상태를 말한다.

② 유해요인

작업환경에 기인한 근골격계에 부담을 줄 수 있는 동작의 반복성, 부자연스럽거나 취하기 어려운 자세, 과도한 힘, 접촉 스트레스, 진동 등의 요인을 말한다.

③ 퍼센타일(Percentile)

전체를 100으로 봤을 때, 작은 쪽에서 몇 번째인가를 나타내는 백분위수를 말한다.

④ 작업공간

사무, 공작 기타 각종 작업을 행하기 위하여 주로 사용하는 작업대, 작업의자, 작업기기 및 공구 등이 놓인 장소로서 작업이 지속적으로 이루어지는 공간을 말하며, 작업공간에는 양쪽 팔이 수평 및 수직 방향으로 도달하는 직접적인 작업공간뿐 아니라 통로, 기자재 운반에 필요한 간접적인 공간도 포함된다.

⑤ 작업표준

근골격계 질환을 예방하기 위하여 올바른 작업수행방법을 표준화한 것으로서 작업조건, 작업방법, 작업기기, 관리방법, 작업물체, 작업자세, 작업동작, 작업시간 등에 대한 기준을 말한다.

(2) 인체측정치를 이용한 작업환경 개선 ●출제율 20%

사업주는 유해요인조사를 통하여 유해요인을 확인하고, 그 원인을 분석·평가하여 그 결과에 따라 작업환경을 개선한다.

① 인체측정치를 이용한 디자인 설계원칙

㉠ 조절가능한 설계

작업에 사용하는 설비, 기구 등은 체격이 다른 여러 근로자들을 위하여 직접 크기를 조절할 수 있도록 조절식으로 설계하고, 조절범위는 여성의 5퍼센타일 (최소치)에서 남성의 95퍼센타일(최대치)로 한다.

㉡ 극단치를 이용한 설계

ⓐ 조절가능한 설계를 적용하기 곤란한 경우에는 극단치를 이용하여 설계할 수 있다.

ⓑ 극단치를 이용한 설계는 최대치를 이용하거나 최소치를 이용한다.

ⓒ 최대치는 작업대와 의자 사이의 간격, 통로나 비상구 높이, 받침대의 안전
한계중량 등에 적용하고 대표치는 남성의 95퍼센타일을 이용한다.

ⓓ 최소치는 선반의 높이, 조정장치까지의 거리 등 뻗치는 동작이 있는 작업에
적용하고 대표치는 여성의 5퍼센타일을 이용한다.

ⓒ 평균치를 이용한 설계

ⓐ 극단치를 이용한 설계가 곤란한 경우에는 평균치를 이용하여 설계할 수 있다.

ⓑ 평균치를 이용한 설계는 식당 테이블이나 출근버스의 손잡이 높이처럼 짧은
시간동안 근로자들이 공동으로 이용하는 설비 등에 적용하고 대표치는 남녀
혼합 50퍼센타일 범위를 이용한다.

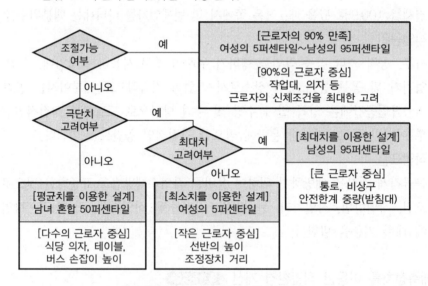

‖ 인체측정치를 이용한 설계 흐름도 ‖

② 인체측정 기준치 인자

㉠ 신장

신장이 큰 근로자를 기준으로 작업통로 및 고정석 작업대 높이 등을 설계함으
로써 허리를 굽혀 작업하지 않게 한다.

㉡ 머리높이

신장이 큰 근로자를 대상으로 자연스런 자세에서 시야가 좁아지지 않게 한다.

㉢ 어깨높이

작업 시 손은 허리에서 어깨높이 사이에 위치하도록 하며, 어깨높이보다 높지
않게 한다.

     ⓔ 팔길이

      뻗치는 작업의 경우 팔길이가 가장 짧은 사람을 기준으로 한다.

     ⓜ 손크기

      손이 작은 근로자도 잡을 수 있도록 한다.

     ⓗ 팔꿈치 높이

      작업대(작업점) 및 의자의 높이를 결정할 때에는 팔꿈치 높이를 기준점으로 활용한다.

     ⓢ 오금높이

      의자의 앉는 면의 높이는 오금의 높이에서 무릎 각도가 90도 전·후가 되도록 하고, 필요시 발걸이 또는 발받침대를 활용한다.

     ⓞ 엉덩이 너비

      의자의 앉는 면의 너비 기준을 체격이 큰 근로자에게 맞춘다.

(3) 개선방법

사업주는 근골격계 질환이 발생할 우려가 있는 작업에 대하여는 작업표준을 정하고 작업대, 의자, 작업공간 및 기기배치, 수공구, 중량물의 취급, 작업자세 및 동작 등을 고려하여 개선한다.

  ① 작업표준 설정

     ㉠ 새로운 기기 또는 설비 등을 도입하였을 경우에는 그 때마다 작업표준을 재검토하여 작성한다.

     ㉡ 작업시간, 작업량 등을 정할 때에는 작업내용, 취급중량, 자동화 등의 상황, 보조기구의 유무, 작업에 종사하는 근로자의 수, 성별, 체격, 연령, 경험 등을 고려한다.

     ㉢ 컨베이어작업 등과 같이 작업속도가 기계적으로 정해지는 경우에는 근로자의 신체적인 특성의 차이를 고려하여 적정한 작업속도가 되도록 한다.

     ㉣ 야간작업을 하는 경우에는 낮시간에 하는 동일한 작업의 양보다 적은 수준이 되도록 조절한다.

     ㉤ 반복적인 작업에 내하어는 다음과 같이 조정한다.

       ⓐ 반복적인 작업을 연속적으로 수행하는 근로자에게는 해당 작업 이외의 작업을 중간에 넣거나 다른 근로자로 순환시키는 등 장시간의 연속작업이 수행되지 않도록 한다.

       ⓑ 반복의 정도가 심한 경우에는 공정을 자동화하거나 다수의 근로자들이 교대하도록 하여 한 근로자의 반복작업 시간을 가능한 한 줄이도록 한다.

② 작업대

　㉠ 작업대(작업점) 높이는 작업 정면을 보면서 팔꿈치 각도가 90도를 이루는 자세로 작업할 수 있도록 조절하고 근로자와 작업면의 각도 등을 적절히 조절할 수 있도록 한다.

　㉡ 작업대의 작업면은 팔꿈치 높이 또는 약간 아래에 있도록 하고 팔꿈치 이하 부위는 수평이거나 약간 아래로 기울게 한다. 또한 아주 정밀한 작업인 경우에는 팔꿈치 높이보다 높게 하고 팔걸이를 제공한다.

　㉢ 작업영역은 정상작업영역 이내에서 이루어지도록 하고 부득이한 경우에는 최대작업영역에서 하되 그 작업이 최소화되도록 한다.

③ 의자

　㉠ 장시간 앉아서 작업하는 경우에는 다음 조건에 적합한 의자를 제공한다.

　　ⓐ 의자의 높이는 눈과 손의 위치가 적절하고 무릎관절의 각도가 90도 전·후가 되도록 조절할 수 있어야 한다.

　　ⓑ 의자는 충분한 너비의 등받이가 있어야 하고 근로자의 체형에 따라 허리부위부터 어깨부위까지 편안하게 지지될 수 있어야 한다.

　　ⓒ 의자의 앉는 면은 근로자의 엉덩이가 앞으로 미끄러지지 않는 재질과 구조로 하고 의자의 깊이는 근로자의 등이 등받이에 닿을 수 있어야 한다.

　　ⓓ 가능한 한 팔걸이가 있는 것을 사용한다.

　㉡ 작업면 아래에서 다리가 자유롭게 움직일 수 있도록 설계된 것을 제공한다.

　㉢ 같은 위치에서 장시간 서서 작업하는 경우에는 선 채로 엉덩이만 걸치는 (입좌식) 의자나 작업 중 잠시 앉아 휴식을 취할 수 있는 의자를 제공한다.

④ 작업공간 및 기기 배치

　㉠ 부자연스러운 작업자세 및 동작을 제거하기 위하여 작업장, 사무실, 통로 등의 작업공간을 충분히 확보하고 제품·부품 및 기기 등의 모양, 치수 등을 고려하여 배치한다.

　㉡ 작업장의 작업기기는 근로자가 부자연스러운 자세로 작업해야 하지 않도록 배치한다.

　㉢ 장시간 서서 작업하는 경우에는 작업동작의 위치에 맞추어 발받침대를 제공한다.

⑤ 수공구

　㉠ 수공구는 가능한 한 가벼운 것으로 사용한다.

　㉡ 수공구는 잡을 때 손목이 비틀리지 않고 팔꿈치를 들지 않아도 되는 형태의 것을 사용한다.

ⓒ 수공구의 손잡이는 손바닥 전체에 압력이 분포되도록 너무 크거나 작지 않도록 하고 미끄러지지 않으며, 충격을 흡수할 수 있는 재질을 사용한다.

ⓔ 무리한 힘을 요구하는 공구는 동력을 사용하는 공구로 교체하거나 지그를 활용하되 소음 및 진동을 최소화하고 주기적으로 보수·유지한다.

ⓜ 진동공구는 진동의 크기가 작고, 진동의 인체전달이 작은 것을 선택하고 연속적인 사용시간을 제한한다.

⑥ 중량물의 취급

ⓐ 5kg 이상의 중량물을 들어올리는 작업을 하는 때에는 다음의 조치를 한다.

　ⓐ 주로 취급하는 물품에 대하여 근로자가 쉽게 알 수 있도록 물품의 중량과 무게중심에 대하여 작업장 주변에 안내표시를 한다.

　ⓑ 취급하기 곤란한 물품에 대하여는 손잡이를 붙이거나 갈고리, 진공빨판 등 적절한 보조도구를 활용한다.

ⓛ 인력으로 중량물을 취급하는 경우에는 작업점에 따라 적절한 작업영역에서 취급하도록 한다.

ⓒ 운반구의 손잡이는 잡기에 불편하지 않도록 길이, 두께, 깊이 등을 고려하고 미끄러지지 않도록 마찰력이 높은 재질과 구조를 사용한다.

ⓔ 적정중량을 초과하는 물건을 취급하는 경우에는 2인 이상이 함께 작업하도록 하고, 이 경우 가능한 한 각 근로자에게 중량이 균일하게 전달되도록 한다.

ⓜ 중량물을 취급하는 작업장의 바닥은 요철부위가 없고 잘 미끄러지지 않으며, 쉽게 움푹 들어가지 않도록 탄력성과 내충격성이 뛰어난 재료를 사용한다.

ⓗ 가능한 한 중량물 취급작업 전부 또는 일부를 자동화하거나 기계화하여 근로자의 허리부담을 경감시키도록 노력한다. 다만, 이것이 곤란한 경우에는 운반용 대차 등 적절한 보조기기를 사용하도록 하며 보조기기는 작업자가 사용하기에 불편하지 않도록 한다.

ⓢ 근로자는 인력으로 중량물을 취급하는 경우에는 다음 작업방법에 따라 작업한다.

　ⓐ 중량물에 몸의 중심을 가깝게 한다.

　ⓑ 발을 어깨너비 정도로 벌리고 몸은 정확하게 균형을 유지한다.

　ⓒ 무릎을 굽힌다.

　ⓓ 가능하면 중량물을 양손으로 잡는다.

　ⓔ 목과 등이 거의 일직선이 되도록 한다.

　ⓕ 등을 반듯이 유지하면서 무릎의 힘으로 일어난다.

⑦ 작업자세 및 동작

　　㉠ 근로자가 허리부위에 부담을 주는 엉거주춤한 자세, 앞으로 구부린 자세, 뒤로 젖힌 자세, 비틀린 자세 등의 부적절한 자세를 취하지 않도록 작업장의 구조, 작업방법 개선 등 필요한 조치를 강구한다.

　　㉡ 근로자는 다음과 같은 작업자세를 취하도록 노력한다.

　　　　ⓐ 서 있거나 의자에 앉은 자세인 경우에는 허리의 부담을 줄이기 위하여 동일한 자세를 장시간 취하지 않도록 한다.

　　　　ⓑ 물건을 들어올리기, 당기기, 밀기 등 허리부위에 부담을 주는 동작이나 자세를 가능한 한 피하도록 한다.

　　　　ⓒ 목 또는 허리 부위를 갑자기 비트는 동작이 발생하지 않도록 하고, 작업할 때의 시선은 동작에 맞추어 작업 정면을 향하도록 한다.

11 근골격계부담작업의 유해요인 평가방법(도구) ●출제율 30%

(1) OWAS(Ovako Working-posture Assessment System)

① 개요

　　㉠ 핀란드의 철강회사인 Ovako사와 FIOH(핀란드 노동위생연구소)에서 근력을 발휘하기에 부적절한 작업자세를 구별해 낼 목적으로 개발한 평가기법이다.

　　㉡ 작업자세에 의한 작업부하에 초점을 맞추었고, 현장 작업장에서 특별한 기구없이 관찰에 의해서만 작업자세를 평가한다.

　　㉢ 현장 적용이 용이한 장점 때문에 많은 작업장에서 작업자세를 평가하기 위한 방법이다.

② 분석가능 유해요인

　　㉠ 부자연스런 또는 취하기 어려운 자세

　　㉡ 과도한 힘

③ 적용 신체부위

　　㉠ 허리

　　㉡ 다리

　　㉢ 팔

④ 적용 가능업종
  ㉠ 인력에 의한 중량물 취급작업
  ㉡ 중공업
  ㉢ 조선업
⑤ 장·단점
  ㉠ 장점
    ⓐ 작업자들의 작업자세를 손쉽고 빠르게 평가할 수 있는 평가 도구
    ⓑ 작업자세 및 작업을 유지하고 있는 시간에 대한 고려 가능
  ㉡ 단점
    ⓐ 작업자세 분류 자체가 특정한 작업에만 국한되기 때문에 정밀한 작업자세를 평가하기 어려움
    ⓑ 상지나 하지 등 몸의 일부의 움직임이 적으면서도 반복하여 사용하는 작업 등에서는 차이를 파악하기 어려움
⑥ OWAS의 구성
  ㉠ 작업자세를 평가하기 위한 자세 분류법
  ㉡ OWAS 활동 점수표, 작업시간 비율에 따른 점수 수정표
  ㉢ 조치단계 분류표
⑦ OWAS의 사용방법
  ㉠ 1단계 : 작업자세 코드 정하기
  ㉡ 2단계 : 작업시간 비율에 따른 코드 수정
  ㉢ 3단계 : 작업자세 코드에 따른 점수 결정
  ㉣ 4단계 : 조치단계 결정

(2) RULA(Rapid Upper Limb Assessment)

① 개요
  ㉠ 1933년 영국에서 McAtamney와 Corlett에 의해 어깨, 팔목, 손목, 목 등 상지(upper limb)에 초점을 맞추어서 작업자세로 인한 작업부하를 쉽고 빠르게 평가하기 위해 만들어진 기법이다. 즉, 하체보다는 상체의 작업부하가 많이 부과되는 작업자세에 대한 근육부하를 평가하는 도구이다.
  ㉡ 세밀한 분석결과를 제시하지는 못하며, 상지의 분석에 초점을 두고 있기 때문에 전신의 작업자세 분석에는 한계가 있다.
  ㉢ 작업자세 분류체계의 부하수준을 정의하고 이를 근거로 작업부하를 분석하는 방법을 이용한다.

② 분석가능 유해요인
　㉠ 반복성
　㉡ 부자연스런 또는 취하기 어려운 자세
　㉢ 과도한 힘
③ 적용 신체부위
　㉠ 손목, 아랫팔
　㉡ 팔꿈치, 어깨
　㉢ 목, 몸통
④ 적용 가능업종
　㉠ 조립작업, 생산작업, 재봉업
　㉡ 관리업, 정비업, 육류가공업
　㉢ 식료품 출납원, 전화교환원, 초음파기술자
　㉣ 치과의사, 치과기술자
⑤ 장·단점
　㉠ 장점
　　ⓐ 상지와 상체의 자세를 측정하기에 용이함
　　ⓑ 상지의 정적인 자세를 측정하기에 용이함
　㉡ 단점
　　상지의 분석에 초점을 두고 있기 때문에 전신의 작업자세 분석에는 한계가 있음
⑥ 평가대상이 되는 작업부하 요소
　㉠ 작업자세
　㉡ 동작의 반복횟수
　㉢ 정적인 근육작업
　㉣ 힘
　㉤ 연속작업시간
⑦ RULA의 사용방법
　㉠ 1단계 : 상지의 평가
　㉡ 2단계 : 목, 허리, 하지 평가
　㉢ 3단계 : 점수 C와 점수 D를 통한 최종점수 산출
　㉣ 4단계 : 조치단계 결정

(3) NLE(NIOSH Lifting Equation) : NIOSH 들기지침

① 개요
   ㉠ 들기작업에 대한 RWL(권장무게한계)를 쉽게 산출하여, 작업의 위험성을 예측하여 인간공학적인 작업방법의 개선을 통해 작업자의 직업성 요통을 사전에 예방하는 것이 목적인 평가도구이다.
   ㉡ 취급중량과 취급횟수, 중량물 취급위치, 인양거리, 신체 비틀기, 중량물 들기쉬움 정도 등 여러 요인을 고려한다.
   ㉢ 정밀한 작업평가, 작업설계에 이용한다.

② 분석가능 유해요인
   ㉠ 반복성
   ㉡ 부자연스런 또는 취하기 어려운 자세
   ㉢ 과도한 힘

③ 적용 신체부위
   허리

④ 적용 가능업종
   ㉠ 포장물 배달, 음료 배달, 조립작업
   ㉡ 인력에 의한 중량물 취급작업
   ㉢ 무리한 힘이 요구되는 작업
   ㉣ 고정된 들기작업

⑤ 장·단점
   ㉠ 장점
      ⓐ 들기작업 시 안전하게 작업할 수 있는 작업물체의 중량을 계산할 수 있음
      ⓑ 인간공학적 작업부하, 작업자세로 인한 부하, 생리학적 측면의 작업부하 모두를 고려한 것
   ㉡ 단점
      ⓐ 전문성이 요구됨
      ⓑ 늘기작업에만 적절하게 사용가능하며, 반복적인 작업자세, 밀기, 당기기 등과 같은 작업에 대해서는 평가가 어려움

⑥ NLE 분석절차

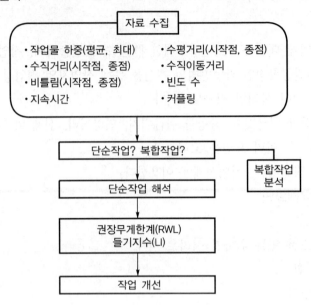

```
                        ┌──────────────┐
                        │   자료 수집    │
                        └──────────────┘
        ┌───────────────────────────────────────┐
        │ • 작업물 하중(평균, 최대)  • 수평거리(시작점, 종점) │
        │ • 수직거리(시작점, 종점)   • 수직이동거리          │
        │ • 비틀림(시작점, 종점)     • 빈도 수              │
        │ • 지속시간               • 커플링                │
        └───────────────────────────────────────┘
                        │
                ┌───────────────┐        ┌────────┐
                │ 단순작업? 복합작업? │───────│ 복합작업 │
                └───────────────┘        │  분석   │
                        │                └────────┘
                ┌───────────────┐
                │  단순작업 해석   │
                └───────────────┘
                        │
                ┌───────────────┐
                │ 권장무게한계(RWL) │
                │  들기지수(LI)    │
                └───────────────┘
                        │
                ┌───────────────┐
                │   작업 개선     │
                └───────────────┘
```

⑦ NLE 적용 불가능 경우

　㉠ 한 손으로 중량물을 취급하는 경우

　㉡ 8시간 이상 중량물을 취급하는 작업을 계속하는 경우

　㉢ 앉거나 무릎을 굽힌 자세로 작업을 하는 경우

　㉣ 균형이 맞지 않는 중량물을 취급하는 경우

　㉤ 운반이나 밀거나 당기는 작업에서의 중량물 취급

　㉥ 빠른 속도로 중량물을 취급하는 경우(≒75cm/sec를 넘어가는 경우)

　㉦ 바닥 면이 좋지 않은 경우(지면과 마찰계수가 0.4 미만의 경우)

　㉧ 온도범위가 19~26℃ 벗어나는 경우

　㉨ 습도범위가 35~50% 벗어나는 경우

(4) REBA(Rapid Entire Body Assessment)

① 개요

　㉠ REBA는 작업자세와 관련되어 나타나는 근골격계 질환의 위험성 평가를 하기 위한 기법이다.

　㉡ 상지 작업을 중심으로 한 RULA에서의 단점을 보완하여 개발된 평가기법, 즉 의료 관련 직종이나 다른 산업에서 예측이 힘든 다양한 자세들이 발생하는 경우를 대비하여 만들어졌다.

ⓒ 신체 전체의 자세를 평가하는 평가 도구로서 RULA가 상지에 국한되어 평가하
는 단점을 보완한 평가도구로서 RULA보다 하지의 분석을 좀 더 자세히 평가
할 수 있다.

② 분석가능 유해요인

ⓐ 반복성

ⓑ 부자연스런 또는 취하기 어려운 자세

ⓒ 과도한 힘

③ 적용 신체부위

ⓐ 손목, 아래팔, 팔꿈치

ⓑ 어깨, 목, 몸통

ⓒ 허리, 다리, 무릎

④ 적용 가능업종

ⓐ 간호사, 간호보조

ⓑ 관리업, 가정부

ⓒ 식료품 창고, 식료품 출납원

ⓓ 전화교환원, 초음파기술자

ⓔ 치과의사, 치위생사, 수의사

⑤ 장 · 단점

ⓐ 장점

ⓐ RULA가 상지에 국한되어 평가하는 단점을 보완한 도구

ⓑ 전신의 작업자세, 작업물체나 공구의 무게도 고려

ⓑ 단점

RULA에 비하여 자세분석에 사용된 사례가 부족하여 우리나라에서는 자동차
업종에서 주로 사용

⑥ REBA 평가과정

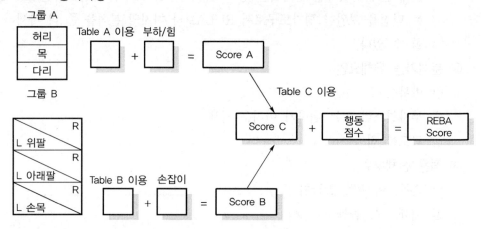

(5) Job Strain Index(작업긴장도 지수)

① 개요

　㉠ 주로 상지의 말단(손, 손목, 팔꿈치)의 직업 관련성 근골격계 유해요인을 평가하기 위한 도구로 각각의 작업을 세분화하여 평가하며, 작업을 정량적으로 평가함과 동시에 질적인 평가도 함께 고려한다.

　㉡ 생리학적, 생체 역학적, 병역학적 기준에 의해 만들어졌다.

　㉢ JSI 평가결과의 점수가 7점 이상은 위험한 작업이므로 즉시 작업개선이 필요한 작업으로 관리기준을 제시하게 된다.

　㉣ 이 평가방법은 손목의 특이적인 위험성만을 평가하고 있어 제한적인 작업에 대해서만 평가가 가능하고, 손, 손목 부위에서 중요한 진동에 대한 위험요인이 배제되었다는 단점이 있다.

　㉤ 평가과정은 지속적인 힘에 대해 5등급으로 나누어 평가하고, 힘을 필요로 하는 작업의 비율, 손목의 부적절한 작업자세, 반복성, 작업속도, 작업시간 등 총 6가지 요소를 평가한 후 각각의 점수를 곱하여 최종 점수를 산출하게 된다.

② 분석가능 유해요인

　㉠ 반복성

　㉡ 부자연스런 또는 취하기 어려운 자세

　㉢ 과도한 힘

③ 적용 신체부위

　㉠ 손가락

　㉡ 손목

④ 적용 가능업종

　　㉠ 중소 제조업, 검사업, 재봉업

　　㉡ 육류가공업, 포장업

　　㉢ 자료입력, 자료처리

　　㉣ 손목의 움직임이 많은 직업

⑤ 평가기준 항목

　　㉠ 힘을 발휘하는 강도

　　㉡ 힘을 발휘하는 지속시간

　　㉢ 분당 힘의 발휘

　　㉣ 손/손목의 자세

　　㉤ 작업속도

　　㉥ 1일 작업의 지속시간

⑥ 평가

　　㉠ 앞의 ⑤항 6가지 변수를 측정하여 기록한 뒤 등급과 계수를 찾아 기록

　　㉡ 기록된 계수를 모두 곱하여 평가 점수표에 의하여 평가

(6) 밀기/당기기 위험표(Snook Push/Pull Hazard Tables)

① 분석가능 유해요인

　　㉠ 반복성

　　㉡ 부자연스런 또는 취하기 어려운 자세

　　㉢ 과도한 힘

② 적용 신체부위

　　㉠ 허리

　　㉡ 몸통

　　㉢ 어깨

　　㉣ 다리

③ 적용 가능업종

　　㉠ 음식료품 서비스업

　　㉡ 세탁업, 가정집, 관리업

　　㉢ 포장물 운반/배달, 쓰레기 수집업

　　㉣ 요양원, 응급실, 앰뷸런스

    ⑩ 운반수레 밀기/당기기 작업

    ⑪ 대상물 운반이 포함된 작업

(7) 국소진동 노출기준(ACGIH Hand/Arm Vibration TLV)

  ① 분석가능 유해요인

    진동

  ② 적용 신체부위

    ㉠ 손가락

    ㉡ 손목

    ㉢ 어깨

  ③ 적용 가능업종

    ㉠ 연마작업, 연삭작업, 분쇄작업

    ㉡ 드릴작업, 제봉작업, 실톱작업

    ㉢ 진동이 있는 전동공구를 사용하는 작업

    ㉣ 정규적으로 진동공구를 사용하는 작업

12 근골격계 질환 예방관리 프로그램 ●출제율 40%

(1) 정의

  근골격계부담작업으로 인한 건강장애 예방관리를 위한 프로그램의 일종으로서 근골격계 부담작업에 대한 유해요인조사, 작업환경 개선, 의학적 관리, 교육 훈련 평가에 관한 사항 등이 포함된 근골격계 질환 예방관리를 위한 종합적인 계획을 말한다.

(2) 근골격계 질환 예방관리 프로그램을 수립·시행하는 경우

  ① 업무상 질병으로 인정받은 근로자가 연간 10인 이상 발생한 사업장 또는 5인 이상 발생한 사업장으로서 발생비율이 그 사업장 근로자 수의 10% 이상인 경우

  ② 근골격계 질환 예방과 관련하여 노사 간의 이견이 지속되는 사업장으로서 고용노동부장관이 필요하다고 인정하여 근골격계 질환 예방관리 프로그램을 수립하여 시행할 것을 명령한 경우

(3) 예방관리 프로그램의 흐름도

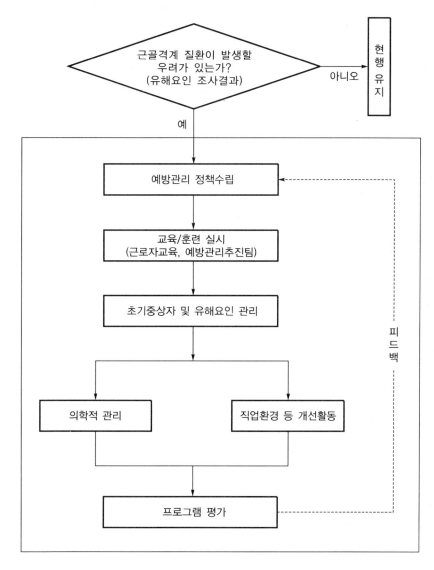

SECTION 9 중량물 취급

01 직업성 요통

(1) 재해성 요통

무거운 물건을 취급할 때 급격한 힘에 의해 근육, 인대 등 연조직의 손상 등이 나타나는 현상이다.

(2) 직업성 요통

중량물 취급, 작업자세, 전신 진동, 기타 허리에 과도한 부담을 주는 작업에 의해 급성 혹은 만성적인 요통으로 나타나는 현상을 일반적으로 장기간 반복하여 무리한 동작을 할 때 발생하는 경우가 많다.

02 L_5/S_1 disc

(1) 척추의 디스크 중 앉을 때, 서 있을 때, 물체를 들어올릴 때 및 쥘 때 발생하는 압력이 가장 많이 흡수되는 디스크이다.

(2) 인체 등의 구조는 경추가 7개, 흉추가 12개, 요추가 5개이고 그 아래에 천골로서 골반의 후벽을 이룬다. 여기서 요추 5번째 L_5와 천골 사이에 있는 디스크가 있다. 이 곳의 디스크를 L_5/S_1 disc라 한다.

(3) 물체와 몸의 거리가 멀 경우 지렛대의 역할을 하는 L_5/S_1 디스크에 많은 부담을 주게 된다.

03 요통발생에 관여하는 주요 요인

(1) 작업 습관과 개인적인 생활 태도

(2) 작업빈도, 물체의 위치와 무게 및 크기 등과 같은 물리적 환경요인

(3) 근로자의 육체적 조건

(4) 요통 및 기타 장애의 경력

(5) 올바르지 못한 작업방법 및 자세(대표적 : 버스 운전기사, 이용사, 미용사 등의 직업인)

04 산업안전보건기준 규칙상 중량물의 표시 ● 출제율 10%

사업주는 5kg 이상의 중량물을 들어올리는 작업에 근로자를 종사하도록 하는 때에는 다음의 조치를 하여야 한다.
  ① 주로 취급하는 물품에 대하여 근로자가 쉽게 알 수 있도록 물품의 중량과 무게중심에 대하여 작업장 주변에 안내표시를 할 것
  ② 취급하기 곤란한 물품에 대하여 손잡이를 붙이거나 갈고리, 진공빨판 등 적절한 보조도구를 활용할 것

05 산업보건기준 규칙상 작업자세

사업주는 중량물을 들어올리는 작업에 근로자를 종사하도록 하는 때에는 무게중심을 낮추거나 대상물에 몸을 밀착하도록 하는 등 신체에 부담을 감소시킬 수 있는 자세에 대하여 널리 알려야 한다.

06 중량물 취급에 대한 기준(NIOSH) 적용범위 ●출제율 10%

(1) BOX(박스)인 경우는 손잡이가 있어야 하고, 신발이 미끄럽지 않아야 한다.

(2) 작업장 내의 온도가 적절해야 한다.

(3) 물체의 폭이 75cm 이하로서 두 손을 적당히 벌리고 작업할 수 있는 공간이 있어야 한다.

(4) 보통 속도로 두 손으로 들어올리는 작업을 기준으로 한다.

07 중량물 취급에 대한 기준에 영향을 미치는 요인

(1) 물체 무게

(2) 물체 위치(물체와 사람과의 거리 의미)

(3) 물체의 높이(바닥으로부터 물체가 처음 놓여 있는 장소의 높이)

(4) 작업횟수(빈도)

(5) 작업시간

08 NIOSH에서 제안한 중량물 취급작업의 권고치 중 감시기준(AL) ●출제율 30%

(1) 설정 배경

① 역학조사 결과
    소수 근로자들에게 장애 위험도 증가

② 생물역학적 연구 결과
    L_5/S_1 디스크에 가하는 압력이 3,400N 미만인 경우 대부분 근로자 견딤

③ 노동생리학적 연구 결과

요구되는 에너지 대사량 3.5kcal/min

④ 정신물리학적 연구 결과

남자 99%, 여자 75% 이상에서 AL 수준의 작업 가능

(2) 감시기준(AL) 관계식

$$\mathrm{AL(kg)} = 40\left(\frac{15}{H}\right)(1 - 0.004|V - 75|)\left(0.7 + \frac{7.5}{D}\right)\left(1 - \frac{F}{F_{\max}}\right)$$

여기서, H : 대상물체의 수평거리

- 대상물체의 중심으로부터 두 발목의 중간지점까지의 거리
- 약 15~80cm 범위

V : 대상물체의 수직거리

- 바닥으로부터 물체의 중심까지의 거리(들어올리기 전 물체의 위치)
- 최고 175cm 정도

D : 대상물체의 이동거리

- 약 25~200cm 범위

F : 중량물 취급작업의 빈도(회/min)

- 최소값은 0.2회/min

$F_{\max}$: 최대 빈도수

- 작업시간과 물체의 수직거리에 따라 결정

09 NIOSH에서 제안한 중량물 취급작업의 권고치 중 최대허용기준(MPL) ●출제율 20%

(1) 설정 배경

① 역학조사 결과

MPL을 초과하는 작업에서는 대부분의 근로자에게 근육, 골격 장애 나타남

② 인간공학적 연구 결과

L_5/S_1 디스크에 6,400N 압력부하 시 대부분 근로자 견딜 수 없음

③ 노동생리학적 연구 결과

요구되는 에너지 대사량 5.0kcal/min 초과

④ 정신물리학적 연구 결과

남성 25%, 여성 1% 미만에서만 MPL 수준의 작업 가능

(2) 최대허용기준(MPL) 관계식

$$MPL(최대허용기준) = AL(감시기준) \times 3$$

필수 예상문제 ✔ 출제확률 30%

근로자로부터 45cm 떨어진 물체(10kg)를 바닥으로부터 150cm 들어올리는 작업을 1분에 5회씩 8시간 수행할 때, NIOSH의 감시기준(AL) 및 최대허용기준(MPL)은? (단, 물체의 손잡이는 양호하고, F_{max} 는 12회/min으로 가정한다.)

풀이 감시기준$(AL) = 40\left(\dfrac{15}{H}\right)(1 - 0.004|V-75|)\left(0.7 + \dfrac{7.5}{D}\right)\left(1 - \dfrac{F}{F_{max}}\right)$

MPL(최대허용기준)=AL(감시기준)×3이므로 먼저 AL를 구하면

H=45cm, V=0cm, D=150cm, F=5회/min, F_{max}=12회/min 적용

$AL = 40\left(\dfrac{15}{45}\right)(1 - 0.004|0-75|)\left(0.7 + \dfrac{7.5}{150}\right)\left(1 - \dfrac{5}{12}\right) = 4kg$

∴ $MPL = 4kg \times 3 = 12kg$

10 개정 NIOSH 중량물 취급작업의 권고기준(RWL) ●출제율 30%

(1) 개요

① 권장중량(무게) 한계인 RWL(Recommended Weight Limit)는 건강한 근로자들이 들기작업 시 작업을 최대 8시간 계속해도 요통의 발생위험이 증대되지 않는 취급물 중량의 한계값을 말한다.

② 중량물을 취급하는 동작을 분석하는 대표적인 인간공학 평가도구인 NLE(NIOSH Lifting Equation)를 이용하여 평가할 때 단일작업 시 RWL(추천 중량한계)를 구한다.

③ 감시기준과 최대허용기준의 보완적 의미이다.

(2) 권장중량한계(RWL) 관계식

$$RWL = LC \times HM \times VM \times DM \times AM \times FM \times CM$$

여기서, LC : 중량상수(부하상수)
- RWL 계산 시 23kg 적용(23kg은 최적작업상태 권장 최대무게, 즉 모든 조건이 가장 좋지 않을 경우 허용되는 최대중량의 의미)
- 다른 계수들이 0~1 사이의 값을 가지므로 어느 경우에도 23kg을 넘지 않음

HM : 수평계수($= 25/H$)
- 대상물체(취급물)의 수평위치, 즉 대상물체의 중심으로부터 두 발목의 중간지점까지의 거리
- 발의 위치에서 중량물을 들고 있는 손의 위치까지의 수평거리
- 수평위치는 25~63cm의 범위를 가짐

VM : 수직계수[$= 1 - (0.003 \times |V - 75|)$]
- 대상물체의 수직위치, 즉 바닥으로부터 중량물의 중심까지의 거리
- 바닥에서 손까지의 거리로 들기작업의 시작점과 종점의 두 군데서 측정함
- 수직위치는 0~175cm의 범위를 가짐

DM : 거리계수[$= 0.82 + (4.5/D)$]
- 수직이동거리, 즉 중량물체의 수직이동거리의 절대값
- 중량물을 들기 전 위치에서의 수직위치와 중량물을 들어서 장착한 위치에서 수직위치의 차이
- 수직이동거리는 25~175cm 범위를 가짐

AM : 비대칭 각도계수[$= 1 - (0.0032 \times A)$]
- 중량물을 들 때 허리가 비틀거리는 정도를 나타내는 비대칭 각도는 중량물의 위치가 사람의 정중면에서 벗어난 각도
- 비대칭 각도는 0~135°의 범위를 가짐

FM : 작업 빈도계수
- 분낭 느는 횟수, 즉 인력들기 작업의 빈도
- 작업빈도는 0.2회/분~16회/분의 범위를 지님
- 들기빈도(LF), 작업시간(LD), 수직위치(V)로부터 구함

CM : 결합계수(손잡이계수)
- 중량물을 들 때 중량물의 손잡이 상태를 결정
- 결합타입과 수직위치(V)로부터 구함

(3) LI(Lifting Index) : 중량물 취급지수, 들기지수

① 정의

들기지수(LI)는 특정한 들기작업과 관련된 육체적 스트레스의 수준을 상대적으로 비교, 평가하는 지수이다.

② 관련식

$$LI = \frac{\text{물체 무게}(kg)}{RWL(kg)}$$

- LI값이 1보다 크면 요통 발생위험이 높음을 의미
- LI값이 1 이하가 되도록 작업을 설계 또는 재설계할 필요가 있음

필수 예상문제   ✔ 출제확률 40%

다음 [표]를 이용하여 개정된 NIOSH의 들기작업 권고기준에 따른 권장무게한계(RWL)는 약 얼마인가?

계수구분	값	계수구분	값
수평계수(HM)	0.5	비대칭계수(AM)	1
수직계수(VM)	0.955	빈도계수(FM)	0.45
거리계수(DM)	0.91	커플링계수(CM)	0.95

풀이 $RWL(kg) = LC \times HM \times VM \times DM \times AM \times FM \times CM$

여기서, LC : 중량상수(23kg)

$= 23kg \times 0.5 \times 0.955 \times 0.91 \times 1 \times 0.45 \times 0.95$

$= 4.27kg$

기출문제

근로자로부터 40cm 떨어진 곳에 있는 10kg인 물체를 바닥으로부터 150cm 높이(위치)까지 들어올리는 작업을 1분에 5회, 1일 8시간씩 수행할 때 감시기준(AL)은 4.6kg이며 권고기준(RWL)은 3.3kg이다. 미국국립산업안전보건연구원(NIOSH)에서 권고하는 최고허용기준(Maximum Permissible Limit, MPL) 및 중량물 취급지수(Lifting Index, LI)를 각각 계산하시오.

풀이 ① 최고허용기준(MPL)

$MPL = 3 \times AL = 3 \times 4.6kg = 13.8kg$

② 중량물 취급지수(LI)

$LI = \dfrac{\text{물체 무게}}{RWL(kg)} = \dfrac{10kg}{3.3kg} = 3.03$

기출문제

다음 그림과 같이 기준점(origin)에서의 수평거리가 0.3m이고, 목적지(destination)에서의 수평거리가 0.45m이다. 선반 1의 높이는 0.6m, 선반 2의 높이는 1.4m이다. 상자는 손잡이나 손잡이 홈이 없는 단단한 규격상자로 무게가 13kg인 것을 대칭 들어올리기로 1분에 4회 드는 작업을 50분 동안 수행한다. 1991년 NIOSH 들기작업 지침을 이용하여 기준점에서와 목적지에서의 RWL(Recommended Weight Limit)과 LI(Lifting Index)를 각각 구하고, 개선방안을 제시하시오. (단, 계산 시 제시된 표를 이용하시오.)

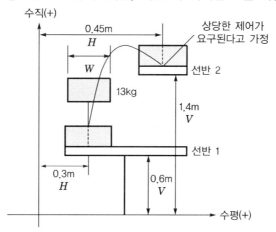

구 분	승 수		수 식	
1	LC(Load Constant, 부하승수)	=	23kg	
2	HM(Horizontal Multiplier, 수평승수)	=	1	($H \leq 25cm$)
		=	$25/H$	($25 \sim 63cm$)
3	VM(Vertical Multiplier, 수직승수)	=	$1-(0.003 \times |V-75|)$	($0 \leq V \leq 175$)
		=	0	($V > 175cm$)
4	DM(Distance Multiplier, 거리승수)	=	1	($D \leq 25cm$)
		=	$0.82+4.5/D$	($25 \sim 175cm$)
5	AM(Asymmetric Multiplier, 비대칭승수)	=	$1-0.0032 \times A$	($0 \leq A \leq 135°$)
		=	0	($A > 135°$)

들기빈도 F(회/분)	작업시간 LD(Lifting Duration)					
	LD≤1시간		1시간≤LD≤2시간		2시간<LD	
	$V<75cm$	$V \geq 75cm$	$V<75cm$	$V \geq 75cm$	$V<75cm$	$V \geq 75cm$
4	0.84	0.84	0.72	0.72	0.45	0.45

결합 타입	수직위치(V)	
	$V<75cm$	$V \geq 75cm$
양호(good)	1.00	1.00
보통(fair)	0.95	1.00
불량(poor)	0.90	0.90

풀이 $RWL(kg) = LC \times HM \times VM \times DM \times AM \times FM \times CM$

$LC \longrightarrow 23kg$

$HM \longrightarrow$ 수평거리가 30cm이므로

$$HM = \frac{25}{H} = \frac{25}{30} = 0.833$$

$VM \longrightarrow$ 수직거리가 60cm이므로

$$VM = 1 - (0.003 \times |V - 75|)$$
$$= 1 - (0.003 \times |60 - 75|) = 0.955$$

$DM \longrightarrow$ 수직방향의 이동거리가 80cm이므로

$$DM = 0.82 + 4.5/D$$
$$= 0.82 + (4.5/80) = 0.876$$

$AM \longrightarrow$ 정면이므로

$$AM = 1 - 0.0032 \times A$$
$$= 1 - (0.0032 \times 0) = 1$$

$FM \longrightarrow$ 들기빈도 F(4회/분), 작업시간 LD(50분 : LD≦1시간)

수직위치 V(60cm : $V < 75$cm)이므로 표에서 0.84

$CM \longrightarrow$ • 손잡이나 잡을 수 있는 부분이 없기 때문에 결합 타입은 불량

• 수직위치 V(60cm : $V < 75$cm)이므로 표에서 0.90

① $RWL = 23 \times 0.833 \times 0.955 \times 0.876 \times 1 \times 0.84 \times 0.90$

$= 12.117kg$

② $LI = \dfrac{물체무게(kg)}{RWL(kg)} = \dfrac{13kg}{12.117kg} = 1.073$

③ 개선방안

LI가 1보다 큰 값이므로 요통의 발생위험이 높으므로

LI가 1 이하가 되도록 LC를 제외한 6개 변수를 재설계함

SECTION 10 인간공학

01 정의

(1) NIOSH

인간공학은 일을 하는 사람의 능력에 업무의 요구도나 사업장의 상태와 조건을 맞추는 과학, 즉 인간과 기계의 조화있는 상관관계를 만드는 것이다.

(2) OSHA

인간공학이란 일을 인간에 적합하게 하는 과학이다.

(3) Woodson. W.E

인간공학이란 인간과 기계의 관계를 합리화시키는 것이다.

(4) ISO

인간공학은 건강, 안전, 복지, 작업성과 등의 개선을 요구하는 작업, 시스템, 제품, 환경을 인간의 신체적 · 정신적 능력과 한계에 부합시키기 위해 인간과학으로부터 지식을 생성 · 통합한다.

02 인간공학의 관점

(1) 기술적 문제에 초점을 맞추는 일반 공학과는 달리 인간-기계 시스템의 설계가 인간에 미치는 영향에 초점을 둔다.

(2) 안전성의 개선, 피로와 스트레스 감소, 쾌적감 증가, 사용자 적합성 향상, 작업만족도 증대, 생활의 질적 개선 등을 통하여 바람직한 인간의 가치를 증대시킨다.

03 인간공학의 목적

(1) 인간의 다양한 생활에서 사용하고 있는 물건, 기계 또는 환경을 설계하여 사용자가 건강하고, 안전하며 만족한 생활을 영위할 수 있게 하는 데 있다.

(2) 사용자 편의성 증대, 오류의 감소, 생산성 향상 등을 위하여 수행하는 인간과 시스템의 모든 활동의 효능과 효율을 향상시킨다.

04 인간공학에서 고려해야 할 인간의 특성

(1) 인간의 습성

(2) 기술·집단에 대한 적응능력

(3) 신체의 크기와 작업환경

(4) 감각과 지각

(5) 운동력과 근력

(6) 민족

05 인간공학이 현대사회(산업)에서 중요시 되고 있는 이유

(1) 인간 존중의 차원에서 볼 때 종전의 기계는 개선되어야 할 문제점이 많기 때문이다.

(2) 생산 경쟁이 격심해짐에 따라 이 분야를 합리화시킴으로써 생산성을 증대시키고자 하기 때문이다.

(3) 자동화 또는 제어된 생산과정 속에서 일하고 있으므로 기계와 인간의 문제가 연구되어야 하기 때문이다.

06 인간공학 활용 3단계 ● 출제율 20%

인간공학은 공장의 기계시설에 있어 준비단계, 선택단계, 검토단계의 순서로 실제 적용하게 된다.

(1) 1단계 : 준비단계

인간공학에서 인간과 기계관계 구성인자의 특성이 무엇인지를 알아야 하는 단계 및 인간과 기계가 각기 맡은 일과 인간과 기계관계가 어떠한 상황에서 조작될 것인지 명확히 알아야 하는 단계를 말한다.

(2) 2단계 : 선택단계

작업을 수행하는데 필요한 직종간의 연결성, 공정설계에 있어서의 기능적 특성, 경제적 효율, 제한점을 고려하여 세부설계를 하여야 하는 인간공학의 활용단계를 말한다.

(3) 3단계 : 검토단계

공장의 기계설계 시 인간공학적으로 인간과 기계관계의 비합리적인 면을 수정·보완하는 단계를 말한다.

07 인간공학이 활용되는 대상

(1) 작업공간

(2) 작업방법

(3) 작업조직

08 인간공학에 적용되는 인체 측정방법 ●출제율 10%

(1) **정적 치수(static dimension)**

① 구조적 치수라고도 하며, 구조적 인체치수의 종류에는 팔길이, 앉은 키, 눈높이 등이 있다.

② 정적자세에서 움직이지 않는 측정을 인체 계측기로 측정한 것이다.

③ 골격치수(팔꿈치와 손목 사이와 같은 관절 중심거리)와 외곽치수(머리둘레, 허리둘레 등)로 구성된다.

④ 보통 표(table)의 형태로 제시한다.

⑤ 동적인 치수에 비하여 데이터 수가 많다.

(2) **동적 치수(dynamic dimension)**

① 기능적 치수라고도 한다.

② 육체적인 활동을 하는 상황에서 측정한 치수이다.

③ 정적인 데이터로부터 기능적 인체지수로 환산하는 일반적인 원칙은 없다.

④ 다양한 움직임을 표로 제시하기 어렵다.

⑤ 정적인 치수에 비하여 상대적으로 데이터가 적다.

09 인체측정 자료의 응용원칙 ●출제율 30%

(1) 극단치를 이용한 설계

① 개요

㉠ 극단에 속하는 사람을 대상으로 설계 시 거의 모든 사람을 수용할 수 있다.

㉡ 최대 집단값, 최소 집단값을 정할 때는 효과와 비용을 고려해야 한다.

② 종류

㉠ 최대 집단값에 의한 설계

ⓐ 대상 집단에 대한 관련 인체측정 변수의 상위 백분위수(percentile)를 기준으로 하며 90, 95, 99 백분위수가 사용됨

ⓑ 문, 탈출구, 통로, 지지물 등과 같은 공간여유를 정할 경우 사용

㉡ 최소 집단값에 의한 설계

ⓐ 대상 집단에 대한 관련 인체측정 변수의 하위 백분위수를 기준으로 하여 1, 5, 10 백분위수가 사용됨

ⓑ 선반의 높이, 조정장치까지의 거리, 조정장치가 작동하기 위해 가해야 하는 힘 등을 정할 경우 사용

(2) 조절식 설계

① 개요

체격이 다른 여러 사람에게 맞도록 조절식으로 만드는 것을 말한다.

② 특징

㉠ 자동차 좌석의 전후 조절, 사무실 의자의 상하 조절 등을 정할 때 사용

㉡ 통상 5 백분위수값에서 95 백분위수값까지의 90% 범위를 수용대상으로 설계하는 것이 바람직

㉢ 일반적으로 조절식 설계방법이 선호되지만 그렇지 않은 경우에 대한 판단이 우선되어야 함

(3) 평균치를 이용한 설계

① 최대 집단값, 최소 집단값, 조절식으로 설계하는 것이 부적절한 경우에 적용한다.
② 평균치에 맞추어 설계 시 먼저 주어진 상황을 검토하고, 복잡성을 피하기 위해 사용되어서는 안 된다.

10 인체측정 자료 활용 시의 주의사항 ●출제율 20%

(1) 측정값에는 연령, 성별, 민족, 직업 등의 차이 외에 지역차 혹은 장기간 근로조건, 스포츠의 경험에 따라서도 차이가 있다. 따라서 설계대상이 있는 집단에 적용할 때는 참고로 하는 측정값 데이터 및 계측시기 등 여러 요인을 고려할 필요가 있다.

(2) 측정값의 표본수는 신뢰성과 재현성이 좋은 것이 보다 바람직하며, 최소 표본수는 50~100명으로 되어야 한다.

(3) 인체측정값은 어떤 기준에 따라 측정된 것인가를 확인할 필요가 있다.

(4) 인체측정값은 일반적으로 나체 치수로서 나타나는 것이 통상이며, 설계대상에 그대로 적용되지 않는 때가 많다. 장치를 조작할 때는 작업 안전복이나 개인장비로서 안전화, 안전모, 각종의 보호구 등을 착용하므로 실제의 상태에 맞는 보정이 필요하다. 또, 동작공간의 설계에서는 인체측정값에 사람의 움직임을 고려한 약간의 틈(clearance)을 치수에 가감할 필요가 있다.

(5) 설계대상의 집단은 항상 일정하게 안정된 것이 아니므로 적용범위로서의 여유를 고려할 필요가 있다. 일반적으로 평균값을 사용하면 좋을 것이라고 생각할 것이나, 평균값으로서는 반수의 사람에게는 적합하지 않으므로 주의해야 할 것이다.

11 인체측정학적 설계 절차 ●출제율 20%

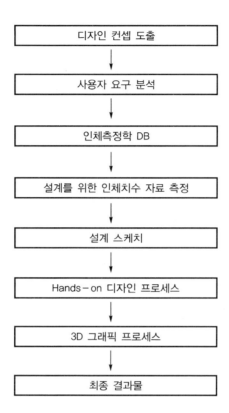

```
┌─────────────────┐
│  디자인 컨셉 도출  │
└─────────────────┘
         ↓
┌─────────────────┐
│  사용자 요구 분석  │
└─────────────────┘
         ↓
┌─────────────────┐
│   인체측정학 DB   │
└─────────────────┘
         ↓
┌──────────────────────┐
│ 설계를 위한 인체치수 자료 측정 │
└──────────────────────┘
         ↓
┌─────────────────┐
│    설계 스케치    │
└─────────────────┘
         ↓
┌──────────────────────┐
│ Hands-on 디자인 프로세스 │
└──────────────────────┘
         ↓
┌─────────────────┐
│  3D 그래픽 프로세스  │
└─────────────────┘
         ↓
┌─────────────────┐
│    최종 결과물    │
└─────────────────┘
```

12 인간공학적 작업장 개선방법

(1) 인간공학적 작업장 개선의 필요성

① 근골격계 질환의 예방

② 수월하고 편리한 작업 수행으로 작업능률 향상

③ 사고발생 억제효과로 산업재해 예방

(2) 작업장 개선지점 선정방법

① 작업개선에 있어 가장 중요한 것은 개선에 대한 우선순위 결정이다.

② 우선순위를 선정 시 현실적인 개선 가능성과 경제적인 비용부담 문제를 고려한다.

③ 개선을 위한 우선순위의 결정은 다음의 사항을 참조하여 결정한다.

    ㉠ 현재 환자가 존재하는 작업공정

    ㉡ 현재 환자는 없지만 과거에 있었고 작업변화가 없는 공정

    ㉢ 현재 및 과거에도 없었지만 작업자가 증상을 호소하는 공정

    ㉣ 현재 및 과거에도 환자가 없었고 증상 호소자도 없지만 작업분석에서 잠재적 고위험요인이 발견된 공정

(3) 개선원리

① 작업자들이 최소의 힘으로 작업이 가능하도록 한다.

② 작업자들이 수행하는 작업횟수를 최소화한다.

③ 작업자들이 좋은 자세로 작업하도록 한다.

④ 작업자들이 충분한 휴식을 취하면서 일하도록 한다.

(4) 인간공학적 작업장 개선방법

① 작업장에서 해야 될 기본적인 사항을 먼저 이행

    ㉠ 정리 · 정돈

    ㉡ 청소

    ㉢ 청결의 습관화

② 작업 시 소요되는 힘을 최소화

③ 반복횟수를 줄임

④ 좋은 자세로 작업

    ㉠ 작업높이

       팔꿈치 높이에서 작업

    ㉡ 거리

       작업자와 근접한 지점에서 작업이 이루어지도록 함

    ㉢ 각도

       작업 시 팔꿈치의 각도는 90도, 손목이 이루는 각도는 180도(일직선)가 되도록 함

    ㉣ 비틀림

       허리, 손목, 팔목이 비틀리지 않도록 함

⑤ 피로를 덜 받도록 하거나 휴식을 잘 취함

　㉠ 좋은 휴식공간을 마련하고 피로를 풀 수 있는 설비 갖춤

　㉡ 서서 일하는 작업지점에 피로 예방 매트를 깔아줌

　㉢ 작업 전후, 작업 도중에 스트레칭을 실시

　㉣ 물리치료실을 설치하거나 가까운 물리치료시설을 활용하는 등 사소한 이상현상을 조기에 해소

　㉤ 적정한 작업속도를 유지

　㉥ 부하가 많이 걸리는 작업의 시간 외 근무를 억제

⑥ 기타

　㉠ 손잡이를 개선

　㉡ 접촉 스트레스를 제거

　㉢ 보호구를 사용

　㉣ 체력 단련

(5) 위험요인에 따른 인간공학적 일반대책 　출제율 30%

① 부적절한 자세

　㉠ 최대값 또는 최소치를 기준으로 하는 설계

　　ⓐ 모집단의 데이터 중 시스템 특성에 따라 가장 작은 값 또는 가장 큰 값을 기준으로 설계하는 경우

　　ⓑ 최대치는 문, 비상구, 통로 등과 같은 여유(Clearance)를 정할 때 사용되며, 주로 남성의 상위 95% 값(95퍼센타일)을 기준

　　ⓒ 최소치는 선반의 높이, 조종장치까지의 거리 등을 설계할 때 적용되며 대개 여성의 하위 5% 값(5퍼센타일)을 기준

　　ⓓ 최대치나 최소치를 정할 때, 100%를 모두 수용하는 데서 비용이 엄청나게 클 때는 흔히 95%(95퍼센타일)나 5% 값(5퍼센타일)을 기준으로 사용하는 것이 관례

　㉡ 조절가능한 설계

　　ⓐ 사용자의 신체 특성에 맞게 조절가능(Adjustable)하게 설계하는 것으로서 높이가 조절가능한 의자의 설계 등이 그 예

　　ⓑ 조절가능한 장비를 설계할 때는 통상 하위 5%(5퍼센타일)에서 95%(95퍼센타일)까지의 범위를 수용 대상으로 함

　　　ⓒ 평균치를 기준으로 하는 설계

　　　　ⓐ 인체치수의 적용 시 유념할 점은 모든 면에서 평균적인 인간은 없다는 것

　　　　ⓑ 예를 들면 은행의 카운터 높이는 아주 키가 크거나 또는 아주 작은 사람을 기준으로 설계하는 것보다 평균키를 위하여 설계하는 것이 나음(이는 카운터의 높이를 고객에 따라 그때그때 조절할 수 없기 때문)

　　　ⓔ 어린이, 노약자, 장애자를 고려한 설계(어린이, 노약자, 장애자들은 정상적인 집단과는 다른 특성을 가지므로 이들을 위한 별도의 설비나 여유를 가지는 것이 바람직)

　② 정적인 동작

　　　㉠ 힘든 일을 10초 정도 또는 그 이상 계속해야 할 때

　　　㉡ 보통의 작업이라도 1분 정도 또는 그 이상 계속해야 할 때

　　　㉢ 적은 힘이 드는 작업이라도 4분 정도 또는 그 이상 계속해야 할 때

　　　　근골격계 질환으로 발병하는 것을 막아주어야 함

참고 부적절한 자세와 작업대의 설계

[작업대의 설계 시 유의해야 할 점]

㉠ 단순히 인체의 평균 수치를 이용하기보다는 인체측정학적 개념을 이용

㉡ 신체(키, 몸무게 등)가 아주 작은 사람과 큰 사람을 고려할 수 있어야 함

㉢ 조절이 가능하도록 범위를 주어 설계

㉣ 작업의 형태와 방법을 고려

　좌식작업의 설계 시 확인해야 할 사항(Check point)은 다음과 같으며, 좌식작업에서 다리가 땅에 닿지 않는 경우 발받침대를 이용하도록 하며 이것은 조절이 가능해야 함

ⓐ 체압분포와 앉은 느낌

ⓑ 의자 좌면의 높이 조절성

ⓒ 의자 좌면의 깊이와 폭

ⓓ 의자 좌판의 각도 조절성

ⓔ 몸통의 안전성

ⓕ 의자의 등받침대(요추 지지대) 조절성

ⓖ 팔받침대의 조절성

ⓗ 의자의 발받침대

ⓘ 의자의 바퀴

ⓙ 의자 좌면의 회전

ⓚ 몸통의 안정

③ 무리한 힘의 사용

　　㉠ 무리한 힘을 요구하는 작업공구는 개선

　　㉡ 동력을 사용한 공구로 교체

　　㉢ 손에 맞는 공구를 선택

　　㉣ 미끄러운 물체가 있는 경우 마찰력을 개선

　　㉤ 작업수행을 위한 적절한 작업공간을 제공

④ 반복적인 작업

　　㉠ 반복적인 동작이 잦을수록 근육은 쉽게 피로하게 되며, 회복기간에 더 긴 시간
　　　이 요구되며, 충분한 휴식을 갖지 못하면 근육조직은 상처를 입게 되며, 결과
　　　적으로 누적외상성 질환으로 발전 가능

　　㉡ 이러한 경우, 같은 근육을 반복하여 사용하지 않도록 작업을 변경(작업순환 :
　　　Job rotation)하여 작업자끼리 작업을 공유하거나 공정을 자동화

⑤ 작업의 지속시간

　　작업중간의 규칙적인 휴식시간이 작업자에게 제공

⑥ 날카로운 면과의 신체 접촉

　　날카롭고 단단한 면이나 물체가 신체와 물리적으로 접촉하는 경우 동작의 반복,
　　무리한 힘, 지속시간에 의한 통증이 더 심해질 수 있다.

⑦ 진동공구의 사용

　　㉠ 진동강도(Magnitude)가 큰 공구를 계속 사용해야 하는 작업의 경우, 관절이나
　　　근육에 백납병(White finger)과 같은 장해를 일으킬 수 있다. 즉, 손가락의 말
　　　단이 창백하게 되고 동시에 냉감, 조임 등의 증상이 일어난다.

　　㉡ 대책

　　　ⓐ 진동을 경감시킬 수 있는 진동공구의 설계

　　　ⓑ 진동공구의 제한된 사용

　　　ⓒ 진동공구의 보수관리

　　　ⓓ 환경의 정비(신체의 보온) 등

⑧ 온도의 영향

　　㉠ 손가락은 특히 작업 중 저온에 노출되기 쉬움

　　㉡ 저온환경으로 손이 차가와지거나 손에 장갑을 끼었을 경우, 이것은 손의 감각
　　　반응을 무디게 하여 작업에 더 많은 힘을 요구하며, 작업 시 정교함을 둔화시
　　　켜 재해를 유발할 수도 있음

13 VDT 작업

(1) VDT 증후군

VDT 증후군이란 VDT를 오랜 기간 취급하는 작업자에게 발생하는 근골격계 질환, 안정피로 등의 안장애, 정전기 등에 의한 피부발진, 정신적 스트레스, 전자기파와 관련된 건강장애 등을 모두 합하여 부르는 용어이다. 이들 증상들은 서로 독립적으로 나타나는 것이 아니라 복합적으로 발생하기 때문에 하나의 증후군이라 부른다.

(2) VDT 증후군과 관련된 근골격계 질환의 명칭 ●출제율 20%

① 경견완증후군(산업재해보상보험법 시행규칙)
② 작업관련 근골격계 질환(미국)
   WMSDs(Work-related MusculoSkeletal Disorders)
③ 반복성 긴장장애(캐나다, 북유럽, 호주 등)
   RSI(Repetitive Strain Injuries)
④ 누적외상성 질환
   CTDs(Cumulative Trauma Disorders)
⑤ 반복동작장애
   RMS(Repetitive Motion Disorders)
⑥ 과사용증후군
   Overuse Syndrome

(3) 거북목증후군 ●출제율 20%

① 정의
   과다하고 잘못된 VDT 작업으로 인하여 목이 거북이처럼 앞으로 구부러진 자세로 변형되는 증상. 즉, 몸의 왼편에서 봤을 때 C자 곡선을 이뤄야 하는 목뼈가 일자에 가깝거나 거꾸로 된 C형으로 변형되는 것을 말한다.
② 증상
   ㉠ 어깨 근육이 긴장되면서 뒷목과 어깨가 아픔
   ㉡ 두통
   ㉢ 어깨부터 손끝까지 저림
   ㉣ 눈의 피로감

③ 예방

    ㉠ 컴퓨터 화면을 눈높이에 맞춤

    ㉡ 장시간 한 자세 업무를 피함

    ㉢ 마우스와 키보드를 몸에 가까이 붙여 사용

(4) VDT 작업의 위험요소

① 조직

    ㉠ 작업설계   ㉡ 인원배치   ㉢ 작업일정

② 작업환경

    ㉠ 조명   ㉡ 소음   ㉢ 온도   ㉣ 사무실 설계

③ 개인 작업공간

    ㉠ 가구   ㉡ 의자   ㉢ 부속장치   ㉣ 하드웨어

    ㉤ 소프트웨어

④ 작업자

    개인 특성

(5) 올바른 VDT 작업자세

① 의자 등받이 각도

    ㉠ 자료 입력 시 90~105°, 기타 100~120°

    ㉡ 등받이에 기댄 상체의 각도가 커질수록 요추간 압력이 작아짐

② 팔꿈치 높이

    의자높이를 조절하여 키보드의 높이와 일치하는 자세로 한다.

③ 팔의 각도

    위쪽 팔과 아래쪽 팔이 이루는 각도(내각)는 90° 이상이 적당하고 위팔은 자연스럽게 늘어뜨리고 아래팔은 손등과 일직선을 유지하여 손목이 꺾이지 않도록 한다.

④ 시거리

    화면과 눈의 거리는 두 뼘(40cm) 이상 유지한다.

⑤ 화면

    화면을 향한 눈의 거리는 화면보다 약간 높은 것이 좋고 작업자의 시선은 수평선 상으로부터 아래로 5~10°(10~15°) 이내로 한다.

⑥ 의자에 앉은 상태

의자 앉는 면과 작업자의 종아리 사이에 손가락이 들어갈 정도의 틈새를 확보한다.

⑦ 문서 홀더(서류 받침대)와 화면은 눈높이가 동일한 것이 좋다.

⑧ 상박과 몸 중심선은 일치하는 것이 좋음. 또한 작업자의 어깨가 들리지 않아야 한다.

⑨ 작업자의 발바닥 전면이 바닥면에 닿는 자세를 취하고, 무릎의 내각은 90° 전후일 것

⑩ 작업자의 손목을 지지해 줄 수 있도록 작업대 끝 면과 키보드의 사이는 15cm 이상을 확보한다.

⑪ 키보드를 조작하여 자료를 입력할 때 양 손목을 바깥으로 꺾은 자세가 오래 지속되지 않도록 주의한다.

(6) 컴퓨터 단말기 조작업무에 대한 조치

① 실내는 명암의 차이가 심하지 아니하도록 하고, 직사광선이 들어오지 아니하는 구조로 한다.

② 저휘도형의 조명기구를 사용하고 창·벽면 등은 반사되지 아니하는 재질을 사용한다.

③ 컴퓨터 단말기 및 키보드를 설치하는 책상 및 의자는 작업에 종사하는 근로자에 따라 그 높낮이를 조절할 수 있는 구조로 한다.

④ 연속적인 컴퓨터 단말기작업에 종사하는 근로자에 대하여는 작업시간 중에 적정한 휴식시간을 부여한다.

(7) 테크노 스트레스 ●출제율 20%

① 개요

일반적으로 테크노 스트레스는 빠르게 적응하는 전자기기의 발달에 뒤처지는 사람이 받는 것으로만 인식되어 있다. 하지만 실제로는 기기의 조작에 익숙하지 못하거나 그 메커니즘에 따라가지 못하여 생기는 테크노 불안증과 전자기기에 너무 동화되어 대인관계에 어려움을 겪는 테크노 의존증으로 구분할 수 있다.

② 테크노 불안증

㉠ 원인

ⓐ 갑작스런 전자기기의 발달에 적응하지 못하는 경우

ⓑ 심한 컴맹이나 기계치인 사람들이 기기 사용을 강요받는 상황에서 압박감을 받을 경우

ⓒ 업무능력과 무관하게 디지털기기 때문에 제대로 된 업무평가를 받지 못하고 있다고 느끼는 데서 오는 박탈감을 느낄 경우

ⓓ 사무자동화가 되기 전에 일을 시작하여 PC 및 IT 문화와 동화될 기회가 상
대적으로 적었던 중년이나 장년층의 샐러리맨이 여기에 속함

ⓛ 증상

ⓐ 주위 분위기에 휩쓸려 꼭 필요하지 않은 기기를 구입해야 할 것 같은 강박증

ⓑ 디지털기기에 지나친 의존으로 기억력이나 계산능력이 크게 떨어지는 디지
털 인지장애

ⓒ 불안, 초조 증상

ⓓ 맥박이 빨라지는 빈맥

ⓔ 손, 발 떨림

ⓕ 원형탈모

ⓖ 두통

③ 테크노 의존증

㉠ 원인

ⓐ 테크노 제품이 없이는 생활이 불가능할 정도로 의존도가 높은 경우

ⓑ 테크노 제품을 소지하지 않으면 초조함이나 불안함을 느끼는 경우

ⓒ 새로운 첨단 디지털제품에 과도한 집착을 보이는 경우

㉡ 증상

ⓐ 급변하는 사회에 뒤처질 것 같다는 두려움과 압박감

ⓑ 기계에 서툴러 제대로 자신의 성과를 평가받지 못한다는 생각에 의한 억울
함과 소외감

ⓒ 계속해서 스트레스를 받다 보면 자신감이 떨어져 자신이 쓸모없는 사람이라
는 생각에 무기력감, 우울감 등의 우울증, 수면장애, 권태감, 노이로제, 식
욕부진

④ 테크노 스트레스의 대책

㉠ 급속한 기술혁신과 쏟아져 나오는 정보, 기기를 적극적이고 바람직한 방향으로
수용할 수 있도록 적응력을 키운다.

㉡ 디지털기기를 사용 시 사용자가 주체라는 생각을 잊지 않는다.

㉢ 긍정적인 사고를 갖는다.

㉣ 대인관계에 있어서 대화를 하려는 노력을 한다.

SECTION 11 노동생리(작업생리)

01 개요

(1) 노동에 필요한 에너지원은 근육에 저장된 화학에너지(혐기성 대사)와 대사과정(구연산 회로 : 호기성 대사)을 거쳐 생성되는 에너지로 구분되며, 혐기성과 호기성 대사에 모두 에너지원으로 작용하는 포도당(glucose)이다.

(2) 작업생리학은 여러 가지 활동에 필요한 에너지 소비량과 그에 따른 인체의 작업능력 한계를 연구하는 학문이다.

02 노동에 필요한 에너지원 ●출제율 30%

(1) 혐기성 대사(Anaerobic metabolism)

① 의미

근육에 저장된 화학적 에너지를 의미한다.

② 에너지원

㉠ ATP(Adenosine Triphosphate)

㉡ CP(Creatine Phosphate)

㉢ Glycogen or Glucose

③ 혐기성 대사 순서(시간대별)

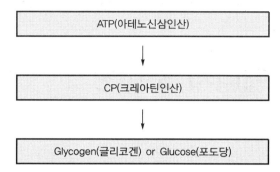

④ 혐기성 대사 반응식(근육운동)

　㉠ $ATP + H_2O \rightleftarrows ADP + H_2PO_4$(or P) + 12kcal(free energy)
　　(근섬유에 활동전압이 전달 시 ATP가 가수분해되고 얻어진 에너지가 근육 수축에 직접 작용)

　㉡ $CP \rightarrow creatine + P + energy$
　　$CP + ADP \rightleftarrows creatine + ATP$
　　(크레아틴인산의 분해 후 얻어진 에너지는 ADP로부터 ATP 재합성에 이용)

　㉢ $Glycogen$ or $Glucose + P + ADP \rightarrow$ lactic acid(lactate) + ATP(energy)
　　포도당의 분해반응 후 얻어진 에너지는 CP 재합성에 이용되고, 만들어진 젖산의 약 1/5이 구연산 회로를 거쳐서 CO_2와 H_2O로 분해되어 에너지를 유리함

(2) 호기성 대사(Aerobic metabolism)

① 의미
대사과정(구연산 회로)을 거쳐 생성된 에너지를 의미한다.

② 에너지원
　㉠ 포도당(탄수화물)　　　㉡ 단백질　　　　　㉢ 지방

③ 대사과정

$$\left[\begin{array}{c} 포도당(탄수화물) \\ 단백질 \\ 지\ 방 \end{array}\right] + 산소 \rightarrow 에너지원$$

참고 **작업 시 소비열량(작업대사량)에 따른 작업강도 분류(ACGIH, 우리나라 고용노동부에서 적용)**

1. 경작업 : 200kcal/hr까지 작업
2. 중등도작업 : 200~350kcal/hr까지 작업
3. 중작업(심한 작업) : 350~500kcal/hr까지 작업

SECTION 12 에너지 소비량

01 산소소비량

(1) 근로자의 휴식 중 산소소비량

0.25L/min

(2) 근로자의 운동 중 산소소비량

5L/min

02 산소소비량을 작업대사량으로 환산

산소소비량 1L ≒ 5kcal(에너지량)

03 육체적 작업능력(PWC) ●출제율 20%

(1) 정의

젊은 남성이 일반적으로 평균 16kcal/min 정도의 작업은 피로를 느끼지 않고 하루에 4분간 계속할 수 있는 작업강도이다(여성 평균 : 12kcal/min).

(2) 특징

① 하루 8시간(480분) 작업 시에는 PWC의 1/3에 해당됨. 즉 남성은 5.3kcal/min, 여성은 4kcal/min에 해당한다.
② PWC을 결정할 수 있는 기능은 개인의 심폐기능이다.

(3) 육체적 작업능력에 영향을 미치는 요소와 내용

① 정신적 요소 : 태도, 동기
② 육체적 요소 : 성, 연령, 체격
③ 환경 요소 : 고온, 한랭, 소음, 고도, 고기압
④ 작업 특징 요소 : 강도, 시간, 기술, 위치, 계획

04 피로예방 허용작업시간(작업강도에 따른 허용작업시간)

$$\log tend = 3.720 - 0.1949 E$$

여기서, E : 작업대사량(kcal/min)
$tend$: 허용작업시간(min)

05 피로예방 휴식시간비(Hertig 식)

$$T_{rest}(\%) = \left[\frac{E_{\max} - E_{task}}{E_{rest} - E_{task}} \right] \times 100 : \text{Hertig 식}$$

여기서, T_{rest} : 피로예방을 위한 적정 휴식시간비, 즉 60분을 기준하여 산정
$E_{\max}$: 1일 8시간 작업에 적합한 작업대사량(PWC의 1/3)
E_{rest} : 휴식 중 소모 대사량
E_{task} : 해당 작업의 작업대사량

필수 예상문제 ✔ 출제확률 50%

PWC가 16kcal/min인 근로자가 1일 8시간 동안 물체 운반작업을 하고 있다. 작업대사량은 8kcal/min이고 휴식 시의 대사량은 1.5kcal/min이다. 이 사람이 쉬지 않고 계속하여 일을 할 수 있는 최대허용시간(min)은 얼마인가?

풀이 $\log tend = 3.720 - 0.1949\,E$

E : 작업대사량 8kcal/min

$= 3.720 - 0.1949 \times (8) = 2.161$

∴ 최대허용시간$(tend) = 10^{2.161} = 145\text{min}$

필수 예상문제 ✔ 출제확률 50%

육체적 작업능력(PWC)이 16kcal/min인 근로자가 1일 8시간 동안 물체를 운반하고 있다. 이때의 작업대사량은 8kcal/min이고, 휴식 시의 대사량은 3kcal/min이라면 이 사람의 휴식시간과 작업시간을 배분하시오. (단, Hertig의 식 이용)

풀이 $T_{rest}(\%) = \left[\dfrac{\text{PWC의 } \frac{1}{3} - \text{작업대사량}}{\text{휴식대사량} - \text{작업대사량}}\right] \times 100$이므로

$= \left[\dfrac{\left(16 \times \frac{1}{3}\right) - 8}{3 - 8}\right] \times 100 = 53.3\%$

① 휴식시간 $= 60\text{min} \times 0.533 = 32\text{min}$

② 작업시간 $= (60 - 32)\text{min} = 28\text{min}$

기출문제

30세된 남성근로자의 평균 PWC를 16kcal/min라고 한다. 이 근로자가 1일 8시간 동안 포장박스를 운반하고 있으며, 이때의 작업대사량이 8kcal/min이고, 휴식 시의 대사량은 1.5kcal/min이다. 이 근로자가 쉬지 않고 계속하여 일할 수 있는 최대허용시간은 얼마이며, 또 작업시간과 휴식시간은 어떻게 배분하는 것이 이상적인가? (단, 16kcal/min에 대한 작업시간 4분)

풀이 ① 최대허용시간

$\log tend = 3.720 - 0.1949\,E$

$\log tend = 3.720 - 0.1949 \times (8) = 2.161$

$tend(\text{최대허용시간}) = 10^{2.161} = 145\text{min}$

② 작업시간, 휴식시간의 배분

$$T_{rest}(\%) = \left[\frac{(16 \times 1/3) - 8}{1.5 - 8}\right] \times 100 = 41\%$$

- 휴식시간 $= 60\text{min} \times 0.41 = 24.6\text{min}$
- 작업시간 $= (60 - 24.6)\text{min} = 35.4\text{min}$

기출문제

업무수행 관련 근로자의 피로를 예방하기 위해서는 적절한 휴식이 필요하며, 미국의 인간공학자 Hertig(1992)가 연구한 정적 휴식시간을 산출하기 위한 공식을 활용하여, 육체적 작업능력(PWC)가 18kcal/min인 건강한 체구의 근로자가 조선업종에서 1일 8시간 동안 중량물을 운반하는 작업으로 작업대사량은 8kcal/min이고, 휴식 시의 대사량은 2.2kcal/min이다. 이 작업자의 휴식시간과 작업시간의 배분은 어떻게 하는 것이 가장 이상적인지 설명하시오.

풀이 피로예방 휴식시간비(T_{rest})

$$T_{rest}(\%) = \left[\frac{\text{PWC의 } \dfrac{1}{3} - \text{작업대사량}}{\text{휴식대사량} - \text{작업대사량}}\right] \times 100$$

$$= \left[\frac{\left(18 \times \dfrac{1}{3}\right) - 8}{2.2 - 8}\right] \times 100 = 34.48\%$$

① 휴식시간 $= 60\text{min} \times 0.3448 = 20.7\text{min}$
② 작업시간 $= (60 - 20.7)\text{min} = 39.3\text{min}$

SECTION 13 피 로

01 피로(산업피로)의 일반적인 특징

(1) 피로는 고단하다는 주관적 느낌이라 할 수 있다.

(2) 작업강도는 반응하는 육체적, 정신적 생체현상이다.

(3) 피로 자체는 질병이 아니라 가역적인 생체변화이다.

(4) 피로가 오래 되면 얼굴부종, 허탈감의 증세가 온다.

(5) 국소피로와 전신피로는 피로를 나타내는 신체의 부위가 어느 정도인지에 따라 상대적으로 구분된다.

(6) 정신적 피로, 신체적 피로는 보통 함께 나타나 구별하기 어렵다. (정신적 피로나 육체적 피로가 각각 단독으로 생기는 일은 거의 없다.)

(7) 육체적, 정신적 그리고 신경적인 노동부하에 반응하는 생체의 태도이다.

(8) 산업피로는 건강장해에 대한 경고반응이다.

(9) 산업피로는 생산성(작업능률)의 저하뿐만 아니라 재해와 질병의 원인이 된다.

(10) 피로는 생리학적 기능 변동으로 인하여 생긴다고 할 수 있다.

(11) 피로현상은 개인차가 심하므로 작업에 대한 개체의 반응을 어디서부터 피로현상이라고 타각적 수치로 나타내기 어렵다.

(12) 피로조사는 피로도를 판가름하는 데에 그치지 않고 작업방법과 교대제 등을 과학적으로 검토할 필요가 있다.

(13) 작업시간이 등차급수적으로 늘어나면 피로회복에 요하는 시간은 등비급수적으로 증가하게 된다.

(14) 노동수명(turn over ratio)으로도 피로를 판정할 수 있다.

(15) 피로는 자각적인 피로감과 더불어 점차 기능적인 저하가 일어난다.

(16) 피로는 정신적 기능과 신체적 기능의 저하가 통합된 생체반응이다.

(17) 피로의 자각증상은 피로의 정도와 반드시 일치하지는 않는다.

02 피로의 가장 큰 영향인자

(1) 피로에 가장 큰 영향을 미치는 요소는 작업강도이다.

(2) **작업강도(작업부하)에 영향을 미치는 중요한 요인**

① 작업의 정밀도
② 작업자세
③ 대인접촉 빈도
④ 에너지 소비량, 작업속도, 작업시간, 조작방법

03 피로의 발생요인

① 내적 요인(개인 적응조건)
  ㉠ 적응능력
  ㉡ 영양상태
  ㉢ 수련정도
  ㉣ 신체적 조건
② 외적 요인
  ㉠ 작업환경조건
  ㉡ 작업부하(작업자세, 작업강도, 조작방법)
  ㉢ 생활조건

04 피로의 3단계 ●출제율 30%

피로도가 증가하는 순 의미이며, 피로의 정도는 객관적 판단이 용이하지 않다.

(1) 보통피로(1단계)

하루밤을 자고 나면 완전히 회복하는 상태이다.

(2) 과로(2단계)

다음날까지도 피로상태가 지속되는 것으로 피로의 축적으로 단기간 휴식으로 회복될 수 있으며, 발병단계는 아니다.

(3) 곤비(3단계)

과로의 축적으로 단시간에 회복될 수 없는 단계를 말하며, 심한 노동 후의 피로현상으로 병적상태를 의미한다.

05 피로의 발생기전(본태) ●출제율 20%

(1) 활성에너지 요소인 영양소, 산소 등 소모(에너지 소모)

(2) 물질대사에 의한 노폐물인 젖산 등의 축적(중간 대사물질의 축적)으로 인한 근육, 신장 등 기능 저하

(3) 체내의 항상성 상실(체내에서의 물리·화학적 변조)

(4) 여러 가지 신체조절기능의 저하

(5) 크레아틴, 젖산, 초성 포도당, 시스테인을 피로물질이라고 함

(6) 근육 내 글리코겐 양의 감소

06 전신피로의 생리학적 원인

(1) 산소공급 부족[산소부채(oxygen debt)로 설명] ●출제율 30%

① 산소부채는 운동이 격렬하게 진행될 때에 산소섭취량이 수요량에 미치지 못하여
일어나는 산소부족현상으로 산소부채량은 원래대로 보상되어야 하므로 운동이 끝
난 뒤에도 일정시간 산소를 소비한다는 의미이며, 산소부채현상은 작업이 시작되
면서 발생하며 작업이 끝난 후에는 산소부채의 보상현상이 발생하고 작업이 끝난
후에 남아 있는 젖산을 제거하기 위해서는 산소가 더 필요하며, 이때 동원되는 산
소소비량을 산소부채라 한다.

② 작업강도에 따라 필요한 산소요구량과 산소공급량의 차이에 의하여 산소부채현상
이 발생한다(작업 시 소비되는 산소소비량은 초기에 서서히 증가하다가 작업강도
에 따라 일정한 양에 도달하고, 작업이 종료된 후 서서히 감소되어 일정시간 동안
산소소비).

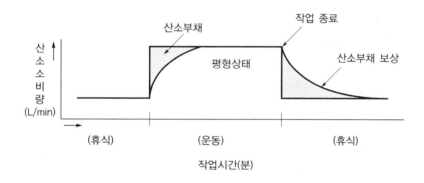

‖ 산소부채의 형성과 보상 ‖

(2) 혈중 포도당 농도의 저하

작업시간이 경과할수록 또한 작업강도가 높을수록 혈중 포도당 농도는 급속히 저하되었
고 따라서 피로가 빨리 온다.

(3) 근육 내 글리코겐량의 감소

작업강도가 증가하면 근육 내 글리코겐량이 비례적으로 감소되어 근육피로가 발생한다.

(4) 혈중 젖산농도 증가

물질대사의 노폐물인 젖산농도가 증가하여 근육에 축적된다.

(5) 작업강도의 증가

07 전신피로의 정도 평가 ●출제율 20%

(1) 평가인자

전신피로의 정도를 평가하려면 작업 종료 후 심박수(heart rate)를 측정하여 이용한다.

(2) 심한 전신 피로상태

HR_1이 110을 초과하고 HR_3와 HR_2의 차이가 10 미만인 경우

여기서, HR_1 : 작업 종료 후 30~60초 사이의 평균 맥박수
HR_2 : 작업 종료 후 60~90초 사이의 평균 맥박수
HR_3 : 작업 종료 후 150~180초 사이의 평균 맥박수(회복기 심박수 의미)

08 국소피로

(1) 정의

단순반복작업에 의해 목, 어깨, 손목, 발목 등의 작은 근육들에 국한하여 피로가 생기는 것. 즉 지속적이고 반복적인 일부 근육의 운동으로 인하여 근육이 주관적 및 객관적 변화가 초래된 상태를 말한다.

(2) 국소피로 증상

① 순환기능
맥박이 빨라지고 회복 시까지 시간이 걸림. 혈압은 초기에는 높아지나 피로가 진행되면서 낮아짐

② 호흡기능

호흡이 얇고 빨라지며, 체온이 상승하여 호흡중추를 흥분시킴

③ 신경기능

중추신경 피로 시 판단력 저감, 권태감, 졸음 발생

④ 혈액

혈당치가 낮아지고 젖산과 탄산량이 증가하여 산혈증 발생

⑤ 소변

양이 줄고 뇨 내의 단백질 또는 교질물질의 배설량 증가

(3) 국소피로 평가 ●출제율 20%

① 평가인자

국소근육활동 피로를 측정, 평가하는 데에는 근전도(EMG)를 가장 많이 이용한다.

② 정상근육과 비교하여 피로한 근육에서 나타나는 EMG의 특징

㉠ 저주파(0~40Hz) 영역에서 힘(전압)의 증가

㉡ 고주파(40~200Hz) 영역에서 힘(전압)의 감소

㉢ 평균주파수 영역에서 힘(전압)의 감소

㉣ 총 전압의 증가

(4) 작업강도(% MS) 및 적정작업시간 ●출제율 30%

① 개요

㉠ 국소피로 초래까지의 작업시간은 작업강도에 의해 결정된다.

㉡ 적정작업시간은 작업강도와 대수적으로 반비례한다.

㉢ 작업강도가 10% 미만일 경우 국소피로는 발생하지 않는다.

㉣ 1kP는 질량 1kg을 중력의 크기로 당기는 힘을 의미한다.

② 작업강도(% MS) 계산

$$작업강도(\% \ MS) = \frac{RF}{MS} \times 100$$

여기서, % MS : 작업강도(근로자의 근력이 좌우함)

RF : 작업 시 요구되는 힘

MS : 근로자가 가지고 있는 최대의 힘

③ 적정작업시간(sec) 계산

$$적정작업시간(sec) = 671,120 \times \% \ MS^{-2.222}$$

필수 예상문제 ✔ 출제확률 40%

젊은 근로자에 있어서 약한 손(오른손잡이의 경우 왼손)의 힘은 평균 45kP(kilo pound)라고 한다. 이러한 근로자가 무게 8kg인 상자를 두 손으로 들어올릴 경우 작업강도(% MS)는?

풀이 작업강도$(\% \ MS) = \dfrac{RF}{MS} \times 100$

RF(작업 시 요구되는 힘) : 8kg 상자를 두 손으로 들어올리므로 한 손에 미치는 힘은 4kP

MS(근로자가 가지고 있는 최대의 힘) : 45kP

$= \dfrac{4}{45} \times 100 = 8.9\%$

필수 예상문제 ✔ 출제확률 50%

운반작업을 하는 젊은 근로자의 약한 손(오른손잡이의 경우 왼손)의 힘은 평균 45kP(kilo pound)라고 한다. 이러한 근로자가 무게 10kg인 상자를 두 손으로 들어올릴 경우 적정작업시간(min)은?

풀이 먼저 작업강도(% MS)를 구하면

작업강도$(\% \ MS) = \dfrac{RF}{MS} \times 100$

RF : 10kg 상자를 두 손으로 들어올리므로 한 손에 미치는 힘은 kP

MS : 45kP

$= \dfrac{5}{45} \times 100 = 11.1(\%)$

∴ 적정작업시간$(sec) = 671,120 \times \% MS^{-2.222}$

$= 671,120 \times (11.1)^{-2.222}$

$= 3192.2sec \times min/60sec = 53.2min$

SECTION 14 작업강도

01 개요

(1) 작업강도 분류 척도

① 총 에너지소비량

② 심장박동률

(2) 일반적 사항

① 작업강도는 일반적으로 열량소비량을 평가기준으로 한다. 즉 작업을 할 때 소요되는 열량으로 작업강도를 측정한다.

② 작업 시 소비되는 열량을 나타내기 위하여 성별, 연령별 및 체격의 크기를 고려한 작업대사율(RMR)이라는 지수를 사용한다.

③ 작업강도는 생리적으로 가능한 작업시간의 한계를 지배하는 가장 중요한 인자이다.

④ 작업강도가 클수록 실동률이 떨어지므로 휴식시간이 길어진다. 즉 작업강도가 클수록 작업시간이 짧아진다.

02 작업대사율(에너지대사율, RMR ; Relative Metabolic Rate)

(1) 개요

① 작업대사량을 소요시간에 대한 가중평균으로 나타낸다.

② 작업강도의 단위로서 산소흡입량을 측정하여 에너지의 소모량을 결정하는 방식으로 RMR이 클수록 작업강도가 높음을 의미한다.

(2) 작업강도에 영향을 주는 요소

에너지소비량, 작업속도, 작업자세, 작업범위, 작업의 위험성 등

(3) 작업강도가 커지는 경우(작업강도에 영향을 미치는 요인)

정밀작업일 때, 작업종류가 많을 때, 열량소비량이 많을 때, 작업속도가 빠를 때, 작업이 복잡할 때, 판단을 요할 때, 작업인원이 감소할 때, 위험부담을 느낄 때, 대인접촉이나 제약조건이 빈번할 때

(4) 작업강도를 적절하게 유지하기 위한 조치

작업기간의 조정 및 교대, 일정기간 휴식으로 피로회복, 작업환경 개선

(5) RMR 계산식

$$RMR = \frac{작업대사량}{기초대사량} = \frac{작업\ 시\ 소요열량 - 안정\ 시\ 소요열량}{기초대사량}$$
$$= \frac{작업\ 시\ 산소소비량 - 안정\ 시\ 산소소비량}{기초대사량}$$

여기서, 기초대사량
- 인체가 안정 시 생체기능 유지에 필요한 최소의 열량을 의미
- 기초대사량의 2배까지를 노동강도 중 경노동으로 구분
- 노동 시 대사량은 단시간의 동작이면 기초대사량의 10배까지 될 수 있음
- 일반적으로 성인은 1,500~1,800kcal/day임

03 작업 시 소비열량(작업대사량)에 따른 작업강도 분류

[ACGIH, 우리나라 고용노동부에서 적용]

(1) 경작업

① 200kcal/hr까지 작업
② 앉아서 또는 서서 손이나 팔로 하는 가벼운 작업

(2) 중등도작업

① 200~350kcal/hr까지 작업

② 중간의 중량물을 들거나 또는 밀면서 걷는 작업

(3) 중작업(심한 작업)

① 350~500kcal/hr까지 작업

② 삽질정도의 작업

필수 예상문제 ✔ 출제확률 30%

어느 근로자의 1시간 작업에 소요되는 열량이 500kcal/hr이었다면 작업대사율은?
(단, 기초대사량 : 60kcal/hr, 안정 시 열량은 기초대사량의 1.2배임)

풀이 작업대사율$(RMR) = \dfrac{\text{작업 시 대사량} - \text{안정 시 대사량}}{\text{기초대사량}}$

$= \dfrac{500\text{kcal/hr} - (60\text{kcal/hr} \times 1.2)}{60\text{kcal/hr}}$

$= 7.13$

● RMR에 의한 작업강도 분류

RMR	작업(노동) 강도	실노동률 (%)	1일 소비열량(kcal)	총 작업(근무시간 중) 소비열량(kcal)	비 고
0~1	경작업 (노동)	80 이상	남) 2,200 이상 여) 1,920 이하	남) 920 이하 여) 720 이하	사무작업 등 주로 의자에 앉아서 손으로 하는 작업
1~2	중등작업 (노동)	80~76	남) 2,200~2,550 여) 1,920~2,200	남) 920~1,250 여) 720~1,020	지적작업, 6시간 이상 쉬지 않고 하는 작업
2~4	강작업 (노동)	76~67	남) 2,550~3,050 여) 2,220~2,600	남) 1,250~1,750 여) 1,020~1,420	• 전형적인 지속작업(계속작업 한계는 RMR 4) • RMR 4 이상이면 휴식 필요
4~7	중자업 (노동)	67~50	남) 3,050~3,500 여) 2,600~2,920	남) 1,750~2,170 여) 1,420~1,780	• 휴식이 필요한 작업(계속작업 한계는 RMR 7) • RMR 7 이상이면 수시 휴식 필요
7 이상	격심작업 (노동)	50 이하	남) 3,500 이상 여) 2,920 이상	남) 2,170 이상 여) 1,780 이상	• 근육작업에 해당

∴ 실노동률(실동률)(%)=85-(5×RMR) : 사이토 오시마 공식

필수 예상문제 ✔ 출제확률 50%

다음 조건을 적용하여 계산된 작업 시 소요열량(kcal)은?
(조건) 작업대사율 : 1.5, 안정 시 소요열량 700kcal, 기초대사량 600kcal

풀이 작업대사율(RMR)$=\dfrac{\text{작업 시 소요열량}-\text{안정 시 소요열량}}{\text{기초대사량}}$에서 작업 시 열량을

구하는 것이므로

$$1.5=\dfrac{\text{작업시 대사량}-700\text{kcal}}{600\text{kcal}}$$

$\therefore$ 작업 시 열량$=1{,}600\text{kcal}$

필수 예상문제 ✔ 출제확률 40%

작업대사량이 4,000kcal이고, 기초대사량이 1,500kcal인 작업자가 계속하여 작업할 수 있는 계속작업한계시간(CMT)은 약 얼마인가? (단, log(CMT)=3.724−3.25log(RMR) 적용)

풀이 우선 RMR을 구하면

$$RMR=\dfrac{\text{작업대사량}}{\text{기초대사량}}=\dfrac{4{,}000\text{kcal}}{1{,}500\text{kcal}}=2.67$$

$$\log(CMT)=3.724-3.25\log(2.67)=2.34$$

$$\therefore CMT=10^{2.34}=218.78\text{min}$$

필수 예상문제 ✔ 출제확률 50%

기초대사량이 75kcal/hr이고, 작업대사량이 225kcal/hr인 작업을 수행할 때 작업의 실동률과 이에 해당되는 작업강도의 분류를 쓰시오.

풀이 우선 RMR을 구하면

$$RMR=\dfrac{\text{작업대사량}}{\text{기초대사량}}=\dfrac{225\text{kcal/hr}}{75\text{kcal/hr}}=3$$

① 실동률(%)$=85-(5\times RMR)=85-(5\times3)=70\%$
② 작업강도는 RMR 3, 실동률 70%에 해당하므로 작업강도의 분류는 강노동임

필수 예상문제

✔ 출제확률 50%

RMR이 10인 격심한 작업을 하는 근로자의 실동률과 계속작업의 한계시간(min)을 구하시오. (단, 실동률은 사이토 오시마식을 적용한다.)

풀이 ① 실동률(%)$= 85 - (5 \times RMR) = 85 - (5 \times 10) = 35\%$

② $\log(계속작업한계시간) = 3.724 - 3.25\log(RMR)$

$$= 3.724 - 3.25 \times \log 10 = 0.474$$

∴ 계속작업한계시간 $= 10^{0.474} = 2.98 \mathrm{min}$

SECTION 15 직업병과 직업관련성 질환 : 업무상 질병

01 직업병

(1) 개요 및 특징

① 직업으로 인해 노출되는 유해요인(노동요인)에 의하여 주로 유발되는 질환으로 이들 질병은 주로 직업적 요인에 의하여 그 이환가능성이 좌우되며, 직업적 요인이 없다면 그 병이 생기는 것을 기대할 수 없다.

② 재해에 의하지 않고 업무에 수반되어 노출되는 유해물질의 작용으로 급성 또는 만성으로 발생하는 것을 말하며, 직업병은 저농도로 장시간 걸쳐 반복노출로 생긴 질병을 말한다.

③ 업무와 관련성이 인정되거나 4일 이상의 요양을 필요로 하는 경우 보상의 대상이 된다.

④ 작업내용과 그 작업에 종사한 기간 또는 유해작업의 정도를 종합적으로 판단한다.

⑤ 일반적으로 직업병은 젊은 연령층에서 발병률이 높다.

⑥ 작업의 종류가 같더라도 작업방법에 따라서 해당 직장에서 발생하는 질병의 종류와 발생빈도는 달라질 수 있다.

(2) 직업병 원인에 의한 분류(종류)

① 물리적 환경(요인)에 의한 것
  ㉠ 고열작업의 열사병
  ㉡ 저온작업의 동상
  ㉢ 소음작업의 소음성난청
  ㉣ 진동작업의 진동신경염

    ⑩ 방사선 피폭에 피부염 및 백혈병과 같은 종양

    ⑪ 비전리방사선에 의한 질병

② 화학적 환경(요인)에 의한 것

    ㉠ 납, 수은, 카드뮴, 망간, 비소, 크롬 등 중금속에 의한 중독

    ㉡ 벤젠, 톨루엔, 트리클로로에틸렌, 신너 등 각종 유기용제에 의한 질병

    ㉢ 분진에 의한 규폐증, 탄광부폐증, 석면폐, 용접공폐

③ 생물학적 환경(요인)에 의한 것

    ㉠ 주로 병원종사자의 감염질환

    ㉡ 야외 작업자들의 감염질환

④ 인간공학적 환경(요인)에 의한 것

    작업방법, 작업자세, 작업시간, 중량물 취급 등에 의한 질환

02 직업성 질환

(1) 개요

① 직업성 질환이란 어떤 직업에 종사함으로써 발생하는 업무상 질병을 말하며, 직업 상의 업무에 의하여 1차적으로 발생하는 질환을 원발성 질환이라 한다.

② 개개인의 맡은 직무로 인하여 가스, 분진, 소음, 진동 등 유해성 인자가 몸에 장·단기간 침투, 축적되어 이로 인하여 발생하는 질환의 총칭이다.

③ 직업에서 노출되는 유해요인(직업적 요인 : 노동요인)뿐만 아니라 비적업적인 요인 (비노동요인), 즉 생활습관(life style)요인이나 개인적인 요인 등이 동시에 복합적 으로 영향을 미쳐 생길 수 있는 광범위한 질환군(spectrum)이다. 즉, 직업관련성 질환은 작업환경과 업무 수행상의 요인들이 다른 위험요인과 함께 질병발생의 복 합적 원인 중 한 요인으로서 기여한다.

④ 어떤 특정 한 가지 물질이나 작업환경에 노출되어 생기는 것보다는 여러 독성물질 이나 유해환경에 노출되어 발생하는 경우가 많기 때문에 진단 시 복잡하다.

⑤ 원칙적으로 전통적인 직업병도 포함하나 일반적으로는 전통적인 직업병과 대비되 는 개념이다.

⑥ 직업적 요인이 질병의 발생 및 경과에 악화요인이나 유발요인 등으로 부분적으로 기여하지만, 전적으로 그 질병을 유발하지는 않는다.

(2) 직업성 질환의 예

① 직업관련성 근골격계 질환(work-related musculoskeletal disease)
② 직업관련성 뇌·심혈관 질환(work-related cardiovascular disease)
   생활습관요인 이외에도 작업상의 요인, 즉 급격한 작업환경의 변화나 업무 관련 스트레스가 뇌·심혈관 질환을 일으키는데 부분적으로 기여한다는 의미에서 '직업 관련성 뇌·심혈관 질환'이라는 표현이 사용되며, 업무상 질병으로 인정되는 논리 적 근거를 제시함
③ 진폐증
④ 악성중피종
⑤ 소음성난청

(3) 직업병과 직업성 질환의 발생 추이

과거에는 직업병이 아주 중요시 되었으나 최근에는 산업이 발달하고 직업병에 대한 관 심이 높아짐에 따라 전통적인 의미의 직업병은 줄어들고 대신에 직업관련성 질환이 크게 늘어나는 추세이다.

(4) 직업성 질환의 특성 ●출제율 20%

① 열악한 작업환경 및 유해인자에 장기간 노출된 후에 발생한다.
② 폭로 시작과 첫 증상이 나타나기까지 장시간이 걸린다. (질병증상이 발현되기까지 시간적 차이가 큼)
③ 인체에 대한 영향이 확인되지 않은 신물질이 있다.
④ 임상적 또는 병리적 소견이 일반질병과 구별하기가 어렵다.
⑤ 많은 직업성 요인이 비직업성 요인에 상승작용을 일으킨다.
⑥ 임상의사가 관심이 적어 이를 간과하거나 직업력을 소홀히 한다.
⑦ 보상과 관련이 있다.

(5) 직업성 질환의 범위

① 직업상 업무에 기인하여 1차적으로 발생하는 원발성 질환은 포함한다.
② 원발성 질환과 합병작용하여 제2의 질환을 유발하는 경우를 포함한다.
③ 합병증이 원발성 질환과 불가분의 관계를 가지는 경우를 포함한다.

④ 원발성 질환에 떨어진 다른 부위에 같은 원인에 의한 제2의 질환을 일으키는 경우를 포함한다.

(6) 직업성 질환 진단 시 조사내용 ●출제율 20%

① 유해물질에 노출된 것을 인지하여 인과관계를 밝혀낸 후 원인물질의 유해성을 파악 후 그 질환이 의학적으로 발생할 수 있는지 판단하여야 한다.
② 그 질환이 근로기준법상 질병 중 해당하는가를 밝혀낸다.
③ 개인의 유전적 사항, 생활습관 및 정신적 · 사회적 요인에 대한 조사
④ 직력조시 및 현장조사
⑤ 임상적 진찰소견 및 임상검사 소견

(7) 직업성 질환 인정할 때 고려사항 ●출제율 20%

[다음 사항을 조사하여 종합 판정한다.]
① 작업내용과 그 작업에 종사한 기간 또는 유해작업의 정도
② 작업환경, 취급원료, 중간체, 부산물 및 제품 자체 등의 유해성 유무 또는 공기 중 유해물질의 농도
③ 유해물질에 의한 중독증
④ 직업병에서 특유하게 볼 수 있는 증상
⑤ 의학상 특징적으로 발생 예상되는 임상검사 소견의 유무
⑥ 유해물질에 폭로된 때부터 발병까지의 시간적 간격 및 증상의 검토
⑦ 발병 전의 신체적 이상
⑧ 과거 질병의 유무
⑨ 비슷한 증상을 나타내면서 업무에 기인하지 않은 다른 질환과의 상관성
⑩ 같은 작업장에서 비슷한 증상을 나타내면서도 업무에 기인하지 않은 다른 질환과의 상관성
⑪ 같은 작업장에서 비슷한 증상을 나타내는 환자의 발생 여부

(8) 직업성 질환의 예방대책

① 생산기술 및 작업환경을 개선하여 철저하게 관리
  ㉠ 유해물질 발생 방지
  ㉡ 안전하고 쾌적한 작업환경 확립

② 근로자 채용 시부터 의학적 관리

　유해물질로 인한 이상소견을 조기 발견, 적절한 조치 강구

③ 개인위생관리

　근로자 유해물질에 폭로되지 않도록 함

참고 직업성 질환의 예방 ●출제율 20%

1. 1차 예방
　㉠ 원인인자의 제거나 원인이 되는 손상을 막는 것이다.
　㉡ 새로운 유해인자의 통제, 잘 알려진 유해인자의 통제, 노출관리를 통해 할 수 있다.
2. 2차 예방
　㉠ 근로자가 진료를 받기 전 단계인 초기에 질병을 발견하는 것이다.
　㉡ 질병의 선별검사, 감시, 주기적 의학적 검사, 법적인 의학적 검사를 통해 할 수 있다.
3. 3차 예방
　㉠ 치료와 재활과정을 말한다.
　㉡ 근로자들이 더 이상 노출되지 않도록 해야 하며, 필요 시 적절한 의학적 치료를 받아야 한다.

참고 직업병 감시체계 ●출제율 20%

1. 정의
　직업병 감시체계는 직업성 질환의 발병에 대처해서 이들 질환에 대한 체계적인 자료 수집, 분석, 관리, 정보 배포 기술들을 개발함으로써 직업성 질환의 발생 추이를 파악하고 유해요인 노출에 대한 정보가 되먹임 되어 직업성 질환 예방 및 관리 대책을 수립하는 체계를 의미한다.
2. 목적
　㉠ 산업보건상의 문제의 크기를 추정한다.
　㉡ 질병의 추세(유행)를 파악한다.
　㉢ 이에 따른 연구 과제를 도출한다.
　㉣ 예방사업을 위한 목표를 설정한다.
　㉤ 의사결정권자에게 중재사업 등을 위한 정보를 전달한다.
3. 기대효과
　㉠ 직업성 질환은 전염성 질환과는 달리 직종에 따른 유해인자에 노출되어 발생하고, 조기발견이나 조기치료로 예방이 가능하다.
　㉡ 위험군에 대한 접근과 관리가 용이하다.
　㉢ 직업성 질환 감시체계는 직업병 집단 발생의 확인이나 잘 알려진 직업병 발생의 시·공간적인 변화를 파악함으로써 새로운 유해물질에 의한 신종직업병을 찾아낼 수 있다.
　㉣ 직업병의 발생원인에 대한 연구를 자극하는 계기가 된다.
〈출처 : 안전보건공단, 산업안전보건연구원〉

03 직업병 발생경보

〈출처 : 안전보건공단〉

(1) 염화메틸렌(디클로로메탄)에 의한 중독·질식

① 개요
  ㉠ 2010년 10월 21일, 직업병 발생경보 발령
  ㉡ 경기도 ○○시 소재 금속제품을 세척·도장작업 하는 사업장에서 세척공정의 근로자 2명이 탈지조의 드레인밸브에서 누출된 염화메틸렌을 청소하러 지하 1.85m의 피트에 들어갔다가 바닥에 누출되어 있던 염화메틸렌가스에 중독·질식되어 2명 모두 사망함

② 발생원인
  ㉠ 환기가 불충분한 피트 내부에서 작업
    탈지기의 드레인밸브에서 염화메틸렌이 누출된 곳은 지하 1.85m 피트 내부로 환기가 불충분하여 작업장소 주변에 고농도의 염화메틸렌가스가 체류되어 있었음
  ㉡ 염화메틸렌의 유해위험성 인지 미흡
    ⓐ 근로자에게 안전보건교육이 실시되지 않아 세척공정에 사용 유해물질에 대한 중독·질식위험성 등을 해당 근로자가 인지하지 못함
    ⓑ 작업환경측정 및 특수건강진단 조차 실시되지 않고 있는 실정이었음
  ㉢ 보호구 착용 등 기본적인 안전수칙 무시
    ⓐ 해당 근로자에게 방독마스크 및 불침투성 보호의 등 개인보호구 착용이 미흡
    ⓑ 국소배기장치 등 유해가스 배출을 위한 환기설비가 설치되어 있지 않아 충분한 환기의 미실시

③ 건강영향 및 유해성
  ㉠ 급성노출 시 혈액 속에서 일산화탄소(CO) 대사물을 발생시켜 산소 대신에 이들 CO가 Hb(혈액 내 헤모글로빈)과 결합하여 저산소증 유발로 질식을 일으킴
  ㉡ 만성적으로 노출 시에는 간독성, 중추신경계장애, 발암위험(A2)이 있음
  ㉢ 두통 및 호흡곤란

④ 건강장해 예방조치
  ㉠ 작업장의 충분한 환기 실시
    작업장소에 국소배기장치 등 환기장치를 설치하여 작업 중 발생되는 유해가스 제거

ⓛ 배치 전 건강진단 및 특수건강진단 실시

    ⓐ 간 기능, 신경계 기능 검사를 정기적으로 실시

    ⓑ 반드시 작업종료 후 채혈검사 실시

ⓒ 작업환경측정 실시

    6월에 1회 이상 정기적으로 실시(노출기준 50ppm)

ⓔ 보호구 착용 등 작업관리

    ⓐ 호흡용 보호구(방독마스크 또는 송기마스크), 보호장갑, 보호의, 보호장화 등 개인보호구 착용

    ⓑ 물질안전보건자료(MSDS) 작성 및 개시

    ⓒ 경고표지 부착 및 MSDS 교육 실시

    ⓓ 신체 노출가능 시 세척시설 설치

    ⓔ 안전보건교육 실시

(2) 톨루엔 중독에 의한 사망재해자 발생

① 개요

    ㉠ 2009년 09월 03일, 직업병 발생경로 발령

    ㉡ 근로자 3명이 2008년 10월 철도건설업체 D사에 입사

    ㉢ 2009년 8월 근무중인 재해자들이 개착터널 외벽과 사면 사이의 공간에 쓰러져 있는 것을 직장동료가 발견하였으나 이미 사망한 상태였음

    ㉣ 개착터널 방수작업을 진행하는 도중 아스팔트 프라이머의 뿜칠 도포과정에서 발생된 톨루엔 등 유기용제 증기에 급성중독되어 쓰러진 후 증기가 체류된 공간에 장시간 방치되어 사망한 것으로 추정(입사 11개월 후)

② 발생원인

    ㉠ 발견 당시 재해자는 톨루엔 취급작업 시 필요한 호흡용 보호구(공기호흡기 또는 송기마스크)를 미착용한 상태

    ㉡ 작업장소가 터널 외벽과 산 절개지의 사면 등으로 사방이 막혀 통풍이 불충분한 유기화합물 취급 특별장소

    ㉢ 송풍기 등을 이용한 충분한 환기의 미실시

③ 건강영향 및 유해성

    두통, 호흡기 자극, 눈물, 나른함, 유쾌한 기분, 경미한 구역질, 콧물, 현기증, 졸음, 운동 실조, 중추신경계 장애(만성중독 시)

④ 건강장해 예방조치

    ㉠ 건강진단 실시

        ⓐ 배치 전 건강진단 : 간 기능, 비뇨기계 기능, 신경기능 검사 실시

        ⓑ 배치 후 첫 번째 건강진단 : 6개월 이내

        ⓒ 반드시 작업종료 후 소변검사 실기

    ㉡ 작업환경측정 실시

        ⓐ 6월에 1회 이상 측정(노출기준 50ppm)

        ⓑ 밀폐설비 및 국소배기장치 등 환기장치 설치 또는 개선

        ⓒ 작업 시 충분한 환기 실시

    ㉢ 작업관리 및 보호구 착용 등

        ⓐ 호흡용 보호구(방독마스크 또는 송기마스크), 보호장갑, 보호의, 보호장화, 피부보호용 도포제 비치(불침투성)

        ⓑ 신체 노출 시 이용 가능한 세척시설 설치

        ⓒ 근로자 채용 시(8시간), 정기(매월 2시간), 특별(16시간) 안전보건교육 실시

        ⓓ 물질안전보건자료(MSDS) 작성 및 게시

        ⓔ 경고표지 부착 및 MSDS 교육

(3) 삼산화안티몬(Sb_2O_3) 접촉에 의한 피부질환 발생

① 개요

    ㉠ 2008년 7월 21일~2008년 8월 31일, 직업병 발생경보 발령

    ㉡ 외국인 근로자 7명은 플라스틱제품 제조 사업장의 배합 및 포장공정 근무 (4~13개월)

    ㉢ 폴리스티렌(PS) 수지와 삼산화안티몬(난연제) 호퍼 투입 및 배합기 청소작업 실시

    ㉣ 일부 근로자(6명)가 피부질환을 호소하며, H외국인 근로자 지원센터에 근무사 업장 전환을 요구하며 신고(2008.7.16)

    ㉤ 산업안전보건공단 방문조사결과 외국인 근로자 7명에서 삼산화안티몬 노출(접촉)에 의한 피부질환(농포 등) 발생으로 확인(2008.7.18)

② 발생원인

    ㉠ 투입 호퍼에 설치된 국소배기장치를 미가동하였고 호퍼 주위에 남아있는 삼산 화안티몬을 청소하지 않아 작업자가 지속 노출됨

ⓛ 배합기 내부 청소작업(2회/일) 시 불침투성 보호의 착용이 미흡하여 삼산화안티몬 노출

ⓒ 작업장 내에 설치된 휴게실에서도 2차적인 삼산화안티몬 노출 발생

ⓔ 피부에 묻은 삼산화안티몬을 세척하기 위한 샤워 등 개인위생관리 불량으로 여름철에 피부질환 발생 및 악화

※ 삼산화안티몬 취급 작업 시 땀이 난 피부에서 피부질환(농포)이 쉽게 발생

③ 건강영향

ⓐ 삼산화안티몬은 눈, 피부, 점막에 강한 자극을 주어 피부염이 흔하고 비염도 일으킬 수 있음

ⓛ 진폐증도 일으킬 수 있으며, 동물에서는 폐암유발(발암성 의심물질, A2), 사람에서는 발암성 미확인

ⓒ 황화안티몬은 심장 독성(심장근육 이상) 유발

④ 건강장해 예방조치

ⓐ 건강진단 실시

배치 전 건강진단/배치 후 첫 번째 건강진단(6개월 이내)/정기 건강진단 시 피부질환, 심장질환, 폐질환에 유의하여 관찰 필요(12월에 1회)

ⓛ 작업환경 측정 및 개선

ⓐ 6월에 1회 이상 측정(노출기준 $0.5mg/m^3$)

ⓑ 밀폐설비 및 국소배기장치 등 작업환경 개선시설 개선 또는 설치

ⓒ 작업관리 및 보호구 착용 등

ⓐ 개인용 보호구(방진마스크), 고무장갑, 불침투성 보호의 착용, 청소 실시

ⓑ 세척시설을 설치하고 수시 세면·목욕 실시

ⓒ 근로자 채용 시(8시간), 정기(매월 2시간), 특별(16시간) 안전보건교육 실시

ⓓ 물질안전보건자료(MSDS) 게시 및 교육 실시

⑤ 건강장해 발생 시 관리요령

안티몬 노출을 중단하고 산업의학전문의와 상담할 것

(4) 혼합유기용제에 의한 사망재해자 발생 ●출제율 20%

① 개요

ⓐ 2009년 7월 코팅액 제조작업이 없어 회사에 혼자 근무하던 작업자가 배합조 내부에 쓰러져 있는 것을 동료가 발견, 병원으로 후송하였으나 사망

ⓛ 배합조 내부 이물질 제거를 위하여 배합조 내부에 들어갔다가 고농도의 혼합유
기용제 증기에 급성중독되어 사망한 것으로 추정(입사 1년 후)

② 발생원인

㉠ 발견 당시 재해자는 밀폐공간 출입작업 시 필요한 호흡용 보호구(송기마스크)를
미착용 상태

㉡ 배합조에 남아 있던 제품으로부터 고농도의 혼합유기용제 증기가 배합조 내부
에 체류(측정 결과 혼합물 평가 시 노출기준의 207.7배 농도에 노출됨)

㉢ 출입 전 배합조 내부 환기 미실시

㉣ 배합조에 설치된 국소배기장치의 미가동 및 배기성능 미흡

㉤ 혼합유기용제 : 에틸아세테이트, 톨루엔, 크실렌, 에틸벤젠, n-부탄올 등

③ 건강영향

㉠ 중추신경계 억제

㉡ 사지기능 장애

㉢ 부정맥

㉣ 호흡부전 등에 의한 사망

④ 건강장애 예방조치

㉠ 건강진단 실시

ⓐ 배치 전 건강진단 : 간담도계, 비뇨기계, 신경기능 검사 실시

ⓑ 배치 후 첫 번째 건강진단 : 6개월 이내

㉡ 작업환경 측정 실시

ⓐ 6월에 1회 이상 측정

ⓑ 밀폐설비 및 국소배기장치 등 환기장치 설치 또는 개선

ⓒ 작업 시 충분한 환기 실시

㉢ 작업관리 및 보호구 착용 등

ⓐ 호흡용 보호구(방독마스크 또는 송기마스크), 보호장갑, 보호의, 보호장화,
피부 보호용 도포제 비치(불침투성)

ⓑ 신체 노출 시 이용 가능한 세척시설 설치

ⓒ 근로자 채용 시(8시간), 정기(매월 2시간), 특별(16시간) 안전보건교육 실시

ⓓ 물질안전보건자료(MSDS) 작성 및 게시

ⓔ 경고표지 부착 및 MSDS 교육

(5) 해외 근로자의 치명적 감염성 질환(유비저) 발생 경고 ●출제율 20%

① 유비저의 개요

㉠ 유비저는 그람 음성 간균인 '버크홀데이라 슈도말레이'에 의해 발생하는 세균성 감염병으로 흔히 말레이병(Melioidosis)으로 알려져 있다. 현재까지 알려진 유행지역은 호주 북부, 태국 북동부, 중국 남부, 싱가폴, 미얀마, 말레이시아, 홍콩, 브루나이, 라오스, 캄보디아, 대만이다.

㉡ 유비저는 2010년 12월 30일부터 '제4군 감염병'으로 지정되었으며, 현재까지 총 7건의 사례가 인지되었고 이 환자들은 모두 해외에서 감염되어 일부는 사망하였다.

② 감염경로 및 임상증상

㉠ 유비저 유행 국가의 토양과 물을 통해 감염된 것으로 추정되며, 주요 노출경로는 흡입(호흡기 노출)이며 일부 사례는 피부 상처를 통해 전염되었다.

㉡ 유행지역에서 폭우, 쓰나미 등 비전형적인 기상요인이 있을 시 발생이 증가하는 것으로 보아 물과 바람이 중요한 매개체 역할을 하는 것으로 추정된다.

㉢ 임상증상은 전신에 걸쳐 광범위하게 나타나며, 대체로 세균성 패혈증과 관련된 증상(폐렴, 농양)이 특징적이다.

  ⓐ 폐렴 : 쇼크, 호흡부전, 신부전, 의식손실 등 치명적인 합병증이 올 수 있음
  ⓑ 농양 생성 : 폐, 간, 비장, 피부 침범

③ 예방법

㉠ 유비저는 치명률이 높고 많은 합병증을 동반할 수 있기 때문에 적극적인 예방대책과 병원체 관리가 필요하다.

㉡ 동남아시아, 호주 북부지역 등 유행지역을 여행 및 근무하는 근로자는 토양이나 빗물에 피부가 직접 노출되는 것을 피해야 하며, 특히 피부 상처가 있을 때에는 가급적 외부에서 활동이나 작업을 하지 않아야 한다.

㉢ 호흡기 감염은 감염지역에서 예방이 현실적으로 매우 어렵지만 기상이변이 있을 시에는 외부에서 마스크 및 장갑 착용을 권고한다.

㉣ 해외로 근로자를 파견할 시에는 반드시 위의 예방법에 대해 철저한 교육이 필요하다.

④ 발생 의심 시 대처법

해당 지역 체류 시 발열이 있을 경우 그 지역의 적절한 병원에서 검사와 치료를 받아야 하며, 만약 치료를 받을 수 있는 여건이 아닐 경우에는 신속히 귀국하여야 한다.

(6) 수산화테트라메틸암모늄(TMAH) 사망사고 경고

① 개요

2011년 11월 15일 경기도 소재 A사업장(파렛트 세척)에서 계면활성제를 제조하는 B사 근로자가 자체 개발한 세척제 샘플을 현장 테스트하던 중 25% 농도의 수산화테트라메틸암모늄(TMAH, CAS No. 75-59-2) 함유(중량비율 35%) 세척제가 피재자의 양쪽 손과 팔, 다리 등의 피부에 접촉 후 체내로 흡수되어 호흡마비로 사망하였다.

② 발생원인

㉠ 수산화테트라메틸암모늄(TMAH)의 유해성·위험성 인지 미흡

세척제에 대한 물질안전보건자료(MSDS)와 세척제의 원료인 TMAH에 대한 한글 MSDS가 작성되어 있지 않았고, 취급 근로자에 대한 MSDS 교육이 실시되지 않아 급성중독의 위험성 등을 해당 근로자가 인지하지 못함

㉡ 보호구 착용 등 기본적인 안전수칙 무시

해당 근로자에게 불침투성 보호복, 보호장갑, 보호장화 등 개인보호구 착용이 미흡하였으며, 작업수칙이 지정되어 있지 않아 안전한 작업방법으로 작업을 실시하지 못함

㉢ 사고 시 대피 등 조치방법 부적절

급성중독 발생 우려가 있을 경우 즉시 작업을 중지하고 노출된 작업자에게 즉각적인 세척·샤워 등 적절한 조치를 취해야 하는데, 세척제에 노출 후 약 17분 경과 후 샤워하러 가는 등 사고 시 대처방법이 부적절하였음

③ 수산화테트라메틸암모늄(TMAH)의 특성 및 건강영향

용 도	반도체 공정 등에서 감광제로 사용되고 있으며, 응집을 방지하기 위한 계면활성제로도 사용되는 물질임
일반적 특성	암모니아 냄새가 나는 무색의 투명 액체
유해성·위험성	• 금속을 부식시킬 수 있음. 삼키면 치명적임. 피부와 접촉하면 치명적임 • 피부에 심한 화상과 눈에 손상을 일으킴. 흡입 시 알레르기성 반응, 천식 또는 호흡 곤란을 일으킬 수 있음 • 호흡기계 자극을 일으킬 수 있음
안전취급요령	• 개봉 전에 조심스럽게 미개를 여시오. • 장기간 또는 지속적인 피부접촉을 막으시오.

④ 건강장해 예방조치

㉠ TMAH 제조·수입 사업장은 물질안전보건자료를 한글로 작성·제공

㉡ TMAH 취급 작업장 내 한글로 작성된 MSDS 비치 또는 게시

㉢ TMAH 용기 및 포장 등에 한글로 작성된 MSDS 경고표지 부착

       ⓔ TMAH 취급 근로자에 대한 MSDS(물질 특성 및 인체에 미치는 영향 등) 교육 실시

       ⓜ TMAH 취급 근로자는 불침투성 보호복, 보호장갑, 보호장화 등 개인보호구 착용

(7) 비파괴검사 작업자의 백혈병 발생

① 개요

     ㄱ 2011년 선박 용접에 대한 비파괴검사업체 근로자 3명에게 백혈병 및 골수형성 이상증후군이 발생하였으며, 2012년 5월 현재 3명 중 2명이 사망하였다.

     ㄴ 발생원인

       감마선 투과검사 시 노출 선량 감소를 위한 안전거리 미확보, 차폐물의 설치, 개인용 차폐장비를 착용하지 않아 방사선에 직접 노출되었다.

② 발생원인

     ㄱ 약 10년간 의료기기의 품질 및 성능검사, 시험, 시연교육 시 수시로 X-선 노출됨

     ㄴ 6년간 누적 방사선 노출량은 최소 200mSV에서 최대 265mSV로 추정되어 선량한도 초과

     ㄷ 방사선 의료기기 시험작업 시 개인용 앞치마 등 방호복 미착용

     ㄹ 방사선 작업 시 개인 선량계(TLD 또는 필름 뱃지)를 미착용하여 노출량에 따른 관리가 이루어지지 않음

③ 건강장해 예방조치

     ㄱ 방사선 노출시간을 가능한 최소화

       ⓐ 피폭선량계 등 착용을 통한 모니터링

       ⓑ 개인 피폭선량계(TLD 또는 뱃지)

       ⓒ 알람 모니터

       ⓓ 포켓 도시미터

     ㄴ 방사선원으로부터 거리는 가능한 최대화

     ㄷ 차폐물 설치

     ㄹ 개인용 보호구 착용

       ⓐ 납안경

       ⓑ 납장갑

       ⓒ 납치마

④ 근로자 건강진단관리

     ㄱ 배치 전 건강진단

     ㄴ 특수건강진단

SECTION 16 뇌 · 심혈관질환

01 개요

(1) 뇌 · 심혈관질환은 뇌혈관질환과 심장질환을 합친 용어로 순환기계질환이라고도 하며 혈관이 좁아지거나 작은 핏덩어리 같은 것에 의해 혈관이 막혀 발생하는 허혈성 뇌 · 심혈관질환과 혈관이 터져서 생기는 출혈성 뇌 · 심혈관질환으로 구분한다.

(2) 허혈성 뇌 · 심혈관질환의 대표적인 예로는 뇌경색이나 협심증 및 심근경색증 같은 것이며 대개는 관상동맥질환의 원인이 되는 경우가 많다.

(3) 출혈성 질환은 주로 뇌 부위에서 발생하며 대표적인 예로는 거미막하출혈, 뇌실질내출혈, 해리성 대동맥류 등이 있으며 주로 고혈압이 원인이 되는 경우가 많다.

(4) 날씨가 추워지면서 조심해야 할 대표적인 질환이 뇌 · 심혈관질환이다. 뇌혈관질환은 뇌 속에 있는 혈관이 막혀 뇌경색을 부른다. 심장혈관질환은 심장근육을 둘러싸고 있는 혈관이 좁아져 발생하는 협심증이나 심근경색을 말한다.

02 뇌 · 심혈관질환 예방의 배경 및 필요성

(1) 고용 · 작업환경의 변화 및 근로인구의 고령화가 빠르게 진행됨에 따라 뇌 · 심혈관질환 등 만성질환의 건강관리 중요성이 증대되었다.

(2) 뇌 심혈관질환은 유전 생활습관(식습관, 음주, 흡연 등), 스트레스 및 과로 등 유해요인이 다양하고 특성상 단기적인 예방으로 효과를 얻기가 어렵다.

① 건강검진 후 기초질환자 등을 중심으로 사후관리 보건교육, 금연 및 업무조정 등 종합적이고 지속적인 예방활동이 필요하나 사업장 내에서의 인식부족에 따른 적극적인 관리가 부재하다.

② 특히 뇌·심혈관질환 발병 고위험 근로자들은 교대제작업, 심야작업 등의 업무 시 중점관리가 필요함에도 별도 관리가 부실하다.

(3) 뇌·심혈관질환 발병 가능성이 있는 잠재근로자가 약 15만명 정도(2006년)됨. 근로자의 중·고령화, 구조조정 등으로 인한 노동 강도 강화 등 과로와 직무 스트레스가 가중되는 사회적 분위기 속에서 뇌·심혈관질환은 지속될 것으로 전망됨에 따라 예방관리가 더욱 필요하다.

03 뇌·심혈관질환 발생 위험요인 ●출제율 20%

구 분		위험요인
개인적 요인	건강상태 요인	고혈압, 고지혈증, 당뇨, 비만
	생활습관 요인	흡연, 운동부족
	유전적 요인	연령, 성, 유전
작업관련 요인	화학적 요인	이황화탄소, 염화탄화수소, 일산화탄소 등
	물리적 요인	소음, 온열작업, 한냉작업
	사회심리적 요인	업무량
	작업관리적 요인	교대근무, 야간근무
	복합적 요인	운전작업
	정신적 요인	급작스러운 스트레스
	신체적 요인	급작스러운 육체활동

참고 뇌·심혈관질환의 작업관련 위험요인

1. 장시간 노동
2. 잔업에 의한 과로상태
3. 직장의 인간관계
4. 운전 및 교대작업
5. 구조조정에 의한 불안 및 과중한 책임 등에 의한 스트레스

04 위험요인별 예방법

뇌 · 심혈관질환은 유전, 생활습관(식습관, 음주, 흡연 등), 스트레스 및 과로 등 유해요인이 다양하고 특성상 단기적인 예방으로 효과를 얻기 어려우므로 작업관련 요인이 포함된 조직차원의 관리 및 개인적 요인의 관리가 병행되어야 한다.

(1) 조직차원의 관리방법

① 건강검진 후 기초질환자 등을 중심으로 사후관리, 보건교육, 금연 및 업무조정 등 종합적이고 지속적인 예방활동이 필요하다(특히 질환 발병 고위험 근로자들은 교대제작업, 심야작업 등의 업무 시 중점관리가 필요함).
② 작업장에서 근로자가 의식이 없을 때는 신속하게 응급실로 후송해야 한다.
③ 응급처치를 위해서는 가급적 직원들에게 심폐소생술 훈련을 받도록 회사에서 지원하는 것도 필요하다.

(2) 개인적 요인의 관리방법

동 질환의 천적(天敵)은 고혈압, 고지혈증, 당뇨, 흡연 등이다. 따라서 생활습관 개선 등 개인적 요인에 따른 5대 예방수칙은 다음과 같다.
① 정기적으로 혈압, 혈당, 콜레스테롤을 측정하여 기초질환을 관리한다.
② 규칙적인 운동을 실시하여 표준체중을 유지한다.
③ 금연, 음주량을 자제한다.
④ 콜레스테롤이 많은 음식섭취를 줄이고 섬유질이 많은 야채를 섭취한다.
⑤ 매사에 밝고 적극적인 기분으로 생활하여 스트레스를 해소한다.

05 보건관리자의 뇌심혈관질환 예방 관리수칙 ●출제율 30%

(1) 뇌심혈관질환 예방을 위한 연간 사업계획을 수립하고 추진한다.

(2) 뇌심혈관질환 위험군 파악을 위하여 건강진단을 전원 실시할 수 있도록 관리한다.

(3) 전 직원을 대상으로 뇌심혈관질환 예방교육을 실시한다.

(4) 뇌심혈관질환 고위험작업 및 작업조건에 대한 조치를 사업주에게 건의한다.

(5) 건강증진 프로그램을 수립하여 추진한다.

(6) 뇌심혈관질환 발병위험도 평가 및 사후관리를 실시한다.

(7) 뇌심혈관질환 위험군에 관한 기초 건강관리 DB를 구축하여 효율적으로 관리한다.

(8) 뇌심혈관질환 예방분야 전문지식을 습득한다.

(9) 보건소 등 지역사회 자원을 충분히 활용할 수 있도록 노력한다.

(10) 근로자와 사업주가 뇌심혈관질환 예방에 적극 참여할 수 있도록 유도한다.

06 사업장 건강증진운동

(1) 용어 정의

① "건강증진"

개인이 지니고 있는 건강잠재력이 충분히 발휘될 수 있도록 생활방식의 개선을 통하여 건강향상을 도모하는 것을 말한다.

② "사업장 건강증진운동"

사업주가 보건지도, 운동지도, 영양지도, 심리지도 등의 방법을 통하여 근로자의 건강을 증진시키는 일련의 활동을 말한다.

(2) 건강증진운동 계획 수립 시행 시 포함사항 ●출제율 20%

① 사업장 내 건강증진운동 추진을 위한 조직구성에 관한 사항
② 근로자의 건강증진을 위한 건강교육 및 건강체조 보급 등에 관한 사항
③ 올바른 작업자세의 유지 등 작업관리에 관한 사항
④ 쾌적한 작업환경 유지 등 작업환경관리에 관한 사항
⑤ 금연, 절주, 스트레스(긴장) 해소 운동 및 영양개선 등 건강관리에 관한 사항
⑥ 체력측정, 건강진단, 건강상담, 응급조치 및 기타 건강증진을 위한 조치와 이를 위한 시설·장비의 확보에 관한 사항
⑦ 건강증진운동지도자 양성에 관한 사항

⑧ 기타 근로자의 건강증진운동에 필요한 조치에 관한 사항

(3) 건강증진운동의 추진기법 보급사항

① 건강증진운동 추진기법 및 관련 자료의 개발, 보급
② 건강증진운동 모델 개발
③ 건강증진운동 우수 실시 사업장 발굴 및 홍보
④ 사업장 건강증진운동 지도자에 대한 교육
⑤ 기타 건강증진운동 추진지원에 관한 사항

07 생활습관 개선 프로그램 종류

(1) 금연 프로그램

(2) 영양지도 프로그램

(3) 운동 프로그램

(4) 절주 프로그램

08 뇌·심혈관질환 발병위험도를 위한 건강진단항목 ●출제율 20%

구 분		건강진단항목
필수 항목	문진	○ 생활습관조사 : 흡연, 운동습관, 음주 등 ○ 가족력 : 뇌졸중, 협심증, 심근경색증 등 ○ 과거 및 현병력 : 당뇨병, 일과성뇌허혈발작, 뇌졸중, 협심증, 심근경색증 등
	임상검사	체중, 신장, 혈압, 시력, 흉부방사선(직촬)[주1], 심전도[주2], 혈중지질검사[주3] (총 콜레스테롤, HDL 콜레스테롤, 트리글리세라이드) 혈당[주4]
선택 항목	임상검사	고혈압이 있을 때 : 안전검사, BUN/크레아티닌, 단백뇨 검사

[주] 1)~3) 25세, 30세가 되었을 때 35세 이상 모든 근로자에게 실시
4) 35세 이상 모든 근로자에게 실시

09 뇌·심혈관질환 발병 고위험군 판정자 중 작업전환 고려가 필요한 현재 종사업무의 예 ●출제율 20%

1. 주당 60시간 이상의 장시간 노동
2. 고정적인 야간작업
3. 정신적, 심리적으로 부담이 큰 업무(예 중요 프로젝트의 책임자)
4. 힘이 많이 드는 중노동을 연속으로 해야 하는 작업
5. 용광로작업과 같은 고열작업 또는 한냉작업
6. 갱내작업 등 산소가 부족하기 쉬운 곳에서의 작업
7. 부정맥이 있을 때 : 운전작업, 고소작업
8. 소음이 심한 부서
9. 순환기계장해를 유발하는 화학물질에 노출되는 업무(예 이황화탄소, 염화탄화수소류, 니트로글리세린, 메틸렌클로라이드 등)

[주] 위에 열거된 업무 중의 하나라고 하여 무조건 기계적으로 판단해서는 안 되며, 반드시 해당 근로자의 유해인자에 대한 노출수준, 업무강도 및 순환기계장해의 정도를 감안하여 판단하여야 한다.

참고 근로자 건강증진활동 지침 ⚫출제율 30%⚫

1. 용어 정의
   ㉠ "근로자 건강증진활동"
      작업관련성 질환 예방활동을 포함하여 근로자의 건강을 최상의 상태로 하기 위한 일련의 활동을 말한다.
   ㉡ "직업성 질환"
      작업환경 중 유해인자가 있어 업무나 직업적 활동에 의하여 근로자가 노출될 경우 그 유해인자로 인하여 발생하는 질환을 말한다.
   ㉢ "작업관련성 질환"
      작업관련 뇌심혈관질환 · 근골격계질환 등 업무적 요인과 개인적 요인이 복합적으로 작용하여 발생하는 질환을 말한다.
   ㉣ "직입건강서비스"
      직업성 질환 및 작업관련성 질환 예방을 위한 근로자 지원서비스를 말한다.
   ㉤ "건강증진활동 추진자"
      사업장 내의 보건관리자 또는 근로자 건강증진 활동에 필요한 지식과 기술을 보유하고 건강증진활동을 추진하는 사람을 말한다.
2. 건강증진활동 계획 수립 · 시행 시 포함사항
   ㉠ 사업주가 건강증진을 적극적으로 추진한다는 의사표명
   ㉡ 건강증진활동 계획의 목표 설정
   ㉢ 사업장 내 건강증진 추진을 위한 조직구성
   ㉣ 직무 스트레스 관리, 올바른 작업자세 지도, 뇌심혈관계질환 발병위험도 평가 및 사후관리, 금연, 절주, 운동, 영양개선 등 건강증진활동 추진내용
   ㉤ 건강증진활동을 추진하기 위해 필요한 예산, 인력, 시설 및 장비의 확보
   ㉥ 건강증진활동 계획 추진상황 평가 및 계획의 재검토
   ㉦ 그 밖에 근로자 건강증진활동에 필요한 조치

SECTION 17 교대근무작업

01 용어 정의

① "교대작업"

작업자들을 2개 반 이상으로 나누어 각각 다른 시간대에 근무하도록 함으로써 사업장의 전체 작업시간을 늘리는 근로자 작업일정이나 작업조직방법을 말한다.

② "교대작업자"

작업일정이 교대작업인 근로자를 말한다.

③ "야간작업"

오후 10시부터 익일 오전 6시까지 사이의 시간이 포함된 교대작업을 말한다.

④ "야간작업자"

야간작업시간마다 적어도 3시간 이상 정상적 업무를 하는 근로자를 말한다.

02 교대작업의 영향

(1) 인체(건강) 영향

① 생체리듬(Circadian Rhythm)의 부조화

㉠ 인체는 24시간 주기로 규칙적으로 움직이는 일주리듬을 갖는데, 체온, 수면, 혈압, 소화, 아드레날린 분비, 다양한 약물의 반응, 감정이나 분노 같은 심리적인 변화들이 낮에 가장 리듬이 활발하며 밤에 낮게 나타남

㉡ 교대작업 근로자는 업무 스케줄에 체온과 수면, 경각심을 완전히 적응시키지 못하여 생리적 영향이 발생하며 신체활동과 집중력에 영향을 받음

② 수면의 저하

㉠ 교대근무자는 생리적으로 맞지 않은 수면을 시도하려고 하기 때문에 질적 및 양적으로든 감소된 수면으로 졸음을 야기하며 잠에 들지 않는 것과 졸리는 상태가 계속되는 어려움이 있음

㉡ 수면시간의 계획은 밤 근무자의 작업 스케줄에 더욱 중요함

㉢ 수면부족은 만성적인 피로와 졸음, 일의 의욕저하, 부족한 작업수행 그리고 다른 동료와의 충돌을 야기함. 이런 상태에서의 작업수행은 작업자의 안전에 있어서 문제가 발생할 수 있음

㉣ 정신건강-수면부족 동안에는 이상한 환시, 환각, 관계언급의 다른 병적인 행동이 나타날 수 있으나 수면 후는 사라짐

③ 위장장애

㉠ 교대제와 관련한 가장 명백한 건강상의 문제는 위궤양을 포함한 위장관질환으로 규칙적인 주간 근로자에 비해 교대작업 근로자가 위염증상을 더 많이 호소함

㉡ 교대작업으로 인해 식사하는 시간이나 횟수가 불규칙해지며, 카페인이나 담배 섭취 증가로 위장장애가 많음

④ 심혈관계 질환

심장질환은 분노, 일의 불만족, 가족간의 충돌, 수면부족, 피로와 연관이 있다(돌연사, 심장마비가 교대작업 근로자에게 더 빈번했고 혈압도 주간 근로자들에 비해 더 높았음).

⑤ 임신

교대작업은 자연유산, 저체중아, 조산, 불임, 불규칙한 월경주기, 월경통과 관계가 있다(불규칙한 교대를 하는 여성근로자가 주간근무나 고정적인 저녁 및 야간근무를 하는 여성보다 유산율이 높음).

⑥ 기존질환의 악화

천식, 당뇨, 간질 등의 특정치료제와 효과는 대사적 호르몬적 24시간 주기리듬의 변화에 의해 변화한다(교대작업은 이러한 질환의 악화에 심각한 영향을 미침).

(2) 사회활동의 영향

① 대부분 사교활동과 가족행사는 저녁이나 주말에 일어나므로 교대작업 근로자는 종종 이런 행사를 놓치게 된다(건강한 사회생활 및 가정생활은 신체적 및 정신적 건강을 위해 중요한 기초가 되며, 교대제는 어린 자녀를 둔 부모들에 더욱 문제가 되고 있음).

② 교대작업 근로자는 주간 근로자들보다 더 자주 수면부족, 우울, 혼란, 긴장, 걱정, 피로감을 호소하는 것으로 나타난다(사회시간의 부조화는 사회적 역할, 부모로서의 역할 제한으로 이어지고 이는 교대작업 근로자에게 막연한 불안감, 무기력 등으로 나타남).

(3) 생산성 저하와 안전사고

① 수행능력과 감성은 24시간 리듬을 반영하며 그 변화는 생산성과 안정성에 관련된다(밤에는 반응시간이 감소하고 숫자 계산이 떨어짐).
② 낮 근무보다 밤 근무 시 심각한 사고율이 높다(밤 근무 시에는 실수율이 높아지고 신호에 민감하지 못함).

참고 교대 부적응 증후군(Shift Maladaptation Syndrome) ●출제율 20%

1. 개요
   인체는 24시간 주기로 일정한 주기리듬(Circadian Rhythm)을 갖는다. 교대작업 시 교대근로자의 5~20%가 일주리듬이 임의로 바뀌기 때문에 교대작업을 처음 시작할 때에는 제대로 적응을 하지 못해 어려움을 겪고(급성 교대부적응 증후군), 막상 적응을 어느 정도 하면 그 때에는 만성으로 고생(만성 교대부적응 증후군)하는 특성이 있다.
2. 급성 교대부적응 증후군
   ㉠ 근무교대를 시작한 때로부터 1개월 이내에 나타남
   ㉡ 증상
   • 불면증
   • 작업중 과도한 졸림감
   • 감정장애
   • 실수 및 사고의 증가
   • 가족 · 사회적 문제 발생
3. 만성 교대부적응 증후군
   ㉠ 5년 이상 교대작업을 한 경우 나타남
   ㉡ 증상
   • 수면장애
   • 심혈관계 질병
   • 위장관 질병
   • 별거 · 이혼

---

03 교대작업자의 작업설계 시 고려사항(권장사항) ●출제율 20%

(1) 야간작업은 연속하여 3일을 넘기지 않도록 한다.

(2) 야간반 근무를 모두 마친 후 아침반 근무에 들어가기 전 최소한 24시간 이상 휴식을 하도록 한다.

(3) 가정생활이나 사회생활을 배려할 때 주중에 쉬는 것보다는 주말에 쉬도록 하는 것이 좋으며, 하루씩 띄어 쉬는 것보다는 주말에 이틀 연이어 쉬도록 한다.

(4) 교대작업자, 특히 야간작업자는 주간작업자보다 연간 쉬는 날이 더 많이 있어야 한다.

(5) 근무반 교대방향은 아침반 → 저녁반 → 야간반으로 바뀌도록 정방향으로 순환하도록 한다.

(6) 아침반 작업은 너무 일찍 시작하지 않도록 한다.

(7) 야간반 작업은 잠을 조금이라도 더 오래 잘 수 있도록 가능한 한 일찍 작업을 끝내도록 한다.

(8) 교대작업일정을 계획할 때 가급적 근로자 개인이 원하는 바를 고려하도록 한다.

(9) 교대작업일정은 근로자들에게 미리 통보되어 예측할 수 있도록 한다.

04 교대작업자의 건강관리를 위해 사업주가 고려해야 할 사항 ●출제율 30%

(1) 야간작업의 경우 작업장의 조도를 밝게 하고 작업장의 온도를 최고 27°C가 넘지 않는 범위에서 주간작업 때보다 약 1°C 정도 높여주어야 한다.

(2) 야간작업동안 사이잠(Napping)을 자게 하면 졸리움을 방지하는데 효과적이므로 특히 사고 위험이 높은 작업에서는 짧은 사이잠을 자게 하는 것이 좋다. 사이잠을 위해 수면실을 설치하되, 소음 또는 진동이 심한 장소를 피하고 남녀용으로 구분하여 설치하도록 한다.

(3) 야간작업동안 대부분의 회사 식당의 문을 닫기 때문에 규칙적이고 적절한 음식이 제공될 수 있도록 배려하여야 한다. 야간작업자에게 적절한 음식이란, 칼로리가 낮으면서 소화가 잘 되는 음식이다.

(4) 교대작업자에 대하여 주기적으로 건강상태를 확인하고 그 내용을 문서로 기록 · 보관한다.

(5) 교대작업에 배치할 근로자에 대하여 교대작업에 대한 교육과 훈련을 실시하여 근로자가 교대작업에 잘 적응할 수 있도록 지도해 준다.

(6) 교대작업자의 작업환경 · 작업내용 · 작업시간 등 직무 스트레스 요인과 뇌심혈관질환 발병위험도 평가(KOSHA Code H-46-2008 참조)를 실시하고 그 결과에 따라 건강증진 프로그램(고용노동부 고시 제1999-20호 참조)을 제공하는 등 적절한 조치를 실시한다.

참고 **교대근로자 건강을 위한 9대 작업관리 권고지침** ● 출제율 30%

1. 2교대 근무는 가급적 피해야 한다.
    ㉠ 격일제 근무, 2조 2교대 근무, 3조 2교대 근무는 가능한 한 피한다.
    ㉡ 충분한 휴식시간을 가질 수 있는 전진근무방식의 3조 3교대 근무나 4조 3교대 근무가 바람직하다.
    ㉢ 1일 2교대 근무가 불가피한 경우는 연속 2~3일을 초과하지 말아야 한다.
2. 잔업은 최소화 해야 한다.
    ㉠ 1일 8시간 근무가 바람직하다.
    ㉡ 특히, 야간근무시간은 근무시간 중 간이수면시간을 포함하여 8시간 이내가 바람직하다.
3. 고정적 혹은 연속적인 야간교대작업은 줄여야 한다.
    ㉠ 상시 야간작업과 같은 고정적인 교대제 도입은 피해야 한다.
    ㉡ 특히, 연속 3일 이상 야간근무를 하는 것은 가급적 피하고, 야간근무 후에는 1~2일 정도 휴식을 취하는 것이 바람직하다.
4. 교대순환은 전진근무방식으로 하는 것이 좋다.
    ㉠ 근무시간표는 순차적으로 편성하는 것이 바람직하다.
    ㉡ 예 주간 근무조 → 저녁 근무조 → 야간 근무조 → 주간 근무조
5. 근무시간 종료 후 11시간 이상의 휴식시간을 두어야 한다.
    ㉠ 같은 날(달력으로 같은 날) 주간근무에서 저녁근무로 가는 등 7~10시간의 짧은 휴식시간을 두는 것은 피하는 것이 바람직하다.
    ㉡ 특히 야간근무 후 다른 근무조로 가기 전에 최소한 24~48시간의 휴식을 두어야 한다.
6. 야간근무 시 근무시간 중 간이수면 · 운동 등을 위한 휴식시간을 두어야 한다.
    ㉠ 야간작업을 하는 사업장은 휴식(수면)을 취할 수 있는 시설을 설치해야 한다.
    ㉡ 야간작업 시에는 간이수면 · 운동 등을 위한 휴식시간을 근무시간 중에 두어야 하고, 조명을 밝게 유지하는 등 쾌적한 작업환경을 유지해야 한다.

---

7. 근무 교대시간(시작시간 및 종료시간)은 근로자의 수면을 방해하지 않도록 정해야 한다.
   ㉠ 야간 교대시간은 자정 이전으로 한다.
   ㉡ 아침 교대시간은 밤잠이 모자랄 5~6시를 피하는 등, 교대시간을 근로자의 편리를 도모하는 방향으로 정하는 것이 바람직하다.
8. 교대근무 일수, 업무내용 등을 탄력적으로 조정한다.
   ㉠ 교대근무 일수는 업무량에 따라 조정하는 것이 바람직하므로 업무량이 적은 경우는 교대제를 도입하지 않는 것이 바람직하다.
   ㉡ 중노동, 정신적 노동, 지루한 일 등은 주간에 배치하고, 이른 아침이나 한밤중에는 과도하고 위험한 일이 배치되지 않도록 해야 한다.
   ㉢ 근무시간이 긴 근무조는 가벼운 일을 하도록 하는 등 업무내용 및 업무량을 조정해야 한다.
9. 교대일정은 정기적이고, 근로자가 예측가능하도록 해야 한다.
   교대일정에 대하여 근로자가 미리 알도록 하고, 변경 시에는 당해 근로자의 의견을 반영해야 한다.

05 교대작업자로 배치 시 업무적합성 평가가 필요한 근로자 ●출제율 20%

(1) 간질 증상이 잘 조절되지 않는 근로자

(2) 불안전 협심증(Unstable angina), 심근경색증 병력이 있는 관상동맥질환자

(3) 스테로이드 치료에 의존하는 천식 환자

(4) 혈당이 조절되지 않는 당뇨병 환자

(5) 혈압이 조절되지 않는 고혈압 환자

(6) 교대작업으로 인하여 약물 치료가 어려운 환자
   (예를 들면, 기관지 확장제 치료 근로자)

(7) 반복성 위궤양 환자

(8) 증상이 심한 과민성대장증후군(Irritable bowel syndrome)

(9) 만성 우울증 환자

(10) 교대제 부적응 경력이 있는 근로자

SECTION 18 직무 스트레스

01 개요

(1) 직무 스트레스란 맡겨진 작업, 업무로 인하여 여러 가지 조건으로 정신적 심적인 압박을 받아서 그것이 재해의 기본적 원인이 되고 있는 것을 말하며, 이러한 무리한 스트레스를 인간관계에 주어지지 않도록 예방하는 것이 바람직하다.

(2) 직무 스트레스 요인(Job stressor)이라 함은 작업과 관련하여 생체에 가해지는 정신적·육체적 자극에 대하여 체내에 일어나는 생물학적·심리적·행동적 반응을 유발하는 요인을 말한다.

02 직무 스트레스 유발요인

(1) 사업장의 구조적인 요인

　① 물리적 환경
　② 사고, 구조조정 등의 주요변화

(2) 직무 자체의 요인

　① 직무 요구도(역할 과부하)
　② 직무 자율성
　③ 역할 모호성

(3) 조직적 요인

① 역할경계   ② 관리방식   ③ 과도한 책임

④ 대인관계   ⑤ 조직문화   ⑥ 고용 불안정

참고 **스켈멜혼(Schermerhorn)의 직무 스트레스의 요인**

1. 직업상의 요인
   ㉠ 과업의 요구   ㉡ 역할의 동태성   ㉢ 대인관계
2. 개인적인 요인
   ㉠ 욕구   ㉡ 능력   ㉢ 성격
3. 비직업상의 요인
   ㉠ 가족   ㉡ 경제력   ㉢ 개인적인 문제

---

03 직무 스트레스의 중요한 징후

(1) 조직적 수준

① 높은 결근율 및 높은 이직률
② 낮은 수행성과 생산성
③ 비효과적이거나 모순적인 경영방식
④ 불만족스러운 노사관계
⑤ 불량한 안전 기록
⑥ 소비자 불만족 증가
⑦ 조기퇴직과 질병퇴직 증가

(2) 개인적 수준

① 비특이적 증상 나타남
   두통, 위장장애, 피로감, 어지럼증, 어깨 결림
② 정신적 증상
   압박감, 불안, 우울, 집중력 장애, 수면장애
③ 동기화 및 직무 만족 수준이 낮음, 사기 저하
④ 헌신감이나 충성심을 느끼지 못함

⑤ 지각, 조퇴, 결근 등이 나타남

⑥ 질병이나 사고에서 회복 및 작업복귀 지연

⑦ 알코올 · 약물 남용 문제

⑧ 부부간 및 인간관계의 어려움

04 직무 스트레스 관리 절차 (출제율 20%)

(1) 계획

① 직무 스트레스 현황파악

㉠ 설문지를 이용하여 직무 스트레스 수준을 파악한다.

㉡ 건강진단결과표를 활용하여 질환자를 파악한다.

㉢ 부서별, 연령별, 성별로 분석하여 상부에 보고하여 직무 스트레스 관리의 중요
성을 인식시킨다.

② 관리프로그램 계획수립

㉠ 가용예산 확보 및 확인

㉡ 지원 조직 및 사내 · 외 지원 기관 확인
안전보건환경팀, 노동조합, 안전보건공단, 건강보험공단, 스트레스 학회, 스트
레스 협회, 인근 보건소, 대학연구센터 등

㉢ 활용 가능한 자원 확인 : 시설, 인력, 예산

㉣ 프로그램 내용 결정

㉤ 프로그램 홍보방법 선정

(2) 수행

① 직무 스트레스 조사

㉠ 각 부서별로 스트레스 측정도구를 활용하여 실시

㉡ 스트레스 정도에 따른 관리대상 여부 결정

② 직무 스트레스 관리를 위한 환경조성

㉠ 전사적인 스트레스 줄이기 캠페인

ⓐ 칭찬 릴레이 운동

ⓑ 웃으며 인사하기

      ⓒ 유머 챔피언 선발대회

      ⓓ 미소왕 선발

      ⓔ 체육대회

   ⓛ 지속적 직무 스트레스 관리를 위한 지속적 정보 제공 및 상담

   ⓒ 직무 스트레스 관리를 위한 정보제공

   ⓔ 직장 부적응자에 대한 전문가 상담 연계

   ⓜ 위험신호를 나타내는 근로자 의뢰

③ 교육

   ㉠ 전직원 대상

   ⓛ 직무 스트레스 관리 교실 운영

     교육 및 워크샵 개최

   ⓒ 지속적 홍보를 통한 교육

      ⓐ 직무 스트레스 관리 관련 교육자료 게시

      ⓑ 직무 스트레스 관리 시청각 교육

      ⓒ 개별 교육 및 상담

(3) 평가 및 결과 보고

① 사업 전/사업 후 스트레스 수준 비교

② 프로그램 실시 전·후 건강상태 비교

③ 건강진단결과 질환 감소여부 비교

④ 문진 시 증상의 감소정도 비교

⑤ 프로그램으로 인한 비용효과 분석

⑥ 기록의 보존

⑦ 결과 보고

05 직무 스트레스 관리

(1) 일반적 원칙

① 개인별 치료나 관리뿐 아니라 스트레스관련 증상 호소 근로자의 관리는 개인적 수준과 조직적 수준에서 제공되어야 하며 업무관련성 및 업무적합성 평가 의뢰체계 구축, 사후조치(작업복귀) 등에 대하여 고려해야 한다.

② 치료는 증상의 진단, 양상, 중한 정도 및 의뢰 필요성에 따라 결정한다. 정신과 질환이 없는 환자라면 스트레스원이 완화되거나 자원과 대처기법이 향상되었을 때 몇 주 내에 회복을 기대할 수 있다.

③ 여러 가지 일차적 노력에도 불구하고 증상이 약화되거나 3개월 이상 지속될 경우는 정신과 전문의에게 의뢰하는 것이 좋다.

(2) 직무 스트레스 관리 방법

① 개인적 차원

㉠ 의뢰 : 다음과 같은 경우는 정신과 전문의에게 의뢰하는 것이 좋다.

ⓐ 스트레스관련 증상이 3개월 이상 지속될 경우

ⓑ 업무상 사고의 위험성이 매우 높을 때

ⓒ 직무 외적요인, 즉 가족의 문제가 더 큰 요인일 경우

ⓓ 위험신호가 있을 때

㉡ 직속 상사에 대한 건의, 근무 교대주기의 수정 등

㉢ 근로자와 관리 스케줄 작성

㉣ 환자 교육

㉤ 직무 스트레스 관리 기법들

ⓐ 인지행동 치료 요법

– 자기관찰

– 인지행동 치료

– 이완훈련, 점진적 근육이완법

– 바이오 피드백

– 명상

– 자기주장 훈련

ⓑ 기타 기법

상담, 정신치료, 최면치료, 요가, 단전호흡, 참선, 마사지

② 집단적 차원

㉠ 직무 스트레스 관리를 위하여 집단수준에서 아주 일차적으로 할 수 있는 것을 찾아 실천한다.

㉡ 개인별 특성 요인을 고려한 작업근로환경(개인의 적응수준 제고)

㉢ 작업계획 수립 시 적극적 참여 유도

㉣ 사회적 지위 및 일 재량권 부여

㉤ 근로자 수준별 작업 스케줄 운영

ⓑ 적절한 작업과 휴식시간

ⓢ 조직구조와 기능의 변화

ⓞ 8단계 직무 스트레스 관리 프로그램 ●출제율 30%

단계	관리내용
제1단계	직무 스트레스의 증상과 요인을 파악하기
제2단계	직무 스트레스란 무엇인지 이해하기
제3단계	직무 스트레스에 대한 자신의 대처방법을 파악하기(스트레스 요인, 이 요인에 대해서 그것이 발생한 당시 자신의 감정과 생각, 반응을 파악한다)
제4단계	목표설정-직무 스트레스에 효과적으로 대응하기 위한 목표를 정하기
제5단계	동기를 부여하기
제6단계	인지수정기법 – 생각을 바꾸기
제7단계	신체조절법을 익히기
제8단계	생활습관을 개선하기

(3) 집단 갈등관리

① 산업 스트레스의 발생요인으로 작용하는 집단 간의 갈등이 심한 경우 해결방법

   ㉠ 상위의 공동목표 설정

   ㉡ 문제의 공동해결법 토의

   ㉢ 집단 구성원 간의 직무 순환

   ㉣ 상위층에서 전제적 명령 및 자원의 확대

② 산업 스트레스의 발생요인으로 작용하는 집단 간의 갈등이 너무 낮은 경우 갈등을 촉진시키는 해결방법

   ㉠ 경쟁의 자극(성과에 대한 보상)

   ㉡ 조직구조의 변경(경쟁부서 신설)

   ㉢ 의사소통(커뮤니케이션)의 증대

   ㉣ 자원의 축소

(4) 사업장 직무 스트레스 예방 프로그램 ●출제율 20%

① 용어 정의

   ㉠ "직무 스트레스 예방 프로그램"

     직무 스트레스 요인을 사전에 파악하여 관리하고, 직무 스트레스로 인한 건강장해를 조기에 발견하며, 직무 스트레스로 인한 건강장해 발생 시 신속한 사후조치와 재활을 시행하는 것을 말한다.

    ⓛ "직무 스트레스 요인"

     직무 스트레스 요인 측정 지침(KOSHA CODE, H-67-2012)에서 제시한 물리적 환경, 직무 요구, 직무 자율, 관계 갈등, 직무 불안정, 조직 체계, 보상 부적절, 직장문화 등의 8개 영역에 해당하는 요인을 말한다.

  ② 직무 스트레스 예방 프로그램 수행 절차

   ㉠ 직무 스트레스 요인 파악

    ⓐ 근로자를 면담하여 근로자가 인식한 직무 스트레스 요인을 파악한다.

    ⓑ 직무 스트레스 요인 측정 지침(KOSHA CODE, H-67-2012)에 제시된 한국인 직무 스트레스 요인 측정도구를 이용하여 직무 스트레스 요인을 파악하고 평가한다.

    ⓒ 결근, 이직, 직무성과 등에 대한 자료를 수집하여 근로자 면담결과와 직무 스트레스 요인 측정결과에서 나타난 정보를 통합하여 근로자의 직무 스트레스 요인을 정리한다.

    ⓓ 직무 스트레스가 높은 부서의 업무내용을 파악한다.

   ㉡ 실행 계획 수립

    ⓐ 무엇에 초점을 두고 프로그램을 진행할 것인가

    ⓑ 어떻게 관리할 것인가

    ⓒ 프로그램을 담당하는 사람이 누구인가

    ⓓ 프로그램의 진행에 참여하는 사람은 누구인가

    ⓔ 진행 일정을 어떻게 정할 것인가

    ⓕ 어떤 자원이 필요한가

    ⓖ 기대효과는 무엇인가

    ⓗ 효과를 어떻게 파악할 것인가

    ⓘ 실행 계획과 결과를 어떻게 평가할 것인가

    ⓙ 직무 스트레스 예방 프로그램의 우선순위를 정한다.

    ⓚ 우선순위에 따라 직무 스트레스 예방 프로그램의 목표를 구체적이고 명확하게 설정한다.

   ㉢ 직무 스트레스 예방 프로그램의 시행

    ⓐ 직무 스트레스 요인을 관리하기 위한 조직적 차원의 전략은 근무시간 관리, 적절한 휴식시간 제공, 업무 일정의 합리적 운영, 적정 업무량 배정, 자신의 업무와 관련된 결정에 참여할 수 있는 기회 제공, 의사소통 창구 마련, 다양한 지지체계 구축, 자아 발전의 기회 제공, 근로자에 대한 교육과 훈련의 시행 등이다.

ⓑ 근로자와 토의하여 사업장 실정에 맞게 직무 스트레스 요인을 관리하기 위한 전략을 수정한다.

ⓒ 수립된 전략을 토대로 직무 스트레스 예방 프로그램을 실행하고 적용한다.

ⓓ 프로그램을 실행할 때는 체계적으로 모니터링하고, 실행 내용을 빠짐없이 기록한다.

ⓔ 프로그램 실행의 가장 핵심적인 사항은 근로자와 관리자의 참여이므로, 프로그램 시행의 모든 단계에 근로자와 관리자가 적극적으로 참여할 수 있도록 한다.

㉣ 직무 스트레스 예방 프로그램의 평가

ⓐ 직무 스트레스 예방 프로그램 시행 후 직무 스트레스 요인 측정도구를 이용하여 직무 스트레스 정도를 재평가한 후 사전 측정결과와 비교한다.

ⓑ 수립한 목표를 달성하였는지 평가한다.

ⓒ 실행 계획과 프로그램 수행내용의 약점과 강점을 평가한다.

㉤ 조직적 학습에 따른 피드백

ⓐ 평가에서 나타난 문제점은 그 다음에 시행할 직무 스트레스 예방 프로그램에 보완하여 적용한다.

ⓑ 프로그램의 평가와 피드백을 위해 다양한 사람들의 의견을 청취한다.

ⓒ 조직적 학습에 대한 피드백

(5) 업무의 조직과 관리

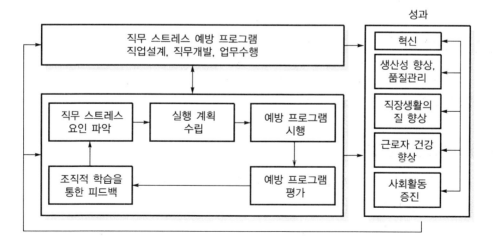

SECTION 19 실내(사무실) 공기관리

01 실내 공기질의 중요성(관심 증가하는 이유) ●출제율 20%

(1) 생활습관의 변화

실내 활동 거주 시간의 증가(90% 이상)

(2) 생활수준의 향상

실내 공기질에 대한 국민 관심 증가

(3) 건물의 밀폐화

① 에너지 효율 증가를 위한 건물의 밀폐화
② Sick building syndrome(빌딩 증후군) 발생

(4) 건강 영향

① 오염된 공기의 재순환 등을 통한 각종 질환 유발
② SBS, MCS(복합화학물질 민감증후군) 발생

(5) 새로운 오염물질 발생

① 새로운 건축자재의 개발과 사용으로 인한 유해오염물질 발생
② VOC, HCHO 등 발생

02 실내 공기오염의 주요원인

(1) 실내외 또는 건축물의 기계적 설비로부터 발생되는 오염물질

(2) 점유자 스스로 생활에 의한 오염물질 발생 및 점유자에 접촉하여 오염물질이 실내로 유입되는 경우

(3) 오염물질 자체의 에너지로 실내로 유입되는 경우

(4) 불완전한 HVAC(Heating, Ventilation, and Air Conditioning, 공조 시스템) System

03 사무실 공기관리 지침 ●출제율 40%

(1) 오염물질 관리기준[1]

오염물질	관리기준
미세먼지(PM 10)	$100\mu g/m^3$ 이하
초미세먼지(PM 2.5)	$50\mu g/m^3$ 이하
이산화탄소(CO_2)	1,000ppm 이하
일산화탄소(CO)	10ppm 이하
이산화질소(NO_2)	0.1ppm 이하
포름알데히드(HCHO)	$100\mu g/m^3$ 이하
총휘발성 유기화합물(TVOC)	$500\mu g/m^3$ 이하
라돈(Radon)[2]	$148Bq/m^3$ 이하
총부유세균	$800CFU/m^3$ 이하
곰팡이	$500CFU/m^3$ 이하

[주] 1) 관리기준 : 8시간 시간가중평균농도 기준
   2) 라돈은 지상 1층을 포함한 지하에 위치한 사무실에만 적용한다.

(2) 사무실의 환기기준

공기정화시설을 갖춘 사무실에서 근로자 1인당 필요한 최소 외기량은 $0.57m^3/min$이며, 환기횟수는 시간당 4회 이상으로 한다.

(3) 사무실 공기질의 측정기준

오염물질	측정횟수(측정시기)	시료채취시간
미세먼지(PM 10)	연 1회 이상	업무시간 동안 - 6시간 이상 연속 측정
초미세먼지(PM 2.5)	연 1회 이상	업무시간 동안 - 6시간 이상 연속 측정
이산화탄소(CO_2)	연 1회 이상	업무시작 후 2시간 전후 및 종료 전 2시간 전후 - 각각 10분간 측정
일산화탄소(CO)	연 1회 이상	업무시작 후 1시간 전후 및 종료 전 1시간 전후 - 각각 10분간 측정
이산화질소(NO_2)	연 1회 이상	업무시작 후 1시간 ~ 종료 1시간 전 - 1시간 측정
포름알데히드 (HCHO)	연 1회 이상 및 신축(대수선 포함)건물 입주 전	업무시작 후 1시간 ~ 종료 1시간 전 - 30분간 2회 측정
총휘발성 유기화합물(TVOC)	연 1회 이상 및 신축(대수선 포함)건물 입주 전	업무시작 후 1시간 ~ 종료 1시간 전 - 30분간 2회 측정
라돈(radon)	연 1회 이상	3일 이상 ~ 3개월 이내 연속 측정
총부유세균	연 1회 이상	업무시작 후 1시간 ~ 종료 1시간 전 - 최고 실내온도에서 1회 측정
곰팡이	연 1회 이상	업무시작 후 1시간 ~ 종료 1시간 전 - 최고 실내온도에서 1회 측정

(4) 시료채취 및 분석방법

오염물질	시료채취방법	분석방법
미세먼지(PM 10)	PM 10 샘플러(sampler)를 장착한 고용량 시료채취기에 의한 채취	중량 분석(천칭의 해독도 : 10μg 이상)
초미세먼지(PM 2.5)	PM 2.5 샘플러(sampler)를 장착한 고용량 시료채취기에 의한 채취	중량 분석(천칭의 해독도 : 10μg 이상)
이산화탄소(CO_2)	비분산적외선검출기에 의한 채취	검출기의 연속측정에 의한 직독식 분석
일산화탄소(CO)	비분산적외선검출기 또는 전기화학검출기에 의한 채취	검출기의 연속측정에 의한 직독식 분석
이산화질소(NO_2)	고체흡착관에 의한 시료채취	분광광도계로 분석

오염물질	시료채취방법	분석방법
포름알데히드 (HCHO)	2,4-DNPH(2,4-Dinitrophenylhydrazine)가 코팅된 실리카겔관(silicagel tube)이 장착된 시료채취기에 의한 채취	2,4-DNPH-포름알데히드 유도체를 HPLC UVD(High Performance Liquid Chromatography-UltraViolet Detector) 또는 GC-NPD(Gas Chromato graphy-Nitrogen Phosphorous Detector)로 분석
총휘발성 유기화합물(TVOC)	1. 고체흡착관 또는 2. 캐니스터(canister)로 채취	1. 고체흡착열탈착법 또는 고체흡착용매추출법을 이용한 GC 분석 2. 캐니스터를 이용한 GC 분석
라돈(Radon)	라돈연속검출기(자동형), 알파트랙(수동형), 충전막 전리함(수동형) 측정 등	3일 이상 3개월 이내 연속측정 후 방사능 감지를 통한 분석
총부유세균	충돌법을 이용한 부유세균채취기(bioair sampler)로 채취	채취·배양된 균주를 새어 공기체적당 균주 수로 산출
곰팡이	충돌법을 이용한 부유진균채취기(bioair sampler)로 채취	채취·배양된 균주를 새어 공기체적당 균주 수로 산출

(5) 시료채취 및 측정지점

공기의 측정시료는 사무실 안에서 공기질이 가장 나쁠 것으로 예상되는 2곳(다만, 사무실 면적이 $500m^2$을 초과하는 경우에는 $500m^2$당 1곳씩 추가) 이상에서 채취하고 측정은 사무실 바닥면으로부터 0.9m 이상 1.5m 이하 높이에서 한다.

(6) 측정결과의 평가

사무실 공기질의 측정결과는 측정치 전체에 대한 평균값을 오염물질별 관리기준과 비교하여 평가한다. 다만, 이산화탄소는 각 지점에서 측정한 측정치 중 최고값을 기준으로 비교·평가한다.

(7) 사무실 건축자재의 오염물질 방출기준

오염물질 \ 구 분	오염물질 방출농도($mg/m^2 \cdot h$)	
	접착제	일반자재
포름알데히드	4 미만	1.25 미만
휘발성 유기화합물	10 미만	4 미만

※ 일반자재란 벽지, 도장재, 바닥재, 목재 및 그 밖에 건축물 내부에 사용되는 건축자재를 말한다.

04 실내 공기로 인한 건강영향

(1) 개요

① 실내 공기질에 대한 건강영향은 빌딩거주와 질병의 연관성이 확실하게 증명된 질환을 빌딩관련 질환(Building-related Disease)이라 하고, 비특이적인 것을 빌딩관련 증후군(Building-related Symptoms)이라 한다.

② 실내 공기 문제에 대한 증상은 명확히 정의된 질병들보다 불특정한 증상이 더 많다.

(2) 빌딩관련 질환 증상

① 감각자극

② 호흡기 과민반응(천식)

③ 가습기열병

④ 과민성폐렴

⑤ 레지오넬라병(Legionnaires' disease)

⑥ 특정화학물질 또는 생물학적 인자에 의한 특이적인 증상

⑦ 생물체 노출에 기인하는 증상

(3) 종류 ●출제율 30%

① 빌딩 증후군(SBS ; Sick Building Syndrome)

ㄱ 정의

빌딩 내 거주자가 밀폐된 공간에서 유해한 환경에 노출되었을 때 눈, 피부, 상기도의 자극, 피부발작, 두통, 피로감 등과 같이 단기간 내에 진행되는 급성적인 증상이며, 점유자들이 건물에서 보내는 시간과 관계하여 특별한 증상이 없이 건강과 편안함에 영향을 받는 것을 말한다.

ㄴ 원인

ⓐ 저농도에서 다수 오염물질의 복합적인 영향

ⓑ 스트레스 요인(과난방, 낮은 조명, 소음, 흡연 등)

ⓒ 인간공학적 부적합한 자세 및 동작

ⓓ 단열건축자재(라돈, 포름알데히드, 석면)의 사용 증가

ⓒ 증상(영향)

    ⓐ 현기증, 두통, 메스꺼움, 졸음, 무기력, 불쾌감, 눈 및 인후의 자극, 집중력 감소, 피로, 피부발작 등 증상이 다양하게 나타난다.

    ⓑ 작업능률 저하를 가져온다.

    ⓒ 정신적 피로를 야기시킨다.

ⓔ 대책

    ⓐ 실내에 공기정화식물 식재

    ⓑ 창문을 통한 실내 환기(2~3시간 간격)

    ⓒ 오염발생원 제거

    ⓓ 공기청정기 등으로 공기정화

ⓜ 특징

    ⓐ 빌딩 증후군 증상은 개인적 요인에 비교적 감염성 질환에 걸리기 쉬운 사람들에게서 많이 나타나는 경향이 있다.

    ⓑ 빌딩 증후군 증상은 건물의 특정 부분에 거주하는 거주자들에게 나타날 수도 있고, 또 건물 전체에 만연되어 있을 수 있다.

    ⓒ 인공적인 공기조절이 잘 안 되고 실내 공기가 오염된 상태에서 흡연에 의한 실내 공기오염이 가중되고 실내온도 · 습도 등이 인체의 생리기능에 부적합함으로써 생기는 일종의 환경유인성 신체 증후군이라 할 수 있다.

② 복합화학물질 민감 증후군(MCS ; Multiple Chemical Sensitivity)

  ㉠ 정의

    ⓐ 오염물질이 많은 건물에서 살다가 몸에 화학물질이 축적된 사람들이 다른 곳에서 그와 유사한 물질에 노출만 되어도 심각한 반응을 나타내는 경우이며, 화학물질 과민증이라고도 한다.

    ⓑ 미국의 세론, G. 란돌프박사는 특정화학물질에 오랫동안 접촉하고 있으면 나중에 잠시 접하는 것만으로도 두통이나 기타 여러 가지 증상이 생기는 현상이라고 명명하였다.

  ㉡ 증상

    ⓐ 자율신경장애 : 땀분비 이상, 손발의 냉증, 쉽게 피로함

    ⓑ 신경 장애 : 불안, 불면, 우울증

    ⓒ 소화기 장애 : 설사, 변비, 오심

    ⓓ 말초신경 장애 : 목의 아픔, 갈증

    ⓔ 인과적 장애 : 결막의 자극적 증상

    ⓕ 면역 장애 : 피부염, 천식, 자기면역질환

ⓒ 대책

ⓐ 창문을 통한 실내 환기(2~3시간 간격)

ⓑ 특수공기청정기 등으로 공기정화

ⓒ 실내 온도, 습도 조절

ⓓ 체내흡수 화학물질의 총량을 줄임

ⓔ 체내축적 화학물질을 체외로 배출시킴

ⓕ 신체 면역기능 향상

③ 새집 증후군(SHS ; Sick House Syndrome)

㉠ 정의

집, 건축물 신축 시 사용하는 건축자재나 벽지 등에서 나오는 유해물질로 인해 거주자들이 느끼는 건강상 문제 및 불쾌감을 이르는 용어이다.

㉡ 주요 원인물질

마감재나 건축자재에서 배출되는 휘발성 유기화합물(VOCs) 중 포름알데히드(HCHO)와 벤젠, 톨루엔, 클로로포름, 아세톤, 스티렌 등이다.

㉢ 헌집 증후군

겨울철에 난방과 가습기를 틀어 고온다습해진 집안에 곰팡이가 번식해 호흡기 및 피부질환 등을 일으키는 증세를 이르는 용어이다.

④ 빌딩 관련 질병현상(BRI ; Building Related Illness)

㉠ 건물 공기에 대한 노출로 인해 야기된 질병을 의미하며 병인균(etiologic agent)에 의해 발발되는 레지오넬라병(legionnaire's disease), 결핵, 폐렴 등이 있다.

㉡ 증상의 진단이 가능하며 공기 중에 부유하는 물질이 직접적인 원인이 되는 질병을 의미한다.

㉢ 빌딩 증후군(SBS)에 비해 비교적 증상의 발현 및 회복은 느리지만 병의 원인파악이 가능한 질병이다.

㉣ 레지오넬라 질환은 주요 호흡기 질병의 원인균 중 하나로 1년까지도 물속에서 생존하는 균으로 알려져 있다.

> **참고** 레지오넬라균
>
> 주로 여름과 초가을에 흔히 발생되고 강제기류, 난방장치, 가습장치, 저수조 온수장치 등 공기를 순환시키는 장치들과 냉각탑 등에 기생하며, 실내 · 외로 확산되어 호흡기 질환을 유발시키는 세균이다.

05 쾌적한(양호한) 실내 공기질 유지를 위한 관리방법 〔출제율 20%〕

실내 공기질 관리에 있어 건물주, 사업주(또는 임대사용자), 근로자, 빌딩관리자 및 여러 종류의 설비담당자들의 역할은 매우 중요하다. 이들 관계에 있어 각 부분의 역할 및 목적은 다를 수밖에 없으며 이러한 다양한 역할이 한데 올바른 방향으로 서로 상호작용을 해야지만 실내 공기질 문제를 사전예방할 수 있을 뿐만 아니라 양호한 실내 공기질을 유지할 수 있는 것이다.

(1) HVAC 설비의 운용 및 유지에 관한 사항

① 모든 설비의 적정 가동 유지확인
② 설비의 청결상태 확인

(2) 실내 공기질에 영향을 미치는 각 주체자들의 활동에 관한 사항

① 금연정책
② 건물청소
③ 빌딩 유지 · 보수
④ 해충구제

(3) 근로자 불편사항에 대한 관리자와의 소통에 관한 사항

① 관리자에 대한 정보를 근로자들에게 전달되는지 확인
② 실내 공기질 문제를 관리할 조직설립 확인
③ 관리자 · 설비담당자 · 근로자의 교육

(4) 실내 공기질에 영향을 미칠 수 있는 공사 등에 대한 계획의 사전검토에 관한 사항

(5) 실내 공기질 개선조치의 사전검토에 관한 사항

06 실내오염인자

(1) 일산화탄소 ◯출제율 20%

① 개요 및 특징

  ⊙ 일산화탄소는 무색 무미의 불완전연소로부터 생성되는 독성 가스이다. 실내에서 일산화탄소의 오염은 연소가스가 적절히 배기되지 않거나 또는 빌딩으로 재유입되면서 발생된다.

  ⓒ 일산화탄소는 무색, 무취, 무자극성이기 때문에 존재를 의식하지 못하고 중독되기 쉽다.

  ⓒ 체내에서 혈액 중의 헤모글로빈과 결합하여 일산화탄소-헤모글로빈(CO-Hb)을 형성하여 산소운반을 저해, 중독증상을 일으켜 중추신경계의 기능을 저하시킨다.

② 인체에 미치는 영향

  ⊙ 일산화탄소는 매우 독성이 강한 오염물질이며 혈액에서 헤모글로빈과 결합력이 강해 정상적인 산소운반을 방해하기 때문에 일정농도 이상의 일산화탄소에 노출되면 두통 감기와 비슷한 증상, 집중곤란, 메스꺼움, 피로, 호흡이 가빠지거나 가슴통증, 착란 등을 일으키게 된다. 이러한 증상의 정도는 개인적인 감수성의 차이, 건강상태 등에 따라 다르므로 동일 농도에서도 개인별로 매우 다양한 증상 스펙트럼을 보이게 된다.

  ⓒ 정상적인 작업환경 공기에서 CO 농도가 0.1%로 되면 사람의 헤모글로빈의 50%가 불활성화되며 CO 농도가 1%(10,000ppm)에서 1분 후에 중추신경계에 강하게 작용하여 사망하게 된다.

③ COHb와 O_2Hb의 평형농도

  ⊙ 헤모글로빈은 산소보다 CO와의 친화력이 240배로서 훨씬 크다. 즉 헤모글로빈을 전부 포화시키는데 필요한 CO의 분압은 산소 분압의 1/240에 해당한다.

  ⓒ 평형농도

$$\frac{COHb}{O_2Hb} = M\frac{P_{co}}{P_{o_2}}$$

여기서, P_{co}, P_{o_2} : 흡입가스 중 CO, O_2의 분압, M : 인간의 혈액상수(240)

COHb : 카르복시헤모글로빈, O_2Hb : 옥시헤모글로빈

> **기출문제**
>
> 공기 중 CO 농도가 1%일 경우 인체의 혈액 중 헤모글로빈의 몇 %가 CO에 의해 영향을 받게 되는지 추정하시오. (단, 대기압은 760mmHg, 산소 농도는 21%)
>
> ---
>
> **풀이** 평형농도
>
> $$\frac{COHb}{O_2Hb} = M\frac{P_{co}}{P_{O_2}}$$
>
> 여기서, M 값은 240이라 가정
>
> P_{O_2} 값은 대기의 산소농도와 같다고 가정
>
> $$\frac{COHb}{O_2Hb} = M\frac{P_{co}}{P_{O_2}} = 240 \times \left(\frac{10,000ppm}{210,000ppm}\right) = 11.43$$
>
> 혈액 내 CO와 O_2의 비는 11.43 : 1이므로
>
> $$\therefore COHb의 \ 포화값(\%) = \frac{11.43}{1+11.43} \times 100 = 91.93\%$$

(2) 산소결핍

① 공기 중 산소 농도가 정상적인 상태보다 부족한 상태, 즉 산소 농도가 18% 미만인 상태를 말한다.

② 10% 이하가 되면 의식상실, 경련, 혈압강하, 맥박수 감소를 초래하게 되어 질식으로 인한 사망에 이르게 된다.

(3) 알레르기 질환

① 알레르기 질환 중 가장 흔한 증상은 천식, 알레르기성 비염, 아토피성 피부염이며, 유전적 요소와 환경적 요소의 상호작용으로 발생한다.

② 알레르겐은 알레르기 반응을 일으키는 물질로, 가스상 물질이 아닌 꽃가루, 동물의 털, 생선, 꽃 등을 통해 발생한다.

③ 과민성 폐렴은 고농도의 알레르기 유발물질에 직접 노출되거나 저농도에 지속적으로 노출될 때 발생한다.

(4) 포름알데히드

① 페놀 수지의 원료로서 각종 합판, 칩보드, 가구, 단열재 등으로 사용되어 눈과 상부기도를 자극하여 기침, 눈물을 야기시키며 어지러움, 구토, 피부질환, 정서불안정의 증상을 나타낸다.

② 자극적인 냄새가 나고 메틸알데히드라고도 하며 일반주택 및 공공건물에 많이 사용하는 건축자재와 섬유옷감이 그 발생원이 되고 있다.

③ 산업안전보건법상 사람에 충분한 발암성 증거가 있는 물질(1A)로 분류되고 있다.

(5) 라돈 ●출제율 20%

① 자연적으로 존재하는 암석이나 토양에서 발생하는 thorium, uranium의 붕괴로 인해 생성되는 자연방사성 가스로 공기보다 9배가 무거워 지표에 가깝게 존재한다.

② 무색, 무취, 무미한 가스로 인간의 감각에 의해 감지할 수 없다.

③ 라돈은 라듐의 α붕괴에서 발생하며, 호흡하기 쉬운 방사성 물질이다.

④ 라돈의 동위원소에는 Rn^{222}, Rn^{220}, Rn^{219}가 있으며, 이 중 반감기가 긴 Rn^{222}가 실내공간의 인체 위해성 측면에서 주요 관심대상이며 지하공간에 더 높은 농도를 보인다.

⑤ 방사성 기체로서 지하수, 흙, 석고실드, 콘크리트, 시멘트나 벽돌, 건축자재 등에서 발생하여 폐암 등을 발생시킨다.

(6) 흡연

① 담배 중에 입자상 물질인 벤조피렌, 니코틴, 페놀, 가스상 물질인 질소산화물, 암모니아, 피리딘, 일산화탄소 등의 유해물질이 함유되어 있다.

② 흡연은 자신뿐만 아니라 같은 공간에 있는 비흡연자에도 영향을 미치는 실내 공기오염의 중요한 원인물질이다.

(7) 석면

① 건축물의 단열재, 절연재, 흡음재로서 실내 천장과 벽에 이용된다.

② 악성중피종폐암, 피부질환 등의 주원인으로 작용한다.

(8) 미생물성 물질

① 곰팡이, 박테리아, 바이러스, 꽃가루 등이며 가습기, 냉온방장치, 애완동물 등에서 발생한다.

② 알레르기성 질환, 호흡기 질환을 나타낸다.

[참고] 실내 공기질 및 편안함에 영향을 미치는 요인 및 주요발생원 ●출제율 20%

요 인	발생원
범위를 벗어난 온 · 습도	모니터링용 온도 설치위치 부적절, 습도조절의 부적절, 극한 외부 기후조건이나 사무실 내의 실비 증대에 부합되지 못한 빌딩의 능력
이산화탄소	사람, 화석연료의 불완전연소
일산화탄소	자동차배기가스, 불완전연소가스, 담배연기
포름알데히드	보드, 각종 보온재, 섬유, 접착제, 카펫, 가구 등
입자상 물질	담배연기, 공기유입구, 덕트 보온재, 카펫, HVAC 필터, 물, 잔재물, 청소 등
휘발성 유기화합물(VOC)	복사기, 인쇄기, 컴퓨터, 카펫, 가구, 청소용품, 담배연기, 접착제, 방향제, 헤어스프레이, 솔벤트류 등
환기부족	HVAC의 부적절한 설계, 부적절한 운용방법, 잘못된 사무실 배치, 급배기의 불균형
생물학적 요인	HVAC 내의 정체된 물, 빗물 누수, 가습기, 응축수 배출팬, 실외기

[참고] 사무용 빌딩에서 주요 오염인자에 대한 지표 냄새

냄새 특징	주요 오염인자	불평(또는 증상)
자동차배기가스 냄새	일산화탄소	두통, 구토, 어지럼증, 무기력감
체취(body odour)	근로자수 과밀도, 낮은 환기효율(높은 이산화탄소 농도)	두통, 무기력감, 숨이 막힌 듯한 느낌
곰팡이 냄새	미생물 오염, 물 침습	알레르기 증상
화학물질 냄새	포름알데히드, 살충제, 기타 화학물질	눈, 코, 목의 자극
솔벤트 냄새	VOC	냄새, 알레르기, 두통, 어지러움증
먼지, 시멘트 냄새	입자상 물질, 습도 조절시스템	눈 건조, 호흡기 문제, 코와 목의 자극, 피부자극, 기침, 재채기
하수구 냄새	화장실 또는 지하수의 배수구	불쾌한 냄새

SECTION 20 산업재해

01 산업재해 정의

(1) 산업안전보건법

근로자가 업무에 관계되는 건설물, 설비, 원재료, 가스, 증기 분진에 의하거나 작업 또는 그밖의 업무로 인하여 사망 또는 부상, 질병에 걸리는 것을 말한다.

(2) 국제노동기구(ILO)

산업재해는 업무로 인한 외향성 상해 또는 질병을 말한다.

(3) 중대재해 ●출제율 40%

① 산업안전보건법상 정의는 산업재해 중 사망 등 재해의 정도가 심한 것으로서 고용노동부령이 정하는 재해를 말한다.

② 산업재해 발생의 급박한 위험이 있을 때 또는 중대재해가 발생하였을 때에는 사업주는 작업을 중지시키고 근로자를 작업장소로부터 대피시켜야 하며 급박한 위험에 대한 합리적인 근거가 있을 경우에 작업을 중지하고 대피한 근로자에게 해고 등의 불리한 처우를 해서는 안 된다.

③ 중대재해
　㉠ 사망자가 1인 이상 발생한 재해
　㉡ 3개월 이상의 요양을 요하는 부상자가 동시에 2인 이상 발생한 재해
　㉢ 부상자 또는 직업성 질병자가 동시에 10인 이상 발생한 재해

02 산업재해의 기본 유해위험요인(4M) ●출제율 30%

(1) Man(사람)

① 인적인 요소(본인 이외의 사람)
② 상호 인간관계와 의식소통의 불량을 의미

(2) Machine(기계)

① 기계, 설비적인 요소
② 기계설비, 방호장치, 통로, 수공구, 운반기기 등의 요소
③ 인간공학적 설계

(3) Media(작업환경, 작업방법)

① 작업방법적 요소
② 인간과 기계설비간의 매개체 역할
③ 작업정보, 작업방법, 작업환경 등

(4) Management(법규준수, 관리)

① 관리적 요소
② 안전법규 · 기준 작성 및 정비 안전관리조직, 교육 훈련, 지휘 · 감독 등의 관리 체제에 임하는 역할
③ 작업정보, 작업방법, 작업환경 등

참고 3E(안전사고에 대한 예방대책) : Harvery ●출제율 20%

1. Education
   안전교육
2. Engineering
   안전기술
3. Enforcement
   안전독려(안전 규제)
   4E = 3E + Environment

---

03 무재해 운동

(1) 개요

무재해 운동이란 인간존중의 이념에 바탕을 두어 작업장에서의 안전과 건강을 선취하자는 운동으로 경영자의 자세 및 방침이 중요하다.

(2) 기본이념(3원칙) ●출제율 20%

① 무의 원칙

단순히 사망재해, 휴업재해만 없으면 된다는 소극적인 사고가 아니라 불휴재해는 물론 사업장의 일체 잠재요인까지도 사전에 발견하여 뿌리가 되는 요인까지도 모두 제거하는 것을 의미한다.

② 선취의 원칙

무재해, 무질병의 사업장을 실현하기 위하여 사업장의 위험요인을 행동하기 전에 예지하여 발견, 파악, 해결함으로써 재해예방 및 방지를 의미한다.

③ 참가의 원칙

참가란 작업에 따르는 위험을 해결하기 위하여 각자의 환경에서 하겠다는 의욕을 갖고 문제나 위험을 해결하는 것을 의미하며, 사용자를 포함한 개념을 말한다.

(3) 무재해 운동 추진의 3요소

① 최고경영자의 경영자세
② 사업장 소집단 자주활동의 활발화
③ 관리감독자에 의한 안전보건의 추진

(4) 위험예지 훈련의 문제해결 4단계

무재해 운동의 추진기법 중의 하나이다.

① 1단계 : 현상파악

전원 토론을 통해서 잠재한 위험요인을 발견

② 2단계 : 본질추구

위험의 포인트를 결정하여 지적확인하는 단계

③ 3단계 : 대책수립

    ㉠ 해결책 구상

    ㉡ 구체적 대책수립

④ 4단계 : 목표설정

    ㉠ 중점사항 결정

    ㉡ 실시계획 책정

04 하인리히의 사고예방대책의 기본원리 5단계 ●출제율 20%

산업재해 예방을 위한 원리이다.

(1) 1단계 : 안전관리 조직(조직구성)

① 경영자의 안전목표(경영층의 참여)

② 안전관리자의 임명

③ 안전활동 방침 및 계획 수립

④ 조직을 통한 안전활동

(2) 2단계 : 사실의 발견

① 사고 및 활동기록의 검토

② 작업공정분석, 점검 및 인사(안전진단, 안전점검)

③ 사고조사

④ 안전회의 및 토의

⑤ 관찰 및 보고서의 연구

(3) 3단계 : 분석 평가

① 사고보고서 및 현장조사 분석

② 사고기록 및 관계자료 분석

③ 인적 물적 환경요건 분석

④ 작업 공정분석

⑤ 교육 및 훈련 분석

⑥ 안전수칙 및 작업표준 분석

⑦ 보호장비의 분석

(4) 4단계 : 시정방법의 선정(대책의 선정)

① 인사조정 및 감독체제의 강화

② 기술적 개선

③ 기술교육 및 훈련 개선

④ 안전행정의 개선

⑤ 규정 및 수칙 · 작업표준 · 제도 개선

⑥ 안전운동 전개

(5) 5단계 : 시정책의 적용

① 3E의 적용[3E : 교육(Education), 기술(Engineering), 규제(Enforcement)]

② 기술적인 대책 우선 적용

③ 대책 실시에 따른 재평가

05 산업재해 시 조치순서(사고원인의 조사순서 7단계) ●출제율 20%

(1) 1단계 : 긴급처리(조치)

① 기계 정지(피해 확산방지)

② 피해자 응급조치(구조)

③ 관계자에게 통보

④ 2차 재해방지

⑤ 현장보존

(2) 2단계 : 재해조치

① 잠재 재해요인의 적출

② 재해조사

(3) 3단계 : 원인강구

원인분석 ┌ 직접원인 : 사람, 물체
          └ 간접원인 : 관리

(4) 4단계 : 대책 수립

① 동종 재해의 방식
② 유사 재해의 방식

(5) 5단계 : 대책 실시 계획

6하 원칙에 의함

(6) 6단계 : 실시

(7) 7단계 : 평가

06 산업재해 예방 4원칙 ●출제율 20%

(1) 예방가능의 원칙

천재지변을 제외한 재해는 원칙적으로 모두 방지가 가능하다는 의미이다.

(2) 손실우연의 원칙

같은 사고에 의하여 생기는 손실의 종류 · 정도는 우연적이므로 사고발생 자체의 방지가
이루어져야 한다는 의미이다.

(3) 원인 계기(인계)의 원칙

사고에는 반드시 원인이 있고, 원인은 대부분 복합적 연계가 원인이라는 의미이다.

(4) 대책 선정의 원칙

사고의 원인이나 불완전요소가 발견되면 반드시 대책을 선정·실시되어야 하며, 대책 선정이 가능하다.

07 산업재해의 정도 구분

ILO의 국제노동통계회의에서 제시하였다.

(1) 사망

① 안전사고로 죽거나 혹은 사고 시 입은 부상의 결과 일정기간 내에 생명을 잃는 것을 말한다.
② 노동손실일수 : 7,500일

(2) 영구 전노동 불능상해

① 부상의 결과로 근로의 기능을 완전 영구적으로 잃는 상해정도를 말한다.
② 신체장애 등급 : 1~3급
③ 노동손실일수 : 7,500일

(3) 영구 일부노동 불능상해

① 부상의 결과로 신체의 일부가 영구적으로 노동기능을 상실한 상해를 말한다.
② 신체장애 등급 : 4~14급

(4) 일시 전노동 불능상해

① 의사의 진단에 따라 일정기간 정규노동에 종사할 수 없는 상해정도를 말한다.
② 신체장애가 남지 않는 일반적인 휴업재해

(5) 일시 일부노동 불능상해

의사의 진단으로 일정기간 정규노동에 종사할 수 없으나, 휴무상태가 아닌 일시 가벼운 노동에 종사할 수 있는 상해 정도를 말한다.

(6) 응급조치 상해

응급처리 또는 자가치료를 받고 정상작업에 임할 수 있는 상해 정도를 말한다.

08 재해의 일반적 분류

(1) 주요사고 혹은 재해(major accidents)

사망하지 않았지만 입원할 징도의 상해를 말한다.

(2) 경미사고 혹은 재해(minor accidents)

① 통원 치료할 정도의 상해가 일어난 경우
② 재산상의 큰 피해를 입히는 중대한 사고가 아니면서 동시에 중상자가 발생하지 않고 경상자만 발생한 사고

(3) 유사사고 혹은 재해(near accidents)

상해없이 재산피해만 발생하는 경우를 말한다.

(4) 가사고 혹은 재해(pseudo accidents)

재산상의 피해는 없고 시간손실만 일어난 경우를 말한다.

09 재해사례연구 진행단계 ◉출제율 20%

(1) 전제조건 : 재해 상황의 파악

(2) 제1단계 : 사실의 확인

① 작업의 시작에서 재해의 발생까지의 경과 가운데 재해와 관계가 있는 사실 및 재해요인으로 알려진 사실을 객관적으로 확인
② 재해발생 시 조치도 포함

(3) 제2단계 : 문제점의 발견

파악된 사실로부터 판단하여 각종 기준에서 차이의 문제점 발견을 말한다.

(4) 제3단계 : 근본적 문제점 결정

문제점 가운데 재해의 중심이 된 근본적 문제점을 결정하고 재해원인 결정을 말한다.

(5) 제4단계 : 대책의 수립

사례를 해결하기 위한 대책 수립을 말한다.

10 산업재해 발생비율(분석)

(1) 하인리히(Heinrich) 재해 발생비율 ●출제율 20%

① 1 : 29 : 300으로 중상 또는 사망 1회, 경상해 29회, 무상해 300회의 비율로 재해 가 발생한다는 의미이다.
② 1 : 중상 또는 사망(중대사고, 주요재해)
③ 29 : 경상해(경미한 사고, 경미재해)
④ 300 : 무상해사고(Near Accidents), 즉 사고가 일어나더라도 손실을 전혀 수반하 지 않은 재해(유사재해)

(2) 버드(Bird) 재해 발생비율

① 1 : 10 : 30 : 600의 비율로 재해가 발생한다는 의미이다.
② 1 : 중상 또는 폐질(사망, 질병에 이르거나 또는 시간의 손실 또는 치료가 필요하 게 되었던 상해)
③ 10 : 경상(응급치료만으로 끝난 상해, 물적 · 인적 상해)
④ 30 : 무상해 사고(물적 손실 발생, 즉 재산손해 사고건수 의미)
⑤ 600 : 무상해, 무사고, 무손실 고장(위험순간)

참고 **화학물질 등급 · 대책정보(Control Banding)** 출제율 20%

1. 개요
    ㉠ 유해화학물질의 유해성 정보 및 대책 정보전달시스템이다.
    ㉡ 사업장의 유해화학물질 취급공정에 대한 화학물질의 위해도 평가(Risk Assessment)를 통한 위해도 등급(Banding)을 결정하고 공정별 맞춤형 작업환경 개선 및 근로자건강관리 대책정보(Controls)를 쉽게 확보할 수 있다.

2. 필요성
    ㉠ 근로자의 직업병 발생 예방과 작업환경관리를 위해서는 유해위험공정에 대한 위해도 평가(Risk Assessment)를 실시하여야 한다. 위해도 평가를 위해서는 화학물질에 대한 많은 정보와 평가를 위한 지식이 요구된다. 중소기업에서는 자체적으로 하기 어렵다.
    ㉡ 안전보건공단에서는 중소규모 사업장의 위해도 평가를 통한 자율적인 작업환경관리 및 근로자 건강보호대책 추진을 촉진하기 위하여 화학물질 등급 대책정보(Control Banding) 프로그램을 웹으로 개발하여 보급하고 있다.

3. 사용방법
    화학물질 등급 · 대책정보(Control Banding)의 사용방법은 각 화면에서 지시하는 설명에 따라 사용자가 알고 있는 공정에 대한 정보를 입력하면 되며 화학물질 등급 · 대책정보(Control Banding)를 원하지 않으면 개별 화학물질에 대한 유해, 위험성 정보만 검색할 수 있다.

11 산업재해 통계지표(평가지표) 출제율 30%

(1) 연천인율

① 정의
재직근로자 1,000명당 1년간 발생한 재해자수를 말한다.

② 계산식

$$연천인율 = \frac{연간\ 재해자수}{연평균\ 근로자수} \times 1,000$$

③ 특징
    ㉠ 재해자수는 사망자, 부상자, 직업병의 환자수를 합한 것이다.
    ㉡ 산업재해의 발생상황을 총괄적으로 파악하는데 적합하다.
    ㉢ 재해의 강도가 고려되지 않는다(사망이나 경상을 동일하게 적용).
    ㉣ 근로자수, 근로일수의 변동이 많은 사업장은 적합하지 않다.
    ㉤ 산출이 용이하며 알기 쉬운 장점이 있다.
    ㉥ 각 사업장 간의 재해상황을 비교하는 자료로 활용가능하다.

ⓢ 근무시간이 같은 동종의 업체끼리만 비교가 가능하다.

ⓞ 연천인율이 가장 높은 업종은 광업이다.

(2) 도수율(빈도율 : FR)

① 정의

재해의 발생빈도를 나타내는 것으로 연근로시간 합계 100만 시간당의 재해발생건수를 말한다.

② 계산식

$$도수율 = \frac{일정기간 \ 중 \ 재해발생건수(재해자수)}{일정기간 \ 중 \ 연근로시간수} \times 1,000,000$$

③ 특징

㉠ 현재 재해발생의 빈도를 표시하는 표준 척도로 사용한다.

㉡ 연근로시간수의 정확한 산출이 곤란할 때는 1일 8시간, 1개월 25일, 연 300일을 시간으로 환산한 연 2,400시간으로 한다.

㉢ 재해발생건수 또는 재해자수는 동일개념으로 사용한다.

㉣ 재해의 강도가 고려되지 않는다.(사망이나 경상을 동일하게 적용)

㉤ 재해발생건수의 산정은 응급처치 이상의 사고를 모두 포함한다.

㉥ 일평생 근로시간은 100,000시간으로 한다.

④ 환산 도수율(F)

㉠ 정의

100,000시간 중 1인당 재해건수

㉡ 계산식

$$환산도수율(F) = \frac{도수율}{10}$$

⑤ 도수율과 연천인율 관계

$$도수율 = \frac{연천인율}{2.4}$$
$$연천인율 = 도수율 \times 2.4$$

(3) 강도율(SR)

① 정의

연근로시간 1,000시간당 재해에 의해서 잃어버린 근로손실일수를 말한다.

② 계산식

$$강도율 = \frac{일정기간\ 중\ 근로손실일수}{일정기간\ 중\ 연근로시간수} \times 1,000$$

③ 특징

㉠ 재해의 경중(정도), 즉 강도를 나타내는 척도이다.

㉡ 재해자의 수나 발생빈도에 관계없이 재해의 내용(상해 정도)를 측정하는 척도이다.

㉢ 사망 및 1, 2, 3급(신체장해 등급)의 근로손실일수는 7,500일이며 근거는 재해로 인한 사망자의 평균 연령을 30세로 보고 노동이 가능한 연령을 55세로 보며, 1년 동안의 노동일수를 300일로 본 것이다.

㉣ 근로손실일수 산정기준(입원, 휴업, 요양 경우)

$$총\ 휴업일수 \times \frac{300}{365}(계산식)$$

④ 환산강도율(S)

㉠ 정의

100,000시간 중 1인당 근로손실일수

㉡ 계산식

$$환산강도율 = 강도율 \times 100$$

(4) 종합재해지수(FSI)

① 정의

인적사고 발생의 빈도 및 강도를 종합한 지표를 말한다.

② 계산식

$$종합재해지수 = \sqrt{빈도율 \times 강도율}$$

③ 특징

㉠ 도수 강도치를 의미한다.

㉡ 어느 기업의 위험도를 비교하는 수단과 안전에 대한 관심을 높이는데 사용한다.

(5) 사고사망만인율

① 정의

건설업체의 산업재해 발생률 산정기준에 의거 산정한 재해율을 말한다.

② 계산식

$$\text{사고사망만인율(‰)} = \frac{\text{사고사망자수}}{\text{상시근로자수}} \times 10,000$$

③ 특징

㉠ 사고사망자수는 사망 1인당 부상재해자의 10배로 환산하여 적용한다.

㉡ 공동이행방식으로 공사를 수행하는 경우 당해 현장에서 발생한 재해자수는 공동수급업체의 출자비율에 따라 재해자수를 분배한다.

필수 예상문제　　　　　　　　　　　　　　　　　　　　　✔ 출제확률 50%

300명의 근로자가 근무하는 공장에서 1년에 50건의 재해가 발생하였다. 이 가운데 근로자들이 질병, 기타의 사유로 인하여 총 근로시간 중 5%를 결근하였다면 도수율은? (단, 1주일에 40시간, 연간 50주 근무 기준)

풀이 　도수율 $= \dfrac{\text{재해발생건수}}{\text{연근로시간수}} \times 1,000,000$

　　　　• 재해발생건수 : 50건

　　　　• 연근로시간수 : 40시간 × 50주 × 300명 = 600,000

　　　　• 실제 연근로시간수 : 600,000 − (600,000 × 0.5) = 570,000

　　　　$= \dfrac{50}{570,000} \times 1,000,000 = 87.72$

필수 예상문제　　　　　　　　　　　　　　　　　　　　　✔ 출제확률 50%

A공장의 2013년도 총 재해건수는 6건, 의사진단에 의한 총 휴업일수는 900일이었다. 이 공장의 도수율과 강도율은 각각 약 얼마인가? (단, 평균 근로자는 1,000명, 근로자 1인당 1일 8시간씩 연간 300일을 근무하였다.)

풀이 ① 도수율 $= \dfrac{6}{1,000 \times 8 \times 300} \times 10^6 = 2.5$

　　　② 강도율 $= \dfrac{900 \times \left(\dfrac{300}{365}\right)}{1,000 \times 8 \times 300} \times 10^3 = 0.31$

기출문제

연평균 근로자가 1,000명인 어떤 사업장에서 연간 4건의 재해로 인해 사망 1건과 180일의 휴업일수가 발생하였고 결근율은 5%이었다. 다음의 재해통계치를 구하시오.

(1) 도수율　　　　　　　　　　　　　(2) 강도율

(3) 환산도수율　　　　　　　　　　　(4) 환산강도율

(5) 종합재해지수(도수 강도치)

풀이 (1) 도수율

$$도수율 = \frac{재해발생건수}{연근로시간수} \times 10^6$$

- 재해발생건수 : 4건
- 연근로시간수 $= (2,400 \times 1,000) \times (1 - 0.05) = 2,280,000$

$$= \frac{4}{2,280,000} \times 10^6 = 1.75$$

(2) 강도율

$$강도율 = \frac{근로손실일수}{연근로시간수} \times 10^3$$

- 근로손실일수 $= 7,500 + \left(180 \times \frac{300}{365}\right) = 7,648$
- 연근로시간수 $= (2,400 \times 1,000) \times (1 - 0.05) = 2,280,000$

$$= \frac{7,648}{2,280,000} \times 10^3 = 3.35$$

(3) 환산도수율

$$환산도수율 = \frac{도수율}{10} = \frac{1.75}{10} = 0.175$$

(4) 환산강도율

$$환산강도율 = 강도율 \times 100 = 3.35 \times 100 = 335$$

(5) 종합재해지수

$$종합재해지수 = \sqrt{도수율 \times 강도율} = \sqrt{1.75 \times 3.35} = 2.42$$

SECTION 21 산업위생 통계 및 평가

01 개요

작업장 내 유해물질의 농도를 여러 번 측정할 경우 대체로 대수정규분포를 이루고 있다. 즉 산업위생통계의 일반적인 분포는 대수정규분포이다.

이처럼 대수로 자료를 변환하는 가장 큰 이유는 원자료가 정규분포를 하지 않으므로 자료간의 변이를 줄여서 정규분포하도록 하기 위한 것이다.

02 중요성(필요성)

(1) 산업위생관리에 어떤 문제점을 제시해 준다.

(2) 계획의 수립과 방침결정에 큰 도움을 준다.

(3) 효과 판정에 큰 도움을 준다.

(4) 원인규명의 자료가 되므로 다음 행동의 참고가 된다.

03 용어의 이해

산업위생통계에 있어 대표값에 해당하는 것은 중앙값, 산술평균값, 가중평균값, 최빈값 등이다.

(1) 산술평균($\overline{M}$)

① 평균을 구하기 위해 모근 수치를 합하고 그것을 총 개수로 나누면 평균이 된다.

② 계산식

$$M = \frac{X_1 + X_2 + X_3 + \cdots\cdots + X_n}{N} = \frac{\sum\limits_{i=1}^{N} X_i}{N}$$

여기서, M : 산술평균

N : 개수(측정치)

(2) 가중평균($\overline{X}$)

① 작업환경 유해물질 평균농도 산출에 이용되며, 자료의 크기를 고려한 평균을 가중 평균이라 하며, 보통 기호로 $\overline{X}$를 사용한다.

② 계산식

$$\overline{X} = \frac{X_1 N_1 + X_2 N_2 + X_3 N_3 + \cdots + X_n N_k}{N_1 + N_2 + N_3 + \cdots + N_k}$$

여기서, $\overline{X}$: 가중평균

k개의 측정치에 대한 각각의 크기를 N_1, N_2, $\cdots$, N_k

(3) 중앙치(median)

N개의 측정치를 크기 순서로 배열 시 $X_1 \leq X_2 \leq X_3 \leq \cdots \leq X_n$이라 할 때 중앙에 오는 값을 중앙치라 하며, 값이 짝수일 때는 중앙값이 유일하지 않고 두 개가 될 수 있다. 이 경우 두 값의 평균을 취한다.

(4) 기하평균(GM)

① 모든 자료를 대수로 변환하여 평균 후 평균한 값을 억내수 취한 값 또는 N개의 측정치 X_1, X_2, $\cdots$, X_n이 있을 때 이들 수의 곱의 N 제곱근의 값

② 산업위생 분야에서는 작업환경 측정결과가 대수정규분포를 하는 경우 대표값으로써 기하평균을 산포도로서 기하표준편차를 널리 사용한다.

③ 기하평균이 산술평균보다 작게 되므로 작업환경관리 차원에서 보면 기하평균치의 사용이 항상 바람직한 것이라고 보기는 어렵다.

④ 계산식

$$\log(GM) = \frac{\log X_1 + \log X_2 + \cdots + \log X_n}{N} \cdots\cdots (\mathrm{I})$$

에서 GM을 구함(가능한 식 (I) 사용 권장)

$$GM = \sqrt[N]{X_1 \cdot X_2 \cdots\cdots X_n} \cdots\cdots (\mathrm{II})$$

(5) 최빈치(M_o)

① 측정치 중에서 도수가 가장 큰 것을 최빈치(유행치)라 하며, 주어진 자료에서 평균이나 중앙값을 구하기 어려운 경우에 특히 유용하다.

② 계산식

$$M_o = \overline{M} - 3(\overline{X} - \mathrm{med})$$

여기서, M_o : 최빈치

med : 중앙치

$\overline{X}$: 가중평균

$\overline{M}$: 산술평균

(6) 표준편차(SD)

① 표준편차는 관측값의 산포도(dispersion), 즉 평균 가까이에 분포하고 있는지의 여부를 측정하는데 많이 쓰인다.

② 표준편차가 0일 때는 관측값의 모두가 동일한 크기이고, 표준편차가 클수록 관측값 중에는 평균에서 떨어진 값이 많이 존재한다.

③ 계산식

$$SD = \sqrt{\dfrac{\displaystyle\sum_{i=1}^{N}(X_i - \overline{X})^2}{N-1}}$$

여기서, SD : 표준편차

X_i : 측정치

$\overline{X}$: 측정치의 산술평균치

N : 측정치의 수

측정횟수 N이 큰 경우는 다음 식으로 사용한다.

$$SD = \sqrt{\dfrac{\displaystyle\sum_{i=1}^{N}(X_i - \overline{X})^2}{N}}$$

(7) 표준오차(SE)

① 표준편차는 각 측정치의 평균과 얼마나 차이를 가지느냐를 알려주는 반면에 표준오차는 추정량의 정도를 나타내는 척도로써 샘플링을 여러 번 했을 때 각 측정치들의 평균이 전체평균과 얼마나 차이를 보이는가를 알 수 있는 통계량이다.

② 계산식

$$SE = \dfrac{SD}{\sqrt{N}}$$

여기서, SE : 표준오차

N : 자료의 수

SD : 표준편차

(8) 기하표준편차(GSD)

① 작업환경측정으로 얻어지는 공기 중 유해물질의 분포는 경험적으로 대수정규분포에 가깝다. 즉 공기 중 유해물질 농도의 분포를 대수변환하였을 때 정규분포에 따른다는 특징을 가지고 있다.

② 대수변환된 변화량의 평균치, 표준편차 수치를 다시 역대수화한 수치를 각각 기하평균, 기하표준편차라 하며 작업환경 평가에서 평가치 계산의 기준으로 널리 사용되고 있다.

③ 계산식

$$\log(GSD) = \left[\frac{(\log X_1 - \log GM)^2 + (\log X_2 - \log GM)^2 + \cdots + (\log X_N - \log GM)^2}{N-1} \right]^{0.5}$$

여기서, GSD : 기하표준편차
GM : 기하평균
N : 측정치의 수
X_i : 측정치

04 변이계수(CV) ●출제율 30%

(1) 개요

① 측정방법의 정밀도를 평가하는 계수이며, %로 표현되므로 측정단위와 무관하게 독립적으로 산출된다.
② 통계집단의 측정값들에 대한 균일성과 정밀성의 정도를 표현한 계수이다.
③ 단위가 서로 다른 집단이나 특성값의 상호 산포도를 비교하는데 이용될 수 있다.
④ 변이계수가 작을수록 자료들이 평균주위에 가깝게 분포한다는 의미이다.
⑤ 표준편차의 수치가 평균치에 비해 몇 %가 되느냐로 나타낸다.

(2) 계산식

$$CV(\%) = \frac{표준편차}{평균치} \times 100$$

05 자료의 분포

(1) 자료가 정규분포할 경우

① 평균추정치는 산술평균
② 변이는 표준편차

(2) 기하정규분포할 경우

① 대표치는 기하평균
② 변이는 기하표준편차

(3) 기하평균, 기하표준편차 구하는 방법 ●출제율 30%

① 그래프로 구하는 법
  ㉠ 기하평균
    누적분포에서 50%에 해당하는 값
  ㉡ 기하표준편차
    84.1%에 해당하는 값을 50%에 해당하는 값으로 나누는 값

$$GSD = \frac{84.1\%에\ 해당하는\ 값}{50\%에\ 해당하는\ 값} = \frac{50\%에\ 해당하는\ 값}{15.9\%에\ 해당하는\ 값}$$

② 계산에 의한 방법
  ㉠ 기하평균
    모든 자료를 대수로 변환하여 평균을 구한 값을 역대수 취해 구한 값
  ㉡ 기하표준편차
    모든 자료를 대수로 변환하여 표준편차를 구한 값을 역대수 취해 구한 값

(4) 이상값에 대한 검정

측정결과치를 배열하고 누적분포도를 그린 결과 일직선 위에 분포하지 않고 또한 측정
자료를 대수로 변환한 후의 누적분포도 일직선 위에 분포하지 않는 이유는 측정자료 중
이상값(outliers)이 있기 때문이므로 이상값을 제거한 후의 분포를 다시 검정하여 정규분
포나 기하정규분포가 나타나도록 한다.

필수 예상문제 ✔ 출제확률 60%

작업환경 측정결과 다음과 같을 때 산술평균, 표준편차, 기하평균, 기하표준편차를 구하시오.

측정치(10회, ppm) : 51, 53, 61, 67, 72, 122, 75, 110, 93, 190

풀이 ① 산술평균

$$M = \frac{X_1 + X_2 + X_3 + \cdots + X_n}{N}$$

$$= \frac{51 + 53 + 61 + 67 + 72 + 122 + 75 + 110 + 93 + 190}{10}$$

$$= 89.4 \text{ppm}$$

② 표준편차

$$SD = \left(\frac{\sum_{i=1}^{N}(X_i - \overline{X})^2}{N-1} \right)^{0.5} = \sqrt{\frac{\sum_{i=1}^{N}(X_i - \overline{X})^2}{N-1}}$$

$$= \left(\frac{\begin{array}{l}(51-89.4)^2 + (53-89.4)^2 + (61-89.4)^2 + (67-89.4)^2 + (72-89.4)^2 \\ + (122-89.4)^2 + (75-89.4)^2 + (110-89.4)^2 + (93-89.4)^2 + (190-89.4)^2\end{array}}{10-1} \right)^{0.5}$$

$$= \left(\frac{16238.4}{9} \right)^{0.5} = 42.48$$

③ 기하평균

$$\log(GM) = \frac{\log X_1 + \log X_2 + \cdots + \log X_n}{N}$$

$$= \frac{\begin{pmatrix}\log 51 + \log 53 + \log 61 + \log 67 + \log 72 + \log 122 \\ + \log 75 + \log 110 + \log 93 + \log 190\end{pmatrix}}{10} = \frac{19.15}{10} = 1.92$$

$$GM = 10^{1.92} = 83.18 \text{ppm}$$

④ 기하표준편차

$$\log(GSD) = \left(\frac{(\log X_1 - \log GM)^2 - (\log X_2 - \log GM)^2 + \cdots + (\log X_N - \log GM)^2}{N-1} \right)^{0.5}$$

$$= \left(\frac{\begin{array}{l}(\log 51 - 1.92)^2 + (\log 53 - 1.92)^2 + (\log 61 - 1.92)^2 + (\log 67 - 1.92)^2 \\ + (\log 72 - 1.92)^2 + (\log 122 - 1.92)^2 + (\log 75 - 1.92)^2 + (\log 110 - 1.92)^2 \\ + (\log 93 - 1.92)^2 + (\log 190 - 1.92)^2\end{array}}{10-1} \right)^{0.5}$$

$$= \left(\frac{0.29}{9} \right)^{0.5} = 0.179$$

$$GSD = 10^{0.179} = 1.51$$

기출문제

다음 주물사업장에서 15명의 근로자를 대상으로 측정한 먼지에 대한 노출농도이다. 이
자료를 근거로 다음 물음에 답하시오.

구 분	먼지의 농도
산술평균	$2.2mg/m^3$
중위수	$2.2mg/m^3$
최빈수	$2.13mg/m^3$
표준편차	$0.417mg/m^3$
기하평균	$2.16mg/m^3$
기하표준편차	1.225

(1) 자료의 통계학적인 분포(distribution)를 평가하시오.
(2) 대수로 변환할 필요가 있는지를 쓰시오.
(3) 동일노출그룹(혹은 유사노출그룹, similar exposure group)인지 평가하여 보시오.
 (단, 대표치와 편차를 근거로 설명하면 됨.)

풀이 (1) 통계학적인 분포
　　　자료의 대표치를 나타내는 변수들인 산술평균, 중위수, 최빈수가 비슷한 값
　　　이므로 정규분포하는 것으로 판단된다.
　　(2) 대수로 변환할 필요는 없으며 만일 원자료를 대수로 변환하면 그 변이가 감소
　　　되므로 좀더 확실한 정규분포를 나타낼 것이다.
　　(3) 동일노출그룹(HEG)인지 평가
　　　정규분포하므로 유사노출그룹(HEG)이라고 평가할 수 있다.

기출문제

어느 작업장의 동일노출집단(12명을) 대상으로 크실렌 노출농도를 측정한 결과 기하분포
를 하는 것으로 나타났으며, 기하평균(GM)은 85ppm, 기하표준편차(GSD)는 1.35였다.
이 집단의 크실렌 노출농도의 95% 신뢰구간을 구하시오.

풀이 대수정규분포에서 95% 신뢰구간

　① 하한값 = [기하평균/(기하표준편차)$^{1.96}$] = $\left[\dfrac{85}{(1.35)^{1.96}}\right]$ = 47.2ppm

　② 상한값 = [(기하평균)×(기하표준편차)$^{1.96}$] = $85 \times (1.35)^{1.96}$ = 153.06ppm

　∴ 95% 신뢰구간 노출농도 = 47.2~153.06ppm

기출문제

어떤 입자상 물질을 포집하여 분진의 누적분율을 입경별로 대수확률지에 그렸더니 일직선상에 분포하였고, 누적 5%에서 0.85μm, 16%에서 1.1μm, 50%에서 1.4μm, 84.1%에서 1.8μm, 95%에서 2.0μm이었다. 이 입자의 기하평균 입경과 기하표준 편차를 구하시오.

풀이 ① 기하평균 입경(GM)

누적도수 50%에 해당하는 값, 즉 $1.4\mu m$

② 기하표준편차(GSD)

$$GSD = \frac{84.1\%에\ 해당하는\ 값}{50\%에\ 해당하는\ 값} = \frac{1.8\mu m}{1.4\mu m} = 1.29$$

필수 예상문제　　　　　　　　　　　　　　　　　　✔ 출제확률 60%

어떤 물질을 분석자 A와 B가 분석을 하여 다음과 같은 결과값이 나왔을 경우 분석자의 변이계수를 구하고, 분석자 A와 B의 분석능력을 비교, 평가하시오.

No	분석자 A	분석자 B
1	0.002	0.18
2	0.003	0.17
3	0.004	0.17
4	0.005	0.16
평균	(?)	(?)
표준편차	(?)	(?)
변이계수(%)	(?)	(?)

풀이 ① 분석자 A

• 평균(M) $= \dfrac{0.002 + 0.003 + 0.004 + 0.005}{4} = 0.0035$

• 표준편차

$$SD = \left(\frac{(0.002-0.0035)^2 + (0.003-0.0035)^2 + (0.004-0.0035)^2 + (0.005-0.0035)^2}{4-1} \right)^{0.5}$$

$$= \left(\frac{0.000005}{3} \right)^{0.5} = 0.00129$$

② 분석자 B

- 평균$(M) = \dfrac{0.18+0.17+0.17+0.16}{4} = 0.17$

- 표준편차

$$SD = \left(\frac{(0.18-0.17)^2+(0.17-0.17)^2+(0.17-0.17)^2+(0.16-0.17)^2}{4-1} \right)^{0.5}$$

$$= \left(\frac{0.002}{3} \right)^{0.5} = 0.0082$$

③ A분석자 변이계수

- 변이계수$(CV : \%) = \dfrac{표준편차}{평균} \times 100 = \dfrac{0.00129}{0.0035} \times 100 = 36.89\%$

④ B분석자 변이계수

- 변이계수$(CV : \%) = \dfrac{표준편차}{평균} \times 100 = \dfrac{0.0082}{0.17} \times 100 = 4.8\%$

⑤ 분석능력 평가

변이계수값이 작을수록 정밀성이 좋은 의미이므로 분석자 B가 분석자 A보다 분석능력이 좋다고 평가할 수 있다.

기출문제

AAS를 사용하여 납을 분석하는데 알고 있는 양의 시료를 10개 만들어 실험한 결과 평균값은 45.5μg, 표준편차는 2.8μg이었다. 분석에서의 변이계수(Coefficient of Variation, CV 또는 상대표준편차, Relative Standard Deviation ; RSD)는 몇 %인가?

풀이 변이계수(CV)

$$CV(\%) = \frac{표준편차}{평균} \times 100$$

$$= \frac{2.8}{45.5} \times 100 = 6.15\%$$

SECTION 22 안전보건경영시스템

01 용어 정의

① "안전보건경영시스템(Safety & health management system)"

최고 경영자가 안전보건 방침을 선언하고 이에 대한 실행계획을 수립(Plan)하여 이를 실행 및 운영(Do), 점검 및 시정조치(Check)하며 그 결과를 검토(Action)하는 등 P-D-C-A 순환과정을 통하여 지속적인 개선이 이루어지도록 하는 체계적인 안전보건활동을 말한다.

② "위험성평가(Risk assessment)"

위험요인이 사고로 발전할 위험도, 즉 빈도와 손실크기를 평가하고 위험도가 허용할 수 있는 범위를 벗어난 경우 위험감소 대책을 세우고 위험수준을 허용할 수 있는 범위 내로 끌어내리는 과학적, 체계적 위험평가 방법을 말한다.

③ "위험요인"

인적재해, 물적손실, 환경피해를 일으키는 근원적인 잠재요인 또는 이들 요인이 혼재된 상태를 말하며 실재사고로 전환되기 위해서는 자극이 필요하며 이런 자극으로는 기계적 고장, 규정과 상태 작업자의 실수 등 물리·화학적, 생물학적, 심리적, 행동적 원인을 들 수 있다.

④ "위험도"

특정한 위험요인이 위험한 상태로 노출되어 특정한 사건으로 이어질 수 있는 가능성(발생빈도)과 결과의 중대성(피해강도)의 조합으로 위험의 크기 또는 위험의 정도를 말한다.

02 안전보건경영시스템의 규격(지침) 종류

(1) OHSAS 18001(1999년)

① 개요

OHSAS는 Occupational Health and Safety Assessment Series의 약자이고 18001 번호는 규격이라는 의미이다.

② 특징

㉠ ISO 14001과 거의 동일한 시스템을 가지고 있어 사업장에서 품질이나 환경시스템을 구축한 경우, 기존의 시스템에 충돌이 일어나지 않고 잘 부합되는 장점이 있다.

㉡ 최고 책임자에 의해 방침이 정해지면 계획을 수립하고, 계획이 수집되면 이를 조직과 구성원이 실행하고 운영하며, 주기적으로 실행상태를 감시하고 측정하여 부적합한 사항에 대해서는 시정조치를 함으로써 지속적인 안전보건의 성과를 향상하도록 한다.

③ 시스템 구성요소(실행 순서)

방침 → 계획 → 실행 및 운영 → 감시 및 시정조치 → 경영검토

(2) ILO/OSH(OSH-ME : 2001년)

① 개요

ILO에서 제정한 안전보건경영시스템의 지침이며, 기본 개념이나 원리는 ISO 14001이나 OHSAS 18001과 크게 다르지 않다.

② 시스템 구성요소(실행 순서)

방침 → 조직 → 계획 및 실행 → 평가 → 시정조치 및 향상

(3) OHSAS 18001과 ILO/OSH의 주요 차이점

① OHSAS 18001에서는 전 조직원의 능동적인 참여를 요건으로 하지만 ILO/OSH 2001에서는 방침의 설정단계에서부터 노동자의 참여를 하나의 요건으로 명시, 즉 노동자를 명백한 주체로 보고 있다.

② ILO/OSH 2001에서는 국가차원에서 OSH-MS의 도입과 지원을 위해 필요한 요건을 별도로 규정하고 있다.

③ 구성요소는 기본적으로 유사하지만 시스템의 구성요소의 순서(실행 순서)는 약간 다르다.

03 KOSHA 18001(안전보건경영시스템) ●출제율 20%

(1) 개요

① KOSHA 18001이란 사업주와 근로자가 합심하여 안전보건계획을 수립하고 개선, 실천을 통해 일정수준 이상의 안전보건시스템을 확립한 사업장에 대해 산업안전보건공단이 인증하는 자율안전보건체계이다.

② 지속적인 산업환경 개선을 통해 재해를 예방하기 위해 도입되었다.

(2) KOSHA 18001 구축 사업장과 비구축 사업장 비교

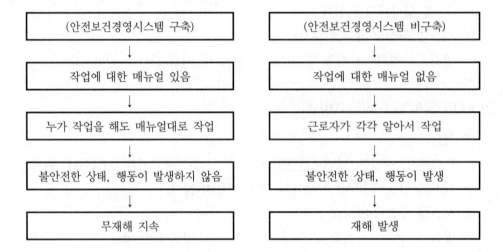

(3) 안전보건경영시스템(KOSHA 18001) 구성요소 및 흐름도

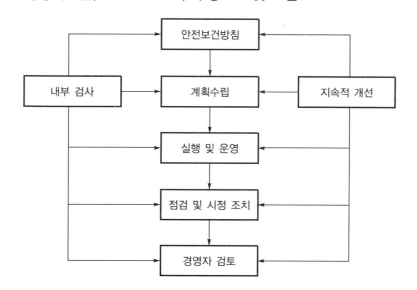

(4) KOSHA 18001 인증절차

(5) 안전보건경영시스템 평가

① 안전보건경영체계 분야

 ㉠ 안전보건 방침

 ㉡ 안전보건경영 계획 및 실행

 ㉢ 점검 및 시정 조치

 ㉣ 경영자 검토

② 안전보건활동 수준 분야

 ㉠ 작업장의 중량물 취급 등 일반관리

 ㉡ 위험 기계·기구, 방호장치, 감전, 화재폭발예방

 ㉢ 작업환경 및 건강관리

 ㉣ 협력업체, 도급업체 관리 안전보건경영 관계자 면담 분야

 ㉤ 공장장, 중급관리자, 현장관리자

 ㉥ 현장작업자, 하도급업체 관계자

 ㉦ 안전·보건 관리자

SECTION 23 안전 · 보건 관리 체제

01 안전보건관리책임자의 업무 ●출제율 20%

사업주는 사업장에 안전보건관리책임자를 두고 다음 업무를 총괄 관리하도록 하여야 한다.

(1) 사업장의 산업재해 예방계획의 수립에 관한 사항

(2) 안전보건관리규정의 작성 및 그 변경에 관한 사항

(3) 근로자의 안전 · 보건교육에 관한 사항

(4) 작업환경의 측정 등 작업환경의 점검 및 개선에 관한 사항

(5) 근로자의 건강진단 등 건강관리에 관한 사항

(6) 산업재해의 원인조사 및 재발방지대책의 수립에 관한 사항

(7) 산업재해에 관한 통계의 기록 및 유지에 관한 사항

(8) 안전장치 및 보호구 구입 시의 적격품 여부 확인에 관한 사항

(9) 기타 근로자의 유해 · 위험 방지조치에 관한 사항으로서 고용노동부령이 정하는 사항

02 안전보건관리규정 작성 시 포함사항 ●출제율 20%

사업주는 사업장의 안전 · 보건을 유지하기 위하여 안전보건관리규정을 작성하여 사업장에 게시하거나 갖춰두고, 이를 근로자에게 알려야 한다.

(1) 안전 및 보건에 관한 관리조직과 그 직무에 관한 사항

(2) 안전 · 보건 교육에 관한 사항

(3) 작업장 안전 및 보건관리에 관한 사항

(4) 사고조사 및 대책수립에 관한 사항

(5) 그 밖에 안전 · 보건에 관한 사항

03 건강장해를 예방하기 위한 보건조치 ●출제율 20%

(1) 원재료 · 가스 · 증기 · 분진 · 흄(fume) · 미스트(mist) · 산소결핍 · 병원체 등에 의한 건강장해

(2) 방사선 · 유해광선 · 고온 · 저온 · 초음파 · 소음 · 진동 · 이상기업 등에 의한 건강장해

(3) 사업장에서 배출되는 기체 · 액체 또는 찌꺼기 등에 의한 건강장해

(4) 계측감시, 컴퓨터 단말기 조작, 정밀공작 등의 작업에 의한 건강장해

(5) 단순반복작업 또는 인체에 과도한 부담을 주는 작업에 의한 건강장해

(6) 환기 · 채광 · 조명 · 보온 · 방습 · 청결 등의 적정기준을 유지하지 아니하여 발생하는 건강장해

04 산업보건지도사의 직무

(1) 작업환경의 평가 및 개선 지도

(2) 작업환경 개선과 관련된 계획서 및 보고서의 작성

(3) 근로자 건강진단에 따른 사후관리 지도

(4) 직업성 질병 진단(의사인 산업보건지도사만 해당) 및 예방지도

(5) 산업보건에 관한 조사 · 연구

(6) 위험성평가의 지도

(7) 안전보건개선계획서의 작성

(8) 그 밖에 산업안전에 관한 사항의 자문에 대한 응답 및 조언

05 보건관리자의 업무

① 산업안전보건위원회에서 심의 · 의결한 업무와 안전보건관리규정 및 취업규칙에서 정한 업무
② 안전인증대상 기계 · 기구 등과 자율안전확인대상 기계 · 기구 등 중 보건과 관련된 보호구(保護具) 구입 시 적격품 선정에 관한 보좌 및 조언 · 지도
③ 작성된 물질안전보건자료의 게시 또는 비치에 관한 보좌 및 조언 · 지도
④ 위험성 평가에 관한 보좌 및 조언 · 지도
⑤ 산업보건의의 직무
⑥ 해당 사업장 보건교육계획의 수립 및 보건교육 실시에 관한 보좌 및 조언 · 지도
⑦ 해당 사업장의 근로자를 보호하기 위한 다음의 조치에 해당하는 의료행위
    ㉠ 외상 등 흔히 볼 수 있는 환자의 치료
    ㉡ 응급처치가 필요한 사람에 대한 처치
    ㉢ 부상 · 질병의 악화를 방지하기 위한 처치
    ㉣ 건강진단 결과 발견된 질병자의 요양 지도 및 관리
    ㉤ '㉠'부터 '㉣'까지의 의료행위에 따르는 의약품의 투여
⑧ 작업장 내에서 사용되는 전체 환기장치 및 국소배기장치 등에 관한 설비의 점검과 작업방법의 공학적 개선에 관한 보좌 및 조언 · 지도
⑨ 사업장 순회점검 · 지도 및 조치의 건의
⑩ 산업재해 발생의 원인 조사 · 분석 및 재발방지를 위한 기술적 보좌 및 조언 · 지도
⑪ 산업재해에 관한 통계의 유지 · 관리 · 분석을 위한 보좌 및 조언 · 지도
⑫ 법 또는 법에 따른 명령으로 정한 보건에 관한 사항의 이행에 관한 보좌 및 조언 · 지도
⑬ 업무수행 내용의 기록 · 유지
⑭ 그 밖에 작업관리 및 작업환경관리에 관한 사항

06 유해인자별 보건관리전문기관에 보건관리 업무를 위탁할 수 있는 사업 ●출제율 20%

(1) 납 취급사업

(2) 수은 취급사업

(3) 크롬 취급사업

(4) 석면 취급사업

(5) 법에 따라 제조·사용 허가를 받아야 할 물질을 취급하는 사업

(6) 근골격계 질환의 원인이 되는 단순반복작업, 영상표시단말기 취급작업, 중량물 취급 작업 등을 하는 사업

※ 업종별 보건관리전문기관에 보건관리 업무를 위탁할 수 있는 사업은 광업

SECTION 24

MSDS 및 GHS

01 MSDS의 작성·비치 등의 적용대상 ●출제율 20%

(1) 물리적 위험성

① 폭발성 물질
② 인화성 가스
③ 인화성 에어로졸(aerosol)
④ 산화성 가스
⑤ 고압가스
⑥ 인화성 액체
⑦ 인화성 고체
⑧ 자기반응성 물질 및 혼합물
⑨ 자연발화성 액체
⑩ 자연발화성 고체
⑪ 자기발열성 물질 및 혼합물
⑫ 물반응성 물질 및 혼합물
⑬ 산화성 액체
⑭ 산화성 고체
⑮ 유기과산화물
⑯ 금속부식성 물질

(2) 건강 유해성

① 급성 독성 물질
② 피부 부식성/피부 자극성 물질
③ 심한 눈 손상성/눈 자극성 물질
④ 호흡기 과민성 물질
⑤ 피부 과민성 물질
⑥ 생식세포 변이원성 물질
⑦ 발암성 물질
⑧ 생식독성 물질
⑨ 특정표적장기 독성 물질(1회 노출)
⑩ 특정표적장기 독성 물질(반복 노출)
⑪ 흡인 유해성 물질

(3) 환경 유해성

① 수생환경 유해성
② 오존 유해성 물질

02 MSDS 작성 시 포함되어야 할 항목 및 그 순서 ●출제율 30%

(1) 화학제품과 회사에 관한 정보

(2) 유해성 · 위험성

(3) 구성성분의 명칭 및 함유량

(4) 응급조치 요령

(5) 폭발 · 화재 시 대처방법

(6) 누출사고 시 대처방법

(7) 취급 및 저장 방법

(8) 노출방지 및 개인보호구

(9) 물리 · 화학적 특성

(10) 안정성 및 반응성

(11) 독성에 관한 정보

(12) 환경에 미치는 영향

(13) 폐기 시 주의사항

(14) 운송에 필요한 정보

(15) 법적 규제 현황

(16) 그 밖의 참고사항

03 MSDS의 작성 · 비치

화학물질 또는 이를 포함한 혼합물로서 분류기준에 해당하는 것을 제조하거나 수입하려는 자는 다음 각 호의 사항을 적은 자료를 고용노동부령으로 정하는 바에 따라 작성하여 고용노동부장관에게 제출하여야 한다. 이 경우 고용노동부장관은 고용노동부령으로 물질안전보건자료의 기재사항이나 작성방법을 정할 때 "화학물질관리법" 및 "화학물질의 등록 및 평가 등에 관한 법률"과 관련된 사항에 대하여는 환경부장관과 협의하여야 한다.

(1) 제품명

(2) 물질안전보건자료 대상물질을 구성하는 화학물질 중 분류기준에 해당하는 화학물질의 명칭 및 함유량

(3) 안전 · 보건상의 취급 주의사항

(4) 건강 및 환경에 대한 유해성, 물리적 위험성

(5) 물리 · 화학적 특성 등 고용노동부령으로 정하는 사항(물리 · 화학적 특성, 특성에 관한 정보, 폭발 · 화재 시의 대처방법, 응급조치 요령)

04 MSDS의 작성 및 제출 적용 제외 대상 ●출제율 30%

① 건강기능식품
② 농약
③ 마약 및 향정신성 의약품
④ 비료
⑤ 사료
⑥ 원료물질
⑦ 안전확인대상 생활화학제품 및 살생물제품 중 일반소비자의 생활용으로 제공되는 제품
⑧ 식품 및 식품첨가물
⑨ 의약품 및 의약외품
⑩ 방사성 물질
⑪ 위생용품
⑫ 의료기기
⑬ 화약류
⑭ 폐기물
⑮ 화장품
⑯ 화학물질 또는 혼합물로서 일반 소비자의 생활용으로 제공되는 것(사업장 내에서 취급하는 경우를 포함)
⑰ 고용노동부장관이 정하여 고시하는 연구·개발용 화학물질 또는 화학제품(자료의 제출만 제외, MSDS 작성은 해야 함)
⑱ 그 밖에 고용노동부장관이 독성·폭발성 등으로 인한 위해의 정도가 적다고 인정하여 고시하는 화학물질

05 MSDS 대체자료 기재 제외 물질 ●출제율 20%

① 제조등 금지물질
② 허가대상 물질
③ 관리대상 유해물질

④ 작업환경측정대상 유해인자

⑤ 특수건강진단대상 유해인자

⑥ 화학물질의 등록 및 평가 등에 관한 법률에서 정하는 화학물질

06 GHS ●출제율 20%

(1) 개요

Globally Harmonized System, 즉 화학물질의 분류, 표시 등에 관한 국제적으로 통일된 제도로 전세계적으로 통일된 형태의 경고표지 및 물질안전보건자료(MSDS)로 정보를 전달하는 방법이다.

(2) GHS 도입의 필요성

① 기존 MSDS의 문제점

기존 화학물질의 폭발성 물질, 산화성 물질, 극인화성 물질, 고인화성 물질, 인화성 물질, 금수성 물질, 고독성 물질, 독성 물질, 유해 물질, 부식성 물질, 자극성 물질 등은 각 나라마다 다른 기준을 가지고 분류되어 활용되어 왔기 때문에 같은 물질에 대해 나타나는 유해·위험성 분류는 제각각으로 표현되었고, 이러한 제각각으로 표현된 유해·위험성 분류는 "알 권리"의 주인인 근로자에게 제대로 된 알 권리를 전달하는데 문제점이 표면화되었다.

② GHS 도입 필요성

㉠ 국제적으로 통일된 화학물질 관리시스템 요구 증가

㉡ 산업화 가속화에 따른 화학물질 사용량 증가

㉢ 안전하고 신뢰성 높은 화학물질 위험성 정보 필요성 증가

㉣ 국제적 무역장벽을 해소하기 위한 국가차원의 대책 필요

(3) GHS의 목적

① 화학물질의 성질 및 유해성에 관한 정보 제공을 통한 화학물질을 안전하게 사용할 수 있도록 한다.

② 각 나라 또는 부문마다 다르게 사용되고 있는 분류, 경고표지, 물질안전보건자료의 형식을 통일화한다.

③ 화학물질의 국제적인 교역증대, 안전한 사용, 운송, 폐기에 대한 다각적인 시스템을 개발한다.

(4) 효과 및 변화

① 유해성 정보전달에 대해 국제적으로 이해하기 쉬운 시스템을 제공함으로써 사람의 건강과 환경보호가 강화된다.
② 유해성이 국제적으로 적정하게 평가되고 확인됨으로써 화학물질의 국제교역이 용이해진다.
③ 화학물질의 중복시험 및 평가를 방지한다.
④ 기존 화학물질 관리시스템이 없는 국가들에게 국제적으로 인정된 기본체계를 제공한다.

(5) 주요 변경내용

① 유해 · 위험성 분류기준 통일
② 경고표시 그림문자 및 양식
③ MSDS 일부 항목의 순서 및 내용 수정

SECTION 25 신규화학물질

01 신규화학물질의 유해성 · 위험성 조사

대통령령으로 정하는 화학물질 외의 화학물질(이하 "신규화학물질"이라 한다)을 제조하거나 수입하려는 자는 신규화학물질에 의한 근로자의 건강장해를 예방하기 위하여 고용노동부령으로 정하는 바에 따라 그 신규화학물질의 유해성 · 위험성을 조사하고 그 조사보고서를 고용노동부장관에게 제출하여야 한다.

02 일반소비자 생활용 신규화학물질의 유해성 · 위험성 조사 제외 경우

(1) 해당 신규화학물질이 완성된 제품으로서 국내에서 가공하지 않는 경우

(2) 해당 신규화학물질의 포장 또는 용기를 국내에서 변경하지 않거나 국내에서 포장하거나 용기에 담지 않는 경우

(3) 해당 신규화학물질이 직접 소비자에게 제공되고 국내의 사업장에서 사용되지 않는 경우

03 신규 화학물질의 유해성·위험성 조사 제외 화학물질 ●출제율 20%

(=대통령령으로 정하는 화학물질)

① 원소
② 천연으로 산출된 화학물질
③ 건강기능식품
④ 군수품
⑤ 농약 및 원제
⑥ 마약류
⑦ 비료
⑧ 사료
⑨ 살생물물질 및 살생물제품
⑩ 식품 및 식품첨가물
⑪ 의약품 및 의약외품(醫藥外品)
⑫ 방사성 물질
⑬ 위생용품
⑭ 의료기기
⑮ 화약류
⑯ 화장품과 화장품에 사용되는 원료
⑰ 고용노동부장관이 명칭, 유해성·위험성, 근로자의 건강장해 예방을 위한 조치사항 및 연간 제조량·수입량을 공표한 물질로서 공표된 연간 제조량·수입량 이하로 제조하거나 수입한 물질
⑱ 고용노동부장관이 환경부장관과 협의하여 고시하는 화학물질 목록에 기록되어 있는 물질

MEMO

산업위생관리기술사

PART

2

산업환기

산업환기 기초

01 단위

① 기본단위 : 질량, 시간, 길이가 하나의 단위로 표시되는 것
② 유도단위 : 1개 이상의 기본단위가 복합적으로 구성되어 있는 것
③ 절대단위계
    ㉠ MKS 단위계 → 길이(m), 질량(kg), 시간(sec)으로 표시하는 단위계
    ㉡ CGS 단위계 → 길이(cm), 질량(g), 시간(sec)으로 표시하는 단위계
④ SI 단위계 : 국제적으로 표준화된 단위계로서 MKS 단위계를 보다 발전시킨 단위계

물리량	기 호	명 칭	비 고
길이	m	미터	기본단위
질량	kg	킬로그램	기본단위
시간	s	초	기본단위
전류	A	암페어	기본단위
온도(열역학)	K	켈빈	기본단위
물질의 양	mol	몰	기본단위
광도	cd	칸델라	기본단위
평면각	rad	레디안	기본단위
입체각	sr	스테레디안	기본단위
주파수	Hz	헤르츠	유도단위, $1\text{Hz} = \dfrac{1}{\text{s}}$
힘	N	뉴턴	유도단위, $1\text{N} = 1\text{kg} \cdot \text{m}/\text{s}^2$
압력	Pa	파스칼	유도단위, $1\text{Pa} = 1\text{N}/\text{m}^2$
에너지(일)	J	줄	유도단위, $1\text{J} = 1\text{N} \cdot \text{m}$
동력	W	와트	유도단위, $1\text{W} = 1\text{J}/\text{s}$

(1) 길이

$1m=10^2cm=10^3mm=10^6\mu m=10^9nm$

$1\mu m=10^{-3}mm=10^{-6}m$

(2) 질량

$1kg=10^3g=10^6mg=10^9\mu g$

$1ton=10^3kg$

$1\mu g=10^{-3}mg=10^{-6}g$

(3) 시간

$1day=24hr=1,440min=86,400sec$

(4) 넓이(면적)

$1m^2=10^4cm^2=10^6mm^2$

(5) 체적(부피)

$1m^3=10^6cm^3=10^9mm^3$

$1L=10^{-3}kL=10^3mL=10^6\mu L$

(6) 온도

① 개요

공학적으로 쓰이는 온도는 일반적으로 섭씨온도(Centigrade temperature)와 화씨온도(Fahrenheit temperature)이다.

② 섭씨온도(℃)

1기압에서 물의 끓는점(100℃)과 어는점(0℃) 사이를 100등분하여 1등분을 1℃로 정한 것

③ 화씨온도(℉)

1기압에서 물의 끓는점(212℉)과 어는점(32℉) 사이를 180등분하여 1등분을 1℉로 정한 것

④ 절대온도(K)

절대영도를 기준으로 하여 온도를 나타낸 것

⑤ 관계식

> ㉠ 섭씨온도(℃)=5/9[화씨온도(℉)−32]
> ㉡ 화씨온도(℉)=[9/5×섭씨온도(℃)]+32
> ㉢ 절대온도(K)=273+섭씨온도(℃)
> ㉣ 랭킨온도(°R)=460+화씨온도(℉)

(7) 압력

① 물체의 단위면적에 작용하는 수직방향의 힘

② $1Pa=1N/m^2=10^{-5}bar=10dyne=1.020\times10^{-1}mmH_2O=9.869\times10^{-6}atm$

③ $1mmH_2O=9.8N/m^2=9.8Pa=0.0735mmHg$

④ 1기압$=1atm=760mmHg=10,332mmH_2O=1.0332kg_f/cm^2=10,332kg_f/m^2$
$=14.7PSI=760Torr=10,332mmAq=10.332mH_2O=1,013hPa$
$=1013.25mb=1.01325bar=10,113\times10^5dyne/cm^2=1.013\times10^5Pa$

02 유체의 물리적 성질

(1) 개요

① 대부분의 물질은 고체, 액체, 기체의 상태로 크게 나누어 어느 한 상태로 존재하며, 유체란 액체나 기체 상태로 흐름을 가진 물질이다.

② 유체는 물질을 구성하는 분자 상호간의 거리와 운동범위가 커서 스스로 형상을 유지할 수 있는 능력이 없고 용기에 따라 형상이 결정되는 물질이다.

③ 유체는 아주 작은 힘이라도 외력을 받으면 비교적 큰 변형을 일으키며, 유체 내에 전단응력이 작용하는 한 계속해서 변형하는 물질이다.

(2) 밀도(Density : ρ)

① 정의 : 단위체적당 유체의 질량

② 단위 : g/cm^3, kg/m^3

③ 관계식

$$밀도(\rho) = \frac{질량}{부피}$$

④ 0℃, 1기압의 건조한 공기의 밀도는 1.293kg/m^3이고 산업환기에서의 적용 밀도는 21℃, 1기압에서 1.203kg/m^3이다.

(3) 비중량(specific weight : γ)

① 정의 : 단위체적당 유체의 중량
② 단위 : g_f/cm^3, kg_f/m^3
③ 관계식

$$비중량(\gamma) = \frac{중량}{부피}$$

④ 비중량(γ), 밀도(ρ), 중력가속도(g)의 관계식 : $\gamma = \rho \cdot g$

⑤ 0℃, 1기압에서 공기의 비중량은 $\dfrac{28.97\text{kg}_f}{22.4\text{m}^3} = 1.293\text{kg}_f/\text{m}^3$

(4) 비중(specific gravity : S)

① 정의 : 표준물질의 밀도를 기준으로 실제 물질에 대한 밀도의 비이다.
② 단위 : 무차원
③ 관계식

$$비중(S) = \frac{어떤\ 대상\ 물질의\ 밀도}{표준\ 물질의\ 밀도}$$

④ 표준 물질의 적용
  ㉠ 기체인 경우 0℃, 1기압 상태의 공기밀도(1.293kg/m^3)
  ㉡ 고체, 액체의 경우 4℃, 1기압 상태의 물의 밀도(1.000kg/m^3)

(5) 비체적(specific volume : V_s)

① 정의 : 단위질량이 갖는 유체의 체적
② 단위 : m^3/kg, cm^3/g

③ 관계식

$$비체적(V_s) = \frac{1}{\rho}$$

여기서, ρ : 밀도(kg/m^3)

(6) 점성계수(Dynamic viscosity : μ)

① 정의 : 유체에 미치는 전단응력과 그 속도 사이에 비례상수, 즉 전단응력에 대한 저항의 크기를 나타낸다.
② 단위 : N · s/m^2, kg/m · s, g/cm · s, kg$_f$ · sec/m^2
  ㉠ 1Poise＝1g/cm · s＝1dyne · s/cm^2
  ㉡ 1centipoise＝10^{-2}Poise＝1mg/mm · s

(7) 동점성계수(Kinematic viscosity : ν)

① 정의 : 점성계수를 밀도로 나눈 값을 말한다.
② 단위 : m^2/sec, cm^2/sec
  ㉠ 1stokes＝1cm^2/s
  ㉡ 1cstoke＝10^{-2}stokes
③ 점도는 온도에 따라 변화한다.
  ㉠ 액체는 온도가 증가하면 점도는 작아진다.
  ㉡ 기체는 온도가 증가하면 점도는 증가한다.
④ 관계식

$$동점성계수(\nu) = \frac{\mu}{\rho}$$

필수 예상문제 ✔ 출제확률 60%

25℃에서 공기의 점성계수 $\mu = 1.607 \times 10^{-5}$ Poise, 밀도 $\rho = 1.203$ kg/m³이다. 동점성계수(m²/sec)를 계산하고, 점성계수와 동점성계수와의 관계를 설명하시오.

풀이 ① 계산

$$\text{동점성계수}(\nu) = \frac{\text{점성계수}}{\text{밀도}}$$

$$= \frac{1.607 \times 10^{-5}\text{g/cm} \cdot \text{sec} \times 100\text{cm/m} \times \text{kg/1,000g}}{1.203\text{kg/m}^3}$$

$$= 1.34 \times 10^{-6} \text{m}^2/\text{sec}$$

② 관계

$$\text{동점성계수}(\nu) = \frac{\mu}{\rho}$$

여기서, μ : 점성계수

ρ : 밀도

---

(8) 표준공기

① 표준상태(STP)란 0℃, 1atm 상태를 말하며, 물리 · 화학 등 공학 분야에서 기준이 되는 상태로서 일반적으로 사용한다.

② 환경공학에서 표준상태는 기체의 체적을 Sm³, Nm³으로 표시하여 사용한다.

③ 산업환기 분야에서는 21℃(20℃), 1atm, 상대습도 50%인 상태의 공기를 표준공기로 사용한다.

④ 산업환기 분야

㉠ 표준공기 밀도 : 1.203kg/m³

㉡ 표준공기 비중량 : 1.203kgf/m³

㉢ 표준공기 동점성계수 : 1.502×10^{-5} m²/s

03 연속방정식(Continuity Equation)

(1) 개요

① 연속방정식이라는 의미는 유체의 흐름을 설명하는 과정에서 연속체를 가정하기 위하여 도입된 것이다.

② 정상류가 흐르고 있는 유체 유동에 관한 연속방정식을 설명하는데 적용된 법칙은 질량보존의 법칙이다. 즉 정상류로 흐르고 있는 유체의 임의의 한 단면을 통과하는 질량은 다른 임의의 한 단면을 통과하는 단위시간당 질량과 같아야 한다.

(2) 관계식(비압축성 유체흐름 가정)

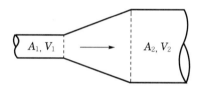

$$Q = A_1 V_1 = A_2 V_2$$

여기서, Q : 단위시간에 흐르는 유체의 체적(m^3/min)

A_1, A_2 : 각 유체의 통과 단면적(m^2)

V_1, V_2 : 각 유체의 통과 유속(m/sec)

(3) 유체역학의 질량보존 원리를 환기시설에 적용하는데 필요한 네 가지 공기 특성의 주요 가정(전제 조건) ●출제율 20%

① 환기시설 내외(덕트 내부와 외부)의 열전달(열교환)효과 무시

덕트 내외부의 온도차이가 클 경우에는 덕트 내외의 열교환이 일어날 수 있고, 덕트 내부 온도변화에 따라 공기유량이 변화할 수 있기 때문

② 공기의 비압축성(압축성과 팽창성 무시)

공기유량이 환기장치의 입구부터 송풍기까지 흐르는 동안 20inH₂O 이상의 압력 손실이 발생하면 공기의 밀도가 50% 이상 달라지며, 공기유량도 변화하여 보정이 필요하기 때문

③ 건조공기 가정

다량의 수증기가 포함 시 밀도 보정이 필요하기 때문

④ 환기시설에서 공기 속의 오염물질 질량(무게)과 부피(용량)을 무시

오염물질의 농도가 높을 경우 화재나 폭발위험 수준에 도달할 수 있으므로 이에 대한 보정이 필요하기 때문

04 베르누이 정리(Bernoulli's Theorem)

(1) 개요

① 베르누이의 정리는 지속적으로 흐르는 유체 시스템에서 전체 에너지는 일정하다. 즉 유체가 좁은 관내를 흐를 때 속도가 증가하고 넓은 관내를 흐를 때 속도가 감소하는 원리이다.

② 산업환기시설 내에서의 기류흐름은 후드나 덕트와 같은 관내의 유동이며, 이 유동은 두 점 사이의 압력차에 기인하여 일어나며 여기서 압력은 단위체적의 유체가 갖는 에너지를 의미한다. 즉 유체는 압력이 높은 곳에서 낮은 곳으로 움직인다는 원리이다.

③ 베르누이 정리에 의해 국소배기장치 내의 에너지 총합은 에너지의 득, 실이 없다면 언제나 일정하다. 즉 에너지 보존 법칙이 성립한다.

④ 베르누이 정리(방정식)

$$\frac{P}{\gamma} + \frac{V^2}{2g} + Z = \mathrm{constant}(H)$$

여기서, $\dfrac{P}{\gamma}$: 압력수두(m) → 단위질량당 가지는 압력에너지

$\dfrac{V^2}{2g}$: 속도수두(m) → 단위질량당 속도에너지

Z : 위치수두(m) → 단위질량당 위치에너지

H : 전수두(m)

⑤ 산업환기, 즉 유체가 기체인 경우 위치수두 Z의 값이 매우 작아 무시한다. 즉 이 때 베르누이 방정식은 다음과 같다.

$$\frac{P}{\gamma} + \frac{V^2}{2g} = \mathrm{constant}(H)$$

⑥ 베르누이 방정식 적용조건(가정조건)

다음 중 한 조건이라도 만족하지 않을 경우 적용할 수 없다.

㉠ 정상상태(steady state)의 유동 : 시간에 대한 변화가 없어야 한다.

㉡ 유체는 비압축성 : 압력이 변하는 경우에도 밀도는 변하지 않아야 한다.

㉢ 점성력(viscous force)이 존재하지 않아야 한다.

㉣ 유선이 경계층(boundary layer)을 통과해서는 안 된다.

05 레이놀즈 수 및 층류와 난류

(1) 층류(Laminar flow)

① 유체의 입자들이 규칙적인 유동상태(소용돌이, 선회운동 일으키지 않음)가 되어 질서정연하게 흐르는 상태이며, 관내에서의 속도 분포가 정상 포물선을 그리며 평균유속은 최대유속의 약 1/2이다.

② 유체입자가 층 또는 막 안에서, 인접한 층의 흐름에 영향을 주지 않고, 원활하게 미끄러지도록 운동하는 유동이다.

③ 층류 유동에서 운동량 이동은 층과 층 사이에서 분자적 운동량 교환만으로 이루어지고 난류로 전향하려는 경향은 점성 저항력에 의해 억제된다.

(2) 난류(Turbulent flow)

① 유체의 입자들이 불규칙적인 유동상태가 되어 상호간 활발하게 운동량을 교환하면서 흐르는 상태이다.

② 속도가 빨라지면 관내 흐름은 크고 작은 소용돌이가 혼합된 형태로 변하여 유동하는 흐름을 말한다.

③ 유체의 흐름상태의 상대적 중요성을 나타내는 척도는 레이놀즈 수에 의하여 정량적으로 나타낸다.

(3) 레이놀즈 수(Reynold's number : Re)

① 정의

유체흐름에서 관성력과 점성력의 비를 무차원 수로 나타낸 것을 말한다.

② 적용

㉠ 레이놀즈 수는 유체흐름에서 층류와 난류를 구분하는데 사용된다.

㉡ 유체에 작용하는 마찰력의 크기를 결정하는데 중요한 인자이다.

③ 층류흐름

㉠ 레이놀즈 수가 작으면 관성력에 비해 점성력이 상대적으로 커져서 유체가 원래의 흐름을 유지하려는 성질을 갖는다.

㉡ 관성력<점성력

④ 난류흐름

㉠ 레이놀즈 수가 커지면 점성력에 비해 관성력이 지배하게 되어 유체의 흐름에 많은 교란이 생겨 난류흐름을 형성한다.

㉡ 관성력>점성력

⑤ 관계식

$$Re = \frac{\rho Vd}{\mu} = \frac{Vd}{\nu} = \frac{관성력}{점성력}$$

여기서, Re : 레이놀즈 수(무차원)

ρ : 유체밀도(kg/m^3)

d : 유체가 흐르는 직경(m)

V : 유체의 평균유속(m/sec)

μ : 유체의 점성계수[kg/m · s(Poise)]

ν : 유체의 동점성계수(m^2/sec)

⑥ 레이놀즈 수의 크기에 따른 구분

　㉠ 층류($Re < 2,100$)

　㉡ 천이영역($2,100 < Re < 4,000$)

　㉢ 난류($Re > 4,000$)

⑦ 상임계 레이놀즈 수는 층류로부터 난류로 천이될 때의 레이놀즈 수이며, 12,000~14,000 범위이다.

⑧ 하임계 레이놀즈 수는 난류에서 층류로 천이될 때의 레이놀즈 수이며, 21,000~4,000 범위이다(하임계 레이놀즈 수를 층류·난류 구분기준인 임계 레이놀즈 수로 정함).

⑨ 일반적 산업환기 배관 내 기류흐름의 레이놀즈 수 범위는 10^5~10^6 범위이다.

⑩ 표준공기가 관내 유동인 경우 레이놀즈 수

$$Re = \frac{Vd}{\nu} = \frac{Vd}{1.51 \times 10^{-5}} = 0.666\,Vd \times 10^5$$

필수 예상문제　　　　　　　　　　　　　　✔ 출제확률 50%

21℃에서 동점성계수가 $1.5 \times 10^{-5} m^2/sec$이다. 직경이 20cm인 관에 층류로 흐를 수 있는 최대의 평균속도(m/sec)와 유량(m^3/min)을 구하여라.

풀이 ① 공기의 최대 평균속도(V)

　　관내를 층류로 흐를 수 있는 $Re = 2,100$이므로

　　$Re = \dfrac{Vd}{\nu}$ 에서 V를 구하면

　　$V = \dfrac{Re \times \nu}{d}$

　　　$= \dfrac{2,100 \times (1.5 \times 10^{-5})}{0.2} = 0.16 m/sec$

② 유량(Q)

　　$Q = A \times V$

　　　$= \left(\dfrac{3.14 \times 0.2^2}{4} \right) m^2 \times 0.16 m/sec \times 60 sec/min$

　　　$= 0.30 m^3/min$

06 관내 유동의 압력

(1) 유체가 기체인 경우 베르누이 방정식

$$\frac{P}{\gamma} + \frac{V^2}{2g} = \text{constant}(H)$$

양 변에 γ를 곱하고, P를 SP로 표현하면

$$SP + \frac{\gamma V^2}{2g} = \text{constant}(TP)$$

여기서, SP : 정압

$\dfrac{\gamma V^2}{2g}$: 동압

TP : 전압

(2) 베르누이 정리에 의해 속도수두를 동압(속도압), 압력수두를 정압이라 하고 동압과 정압의 합을 전압이라 한다. ●출제율 40%

전압(TP : Total Pressure)=동압(VP : Velocity Pressure) + 정압(SP : Static Pressure)

① 정압
  ㉠ 밀폐된 공간(Duct) 내 사방으로 동일하게 미치는 압력, 즉 모든 방향에서 동일한 압력이며 송풍기 앞에서는 음압, 송풍기 뒤에서는 양압이다.
  ㉡ 공기흐름에 대한 저항을 나타내는 저항압력 또는 마찰압력이라고 한다.
  ㉢ 정압이 대기압보다 낮을 때는 음압(Negative pressure)이고 대기압보다 높을 때는 양압(positive pressure)으로 표시한다.
  ㉣ 정압은 단위체적의 유체가 압력이라는 형태로 나타내는 에너지이며, 양압은 공간벽을 팽창시키려는 방향으로 미치는 압력이고 음압은 공간벽을 압축시키려는 방향으로 미치는 압력이다. 즉 유체를 압축시키거나 팽창시키려는 잠재에너지의 의미가 있다.
  ㉤ 정압은 속도압과 관계없이 독립적으로 발생한다.
② 동압(속도압)
  ㉠ 공기의 흐름방향으로 미치는 압력이고 단위체적의 유체가 갖고 있는 운동에너지이다. 즉 동압은 공기의 운동에너지에 비례한다.

ⓛ 정지상태의 유체에 작용하여 속도 또는 가속을 일으키는 압력으로 공기를 이동시
키며, 공기의 운동에너지에 비례하여 항상 0 또는 양압을 갖는다.

ⓒ 동압은 송풍량과 덕트 직경이 일정하면 일정하다.

ⓔ 정지상태의 유체에 작용하여 현재의 속도로 가속시키는데 요구하는 압력이고 반대
로 어떤 속도로 흐르는 유체를 정지시키는데 필요한 압력으로서 흐름에 대항하는
압력이다.

ⓜ 공기속도(V)와 속도압(VP)의 관계

$$\text{속도압(동압)}(VP) = \frac{\gamma V^2}{2g} \text{에서,} \quad V = \sqrt{\frac{2g\,VP}{\gamma}}$$

여기서, 표준공기인 경우 $\gamma = 1.203\text{kg}_\text{f}/\text{m}^3$, $g = 9.81\text{m/s}^2$이므로

위의 식에 대입하면

$$V = 4.043\sqrt{VP}$$

$$VP = \left(\frac{V}{4.043}\right)^2$$

여기서, V : 공기속도(m/sec)

VP : 동압(속도압)(mmH₂O)

ⓑ Duct에서 속도압은 Duct의 반송속도를 추정하기 위해 측정한다.

③ 전압

㉠ 전압은 단위유체에 작용하는 정압과 동압의 총합이며, 시설 내에 필요한 단위
체적당 전 에너지를 나타내고 유체의 흐름방향으로 작용한다.

㉡ 정압과 동압은 상호변환 가능하며 그 변환에 의해 정압, 동압의 값이 변화하더
라도 그 합인 전압은 에너지의 득, 실이 없다면 관의 전 길이에 걸쳐 일정하다.
이를 베르누이 정리라 한다. 즉 유입된 에너지의 총량은 유출된 에너지의 총량
과 같다는 의미이다.

㉢ 속도변화가 현저한 축소관 및 확대관 등에서는 완전한 변환이 일어나지 않고
약간의 에너지손실이 존재하며, 이러한 에너지손실은 보통 정압손실의 형태를
취한다.

㉣ 흐름이 가속되는 경우 정압이 동압으로 변화될 때의 손실은 매우 적지만 흐름
이 감속되는 경우 유체가 와류를 일으키기 쉬우므로 동압이 정압으로 변화될
때의 손실은 크다.

필수 예상문제 ✔ 출제확률 30%

직경 180mm 덕트 내 정압은 −80.5mmH₂O, 전압은 28.9mmH₂O이다. 이때 공기유량 (m³/sec)은?

풀이 $Q = A \times V$

- A(단면적) $= \dfrac{3.14 \times D^2}{4} = \dfrac{3.14 \times 0.18^2}{4} = 0.025\text{m}^2$

- V(유속)은 동압을 우선 구하여야 한다.

  동압 = 전압 − 정압 = 28.9 − (−80.5) = 109.4mmH₂O

  $V = 4.043\sqrt{VP} - 4.043\sqrt{109.4} = 42.29\text{m/sec}$

  $= 0.025 \times 42.29 = 1.06\text{m}^3/\text{sec}$

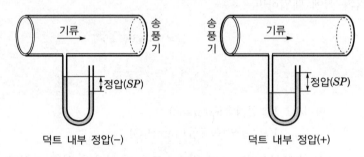

덕트 내부 정압(−)   덕트 내부 정압(+)

‖ 정압의 특징 ‖

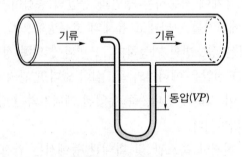

덕트 내부 동압 항상(+)

‖ 동압(속도압)의 측정 ‖

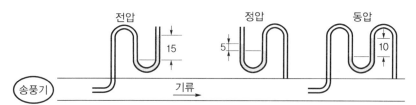

덕트(배기)에서 전압=정압+동압(15mmH$_2$O=5mmH$_2$O+10mmH$_2$O)

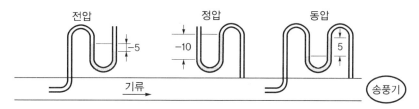

덕트(흡인)에서 전압=정압+동압(−5mmH$_2$O=−10mmH$_2$O+5mmH$_2$O)

‖ 송풍기 위치에 따른 정압, 동압, 전압의 관계 ‖

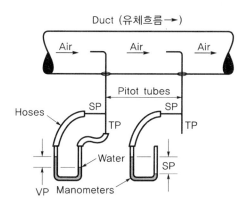

‖ 정압(SP), 동압(VP) 측정 ‖

참고 전압(TP)의 차이 값이 압력손실을 의미한다.

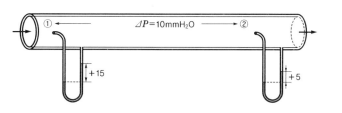

① 점의 전압(TP_1=+15mmH$_2$O)
② 점의 전압(TP_2=+5mmH$_2$O)
∴ 압력손실(ΔP)= $TP_1 - TP_2$=+15−(+5)=10mmH$_2$O

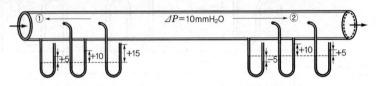

참고 반송속도가 일정한 경우, 정압(SP)의 차이 값이 압력손실을 의미한다.

① 점의 전압(TP_1)=$SP_1 + VP_1$=+5+10=+15mmH$_2$O

② 점의 전압(TP_2)=$SP_2 + VP_2$=−5+10=+5mmH$_2$O

∴ 압력손실(ΔP)=$SP_1 - SP_2$=+5−(−5)=+10mmH$_2$O

(3) 국소배기장치의 압력변화 ●출제율 70%

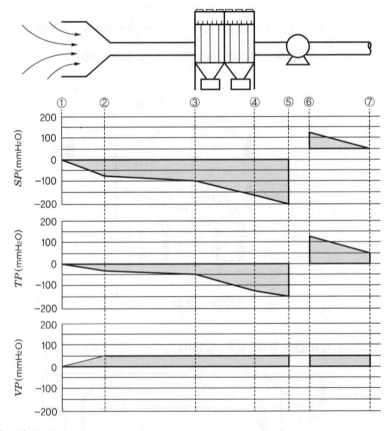

① 정압(SP)변화

㉠ ①~⑤구간

    "−"값 방향으로 계속 감소하다가 송풍기를 지나면서 "+"값으로 상승한 후 다시 감소하여 배출구 끝에서 "0"으로 된다.

ⓛ ①~②구간

    ⓐ 외부식 후드 부분으로 외부의 정지된 공기가 후드 입구와 후드 내부를 통과 하면서 생긴 저항이 누적되어 ②지점에서 −75mmH$_2$O 정도의 정압을 나타 내고 있다.

    ⓑ 이 정압은 현재의 송풍량이 ①~②구간을 통과할 때 마찰이나 갑작스런 방향 전환에 따른 압력손실을 의미한다.

    ⓒ ②지점에 −75mmH$_2$O 정도의 음압을 걸어야 ①~②구간을 통과하면서 생기 는 저항을 극복할 수 있다는 의미이기도 하다.

ⓒ ②~③구간

    직선 덕트만 존재하기 때문에 덕트 내부의 마찰에 의한 압력손실이 길이방향으로 누적되어 나타나고 있다.

ⓔ ①~②구간과 ②~③구간의 기울기가 차이가 나는 것은 후드 유입손실이 덕트 마찰손실보다 훨씬 크다는 것을 의미한다. 이와는 반대로 ②~③구간의 기울기 가 더 급격하게 나타날 수 있다. 이런 경우는 ②~③구간의 덕트 직경이 지금 보다 작아지거나, 덕트 내부에 분진과 같은 물질이 쌓여있다면 ②~③구간에서 정압이 상대적으로 급격하게 떨어질 수 있다.

ⓜ ③~④구간

    ⓐ 정압이 감소하고 동압이 거의 "0"을 나타낸다.

    ⓑ ④지점에서 정압이 급격하게 증가한다.

    ⓒ ③지점에서 정압이 감소하고, 동압이 "0"에 가까워지는 것은 공기정화장치 전체가 공기가 지나가는 통로 역할을 하기 때문이다. 즉 공기정화장치를 덕트 라 생각한다면 덕트의 관경이 커지기 때문에 정압이 감소하고 동압은 거의 "0"이 된다.

    ⓓ ④지점에서 정압이 급격하게 증가하는 것은 다시 덕트 관경이 작아지기 때문 이다.

ⓗ ④~⑤구간

    정압이 다시 증가하는데 이는 공기정화장치에서는 오염물질을 제거하기 위하여 공기흐름에 방해되는 기작(회전, 차단, 접촉, 여과 등)을 많이 사용하기 때문에 압력손실이 큰 경우가 대부분이어서 그렇다. 예외적인 경우로 전기집진기는 그 원리상 압력손실을 거의 발생시키지 않는다.

   ⊗ ⑤~⑥구간

      ⓐ 정압이 "−"에서 "+"로 상승한다.

      ⓑ ⑤~⑥구간의 정압차이 $[125-(-200)=325mmH_2O]$를 극복하면서 일정량의 공기를 이송시키는 것을 의미한다.

   ◎ ⑥~⑦구간

      배출구에서는 직선 덕트의 마찰에 의한 압력손실로 정압이 점차 감소하여 배출구를 통과하면 바로 외기로 나가기 때문에 대기압과 같아져 "0"이 된다.

  ② 동압(VP)변화

    정지된 공기가 후드 입구로 유입되면서 "0"에서 서서히 증가하여 ②번 지점인 덕트 시작부분부터 일정한 동압을 유지한다. 덕트 직경이 일정하면 유속이 일정하여 ②~③, ⑥~⑦구간에서 동압이 일정하게 유지된다.

  ③ 전압(TP)변화

    전압(TP)은 정압과 동압의 합이므로 두 그래프의 값을 부호가 있는 상태 그대로 합치면 된다.

07 실제공기의 밀도

(1) 밀도보정

  ① 오염물질의 농도 계산 시 공기는 온도, 압력 변화에 따라서 밀도와 비중이 변하므로 표준상태에서의 밀도보정을 하여 표준화하여야 한다.

  ② 정확한 송풍기의 정압, 동력을 구하기 위해서는 반드시 공기의 밀도를 고려하여 계산하여야 하며, 이때 사용되는 보정치를 밀도보정계수(d_f)라 한다.

(2) 밀도보정계수(d_f)

  ① 개요

    ㉠ 고도 및 기압이 일정한 상태에서 온도가 증가할수록 밀도보정계수는 감소한다.

    ㉡ 고도 및 온도가 일정한 상태에서 압력이 증가할수록 밀도보정계수는 증가한다.

    ㉢ 공기밀도는 온도가 상승하면 공기가 팽창하여 밀도가 작아지며, 고공으로 올라갈수록 압력이 낮아져 공기는 팽창하고 밀도는 작아진다.

② 계산식

$$밀도보정계수(d_f : 무차원) = \frac{(273+21)(P)}{(℃+273)(760)}$$

여기서, P : 대기압(mmHg, inHg)

℃ : 온도

$$\rho(a) = \rho(s) \times d_f$$

여기서, $\rho(a)$: 실제공기의 밀도

$\rho(s)$: 표준상태(21℃, 1atm)의 공기밀도(1.203kg/m^3)

필수 예상문제　　　　　　　　　　　　　　　✔ 출제확률 30%

0℃, 1기압인 표준상태에서 공기의 밀도가 1.293kg/m^{3}라고 할 때 25℃, 1기압에서의 공기밀도(kg/m^3)는?

풀이 우선 d_f를 구하면

$$d_f = \frac{(273+21) \times P}{(℃+273) \times 760} = \frac{(273+0)}{(25+273)} \times \frac{760}{760} = 0.916$$

$$\therefore \rho_{(a)} = \rho_{(s)} \times d_f = 1.293 \times 0.916 = 1.18kg/m^3$$

---

08 포화 농도

(1) 공기 중 농도는 일정한 온도, 기압에서는 최고(포화) 농도를 갖는다.

$$최고(포화) 농도 = \frac{P}{760} \times 10^2 (\%) = \frac{P}{760} \times 10^6 (ppm)$$

여기서, P : 물질의 증기압(분압)

(2) 공기 중에서 증기 발생률 영향인자

① 온도

② 압력

③ 물질 사용량

④ 노출 표면적

⑤ 물질의 비점(증기압)

(3) 더운 공기가 차가운 공기보다 많은 증기를 포함하고 어떤 온도와 압력에서도 공기는 최대의 증기량을 포함한다.

09 혼합 비중(유효 비중) ●출제율 20%

(1) 공기와 증기가 혼합된 기체의 비중(유효 비중)은 순수한 공기의 비중과 거의 동일하여 오염물질이 공기 중에서 자유롭게 확산이동이 이루어지므로 공기보다 무거운 증기라 할지라도 바닥으로 가라앉지 않는다.

(2) 오염된 공기 중에 포함되어 있는 아주 소량의 증기 유효 비중(혼합 비중)은 순수한 공기 비중과 거의 동일하다.

(3) 환기시설 설계 시 오염물질만의 비중만 고려하여 후드설치 위치를 선정하면 안 된다. 즉, 유효 비중(혼합 비중)을 고려하여 설계하여야 한다.

필수 예상문제 ✔ 출제확률 40%

사염화에틸렌 500ppm이 공기 중에 존재한다면 공기와 사염화에틸렌 혼합물의 유효 비중은 얼마인가? (단, 공기 비중 1.0, 사염화에틸렌 비중 5.7)

풀이 유효 비중 $= \dfrac{(500 \times 5.7) + (999,500 \times 1.0)}{1,000,000} = 1.0024$

필수 예상문제 ✔ 출제확률 40%

공기 중에 아세톤(비중 : 2.0) 750ppm과 사염화탄소(비중 : 5.7) 500ppm이 존재한다면 공기와 아세톤 및 사염화탄소의 유효 비중은? (단, 소수점 넷째자리까지 구하시오.)

풀이 유효 비중 $= \dfrac{(750 \times 2.0) + (500 \times 5.7) + (998,750 \times 1.0)}{1,000,000}$

$= 1.0031$(문제 상 공기 비중이 주어지지 않으면 1로 계산함)

SECTION 2 전체환기

01 개요

(1) 전체환기는 유해물질을 외부에서 공급된 신선한 공기와의 혼합으로 유해물질의 농도를 희석시키는 방법으로 자연환기방식과 인공환기방식으로 구분된다.

(2) 자연환기방식은 작업장 내외의 온도, 압력 차이에 의해 발생하는 기류의 흐름을 자연적으로 이용하는 방식이며, 인공환기방식이란 환기를 위한 기계적 시설을 이용하는 방식이다.

(3) 전체환기는 희석환기(dilution ventilation)라고도 하며, 유해물질을 오염원에서 완전히 제거하는 것이 아니라 희석하거나 치환시켜 농도를 낮추는 방법이다.

참고 **산업환기 시스템의 분류**

1. 작업장 내부 오염된 공기를 급배기 방법에 따라 전체환기(general ventilation)와 국소배기(local ventilation)로 분류
2. 전체환기는 동력사용 유무에 따라 강제환기와 자연환기로 구분함

---

02 목적

(1) 유해물질의 농도를 희석, 감소시켜 근로자의 건강을 유지 · 증진한다.

(2) 화재나 폭발을 예방한다.

(3) 작업장 내부 온열관리(온도 및 습도)를 한다.

(4) 국소배기 대안으로 사용한다.(이동성이 강한 작업이거나 발생원이 작업장 전체에 산재해 있는 경우 등)

03 종류 ●출제율 30%

(1) 자연환기

① 개요
   ㉠ 기계적 시설이 필요 없으며 작업장의 개구부(문, 창, 환기공 등)를 통하여 바람(풍력)이나 작업장 내외의 온도, 기압 차이에 의한 대류작용으로 이루어지는 환기방법이며, 실내의 온도차가 높을수록, 건물이 높을수록 환기효율이 증가하며 자연환기의 가장 큰 원동력은 실내외 온도차이다.
   ㉡ 급기는 자연상태, 배기는 벤틸레이터를 사용하는 경우는 실내압을 언제나 음압으로 유지가 가능하다.

② 영향인자
   ㉠ 실내 · 외 온도차
   ㉡ 풍향 및 풍속
   ㉢ 건물 형태 및 창문 면적 및 위치
   ㉣ 지붕 모니터 및 자연환기구 형태

③ 장점
   ㉠ 설치비 및 유지 · 보수비가 적게 든다.
   ㉡ 적당한 온도차이와 바람이 있다면 강제환기에 비해 운전비용이 거의 들지 않는다.

ⓒ 효율적인 자연환기는 에너지비용을 최소화할 수 있다(냉방비 절감효과).

ⓐ 소음발생이 적다.

④ 단점

ⓐ 외부 기상조건과 내부조건에 따라 환기량이 일정하지 않아 작업환경 개선용으로 이용하는데 제한적이다(환기량의 변화가 심함).

ⓑ 계절변화에 불안정하다. 즉 여름보다 겨울철이 환기효율이 높다.

ⓒ 정확한 환기량 산정이 힘들다. 즉 환기량 예측자료를 구하기 힘들다.

(2) 강제환기(기계환기)

① 개요

ⓐ 자연환기의 작업장 내외의 압력차는 몇 mmH_2O 이하의 차이이므로 공기를 정화해야 할 때는 인공환기를 해야 하며, 지붕 또는 벽면에 배기팬을 설치하여 강제적으로 오염물질을 환기시키는 방법이다.

ⓑ 급기는 루버나 창문을 이용한 자연급기 또는 팬을 사용한 강제급기 모두 사용한다.

② 장점

ⓐ 외부조건(계절변화)에 관계없이 작업조건을 안정적으로 유지할 수 있다.

ⓑ 환기량을 기계적(송풍기)으로 결정하므로 정확한 예측이 가능하다.

③ 단점

ⓐ 송풍기 가동에 따른 소음, 진동 문제가 발생한다.

ⓑ 운전비용이 증대하고, 설비비 및 유지·보수가 많이 든다.

④ 종류

ⓐ 급·배기법

ⓐ 급·배기를 동력에 의해 운전한다.

ⓑ 가장 효과적인 인공환기 방법이다.

ⓒ 실내압을 양압이나 음압으로 조정 가능하다.

ⓓ 정확한 환기량이 예측가능하며, 작업환경 관리에 적합하다.

ⓑ 급기법

ⓐ 급기는 동력, 배기는 개구부로 자연 배출한다.

ⓑ 고온 작업장에 많이 사용한다.

ⓒ 실내압은 양압으로 유지되어 청정산업(전자산업, 식품산업, 의약산업)에 적용한다. 즉 청정공기가 필요한 작업장은 실내압을 양압(+)으로 유지한다.

ⓒ 배기법

ⓐ 급기는 개구부, 배기는 동력으로 한다.

ⓑ 실내압은 음압으로 유지되어 오염이 높은 작업장에 적용한다. 즉 오염이 높은 작업장은 실내압을 음압(-)으로 유지해야 한다.

04 자연환기 원리

(1) 온도차에 의한 중력환기

① 실내·외부에 온도차로 인해 공기밀도의 차이로 압력차가 발생한다.

② 실내온도가 외부온도보다 높게 되면 실내 공기밀도가 낮아져 가벼워진 공기는 상승한다.

③ 실내에서 개구부 상부의 압력이 하부의 압력보다 높아지면 상부에서는 안에서 밖으로 압력이 가해져서 자연환기가 발생한다.

④ 중성대(NPL ; Neutral Zone), 즉 실내·외 압력차가 0이 되는 위치로 공기의 유출입이 없는 면이 형성된다.

⑤ 천장이 매우 높은 작업장의 경우 큰 압력차가 생겨 강한 기류현상, 즉 연돌효과가 발생한다.

> **참고 중성대(neutral zone) 및 연돌효과(stack effect)** ●출제율 30%
>
> 1. 외부공기와 실내공기와의 압력차이가 0인 부분의 위치로 환기의 정도를 좌우하며, 일반적으로 높을수록 환기효율이 양호하다.
> 2. 일반적으로 건물 높이의 약 0.5배(0.3∼0.7배) 위치에서 형성한다.
> 3. 온도에 의해 형성된 환기량을 유지하기 위해서는 중성대 아래 쪽에서 충분한 급기가 이루어져야 하기 때문에 급기구를 확보하는 것이 필수적이다.

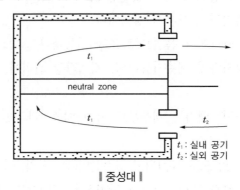

∥중성대∥

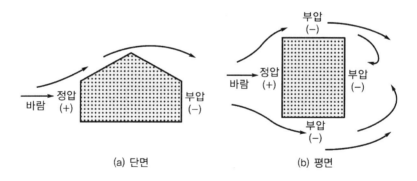

‖ 연돌효과 ‖

(2) 풍압차에 의한 풍력환기

① 바람이 불어오는 면의 기압은 대기압보다 높아 양압(+)이고, 불어가는 면의 기압은 대기압보다 낮아 음압(−)이 된다.

② 압력차이가 클수록 건물을 통한 환기량은 증가한다.

③ 풍력환기는 바람의 출구가 없으면 발생하지 않으며, 반드시 바람의 입구와 출구를 설치해야 한다.

(a) 단면

(b) 평면

‖ 건축물 주위의 압력변화 ‖

〈출처 : 건축환경계획, 이경희 저〉

(3) 효율적인 환기

① 바람 유입구가 유출구보다 낮게 위치하도록 한다.

② 중력환기와 풍력환기의 방향이 동일하게 개구부를 설치하는 것이 바람직하다.

③ 환기는 내부 주위의 모든 부분을 통과하여 천장 가까이의 온도가 높은 공기까지 배출시킨다.

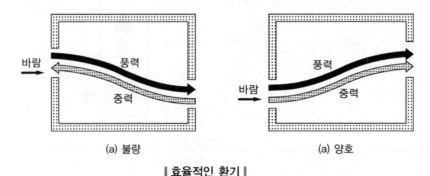

(a) 불량 　　　　　　　　　　　(a) 양호

‖ 효율적인 환기 ‖

〈출처 : 건축환경공학, 김재수 저〉

참고 자연환기 효율 제고방안 ●출제율 20%

1. 실내 · 외 온도차가 클수록 환기효율이 높다.
   ㉠ 건물 내 · 외부 온도차가 있으면 건물 내부 온도가 성층화되면서 높이와 온도 차이에 따른 압력차이가 발생하게 된다.
   ㉡ 실내압력이 외부보다 높은 지역($p_i > p_o$)은 실내공기가 외부로 유출되면서 환기가 이루어지게 된다.
   ㉢ 실내 · 외 온도 차이가 크게 되면 중성대 높이가 작업장 바닥 쪽으로 내려오기 때문에 자연환기가 가능한 영역이 넓어지고 결과적으로 환기량이 증가하게 된다.
   ㉣ 원활한 자연환기력을 유지하기 위해서는 중성대 아래 쪽에서 충분한 급기가 이루어져야 하기 때문에 급기구 확보가 필수적이다.

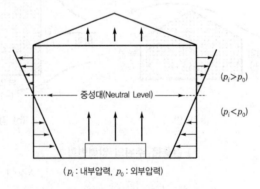

중성대(Neutral Level)

($p_i > p_0$)

($p_i < p_0$)

(p_i : 내부압력, p_0 : 외부압력)

‖ 온도차에 의한 압력구배 변화 ‖

2. 건물과 주풍 방향이 직각일 때 환기효율이 높다.
   ㉠ 바람이 건물 벽에 부딪힐 때 건물 표면에는 풍력에 의한 압력분포가 발생하는데 압력의 크기는 바람방향과 건물 표면 위치에 따라 다르기 때문에, 바람방향과 건물 배치는 환기량 변화에 큰 영향을 준다.

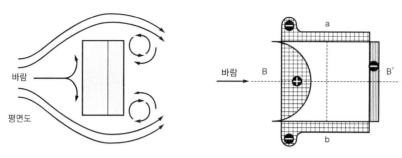

‖ 바람에 의한 건물 외벽 압력분포 ‖

ⓛ 바람방향이 건물과 직각방향일 때 풍력에 의한 환기효율이 가장 높고, 바람방향이 건물의 길이방향으로 불 때 환기효율이 가장 낮다.

ⓒ 자연환기를 실시하고자 하는 곳에서는 적어도 1년 정도의 풍향 풍속 자료를 확보하여 계절별 바람장미를 그려서 공장배치 방향과 주변 지역 풍향과의 관계를 파악하는 것이 필요하다.

3. 모니터 형태에 따라 환기효율이 크게 차이가 난다.

ⓐ 자연환기 시설 중의 하나로서 중요한 역할을 하는 지붕의 자연환기 벤틸레이터 또는 모니터이다.

ⓛ 벤틸레이터 형태별 비교

구 분	일반형 벤틸레이터	들창형 벤틸레이터
장점	• 열발생 공정에 열배기용으로 적합 • 기상에 상관없이 자연환기 목적으로 우수함	• 환기와 채광이 동시에 가능 • 무풍 시 열배기 효율 우수 • 구조가 간단하고, 미관이 우수
단점	• 무풍 시 환기효율 급감 • 구조가 복잡하여 설치비용 증가	• 바람이 불 경우 환기효율 급감 • 외부 기류 영향으로 바람이 불 경우 배기가 잘 안 됨 • 우천 시 사용 불가
사용 적합 공정	• 작업장 내부 열 및 분진이 발생하여 배기를 목적으로 하는 공정에 적합	• 작업장 내부 오염물질 발생량이 적은 공정에 적합 • 열발생 공정에 절대 사용 불가 • 급기용 또는 채광용으로 활용

4. 급기구 형태 및 면적

ⓐ 자연환기 효율을 높이기 위해서는 부력과 풍력의 2가지 힘이 잘 일어나도록 하는 것도 중요하지만, 공장 벽면이 충분하게 개방되어 있는가가 더 중요할 수도 있다.

ⓛ 벽체의 개방면적을 늘이고 생산흐름을 좋게 하기 위하여 가능한 한 출입문을 많이 만들고 작은 출입문을 확장시키는 것도 환기측면에서 고려해볼 만한 방법이다.

05 전체환기 적용 시 필요한(환경적) 제한조건 ●출제율 40%

전체환기를 실시할 경우에는 다음과 같은 제한조건이 뒤따르기 때문에 이 제한조건을 만족시키지 못할 경우에는 국소배기 방법을 선택해야 한다.

(1) 오염원에서의 유해물질 발생량이 적거나 필요환기량이 많지 않아서 국소환기보다 실용성이 있는 경우

(2) 근로자들의 근무 장소가 오염원에서 충분히 멀리 떨어져 있거나 작업장 내의 공기 중 유해물질 농도가 허용농도 이하로 충분히 낮아서 실제로 근로자에게 영향을 주지 않는 경우

(3) 유해물질의 독성이 낮은 경우, 즉 TLV가 높은 경우(가장 중요한 제한조건)

(4) 소량의 유해물질이 시간에 따라 유해물질의 발생량이 대체로 균일한 경우

(5) 동일 작업장에 다수의 오염원이 분산되어 있는 경우

(6) 오염원이 이동성인 경우

(7) 작업 방법 및 공정상 국소배기가 불가능한 경우

(8) 유해물질이 증기나 가스일 경우

(9) 가연성 가스의 농축으로 폭발의 위험이 있는 경우

06 전체환기(강제환기) 시설 설치 기본원칙 ●출제율 50%

(1) 실제적으로 이용할 수 있는 자료나 실험치들로부터 희석에 필요한 충분한 양의 환기량을 산출해야 한다. 즉 오염물질 사용량을 조사하여 필요환기량을 계산한다.

> TLV 값이 25ppm 이하일 경우에는 극독성(extremely toxic) 물질로 취급하여 반드시 국소배기장치를 설치해야 한다. 희석공기량에 안전계수 K를 곱해서 사용해야 한다. 안전계수 K가 1인 경우에는 환기가 제대로 이루어져 유효환기량 만큼만 실제 환기시켜도 충분하다고 판단되는 것이며, K가 10인 경우에는 사각지대(死角地帶 : dead space)가 생겨서 환기가 제대로 이루어지지 않기 때문에 실제환기량을 유효환기량의 10배만큼 늘려야 한다는 의미이다.

(2) 오염물질의 배출구는 가능한 한 오염원으로부터 가까운 곳에 설치하여 '점환기(spot ventilation)'의 효과를 얻는다.

(3) 기류가 오염영역을 통과하도록 급기와 배기구의 위치를 선정하며, 오염원은 작업자와 배기구 사이에 위치하여야 한다.

> 희석하려는 공기가 급기구를 통하여 들어와서 오염물질이 있는 영역을 통과하여 배출구로 빠져나가도록 설계해야 한다는 의미, 작업자는 희석하려는 공기와 오염원의 중간에 위치하게 하여야 하며 오염물질이 호흡기를 통하여 들어가지 못하도록 기류의 방향은 작업자의 등 뒤에서 앞쪽으로 혹은 옆에서 옆으로 흐르도록 설계해야 한다.

(4) 배출되는 공기를 보충하기 위한 청정공기를 공급하는 보충용 공기장치, 즉 급기시설이 필요하다.

> 전체환기장치는 보통 축류팬과 같은 저압용 송풍기에 의해 다량의 공기를 처리하고 있으므로 환기장치의 원활한 운전과 적절한 환기를 위해서는 보충용 공기장치(make-up air system)를 사용하여 항상 보충용 공기를 공급해야 한다. 이때 겨울철에는 보충용 공기를 가열해야 한다.

(5) 작업장 내 압력을 경우에 따라서 양압이나 음압으로 조정해야 한다.

> 오염원 주위에 다른 작업공정이 존재하면 배출량을 급기량보다 많게 하여 음압을 형성시켜서 주위 작업자들에게 유해물질이 확산되지 않도록 하고 반대로 주위에 다른 작업공정이 없으면 급기량을 배출량보다 약간 많게 하여 양압을 만듦으로 환기효율을 높인다.

(6) 배출된 공기가 다시 작업장 안으로 들어오지 못하게 해야 한다.

> 배기구의 높이는 지붕선보다 높게 위치시킨다거나 배기구 가까이에 창문, 공기 공급구, 기타 열림장치가 있어서는 안 된다.

(7) 오염물질의 발생은 가능하면 일정한 속도로 유출되도록 조정해야 하며, 오염된 공기는 작업자가 호흡하기 전에 충분히 희석되어야 한다.

07 전체환기량(필요환기량, 희석환기량) 계산

(1) 평형상태일 경우

① 유해물질(화학물질)의 농도가 일정하게 유지되는 경우 전체환기량은 유해물질의 발생량, 유해물질의 허용 농도, 환기를 위한 혼합상태에 따른 여유계수 등에 좌우된다.

② 유효환기량(Q')

$$Q' = \frac{G}{C}$$

> 여기서, G : 유해물질 발생률(L/hr)
> C : 공기 중 유해물질 농도

③ 실제환기량(Q)

$$Q = Q' \times K$$

> 여기서, Q' : 유효환기량(m^3/min)
> K : 작업장 내 공기의 불완전 혼합에 대해 안전확보를 위한 안전계수(여유계수 : 무차원)

④ K(안전계수) 결정 시 고려요인 ●출제율 30%

　㉠ 유해물질의 허용기준(TLV)(유해물질의 독성을 고려한다.)

　　ⓐ 독성이 약한 물질 : TLV≧500ppm

　　ⓑ 독성이 중간 물질 : 100ppm<TLV<500ppm

　　ⓒ 독성이 강한 물질 : TLV≦100ppm

　㉡ 환기방식의 효율성(성능) 및 실내 유입 보충용 공기의 혼합과 기류분포

　㉢ 유해물질의 발생률

　㉣ 공정 중 근로자들의 위치와 발생원과의 거리

　㉤ 작업장 내 유해물질 발생점의 위치와 수

⑤ 필요환기량 (Q : m³/min)

$$Q = \frac{G}{\text{TLV}} \times K$$

여기서, G : 시간당 공기 중으로 발생된 유해물질의 용량(발생률 : L/hr)

　　　　TLV : 허용기준

　　　　K : 안전계수(여유계수)

참고 환기 종류별 안전계수(KOSHA GUIDE W-1-2010)

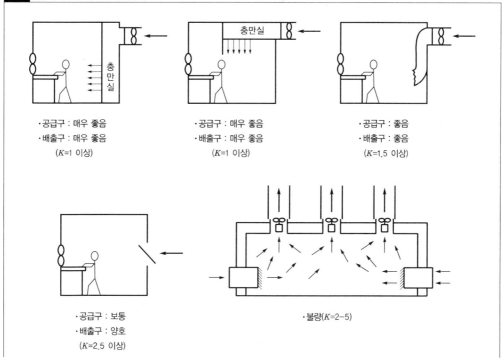

·공급구 : 매우 좋음
·배출구 : 매우 좋음
　(K=1 이상)

·공급구 : 매우 좋음
·배출구 : 매우 좋음
　(K=1 이상)

·공급구 : 좋음
·배출구 : 좋음
　(K=1.5 이상)

·공급구 : 보통
·배출구 : 양호
　(K=2.5 이상)

·불량(K=2~5)

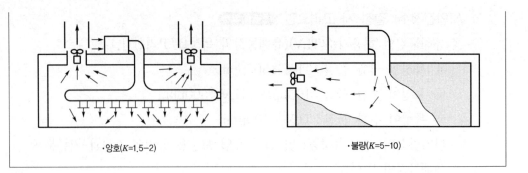

·양호(K=1.5~2)   ·불량(K=5~10)

참고 K(안전계수) 의미

1. K=1은 전체환기가 제대로 이루어져 유효 환기량만큼 실제환기시켜도 충분한 환기가 이루어진 경우
2. K=2는 작업장 내의 혼합이 보통인 경우
3. K=3은 작업장 내의 혼합이 불완전한 경우
4. K=10인 경우는 사각지대가 생겨서 환기가 제대로 이루어지지 않기 때문에 실제 환기량을 유효 환기량의 10배만큼 늘려야 한다는 의미

참고 평형상태 전체환기량 ●출제율 50%

1. 물질 평형방정식
   축적량＝발생량－제거량
2. 발생량과 제거량이 평형상태$[dC=0]$
   $Gdt = Q'Cdt$식을 적분

$$\int_1^2 Gdt = \int_1^2 Q'Cdt$$

3. G(발생량)와 C(농도)가 일정
   $$G(t_2 - t_1) = Q'C(t_2 - t_1)$$
   $$Q' = \frac{G}{C}$$

4. 안전계수(K) 적용
   $$Q = Q' \times K = \left(\frac{G}{C}\right) \times K$$

(2) 유해물질 농도 증가 시

① 초기상태를 $t_1 = 0$, $C_1 = 0$(처음 농도 0)이라 하고, 농도 C에 도달하는데 걸리는 시간(t)

$$t = -\frac{V}{Q'}\left[\ln\left(\frac{G - Q'C}{G}\right)\right]$$

여기서, t : 농도 C에 도달하는데 걸리는 시간(min)

V : 작업장의 기적(용적)(m^3)

Q' : 유효 환기량(m^3/min)

G : 유해가스의 발생량(m^3/min)

C : 유해물질 농도(ppm), 계산 시 10^6으로 나누어 계산

② 처음 농도 0인 상태에서 t시간 후의 농도(C)

$$C = \frac{G\left(1 - e^{-\frac{Q'}{V}t}\right)}{Q'}$$

여기서, C : t시간 후의 농도(ppm), 계산 시 10^6을 곱하여 계산

(3) 유해물질 농도 감소 시

① 초기 시간 $t_1 = 0$에서의 농도 C_1으로부터 C_2까지 감소하는데 걸린 시간(t)

$$t = -\frac{V}{Q'}\ln\left(\frac{C_2}{C_1}\right)$$

② 작업중지 후 C_1인 농도로부터 t분 지난 후 농도(C_2)

$$C_2 = C_1 e^{-\frac{Q'}{V}t}$$

(4) 전체환기량(필요환기량, 희석환기량) : 이산화탄소 제거가 목적일 경우

① 실내 공기오염의 지표(환기지표)로 CO_2 농도를 이용하며, 실내허용 농도는 0.1% 이다.

② CO_2 자체는 건강에 큰 영향을 주는 물질이 아니며, 측정하기 어려운 다른 실내 오염물질에 대한 지표물질로 사용된다.

③ 산업안전보건기준에 의한 실내작업장 공기의 체적과 환기기준

　　㉠ 바닥으로부터 4미터 이상의 높이의 공간을 제외한 나머지 공간의 공기의 체적은 근로자 1인에 대하여 10세제곱미터 이상으로 할 것

　　㉡ 작업 외기를 향하여 개방할 수 있는 창을 설치하고 그 면적은 바닥면적의 20분의 1 이상으로 할 것

　　㉢ 기온이 섭씨 10도 이하인 상태에서 환기를 하는 때에는 근로자가 매초 1미터 이상의 기류에 접촉되지 아니하도록 할 것

④ 일정기적을 갖는 작업장 내에서 매시간 $M(\text{m}^3)$의 CO_2가 발생할 때 필요환기량(m^3/hr)

$$필요환기량(Q : \text{m}^3/\text{hr}) = \frac{M}{C_s - C_o} \times 100$$

여기서, M : CO_2 발생량(m^3/hr)

　　　　C_s : 실내 CO_2 기준 농도(%)($\fallingdotseq 0.1\%$)

　　　　C_o : 실외 CO_2 기준 농도(%)($\fallingdotseq 0.03\%$)

(5) 화재 및 폭발방지를 위한 전체환기량

① 필요환기량($Q : \text{m}^3/\text{min}$)

$$Q = \frac{24.1 \times S \times W \times C \times 10^2}{\text{MW} \times \text{LEL} \times B}$$

여기서 Q : 필요환기량(m^3/min)

　　　S : 물질의 비중 ─────┐
　　　　　　　　　　　　　　　 ├─ 유해물질 발생량
　　　W : 인화물질 사용량(L/min) ─┘

　　　C : 안전계수

　　　　　• 안전한 조건을 유지하기 위하여 LEL의 몇 %를 물질의 농도로 유지할 것인가에 좌우되는 계수

　　　　　• LEL의 25%(1/4 유지) 경우 $C = 4$(안전계수가 4라는 의미는 화재, 폭발이 일어날 수 있는 농도에 대해 25% 이하로 낮춘다는 의미)

　　　　　• 공기의 재순환이 없거나 환기가 잘 되지 않는 곳에서는 C값을 10보다 크게 적용한다.

　　　MW : 물질의 분자량

　　　LEL : 폭발 농도 하한치(%)

　　　　　• 혼합가스의 연소가능범위를 폭발범위라 하며, 그 최저 농도를 폭발농도하한치(LEL), 최고 농도를 폭발농도상한치(UEL)라 한다.

- LEL이 25%이면 화재나 폭발을 예방하기 위해서는 공기 중 농도가 250,000ppm 이하로 유지되어야 한다.
- 폭발성, 인화성이 있는 가스 및 증기 혹은 입자상 물질을 대상으로 한다.
- LEL은 근로자의 건강을 위해 만들어 놓은 TLV보다 높은 값이다.
- 단위는 %이며, 오븐이나 덕트처럼 밀폐되고 환기가 계속적으로 가동되고 있는 곳에서는 LEL의 1/4를 유지하는 것이 안전하다.
- 가연성 가스가 공기 중의 산소와 혼합되어 있는 경우 혼합가스 조성에 따라 점화원에 의해 착화된다.

B : 온도에 따른 보정상수
  - 120°C까지 : $B = 1.0$
  - 120°C 이상 : $B = 0.7$

② 화재 및 폭발방지 환기는 고온 작업공장에서 환기가 필요한 경우이므로 실제 운전 상태의 환기량으로 반드시 보정해야 한다.

$$Q_a = Q \times \frac{273 + t}{273 + 21}$$

여기서, Q : 표준공기(21°C)에 의한 환기량(m^3/min)
t : 실제공기의 온도(°C)
Q_a : 실제 필요환기량(m^3/min)

(6) 혼합물질 발생 시의 전체환기량

① 상가작용 경우

각각 유해물질의 환기량을 계산하여 그 환기량을 모두 합하여 필요환기량으로 결정한다.

$$Q = Q_1 + Q_2 + \cdots + Q_n$$

② 독립작용 경우

각각 유해물질의 환기량을 계산하여 그 중 가장 큰 값을 선택하여 필요환기량으로 결정한다.

참고 유해물질에 따른 필요환기량 산정 계산식(KOSHA CODE CH-3-2006)

구 분	필요환기량 계산식	비 고
희석	$Q = \dfrac{24.1 \times S \times G \times K \times 10^6}{M \times \text{TLV}}$	Q : 필요환기량(m³/h) S : 유해물질의 비중 G : 유해물질의 증발량(L/h) K : 희석계수 M : 유해물질의 분자량(g)
화재·폭발 방지	$Q = \dfrac{24.1 \cdot S \times G \times sf \times 100}{M \times \text{LEL} \times B}$	
수증기 제거	$Q = \dfrac{W}{1.2 \times \Delta G}$	TLV : 유해물질의 노출기준(ppm) LEL : 폭발하한치(%) B : 온도에 따른 상수(121℃ 이하 : 1, 121℃ 초과 : 0.7)
열배출	$Q = \dfrac{H_s = Q_r \times C_p \times \Delta t \times 24.1 \times S \times G \times K \times 10}{M \times \text{TLV}}$	W : 수증기 부하량(kg/h) ΔG : 작업장 내 공기와 급기의 절대 습도차(kg/kg) H_s : 발열량(kcal/h)
	전체환기시설의 기본형태와 희석계수(K)	γ : 공기의 비중량(kg/m³) C_p : 공기의 비열(kcal/kg℃) Δt : 외부 공기와 작업장 내 온도차(℃) sf : 안전계수(연속공정 : 4, 회분식 공 정 : 10~12)

기출문제

자동차 공업사에서 톨루엔을 분당 8g을 사용하고 있다. 톨루엔의 1g 분자량은 92이고 노출기준은 50ppm이다. 톨루엔에 대한 노출을 억제하기 위해서 공급해야 할 환기량을 계산하고자 한다. 온도는 25℃를 가정한다. 톨루엔의 시간당 발생률(G, L/hr)과 톨루엔의 농도를 노출기준의 50% 수준으로 유지하기 위한 환기량(m³/분)을 구하시오. (단, 혼합을 고려한 여유계수는 5를 가정한다.)

풀이 ① 사용량(g/hr)

$8\text{g/min} \times 60\text{min/hr} = 480\text{g/hr}$

② 발생률(G : L/hr)

$92\text{g} : 24.45\text{L} = 480\text{g/hr} : G(\text{L/hr})$

$G = \dfrac{24.45\text{L} \times 480\text{g/hr}}{92\text{g}} = 127.57\text{L/hr}$

∴ 필요환기량(Q)

$Q = \dfrac{G}{\text{TLV}} \times K = \dfrac{127.57\text{L/hr}}{(50\text{ppm} \times 0.5)} \times 5 = \dfrac{127.56\text{L/hr} \times 1,000\text{mL/L}}{25\text{mL/m}^3} \times 5$

$= 25,512\text{m}^3/\text{hr} \times \text{hr}/60\text{min}$

$= 425.2\text{m}^3/\text{min}$

필수 예상문제

✔ 출제확률 50%

1시간에 2L의 MEK가 증발되어 공기를 오염시키는 작업장이 있다. K는 5, 분자량 72.06, 허용기준 200ppm, 비중 0.805일 때 전체환기 필요환기량(m^3/min)은?

풀이 필요환기량$(Q) = \dfrac{G}{TLV} \times K$

우선 사용량(g/hr)을 구하면

2L/hr×0.805g/mL×1,000mL/L=1,610g/hr

다음 발생률(G : L/hr)을 구하면

72.06g : 24.1L=1,610g/hr : G

$G = \dfrac{24.1L \times 1,610g/hr}{72.06g} = 538.45L/hr$

(21℃, 1기압에서 MEK 1g 분자량은 72.06이다. 이것이 공기 중으로 발생 시 차지하는 용적이 24.1L라는 의미, 즉 1,610g/hr 사용 시 차지하는 용적을 의미)

필요환기량(Q)을 구하면

$\therefore$ 필요환기량$(Q) = \dfrac{G}{TLV} \times K = \dfrac{538.45L/hr}{200ppm} \times 5 = \dfrac{538.45L/hr \times 1,000mL/L}{200mL/m^3} \times 5$

$= 13461.25m^3/hr \times hr/60min$

$= 224.35m^3/min$(분당 224.35m^3의 외부 신선한 공기를 공급하면 MEK 농도를 200ppm 이하로 유지할 수 있음을 의미함)

기출문제

전자제품 제조공장의 부품 세척에서 벤젠을 사용하여 세척작업을 하고 있다. 이때에 벤젠의 증기발생량이 100g/hr이라면 이 세척공장의 작업환경 공기 내의 벤젠 농도를 평균 1ppm으로 유지하려면 전체환기 시의 환기량(m^3/min)을 얼마로 하여야 하는가? (단, 벤젠의 분자량은 78임.)

풀이 ① 사용량(g/hr)

100g/hr

② 발생률(G : L/hr)

78g : 24.1L=100g/hr : G(L/hr)

$G = \dfrac{24.1L \times 100g/hr}{78g} = 30.89L/hr$

$\therefore$ 필요환기량(Q)

$Q = \dfrac{G}{TLV} \times K = \dfrac{30.89L/hr}{1ppm} \times 1 = \dfrac{30.89L/hr \times 1,000mL/L}{1mL/m^3} \times 1$

$= 30,890m^3/hr \times hr/60min = 514.83m^3/min$

기출문제

Methyl chloroform이 시간당 0.7L씩 공장 내부로 증발되고 있는 작업공정에서 작업공정 중의 Methyl chloroform 농도를 노출기준 이하로 유지시키기 위해서 필요한 유효환기량 (Q')과 실제환기량(Q)을 얼마 이상으로 하여야 하는가? (단, TLV=350ppm, SG=1.32, MW=133.4, K=5이다.)

풀이 ① 사용량(g/hr)

$$0.7\text{L/hr} \times 1.32\text{g/mL} \times 1,000\text{mL/L} = 924\text{g/hr}$$

② 발생률(G : L/hr)

$$133.4\text{g} : 24.1\text{L} = 924\text{g/hr} : G(\text{L/hr})$$

$$G = \frac{24.1\text{L} \times 924\text{g/hr}}{133.4\text{g}} = 166.93\text{L/hr}$$

∴ 유효환기량(Q')

$$Q' = \frac{G}{\text{TLV}} = \frac{166.93\text{L/hr}}{350\text{ppm}} = \frac{166.93\text{L/hr} \times 1,000\text{mL/L}}{350\text{mL/m}^3}$$

$$= 476.94\text{m}^3/\text{hr} \times \text{hr}/60\text{min} = 7.95\text{m}^3/\text{min}$$

∴ 실제환기량(Q)

$$Q = Q' \times K = 7.95\text{m}^3/\text{min} \times 5 = 39.75\text{m}^3/\text{min}$$

기출문제

접착제를 취급하는 작업공정에서 MEK와 Toluene이 발생되고 있으며 두 물질이 모두 마취작용을 하여 상가작용을 나타낸다고 판단된다. 작업장 내의 농도를 측정한 결과 MEK 150ppm, Toluene 50ppm으로 나타났다. 각 물질의 발생량은 0.95L/hr이었다. 이 공정에서 필요한 환기량(m³/min)을 계산하시오. (단, MEK : K=4, SG=0.805, MW=72.1, TLV=200ppm, Toluene : K=5, SG=0.866, MW=92.13, TLV=100ppm이다.)

풀이 (1) MEK

① 사용량(g/hr)

$$0.95\text{L/hr} \times 0.805\text{g/mL} \times 1,000\text{mL/L} = 764.75\text{g/hr}$$

② 발생률(G : L/hr)

$$72.1\text{g} : 24.1\text{L} = 764.75\text{g/hr} : G(\text{L/hr})$$

$$G = \frac{24.1\text{L} \times 764.75\text{g/hr}}{72.1\text{g}} = 255.62\text{L/hr}$$

③ 필요환기량(Q)

$$Q = \frac{G}{\text{TLV}} \times K = \frac{255.62\text{L/hr}}{200\text{ppm}} \times 4 = \frac{255.62\text{L/hr} \times 1,000\text{mL/L}}{200\text{mL/m}^3} \times 4$$

$$= 5112.4\text{m}^3/\text{hr} \times \text{hr}/60\text{min}$$

$$= 85.21\text{m}^3/\text{min}$$

(2) Toluene

① 사용량(g/hr)

$0.95\text{L/hr} \times 0.805\text{g/mL} \times 1,000\text{mL/L} = 764.75\text{g/hr}$

② 발생률(G : L/hr)

$92.13\text{g} : 24.1\text{L} = 764.75\text{g/hr} : G$

$G = \dfrac{24.1\text{L} \times 764.75\text{g/hr}}{92.13\text{g}} = 200.05\text{L/hr}$

③ 필요환기량(Q)

$Q = \dfrac{G}{\text{TLV}} \times K = \dfrac{200.05\text{L/hr}}{100\text{ppm}} \times 5 = \dfrac{200.05\text{L/hr} \times 1,000\text{mL/L}}{100\text{mL/m}^3} \times 5$

$= 10002.43\text{m}^3/\text{hr} \times \text{hr}/60\text{min}$

$= 166.71\text{m}^3/\text{min}$

∴ 상가작용일 경우 필요환기량(Q_T)

$Q_T = \text{MEK 환기량} + \text{Toluene 환기량} = 85.21\text{m}^3/\text{min} + 166.71\text{m}^3/\text{min}$

$= 251.92\text{m}^3/\text{min}$

기출문제

에나멜코팅을 하는 한 다발의 전선이 350°F의 순환식 건조로에서 1시간 동안에 건조된다. 전선에 코팅하는 에나멜에 함유된 유기용제는 톨루엔이다. 이 건조로의 톨루엔 농도를 항상 안전한계 내로 유지하는데 필요한 환기용의 희석공기량(m³/min)은 얼마인가? (단, LEL=1%, 비중=0.867, 분자량 92, C=10, B=0.7, 외부 공기온도 70°F, 톨루엔 2L/hr 증발)

풀이 ① 안전한계 내로 유지(화재 및 폭발방지를 위한) 희석환기량(Q)

$Q = \dfrac{24.1 \times S \times W \times C \times 10^2}{\text{MW} \times \text{LEL} \times B}$

- S : 0.867
- W : 2L/hr×hr/60min=0.033L/min
- C : 10
- MW : 92
- LEL : 1%
- B : 0.7[350°F(176.67°C) : 120°C 이상]

$= \dfrac{24.1 \times 0.867 \times 0.033 \times 10 \times 10^2}{92 \times 1 \times 0.7} = 10.71\text{m}^3/\text{min}$ (표준 공기환기량)

② 온도보정에 따른 실제 운전환기량(Q_a)

$Q_a = 10.71 \times \dfrac{273 + 176.67}{273 + 21} = 16.38\text{m}^3/\text{min}$

기출문제

주물공장에서 수지사를 제조하기 위해 직경 2.0m인 분쇄기를 50℃의 조건에서 10분간 사용한다. 1회에 분쇄기에 모래 200kg, 수지 10kg, methanol 6kg을 넣어 혼합하는 경우의 화재·폭발 방지를 위한 전체환기 시의 필요환기량(m³/min)은 얼마가 되어야 하는가? (단, methanol의 하한폭발 농도 6.7%, 분자량 32.04, $C=4$, $B=1$이며 6kg의 methanol은 3분 이내로 증발한다.)

풀이 ① 필요환기량(Q)

$$Q = \frac{24.1 \times S \times W \times C \times 10^2}{MW \times LEL \times B}$$

- 비중이 주어지지 않았으므로 $S \times W$: 2kg/min
- C : 4
- MW : 32.04
- LEL : 6.7%
- B : 1

$$= \frac{24.1 \times 2 \times 4 \times 10^2}{32.04 \times 6.7 \times 1} = 89.81 \text{m}^3/\text{min} \text{ (표준 공기환기량)}$$

② 온도보정에 따른 실제 운전환기량(Q_a)

$$Q_a = 89.81 \times \frac{273+50}{273+21} = 98.67 \text{m}^3/\text{min}$$

기출문제

작업장의 기적이 150m³인 CNC 절삭공정에서 작업 중 절삭물의 열을 식히는 용도로 100% 메탄올을 시간당 3L 사용하고 있다. 이 공정이 처음 가동되어 3시간 후에 예상되는 작업장의 메탄올 농도(ppm)를 계산하시오. (단, 작업장 내 급·배기는 없는 상태이고, 메탄올 분자량은 32, 비중은 0.807, 노출기준은 200ppm이며 안전계수는 4로 가정한다.)

▶ 참고 공식 : $Q = \left(\dfrac{G}{C}\right)K$, $G = \dfrac{24.1 \times SG \times ER}{MW}$, $\Delta t = -\dfrac{V}{G}\left[\ln\left(\dfrac{G-Q'C_2}{G-Q'C_1}\right)\right]$

풀이 ① 필요환기량(Q)

$$Q = \frac{24.1 \times S \times G \times K}{MW \times TLV} \times 10^6$$

- S : 0.807
- G : 3L/hr
- K : 4
- MW : 32
- TLV : 200ppm

$$= \frac{24.1 \times 0.807 \times 3 \times 4}{32 \times 200} \times 10^6 = 36466.31 \text{m}^3/\text{hr}$$

② 3시간 후의 유해물질 농도(C)

$$C = \frac{G\left(1 - e^{-\frac{Q'}{V} \times t}\right)}{Q'}$$

- Q'(유효환기량) $= \dfrac{36466.31}{4} = 9116.58 \text{m}^3/\text{hr}$

- $V = 150 \text{m}^3$

- G(발생량) $= \dfrac{24.1 \times 2421}{32} = 1823.32 \text{L/hr} \times \text{m}^3/1,000\text{L} = 1.823 \text{m}^3/\text{hr}$

$$= \frac{1.823}{9116.58} \times \left(1 - e^{\left(-\frac{9116.58}{150} \times 3\right)}\right) = 0.0002 \times 10^6 = 200\text{ppm}$$

기출문제

톨루엔을 저장했던 유류탱크를 비우고 내부 청소를 하기 위해 근로자를 들여보내고자 한다. 근로자의 안전을 위해 내부 톨루엔 농도를 측정해보니 5,000ppm이었다. 환기를 통해 내부 농도를 낮추고자 송풍량이 800m³/min인 송풍기 1대를 환기하기 시작하였다. 공기유입과 배출 위치가 불량해 $K = 8$인 것으로 평가되었다. 환기를 시작한 후 1시간이 지난 다음 시간 단축을 위해 같은 송풍기를 1대를 더 추가로 설치하여 환기를 시켰다. (동일조건, $K = 8$) 톨루엔 농도가 100ppm으로 떨어지는데 걸리는 시간을 처음 환기를 시작한 이후부터 얼마나 걸리겠는가? (단, 톨루엔의 분자량은 92, 유류탱크 용적 5,000m³)

풀이 ① 환기 후 1시간 후 농도(C_2)

$$C_2 = C_1 \times e^{-\frac{Q'}{V} \times t}$$

$$= 5,000\text{ppm} \times e^{-\left(\frac{100}{5,000}\right) \times 60} \left[\text{유효환기량}(Q') = \frac{800\text{m}^3/\text{min}}{8} = 100\text{m}^3/\text{min}\right]$$

$$= 1505.97\text{ppm}$$

② 1505.97ppm에서 100ppm으로 감소하는데 걸리는 시간

$$t = -\frac{V}{Q'} \ln\left(\frac{C_2}{C_1}\right)$$

- $V : 5,000\text{m}^3$

- $Q' : Q' = \dfrac{Q}{K} = \dfrac{1,600\text{m}^3/\text{min}}{8} = 200\text{m}^3/\text{min}$

- $C_1 : 1505.97\text{ppm}$

- $C_2 : 100\text{ppm}$

$$= -\frac{5,000}{200} \ln\left(\frac{100}{1505.97}\right) = 67.8\text{min}$$

∴ 총 소요시간 $= 60\text{min} + 67.8\text{min} = 127.8\text{min}$

기출문제

기적이 1,200m³인 밀폐된 지하공간에 황화수소 가스탱크에서 누출이 일어나는 사고가 발생하였다. 황화수소가스는 32분 동안 분당 300L가 누출되었다고 한다. 이 지하공간에 황화수소가스 농도를 낮추고자 송풍기를 이용하여 오전 10시 정각부터 환기를 시키기 시작하였다. 송풍기의 용량은 250m³/min이었다. 환기량이 부족하다고 판단한 보건관리자는 11시 정각에 동일한 용량의 송풍기를 한 대 더 추가하여 환기를 시켰다. 이 상태로 환기를 시킨다면 황화수소가스 농도가 노출기준인 10ppm으로 떨어지는 시각은 몇 시 몇 분이 되겠는가? (단, 두 대의 송풍기를 설치한 상황 모두 K값은 5로 가정한다. 황화수소 분자량=34, 온도 25℃, 기압은 1기압으로 가정한다. 필요한 경우 다음 공식을 이용하시오.)

▶ $Q = Q' \cdot K = \left(\dfrac{G}{C}\right)K$, $\ln\dfrac{(G - C_2 Q')}{(G - C_1 Q')} = -\dfrac{Q'}{V}\Delta t$, $\ln\dfrac{(C_2)}{(C_1)} = -\dfrac{Q'}{V}\Delta t$

풀이 ① 황화수소 농도(ppm)

$$\text{ppm} = \frac{300\text{L/min} \times 32\text{min}}{1,200\text{m}^3} \times 1,000\text{mL/L} = 8,000\text{mL/m}^3\,(8,000\text{ppm})$$

② 환기 후 1시간 후 농도(C_2)

$$C_2 = C_1 \times e^{-\frac{Q'}{V} \times t}$$

$$= 8,000\text{ppm} \times e^{-\left(\frac{50}{1,200}\right) \times 60} \quad [\text{유효환기량}\,(Q') = \frac{250\text{m}^3/\text{min}}{5} = 50\text{m}^3/\text{min}]$$

$$= 656.68\text{ppm}$$

③ 656.68ppm에서 10ppm으로 감소하는데 걸리는 시간

$$t = -\frac{V}{Q'} \ln\left(\frac{C_2}{C_1}\right)$$

• $V : 1,200\text{m}^3$

• $Q' : Q' = Q' = \dfrac{Q}{K} = \dfrac{(250+250)\text{m}^3/\text{min}}{5} = 100\text{m}^3/\text{min}$

• $C_1 : 20.52\text{ppm}$

• $C_2 : 10\text{ppm}$

$$= -\frac{1,200}{100} \ln\left(\frac{10}{656.68}\right) = 50.22\text{min}$$

∴ 총 소요시간 = 60min + 50.22min = 110.22min (1시간 50.22분)

기출문제

10,000m³의 탱크 안에 톨루엔이 800ppm 오염되어 있다. 더 이상의 톨루엔의 발생량은 없기 때문에 환기를 시켜 톨루엔의 농도를 낮추고자 한다. 처음에 유량이 100m³/min의 용량을 가진 송풍기 1대를 가동하여 환기를 시켰다가 환기를 시작한 후 50분 후에 환기량을 늘리고자 같은 용량을 가진 송풍기를 1대 더 추가하여 환기를 시켰다. 최초 환기를 시작한 시점으로부터 130분 이후 탱크 내의 톨루엔 농도(ppm)를 구하시오. (단, 톨루엔의 MW 92, 두 대의 송풍기에 대한 안전계수는 모두 $K=2$로 가정함.)

풀이 환기 후 130min 후 농도(C_2)

$$C_2 = C_1 \times e^{-\frac{Q'}{V} \times t}$$

- C_1 : 800ppm
- V : 10,000m³
- t : 130min
- $Q' = \dfrac{Q}{K} = \dfrac{(50 \times 50) + (80 \times 100)}{50 + 80} = 80.77\text{m}^3/\text{min}$

  [50min간 유효환기량 $= \dfrac{100\text{m}^3/\text{min}}{2} = 50\text{m}^3/\text{min}$

  80min간 유효환기량 $= \dfrac{200\text{m}^3/\text{min}}{2} = 100\text{m}^3/\text{min}$]

$$= 800\text{ppm} \times e^{-\left(\frac{80.77}{10,000}\right) \times 130} = 279.95\text{ppm}$$

08 시간당 공기교환 횟수(ACH)

(1) ACH(필요환기량 및 작업장 용적)

$$ACH = \frac{필요환기량(m^3/hr)}{작업장\ 용적(m^3)}$$

(2) ACH(경과된 시간 및 CO_2 농도변화)

$$ACH = \frac{\left[\begin{array}{c} \ln(측정\ 초기\ 농도 - 외부의\ CO_2농도) \\ -\ln(시간\ 지난\ 후\ CO_2농도 - 외부의\ CO_2농도) \end{array}\right]}{경과된\ 시간(hr)}$$

필수 예상문제   ✔ 출제확률 50%

대기의 이산화탄소 농도가 0.03%, 실내 이산화탄소의 농도가 0.3%일 때 한 사람의 시간당 이산화탄소 배출량이 21L라면, 1인 1시간당 필요환기량($m^3/hr \cdot$인)은 약 얼마인가?

풀이 필요환기량($m^3/hr \cdot$인)$= \dfrac{M}{C_s - C_o} \times 100 = \dfrac{0.021m^3/hr\cdot인}{(0.3-0.03)\%} \times 100$

$\qquad\qquad = 7.78m^3/hr \cdot 인$

$\qquad [\because M = 21L/hr\cdot인 \times m^3/1{,}000L = 0.021m^3/hr\cdot인]$

필수 예상문제   ✔ 출제확률 30%

직원이 모두 퇴근한 직후인 오후 6시에 측정한 공기 중 CO_2 농도는 1,200ppm, 사무실이 빈 상태로 2시간 경과한 오후 8시에 측정한 CO_2 농도는 500ppm이었다면 이 사무실의 시간당 공기교환 횟수는? (단, 외부 공기 CO_2 농도 330ppm)

풀이 시간당 공기교환 횟수$= \dfrac{\left[\begin{array}{c} \ln(측정\ 초기\ 농도 - 외부의\ CO_2농도) \\ -\ln(시간\ 지난\ 후\ CO_2농도 - 외부의\ CO_2농도) \end{array}\right]}{경과된\ 시간(hr)}$

$\qquad\qquad\qquad = \dfrac{\ln(1{,}200 - 330) - \ln(500 - 330)}{2hr}$

$\qquad\qquad\qquad = 0.82 회(시간당)$

필수 예상문제 ✔ 출제확률 40%

어느 실내의 길이, 넓이, 높이가 각각 25m, 10m, 3m이며 실내에 1시간당 18회의 환기를 하고자 한다. 직경 50cm의 개구부를 통하여 공기를 공급하고자 하면 개구부를 통과하는 공기의 유속(m/sec)은?

풀이 $ACH = \dfrac{\text{필요환기량}}{\text{작업장 용적}}$

$$\text{필요환기량} = ACH \times \text{용적} = 18\text{회/hr} \times (25 \times 10 \times 3)\text{m}^3$$
$$= 13,500\text{m}^3/\text{hr} \times 1\text{hr}/3,600\text{sec} = 3.75\text{m}^3/\text{sec}$$

$Q = A \times V$

$$\therefore V = \frac{Q}{A} = \frac{3.75\text{m}^3/\text{sec}}{\left(\dfrac{3.14 \times 0.5^2}{4}\right)\text{m}^2} = 19.11\,\text{m/sec}$$

필수 예상문제 ✔ 출제확률 40%

재순환 공기의 CO_2 농도는 900ppm이고, 급기의 CO_2 농도는 700ppm이다. 급기 중의 외부 공기포함량(%)은? (단, 외부 공기의 CO_2 농도는 330ppm)

풀이 급기 중 재순환량(%) = $\dfrac{\text{급기 공기 중 }CO_2\text{ 농도} - \text{외부 공기 중 }CO_2\text{ 농도}}{\text{재순환 공기 중 }CO_2\text{ 농도} - \text{외부 공기 중 }CO_2\text{ 농도}} \times 100$

$$= \frac{700 - 330}{900 - 330} \times 100 = 64.91\%$$

∴ 급기 중 외부 공기포함량(%) = 100 − 64.91 = 35.1%

기출문제

기적이 400m³인 교실에 학생 30명이 공부하고 있다. 여름철이기 때문에 인체에 체취를 감안하여 CO_2의 서한도(허용치)를 0.07%로 하였을 때 시간당 공기치환 횟수(ACH)를 계산하시오. (단, 1인당 CO_2의 배출량은 21L/hr, 외기의 CO_2는 0.03%이다.)

풀이 ① 1인당 필요환기량(Q)

$$Q = \frac{M}{C_s - C_o} \times 100$$

- M : 21L/hr·인 × m³/1,000L = 0.021m³/hr·인
- C_s : 0.07%
- C_o : 0.03%

$$= \frac{0.021\text{m}^3/\text{hr·인}}{(0.07 - 0.03)\%} \times 100 = 52.5\text{m}^3/\text{hr · 인}$$

② 총 필요환기량(Q_T)

$$Q_T = 52.5\text{m}^3/\text{hr} \cdot 인 \times 30인 = 1,575\text{m}^3/\text{hr}$$

∴ 시간당 공기치환 횟수(ACH)

$$\text{ACH} = \frac{\text{필요환기량}}{\text{작업장 용적}} = \frac{1,575\text{m}^3/\text{hr}}{400\text{m}^3} = 3.93회(\fallingdotseq 4회)$$

기출문제

다음과 같은 작업조건에서 작업을 할 경우 다음에 답하시오.

▸ 작업장 크기(용적) : 200m³, 작업인원 : 10인, CO₂ 허용 농도 : 0.1%,

▸ 외기 CO₂ 농도 : 0.03%, 1인당 CO₂ 배출량 : 21L/h

(1) 총 필요환기량(m³/hr)

(2) 시간당 환기횟수(ACH)

풀이 (1) 총 필요환기량(Q)

$$Q = \frac{M}{C_s - C_o} \times 100$$

• M : $21\text{L/hr} \times \text{m}^3/1,000\text{L} = 0.021\text{m}^3/\text{hr}$

• C_s : 0.1%

• C_o : 0.03%

$$= \frac{0.021}{0.1 - 0.03} \times 100 = 30\text{m}^3/\text{hr} \cdot 인$$

(2) 시간당 환기횟수(Q_T)

$$Q_T = 30\text{m}^3/\text{hr} \cdot 인 \times 10인 = 300\text{m}^3/\text{hr}$$

※ 시간당 공기환기 횟수(ACH)

$$\text{ACH} = \frac{\text{필요환기량}}{\text{작업장 용적}} = \frac{300\text{m}^3/\text{hr}}{200\text{m}^3} = 1.5회(\fallingdotseq 2회)$$

기출문제

다음은 전체환기의 대표적인 공식 3가지이다. 빌딩에 있는 일반 사무실의 환기상태 및 시설을 평가하기 위해 실제환기량(유효환기량 : Q')를 파악하고자 한다. 다음 물음에 답하시오.

(1) 다음의 전체환기 공식 중 어느 것을 이용하여야 하는가?

• $\ln \dfrac{C_2}{C_1} = -\dfrac{Q'}{V}\Delta t$

• $\ln \dfrac{(G - Q'C_2)}{(G - Q'C_1)} = -\dfrac{Q'}{V}\Delta t$

• $Q' = \dfrac{G}{C}$

(2) 이와 같은 방법으로 사무실의 실제환기량(유효환기량 : Q')을 평가하기 위해 통상적으로 사용하는 추적가스(Tracer gas)를 2가지 쓰고, 그 방법을 기술하시오.

풀이 (1) 사무실의 환기상태 평가

① 유해가스 농도는 환기량에 의해 시간이 지남에 따라 감소

② 공기 중 유해가스 축적량은 유해가스 발생량과 제거량의 차이

축적량＝발생량－제거량(물질평형 방정식)

$Vdc = Gdt - Q'Cdt$

$V\dfrac{dc}{dt} = G - Q'C$ ……ⓐ

여기서, V : 작업장 기적(용적)

C : 임의의 시간에서의 공기 중 유해가스 농도

G : 유해가스의 발생량

Q' : 유효환기량

t : 임의의 시간

식 ⓐ에서 $G=0$이라 하면

$Vdc = -Q'Cdt$ ……ⓑ

식 ⓑ를 정리하여 적분하면

$\displaystyle \int_{C_1}^{C_2} \dfrac{dc}{C} = -\dfrac{Q'}{V} \int_{t_1}^{t_2} dt$

$\ln\left[\dfrac{C_2}{C_1}\right] = -\dfrac{Q'}{V}(t_2 - t_1)$

㉠ 초기시간 $t_1 = 0$에서의 농도 C_1으로부터 임의의 농도 $C_2 = C$까지 감소하는데 걸리는 시간(t)

$t = -\dfrac{V}{Q'} \ln\left[\dfrac{C}{C_1}\right]$

㉡ 초기상태로부터 t시간 후의 농도(C)

$C = C_1 e^{-\frac{Q'}{V}t}$

(2) 추적가스(Tracer Gas) 실험

실내기류 패턴과 환기효율을 정량적으로 측정하기 위하여 추적가스 측정 방법을 사용한다.

① SF₆

추적가스로는 대기 중에 존재하지 않는 SF_6가스를 주로 사용하며, 펄스법이나 체강법에 의한 실내 각 점에서의 농도변화를 관찰한다.

② CO₂

주택 내 실제 거주상황에 맞게 CO_2를 인위적으로 발생시키고, 기계환기 및 자연환기에 의한 CO_2 농도 저감효과를 파악한다.

참고 농도증가 시 소요시간 및 시간 후 농도 ●출제율 30%

1. 유해가스의 발생량이 제거되는 양보다 많을 경우 시간이 지남에 따라 유해가스 농도는 증가
2. 물질평형 방정식

$$V\frac{dc}{dt} = G - Q'C \cdots\cdots ⓐ$$

식 ⓐ를 농도 C와 시간 t로 적분하면(시간 t_1에서의 농도가 C_1, t_2에서의 농도가 C_2)

$$\int_{C_1}^{C_2} \frac{dc}{G - Q'C} = \int_{t_1}^{t_2} \frac{dt}{V}$$

$$\ln\left(\frac{G - Q'C_2}{G - Q'C_1}\right) = -\frac{Q'(t_2 - t_1)}{V}$$

3. 초기상태를 $t_1 = 0$, $C_1 = 0$이라 하고, 임의의 상태를 $t_2 = t$, $C_2 = C$라 하면 농도 C에 도달하는 데 걸리는 시간(t)

$$t = -\frac{V}{Q'}\ln\left(\frac{G - Q'C}{G}\right)$$

4. t시간 후의 농도(C)

$$C = \frac{G\left(1 - e^{-\frac{Q'}{V}t}\right)}{Q'}$$

기출문제

200여명이 근무하는 사무실에서 건물증후군(Sick Building Syndrome, SBS)의 증상이 관찰되었다. 이에 대한 원인과 해결을 위하여 조사가 이루어졌다. 사무실로 공급되는 총 공기공급률(급기율, supply air)은 28,588m³/시간이었다. 급기효율은 69.3%였다. 에너지 절감을 위해 외부의 신선한 공기를 공급하는 비율은 공기공급률의 20%였다. ASHRAE(American Standard for Heating and Refrigerating, Air conditioning Engineering, 미국공조협회) 기준에 의하면 외부 신선한 공기공급에 대한 기준은 10L/인·초이다. ASHRAE 기준에 따라 이 사무실에 공급되는 외부의 신선한 공기공급이 적정한지 비교하시오.

> **풀이** ① 실제 공기공급률=총 공기공급률×급기효율
> $= 28,588 \text{m}^3/\text{hr} \times 0.693$
> $= 19811.49 \text{m}^3/\text{hr}$
>
> ② 외부의 신선한 공기공급량$= 19811.49 \text{m}^3/\text{hr} \times 0.2$
> $= 3962.3 \text{m}^3/\text{hr}$
>
> ③ ASHRAE 기준과 비교
>   ASHRAE 기준 : 10L/인·초
>   사무실 인구를 고려한 외부의 신선한 공기공급기준(A)
>
> $A = \dfrac{3962.3 \text{m}^3/\text{hr} \times \text{hr}/3,600 \sec \times 1,000 \text{L}/\text{m}^3}{200 \text{인}} = 5.5 \text{L}/\text{인}\cdot\text{초}$
>
> ∴ ASHRAE의 기준에 미달하므로 외부의 신선한 공기공급비율을 2배 정도 상향 조정하여야 한다.

09 전체환기장치 설치 시 유의사항 ●출제율 30%

전체환기장치는 자연적 또는 기계적인 방법에 의하여 작업장 내의 열, 수증기 및 유해물질을 희석, 환기시키는 장치 또는 설비를 말하며 설치 시 다음 사항에 유의한다.

(1) 송풍기만을 설치하여 열, 수증기 및 오염물질을 희석환기하고자 하는 경우에는 희석공기의 원활한 환기를 위하여 배기구를 설치하여야 한다.

(2) 배풍기만을 설치하여 열, 수증기 및 유해물질을 희석환기하고자 하는 경우에는 발생원 가까운 곳에 배풍기를 설치하고, 근로자의 후위에 적절한 형태 및 크기의 급기구나 급기시설을 설치하여야 하며, 배풍기의 작동 시에는 급기구를 개방하거나 급기시설을 가동하여야 한다.

(3) 외부 공기의 유입을 위하여 설치하는 송풍기나 급기구에는 필요 시 외부로부터 열, 수증기 및 유해물질의 유입을 막기 위한 필터나 흡착설비 등을 설치하여야 한다.

(4) 작업장 외부로 배출된 공기가 당해 작업장 또는 인접한 다른 작업장으로 재유입 되지 않도록 필요한 조치를 하여야 한다.

SECTION 3 공기공급(make-up air) 시스템

01 보충용 공기(make-up air) ●출제율 40%

(1) 정의

공기공급 시스템은 환기시설에 의해 작업장 내에서 배기된 만큼의 공기를 작업장 내로 재공급하는 시스템을 말한다.

(2) 의미

환기시설을 효율적으로 운영하기 위해서는 공기공급 시스템이 필요하다. 즉 국소배기장치가 효과적인 기능을 발휘하기 위해서는 후드를 통해 배출되는 것과 같은 양의 공기 외부로부터 보충되어야 한다.

(3) 국소배기장치를 설치할 때에는 배기량과 같은 양의 신선한 공기가 작업장 내부로 공급될 수 있도록 공기유입부 또는 급기시설을 설치하여야 한다.

(4) 신선한 공기의 공급방향은 유해물질이 없는 가장 깨끗한 지역에서 유해물질이 발생하는 지역으로 향하도록 하여야 하며, 가능한 한 근로자의 뒤쪽에 급기구가 설치되어 신선한 공기가 근로자를 거쳐서 후드방향으로 흐르도록 하여야 한다.

(5) 신선한 공기의 기류속도는 근로자 위치에서 가능한 한 0.5m/sec를 초과하지 않도록 하고, 작업공정이나 후드의 근처에서 후드의 성능에 지장을 초래하는 방해 기류를 일으키지 않도록 하여야 한다.

02 공기공급장치의 목적(공기공급 시스템이 필요한 이유) 출제율 50%

(1) 작업장 환기

작업장으로 들어온 외부 공기는 배출된 공기를 보충시키고 작업장의 오염물질을 희석시키는데 사용한다.

(2) 배출공기의 보충

① 작업장 내부가 음압이 유지하고 있다면 국소배기장치는 설계 당시 유량만큼 공기를 배출시키지 못하며 특히 건물이 밀폐가 잘 되어 침기(infiltration)가 잘 이루어지지 않는다면 이같은 현상은 더욱 심각해진다.

② 보충용 공기가 부족하여 작업장 내 음압이 발생하면 송풍기의 송풍량을 저하시키며 특히 벽에 부착하거나 지붕에 설치한 저압 송풍기는 심각하게 환기량이 떨어진다.

(3) 작업장의 압력조절

① 유독성 물질(발암물질, 방사성 물질)과 같이 극히 위험한 오염물질이 밖으로 배출되어서는 안 되는 작업장에서는 음압을 유지하여야 한다.

② 음압은 급기공기량보다 배기공기량을 증가 시 만들어지며 일반적으로 표준성능의 음압 작업장은 $1.0 \pm 0.5 mmH_2O$이다.

③ 일반적으로 작업장에 적절한 양압을 유지하기 위해서는 급기량이 배기량보다 5~10% 또는 10~15% 정도 많도록 조절한다.

(4) 온도, 냉·난방 조절

건물이나 공정의 온도, 냉·난방 조절 시 보충용 공기를 사용한다.

(5) 건물 내부 및 작업장 내부의 청정공간의 확보

내부 공간의 청정성이 요구된 경우 과량의 깨끗한 공기를 급기시키며, 청정성을 유지하기 위해 특수 필터를 사용한다.

(6) 국소배기장치의 원활한 작동 및 효율 유지를 위하여 공기공급 시스템이 필요하다.

(7) 작업장 내부 공간의 음압으로 인한 안전사고를 예방하기 위하여 공기공급 시스템이 필요하다.

(8) 작업장 내의 교차기류(방해기류)가 생기는 것을 방지하기 위하여 필요하다.

(9) 외부 공기가 정화되지 않은 채로 건물 내로 유입되는 것을 막기 위하여 필요하다.

> **참고** **작업장 내 교차기류 형성 시 영향**
>
> 1. 작업장 내의 오염된 공기를 다른 곳으로 분산시킨다.
> 2. 작업장의 음압으로 인해 형성된 높은 기류는 근로자에게 불쾌감을 준다.
> 3. 국소배기장치의 제어속도가 영향을 받는다.
> 4. 먼지 발생공정인 경우 침강된 먼지를 비산, 이동시켜 다시 오염되는 결과를 야기한다.

---

03 보충용 공기공급 시 고려사항 〔출제율 50%〕

(1) 보충용 공기의 양

보충용 공기가 배기용 공기보다 약 10~15% 정도 많도록 조절하여 실내를 약간 양압으로 하는 것이 좋으며, 오염이 심한 작업장인 경우는 배기되는 공기량만큼 보충용 공기를 공급한다.

(2) 보충용 공기의 분포

보충용 공기는 작업장 내의 깨끗한 지역으로부터 유해물질이 존재할 수 있는 지역으로 흐르도록 분포되어야 한다.

(3) 보충용 공기의 유입위치

보충용 공기의 공급은 작업장 내의 근로자가 활동하는 작업영역, 즉 바닥으로부터 2.4~3m 높이에서 유입되도록 한다.

(4) 보충용 공기의 온도

① 겨울

보충용 공기를 18~20℃ 정도로 가온하여 공급한다. 그러나 작업이 격심하고 고온의 열원이 있는 경우에는 15.6℃(경우에 따라서는 12.8℃)까지 저하시킬 수 있다.

② 여름

외부 공기를 그대로 공급을 하지만, 공정 내의 열부하가 커서 제어해야 하는 경우에는 보충용 공기를 냉각하여 공급한다.

(5) 보충용 공기의 유입구

작업장이나 타 건물의 배기구에서 배출된 오염물질의 유입을 피할 수 있는 위치에 설치한다.

(6) 공급공기의 분배방식(투사형태 및 투사거리)

① 다점분배(multiple point distribution)

공기의 이송을 균일하게 하고 비교적 높은 유속으로 다량의 공기를 공급할 때 일어나는 오염공기의 재유입을 최소화하는데 더 적절하게 사용된다.

② 일점분배(single point distribution)

배출구 근처의 유속을 저하시키고 재유입을 최소화시키기 위해 하나 이상의 배플을 사용하여 공기의 분배량을 재조정하는 것이 필요하다.

③ 최소의 공기량으로 최대의 환기효과를 얻을 수 있도록 격자(grille) 및 지붕창(louver)의 조정에 의해 공급공기의 분배가 균일하게 되도록 한다.

④ 겨울에는 작업자의 머리 위로 공급공기를 수평투사시켜 작업영역에 도달하기 전에 충분히 혼합되도록 하고 여름에는 작업자를 향하여 공급공기가 하향투사 되도록 조절해야 한다.

04 보충용 공기부족 시 현상 및 문제점 ●출제율 30%

(1) 국소배기장치의 성능 저하

정압의 상승으로 송풍기가 정상적으로 작동하지 않아 국소배기장치의 작동이 설계대로 이루어지지 않는다.

(2) 배기구 및 굴뚝의 작동효율 저하

① 기계적인 힘(송풍기)을 빌리지 않고도 $0.25\sim0.3mmH_2O$의 압력에서는 배기구나 굴뚝의 작동이 잘 이루어지는데 보충용 공기부족 시에는 이들이 정상적으로 작동하지 않는다.

② 작업장 내의 화염으로 인한 연기, 일산화탄소, 기타 연소로 인한 물질들이 다량 발생할 수 있고, 특히 일산화탄소는 $0.5mmH_2O$ 정도의 낮은 음압에서도 역류현상이 발생한다.

③ 연소장치의 점화가 잘 안 되며, 불꽃이 잘 꺼지는 현상이 나타난다.

(3) 외부 냉기류 및 오염물질의 역유입

약 $0.51mmH_2O$의 낮은 음압상태에서도 차가운 외부 공기의 유입이 창문, 출입문 및 기타 개구부의 틈을 통하여 이루어지며, 이로 인해 근로자에게 불쾌감을 유발하며 작업효율도 저감시킨다.

(4) 출입문 작동 불량(안전사고)

약 음압이 $1.27\sim2.54mmH_2O$ 정도에서도 압력의 차이로 출입문이 꽝 닫히거나 열기가 힘들어지며 안전사고의 위험이 있다.

(5) 작업장 내부 표면의 응결

천장이나 벽의 차가운 부분에 응결이 발생한다.

(6) 횡단기류(방해기류)의 발생

① 국소배기장치의 정상적인 작동을 방해한다. 즉 제어속도에 영향을 주어 후드에서 오염물질을 제어하는 것을 방해한다.

② 한 건물 내의 한 부분에서 다른 부분으로 오염물질을 이동시킨다.

③ 작업공정을 방해한다.

05 배출공기의 재순환

(1) 개요

① 재순환(recirculation)의 열보존을 위해 작업장 내에서 배기된 공기를 정화하여 다시 작업장 내로 공급하는 방법이다.

② 고독성 물질(유독물질)을 취급하는 시설에는 거의 사용되지 않으나 일반 환기시설에서는 에너지절약의 관점에서 사용하는 비율이 점차 높아지고 있다.

③ 재순환시설의 설치여부는 기술적, 경제적, 안전성, 유해물질의 건강상의 위해도 등을 판단하여 결정하여야 한다.

(2) 재순환시설의 설계 시 고려사항 ●출제율 40%

① 재순환시설이 실제적으로 적용될 때 기후조건이 허용되는 경우는 재순환시키기 보다는 건물 밖으로 직접 통과하도록 설계되어야 한다. 즉 창문이나 문의 개방으로 충분한 공기가 공급될 수 있을 때는 겨울철은 재순환시키고 여름철은 외부로 직접 배기할 수 있는 시설이 되도록 한다.

② 습식 집진장치는 가습기로서도 작용하므로 재순환 공기의 높은 습도에 의해 불쾌감을 완화하기 위해 보존환기설비를 사용하거나 과도한 습도를 방지하기 위한 어떤 수단이 강구되어야 한다.

③ 전형적인 집진장치의 배출 농도는 시간에 따라 변하므로 설계자료나 점검 프로그램은 운전기간 전체를 고려해야 한다.

④ 재순환 덕트의 배치와 설계는 다른 공급공기와 적절하게 혼합되도록 해야 하고 작업자에게 불쾌한 통풍작용이나 국소환기 후드의 세어속도를 교란시키는 공기흐름이 없도록 해야 한다.

⑤ 2차적인 공기정화시설이 신뢰성과 유지관리면에서 모니터링 시설보다 더 좋은 편이다.

⑥ 오염물질의 냄새나 불쾌치도 공식적인 TLV 값만큼 잘 고려되어야 한다.

⑦ 일상적인 점검 및 유지관리 절차와 기록지는 재순환시설을 위해 개발해 두어야
한다.

⑧ 작업장 공기의 주기적인 점검이 시행되어야 한다.

⑨ 적절한 주의 및 경고 표지를 눈에 띄기 쉬운 장소에 부착해 두어야 한다.

(3) 재순환 후 공기정화장치 배출 농도(허용가능한 재순환 후의 오염물질 농도)

$$C_R = \frac{(1-\eta)(C_E - K_R C_M)}{1 - K_R(1-\eta)}$$

여기서, C_R : 재순환 후의 공기정화기 배출 농도[mg/m^3 또는 ppm]

η : 공기정화기 효율

C_E : 재순환 전의 국소환기 덕트 농도[mg/m^3 또는 ppm]

K_R : 재순환하여 되돌아오는 공기로 이루어지는 재순환 배기흐름 비율

(0~1.0의 범위 → 후드로 흡입되는 재순환 공기가 없는 경우는 0이
고, 100%의 재순환 공기가 후드로 흡입되는 경우는 1.0이다.)

C_M : 보충용 공기 농도[mg/m^3 또는 ppm]

(4) 재순환 후의 작업자의 호흡영역 농도

$$C_B = \frac{Q_B}{Q_A}(C_G - C_M)(1-f) + (C_O - C_M)f + K_R C_R + (1-K_B)C_M$$

여기서, C_B : 재순환 후 작업자 호흡영역 농도(TWA)[mg/m^3 또는 ppm]

Q_B : 재순환 전의 환기량

Q_A : 재순환 후의 환기량

C_G : 재순환 전의 실내 농도[mg/m^3 또는 ppm]

f : 작업장에서 작업자가 보내는 시간비율(0~1.0의 범위 → 작업자가 재순
환 작업장에서 아무런 시간을 보내지 않을 때는 0이고, 100% 시간을 보
낼 때는 1.0이다.)

C_O : 재순환 전의 작업자 호흡영역 농도 또는 (TWA)[mg/m^3 또는 ppm]

K_B : 재순환 하여 되돌아오는 공기로 이루어지는 작업자의 호흡영역의 공기
비율(0~1.0의 범위 → 호흡영역에 재순환 공기가 없는 경우는 0이고,
100% 재순환 공기가 있는 경우는 1.0이다.)

필수 예상문제 ✔ 출제확률 40%

전체환기량 142m³/min과 국소환기량 142m³/min으로 이루어진 재순환 전의 전 환기량이 284m³/min인 환기시설이 있다. 국소환기는 재순환 후에 284m³/min의 결과로 재순환되며, 이것은 재순환된 142m³/min과 142m³/min의 신선한 공기량으로 이루어진다. 작업장의 호흡영역 농도를 평가하여라. (단, 재순환하여 되돌아오는 공기에 관련된 작업자의 위치와 후드의 배치는 나쁘며($K_B = K_R = 1.0$) 작업자는 모든 시간을 작업장에서 보낸다($f = 1.0$). 공기정화기 효율은 $\eta = 0.95$이고 배기덕트 농도는 $C_E = 500$ppm, 실내 농도는 $C_G = 20$ppm, 보충공기의 농도는 $C_M = 5$ppm이다. 재순환 전의 작업장 호흡 농도는 $C_O = 35$ppm이고, 오염물질의 허용 농도는 TLV = 50ppm이다.)

풀이 ① 재순환하여 되돌아오는 오염물질의 농도

$$C_R = \frac{(1-\eta)(C_E - K_R C_M)}{1 - K_R(1-\eta)} = \frac{(1-0.95)(500 - 1.0 \times 5)}{1 - 1.0(1-0.95)} = 26.1\,\text{ppm}$$

② 재순환한 후의 호흡영역 농도

$$C_B = \frac{Q_B}{Q_A}(C_G - C_M)(1-f) + (C_O - C_M)f + K_R C_R + (1 - K_B)C_M$$

$$= \frac{284}{284}(20 - 5)(1 - 1) + (35 - 5)1 + (1.0 \times 26.1) + (1-1)5$$

$$= 56.1\,\text{ppm}$$

∴ TLV = 50ppm을 초과하므로 초과 평가한다.

따라서 50%의 재순환 공기비율은 재설계되어야 한다.

SECTION 4 국소배기장치의 설계

01 국소배기장치의 개요

(1) 유해물질의 발생원에 되도록 가까운 장소에서 동력에 의하여 발생되는 유해물질을 흡인 배출하는 장치이다. 즉 유해물질이 발생원에서 이탈하여 확산되기 전에 포집, 제거하는 환기방법이 국소배기이다(압력차에 의한 공기의 이동을 의미함).

(2) 비교적 높은 증기압과 낮은 허용기준치를 갖는 유기용제를 사용하는 작업장을 관리할 때 국소배기가 효과적인 방법이다.

(3) 국소배기에서 효율성 있는 운전을 하기 위해서 가장 먼저 고려할 사항은 필요송풍량 감소이다.

02 국소배기장치의 구성

(1) 국소배기시설(장치)은 후드(Hood), 덕트(Duct), 공기정화장치(Air cleaner equipment), 송풍기(Fan), 배기덕트(Exhaust duct)의 각 부분으로 구성되어 있다.

(2) 국소배기시설의 계통도

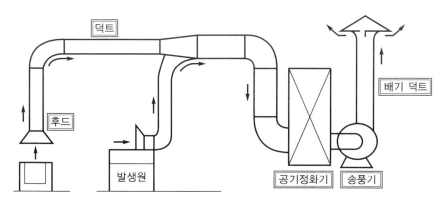

❚ 국소배기시설의 계통도 ❚

(3) 송풍기는 정화 후의 공기가 통하는 위치, 즉 공기정화장치 후단에 설치한다. 그 이유는 공기정화장치는 각종 유해물질이 송풍기로 유입되기 전에 정화시켜서 송풍기의 부식 및 고장을 방지하기 위한 것이다. 다만, 흡인된 물질에 의해서 폭발의 우려가 없고 배풍기의 날개가 부식될 우려가 없는 경우에는 공기정화장치 전 위치에 송풍기를 설치할 수 있다.

---

03 국소배기장치의 설계순서 ●출제율 50%

국소배기시설 설계 시 가장 먼저 실시하는 것은 후드의 형식 선정이다. 즉 후드의 적절한 선택과 위치선정이 가장 중요한 부분이다.

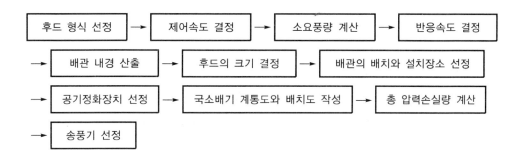

(1) 1단계 : 후드의 형식 선정

① 작업형태 및 공정, 비산방향 등을 고려하여 후드의 형식 및 모양, 배기방향, 설치 위치 등을 결정한다.
② 표면처리조(도금조) 경우 push-pull type 후드 선정
③ 열상승기류에는 천개형 레시버식 후드 선정

(2) 2단계 : 제어속도의 결정

① 오염물질을 후드 쪽으로 흡인하기 위하여 필요한 최소풍속을 제어속도라 하며, 발생원에서의 오염물질의 비산방향, 비산거리, 후드의 형식을 고려하여 포촉점에서의 적정한 제어속도를 결정한다.
② 제어속도는 주변 공기의 흐름이나 열 등에 많은 영향을 받는다.
③ 국소배기장치의 제어풍속은 모든 후드를 개방한 경우의 제어풍속을 말한다.
④ 포위식 후드에서는 당해 후드면에서의 풍속을, 외부식 후드에서는 당해 후드에 의하여 거리의 발생원 위치에서의 풍속을 말한다.

(3) 3단계 : 필요송풍량 계산

① 후드의 개구면적 및 제어속도, 발생원과의 거리 등으로 필요송풍량을 산출한다.
② ACGIH에서 권장하는 사양 등을 이용해서도 필요송풍량을 계산할 수 있다.

(4) 4단계 : 반송속도의 결정

① 반송속도는 후드로 흡인한 오염물질을 덕트 내에 퇴적시키지 않고 이송하기 위한 송풍관 내 기류의 최소속도이다.
② 오염물질의 종류, 덕트 내면 상태, 덕트 단면 확대 및 수축, 곡관 수 및 모양 등을 고려하여 덕트 내 분진 등이 퇴적되지 않도록 덕트 내 반송속도를 결정한다.

(5) 5단계 : 덕트 직경의 산출

① 송풍량과 반송속도로 덕트의 직경을 산출한다(이론치).
② 복합환기시설의 경우에는 정압조절평형법으로 Main duct(주관)와 Branch duct(분지관)의 직경을 계산한다.

③ 실제 덕트 직경은 이론치보다 작은 것(시판용 덕트)을 선택하여야 하며 이렇게 선정된 시판용 덕트의 단면적을 갖고 덕트의 직경을 구하여 다시 실제 덕트 속도를 구해야 한다.

(6) 후드의 크기 결정

① 외부식 후드의 경우 후드 개구면적이 덕트의 단면적보다 5배 이상 되어야 하고 후드 전면에서 덕트까지의 길이는 덕트의 직경보다 3배 이상 되어야 효과적이다.
② 후드 크기는 작업형태, 오염물질 특성과 발생특성, 작업공간의 크기 등을 고려한다.

(7) 덕트의 배치와 설치장소의 선정

① 덕트 배치도를 작성하고 그에 따른 설치장소를 현장여건을 감안하여 선정한다.
② 덕트 길이, 연결부분과 곡관의 수, 형태 등을 고려하여 덕트의 배치와 설치장소를 선정한다.
③ 덕트의 배치가 작업장의 상태나 작업공정 및 기계의 배치상 어려움이 있을 때는 후드의 형식 및 설치장소를 재검토한다.

(8) 공기정화장치의 선정

배출허용기준을 만족하는 집진장치 또는 유해가스 처리장치를 선정한 후 압력손실을 계산한다.

(9) 국소배기 계통도와 배치도 작성

후드, 덕트, 공기정화장치, 송풍기, 배기덕트 등의 설계길이를 결정하고 system flow sheet(계통도)를 선으로 작성하여 치수를 기입하고 이를 기초로 배치도를 작성한다.

(10) 총 압력손실의 계산

후드 정입, 덕트, 공기정화장치 등의 총 압력손실의 합계를 산출한다.

(11) 송풍기의 선정

총 필요환기량 및 총 압력손실을 기초로 송풍기의 풍량, 풍압, 소요동력을 결정하고 적정한 송풍기 및 원동기를 선정한다.

SECTION 5 국소배기 기초

01 국소배기

국소배기(국소환기)는 발생원에서 배출된 오염물질이 작업장 내로 확산되기 전에 기계적인 힘을 이용하여 포집, 제거함으로써 유해한 작업환경을 개선하는 공학적 환기방법을 의미한다.

02 국소배기 적용조건 ●출제율 40%

(1) 작업환경관리, 즉 덜 유해한 물질로 대체, 공정의 변화, 작업자에 대한 격리 등이 곤란한 경우

(2) Cost-effective control(비용 대비 효과적인 제어)이 불가능할 경우

(3) 작업환경 측정결과 유해물질 독성이 강한 경우 및 생산성을 떨어뜨리는 수준일 경우

(4) 발생원의 수가 적고 고정되어 있으며, 크기가 크고 유해물질이 널리 확산될 가능성이 있는 경우

(5) 유해물질의 발생량이 많고, 높은 증기압(유기용제)을 갖는 경우

(6) 근로자의 작업위치가 유해물질 발생원에 가까이 근접해 있는 경우

(7) 배출 주기가 균일하지 않고 시간에 따라 쉽게 변하는 경우

(8) 법적 의무 설치사항의 경우

03 전체환기와 비교 시 국소배기의 장점 ●출제율 30%

(1) 전체환기는 희석에 의한 저감으로서 유해물질의 완전제거가 불가능하나 국소배기는 발생원상에서 포집, 제거하므로 유해물질의 완전제거가 가능하다.

(2) **국소배기는 전체환기에 비해 필요환기량이 적어 경제적이다.**

　① 유해물질이 소량의 환기량에 고농도로 포함되어 있어 공기정화장치를 설치 시 경제적이다.

　② 동력소모가 적고 가온 또는 차가워진 공기의 옥외 배출이 적어 경제적이다.

(3) 비중이 큰 침강성 입자상 물질도 제거 가능하므로 작업장 관리(청소비) 비용을 절감할 수 있다.

(4) 유해물질에 의한 작업장 내의 기계 및 시설물을 보호할 수 있다.

(5) 국소배기장치용 송풍기는 공기저항에 강하므로 작업장 내의 방해기류(cross draft)나 부적절한 급기에 의한 영향을 적게 받는다.

> **참고** 전체환기장치가 설치된 유기화합물 취급 작업장의 밀폐설비나 국소배기장치를 설치하지 않아도 되는 경우 ●출제율 30%
>
> 1. 유기화합물의 노출기준이 100ppm 이상인 경우
> 2. 유기화합물의 발생량이 대체로 균일한 경우
> 3. 동일 작업장에 다수의 오염원이 분산되어 있는 경우
> 4. 오염원이 이동성인 경우

> **참고** 급기 · 배기 환기장치를 설치한 경우, 밀폐설비나 국소배기장치를 설치하지 않아도 되는 경우
>
> 1. 실내 작업장의 벽 · 바닥 또는 천장에 대하여 관리대상 유해물질 취급 업무를 수행할 때 관리대상 유해물질의 발산 면적이 넓어 국소배기장치, 밀폐설비의 설치가 곤란한 경우
> 2. 자동차의 차체, 항공기의 기체, 선체 블록 등 표면적이 넓은 물체의 표면에 대하여 관리대상 유해물질 취급 업무를 수행할 때 관리대상 유해물질의 증기 발산 면적이 넓어 국소배기장치, 밀폐설비의 설치가 곤란한 경우

SECTION 6 — HOOD

01 후드

후드는 발생원에서 발생된 유해물질을 작업자 호흡영역까지 확산되어 가기 전에 한 곳으로 포집하고 흡인하는 장치로 최소의 배기량과 동력비로 유해물질을 효과적으로 처리하기 위해 가능한 오염원 가까이에 설치한다.

02 후드의 모양과 크기 선정 시 고려사항

(1) 작업형태(작업공정)

(2) 오염물질의 특성과 발생 특성

(3) 작업공간의 크기(근로자와 발생원 사이의 관계)

03 후드 선택 시 유의(고려)사항 ●출제율 50%

(1) 필요환기량을 최소화 할 것

① 가급적 기류 차단판이나 커튼 등을 사용하여 공정을 많이 포위한다.

② 후드를 유해물질 발생원에 가깝게 설치한다. 제어거리를 단축하면 환기량이 줄어들기 때문이다. 작업에 지장이 없다면 포위식 후드를 설치하는 것이 좋다.

③ 공정에서 발생 또는 배출되는 오염물질의 절대량을 줄이도록 한다.

④ 후드 개구부에서 기류가 균일하게 분포되도록 설계한다.

(2) 작업자의 호흡영역을 보호할 것

① 후드 내로 유입되는 공기흐름이 작업자의 호흡영역에 들어오지 않도록 후드를 위치시켜야 한다.

② 개방 처리조 및 용접 작업대 등과 같이 허리를 굽혀 작업하는 공정에서는 특히 작업자의 호흡영역을 보호하는 것이 중요하다.

(3) 추천된 설계사양을 사용할 것

설계할 때는 국제적인 설계기준(ACGIH, OSHA)을 사용하는 것이 바람직하다. 단, 작업장 내에 존재하는 방해기류 및 오염물질의 독성, 설치하고자 하는 환경, 유해물질의 발생 특성 등을 고려하여야 한다.

(4) 작업자가 사용하기 편리하도록 만들 것

① 작업자의 작업에 방해가 되지 않으면서 발생되는 오염물질을 모두 제어할 수 있도록 적절한 후드를 선정하여야 한다.

② HOOD가 작업자에게 장애물 또는 안전사고 요인으로 작용하지 않도록 한다.

(5) 후드 설계 시 일반적인 오류를 범하지 말 것

① 후드 개구면에서 상당거리 떨어져 있는 유해물질도 흡인할 수 있어 유해물질을 제어할 수 있다고 생각하나 실제는 후드로 유입되는 기류는 개구부 주위에 구형의 기류를 형성하면서도 유입속도는 개구부에서 덕트의 직경거리 이상 벗어나면 급격히 감소한다.

② 공기보다 비중이 무거운 증기는 작업장 내 바닥으로 가라앉으므로 후드를 작업장 바닥에 설치해야 된다고 생각하나 실제는 공기와 혼합된 오염물질은 공기와 비중이 거의 같아지므로 오염원의 위치를 고려하여 후두의 위치를 선정하여야 한다.

참고 후드 관련 용어

참고 **HOOD 설계 시 유의사항** 출제율 30%

1. 발생원 중심
   ㉠ 오염물질의 발생 농도와 허용 농도 파악
   ㉡ 발생원의 온도와 작업장의 온도
   ㉢ 오염물질의 비산속도와 횡단기류속도
   ㉣ 발생원 주위상태(작업 방법, 공간 활용범위)
   ㉤ 오염물질이 mist, fume, vapor 상태로 배출되어 냉각 응축되는지 등의 특성
2. HOOD 중심
   ㉠ 최소의 배기량으로 최대의 흡인효과를 발휘할 것
   ㉡ 가능한 한 발생원에 가깝게 설치하고, 개구부를 작게 할 것
   ㉢ 작업자의 호흡영역을 보호할 것
   ㉣ HOOD 개구면에서의 면속도 분포를 일정하게 할 것
   ㉤ 외형을 보기 좋게 하고 압력손실을 작은 형태로 할 것

참고 **후드의 재료 선정** ●출제율 20%

1. 후드의 재료와 두께 선정 시 고려해야 할 사항
   ㉠ 분진의 물리 · 화학적 성질
   ㉡ 후드 내의 압력
   ㉢ 후드의 크기
2. 후드의 재료와 두께 선정 시 유의사항
   ㉠ 부식성 분진은 내식성 재료를 선정하거나 내식성 페인트를 도장한다.
   ㉡ 마모성 분진은 내마모성 재료를 선정하거나 두꺼운 재료를 사용한다.
   ㉢ 후드 내벽이 높거나 대형 후드인 경우에는 판에 보강재를 설치하거나 두꺼운(0.8~4.5mm) 재료를 사용한다.

04 후드 개구면 면속도를 균일하게 분포시키는 방법 ●출제율 50%

※ 후드 입구의 공기흐름을 균일하게 하는 방법

(1) HOOD의 분할

① 발생원으로부터 먼 거리에 설치되는 후드는 개구면적이 크게 되므로 여러 개의 후드로 분할한다.

② 후드를 분할하여 분지관을 주관 덕트에 연결 시 부분 확대관이나 주관 덕트를 테이퍼를 이용하여 압력손실을 적게 해야 한다.

(2) 안내판(Guide vane) 설치

① "H(후드의 몸체높이) < 3D(덕트 직경)" 경우는 안내판을 설치하여 흡인속도 변화를 줄여야 한다.

② 안내판의 길이는 후드와 덕트가 연결되는 목부위로부터 "1/3D"되는 위치까지 한다.

(3) 분리판(분리날개 : Split vane) 설치

① 개방된 표면 처리조와 같이 비산속도가 느리고 slot에서 포착속도가 빠를 경우 안내판보다는 분리판을 설치하여 흡인속도 편차를 적게 한다.

② 후드 개구부를 몇 개로 나누어 유입하는 형식이며, 분리날개에 부식 및 유해물질 축적 등 단점이 있다.

(4) 분배판(Buffle Plate) 설치

① 후드 내에서 후드와 덕트가 설치되는 목부위로부터 "D"되는 위치에 분배판을 설치한다.

② 분배판은 다공판으로 구멍 크기는 "1/5D", 구멍간격은 가장자리 부근을 멀게, 테두리부분은 가깝게 설치하여 속도분포를 균일하게 한다.

(5) 테이퍼관(Taper Tube) 설치

경사각은 60° 이내로 설치하는 것이 바람직하다.

(6) 슬롯(Slot)의 사용

① Slot의 면적변화를 의미하며, Slot의 Slip 길이는 6mm 이상으로 한다.

② 도금조와 같이 길이가 긴 표면 처리조에서 가장 적절하게 사용한다.

(7) 난기류 방지판 설치

① 난기류 발생 시 후드 포착속도는 2~2.5배 크게 한다.

② 커튼, 풍향판, baffle 등을 설치한다.

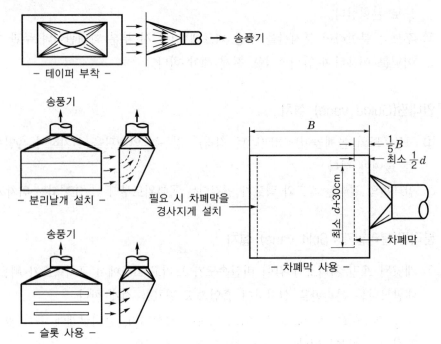

┃ 후드 개구면속도를 균일하게 분포시키는 방법 ┃

05 법상 후드 설치기준(산업보건기준에 관한 규칙) ●출제율 30%

(1) 유해물질이 발생하는 곳마다 설치할 것

(2) 유해인자의 발생형태 및 비중, 작업 방법 등을 고려하여 당해 분진 등의 발산원을 제어할 수 있는 구조로 설치할 것

(3) 후드 형식은 가능한 한 포위식 또는 부스식 후드를 설치할 것

(4) 외부식 또는 레시버식 후드를 설치하는 때에는 당해 분진 등의 발산원에 가장 가까운 위치에 설치할 것

06 제어속도

(1) 개요

① 제어속도(control velocity 또는 capture velocity)는 포착속도, 포촉속도, 제어풍속이라고도 한다.

② 제어속도란 오염물질을 후드 쪽으로 흡인하기 위하여 필요한 속도로 발생원으로부터 비산하는 오염물질을 비산한계점 범위 내의 어떤 점에서 포착하여 후드로 흡인하기 위해 필요한 최소흡입속도를 말한다. 즉 후드 근처에서 발생하는 오염물질을 주변의 방해기류를 극복하고 후드 쪽으로 흡인하기 위한 유체의 최소속도를 말한다.

③ 포위형(부스형) 후드에서는 포착점은 후드 개구면에서 유속이므로 제어속도는 개구면속도가 된다.

④ 포집형 또는 레시버식 후드는 포착점에서 후드 개구면까지의 거리를 가능한 가깝게 해야 하며, 원형일 때에는 직경과 같게 하고 장방형일 때는 단변이 1.5배 이내의 거리로 한다.

⑤ 제어속도는 주변 공기의 흐름이나 열 등에 많은 영향을 받으며, 국소배기장치의 제어속도는 모든 후드를 개방한 경우의 제어풍속을 말한다.

07 제어속도 결정 고려인자

(1) 유해물질의 비산방향(확산상태)

(2) 유해물질의 비산거리(후드에서 오염원까지 거리)

(3) 후드의 형식(모양)

(4) 작업장 내 방해기류(난기류의 속도)

(5) 유해물질의 종류 및 성상(유해물질의 사용량 및 독성)

08 제어속도에 영향을 주는 작업장 내 방해기류(난기류) 발생원

다음과 같은 방해기류는 제어속도에 영향을 미치므로 방해기류 방지용 풍향판, 배플 (Baffle) 등을 설치하는 것이 바람직하다.

(1) 고열작업 시 열에 의한 기류

(2) 기계의 운전 시 동작에 의한 기류

(3) 원료의 이동작업 시 발생하는 기류

(4) 작업자의 동적인 움직임에 의한 기류

(5) 작업장 내 개구부에 의한 기류(가장 큰 영향)

09 발생조건(발생원)에 따른 제어속도

제어속도는 이론적 결정이 아니라 방해기류(발산속도, 난기류속도) 등을 고려하여 실험적 및 경험적으로 결정한다.

(1) ACGIH의 권고 제어속도

오염물질 발생조건	작업공정 사례	제어속도(m/sec)
• 움직이지 않는 공기 중에서 속도없이 배출되는 작업조건 • 조용한 대기 중에 실제 거의 속도가 없는 상태로 발산하는 경우의 작업조건	• 액면에서 발생하는 가스나 증기, 흄 • 탱크에서 증발, 탈지시설	0.25~0.5
• 비교적 조용한(약간의 공기 움직임) 대기 중에서 저속도로 비산하는 작업조건	• 용접, 도금 작업 • 스프레이 도장 • 주형을 부수고 모래를 터는 경우	0.5~1.0
• 발생기류가 높고 유해물질이 활발하게 발생하는 작업조건	• 스프레이 도장, 용기충전 • 컨베이어 적재 • 분쇄기	1.0~2.5
• 초고속기류가 있는 작업장소에 초고속으로 비산하는 경우	• 회전연삭작업 • 연마작업 • 블라스트 작업	2.5~10

◐ 제어속도 범위 적용 시 고려조건 ●출제율 30%

범위가 낮은 쪽	범위가 높은 쪽
• 작업장 내 기류가 낮거나, 제어하기 유리하게 작용될 때 • 유해물질의 독성이나 유해성이 약할 때 • 유해물질 발생량이 적고, 발생이 간헐적일 때 • 대형 후드로 공기량이 다량일 때	• 작업장 내 방해기류가 국소배기 효과를 저해할 때 • 유해물질의 독성이 높을 때 • 유해물질 발생량이 많을 때 • 소형 후드로 국소적일 때

(2) 고용노동부 ●출제율 30%

① 관리대상 유해물질 관련 국소배기장치 후드의 제어풍속

물질의 상태	후드 형식	제어풍속(m/sec)
가스상태	포위식 포위형	0.4
	외부식 측방흡인형	0.5
	외부식 하방흡인형	0.5
	외부식 상방흡인형	1.0

물질의 상태	후드 형식	제어풍속(m/sec)
입자상태	포위식 포위형	0.7
	외부식 측방흡인형	1.0
	외부식 하방흡인형	1.0
	외부식 상방흡인형	1.2

[비고] 1. "가스상태"란 관리대상 유해물질이 후드로 빨아들여질 때의 상태가 가스 또는 증기인 경우를 말한다.
2. "입자상태"란 관리대상 유해물질이 후드로 빨아들여질 때의 상태가 흄, 분진 또는 미스트인 경우를 말한다.
3. "제어풍속"이란 국소배기장치의 모든 후드를 개방한 경우의 제어풍속으로서 다음에 따른 위치에서의 풍속을 말한다.
   - 포위식 후드에서는 후드 개구면에서의 풍속
   - 외부식 후드에서는 해당 후드에 의하여 관리대상 유해물질을 빨아들이려는 범위 내에서 해당 후드 개구면으로부터 가장 먼 거리의 작업위치에서의 풍속

② 허가대상 유해물질(베릴륨 및 석면 제외) 관련 국소배기장치 후드의 제어풍속

물질의 상태	제어풍속(미터/초)
가스상태	0.5
입자상태	1.0

[비고] 1. 이 표에서 제어풍속이란 국소배기장치의 모든 후드를 개방한 경우의 제어풍속을 말한다.
2. 이 표에서 제어풍속이란 후드의 형식에 따라 다음에서 정한 위치에서의 풍속을 말한다.
   - 포위식 또는 부스식 후드에서는 후드의 개구면에서의 풍속
   - 외부식 또는 레시버식 후드에서는 유해물질의 가스·증기 또는 분진이 빨려들어가는 범위에서 해당 개구면으로부터 가장 먼 작업위치에서의 풍속

③ 분진작업장소에서 설치하는 국소배기장치의 제어풍속
   ㉠ 국소배기장치[연삭기·드럼 샌더(drum sander) 등의 회전체를 가지는 기계에 관련되어 분진작업을 하는 장소에 설치하는 것은 제외한다]의 제어풍속

분진작업장소	제어풍속(미터/초)			
	포위식 후드의 경우	외부식 후드의 경우		
	0.7	측방흡인형	하방흡인형	상방흡인형
암석 등 탄소원료 또는 알루미늄박을 체로 거르는 장소	0.7	–	–	–
주물모래를 재생하는 장소	0.7	–	–	–
주형을 부수고 모래를 터는 장소	0.7	1.3	1.3	–
그 밖의 분진작업장소	0.7	1.0	1.0	1.2

[비고] 1. 제어풍속이란 국소배기장치의 모든 후드를 개방한 경우의 제어풍속으로서 다음의 위치에서 측정한다.
   - 포위식 후드에서는 후드 개구면

• 외부식 후드에서는 해당 후드에 의하여 분진을 빨아들이려는 범위 안에서 그 후
드 개구면으로부터 가장 먼 거리의 작업위치

ⓒ 국소배기장치 중 연삭기·드럼 샌더 등의 회전체를 가지는 기계에 관련되어
분진작업을 하는 장소에 설치된 국소배기장치의 후드의 설치 방법에 따른 제
어풍속

후드의 설치 방법	제어풍속(미터/초)
회전체를 가지는 기계 전체를 포위하는 방법	0.5
회전체를 회전에 의하여 발생하는 분진의 흩날림방향을 후드의 개구면으로 덮는 방법	5.0
회전체만을 포위하는 방법	5.0

[비고] 제어풍속이란 국소배기장치의 모든 후드를 개방한 경우의 제어풍속으로서, 회전체를
정지한 상태에서 후드의 개구면에서의 최소풍속을 말한다.

10 무효점(제로점, null point) 이론 : Hemeon 이론 ●출제율 50%

(1) 무효점이란 발생원에서 방출된 유해물질이 초기 운동에너지를 상실하여 비산속도가 0이
되는 비산한계점을 의미한다.

(2) 무효점 이론이란 필요한 제어속도는 발생원뿐만 아니라 이 발생원을 넘어서 유해물질
이 초기 운동에너지가 거의 감소되어 실제 제어속도 결정 시 이 유해물질을 흡인할 수
있는 지점까지 확대되어야 한다는 이론이다.

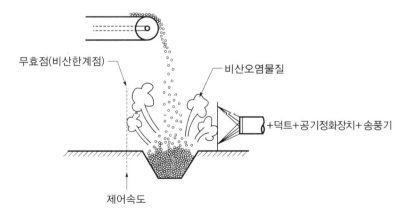

‖ Null point ‖

11 후드의 종류(형태에 따른 구분) ●출제율 50%

후드의 형태는 작업형태(작업공정), 유해물질의 발생 특성, 근로자와 발생원 사이의 관계 등에 의해서 결정되며 일반적으로 포위식(부스식), 외부식, 레시버식 후드로 구분하고 포집효과는 포위식, 부스식, 외부식 순으로 크다.

후드는 발생원을 가능한 한 포위하는 형태인 포위식 형식의 구조로 하고, 발생원을 포위할 수 없을 때는 발생원과 가장 가까운 위치에 외부식 후드를 설치하여야 한다. 다만, 유해물질이 일정한 방향성을 가지고 발생될 때는 레시버식 후드를 설치하여야 한다.

(1) 포위식 후드(Enclosing HOOD)

① 개요

발생원을 완전히 포위하는 형태의 후드이고 후드의 개방면에서 측정한 속도로서 면속도가 제어속도가 되며 국소배기시설의 후드 형태 중 가장 효과적인 형태이다. 즉, 필요환기량을 최소한으로 줄일 수 있다.

② 종류

㉠ cover type

ⓐ 유해물질의 제거효과가 가장 크다.

ⓑ 주로 분쇄, 혼합, 파쇄 공정에 사용한다.

㉡ glove box type

ⓐ box 내부가 음압이 형성된다.

ⓑ 독성 가스 및 방사성 동위원소 취급공정, 발암성 물질에 주로 사용한다.

③ 특성

㉠ 후드의 개방면에서 측정한 면속도가 제어속도가 된다.

㉡ 유해물질의 완벽한 흡인이 가능하다(단, 충분한 개구면 속도를 유지하지 못할 경우 오염물질이 외부로 노출될 우려가 있음).

㉢ 유해물질 제거 공기량(송풍량)이 다른 형태보다 훨씬 적다.

㉣ 작업장 내 방해기류(난기류)의 영향을 거의 받지 않는다.

④ 부스식 후드는 포위식 후드의 일종이며, 포위식보다 큰 것을 의미한다.

⑤ 필요송풍량

$$Q = 60 \cdot A \cdot V = (60 \cdot K \cdot A \cdot V)$$

여기서, Q : 필요송풍량(m^3/min)

A : 후드 개구면적(m^2)

V : 제어속도(m/sec)

K : 불균일에 대한 계수(개구면 평균유속과 제어속도의 비로써 기류분포가 균일할 때 $K = 1$로 본다)

⑥ 포위식(부스식)의 송풍량 절약 방법(K값을 작게 함을 의미)

㉠ 부스의 안을 가능한 깊게 한다. 즉 가급적 공정의 포위를 최대화한다.

㉡ 개구면의 상부를 밀폐한다.

㉢ take off를 경사지게 하며 되도록 구석에 부착한다.

(2) 외부식 후드(Exterior HOOD) ●출제율 50%

① 개요

㉠ 후드의 흡인력이 외부까지 미치도록 설계한 후드이며, 포집형 후드라고 하고 작업 여건상 발생원에 독립적으로 설치하여 유해물질을 포집하는 후드로 후드와 작업지점과의 거리를 줄이면 제어속도가 증가한다.

㉡ 외부식 후드 결정 시 근로자 작업영역 보호 및 노출가능성 최소 유지가 요구된다.

② 종류

㉠ 슬롯형(slot) : 도금, 세척작업, 분무도장 공정에 적용된다.

㉡ 루버형(louver) : 주물사 제거공정 등에 적용된다.

㉢ 그리드형(grid) : 도장 및 분쇄 공정 등에 적용된다.

㉣ 자립형(free standing)

③ 특성

㉠ 타 후드 형태에 비해 작업자가 방해를 받지 않고 작업을 할 수 있어 일반적으로 많이 사용하고 있다(현장설치 용이).

㉡ 포위식에 비하여 필요송풍량이 많이 소요된다.

㉢ 방해기류(외부 난기류)의 영향이 작업장 내에 있을 경우 흡인효과가 저하된다.

㉣ 기류속도가 후드 주변에서 매우 빠르므로 쉽게 흡인되는 물질(유기용제, 미세분말 등)의 손실이 크다. 즉 오염물질 제어효율이 높지 않다.

④ 고독성 물질 취급 시 고려사항

㉠ 상황에 따라 고독성 물질을 충분히 포집할 수 없을 경우가 있다.

㉡ 대부분의 경우 포집속도(제어속도)가 증가하면 오염물질을 효과적으로 제거할 수 있다.

㉢ 외부 난기류의 영향을 받지 않도록 후드를 위치시켜야 한다.

⑤ 필요송풍량(Q)(Dalla valla)

외부식 후드의 필요송풍량은 후드 설치위치, 플랜지 부착 유무에 따라 4가지 방법으로 산출할 수 있다.

㉠ 자유공간 위치, 플랜지 미부착

$$Q = 60 \cdot V_c(10X^2 + A) \rightarrow \text{Dalla valle 식(기본식)}$$

여기서 Q : 필요송풍량(m^3/min)

V_c : 제어속도(m/sec)

A : 개구면적(m^2)

X : 후드 중심선으로부터 발생원(오염원)까지의 거리(m)

※ 위 공식은 오염원에서 후드까지의 거리가 덕트 직경의 1.5배 이내일 때만 유효하다.

㉡ 바닥면(작업테이블 면)에 위치, 플랜지 미부착

$$Q = 60 \cdot V_c(5X^2 + A)$$

여기서 Q : 필요송풍량(m^3/min)

V_c : 제어속도(m/sec)

A : 개구면적(m^2)

X : 후드 중심선으로부터 발생원(오염원)까지의 거리(m)

㉢ 자유공간 위치, 플랜지 부착

$$Q = 60 \cdot 0.75 \cdot V_c(10X^2 + A)$$

ⓐ 일반적으로 외부식 후드에 플랜지(flange)를 부착하면 후방 유입기류를 차단하고 후드 전면에서 포집범위가 확대되어 Flange가 없는 후드에 비해 동일지점에서 동일한 제어속도를 얻는데 필요한 송풍량을 약 25% 감소시킬 수 있으며 플랜지 폭은 후드 단면적의 제곱근($\sqrt{A}$) 이상이 되어야 한다.

ⓑ 플랜지 부착 후드는 플랜지 없는 후드에 비해 등속선이 멀리 영향을 미치어 후드 뒤쪽으로부터 흡인되는 유동을 감소시키고 후드 전면영역으로 강제로 흐르게 한다. 후드 개구면에서 동일한 거리의 점을 통과하는 등속도면의 면적은 플랜지가 없는 경우보다 약 25% 정도 감소, 흡인량도 그만큼 감소된다.

    ⓒ 바닥면(작업테이블 면)에서 위치, 플랜지 부착

$$Q = 60 \cdot 0.5 \cdot V_c(10X^2 + A)$$

필요송풍량을 가장 많이 줄일 수 있는 경제적 후두 형태이다.

⑥ 외부식 후드의 송풍량 절약 방법

    ㉠ 발생원의 형태와 크기에 맞는 후드를 선정하고 가능한 후드 개구면을 발생원에 근접하여 설치한다.

    ㉡ 작업상 방해가 되지 않는 범위에서 플랜지, 칸막이, 커튼, 풍향판 등을 사용하여 주위에 유입되는 난기류(방해기류)의 영향을 최소화한다.

    ㉢ 후드의 크기는 오염물질이 새지 않는 한 작은 편이 좋고 가능하면 발생원의 일부만이라도 후드 개구 안에 들어가도록 설치한다.

⑦ 외부식 슬롯 후드(Slot HOOD)

    ㉠ 정의

    slot 후드는 후드 개방부분의 길이가 길고, 높이(폭)가 좁은 형태로 [높이(폭)/길이]의 비가 0.2 이하인 것을 말한다.

    ㉡ 특징

        ⓐ slot 후드에서도 플랜지를 부착하면 필요배기량을 약 30% 줄일 수 있다.

        ⓑ slot 후드의 가장자리에서도 공기의 흐름을 균일하게 하기 위해 사용한다.

        ⓒ slot 속도는 배기송풍량과는 관계가 없으며, 제어풍속은 slot 속도에 영향을 받지 않는다.

        ⓓ slot 후드의 외형 단면적이 연결 덕트의 단면적보다 현저히 큰 경우에는 후드와 덕트 사이에 충만실(Plenum chamber)을 설치하여야 하며, 이때 충만실의 깊이는 연결덕트 지름의 0.75배 이상으로 하거나 충만실의 기류속도를 슬롯 개구면 속도의 0.5배 이내로 하여야 한다. 또는 충만실 속도를 슬롯 속도의 1/2 이하로 하는 것이 좋다.

참고 **충만실(plenum chamber)** ●출제율 40%

1. 정의

   후드 뒷부분에 위치하며 개구면 흡입유속의 강약을 조절하여 일정하게 되므로 압력과 공기흐름을 균일하게 형성하는데 필요한 장치이며 가능한 한 설치는 길게 하고 충만실의 단면을 유입구 면적의 5배 이상(유속을 1/5 이하)으로 하면 효과적이다.

2. 이용

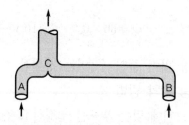

(a) A쪽이 저항이 적으므로 많이 흡입된다.

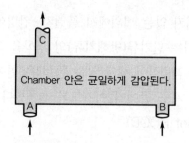

(b) 커다란 Chamber로 공간을 만들면 A, B에서 똑같이 흡입된다.

A와 B에서 똑같이 흡입하기 위한 방법

㉠ A에서 C까지의 저항과 B에서 C까지의 저항을 동등하게 한다.

㉡ 방법
   - C를 A와 B의 중심에 두어 AB와 BC의 길이를 같게 한다.
   - BC의 배관을 AC의 배관보다 굵게 하여 BC의 저항을 감소시킨다.
   - AC 배관 안에 장애물을 채워 넣어 AC의 저항을 증가시킨다.

참고 **충만실 설계조건** ●출제율 40%

1. 가능한 한 설치는 길게 한다.
2. 길이가 긴 후드인 경우에는 여러 개의 접합부(take-offs)를 설치함으로서 공기흐름을 균일하게 유지할 수 있다.
3. 일반적으로 대부분의 슬롯 후드에서 슬롯 속도는 10m/sec이고 플래넘의 최대속도는 슬롯 속도의 1/2인 5m/sec로 하면 과도한 압력손실을 유발하지 않고 공기흐름을 균일하게 유지할 수 있다.
4. 슬롯 전체에 걸쳐 공기의 흐름이 균일하게 분포되는 것은 슬롯 폭과 플래넘 깊이의 크기에 따라 결정되며, 슬롯 속도가 플래넘에서의 속도보다 빠르게 함으로써 공기흐름을 균일하게 유지하게 된다.
5. 충만실의 단면을 유입구 면적의 5배 이상(유속을 1/5 이하)로 하면 효과적이다.

〈출처 : 산업위생학, 「신광문화사」, 한돈희 외〉

ⓔ 필요송풍량(Q)

$$Q = 60 \cdot C \cdot L \cdot V_c \cdot X$$

여기서, Q : 필요송풍량(m³/min)

C : 형상계수(전 원주 → 5.0(ACGIH : 3.7)

3/4 원주 → 4.1

1/2 원주(플랜지 부착 경우와 동일)

→ 2.8(ACGIH : 2.6)

1/4 원주 → 1.6)

V_c : 제어속도(m/sec)

L : slot 개구면의 길이(m)

X : 포집점까지의 거리(m)

(3) 레시버식 후드(Receiver HOOD) ●출제율 50%

① 개요

㉠ 작업공정에서 발생되는 오염물질이 회전에 의한 운동량(관성력)이나 열부력에 의한 열상승력을 가지고 자체적으로 발생될 때, 발생되는 방향 쪽에 후드의 입구를 설치함으로써 보다 적은 풍량으로 오염물질을 포집할 수 있도록 설계한 후드이다.

㉡ 필요송풍량 계산 시 제어속도의 개념이 필요없다.

② 적용

가열로, 용융로, 단조, 연마, 연삭 공정에 적용한다.

③ 종류

㉠ 천개형(canopy type)

㉡ 그라인더형(grinder type)

㉢ 자립형(free standing type)

④ 특징

㉠ 비교적 유해성이 적은 유해물질을 포집하는데 적합하다.

㉡ 잉여공기량이 비교적 많이 소요된다.

㉢ 한랭공정에는 사용을 금하고 있다.

⑤ 열원과 캐노피 후드와의 관계

　　㉠ 배출원의 크기(E)에 대한 후드면과 배출원 간의 거리(H)의 비(H/E)는 0.7 이
　　　하로 설계하는 것이 바람직하다.

　　㉡ 캐노피 후드는 작업 근로자의 호흡영역을 보호하지 못하며 열원이 없는 곳에 적
　　　용 시 거의 배기효율이 없다. 또한 캐노피 후드 주위의 방해기류(난기류)에 영향
　　　을 많이 받는다.

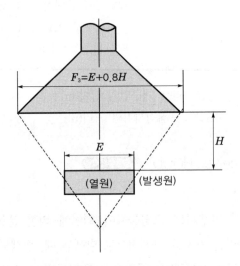

│ 열원과 캐노피 후드와의 관계 │

$$F_3 = E + 0.8H$$

　　여기서, F_3 : 후드의 직경

　　　　　　E : 열원의 직경(직사각형은 단변)

　　　　　　H : 후드의 높이

⑥ 필요송풍량(Q)

　　㉠ 난기류가 없을 경우(유량비법)

$$Q_T = Q_1 + Q_2 = Q_1\left(1 + \frac{Q_2}{Q_1}\right) = Q_1(1 + K_L)$$

　　여기서, Q_T : 필요송풍량($\mathrm{m^3/min}$)

　　　　　　Q_1 : 열상승기류량($\mathrm{m^3/min}$)

　　　　　　Q_2 : 유도기류량($\mathrm{m^3/min}$)

　　　　　　K_L : 누입한계유량비(오염원의 형태, 후드의 형식 등에 영향을 받는다)

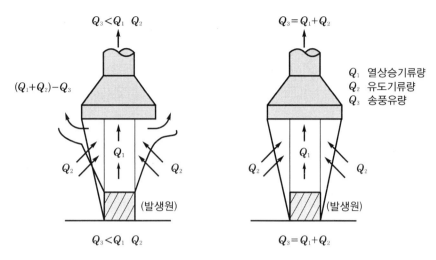

┃ 난기류가 없는 경우 열상승기류량과 유도기류량 ┃

ⓛ 난기류가 있을 경우(유량비법)

$$Q_T = Q_1 \times \left[1 + (m \times K_L) \right] = Q_1 \times (1 + K_D)$$

여기서 Q_T : 필요송풍량($\mathrm{m^3/min}$)

Q_1 : 열상승기류량($\mathrm{m^3/min}$)

m : 누출안전계수(난기류의 크기에 따라 다름)

K_L : 누입한계유량비

K_D : 설계유량비($K_D = m \times K_L$)

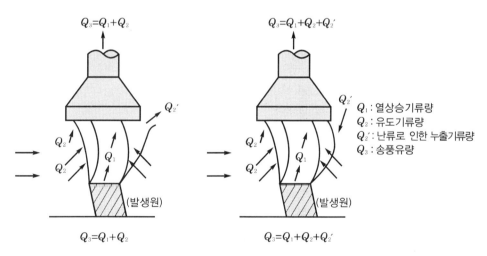

┃ 난기류가 있는 경우 필요송풍량 ┃

참고 **열상승기류에 대한 국소배기장치 필요송풍량 계산 방법(계산 절차)** ● 출제율 30%

레시버식 캐노피형 후드 적용 필요송풍량(Q_3)을 유량비법으로 계산

1. 계산에 필요한 제원 구함

   ㉠ 열원 폭(E)

   ㉡ 후드 개구면 폭(F_3)

   ㉢ 후드 설치높이(H)

   ㉣ 열원의 종횡비(γ)

   ㉤ 후드의 덮어쓰는 비(F_3/E)

   ㉥ 열원온도(t_m)

   ㉦ 기류 온도차(Δt)

2. 열상승기류량(Q_1) 계산

   $$Q_1 = \frac{0.57}{\gamma(A\gamma)^{0.33}} \times \Delta t^{0.45} \times Z^{1.5}$$

   여기서, A : 열원면적

   Z : 후드 가상고도

3. 누출한계 유량비(K_L) 계산 : 열상승기류에 대한 K_L을 계산

4. 누출안전계수(m) 선정 : 난기류 크기에 따른 m 선정

5. 필요송풍량(Q_3) 계산

   $$Q_3 = Q_1 \times [1 + (m + K_L)]$$

   〈참고 : 국소배기장치 검사원 양성교육, 한국산업안전보건공단〉

참고 **외부식 천개형 후드(고열이 없는 캐노피 후드)**

1. 4측면 개방 외부식 천개형 후드(Thoms식)

   ㉠ 필요송풍량(Q)

   $$Q = 60 \times 14.5 \times H^{1.8} \times W^{0.2} \times V_c$$

   여기서, Q : 필요송풍량(m³/min)

   H : 개구면에서 배출원 사이의 높이(m)

   W : 캐노피 단변(직경)(m)

   V_c : 제어속도(m/sec)

   ※ 상기 Thoms식은 $0.3 < H/W \leq 0.75$일 때 사용한다.

   ㉡ $H/L \leq 0.3$인 장방형의 경우 필요송풍량(Q)

   $$Q = 60 \times 1.4 \times P \times H \times V_c$$

   여기서, L : 캐노피 장변(m)

   P : 캐노피 둘레길이 → $2(L + W)$(m)

2. 3측면 개방 외부식 천개형 후드(Thoms식)

   • 필요송풍량(Q)

   $$Q = 60 \times 8.5 \times H^{1.8} \times W^{0.2} \times V_c$$

   단, $0.3 < H/W \leq 0.75$인 장방형, 원형 캐노피에 사용

◐ 후드의 분류 – 후드의 형식과 적용 산업 ●출제율 20%

형 식	개구면 배기방향		형식 기호	적용작업 예
포위식(E) Enclosure	• 포위(Cover)형(E) • 장갑부착상자(Globe box)형(X)	상방(U), 측방(L) 상방(U), 측방(L)	EE EX	분쇄, 체분리, 혼합, 교반, 분체포장, 동위원소 취급, 농약 등 유독물질 또는 독성 가스 취급
부스식(B) Booth	• 드래프트 체임버(Draft chamber)형(D) • 건축부스형(R)	 측방(L)	BD BB	• 연마, 포장, 화학분석 및 실험 • 동위원소 취급, 연삭 • 산세척, 분무도장
외부식(O) Exterior	• 슬롯(slot)형(S) • 루바(Louver)형(L) • 그리드(Grid)형(G) • 원형(O) • 장방형(R)	측방(L) 측방(L) 하방(D) 상방(U), 측방(L) 상방(U), 측방(L)	OS OL OG OO OR	• 도금세척, 용해, 마무리작업, 분무도장 • 주물사 제거 • 도장, 분쇄, 주형 해체 • 용해, 체분리, 분쇄, 용접, 목공기계 • 용해, 체분리, 분쇄, 용접, 목공기계
레시버식(R) Receiving	• 캐노피(Canopy)형(C) • 원형(O) • 장방형(R) • 포위형(그라인더형)(E)	상방(U) 측방(L) 측방(L) 상방(U), 측방(L) 하방(D)	RC RO RR RE	• 가열로, 소입, 단조, 용융 • 연마, 연삭 • 연마, 연삭 • 탁상 그라인더, 용융, 가열로

참고 후드의 형식 및 종류(KOSHA GUIDE W-1-2010) ●출제율 30%

형 식	종 류	비 고
포위식 (Enclosing type)	유해물질의 발생원을 전부 또는 부분적으로 포위하는 후드	• 포위형(Enclosing type) • 장갑부착상자형(Glove box hood) • 드래프트 체임버형(Draft chamber hood) • 건축부스형 등
외부식 (Exterior type)	유해물질의 발생원을 포위하지 않고 발생원 가까운 위치에 설치하는 후드	• 슬롯형(Slot hood) • 그리드형(Grid hood) • 푸시-풀형(Push-pull hood) 등
레시버식 (Receiver type)	유해물질이 발생원에서 상승기류, 관성기류 등 일정방향의 흐름을 가지고 발생할 때 설치하는 후드	• 그라인더커버형(Grinder cover hood) • 캐노피형(Canopy hood)

○ 산업안전보건법상의 유해물질 구분 및 후드 형태 ●출제율 30%●

구 분	유해물질 종류	국소배기 후드 형태
분진작업장소	토석, 광물, 암석 등을 파는 장소에서의 작업 등	• 포위식 또는 부스식 • 외부식 후드 (상방, 측방, 하방 흡입형)
관리대상 유해물질	• 유기화합물 • 금속류 • 산, 알칼리류 • 가스상 물질	• 포위식 또는 부스식 • 외부식 후드 (상방, 측방, 하방 흡입형)
허가대상 유해물질	디클로로벤지딘과 그 염 등	• 밀폐식 공정구조 • 포위식 또는 부스식 후드 • 외부식 후드(상방 흡입형 제외)
금지 유해물질	• 황린 성냥, 벤젠을 함유한 고무풀 등 • 유해화학물질 관리법에 따라 제조, 수입, 판매, 보관, 저장, 운반 또는 사용이 금지되는 물질	• 밀폐식 공정구조 • 부스식 후드

(4) 압인환기장치(Push-Pull ventilation) ●출제율 40%●

① 개요

㉠ 한쪽 면에서는 급기(air supply)를 하고 한쪽에서는 배기(air exhaust)하는 형태로 push 제트가 개방로 표면을 따라 에어커튼을 형성하여 오염물질 제어 효율이 증가된다.

㉡ 흡인기류의 속도는 후드의 개구면에서 조금 멀리 떨어지면 거리의 제곱에 반비례하여 급격히 약해져 흡인효과를 잃게 된다. 그러나, 분사기류는 비교적 먼 곳까지 도달한다. 따라서 흡인 후드 앞에 마치 개구면끼리 방향이 만나는 것과 같은 형으로 또 하나의 후드를 설치하여 기류를 분출시키면, 분사기류와 흡인기류가 서로 도와주므로 두 후드 사이의 거리가 다소 떨어져 있더라도 효과적으로 환기시킬 수 있다. 이러한 환기방식을 이용한 장치를 압인환기장치라 한다.

㉢ 제어속도는 push 제트기류에 의해 발생하며 여러 가지의 영향인자가 존재하므로 ±20% 정도의 유량조정이 가능하도록 설계되어야 한다.

② 적용

㉠ 도금조 및 자동차 도장공정과 같이 오염물질 발생원의 개방면적이 큰(발산면의 폭이 넓은) 작업공정에 주로 많이 적용된다.

㉡ 포착거리(제어거리)가 일정거리 이상일 경우 push-pull형 환기장치가 적용된다.

③ 장점

  ㉠ 포집효율을 증가시키면서 필요유량을 대폭 감소시킬 수 있는 후드이다(측방형 외부식 후드에 비해 필요유량을 50% 정도로 절감).

  ㉡ 먼 거리에 있는 유해물질도 공기 중으로 확산시키지 않고 쉽게 환기시키는 장치의 후드 형태이다.

  ㉢ 작업자의 방해가 적고 적용이 용이하다.

④ 단점

  ㉠ 원료의 손실이 크다.

  ㉡ 설계 방법이 타 방법보다 어렵다.

  ㉢ 효과적으로 기능을 발휘하지 못하는 경우가 있다.

⑤ 압인환기장치를 적용하는 형태 분류

  ㉠ push-pull형 국소환기장치

   유해물질을 발산하는 장소에서 포집하여 흡인 · 배출하는 설비

  ㉡ push-pull형 입체식 환기장치

   작업 시 근로자에게 신선한 공기를 공급함과 동시에 유해한 유해물질을 흡인 · 배출하는 설비

  ㉢ push-pull형 차단장치

   고열을 비롯한 유해물질로부터 근로자를 차단하는 설비

⑥ 성능

  ㉠ Push Nozzle의 모양

   단면적이 원형, 직사각형, 정사각형, 어느 것이나 무방하지만 단면적이 총 노출 배출면적의 적어도 2.5배가 되어야 한다.

  ㉡ Push Nozzle 크기 및 간격

   ⓐ push 노즐의 크기는 1/8″(3.175mm)~1/4″(6.35mm)의 수평 슬롯(slot) 또는 1/4″(6.35mm)의 드릴 구멍으로 한다.

   ⓑ 노즐 간격은 드릴 구멍의 3~8배 간격으로 한다.

   ⓒ 총 노즐 출구면적은 plenum으로부터의 공기량이 노즐에 고르게 분배되게 하기 위하여 plenum 횡단면적의 33%를 초과해서는 안 된다.

  ㉢ push nozzle의 설치

   ⓐ 용액면과의 사이를 최소화하기 위하여 상부 개방형조의 가장자리에 가장 가깝게 설치한다.

ⓑ 용기표면에 공기 분사효과를 유지하기 위하여 최대 20° 하향되게 노즐축을 설치하여 노즐과 탱크사이에 완벽한 밀폐가 이루어지도록 한다.

ⓔ 액체 표면

액체 표면은 배기후드 하부로부터 20cm를 벗어나지 않게 한다.

ⓜ 설계 시 주의사항

ⓐ 배기후드의 개구부 높이(h)는 후드에서 push 노즐까지 거리의 0.14배로 한다.

ⓑ 다수의 슬롯(slot)을 설치할 경우는 0.14W 높이 내에서 설치하여야 한다.

ⓒ 후드의 위치는 후드와 용기사이의 간격이 없도록 용기 끝에 설치하여야 한다.

ⓓ 폭이 넓은 용기 2.44m 이상 또는 22.9m/min 이상의 횡풍이 존재할 때는 push and/or pull량을 증가시켜야 한다.

ⓔ 주위의 여러 가지 효과를 감안하여 ±20%의 유량을 조정하여 설계하여야 한다.

ⓗ 단위길이당 push 공기공급량(push jet가 사용되는 경우)

$$Q_j = 40.9\sqrt{A_j}$$

여기서, Q_j : push 노즐 공급공기량(m³/min·m ; m=push 노즐 plenum 길이)

A_j : push 노즐 출구면적(m²/m ; m=push 노즐 plenum 길이)

ⓢ 총 push 노즐 공기공급량

$$Q_s = Q_j \times L$$

여기서, Q_s : 총 push 노즐 공급공기량(m³/min)

L : push 노즐 plenum의 길이(m)

ⓞ 배기량(Q_E)

배기량은 push 공급량을 포집하기에 충분하여야 한다.

$Q_E = 22.9$m³/min·m² (m²=조 표면적)

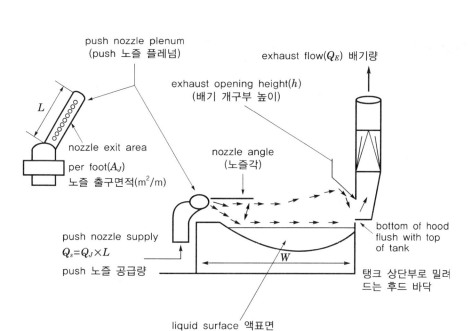

‖ push-pull 후드 ‖

참고 개방조에 설치하는 후드의 구조와 설치위치

제어거리(m)	후드의 구조 및 설치위치
0.5 미만	측면에 1개의 슬롯 후드 설치
0.5~0.9	양 측면에 각 1개의 슬롯 후드 설치
0.9~1.2	양 측면에 각 1개 또는 가운데에 중앙선을 따라 1개의 슬롯 후드를 설치하거나 푸시-풀형 후드 설치
1.2 이상	푸시-풀형 후드 설치
[비고] 제어거리 : 후드의 개구면에서 가장 먼 거리에 있는 개방조의 가장자리까지의 거리	

참고 후드의 형태별 배풍량(송풍량) 계산식 ●출제율 40%

후드 형태	명 칭	개구면의 세로/가로 비율 (W/L)	배풍량(m³/min)
	외부식 슬롯형	0.2 이하	$Q=60\times3.7LVX$
	외부식 플랜지부착 슬롯형	0.2 이하	$Q=60\times2.6LVX$
	외부식 장방형	0.2 이상 또는 원형	$Q=60\times V(10X^2+A)$
	외부식 플랜지부착 장방형	0.2 이상 또는 원형	$Q=60\times0.75(10X^2+A)$
	포위식 부스형	–	$Q=60\times VA=60\,VWH$
	레시버식 캐노피형	–	$Q=60\times1.4PHV$ 여기서, P : 캐노피 둘레길이 $P=2(L+W)$ 이때, L : 캐노피 장변 W : 캐노피 단변
	외부식 다단 슬롯형	0.2 이상	$Q=60\times V(10X^2+A)$
	외부식 플랜지부착 다단 슬롯형	0.2 이상	$Q=60\times0.75V(10X^2+A)$

[주] Q : 배풍량(m³/min), L : 슬롯 길이(m), W : 슬롯 폭(m), V : 제어풍속(m/s),
A : 후드 단면적(m²), X : 제어거리(m), H : 높이(m)

〈출처 : 산업환기설비에 관한 기술지침 KOSHA GUIDE W-1-2014〉

12 후드의 분출기류 ●출제율 30%

(1) 잠재중심부

① 분출중심속도(V_c)가 분사구출구속도(V_o)와 동일한 속도를 유지하는 지점까지의 거리이다.

② 분출중심속도의 분출거리에 대한 변화는 배출구 직경의 약 5배 정도까지 분출중심속도의 변화는 거의 없다.

(2) 천이부

① 분출중심속도가 작아지기 시작되는 점이 천이부의 시작이며, 분출중심속도가 50%까지 줄어드는 지점까지를 말한다.

② 배출구 직경의 약 5배부터 30배 정도까지를 의미한다.

(3) 완전개구부

분사구로부터 어느 정도 떨어진 위치 이하에서는 위치변화에 관계없이 분출속도분포가 유사한 형태를 보이는 영역을 의미한다.

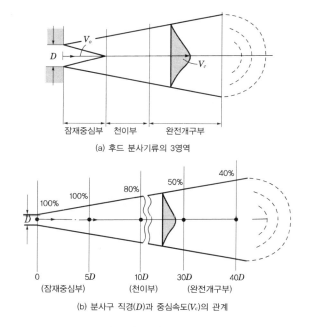

(a) 후드 분사기류의 3영역

(b) 분사구 직경(D)과 중심속도(V_c)의 관계

‖ 후드의 분출기류 ‖

13 배기와 흡기의 차이 ●출제율 30%

(1) 송풍기에 의한 기류의 흡기와 배기 시 흡기는 흡입면의 직경 1배인 위치에서는 입구 유속의 10%로 되고 배기는 출구면의 직경 30배인 위치에서 출구 유속의 10%로 된다. 따라서 국소배기 시스템의 후드는 흡입기류가 취출기류에 비해서 거리에 따른 감소속 도가 커서 오염발생원으로부터 가능한 한 최대로 가까운 곳에 설치해야 한다.

(2) 공기속도는 송풍기로 공기를 불 때 덕트 직경의 30배 거리에서 1/10로 감소하나, 공 기를 흡인할 때는 기류의 방향과 관계없이 덕트 직경과 같은 거리에서 1/10로 감소한 다(점 흡인의 경우 후드의 흡인에 있어 개구부로부터 거리가 멀어짐에 따라 속도는 급 격히 감소하는데 이때 개구면의 직경만큼 떨어질 경우 후드 흡인기류의 속도는 1/10 정도 감소).

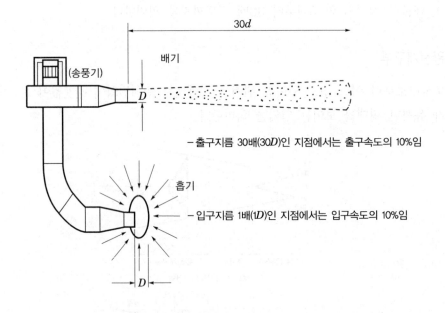

‖ 배기(송풍력)과 흡기(흡인력)의 차이 ‖

필수 예상문제 ✔ 출제확률 30%

외부식 후드에서 플랜지가 붙고 공간에 설치된 후드와 플랜지가 붙고 면에 고정 설치된 후드의 필요공기량을 비교할 때, 플랜지가 붙고 면에 고정 설치된 후드는 플랜지가 붙고 공간에 설치된 후드에 비하여 필요공기량을 약 몇 % 절감할 수 있는가? (단, 후드는 장방형 기준)

풀이 ① 플랜지 부착, 자유공간 위치 송풍량(Q_1)

$$Q_1 = 60 \times 0.75 \times V_c[(10X^2) + A]$$

② 플랜지 부착, 작업면 위치 송풍량(Q_2)

$$Q_2 = 60 \times 0.5 \times V_c[(10X^2) + A]$$

$$\therefore \text{절감효율(\%)} = \frac{0.75 - 0.5}{0.75} \times 100 = 33.33\%$$

필수 예상문제 ✔ 출제확률 40%

용접 흄이 발생하는 공정의 작업대에 부착, 고정하여 개구면적이 0.6m²인 측방 외부식 플랜지 부착 장방형 후드를 설치하고자 한다. 제어속도가 0.4m/sec, 소요송풍량이 37.2m³/min이라면, 발생원으로부터 어느 정도 떨어진 위치(m)에 후드를 설치해야 하는가?

풀이 후드 바닥면에 위치, 플랜지 부착 조건이므로

$$Q = 60 \times 0.5 \times V_c(10X^2 + A)$$

$$10X^2 + A = \frac{Q}{60 \times 0.5 \times V_c}$$

$$\therefore X = \left[\frac{\left(\dfrac{37.2}{60 \times 0.5 \times 0.4} - 0.6\right)}{10}\right]^{\frac{1}{2}} = 0.5\text{m}$$

필수 예상문제 ✔ 출제확률 40%

자유공간에 떠 있는 직경 20cm인 원형 개구 후드의 개구면으로부터 20cm 떨어진 곳의 입자를 흡인하려고 한다. 제어풍속을 0.8m/sec로 할 때 덕트에서의 속도(m/sec)는 약 얼마인가?

풀이 $Q = V_c(10X^2 + A) = 0.8\text{m/sec} \times \left[(10 \times 0.2^2)\text{m}^2 + \left(\dfrac{3.14 \times 0.2^2}{4}\right)\text{m}^2\right] = 0.345\text{m}^3/\text{sec}$

$$\therefore V = \frac{Q}{A} = \frac{0.345\text{m}^3/\text{sec}}{\left(\dfrac{3.14 \times 0.2^2}{4}\right)\text{m}^2} = 10.99\text{m/sec}$$

기출문제

용접작업 시 발생되는 흄을 제거하기 위하여 플랜지가 부착된 장방형 후드를 자유공간에 설치한 것을 플랜지가 부착된 장방형 후드가 작업대 바닥면에 설치된 것으로 변경하였다면 각각의 필요송풍량(m^3/min)을 계산하고, 개선된 효율(%)을 구하시오. (단, 제어거리는 25cm, 제어속도는 0.6m/s, 후드 개구면적은 $0.7m^2$로 동일하다.)

풀이 ① 플랜지 부착 자유공간에 위치 필요송풍량(Q_1)

$$Q_1 = 60 \times 0.75 \times V_c(10X^2 + A)$$

- V_c : 0.6m/sec
- X : 0.25m
- A : $0.7m^2$

$$= 60 \times 0.75 \times 0.6[(10 \times 0.25^2) + 0.7]$$

$$= 35.78m^3/min$$

② 플랜지 부착 작업대 바닥면에 위치 필요송풍량(Q_2)

$$Q_2 = 60 \times 0.5 \times V_c(10X^2 + A)$$

- V_c : 0.6m/sec
- X : 0.25m
- A : $0.7m^2$

$$= 60 \times 0.5 \times 0.6[(10 \times 0.25^2) + 0.7]$$

$$= 23.85m^3/min$$

∴ 개선효율(%)

$$(\%) = \frac{Q_1 - Q_2}{Q_1} \times 100 = \frac{35.78 - 23.85}{35.78} \times 100 = 0.333 \times 100 = 33.3\%$$

기출문제

선박 제조업 용접작업대 위에 플랜지가 붙은 외부식 국소배기장치를 설치하였다. 후드 크기는 0.5m×0.2m, 제어거리(X)는 30cm, 제어속도(V_c)는 0.5m/초이다. 원형 덕트에서의 반송속도(V_t)는 10m/초였다. 만약 위의 후드에 플랜지를 부착하지 않았다면 증가된 필요환기량(m^3/min)을 구하시오.

풀이 ① 작업대, 플랜지 부착 필요환기량(Q_1)

$$Q_1 = 60 \times 0.5 \times V_c(10X^2 + A)$$

- V_c : 0.5m/sec
- X : 0.3m
- A : 0.5m × 0.2m = $0.1m^2$

$$= 60 \times 0.5 \times 0.5[(10 \times 0.3^2) + 0.1]$$

$$= 15m^3/min$$

② 작업대, 플랜지 미부착 필요환기량(Q_2)

$$Q_2 = 60 \times V_c(5X^2 + A)$$

- V_c : 0.5m/sec
- X : 0.3m
- A : 1m²

$$= 60 \times 0.5[(5 \times 0.3^2) + 0.1]$$

$$= 16.5 \text{m}^3/\text{min}$$

∴ 증가된 필요환기량(Q)

$$Q = Q_2 - Q_1 = 16.5 - 15 = 1.5 \text{m}^3/\text{min}$$

기출문제

먼지를 제거하기 위해 다음과 같은 후드를 설치하였다. 설계 당시 먼지의 발생원은 후드 면으로부터 20cm 떨어진 곳이었으며 제어속도는 2m/s로 하였다. 이 후드는 정상적으로 작동하였다. 그런데 이 작업공정에서 생산되는 제품의 규격이 일부 변경됨에 따라 불가피하게 후드에서 먼지 발생원까지의 거리가 25cm로 5cm 증가하였다. 따라서 제어유량이 증가하게 되었다. 이 상태에서 다른 후드 사양을 변경시키지 않고 25cm의 거리에서 제어풍속 2m/s를 유지하기 위하여 송풍기의 회전수를 증가시키는 방법으로 유량을 증가시켰다. 이렇게 하면 처음(X = 20cm일 때)보다 변경 후(X = 25cm, 송풍기 회전수 증가)의 전기료는 이론적으로 몇 % 증가하는가? (단, 유량 계산 공식은 $Q = 60 \cdot V \cdot (10X^2 + A)$를 참고하시오.)

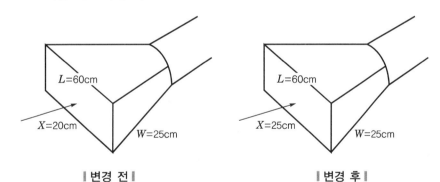

‖변경 전‖   ‖변경 후‖

풀이 ① X = 20cm일 경우 필요유량(Q_1)

$$Q_1 = 60 \times V(10X^2 + A)$$

- V_c : 2m/sec
- X : 0.2m
- A : 0.6m × 0.25m = 0.15m²

$$= 60 \times 2[(10 \times 0.2^2) + 0.15]$$

$$= 66 \text{m}^3/\text{min}$$

② $X = 25$cm일 경우 필요유량(Q_2)

$$Q_2 = 60 \times V(10X^2 + A)$$

- $V : 2$m/sec
- $X : 0.25$m
- $A : 0.6$m$\times 0.25$m$= 0.15$m^2

$$= 60 \times 2[(10 \times 0.25^2) + 0.15]$$
$$= 93 \text{m}^3/\text{min}$$

∴ 유량과 회전수의 관계

$$\left(\frac{Q_2}{Q_1}\right) = \left(\frac{\text{RPM}_2}{\text{RPM}_1}\right), \quad \left(\frac{\text{kW}_2}{\text{kW}_1}\right) = \left(\frac{\text{RPM}_2}{\text{RPM}_1}\right)^3 \text{이므로}$$

$$\left(\frac{\text{kW}_2}{\text{kW}_1}\right) = \left(\frac{Q_2}{Q_1}\right)^3 = \left(\frac{93}{66}\right)^3 = 2.78$$

이론적으로 전기료는 2.78배(약 278%) 증가한다.

기출문제

도금공장에 후드 개구면의 길이가 110cm이고 폭이 15cm인 슬롯(Slot)형 후드를 설치하려고 한다. 슬롯 후드에 플랜지가 부착되어 있으며 제어풍속이 1.2m/s이고, 제어풍속에 미치는 거리가 30cm인 경우 필요환기량(m^3/min)과 슬롯 내의 속도압(mmHg)을 구하시오.

풀이 ① 필요환기량(Q)

플랜지 부착 Slot 후드 필요환기량

$$Q(\text{m}^3/\text{min}) = C \times L \times V_c \times X$$

- C(형상계수) : 2.8 적용(단, ACGIH : 2.6)
- L(slot 개구면 길이) : 1.1m
- V_c(제어속도) : 1.2m/sec
- X(포착점까지의 거리) : 0.3m

$$= 2.8 \times 1.1\text{m} \times 1.2\text{m/sec} \times 0.3\text{m} \times 60\text{sec/min}$$
$$= 66.53\text{m}^3/\text{min}$$

② Slot 내의 속도압(VP)

$$VP = \left(\frac{V}{4.043}\right)^2$$

$$VP = \frac{Q}{A} = \frac{66.53\text{m}^3/\text{min} \times 60\text{m/sec}}{0.165} = 6.71\text{m/sec}$$

$$= \left(\frac{6.72}{4.043}\right)^2 = 2.76\text{mmH}_2\text{O}$$

14 후드의 압력손실 ●출제율 50%

공기가 후드 내부로 유입될 때 가속손실(acceleration loss)과 유입손실(entry loss)의 형태로 압력손실이 발생한다.

(1) 가속손실

① 정지상태의 실내공기를 일정한 속도로 가속화시키는데 필요한 운동에너지
② 가속화시키는데는 동압(속도압)에 해당하는 에너지가 필요하다.
③ 공기를 가속시킬 시 정압이 속도압으로 변화될 때 나타나는 에너지손실, 즉 압력손실이다.
④ 관계식

$$가속손실(\Delta P) = 1.0 \times VP$$

여기서, VP : 속도압(동압)(mmH_2O)

(2) 유입손실

① 공기가 후드나 덕트로 유입될 때 후드 덕트의 모양에 따라 발생되는 난류가 공기의 흐름을 방해함으로써 생기는 에너지손실을 의미한다.
② 후드 개구에서 발생되는 베나수축(Vena contractor)의 형성과 분리에 의해 일어나는 에너지손실이다.
③ 관계식

$$유입손실(\Delta P) = F \times VP$$

여기서, F : 유입손실계수(요소)
VP : 속도압(동압)(mmH_2O)

④ 베나수축
   ㉠ 관내로 공기가 유입될 때 기류의 직경이 감소하는 현상, 즉 기류면적의 축소현상을 말한다.
   ㉡ 베나수축에 의한 손실과 베나수축이 다시 확장될 때 발생하는 난류에 의한 손실을 합하여 유입손실이라 하고 후드의 형태에 큰 영향을 받는다.
   ㉢ 베나수축은 덕트의 직경 D의 약 $0.2D$ 하류에 위치하며, 덕트의 시작점에서 Duct 직경 D의 약 2배쯤에서 붕괴된다.

ⓔ 베나수축에서는 관단면에서 유체의 유속이 가장 빠른 부분은 관중심부이다.

ⓜ 베나수축현상이 심할수록 손실을 증가되므로 수축이 최소화될 수 있는 후드 형태를 선택해야 한다.

ⓗ 베나수축이 일어나는 지점의 기류면적은 덕트 면적의 70~100% 정도의 범위이다.

ⓢ 베나수축이 심할수록 후드 유입손실은 증가한다.

ⓞ 베나수축지점에서는 정압이 속도압으로 변환되면서 약 2% 정도의 에너지손실이 일어난다.

ⓩ 기류가 베나수축을 통과하고 나서는 약 $0.8D$ 지점부터 다시 후드 전체로 충만되어 흐르기 때문에 기류가 감속되어 와류에 의한 난류발생과 함께 속도압이 정압으로 변하면서 다량의 에너지손실을 가져온다.

ⓒ 베나수축을 완화하는 방법은 후드에 플랜지 부착 및 복합 후드로 설계한다.

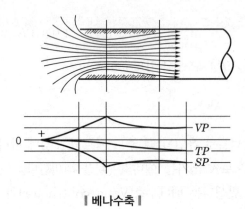

‖ 베나수축 ‖

⑤ 후드(HOOD)정압(SP_h)

㉠ 정의

가속손실과 유입손실을 합한 것이다. 즉 공기를 가속화시키는 힘인 속도압과 후드 유입구에서 발생되는 후드의 유입손실을 합한 것이다.

㉡ 관계식

$$후드정압(SP_h) = VP + \Delta P = VP + (F \times VP) = VP(1 + F)$$

여기서, VP : 속도압(동압)(mmH$_2$O)

ΔP : HOOD 압력손실(mmH$_2$O) → 유입손실

F : 유입손실계수(요소) → 후드 모양에 좌우됨

㉢ 유입계수(Ce)

ⓐ 실제 후드 내로 유입되는 유량과 이론상 후드 내의 유입되는 유량의 비를 의미한다.

ⓑ 후드의 유입효율을 나타내며, Ce가 1에 가까울수록 압력손실이 작은 hood를 의미한다. 즉 후드에서의 유입손실이 전혀 없는 이상적인 후드의 유입계수는 1.0이다.

ⓒ 관계식

$$유입계수(Ce) = \frac{실제유량}{이론적인 유량} = \frac{실제 흡인유량}{이상적인 흡인유량}$$

$$후드 유입손실계수(F) = \frac{1}{Ce^2} - 1$$

$$유입계수(Ce) = \sqrt{\frac{1}{1+F}}$$

참고 Ce와 VP, SP의 관계

$$Ce = \frac{실제유량}{이론\ 최대유량}$$

실제유량$(Q) = A \times V = A \times \sqrt{\dfrac{2g\,VP}{\gamma}}$

이론 최대유량(Q_{max})는 정압의 손실없이 모두 속도압으로 변환될 경우$(F=0)$의 유량을 의미하므로 $SP_h = VP(1+F)$에서 $F=0$이므로 $SP_h = VP$

이론 최대유량$(Q_{max}) = A \times V_{max} = A \times \sqrt{\dfrac{2gSP_h}{\gamma}} = \dfrac{Q}{Q_{max}} = \sqrt{\dfrac{VP}{SP_h}}$

필수 예상문제 ✔ 출제확률 70%

유입계수 $Ce = 0.78$ 플랜지 부착 원형 후드가 있다. 덕트의 원면적이 $0.0314m^2$이고 필요 환기량 Q는 $30m^3/min$이라고 할 때 후드의 정압(mmH$_2$O)은? (단, 공기밀도 1.2kg/m^3)

풀이 후드의 정압 $(SP_h) = VP(1+F)$

여기서, VP를 구하기 위하여 V(속도)를 먼저 구하면

$Q = A \times V$에서

$$V = \frac{Q}{A} = \frac{30m^3/min}{0.0314m^2} = 955.41m/min\,(=15.92m/sec)$$

$$VP = \frac{\gamma V^2}{2g} = \frac{1.2 \times 15.92^2}{2 \times 9.8} = 15.51mmH_2O$$

$$F = \frac{1}{Ce^2} - 1 = \frac{1}{0.78^2} - 1 = 0.64$$

$$= 15.51(1+0.64) = 25.49mmH_2O$$

[실제적으로 $-25.49mmH_2O$]

필수 예상문제 ✔ 출제확률 **70%**

유입계수가 0.6인 플랜지 부착 원형 후드가 있다. 덕트의 직경은 10cm이고, 필요환기량이 20m³/min라고 할 때 후드 정압(SP_h)은 약 몇 mmH₂O인가?

풀이 $SP_h = VP(1+F)$

$$F = \frac{1}{Ce^2} - 1 = \frac{1}{0.6^2} - 1 = 1.78$$

$$VP = \left(\frac{V}{4.043}\right)^2$$

$$V = \frac{Q}{A} = \frac{20\text{m}^3/\text{min}}{\left(\dfrac{3.14 \times 0.1^2}{4}\right)\text{m}^2}$$

$$= 2547.77\text{m/min} \times \text{min/60sec} = 42.46\text{m/sec}$$

$$= \left(\frac{42.46}{4.043}\right)^2 = 110.28\text{mmH}_2\text{O}$$

$$= 110.29(1+1.78) = 306.62\text{mmH}_2\text{O}(\text{실제적으로는} -306.62\text{mmH}_2\text{O})$$

기출문제

외부식 국소배기장치에 대한 사양이다. 소요풍량(Q, m³/분)이 10, 덕트 직경(d)이 200mm, 후드 유입손실계수(F)가 0.40이다. 온도는 산업환기의 표준상태로 가정하고 후드 유입손실(H_e, mmH₂O)과 후드 정압(SP_h, mmH₂O)을 구하시오.

풀이 ① 후드 유입손실(H_e)

$$H_e = F \times VP$$

$$F : 0.40$$

$$VP = \left(\frac{V}{4.043}\right)^2 = \left(\frac{5.31}{4.043}\right)^2 = 1.72\text{mmH}_2\text{O}$$

$$Q = A \times V$$

$$V = \frac{Q}{A} = \frac{10\text{m}^3/\text{min}}{\left(\dfrac{3.14 \times 0.2^2}{4}\right)\text{m}^2}$$

$$= 318.47\text{m/min} \times \text{min/60sec} = 5.31\text{m/sec}$$

$$= 0.40 \times 1.72 = 0.69\text{mmH}_2\text{O}$$

② 후드 정압(SP_h)

$$SP_h = VP(1+F) = 1.72(1+0.40) = 2.41\text{mmH}_2\text{O}(\text{실제적으로는} -2.41\text{mmH}_2\text{O})$$

기출문제

제어거리 20cm에서의 제어속도가 0.3m/s, 후드 열린 면의 직경이 30cm, 덕트 직경이 10cm인 그림과 같은 후드의 유입계수(coefficient of entry, Ce)를 구하시오.

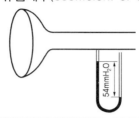

풀이 유입계수(Ce)

$$Ce = \frac{Q}{Q_{\max}} = \sqrt{\frac{VP}{SP_h}} \qquad SP_h : \text{그림상 } 54\text{mmH}_2\text{O} \qquad VP = \left(\frac{V}{4.043}\right)^2$$

$$V = \frac{Q}{A}$$

$$Q = V_c(10X^2 + A)$$

$$= 0.3\text{m/sec} \times \left[(10 \times 0.2^2)\text{m}^2 + \left(\frac{3.14 \times 0.3^2}{4}\right)\text{m}^2\right] = 0.141\text{m}^3/\text{sec}$$

$$= \frac{0.141\text{m}^3/\text{sec}}{\left(\frac{3.14 \times 0.1^2}{4}\right)\text{m}^2} = 17.99\text{m/sec}$$

$$= \left(\frac{17.99}{4.043}\right)^2 = 19.79\text{mmH}_2\text{O}$$

$$= \sqrt{\frac{19.79}{54}} = 0.61$$

기출문제

용접 흄 후드의 정압이 처음에는 20mmH₂O였고 이때의 유량은 40m³/min이었다. 최근에 조사해 본 결과 정압이 16mmH₂O였다면 최근의 유량은 얼마인지 추정해 보시오. 그리고 정압 감소는 무엇을 의미하며 이렇게 된 가능한 원인에 대하여 쓰시오.

풀이 ① SP 16mmH₂O의 유량 : 유량(Q)은 속도(V)에 비례하고, 후드 정압(SP_h)은 속도(V)의 제곱에 비례한다.[$VP = \gamma V^2/2g$]

$$\left(\frac{Q_2}{Q_1}\right)^2 = \frac{SP_{h_2}}{SP_{h_1}}$$

$$Q_2 = Q_1 \times \sqrt{\frac{SP_{h_2}}{SP_{h_1}}} = 40 \times \sqrt{\frac{16}{20}} = 35.78\text{m}^3/\text{min}$$

② 후드의 정압 감소는 가속손실과 유입손실의 저감을 의미하며 이에 원인은 송풍기의 흡인력이 약해져 가속손실과 유입손실을 보충하지 못하기 때문이다.

SECTION 7 DUCT

01 개요

(1) 후드에서 흡입한 유해물질을 공기정화기를 거쳐 송풍기까지 운반하는 송풍관 및 송풍기로부터 배기구까지 운반하는 관을 덕트라 한다.

(2) 후드로 흡입한 유해물질이 덕트 내에 퇴적하지 않게 공기정화장치까지 운반하는데 필요한 최소속도를 반송속도라 한다. 또한 압력손실을 최소화하기 위해 낮아야 하지만 너무 낮게 되면 입자상 물질의 퇴적이 발생할 수 있어 주의를 요한다.

02 반송속도 ●출제율 30%

(1) 정의

반송속도(transportation velocity)는 후드로 흡입한 오염물질을 덕트 내에 퇴적하지 않게 공기정화장치까지 운반하는데 필요한 송풍관(duct) 내 기류의 최소 속도를 말한다.

(2) 반송속도 선정요인

반송속도 선정 시에는 덕트 직경, 조도, 단면 확대 또는 수축, 곡관 수 및 모양 등 인자를 고려한다.

① 공정과 오염물질에 따른 반송속도에 관한 구체적 참고자료가 있는 경우에는 개개의 설계자료 및 설계의 예로부터 선정한다.

② 작업공정에 따른 반송속도에 관한 일반적인 참고자료가 있는 경우에는 이와 같은 자료에서 선정한다.

③ 반송속도에 관한 참고자료가 없는 경우에는 다음 표의 자료에서 적절하게 선정한다.

❍ 국소배기장치 설계를 위한 덕트의 반송속도 권고치

유해물질	예	반송속도(m/sec)
가스, 증기, 흄 및 극히 가벼운 물질	각종 가스, 증기, 산화아연 및 산화알루미늄 등의 흄, 목재 분진, 솜먼지, 고무분, 합성 수지분	10
가벼운 건조 먼지	원면 곡물분, 고무, 플라스틱, 경금속 분진	15
일반 공업 분진	털, 나무부스러기, 대패부스러기, 샌드블라스트, 글라인더 분진, 내화벽돌 분진	20
무거운 분진	납분진, 주조 후 모래털기 작업 시 먼지, 선반작업 시 먼지	25
무겁고 비교적 큰 입자의 젖은 먼지	젖은 납 분진, 젖은 주조작업 발생 먼지	25 이상

(3) 반송속도 영향

① 반송속도 너무 빠른 경우 영향
- ㉠ 덕트 내의 마찰에 의해 압력손실 증가
- ㉡ 덕트 내의 난류에 의해 압력손실 증가
- ㉢ 송풍기의 소요동력이 커짐

② 반송속도 너무 느린 경우 영향
- ㉠ 입자상 오염물질 등을 덕트 내에 퇴적시킴
- ㉡ 송풍기의 송풍량이 소정량 이하로 됨
- ㉢ 오염물질의 제거효율 저하

---

03 반송속도(최소 덕트속도)가 이론치 또는 실험치보다 높아야 하는 이유 ●출제율 40%

(1) 만약 1개 이상의 덕트를 차단할 경우 국소배기시설의 총 유량이 변화하고, 따라서 특정 덕트상 어느 지점에서는 덕트속도가 변화되기 때문이다.

(2) 덕트 일부분에 손상(형상이 찌그러지는 현상 등)이 생길 경우 그 부위에 저항이 생겨 공기유량과 속도가 감소되기 때문이다.

(3) 덕트의 특정 어느 부위에서 덕트 내의 유량이 외부로 새어나오면 그 특정부위의 앞부분 유량과 속도가 뒷부분보다 감소되기 때문이다.

(4) 송풍기의 날개가 부식하거나 송풍기 벨트가 손상되면 공기유량과 속도가 감소되기 때문이다.

(5) 국소배기시설이 적절하게 가동되지 못하여 먼지 등이 이미 덕트 내에 침적되어 있을 경우, 이러한 침적된 먼지도 운반하여 제거할 수 있도록 덕트속도를 유지해야 하기 때문이다.

04 덕트 설치기준(설치 시 고려사항) ●출제율 50%

※ 산업안전보건기준에 관한 규칙(①~⑤항)

(1) 가능한 한 길이는 짧게 하고, 굴곡부의 수는 적게 할 것

(2) 접속부의 내면은 돌출된 부분이 없도록 할 것

(3) 청소구를 설치하는 등 청소하기 쉬운 구조로 할 것

(4) 덕트 내 오염물질이 쌓이지 아니하도록 이송속도를 유지할 것

(5) 연결부위 등은 외부 공기가 들어오지 아니하도록 할 것(연결 방법을 가능한 한 용접할 것)

(6) 가능한 한 후드의 가까운 곳에 설치할 것

(7) 송풍기를 연결할 때는 최소 덕트 직경의 6배 정도 직선구간을 확보할 것

(8) 직관은 하향구배로 하고 직경이 다른 덕트를 연결할 때는 경사 30℃ 이내의 테이퍼를 부착할 것

(9) 가급적 원형 덕트를 사용하고 부득이 사각형 덕트를 사용할 경우에는 가능한 한 정방형을 사용하고 곡관의 수를 적게 할 것

(10) 곡관의 곡률반경은 최소 덕트 직경의 1.5 이상, 주로 2.0을 사용할 것

(11) 수분이 응축될 경우 덕트 내로 들어가지 않도록 경사나 배수구를 마련할 것

(12) 덕트의 마찰계수는 작게 하고, 분지관을 가급적 적게 할 것

참고 「산업환기설비에 관한 기술지침」상 덕트의 접속 등 ●출제율 40%

1. 덕트의 접속 등은 다음의 사항에 적합하도록 설치하여야 한다.
   ㉠ 접속부의 내면은 돌기물이 없도록 할 것
   ㉡ 곡관(Elbow)은 5개 이상의 새우등 곡관으로 연결하거나, 곡관의 중심선 곡률반경이 덕트 지름의 2.5배 내외가 되도록 할 것
   ㉢ 주덕트와 지덕트의 접속은 30° 이내가 되도록 할 것
   ㉣ 확대 또는 축소되는 덕트의 관은 경사각을 15° 이하로 하거나, 확대 또는 축소 전후의 덕트 지름 차이가 5배 이상 되도록 할 것
   ㉤ 접속부는 덕트 소용돌이(Vortex) 기류가 발생하지 않는 구조로 할 것
   ㉥ 지덕트가 2개 이상인 경우 주덕트와의 접속은 각각 적절한 방향과 간격을 두고 접속하여 저항이 최소화되는 구조로 하고, 2개 이상의 지덕트를 확대관 또는 축소관의 동일한 부위에 접속하지 않도록 할 것
2. 덕트 내부에는 분진, 흄, 미스트 등이 퇴적할 수 있으므로 청소가 가능한 부위에 청소구를 설치하여야 한다.
3. 미스트나 수증기 등 응축이 일어날 수 있는 유해물질이 통과하는 덕트에는 덕트 응축된 미스트나 응축수 등을 제거하기 위한 드레인밸브(Drain valve)를 설치하여야 한다.
4. 덕트에는 덕트 내 반송속도를 측정할 수 있는 측정구를 적절한 위치에 설치하여야 하며, 측정구의 위치는 균일한 기류상태에서 측정하기 위해서, 엘보, 후드, 지덕트 접속부 등 기류변동이 있는 지점으로부터 최소한 덕트 지름의 7.5배 이상 떨어진 하류 측에 설치하여야 한다.
5. 덕트의 진동이 심한 경우, 진동전달을 감소시키기 위하여 지지대 등을 설치하여야 한다.
6. 플랜지를 이용한 덕트 연결 시에는 개스킷을 사용하여 공기의 누설을 방지하고, 볼트 체결부에는 방진고무를 삽입하여야 한다.
7. 덕트 길이가 1m 이상인 경우, 견고한 구조로 지지대 등을 설치하여 휨 등에 의한 구조변화나 파손 등이 발생하지 않도록 하여야 한다.
8. 작업장 천장 등의 설치공간 부족으로 덕트 형태가 변형될 때에는 그에 따르는 압력손실이 크지 않도록 설치하여야 한다.
9. 주름관 덕트(Flexible duct)는 가능한 한 사용하지 않는 것이 원칙이나, 필요에 의하여 사용한 경우에는 접힘이나 꼬임에 의해 과도한 압력손실이 발생하지 않도록 최소한의 길이로 설치하여야 한다.

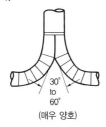

30°
to
60°
(매우 양호)

30°
to
60°
(매우 양호)

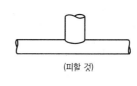

(피할 것)

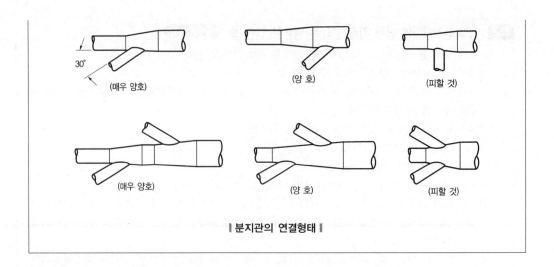

‖ 분지관의 연결형태 ‖

05 오염물질에 대한 덕트의 재질 ●출제율 20%

(1) 덕트 재질

① 유기용제(부식이나 마모의 우려가 없는 곳) : 아연도금강판

② 강산, 염소제 용제 : 스테인리스 스틸 강판

③ 알칼리 : 강판

④ 주물사, 고온가스 : 흑피강판

⑤ 전리방사선 : 중질 콘크리트

(2) 재질의 선정 등(산업환기설비에 관한 기술지침)

① 덕트는 내마모성, 내부식성 등의 재료 또는 도포한 재질을 사용하고, 변형 등이 발생하지 않는 충분한 강도를 지닌 재질로 하여야 한다.

② 가능한 한 원형관을 사용하고, 다음의 사항에 적합하도록 하여야 한다.

　㉠ 덕트의 굴곡과 접속은 공기흐름의 저항이 최소화될 수 있도록 할 것

　㉡ 덕트의 내부는 가능한 한 매끄러워야 하며, 마찰손실을 최소화 할 것

　㉢ 마모성, 부식성 유해물질을 반송하는 덕트는 충분한 강도를 지닐 것

06 덕트의 압력손실 ●출제율 40%

후드에 흡입된 공기가 덕트를 통과할 때 공기기류는 마찰 및 난류로 인해 마찰압력손실과 난류압력손실이 발생한다.

(1) 마찰압력손실

① 공기가 덕트면과 접촉에 의한 마찰에 의해 발생한다.
② 마찰압력손실에 미치는 영향인자
   ㉠ 덕트 내 속도
   ㉡ 덕트 내면의 성질(조도 : 거칠기)
   ㉢ 덕트 직경
   ㉣ 공기밀도 및 점도
   ㉤ 덕트의 형상

(2) 난류압력손실

① 난류의 속도 증감에 의해 발생한다.
② 난류압력손실에 미치는 영향인자
   ㉠ 곡관에 의한 공기기류의 방향 전환
   ㉡ 축소관에 의한 덕트 단면적의 감소
   ㉢ 확대관에 의한 덕트 단면적의 증가

(3) 덕트 압력손실 계산 방법

① 등가길이(등거리) 방법
   ㉠ Duct의 단위길이당 마찰손실을 유속과 직경의 함수로 표현하는 방법, 즉 같은 손실을 갖는 직관의 길이로 환산하여 표현하는 방법이다.
   ㉡ 덕트 길이 1m당 발생하는 압력손실을 계산하는 식이며, 표준공기가 아연도금 원형 덕트(길이 30m, 연결부 40개)를 흐를 때 기준으로 한다.

ⓒ 관계식

$$\Delta P = \frac{5.3845 \times V^{1.9}}{d^{1.22}}$$

여기서, ΔP : 단위길이당 압력손실(mmH$_2$O)

V : 유속(m/sec)

d : 관 직경(mm)

② 속도압 방법

㉠ 유량과 유속에 의한 Duct 1m당 발생하는 마찰손실로 속도압을 기준으로 표현하는 방법으로 산업환기 설계에 일반적으로 사용한다.

㉡ 장점으로는 정압 평형법 설계 시 덕트 크기를 보다 더 신속하게 재계산이 가능하다.

ⓒ 관계식

$$\Delta P = HF \times L \times VP$$

여기서, ΔP : 압력손실(mmH$_2$O)

L : 덕트 직관 길이(m)

VP : 속도압(mmH$_2$O)

HF : 마찰손실계수(무차원)

$$HF = \frac{aV^b}{Q^c}$$

V : 덕트 유속(m/sec)

Q : 유량(m^3/sec)

a, b, c : 덕트 재질에 따른 상수

(4) 원형 직선 Duct의 압력손실

① 개요

압력손실은 덕트의 길이, 공기밀도에 비례 유속의 제곱에 비례하고 덕트의 직경에 반비례하며 또한 원칙적으로 마찰계수는 Moody chart(레이놀즈 수와 상대조도에 의한 그래프)에서 구한 값을 적용한다.

② 관계식

$$\text{압력손실}(\Delta P) = F \times VP(\text{mmH}_2\text{O}) : \text{Darcy-weisbach 식}$$

$$F(\text{압력손실계수}) = 4 \times f \times \frac{L}{D}\left(= \lambda \times \frac{L}{D}\right)$$

여기서, λ : 관마찰계수(무차원)($\lambda = 4f$; f : 페닝마찰계수)

D : 덕트 직경(m)

L : 덕트 길이(m)

$$VP(\text{속도압}) = \frac{\gamma \cdot V^2}{2g}(\text{mmH}_2\text{O})$$

여기서, γ : 비중(kg/m^3)

V : 공기속도(m/sec)

g : 중력가속도(m/sec^2)

$$f(\text{페닝마찰계수 : 표면마찰계수}) = \frac{\lambda}{4}$$

여기서, λ : 달시마찰계수

(5) 장방형 직선 Duct 압력손실

① 개요

압력손실 계산 시 상당직경을 구하여 원형 직선 Duct 계산과 동일하게 한다.

② 관계식

$$\text{압력손실}(\Delta P) = F \times VP(\text{mmH}_2\text{O})$$

$$F(\text{압력손실계수}) = \lambda(f) \times \frac{L}{D}$$

여기서, λ : 달시마찰계수(무차원)

f : 페닝마찰계수(무차원)

D : 덕트 직경(상당직경, 등가직경)(m)

L : 덕트 길이(m)

$$VP(\text{속도압}) = \frac{\gamma \cdot V^2}{2g}(\text{mmH}_2\text{O})$$

여기서, γ : 비중(kg/m^3)

V : 공기속도(m/sec)

g : 중력가속도(m/sec^2)

③ 상당직경(등가직경 : equivalent diameter) ●출제율 20%
사각형(장방형)관과 동일한 유체역학적인 특성을 갖는 원형관의 직경을 의미한다.

$$상당직경(de) = \frac{2ab}{a+b}$$

$$\frac{2ab}{a+b} = 수력 반경 \times 4 = \frac{유로 단면적}{접수길이} \times 4 = \frac{ab}{2(a+b)} \times 4$$

여기서, a, b : 각 변의 길이

$$상당직경(de) = 1.3 \times \frac{(ab)^{0.625}}{(a+b)^{0.25}} \rightarrow 양변의 비가 75\% 이상일 경우 적용$$

$$= 1.3 \times \sqrt[8]{\frac{(ab)^5}{(a+b)^2}}$$

④ 장방형 덕트에서 두 변의 길이를 구하는 방법
두 변의 길이를 같게 하는 것이 바람직하나 이외의 경우는 측변비(C)를 1/3 이상
으로 한다.

$$1 \geq C \geq 1/3$$

여기서, C : 측변비(L_2/L_1)

L_1 : 긴 변의 길이

L_2 : 짧은 변의 길이

$L_2 = CL_1$

장방형 면적(A) $= L_1 \times L_2 = L_1 \times (C \times L_1) = L_1^2 \times C$

$L_1 = \sqrt{A/C}$

⑤ 장방형 덕트의 단면적이 같은 원형 덕트보다 압력손실이 20% 정도 커져 동력손실
이 크고 가격도 비싸고 내부 청소도 불편하므로 원형 덕트를 설치하는데 특별한 지
장이 있는 경우에 한해 일반적으로 사용한다.

[참고] **달시마찰계수(λ : Darcy friction factor)**

달시마찰계수는 레이놀즈 수(Re)와 상대조도(절대표면조도÷덕트 직경)의 함수이며, 각 유체영역
에서의 함수는 다음과 같다.
1. 층류영역 → λ는 Re만의 함수
2. 전이영역 → λ는 Re와 상대조도에 의한 함수
3. 난류영역 → λ는 상대조도에 의한 함수

기출문제

배출량이 45m³/min, 반송속도가 15m/sec, 측변비를 1 또는 1/3로 하는 경우 장방형
덕트의 두 변의 길이를 구하시오.

풀이 ① 우선 단면적(A)을 구함

$$Q = A \times V$$

$$A = \frac{Q}{V} = \frac{45\text{m}^3/\text{min}}{15\text{m}/\text{sec} \times 60\text{sec}/\text{min}} = 0.05\text{m}^2$$

② 측변비가 1일 때

한 변의 길이를 L이라 할 때

$$A = L \times L = L^2$$

$$L^2 = 0.05\text{m}^2$$

$$L = 0.2236\text{m} \, (22.36\text{cm})$$

③ 측변비가 1/3일 때

긴 변을 L_1, 짧은 변을 L_2

$$L_1 = 3L_2$$

$$A = L_1 \times L_2 = 3L_2^2$$

$$3L_2^2 = 0.05\text{m}^2$$

$$L_2 = 0.129\text{m} \, (12.9\text{cm})$$

$$L_1 = 12.9 \times 3 = 38.7\text{cm}$$

필수 예상문제　　　　　　　　　　　　　✔ 출제확률 30%

정방형 덕트의 단변 0.13m, 장변 0.26m, 길이 15m, 속도압 20mmH₂O, 관마찰계수(λ)가
0.004일 때 덕트의 압력손실은?

풀이 압력손실$(\Delta P) = \lambda \times \dfrac{L}{D} \times VP$에서

$$\text{상당직경}(de) = \frac{2ab}{a+b} = \frac{2(0.13 \times 0.26)}{0.13 + 0.26} = 0.173\text{m}$$

$$= 0.004 \times \frac{15}{0.173} \times 20$$

$$= 6.94\text{mmH}_2\text{O}$$

필수 예상문제 ✔ 출제확률 30%

송풍량이 110m³/min일 때 관내경이 400mm이고 길이가 5m인 직관의 마찰손실은? (단, 유체밀도 1.2kg/m³, 관마찰손실계수 0.02를 직접 적용함)

풀이 압력손실$(\Delta P) = \lambda \times \dfrac{L}{D} \times VP$

VP(속도압)을 구하려면 먼저 V(속도)를 구하여야 한다.

$Q = A \times V$

$V = \dfrac{Q}{A} = \dfrac{110\text{m}^3/\text{min}}{\left(\dfrac{3.14 \times (0.4)^2}{4}\right)\text{m}^2} = 875.8\text{m/min} \times \text{min/60sec}$

$= 14.6\text{m/sec}$

$= 0.02 \times \dfrac{5}{0.4} \times \dfrac{1.2 \times 14.6^2}{2 \times 9.8} = 3.26\text{mmH}_2\text{O}$

필수 예상문제 ✔ 출제확률 60%

직경이 100mm(단면적 0.00785m²), 직선 길이 3m인 아연도금 원형 덕트 내를 유량이 12m³/min인 표준상태의 공기가 통과하고 있다. 다음 [조건]을 활용하여 등거리 방법과 속도압 방법에 의한 압력손실(mmH₂O)을 구하여라.

[조건]

▸ 등거리법 압력손실 공식은 $\dfrac{5.3845\,V^{1.9}}{d^{1.22}}$ 를 사용할 것

▸ 속도압법 계산 시 마찰손실계수(HF)를 계산할 때 상수 a는 0.0155, b는 0.533, c는 0.612로 계산할 것

풀이 ① 등거리법

$h_L(\text{1m당 마찰손실 : mmH}_2\text{O}) = \dfrac{5.3845\,V^{1.9}}{d^{1.22}} = \dfrac{5.3845 \times 25.48^{1.9}}{100^{1.22}} = 9.18\text{mmH}_2\text{O}$

$\left(V = \dfrac{12\text{m}^3/\text{min} \times \text{min/60sec}}{0.00758\text{m}^2} = 25.48\text{m/sec}\right)$

$\Delta P = \dfrac{9.18\text{mmH}_2\text{O}}{1\text{m}} \times 3\text{m} = 27.54\text{mmH}_2\text{O}$

② 속도압법

마찰손실계수$(HF) = \dfrac{a\,V^b}{Q^c} = \dfrac{0.0155 \times 25.48^{0.533}}{0.2^{0.612}} = 0.2331$

$(Q = 12\text{m}^3/\text{min} \times \text{min/60sec} = 0.2\text{m}^3/\text{sec})$

$VP = \left(\dfrac{25.48}{4.043}\right)^2 = 39.72\text{mmH}_2\text{O}$

$\Delta P = HF \times L \times VP = 0.2331 \times 3 \times 39.72 = 27.28\text{mmH}_2\text{O}$

기출문제

다음 그림과 같은 국소배기장치를 설계하여 적정한 송풍기(FAN)의 용량(송풍량, m³/min)과 세기(정압, mmH₂O)를 결정하시오. (단, 풀이과정을 순서대로 각 단계별로 간략히 설명하고, 필요한 사항을 계산하시오.)

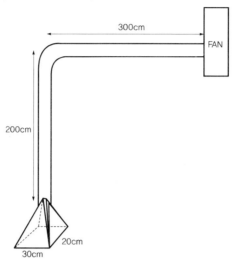

[조건]
▶ 오염물질 : 먼지 제어속도 0.3m/s

　　　　　먼지와 후드(열린 면)와의 거리 15cm

▶ 후드 : 사각형 후드($\theta = 45°$, 이때 유입손실은 $0.06\,VP$)　$Q' = 60\,V(10X^2 + A)$

　　　후드에 따른 환기량 산출공식

　　　[V : 제어속도(m/s), X : 후드와 먼지와의 거리(m), A : 후드 크기(열린 면적, m²)]

▶ 덕트 : 원형 덕트이며 재질은 스테인리스 스틸

　　　곡관부위 $\theta = 90°$, R(중심반경)=20cm, 이때 손실계수 $F = 0.13$

　　　덕트의 최소반송속도는 11m/s

　　　속도압법(Velocity Pressure Method)의 압력손실 계산식 $h_L = H_f L VP$

$$H_f = \frac{a\,V^b}{Q^c}$$

◑ 덕트의 재료별 속도압 방법의 식 H_f의 상수 a, b, c값

재 료	a	b	c
알루미늄, 스테인리스 스틸	0.0425	0.465	0.602
연마된 시트	0.0307	0.533	0.612

풀이 (1) 송풍량(Q')

$$Q' = 60\,V(10X^2 + A)$$

$$V = 0.3\text{m/sec}$$

$$X = 0.15\text{m}$$

$$A = 0.2\text{m} \times 0.3\text{m} = 0.06\text{m}^2$$

$$= 60 \times 0.3 \left[(10 \times 0.15^2) + 0.06\right] = 5.13\text{m}^3/\text{min}$$

(2) 정압

① 후드

후드 유입손실 $= 0.06 \times VP$

$$VP = \left(\frac{V}{4.043}\right)^2 = \left(\frac{11}{4.043}\right)^2 = 7.4\text{mmH}_2\text{O}$$

$$= 0.06 \times 7.4 = 0.44\text{mmH}_2\text{O}$$

② 덕트(곡관)

곡관 압력손실 $= F \times VP$

$$F = 0.13$$

$$VP = 7.4\text{mmH}_2\text{O}$$

$$= 0.13 \times 7.4 = 0.96\text{mmH}_2\text{O}$$

③ 덕트 직관

덕트 직관 압력손실(h_L) $= H_f \times L \times VP$

$$H_f = \frac{a\,V^b}{Q^c} = \frac{0.0425 \times 11^{0.456}}{0.0855^{0.602}} = 0.57$$

$$Q = 5.13\text{m}^3/\text{min} \times \text{min}/60\text{sec}$$

$$= 0.0855\text{m}^3/\text{sec}$$

$$a = 0.0425$$

$$b = 0.465$$

$$c = 0.602$$

$$L = 2\text{m} + 3\text{m} = 5\text{m}$$

$$VP = 7.4\text{mmH}_2\text{O}$$

$$= 0.57 \times 5 \times 7.4 = 21.09\text{mmH}_2\text{O}$$

∴ 총 압력손실(정압) $= 0.44 + 0.96 + 21.09 = 22.49\text{mmH}_2\text{O}$

(6) 곡관 압력손실

① 개요

　㉠ 곡관 압력손실은 곡관의 덕트 직경(D)과 곡률 반경(R)의 비, 즉 곡률 반경비 (R/D)에 의해 주로 좌우되며 곡관의 크기, 모양, 속도, 연결, 덕트 상태에 의해서도 영향을 받는다.

　㉡ 곡관의 반경비(R/D)를 크게 할수록 압력손실이 적어진다.

　㉢ 곡관의 구부러지는 경사는 가능한 완만하게 하도록 하고 구부러지는 관의 중심선의 반지름이 송풍관 직경의 2.5배 이상이 되도록 한다.

　㉣ 후드 곡관 덕트로 연결되는 경우 속도압의 측정위치는 덕트 직경의 4~6배 되는 지점

　㉤ 관련식

　　압력손실은 곡관의 각도가 90°가 아닌 경우 ΔP에서 $\theta/90$을 곱하여 구한다.

$$압력손실(\Delta P) = \left(\xi \times \frac{\theta}{90} \right) \times VP$$

　　여기서, ξ : 압력손실계수

　　　　　　θ : 곡관의 각도

　　　　　　VP : 속도압(동압)(mmH$_2$O)

　㉥ 새우등 곡관

　　ⓐ 새우등 곡선은 직경이 ($D \leqq 15$cm) 경우에는 새우등 3개 이상, ($D > 15$cm) 경우에는 새우등 5개 이상을 사용한다.

　　ⓑ 덕트 내부 청소를 위한 청소구를 설치하는 것이 유지관리상 바람직하다.

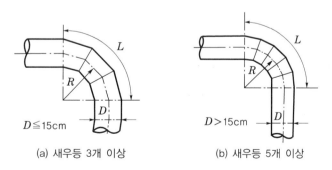

(a) 새우등 3개 이상　　　　(b) 새우등 5개 이상

‖ 새우등 곡관 사용의 경우 ‖

필수 예상문제 ✔ 출제확률 20%

직경 10cm, 중심선 반경 25cm인 60° 곡관의 속도압이 20mmH₂O일 때 이 곡관의 압력손실은? (단, 다음 표를 이용하여라.)

반경비(r/d)	1.25	1.50	1.75	2.00	2.25	2.50	2.75
압력손실계수(ξ)	0.55	0.39	0.32	0.27	0.26	0.22	0.26

풀이 압력손실$(\Delta P) = \left(\xi \times \dfrac{\theta}{90}\right) \times VP$

여기서, ξ는 $\dfrac{r}{d} = \dfrac{25}{10} = 2.5$이므로 ξ는 0.22이다.

$= 0.22 \times \dfrac{60}{90} \times 20 = 2.93\,\mathrm{mmH_2O}$

(7) 합류관 압력손실

① 합류관 연결방법

ㄱ 주관과 분지관을 연결 시 확대관을 이용하여 엇갈리게 연결한다.

ㄴ 분지관과 분지관 사이 거리는 덕트 지름의 6배 이상이 바람직하다.

ㄷ 분지관이 연결되는 주관의 확대각은 15° 이내가 적합하다.

ㄹ 주관측 확대관의 길이는 확대부 직경과 축소부 직경차의 5배 이상 되는 것이 바람직하다.

② 관련식

ㄱ 합류관의 압력손실(ΔP)은 주관의 압력손실(ΔP_1)과 분지관의 압력손실(ΔP_2)을 합한 값으로 된다.

$$압력손실(\Delta P) = \Delta P_1 + \Delta P_2 = (\xi_1 VP_1) + (\xi_2 VP_2)$$

ㄴ 분지관의 수를 가급적 적게 하여 압력손실을 줄인다.

ㄷ 합류각이 클수록 분지관의 압력손실은 증가한다.

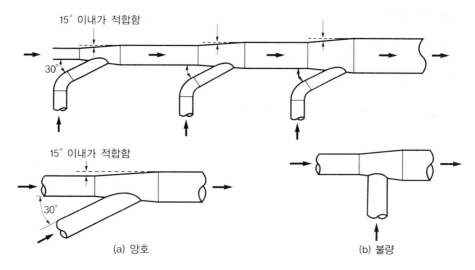

15° 이내가 적합함

30°

15° 이내가 적합함

30°

(a) 양호

(b) 불량

‖ 분지관(가지관)의 연결 ‖

③ 두 개의 덕트가 합류 시 정압(SP)에 따른 개선사항

　㉠ 두 개의 덕트가 합류 시 정압의 차이가 없는 것 : 이상적

　㉡ $\dfrac{낮은\,SP}{높은\,SP} < 0.8$: 정압이 낮은 덕트 직경을 재설계

　㉢ $0.8 \leq \dfrac{낮은\,SP}{높은\,SP} < 0.95$: 정압이 낮은 쪽의 유량 조정

　㉣ $0.95 \leq \dfrac{낮은\,SP}{높은\,SP}$: 차이를 무시함

④ 덕트의 접속 ●출제율 30%

　㉠ 접속부의 내면은 돌기물이 없도록 할 것

　㉡ 곡관(Elbow)은 5개 이상의 새우등 곡관으로 연결하거나, 곡관의 중심선 곡률 반경이 덕트 지름의 2.5배 내외가 되도록 할 것

　㉢ 주덕트와 지덕트의 접속은 30° 이내가 되도록 할 것

　㉣ 확대 또는 축소 되는 덕트의 관은 경사각을 15° 이하로 하거나 확대 또는 축소 전후의 덕트 지름 차이가 5배 이상 되도록 할 것

　㉤ 접속부는 덕트 소용돌이(Vortex) 기류가 발생하지 않는 구조로 할 것

　㉥ 지덕트가 2개 이상인 경우 주덕트와의 접속은 각각 적절한 방향과 간격을 두고 접속하여 저항이 최소화되는 구조로 하고, 2개 이상의 지덕트를 확대관 또는 축소관의 동일한 부위에 접속하지 않도록 할 것

필수 예상문제 ✔ 출제확률 20%

주관에 45°로 분지관이 연결되어 있다. 주관과 분지관의 반송속도는 모두 18m/sec이고, 주관의 압력손실계수는 0.2이며 분지관의 압력손실계수는 0.28이다. 주관과 분지관의 합류에 의한 압력손실은? (단, 공기밀도는 1.2kg/m³)

풀이 압력손실$(\Delta P) = \Delta P_1 + \Delta P_2 = (\xi_1 VP_1) + (\xi_2 VP_2)$

$$VP_1, \quad VP_2 = \frac{\gamma V^2}{2g} = \frac{1.2 \times 18^2}{2 \times 9.8} = 19.84 \mathrm{mmH_2O}$$

$$= (0.2 \times 19.87) + (0.28 \times 19.84) = 9.52 \mathrm{mmH_2O}$$

(8) 확대관 압력손실

① 개요

㉠ 확대관 속도압이 감소한 만큼 정압이 증가되어야 하나 실제로는 완전한 변환이 어려워 속도압 중 정압으로 변환하지 않은 나머지는 압력손실로 나타난다.

㉡ 확대관에서는 확대각이 클수록 압력손실은 증가한다.

② 관련식

정압회복계수$(R) = 1 - \xi$

여기서, ξ : 압력손실계수

압력손실$(\Delta P) = \xi \times (VP_1 - VP_2)$

여기서, VP_1 : 확대 전의 속도압(mmH$_2$O)
VP_2 : 확대 후의 속도압(mmH$_2$O)

정압회복량$(SP_2 - SP_1) = (VP_1 - VP_2) - \Delta P$

여기서, SP_1 : 확대 전의 정압(mmH$_2$O)
SP_2 : 확대 후의 정압(mmH$_2$O)

$$SP_2 - SP_1 = (VP_1 - VP_2) - [\xi(VP_1 - VP_2)]$$
$$= (1 - \xi)(VP_1 - VP_2)$$
$$= R(VP_1 - VP_2)$$

확대측 정압$(SP_2) = SP_1 + R(VP_1 - VP_2)$

‖ 원형 확대관 ‖

(9) 축소관 압력손실

① 개요

ⓐ 덕트의 단면 축소에 따라 정압이 속도압으로 변환되어 정압은 감소하고, 속도 압은 증가한다.

ⓑ 축소관은 확대관에 비해 압력손실이 작으며, 축소각이 45° 이하일 때는 무시한다.

ⓒ 축소관에서는 축소각이 클수록 압력손실은 증가한다.

② 관련식

$$압력손실(\Delta P) = \xi \times (VP_2 - VP_1)$$

여기서, VP_1 : 축소 전의 속도압(mmH$_2$O)
VP_2 : 축소 후의 속도압(mmH$_2$O)

$$정압 감소량(SP_2 - SP_1) = -(VP_2 - VP_1) - \Delta P = -(1+\xi)(VP_2 - VP_1)$$

여기서, SP_1 : 축소 전의 정압(mmH$_2$O)
SP_2 : 축소 후의 정압(mmH$_2$O)

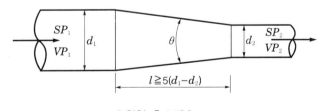

‖ 원형 축소관 ‖

(10) 배기 덕트(배기구) ●출제율 50%

① 「산업환기설비에 관한 기술지침」상 배기구의 설치

　㉠ 옥외에 설치하는 배기구의 높이는 지붕으로부터 1.5m 이상이거나 공장건물 높이의 0.3~1.0배 정도의 높이가 되도록 하여 배출된 유해물질이 당해 작업장으로 재유입되거나 인근의 다른 작업장으로 확산되어 영향을 미치지 않는 구조로 하여야 한다.

　㉡ 배기구는 내부식성, 내마모성이 있는 재질로 하되, 빗물의 유입을 방지하기 위하여 비덮개를 설치하고, 배기구의 하단에 배수밸브를 설치하여야 한다.

② 배기구의 설치는 「15-3-15 규칙」을 참조하여 설치

　㉠ 배출구와 공기를 유입하는 흡입구는 서로 15m 이상 떨어져야 한다.

　㉡ 배출구의 높이는 지붕 꼭대기나 공기유입구보다 위로 3m 이상 높게 하여야 한다.

　㉢ 배출되는 공기는 재유입되지 않도록 배출가스 속도는 15m/s 이상 유지한다.

③ 배기구 설치 시 주의사항

　㉠ 배출 공기의 재유입을 방지 및 대기확산효율을 높이기 위해 가능한 한 높게 배출시킬 수 있어야 한다.

　㉡ 비나 눈 등의 유입을 최소화할 수 있도록 해야 한다.

　㉢ 배출 저항이 가능한 한 적게 발생되도록 해야 한다.

　㉣ 설치비용이 저렴하고, 유지관리가 용이해야 한다.

　㉤ 국소배기장치의 배출구 압력은 항상 대기압보다 높아야 한다.

　㉥ 비마개형 배기구에서 직경에 대한 높이의 비(높이/직경)가 작을수록 압력손실은 증가한다.

필수 예상문제　　　　　　　　　　　✔ 출제확률 30%

확대각이 10°인 원형 확대관에서 입구 직관의 정압은 −10mmH₂O, 속도압은 30mmH₂O, 확대된 출구 직관의 속도압은 15mmH₂O이다. 압력손실과 확대측의 정압(mmH₂O)은? (단, θ =10°일 때 압력손실계수는 0.28)

풀이 ① 압력손실$(\Delta P) = \xi \times (VP_1 - VP_2) = 0.28 \times (30 - 15) = 4.2\,\text{mmH}_2\text{O}$

② 확대측 정압$(SP_2) = SP_1 + R(VP_1 - VP_2) = -10 + [(1-0.28) \times (30-15)]$

　　　　$= 0.8\,\text{mmH}_2\text{O}$

필수 예상문제

✔ 출제확률 50%

그림과 같은 덕트의 Ⅰ과 Ⅱ 단면에서 압력을 측정한 결과 Ⅰ단면의 정압(PS_1)은 −10mmH₂O였고, Ⅰ과 Ⅱ 단면의 동압은 각각 20mmH₂O와 15mmH₂O였다. Ⅱ단면의 정압(PS_2)이 −20mmH₂O이었다면 단면 확대부에서의 압력손실(mmH₂O)은?

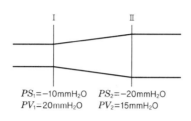

$PS_1 = -10\text{mmH}_2\text{O}$ $PS_2 = -20\text{mmH}_2\text{O}$
$PV_1 = 20\text{mmH}_2\text{O}$ $PV_2 = 15\text{mmH}_2\text{O}$

풀이 $\Delta P = (VP_1 - VP_2) - (SP_2 - SP_1) = (20 - 15) - [-20 - (-10)] = 15\text{mmH}_2\text{O}$

필수 예상문제

✔ 출제확률 40%

정압회복계수가 0.72이고, 정압회복량이 7.2mmH₂O인 원형 확대관의 압력손실은?

풀이 $(SP_2 - SP_1) = (VP_1 - VP_2) - \Delta P$

$7.2 = \dfrac{\Delta P}{\xi} - \Delta P$

$\dfrac{\Delta P}{(1 - 0.72)} - \Delta P = 7.2$

$\dfrac{\Delta P - 0.28\Delta P}{0.28} = 7.2$

$\Delta P(1 - 0.28) = 7.2 \times 0.28$

$\therefore \Delta P = \dfrac{7.2 \times 0.28}{0.72} = 2.8\text{mmH}_2\text{O}$

기출문제

그림과 같은 확대관에서 크기가 작은 덕트의 직경은 100mm, 큰 덕트의 직경은 150mm 이며, 직경 100mm의 덕트에서 속도압은 13.8mmH₂O이었다. 이 확대관의 손실계수를 구하시오.

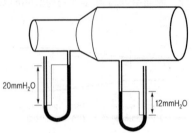

풀이 정압회복계수$(R) = 1 - \xi$

확대측 정압$(SP_2) = SP_1 + R(VP_1 - VP_2)$

SP_1 : 그림상 -20mmH₂O

SP_2 : 그림상 -12mmH₂O

VP_1 : 13.8mmH₂O

$$VP_2 = \left(\frac{V}{4.043}\right)^2$$

$$V = \frac{Q}{A}$$

$$A = \left(\frac{3.14 \times 0.15^2}{4}\right)\text{m}^2 = 0.0177\text{m}^2$$

Q는 확대 전 덕트의 유량과 동일

$$Q = \left(\frac{3.14 \times 0.1^2}{4}\right)\text{m}^2 \times (4.043 \times \sqrt{13.8})\text{m/sec}$$

$$= 0.118\text{m}^3/\text{sec}$$

$$= \frac{0.118\text{m}^3/\text{sec}}{0.0177\text{m}^2} = 6.66\text{m/sec}$$

$$= \left(\frac{6.66}{4.043}\right)^2 = 2.714\,\text{mmH}_2\text{O}$$

$$R = \frac{SP_2 - SP_1}{VP_1 - VP_2} = \frac{-12 - (-20)}{13.8 - 2.714} = 0.72$$

확대관의 손실계수$(\xi) = 1 - R = 1 - 0.72 = 0.28$

기출문제

다음과 같은 덕트의 확대관에서는 압력손실이 일어난다. 2지점에서의 정압(SP_2)을 구하시오. (단, 1지점에서 정압은 -55.4mmH₂O, 유량은 20m³/min, 덕트 직경은 20cm이며 2지점의 덕트 직경은 30cm, 확대가 일어나는 길이 L은 60cm이다. 확대관에서 VP 차이에 의한 정압회복계수는 다음 그림과 같다.) (2지점 : 확대관 지점)

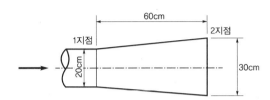

VP 차이에 의한 정압회복계수(R)						
taper 길이와 덕트 유입 직경의 비(L/D)	직경의 비(D_2/D_1)					
	1.2 : 1	1.3 : 1	1.4 : 1	1.5 : 1	1.6 : 1	1.7 : 1
10 : 1	0.37	0.29	0.38	0.35	0.31	0.27
1.0 : 1	0.39	0.46	0.47	0.46	0.41	0.41
2.0 : 1	0.42	0.49	0.52	0.52	0.51	0.49
3.0 : 1	0.44	0.52	0.57	0.59	0.60	0.59
4.0 : 1	0.45	0.55	0.60	0.63	0.63	0.64
5.0 : 1	0.47	0.56	0.62	0.65	0.66	0.68
7.5 : 1	0.48	0.58	0.64	0.68	0.70	0.72

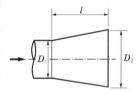

풀이 ① 정압회복계수(R)

직경비 : $D_2/D_1 = 30/20 = 1.5$

taper 길이와 덕트 유입 직경의 비 : $L/D = 60/20 = 3.0$

표에서 정압회복계수를 찾으면 0.59

② 확대측 정압(SP_2)

$SP_2 = SP_1 + R(VP_1 - VP_2)$

$SP_1 = 55.4$mmH₂O

$R = 0.59$

$VP_1 = \left(\dfrac{V}{4.043}\right)^2 = \left(\dfrac{10.62}{4.043}\right)^2 = 6.9$mmH₂O

$V = \dfrac{Q}{A} = \dfrac{20\text{m}^3/\text{min}}{\left(\dfrac{3.14 \times 0.2^2}{4}\right)\text{m}^2}$

$= 636.94\text{m}/\text{min} \times \text{min}/60\text{sec} = 10.62\text{m}/\text{sec}$

$$VP_2 = \left(\frac{V}{4.043}\right)^2 = \left(\frac{4.72}{4.043}\right)^2 = 1.36 \, mmH_2O$$

$$V = \frac{Q}{A} = \frac{20m^3/min}{\left(\frac{3.14 \times 0.3^2}{4}\right)m^2}$$

$$= 283.09 m/min \times min/60sec = 4.72 m/sec$$

$$\therefore SP_2 = -55.4 mmH_2O + [0.59(6.9-1.36)]mmH_2O = -52.13 mmH_2O$$

기출문제

국소배기장치의 덕트(duct)에서는 여러 가지 요인에 의해 압력손실이 발생한다. 덕트의 크기가 확대되는 지점에서도 압력손실이 발생한다. 이때 압력손실을 계산하기 위해 확대관의 모양에 따라 보통 정압회복계수(R) 값이 주어진다. 다음과 같은 경우 정압회복계수를 구하시오. (단, 확대 직전의 덕트 내 유속은 20.38m/s, 정압(SP_1)은 −50.8mmH₂O, 덕트 직경은 20cm, 확대 직후의 덕트 내 속도압은 5.1mmH₂O, 정압(SP_2)은 −35.4mmH₂O, 덕트 직경은 30cm)

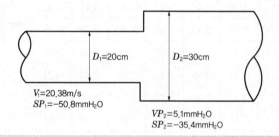

V_1=20.38m/s
SP_1=−50.8mmH₂O
D_1=20cm
D_2=30cm
VP_2=5.1mmH₂O
SP_2=−35.4mmH₂O

풀이 확대관의 정압회복계수(R)

$$SP_2 - SP_1 = R(VP_1 - VP_2)$$

$$R = \frac{(SP_2 - SP_1)}{(VP_1 - VP_2)}$$

$$SP_2 = -35.4 mmH_2O$$

$$SP_1 = -50.8 mmH_2O$$

$$VP_2 = 5.1 mmH_2O$$

$$VP_1 = \left(\frac{V}{4.043}\right)^2 = \left(\frac{20.38}{4.043}\right)^2 = 25.41 mmH_2O$$

$$\therefore R = \frac{(-35.4 - (-50.8))}{(25.41 - 5.1)} = 0.758$$

문제상 그림은 돌연확대관으로 돌연확대관에서는 감소한 속도압으로부터 아무런 정압회복도 일어나지 않으므로 압력손실계수는 1.0이다. 따라서 정압회복계수(R) =1−압력손실계수(ξ)는 $R=1-1=0$, 즉 정압회복계수를 0으로 볼 수도 있다.

(11) 총 압력손실의 계산 ●출제율 50%

① 개요

총 압력손실의 계산은 덕트 합류 시 균형유지를 위한, 즉 압력평형을 이루기 위한 계산 방법을 의미한다.

② 총 압력손실 계산 목적

㉠ 제어속도와 반송속도를 얻는 데 필요한 송풍량을 확보하기 위해

㉡ 환기시설 전체의 압력손실을 극복하는 데 필요한 풍량과 풍압을 얻기 위한 송풍기 형식 및 동력, 규모를 결정하기 위해

③ 총 압력손실 계산 방법

㉠ 정압조절평형법(유속조절평형법, 정압균형유지법)

ⓐ 정의

저항이 큰 쪽의 덕트 직경을 약간 크게 또는 덕트 직경을 감소시켜 저항을 줄이거나 증가시켜 또는 유량을 재조정하여 합류점의 정압이 같아지도록 하는 방법이다.

ⓑ 적용

분지관의 수가 적고 고독성 물질이나 폭발성 및 방사성 분진을 대상으로 사용

ⓒ 계산식

$$Q_c = Q_d \sqrt{\frac{SP_2}{SP_1}}$$

여기서, Q_c : 보정유량(m^3/min)

Q_d : 설계유량(m^3/min)

SP_1 : 압력손실이 작은 관의 정압(mmH_2O)

SP_2 : 압력손실이 큰 관의 정압(지배정압)(mmH_2O)

(계산결과 높은 쪽 정압과 낮은 쪽 정압의 비(정압비)가 1.2 이하인 경우는 정압이 낮은 분지관의 유량을 증가시켜 압력을 조정하고 정압비가 1.2보다 클 경우는 정압이 낮은 분진관을 재설계하여야 한다.)

ⓓ 장점

• 예기치 않는 침식, 부식, 분진 퇴적으로 인한 축적(퇴적) 현상이 일어나지 않는다.

• 잘못 설계된 분지관, 최대저항 경로(저항이 큰 분지관) 선정이 잘못되어도 설계 시 쉽게 발견할 수 있다.

• 설계가 정확할 때에는 가장 효율적인 시설이 된다.

• 유속의 범위가 적절히 선택되면 덕트의 폐쇄가 일어나지 않는다.

ⓔ 단점
- 설계 시 잘못된 유량을 고치기 어렵다(임의의 유량을 조절하기 어려움).
- 설계가 복잡하고 시간이 걸린다.
- 설계유량 산정이 잘못되었을 경우 수정은 덕트의 크기 변경을 필요로 한다.
- 때에 따라 전체 필요한 최소유량보다 더 초과될 수 있다.
- 설치 후 변경이나 확장에 대한 유연성이 낮다.
- 효율 개선 시 전체를 수정해야 한다.

ⓛ 저항조절평형법(댐퍼조절평형법, 덕트 균형유지법)
ⓐ 정의
각 덕트에 댐퍼를 부착하여 압력을 조정, 평형을 유지하는 방법이다.
ⓑ 특징
- 후드를 추가 설치해도 쉽게 정압조절이 가능하다.
- 사용하지 않는 후드를 막아 다른 곳에 필요한 정압을 보낼 수 있어 현장에서 가장 편리하게 사용할 수 있는 압력균형 방법이다.
- 총 압력손실 계산은 압력손실이 가장 큰 분지관을 기준으로 산정한다.
ⓒ 적용
분지관의 수가 많고 덕트의 압력손실이 클 때 사용(배출원이 많아서 여러 개의 후드를 주관에 연결한 경우)
ⓓ 장점
- 시설 설치 후 변경에 유연하게 대처가 가능하다.
- 최소설계풍량으로 평형유지가 가능하다.
- 공장 내부의 작업공정에 따라 적절한 덕트 위치변경이 가능하다.
- 설계 계산이 간편하고, 고도의 지식을 요하지 않는다.
- 설치 후 송풍량의 조절이 비교적 용이하다. 즉 임의의 유량을 조절하기가 용이하다.
- 덕트의 크기를 바꿀 필요가 없기 때문에 반송속도를 그대로 유지한다.
ⓔ 단점
- 평형상태 시설에 댐퍼를 잘못 설치 시 또는 임의의 댐퍼 조정 시 평형상태가 파괴될 수 있다.
- 부분적 폐쇄 댐퍼는 침식, 분진 퇴적의 원인이 된다.
- 최대저항경로 선정이 잘못되어도 설계 시 쉽게 발견할 수 없다.
- 댐퍼가 노출되어 있는 경우가 많아 누구나 쉽게 조절할 수 있어 정상기능을 저해할 수 있다.
- 임의의 댐퍼 조정 시 평형상태가 파괴될 수 있다.

SECTION 8 송풍기

01 개요

(1) 국소배기장치의 일부로서 오염공기를 후드에서 덕트 내로 유동시켜서 옥외로 배출하는 원동력을 만들어 내는 흡인장치를 말한다.

(2) 국소배기장치의 저항을 극복하고, 필요한 양의 공기를 이송시키는 역할을 하며, 팬 또는 블로어 등으로 불린다.

02 송풍기 종류

송풍기는 공기흐름방향에 따라 원심력 송풍기와 축류 송풍기로 나누어 구분한다.

(1) 원심력 송풍기(Centrifugal fan) ●출제율 50%

원심력 송풍기는 축방향으로 흘러들어온 공기가 반지름방향으로 흐를 때 생기는 원심력을 이용하고 달팽이 모양으로 생겼으며 흡입방향과 배출방향이 수직이며 날개의 방향에 따라 다익형, 평판형, 터보형으로 구분한다.

① 다익형(multi blade fan) · 시로코팬(Sirocco fan)
ㄱ 특징
ⓐ 전향 날개형(전곡 날개형(forward-curved blade fan)이라고 하며, 많은 날개(blade)를 갖고 있다.
ⓑ 송풍기의 임펠러가 다람쥐 쳇바퀴 모양으로 회전날개가 회전방향과 동일한 방향으로 설계되어 있다.

ⓒ 동일 송풍량을 발생시키기 위한 임펠러 회전속도가 상대적으로 낮아 소음문
제가 거의 없다. 즉 동일용량의 다른 형식의 송풍기에 비해 회전수가 상당
히 적다.

ⓓ 강도 문제가 그리 중요하지 않기 때문에 저가로 제작이 가능하다.

ⓔ 높은 압력손실에서는 송풍량이 급격하게 떨어지므로 이송시켜야 할 공기량
이 많고 압력손실이 작게 걸리는 전체환기나 공기조화용으로 사용되며, 특
히 저속 덕트용으로 가장 많이 사용된다.

ⓕ 상승구배 특성이며 구조상 고속회전이 어렵고, 큰 동력의 용도에는 적합하
지 않다.

ⓛ 장점

ⓐ 동일풍량, 동일풍압에 대해 가장 소형이므로 제한된 장소에 사용 가능

ⓑ 설계 간단

ⓒ 회전속도가 작아 소음이 낮음

ⓓ 분지관의 송풍에 적합

ⓔ 저가로 제작이 가능

ⓒ 단점

ⓐ 구조 강도상 고속회전이 불가능

ⓑ 효율이 낮음(≒60%)

ⓒ 동력 상승률이 크고(풍량의 변화에 따른 동력변화가 비교적 큼) 과부하되기
쉬우므로 큰 동력의 용도에 적합하지 않음

ⓓ 청소가 곤란(날개에 분진의 퇴적, 마모가 생기기 쉬움)

ⓔ 높은 압력손실에서 송풍량이 급격히 떨어진다. 즉 송풍계의 압력변동에 따
른 풍량변화가 크다.

② 평판형(radial fan)

ⓛ 특징

ⓐ 플레이트 송풍기, 방사 날개형 송풍기라고도 한다.

ⓑ 날개(blade)가 다익형보다 적고, 직선이고 길이가 길며 평판모양을 하고 있
어 강도가 매우 높게 설계되어 있다.

ⓒ 깃의 구조가 분진을 자체 정화할 수 있도록 되어 있다. 즉 자기청소(self-
cleaning)의 특성이 있다.

ⓓ 시멘트, 미분탄, 곡물, 모래 등의 고농도 분진함유 공기나 마모성이 강한 분진,
부식성이 강한 공기 이송용으로 사용된다.

　　　　ⓔ 압력은 다익팬보다 약간 높으며, 효율도 65%로 다익팬보다는 약간 높으나
　　　　　　터보팬보다는 낮다.

　　　　ⓕ 습식 집진장치의 배기에 적합하며, 소음은 중간 정도이다.

　　ⓛ 장점

　　　　ⓐ 마모성이 강한 분진에 사용 가능

　　　　ⓑ 날개가 마모, 오염된 경우 청소, 교환이 쉬움

　　ⓒ 단점

　　　　ⓐ 견고한 재질이므로 가격이 비싸고 효율이 낮음

　　　　ⓑ 정압의 변동에 대한 풍량의 변화가 비교적 큼

　　　　ⓒ 정압이 감소되면 풍량, 축동력 모두 증대

③ 터보형(turbo fan)

　　ⓖ 특징

　　　　ⓐ 후향 날개형(후곡 날개형)(backward-curved blade fan)은 송풍량이 증
　　　　　　가해도 동력이 증가하지 않는 장점을 가지고 있어 한계부하 송풍기라고도
　　　　　　한다.

　　　　ⓑ 회전날개(깃)가 회전방향 반대편으로 경사지게 설계되어 있어 충분한 압력
　　　　　　을 발생시킬 수 있다.

　　　　ⓒ 송풍기 성능곡선에서 동력곡선이 최대송풍량의 60~70%까지 증가하다가
　　　　　　감소하는 경향을 띠는 특성이 있다.

　　　　ⓓ 소요 정압이 떨어져도 동력은 크게 상승하지 않으므로 시설저항 및 운전상
　　　　　　태가 변하여도 과부하가 걸리지 않는다.

　　　　ⓔ 고농도 분진함유 공기를 이송시킬 경우 깃 뒷면에 분진이 퇴적한다.

　　　　ⓕ 깃의 모양은 두께가 균일한 것과 익형이 있다.

　　ⓛ 장점

　　　　ⓐ 장소의 제약을 받지 않음

　　　　ⓑ 송풍기 중 효율이 가장 좋음

　　　　ⓒ 풍압이 바뀌어도 풍량의 변화가 적음(하향구배 특성이기 때문에)

　　　　ⓓ 송풍량이 증가해도 동력은 크게 상승하지 않음

　　　　ⓔ 송풍기를 병렬로 배치해도 풍량에는 지장이 없음

　　　　ⓕ 규정풍량 이외에서도 효율이 갑자기 떨어지지 않음

　　　　ⓖ 송풍기의 동력곡선이 평탄하므로 Non over load의 특성을 가지며, 동일속
　　　　　　도로서 0~100%의 풍량범위를 커버할 수 있게 전동기를 선정할 수 있음

    © 단점

      ⓐ 소음이 큼

      ⓑ 고농도 분진함유 공기 이송 시에 집진기 후단에 설치하여야 함

      ⓒ 구조가 크며, 날개가 구부러져 있으므로 분진 퇴적이 쉬움

④ 익형(Air-foil fan)

    ㉠ 특징

      ⓐ 유선 날개형이라고도 한다.

      ⓑ 후향곡형의 일종으로 날개가 중심축에서 두껍고, 가장자리에 얇은 형태로 되어 있다.

      ⓒ 깃의 모양이 익형으로 된 9~16매의 후향깃을 가진 팬이다.

      ⓓ 깨끗한 공기의 환기장치용 및 공기조화용으로서 동력의 절약이 필요한 곳에 사용된다.

    ㉡ 장점

      ⓐ 규정풍량 이상으로 증가해도 축동력은 증가하지 않는다.

      ⓑ 효율이 원심팬 중에서 가장 좋음. 즉 고정압, 고효율이며 압력변동이 커도 풍량변화는 작다.

      ⓒ 소음이 가장 적어 고풍량, 저풍압에 적합하다.

    © 단점

      ⓐ 치수가 크고, 가격이 고가이다.

      ⓑ 입자상 물질의 퇴적이나 습기에 의해 깃의 부식이 발생한다.

⑤ 한정 부하팬(Limit load fan)

    ㉠ 특징

      ⓐ S자 날개형이라고도 한다.

      ⓑ 깃의 모양이 S자로 된 6~12매의 후향깃을 가진 팬이다.

      ⓒ 와권형 케이싱의 흡입구에 프로펠러형의 안내깃이 고정되어 있어 기류가 회전방향으로 선회하도록 한 팬이다.

    ㉡ 장점

      ⓐ 압력변동에 따른 풍량의 변화가 적으며, 규정풍량 이상으로 증가 시라도 축동력이 증가하지 않음

      ⓑ 효율이 비교적 좋음

    © 단점

      다익팬보다 크기가 크고, 소음도 다소 큼

(2) 축류 송풍기(Axial flow fan)

① 개요

　㉠ 전향 날개형 송풍기와 유사한 특징을 가지고 있고, 축(Axial)방향으로 흘러들어온 공기가 축방향으로 흘러나갈 때 임펠러의 양력을 이용한다.

　㉡ 공기 이송 시 공기가 회전축(프로펠러)을 따라 직선방향으로 이송된다.

　㉢ 국소배기용보다는 압력손실이 비교적 작은 전체환기량으로 사용해야 한다.

　㉣ 공기는 날개의 앞부분에서 흡인되고 뒷부분 날개에서 배출되므로 공기의 유입과 유출은 동일한 방향을 가지고 유출된다.

② 징짐

　㉠ 축방향 흐름이기 때문에 덕트에 바로 삽입할 수 있어 설치비용이 저렴

　㉡ 전동기와 직결할 수 있음

　㉢ 경량이고 재료비 및 설치비용이 저렴

③ 단점

　㉠ 압력손실이 비교적 많이 걸리는 시스템에 사용했을 때 서징 현상으로 진동과 소음이 심한 경우가 생김

　㉡ 최대송풍량의 70% 이하가 되도록 압력손실이 걸릴 경우 서징 현상을 피할 수 없음

　㉢ 풍압이 낮으며, 원심 송풍기보다 주속도가 커서 소음이 큼

　㉣ 규정풍량 이외에서는 효율이 떨어지므로 가열공기 또는 오염공기의 취급에 부적당함

④ 축류 송풍기 종류

　㉠ 프로펠러 팬(Propeller fan)

　　ⓐ 회전축이 매우 작은 허브(hub)에 2~16매의 날개를 가지고 있으며 송풍관이 없는 가장 간단한 구조의 송풍기이다.

　　ⓑ 성능은 부가되는 저항에 대해 매우 민감하게 반응하며, 저항이 조금만 증가해도 유량이 현저히 감소한다.

　　ⓒ 저항이 적세 발생하는 장이나 측벽에 설치뇌어 공기를 식섭 방줄하는 저항이 낮고 송풍량이 많은 전체환기에 쓰인다.

　　ⓓ 저압, 대풍량이며 압력상승이 적다.

　　ⓔ 적은 비용으로 많은 공기를 이송힐 수 있이시 화징실, 사무실, 흡연실, PC방 등에서 사용한다.

ⓒ 축관 팬(Tube axial fan)

ⓐ 송풍관이 붙은 축류 송풍기라고도 한다.

ⓑ 프로펠러 송풍기를 덕트에 삽입할 수 있도록 개조한 것으로 회전날개와 케이싱의 간격을 좁게 하여 효율을 상승시킨 형태이다.

ⓒ 회전차를 통과한 공기는 안내깃이 없으므로 여전히 회전방향으로의 분속도가 남아 선회류가 존재하여 소음을 발생한다.

ⓓ 중간압력, 대풍량이다.

ⓔ 일반적으로 공기조화용 열관리, 건조로, 페인트, 분사공정, 냉각탑 등에 사용된다.

ⓒ 날개축 팬(Vane axial fan)

ⓐ 안내깃(정익)이 부은 축류 송풍기라고도 한다.

ⓑ 송풍관에 정익(안내깃)이 동익(회전차)의 앞이나 뒤에 고정되어 있는 송풍기이다.

ⓒ 송풍관 내에 고정된 안내날개(Guide vane, Air-directing vane : 속도압을 감소시켜 정압을 회복시키기 위해 설치)가 달려 있다.

ⓓ 송풍기에 의해 소용돌이 친 기류(선회류)가 안내날개에 의해 소용돌이(난류 형성)가 억제되어 속도압이 정압으로 회복되므로 효율이 높아지고, 높은 압력손실(250mmH$_2$O)에 견딜 수 있다.

ⓔ 동력 증가에 따라 소음은 증가하지만 설치비용이 저렴하고 동력소비가 적으며 공간이 절약되므로 저풍압, 대용량의 환기장치용과 공기조화용 및 열관리용으로서 깨끗한 공기에 대해 많이 사용한다.

참고 **송풍기 위치에 따른 구분** ●출제율 40%

1. 흡인식(F.D Fan)
   ㉠ 송풍기가 집진장치 후단에 위치하고, 집진장치에 부(−)압이 작용한다.
   ㉡ 압입식 송풍기는 처리가스를 대기로 직접 배출하므로 저소음 송풍기 등으로 소음대책이 필요하다.
   ㉢ 일반적으로 후향 날개형 송풍기가 사용된다.
   ㉣ 송풍기 내부 임펠러 등에 분진에 의한 마모나 부착 등의 현상이 적다.
   ㉤ 고가이며, 보온설비를 하기 쉽다.
   ㉥ 송풍량 조절은 가급적 자동조절로서 중앙제어실 및 현장에서 콘트롤 되도록 한다.

2. 유인식(I.D Fan)
   ㉠ 송풍기가 집진장치 전단에 위치하고 집진장치에 양(+)압이 작용한다.
   ㉡ 송풍기의 부식, 마모로 인한 성능 저하의 문제점이 발생할 우려가 많다.

03 송풍기의 소음 ●출제율 50%

(1) 송풍기 소음 발생원인

① 기계적 소음
- ㉠ 전동기, 베어링, 축 등의 송풍기 부품의 가동으로부터 발생
- ㉡ 송풍기 자체의 불균형에 의한 진동으로부터 발생

② 난류성 소음
- ㉠ 회전차 또는 케이싱에 공기의 마찰이나 충돌 시 발생
- ㉡ 송풍기 입출구에서 기류의 방향전환이 일어날 때 발생

(2) 송풍기 소음 대책

① 기계적 소음
- ㉠ 송풍기와 송풍관 사이에 신축형관 설치
- ㉡ 송풍기 설치 시 견고하게 지지
- ㉢ 소음방지용 차단재 사용(송풍기 자체 방음 ; 흡음재 내장, 커버 부착 등)
- ㉣ 송풍기를 건물로부터 격리
- ㉤ 송풍기 설치 실내의 흡입처리 및 차음처리
- ㉥ 송풍기 최대효율 범위 내에서 운전

② 난류성 소음
- ㉠ 저소음 송풍기 선택(송풍기 판정표 및 성능곡선에 의함)
- ㉡ 최대효율 범위 내에서 운전
- ㉢ 송풍기 정압요구량 최소화
- ㉣ 크기가 작고 고속회전 송풍기보다 크기는 크더라도 저속회전 송풍기 사용
- ㉤ 송풍기 입구 불량 연결부 제거
- ㉥ 배기부분 silencer 및 중량 블럭조의 소음 방지장치 설치

(3) 원심 송풍기의 난류성 소음

① 원인

풍압은 교란이 아주 심한 컷 오프(cut-off) 점의 한 측면으로부터 다른 측면으로 변화하며, 각 깃의 통로는 흡입관과 배출관 속으로 압축파를 전송하여 소음을 발생

② 특징

송풍기의 특성적 소음출력은 기본음과 귀로 구별하기 어려운 배음으로 이루어져 있다.

③ 대책

기본 진동수는 초당 컷 오프점을 지나는 깃의 수와 일치하므로 초당 가장 적은 깃 수가 이 점을 통과하도록 회전수와 깃수의 적절한 조합을 소음 저감

(4) 축류 송풍기의 소음

① 원인

㉠ 주로 동익의 전연과 후연의 흐름이 불규칙하고 단속적이어서 생긴 와류에 의해서 발생

㉡ 정익 입구 등의 불규칙한 흐름에 의해 생긴 와류에 의해서 발생

② 대책

㉠ 동익과 정익은 맥동류의 발생을 피하기 위해 그 깃의 수는 공약수를 갖지 않도록 함

㉡ 가능한 기체 동역학적 현상을 갖춘 날개축 팬(Vaneaxial fan)을 사용함

㉢ 깃의 간극을 작게 하여 소음을 저감

참고

1. 송풍기에서의 서어징 현상 ●출제율 40%

   ㉠ 개요
   - 원심력식 및 축류식 송풍기에서 송풍관계의 성능곡선상 우향상승 특성의 풍량까지 감소하면 주기적으로 관로에 격심한 공기의 맥동과 진동이 발생하여 풍량과 압력이 심한 주기적 변동을 일으키는 불안정 운전상태가 되는 현상을 서어징(surging)이라 한다.
   - 서어징은 일반적으로 규정풍량보다 낮은 풍량으로 운전하거나 토출측 댐퍼를 교축운전 시 심한 소음과 함께 유체의 유동방향이 정과 역으로 반복하여 변화하는 현상으로 심할 경우 임펠러 및 베어링 등의 마모와 함께 송풍기의 불안정한 운전현상이 일어난다.

   ㉡ 원인
   - 우향 상승곡선상에서 운전 시 송풍기가 공기 진동에 대하여 음의 저항으로서 작용하여 진동을 증가시키고, 2차적으로 소음도 발생한다.
   - 송풍 저항곡선이 송풍기의 특성 곡선과 2 또는 3개소 이상으로 교차할 경우 발생한다.

   ㉢ 대책
   - 우향 상승이 없는 특성으로 하는 방법
     실제로 적용하기가 용이하지 않지만 가능한 한 완만한 우향 상승곡선의 기울기가 되도록 고려함(한계부하 송풍기와 같이 우하향 특성을 갖는 송풍기 사용)

- 송출밸브에 의한 방법
  소풍량 시에 송풍기의 배출공기의 일부를 방출하여 송풍기의 풍량을 적당량으로 유지
- 동익 또는 정익을 조절하는 방법
  축류식에서 동익 또는 정익의 각도조절에 의해 특성을 소풍량 쪽으로 유도
- 안내깃 조절에 의한 방법
  원심력식에서 흡입구에 설치된 안내깃(vane)을 교축하여 특성을 소풍량 쪽으로 유도
- 교축밸브를 송풍기에 근접하여 설치하는 방법
  밸브가 저항으로 작용하여 진동의 감쇠가 일어나고 서어징의 범위와 그 진폭이 작아짐
- 회전수 변환에 의한 방법
  전동기의 회전수가 풀리비의 조정에 의해 회전차의 회전수를 변환시켜서 서어징을 피함

2. 선회실속
   ㉠ 개요
   축류 송풍기의 익렬에서 하나의 깃이 전연 상면에서 박리(separation)로 인해 와류흐름을 형성하여 작은 실속을 일으키면 이것이 점차로 발달하여 조금씩 뒤편으로 진행함으로써 통로를 거의 막아버리는 현상 즉, 익렬에서 실속이 순차적으로 이동해가는 현상이다.
   ㉡ 특징
   - 선회실속은 서어징이 발생하기 전의 풍량에서 일어나고 풍량변화도 평균적이어서 정상류로 생각할 수 있다.
   - 소음도 변화하지 않아서 인지 못하며, 이 현상이 반복됨에 따라 깃의 파손이 일어난다.

04 송풍기 선정 시 고려사항(주의사항) ●출제율 40%

(1) 송풍량

① 필요 송풍량은 송풍기 유입구 측에서 실제 송풍량(actual, m^3/min)으로 계산한다.
② 송풍량의 변동범위 내에서 과부하하지 않고 안전한 운전이 되도록 한다.

(2) 풍압

표준공기(공기밀도 $1.2kg/m^3$) 하에서 수두(mmH_2O)로 송풍기 정압이나 송풍기 전압으로 계산한다.

(3) 취급물질에 따른 송풍기 형식

① 저유량의 smoke 또는 dust
   ㉠ 원심력형 후향 날개형 송풍기 선정
   ㉡ 축류형 송풍기 선정

② 저농도 dust를 포함한 fume이나 습기함유 물질

　㉠ 원심력형 후향 날개형 송풍기 선정

　㉡ 원심력형 방사형 송풍기 선정

③ 고농도 입자상 물질

　원심력형 방사형 송풍기 선정

(4) 취급물질 특성

① 폭발성 또는 가연성 물질

　㉠ 방폭성 전동기 사용

　㉡ 축과 베어링에 회전차를 견고하게 부탁

　㉢ 완충판 설치 및 스파크에 견디는 합금구조를 사용

② 마모성 먼지

　㉠ 라이나를 깃과 케이싱에 코팅

　㉡ 내마모재료 사용

③ 부식성 물질

　스테인리스 스틸이나 유리섬유 등의 내식재료 사용

④ 고온물질

　내열재료 및 베어링 형식 선택

(5) 송풍기의 입구 및 출구측 덕트의 연결 방법 및 방향

① 송풍기 입구 및 출구에서의 공기는 가능한 한 균일유동이 되어야 한다.

② 입구 및 출구 측의 급격한 방향전환은 공기흐름을 불균일하게 하여 송풍기의 성능을 감소시킨다.

③ 송풍기 시스템의 손실을 최소화하기 위한 'Six in and Three Out' 규칙을 준수한다. 즉 송풍기 입구 덕트의 길이는 덕트 직경의 6배 이상 직관으로 하고 출구 덕트의 길이는 덕트 직경의 3배 이상 직관으로 사용하여야 기류 흐트러짐이 적어 최소 안정된 손실값을 유지하기 위하여 적용한다.

(6) 회전동력장치의 회전방향

① 원심 송풍기는 회전방향이 역으로 운전되면 요구 송풍량의 40~50% 효율 정도만 배기된다.

② 축류 송풍기는 회전방향이 역으로 운전되면 유동방향을 역류시킨다.

(7) 소음발생

① 송풍기의 소음을 가능한 한 각 규제치 이하로 감소시킴
② 송풍기와 송풍관 사이에 플렉시블 바이패스(flexible bypass)를 끼워 진동을 절연시킴

(8) 송풍관의 중량을 송풍기에 가중시키는 구조를 피할 것

(9) 회전차의 교환, 보수에 편리한 위치에 배치할 것

(10) 안정성 및 부속품에 유의할 것

05 송풍기 선정 절차 ●출제율 50%

(1) 송풍기의 형식 선정

① 송풍관계의 압력손실 계산 결과에서 송풍기 전후의 정압차를 구하고 이 정압차에 상당하는 정압을 낼 수 있는 송풍기의 형식을 선정한다.
② 송풍기 회전날개 형상은 회전수에 의해 선정된다.

(2) 송풍기의 크기(NO #) 선정

메이커의 카달로그 등에 있는 선정도(용량도)를 사용하여, 필요한 송풍량을 낼 수 있는 크기(형식 번호)를 선정한다.

(3) 전동기 선정 및 pulley 직경 결정

① 특성 선도(성능 선도)를 사용해서 필요한 정압, 풍량을 얻기 위해 회전수, 축동력, 사용하는 모터의 크기, 운전 시의 추정소음 등을 구한다.
② 송풍기 및 전동기 pulley의 직경 비율은 미끄럼을 방지하기 위하여 8 : 1을 초과하지 않도록 한다.

(4) 가대형식 선정

공통 가대(송풍기 및 전동기)와 각각을 받치는 단독 가대로 구분하여 선정한다.

(5) 동작점 선정

특성 선도상에 송풍관계의 압력손실곡선을 겹쳐서 송풍기의 실제 동작점을 구한다.

(6) 회전, 토출방향 결정

송풍기와 송풍관의 설치장소를 고려해서 회전방향, 토출방향을 결정한다.

참고 송풍기 설치 시 고려사항 ●출제율 40%

1. 기초는 송풍기용과 전동기용을 될 수 있는 한 단일체로 하고, Concrete제 방진 Base나 형강제의 자체 Base를 사용하는 경우에, 기초와의 사이에는 적절한 방진재료를 사용한다.
2. 소형의 송풍기(#2.1/2 이하)는 간단한 강제 가대를 이용하여 직접 바닥 위에 설치한다.
3. 전동기의 설치위치는 회전방향과 송풍기의 토출방향을 고려하여 선정한다.
4. 송풍기의 수평은 원칙적으로 송풍기의 회전축을 기준한다.
5. 전동기축과 송풍기축은 직결 시에 편심되지 않도록 하고, 두 축의 중심선이 어긋나지 않도록 한다.
6. 송풍기에 대한 전동기의 위치는 접촉저항을 증가시키기 위해 운전 시 전동기의 Pulley가 Belt를 잡아당김이 아래쪽이 되도록 한다.
7. 전동기와 송풍기의 축간 거리는 양측 V-Belt Pulley 직경의 합의 2배 이하가 가장 좋으며, V-Belt와의 접촉각은 120° 이하로 되는 것은 가능한 피하여야 한다.
8. V-Belt 교체 시 모두 동시에 하여 V-Belt가 너무 느슨하거나 팽팽하지 않도록 한다.

---

06 송풍기의 풍량조절 방법 ●출제율 50%

(1) 회전수 조절법(회전수 변환법)

① 송풍기는 회전수를 변화시키면 풍량이 비례하여 송풍기 특성곡선이 비슷하게 변화하므로 항상 최고효율점 부근에서 운전이 가능하다.
② 풍량을 크게 바꾸려고 할 때 가장 적절한 방법으로 각종 제어방식 중 동력절약이 가장 크다.
③ 구동용 풀리의 직경비 조정에 의한 방법이 일반적으로 사용된다.
④ 비용은 고가이나 효율은 좋다.

⑤ 송풍기 법칙의 지배를 받는다.

⑥ 소용량에서 대용량까지 적용범위가 광범위하고 송풍기 운전이 안정된다.

⑦ 에너지 절약효과가 높고 자동화에 적합하며, 일반 범용 전동기에 적용할 수 있다.

⑧ 전자 소음에 의한 장애가 있다.

⑨ 종류

ㄱ 전자 커플링 제어

ㄴ 극수 변환제어

ㄷ 1차 전압, 2차 저항 제어

ㄹ 가변전압, 가변주파수 변환장치(VVVF)

(2) 안내익 조절법(Vane control법) ; 흡입 Vane에 의한 제어

① 송풍기 흡입구에 6~8매의 방사상 blade를 부착, 그 각도를 변경함으로써 회전 안내날개 입구의 기류의 방향, 즉 원주방향의 속도를 바꾸어 압력상승의 정도를 변경하므로 풍량을 조절시키는 방법이다.

② 회전수 조절법에 비해 설비비가 저렴하고, 원심력 송풍기에 광범위하게 적용된다.

③ 다익, 레이디얼 팬보다 터보팬에 적용하는 것이 효과가 크다.

④ Vane의 정밀성이 요구되며, 설비비가 고가이다.

⑤ 큰 용량의 재진용으로 적용하는 것은 부적합하다.

(3) 댐퍼 조절법(Damper control법)

① 흡입댐퍼 조절법

ㄱ 송풍기 입구에서 흡입댐퍼를 조절함으로써 흡입관에 저항을 가하여 풍량을 조절하는 방법이다.

ㄴ 입구댐퍼를 조이면 흡입구에 압력이 저하하여 공기의 비중량이 적어져 소요동력이 저감되므로 토출댐퍼 조절법보다 경제적이다.

ㄷ 공사비가 저렴하고 설치가 간단하며, 과도한 제어 시 over load에 주의를 하여야 한다.

② 토출댐퍼 조질법

ㄱ 송풍기의 토출댐퍼를 조정함으로서 토출관에 저항을 주어 풍량을 변경하는 방법이다.

ㄴ 가장 쉽고 일반적이며, 경제적 방법으로 주로 다익팬이나 소형 송풍기에 사용된다.

ㄷ 소형 설비에 적당하고 공사가 간단하며, 투자비도 저렴하다.

ㄹ Surging 현상 가능성이 있고 소음이 발생하며, 가장 효율이 나쁘다.

(4) 가변피치 조절법(Variable pitch)

① 회전차 깃의 장착각도를 변화시킴으로써 풍량을 조절하는 방법이다.

② 원심 송풍기에 적용 시에는 구조가 복잡하게 되고 비용도 많이 들므로 실용화하기는 곤란하고 축류 송풍기에만 적용한다.

③ 에너지 절약 특성이 우수하다.

④ 항상 최고효율점에서 운전할 수 있는 장점이 있다.

⑤ 날개각 조정용 actuator에 많은 power가 필요하므로 일반적으로 공기식 제어방식을 사용한다.

(5) 흡입구 틈새 조절법

① 케이싱의 흡입구와 회전차 사이의 틈새의 크기를 어떤 범위로 변화시킴으로써 풍량을 조절하는 방법이다.

② 조절범위는 풍량의 20% 정도이며, 구조가 간단하고 흡입구에서 와류발생이 없고 풍압의 맥동이 없다.

③ 특성은 안내깃 조절법과 비슷하다.

07 송풍기 법칙(상사 법칙 : Law of similarity) ●출제율 50%

송풍기 법칙이란 송풍기의 회전수와 송풍기의 풍량, 송풍기 풍압, 송풍기 동력과의 관계이며 송풍기의 성능 추정에 매우 중요한 법칙이다.

(1) 송풍기 크기가 같고, 공기의 비중이 일정할 때

① 풍량은 회전속도(회전수) 비에 비례한다.

$$\frac{Q_2}{Q_1} = \frac{N_2}{N_1}$$

여기서, Q_1 : 회전수 변경 전 풍량(m^3/min)

Q_2 : 회전수 변경 후 풍량(m^3/min)

N_1 : 변경 전 회전수(rpm)

N_2 : 변경 후 회전수(rpm)

② 풍압(전압)은 회전속도(회전수) 비의 제곱에 비례한다.

$$\frac{\text{FTP}_2}{\text{FTP}_1} = \left(\frac{N_2}{N_1}\right)^2$$

여기서, FTP_1 : 회전수 변경 전 풍압(mmH$_2$O)

FTP_2 : 회전수 변경 후 풍압(mmH$_2$O)

③ 동력은 회전속도(회전수) 비의 세제곱에 비례한다.

$$\frac{\text{kW}_2}{\text{kW}_1} = \left(\frac{N_2}{N_1}\right)^3$$

여기서, kW_1 : 회전수 변경 전 동력(kW)

kW_2 : 회전수 변경 후 동력(kW)

(2) 송풍기 회전수, 공기의 비중량이 일정할 때

① 풍량은 송풍기의 크기(회전차 직경) 비의 세제곱에 비례한다.

$$\frac{Q_2}{Q_1} = \left(\frac{D_2}{D_1}\right)^3$$

여기서, D_1 : 변경 전 송풍기의 크기(회전차 직경)

D_2 : 변경 후 송풍기의 크기(회전차 직경)

② 풍압(전압)은 송풍기의 크기(회전차 직경) 비의 제곱에 비례한다.

$$\frac{\text{FTP}_2}{\text{FTP}_1} = \left(\frac{D_2}{D_1}\right)^2$$

여기서, FTP_1 : 송풍기 크기 변경 전 풍압(mmH$_2$O)

FTP_2 : 송풍기 크기 변경 후 풍압(mmH$_2$O)

③ 동력은 송풍기의 크기(회전차 직경) 비의 오제곱에 비례한다.

$$\frac{\text{kW}_2}{\text{kW}_1} = \left(\frac{D_2}{D_1}\right)^5$$

여기서, kW_1 : 송풍기 크기 변경 전 동력(kW)

kW_2 : 송풍기 크기 변경 후 동력(kW)

(3) 송풍기 회전수와 송풍기 크기가 같을 때

① 풍량은 비중(량)의 변화에 무관하다.

$$Q_1 = Q_2$$

여기서, Q_1 : 비중(량) 변경 전 풍량(m^3/min)

Q_2 : 비중(량) 변경 후 풍량(m^3/min)

② 풍압과 동력은 비중(량)에 비례, 절대온도에 반비례한다.

$$\frac{FTP_2}{FTP_1} = \frac{kW_2}{kW_1} = \frac{\rho_2}{\rho_1} = \frac{T_1}{T_2}$$

여기서, FTP_1, FTP_2 : 변경 전·후의 풍압(mmH_2O)

kW_1, kW_2 : 변경 전·후의 동력(kW)

ρ_1, ρ_2 : 변경 전·후의 비중(량)

T_1, T_2 : 변경 전·후의 절대온도

참고 송풍기 성능 관련 용어

1. 송풍기 공기밀도
   송풍기 공기밀도는 흡입구에서 전압과 정체 온도에 대응하는 공기밀도를 말한다.
2. 송풍기 유량
   송풍기 유량은 송풍기 공기밀도 상태에서의 체적 유량이다.
3. 송풍기 전압
   송풍기 전압은 송풍기 송출구에서의 전압과 흡입구에서의 전압의 차이다.
4. 송풍기 동압
   송풍기 동압은 송풍기 송출구에서의 평균속도에 대응하는 동압이다.
5. 송풍기 정압
   송풍기 정압은 송풍기 전압에서 송풍기 동압을 뺀 압력이다. 그러므로 송풍기 정압은 송풍기 송출구 정압과 송풍기 흡입구 전압과의 차이가 된다.
6. 송풍기 속력
   송풍기 속력은 임펠러의 회전속도이다. 만일 한 송풍기에 두 개 이상의 임펠러를 가질 경우, 송풍기 속력은 각 임펠러의 회전속도를 의미한다.
7. 압축계수
   압축계수는 송풍기 유량, 송풍기 전압 및 송풍기 입력으로부터 송풍기 전압효율을 결정할 때, 적용해야 할 열역학적 계수이다. 압축계수란 송풍기 공기밀도 하에서의 유량에 대한, 송풍기를 통하여 송출되는 평균유량의 비라고 생각할 수 있다. 이것을 다른 말로 표현하면 압축성 유체의 경우에 발생되는, 송풍기 전압에 대한 비압축성 유체에서 발생되는 송풍기 전압의 비이다.

8. 송풍기 출력(공기동력)

송풍기 출력은 송풍기로부터 공기에 전달된 유효 동력이다.

9. 송풍기 압력

송풍기 압력은 송풍기의 한 부품으로 생각할 수 있는 전동기구의 모든 요소들을 구동시키는 데 소요되는 동력이다.

10. 송풍기의 전압효율(종합 효율)

송풍기의 전압효율은 송풍기 입력에 대한 송풍기 출력의 비이다.

11. 송풍기 정압효율

송풍기 정압효율은 송풍기 전압효율에 송풍기 전압에 대한 송풍기 정압의 비를 곱한 효율이다.

필수 예상문제 ✔ 출제확률 50%

송풍기 풍압 50mmH$_2$O에서 200m^3/min의 송풍량을 이동시킬 때 회전수가 500rpm이고 동력은 4.2kW이다. 만약 회전수를 600rpm으로 하면 송풍량, 풍압, 동력은?

풀이 ① 송풍량

$$\frac{Q_2}{Q_1} = \left(\frac{N_2}{N_1}\right)$$

$$Q_2 = Q_1 \times \left(\frac{N_2}{N_1}\right) = 200 \times \left(\frac{600}{500}\right) = 240 \text{m}^3/\text{min}$$

② 풍압

$$\frac{\text{FTP}_2}{\text{FTP}_1} = \left(\frac{N_2}{N_1}\right)^2$$

$$\text{FTP}_2 = \text{FTP}_1 \times \left(\frac{N_2}{N_1}\right)^2 = 50 \times \left(\frac{600}{500}\right)^2 = 70 \text{mmH}_2\text{O}$$

③ 동력

$$\frac{\text{kW}_2}{\text{kW}_1} = \left(\frac{N_2}{N_1}\right)^3$$

$$\text{kW}_2 = \text{kW}_1 \times \left(\frac{N_2}{N_1}\right)^3 = 4.2 \times \left(\frac{600}{500}\right)^3 = 7.3 \text{kW}$$

필수 예상문제 ✔ 출제확률 50%

회전차 외경이 600mm인 원심 송풍기의 풍량은 300m³/min, 풍압은 100mmH₂O, 축동력은 10kW이다. 회전차 외경이 1,200mm인 동류(상사구조)의 송풍기가 동일한 회전수로 운전된다면 이 송풍기의 풍량, 풍압, 축동력은? (단, 두 경우 모두 표준공기를 취급한다.)

풀이 ① 풍량

$$\frac{Q_2}{Q_1} = \left(\frac{D_2}{D_1}\right)^3$$

$$Q_2 = Q_1 \times \left(\frac{D_2}{D_1}\right)^3 = 300 \times \left(\frac{1,200}{600}\right)^3 = 2,400 \text{m}^3/\text{min}$$

② 풍압

$$\frac{\text{FTP}_2}{\text{FTP}_1} = \left(\frac{D_2}{D_1}\right)^2$$

$$\text{FTP}_2 = \text{FTP}_1 \times \left(\frac{D_2}{D_1}\right)^2 = 100 \times \left(\frac{1,200}{600}\right)^2 = 400 \text{mmH}_2\text{O}$$

③ 축동력

$$\frac{\text{kW}_2}{\text{kW}_1} = \left(\frac{D_2}{D_1}\right)^5$$

$$\text{kW}_2 = \text{kW}_1 \times \left(\frac{D_2}{D_1}\right)^5 = 10 \times \left(\frac{1,200}{600}\right)^5 = 320 \text{kW}$$

필수 예상문제 ✔ 출제확률 50%

21℃ 기체를 취급하는 어떤 송풍기의 풍량이 20m³/min, 송풍기 정압이 70mmH₂O, 축동력이 2kW이다. 동일한 회전수로 50℃인 기체를 취급한다면 이때 풍량, 송풍기 정압, 축동력은?

풀이 ① 풍량

동일 송풍기로 운전되므로 풍량은 비중량의 변화와 무관

$$Q_1 = Q_2 = 20 \text{m}^3/\text{min}$$

② 송풍기 정압

$$\frac{\text{FTP}_2}{\text{FTP}_1} = \frac{T_1}{T_2} \text{(정압은 절대온도에 반비례)}$$

$$\text{FTP}_2 = \text{FTP}_1 \times \left(\frac{T_1}{T_2}\right) = 70 \times \left(\frac{273+21}{273+50}\right) = 63.72 \text{mmH}_2\text{O}$$

③ 축동력

$$\frac{\mathrm{kW}_2}{\mathrm{kW}_1} = \frac{T_1}{T_2} \text{ (축동력은 절대온도에 반비례)}$$

$$\mathrm{kW}_2 = \mathrm{kW}_1 \times \left(\frac{T_1}{T_2}\right) = 2 \times \left(\frac{273+21}{273+50}\right) = 1.82\mathrm{kW}$$

기출문제

송풍량이 100m³/min인 국소배기장치에서 송풍기의 회전수가 3,000rpm이었다. 송풍기 날개의 회전수를 3,600rpm으로 증가시키면 유지비(전기 사용량)는 몇 %가 증가하는지 쓰시오.

풀이 송풍기 법칙에서 동력의 비는 회전수비의 세제곱에 비례

$$\left(\frac{\mathrm{kW}_2}{\mathrm{kW}_1}\right) = \left(\frac{\mathrm{rpm}_2}{\mathrm{rpm}_1}\right)^3 = \left(\frac{3,600}{3,000}\right)^3 = 1.728$$

3,600rpm으로 증가 시 전기 사용료는 3,000rpm 경우보다 72.8% 증가함

기출문제

송풍기의 제작조건에서 송풍기 정압이 65mmH₂O에서 350m³/min의 송풍량을 이동시킬 때 회전수를 500rpm으로 해야 하며, 이때 동력은 5.7kW이다. 만약 회전수를 650rpm으로 하면 송풍량, 정압 및 동력은 어떻게 변하는지 계산하시오.

풀이 ① 송풍량

$$Q_2 = Q_1 \times \left(\frac{\mathrm{rpm}_2}{\mathrm{rpm}_1}\right) = 350\mathrm{m}^3/\mathrm{min} \times \left(\frac{650}{500}\right) = 455\mathrm{m}^3/\mathrm{min}$$

② 정압

$$\mathrm{FSP}_2 = \mathrm{FSP}_1 \times \left(\frac{\mathrm{rpm}_2}{\mathrm{rpm}_1}\right)^2 = 65\mathrm{mmH}_2\mathrm{O} \times \left(\frac{650}{500}\right)^2 = 109.85\mathrm{mmH}_2\mathrm{O}$$

③ 동력

$$\mathrm{kW}_2 = \mathrm{kW}_1 \times \left(\frac{\mathrm{rpm}_2}{\mathrm{rpm}_1}\right)^3 = 5.7\mathrm{kW} \times \left(\frac{650}{500}\right)^3 = 12.52\mathrm{kW}$$

기출문제

후향 날개형 송풍기가 1,000rpm으로 운전될 때 송풍량이 30m³/min, 송풍기 정압이 50mmAq, 축동력이 0.5kW였다. 다른 조건이 동일한 경우 똑같은 송풍기로 폴리사이즈를 조절하여 1,300rpm에서 운전했을 경우와 송풍량, 송풍기 정압, 축동력을 계산하시오.

풀이 ① 송풍량

$$Q_2 = Q_1 \times \left(\frac{\text{rpm}_2}{\text{rpm}_1}\right) = 30\text{m}^3/\text{min} \times \left(\frac{1,300}{1,000}\right) = 39\text{m}^3/\text{min}$$

② 송풍기 정압

$$\text{FSP}_2 = \text{FSP}_1 \times \left(\frac{\text{rpm}_2}{\text{rpm}_1}\right)^2 = 50\text{mmAq} \times \left(\frac{1,300}{1,000}\right)^2 = 84.5\text{mmAq}$$

③ 축동력

$$\text{kW}_2 = \text{kW}_1 \times \left(\frac{\text{rpm}_2}{\text{rpm}_1}\right)^3 = 0.5\text{kW} \times \left(\frac{1,300}{1,000}\right)^3 = 1.1\text{kW}$$

08 송풍기 동력 및 효율

(1) 공기동력

① 공기동력은 단위시간당 공기에 전달된 에너지를 말하며, 단위는 kW 또는 HP이다.

② 압력비가 1.03 이하로 낮은 경우 전압공기동력과 정압공기동력으로 산출한다.

㉠ 전압공기동력(Lat)

$$Lat(\text{kW}) = \frac{Q \times P_{tf}}{6,120}, \quad Lat(\text{HP}) = \frac{Q \times P_{tf}}{4,500}$$

여기서, Q : 풍량(m³/min)

P_{tf} : 송풍기 유효전압(mmH₂O)

㉡ 정압공기동력(Las)

$$Las(\text{kW}) = \frac{Q \times P_{sf}}{6,120}, \quad Las(\text{HP}) = \frac{Q \times P_{sf}}{4,500}$$

여기서, P_{sf} : 송풍기 유효정압(mmH₂O)

(2) 축동력

① 송풍기의 회전차가 회전할 때 회전차의 축에 걸리는 동력을 축동력이라 한다. 단, 전동기를 사용하여 송풍기를 구동하는 경우, 전동장치의 효율을 측정하기 곤란한 경우, 축동력을 송풍기의 구동력의 일부로 사용한다.

② 관계식

$$축동력(Ls) = \frac{Lat}{\eta_t} = \frac{Las}{\eta_s}, \quad 효율 = \frac{공기동력}{축동력}$$

여기서, η_t : 전압효율(임펠러가 공기에 에너지를 전달시키는 효율)

$\eta_t = \eta_v \eta_m \eta_n$

η_v : 체적효율(송풍기의 배출풍량과 회전차 속을 통과하는 풍량의 비)

η_m : 기계효율(회전차가 축으로부터 받는 동력과 축동력의 비)

η_n : 유체효율(실제 전압과 이론 전압의 비)

η_s : 정압효율

(3) 전동기(원동기) 동력

① 송풍기를 구동시키는 전동기 동력은 구동방식에 따라 기계적 손실을 일으키기 때문에 일반적으로 축동력보다 커야 한다.

② 관계식

$$전동기 동력(Ld) = Ls \times \alpha$$

여기서, α : 여유율(일반적 : 1.0~1.25)

---

09 송풍기 전압 및 정압

① 송풍기 전압(FTP)

배출구 전압(TP_{out})과 흡입구 전압(TP_{in})의 차로 표시한다.

$$\begin{aligned} FTP &= TP_{\text{out}} - TP_{\text{in}} \\ &= (SP_{\text{out}} + VP_{\text{out}}) - (SP_{\text{in}} + VP_{\text{in}}) \\ &= (SP_{\text{out}} - SP_{\text{in}}) + (VP_{\text{out}} - VP_{\text{in}}) \end{aligned}$$

② 송풍기 정압(FSP)

송풍기 전압(FTP)과 배출구 속도압(VP_{out})의 차로 표시한다.

$$
\begin{aligned}
FSP &= FTP - VP_{out} \\
&= (SP_{out} - SP_{in}) + (VP_{out} - VP_{in}) - VP_{out} \\
&= (SP_{out} - SP_{in}) - VP_{in} \\
&= (SP_{out} - TP_{in})
\end{aligned}
$$

참고 "Six in and Three out" 규칙 ●출제율 40%

송풍기의 시스템 손실을 최소화하기 위한 규칙으로서 송풍기 입구 덕트 길이는 입구 덕트 직경 6배 이상의 직관을, 출구 덕트 길이는 출구 덕트 직경 3배 이상의 직관을 사용하여야 유량흐름이 균일화하여 시스템 손실이 작아진다.

필수 예상문제   ✔ 출제확률 40%

송풍기의 흡입구 및 배출구 내의 속도압은 각각 18mmH₂O로 같고, 흡입구의 정압은 −55mmH₂O이며 배출구 내의 정압은 20mmH₂O이다. 송풍기의 전압과 정압은 각각 얼마인가?

풀이 ① 송풍기 전압(FTP)

$$
\begin{aligned}
FTP &= (SP_{out} + VP_{out}) - (SP_{in} + VP_{in}) \\
&= (20 + 18) - (-55 + 18) \\
&= 75 \, mmH_2O
\end{aligned}
$$

② 송풍기 정압(FSP)

$$
\begin{aligned}
FSP &= (SP_{out} - SP_{in}) - VP_{in} \\
&= [20 - (-55)] - 18 \\
&= 57 \, mmH_2O
\end{aligned}
$$

기출문제

지하철에 설치된 송풍기 흡인구의 정압(P_{si})이 −70mmH$_2$O, 배출구의 정압(P_{so})이 20mmH$_2$O였다. 그리고 입구측의 반송속도가 13.5m/초일 때 다음 공식을 이용하여 흡인구의 속도압과 송풍기 정압을 구하시오.

▸ $P_{vo} = P_{to} - P_{so}$
▸ $P_{tf} = (P_{so} - P_{si}) + (P_{vo} - P_{vi})$
▸ $P_{sf} = P_{rf} - P_{vo}$

풀이 ① 흡인구의 속도압(VP or PV)

$$VP_{in} = \left(\frac{V}{4.043}\right)^2 = \left(\frac{13.5}{4.043}\right)^2 = 11.15\,mmH_2O$$

② 송풍기 정압(FSP of P_{sf})

$$FSP = (SP_{out} - SP_{in}) - VP_{in}$$
$$= [20 - (-70)] - 11.15$$
$$= 78.85\,mmH_2O$$

기출문제

송풍기 입구의 흡인 정압이 58.4mmH$_2$O(2.3inH$_2$O)이며, 송풍기 출구의 배출 정압은 20.32mmH$_2$O(0.8inH$_2$O)이며, 입구측의 평균유속이 914.4m/min(3,000rpm)일 때 이 송풍기의 송풍기 정압은 몇 mmH$_2$O인가?

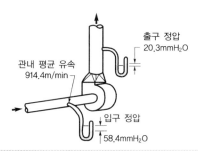

관내 평균 유속
914.4m/min

출구 정압
20.3mmH$_2$O

입구 정압
58.4mmH$_2$O

풀이 송풍기 정압(FSP)

$$FSP = (SP_{out} - SP_{in}) - VP_{in}$$

$$VP_{in} = \left(\frac{V}{4.043}\right)^2 = \left(\frac{914.4\,m/min \times min/60sec}{4.043}\right)^2 = 14.21\,mmH_2O$$

$$= [20.32 - (-58.4)] - 14.21 = 64.51\,mmH_2O$$

10 송풍기의 동작점(Point of operation) ●출제율 50%

(1) 송풍기의 성능곡선

① 개요

  ㉠ 송풍기의 성능곡선(Performance Curve) 또는 특성곡선(Characteristic Curve)
     은 송풍기의 입구나 출구에 덕트를 연결시키고 댐퍼를 부착하여 압력손실을 변
     화시키면서 송풍기 전압, 송풍기 정압, 송풍량, 동력 소모량 등을 측정하여 이
     자료를 바탕으로 송풍기의 압력손실에 따라 송풍량, 효율, 동력 소모량 등을
     종합해서 그래프로 나타낸 것이다.

  ㉡ 횡축에 풍량(Q)을 잡고, 종축에는 그 풍량에 대응하는 풍압(P), 효율(η), 축
     동력(L)의 값을 각각 잡는다.

  ㉢ 송풍기 정압곡선은 동일한 크기와 형태의 송풍기에서는 일정한 모양을 유지한
     다. 즉 동일한 크기와 형태의 송풍기에서 회전수를 증가시키면 정압곡선은 거
     의 동일한 모양으로 위로 상승하고 회전수를 감소시키면 정압곡선은 거의 동일
     한 모양으로 아래로 내려오고 모양 자체는 달라지지 않는다.(상사 법칙)

② 송풍기 정압곡선

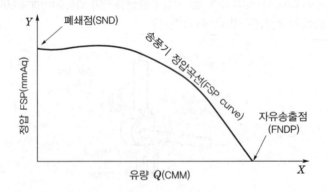

  ㉠ X축은 송풍량(Q), Y축은 송풍기 정압(FSP)을 나타낸 곡선이다.

  ㉡ 그래프 상에서 정압곡선이 X축과 만나는 점을 자유송출점(FNDP ; Free No
     Delivery Pressure)이라고 하는데, 이 점에서는 송풍기 전후의 압력손실을 완
     전히 없앤 경우로 댐퍼를 완전히 개방시켜 송풍량이 최대가 된다.

  ㉢ 정압곡선이 Y축과 만나는 점은 폐쇄점(SND ; Shut-off, Static No Delivery)
     으로서, 송풍기의 출입구를 완전히 밀폐시켜 공기흐름이 전혀 없을 때의 송풍기
     정압을 말한다.

㉣ 폐쇄점(체절 운전점)에서 우상승 기울기를 가지는 형태의 성능곡선을 산고곡선, 우하상 기울기를 갖는 것을 하강곡선, 횡축과 거의 평행한 곡선을 평탄한(flat) 곡선이라 한다.

(2) 시스템 요구곡선

① 개요

시스템 요구곡선(System Requirement Curve)이란 송풍기에 연결된 환기 시스템의 송풍량에 따른 압력손실 요구량을 말한다. 즉 송풍량 Q가 통과할 때 시스템의 압력손실 ΔP를 나타낸 것이다.

② 난류(산업환기)의 시스템 요구곡선

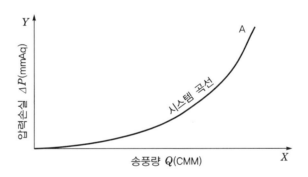

㉠ X축을 송풍량, Y축을 압력손실로 했을 경우 일반적인 산업환기 시스템에서는 시스템 요구곡선이 A와 같이 포물선 모양으로 나타난다.

㉡ 국소배기장치의 유동조건은 난류형태이므로 압력손실은 송풍량의 제곱에 비례하여 시스템 요구곡선은 원점을 통과하는 포물선으로 나타나게 된다($\Delta P = CQ^2$).

③ 층류의 시스템 요구곡선

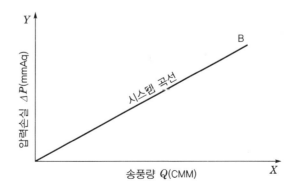

ⓐ 유동조건이 층류를 이루고 있을 때에는 시스템 요구곡선은 직선으로 나타난다 ($\Delta P = CQ$).

ⓑ 여과집진기 통과 시 유속이 매우 느린 흐름상태에서 생긴다.

(3) 동작점(작동점)

① 송풍기의 동작점(Point of Operation)이란 그림에서 보는 바와 같이 송풍기 성능 곡선과 시스템 요구곡선의 교점을 말한다. 이 교점에서는 송풍량 Q가 시스템 내로 흐르고, 그 때 송풍기 정압은 P가 된다.

② 송풍기 성능곡선은 제작회사에서 구할 수 있고 국소배기장치의 시스템 요구곡선은 댐퍼의 개폐정도로 조정하고 송풍량을 조절하면서 송풍기 바로 앞에서 정압을 측정함으로써 구할 수 있다.

③ 작동점과 성능곡선

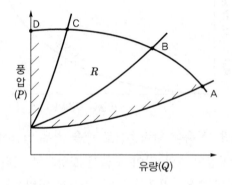

ⓐ 그림에서 두 곡선이 만나는 점이 송풍기가 국소배기장치에 공급해야 할 송풍량을 나타내며, 이 점을 작동점(point of operation)이라고 한다.

ⓑ 작동점은 댐퍼의 개폐정도가 큰 쪽에서 작은 쪽으로 이동함에 따라 댐퍼저항이 커지게 되므로 A → B → C → D로 이동하게 된다(D점 : shut-off).

ⓒ 시스템의 정압이 높아져 시스템 요구곡선이 A → B → C → D로 이동하면 송풍량이 현저히 감소한다.

ⓓ 국소배기장치에서는 분진의 퇴적, 필터의 압력손실 증가 등으로 인해 압력손실이 높아지게 되면 처음 운전 시보다 송풍량이 현저하게 감소함을 알 수 있다.

ⓔ 송풍기의 크기와 회전수를 고정시킨다고 하여도 장치 내 압력과 동력의 변화에 따라서 송풍량이 쉽게 변한다.

참고 송풍기의 동작점(작동점) ● 출제율 60%

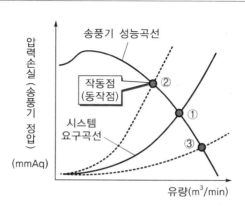

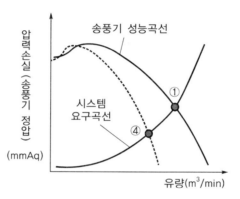

① point
　㉠ 초기 측정치
　㉡ 적절한 설계로 배기되고 있음을 의미
② point
　㉠ 압력손실은 계산값보다 실제값이 증가하고, 유량은 계산값보다 실제값이 감소
　㉡ 덕트 내부가 막힌 경우, 덕트가 접히고 꺾인 경우, 덕트가 긴 경우가 원인
　㉢ 압력손실의 작은 변동에 유량이 크게 변하는 영역으로 실제환기량이 감소됨
③ point
　㉠ 압력손실은 계산값보다 실제값이 감소하고, 유량은 계산값보다 실제값이 증가
　㉡ 덕트의 일부분에 틈이 생긴 경우가 원인
④ point
　송풍기 자체성능이 나빠진 경우가 원인

참고 「산업환기설비에 관한 기술지침」상 송풍기(배풍기) 설치 ● 출제율 40%

1. 배풍기는 가능한 한 옥외에 설치하도록 하여야 한다.
2. 배풍기 전후에 진동 전달을 방지하기 위하여 캔버스(Canvas)를 설치하는 경우 캔버스의 파손 등이 발생하지 않도록 조치하여야 한다.
3. 배풍기의 전기제어반을 옥외에 설치하는 경우에는 옥내작업장의 작업영역 내에 국소배기장치를 가동할 수 있는 스위치를 별도로 부착하여야 한다.
4. 옥내작업장에 설치하는 배풍기는 발생하는 소음 및 진동에 대한 밀폐시설, 흡음시설, 방진시설 설치 등 소음·진동 예방조치를 하여야 한다.
5. 배풍기에서 발생한 강한 기류음이 덕트를 거쳐 작업장 내부 또는 외부로 전파되는 경우, 소음감소를 위하여 소음감소장치를 설치하는 등 필요한 조치를 하여야 한다.
6. 배풍기의 설치 시 기초대는 견고하게 하고 평형상태를 유지하도록 하되, 바닥으로의 진동의 전달을 방지하기 위하여 방진스프링이나 방진고무를 설치하여야 한다.
7. 배풍기는 구조물 지지대, 난간 등과 접속하지 않아야 한다.
8. 강우, 응축수 등에 의하여 배풍기의 케이싱과 임펠러의 부식을 방지하기 위하여 배풍기 내부에 고인 물을 제거할 수 있도록 배수밸브(Drain valve)를 설치하여야 한다.
9. 배풍기의 흡입부분 또는 토출부분에 댐퍼를 사용한 경우에는 반드시 댐퍼 고정장치를 설치하여 작업자가 배풍기의 배풍량을 임의로 조절할 수 없는 구조로 하여야 한다.

참고 송풍기의 보수 유지에 관한 기술지침(KOSHA GUIDE M-149-2012) ● 출제율 30%

1. 송풍기의 안전한 사용
   ㉠ 송풍기의 안전조치
   - 송풍기는 점검 및 보수 유지가 가능하도록 설치되어야 한다.
   - 회전부위나 운동부위는 덮개나 울 등으로 보호되어야 한다.
   - 노출된 송풍기의 급기구는 종이나 쓰레기 기타 이물질이 유입되지 않도록 금속으로 제작된 미세한 망을 설치하여야 한다.
   - 급기구 및 배기구는 사람이 접근할 수 없는 곳에 설치하거나 주위에 울 등을 설치하여 사람의 접근을 방지한다.
   - KOSHA CODE "점검·정비·유지관리 지침"에 따라 A등급으로 분류되는 대형 송풍기에는 진동감시장치 및 베어링 부위에 온도측정장치를 설치하여 자동적으로 경보가 울리고 차단이 되도록 한다.
   - 풍량을 가변시켜 전 범위에 걸쳐 사용되는 송풍기에는 서어지(Surge) 검출 및 방지장치를 설치한다.
   ㉡ 운전 전 점검
   - 베어링에는 지정된 윤활유가 적정한 양으로 채워져 있음을 확인한다.
   - 송풍기 케이싱 내부에 고인 물이나 기름을 배출시킨다.
   - 케이싱 내부에 이물질이 없음을 확인한다.
   ㉢ 안전한 운전
   - 운전이 시작되면 베어링 온도, 케이싱 내의 음향, 진동, 전류계 등의 상태가 정상인지를 확인한다.

- 전폐상태의 운전을 장시간 하면 케이싱 내에 압축열이 축적되어 사고발생 우려가 있으므로 규정풍량의 10% 이상을 유출시키도록 한다.
- 토출 댐퍼를 조작할 때에는 소풍량의 범위에서 서어징을 일으킬 수 있으므로 이 범위에서는 빨리 댐퍼를 열어 서지를 방지한다.
- 베어링의 온도는 주위온도보다 40℃ 높은 온도 또는 최대 70℃를 넘지 않도록 한다.

2. 송풍기의 이상 발생 종류 및 원인
   - ㉠ 베어링의 과열
     - 설치가 잘못되어 축의 중심이 정확하지 않으면 베어링에 무리가 생겨 과열이 발생된다.
     - 윤활유가 부족하거나 급유상태가 불량하게 되면 윤활유에 의한 냉각효과가 떨어져 과열이 발생된다.
     - 베어링 메탈과 축 사이의 간격이 넓으면 과열의 염려는 없으나 진동이 증가하고 좁으면 진동은 작아지나 과열의 우려가 있다.
     - 벨트 구동의 경우 지나치게 팽팽하거나 벨트와 홈과의 접촉상태가 불량하면 이상하중이 발생되어 과열의 원인이 된다.
   - ㉡ 진동발생
     - 임펠러에 부식 또는 마멸이 발생되거나 이물질이 부착하게 되면 회전 시 불균형이 일어나 진동이 발생된다.
     - 회전축이 정지부나 래버린스(labyrinth) 등과 접촉되어 축이 굽어지면 진동이 발생된다.
     - 축과 임펠러 보스와의 끼워맞춤이 불량하거나, 고온의 가스가 통과할 때 축과 보스의 재질이 다르면 열팽창이 다르게 되어 끼워맞춤 부분이 헐겁게 되고 진동이 발생된다.
     - 고온의 가스를 취급하는 경우에 운전 전의 환기, 운전 후의 냉각이 국부적이거나 불완전하면 축이 휘어져 진동이 발생된다.
   - ㉢ 가스누출
     - 독성 가스가 송풍기 밖으로 누출되면 사람이나 환경에 해를 끼치며, 가연성 가스가 누출되거나 송풍기 내부로 공기가 유입되면 폭발의 위험이 있을 수 있다.
     - 밀봉장치는 축의 회전속도, 풍압, 가스의 종류, 온도에 따라 선정되므로 제작자에 의하여 지정된 것을 사용하여야 한다.
     - 수봉식 글랜드(gland)일 경우에는 케이싱 내부 압력에 의하여 밀봉수압이 적당히 유지되지 않으면 밀봉수가 밖으로 누출되거나 안으로 침투되므로 송풍기의 흡입압에 따라 밀봉수압을 일정하게 유지하고 밸브로 조정하여 내부 가스의 누출을 방지한다.

3. 정기적인 점검 및 정비
   - ㉠ 운전 중 점검기록
     - 베어링 온도, 케이싱 내의 음향, 진동, 전류계 상태 등을 운전대장에 기록한다.
     - 시동, 정지시간을 기록하여 가동률을 알 수 있도록 한다.
     - 풍량, 풍압, 가스의 종류 또는 온도 등 사용상태의 변화가 있을 때에는 이를 상세히 기록한다
   - ㉡ 정기점검 및 정비계획
     - 송풍기의 중요도 등급, 설비의 내구연한, 외부공기조건, 순환공기 중의 분진량 등에 따라 예방적인 점검 및 정비의 주기를 정한다.
     - 고장발생 시 사고의 위험이나 생산공정에 영향을 주는 송풍기는 1년에 1회 이상 예방점검 및 정비를 하는 것이 권장된다.
     - 1년 중 일정기간만 가동하는 송풍기는 가동 전이나 작동 후에 점검 및 정비를 시행한다.

ⓒ 정기점검항목
- 기록된 진동치나 온도를 전체적으로 검토하고, 진동 해석을 하여 이상유무를 확인한다.
- 이물질의 흡입, 먼지나 슬러지의 퇴적 유무, 막힘상태 등을 확인한다.
- 구동 벨트가 열화, 마멸, 손상된 곳이 있는가를 검사한다.
- 전동기, 전선 등의 부식, 진동이나 습기 등에 의한 절연열화나 손상이 있는가를 검사한다.
- 날개, 축 등 운동부위에 부식, 변형, 마멸, 크랙, 홈 등이 발생되었는지를 검사한다.
- 진동 해석이나 육안검사에서 이상징후가 발견되면 송풍기를 분해하고 모든 회전부위에 대하여 액체침투탐상이나 자분탐상 등의 비파괴 검사를 실시한다.
ⓔ 정기정비항목
- 이물질의 축적을 방지할 수 있도록 날개나 임펠러 및 케이싱 내부를 청소한다.
- 부식된 곳은 녹을 제거하고 손상부위를 보수한 후 부식방지를 위한 재도장 등의 조치를 한다.
- 허브 부시, 베어링 등 모든 구동부위 및 운동부위에는 재급유를 하고 그리스를 도포한다.
- 이상이 있는 구동 벨트는 교체한다.
- 날개가 손상, 변경된 것은 밸런스 관계상 수정이 어려우므로 신품으로 교체한다.

기출문제

송풍기의 운전특성 영향 변수 중에서 설계 동작점과 실제 동작점의 차이에 대한 송풍기 성능곡선 그림이다. A, B, C, D 그림을 보고 송풍기 성능에 대하여 각각 설명하시오.

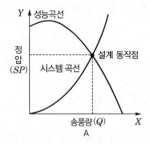

A

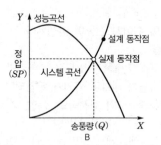

B

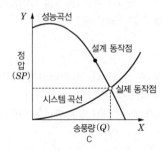

C

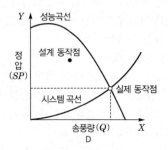

D

풀이 1. A곡선
　　ⓐ 설계 동작점과 실제 동작점 동일
　　ⓑ 송풍기 선정 적절
　　ⓒ 시스템 곡선 예측 적절, 송풍기 선정도 적절
　　2. B곡선
　　ⓐ 송풍기 선정 부적절
　　ⓑ 시스템 곡선 예측 적절, 송풍기의 송풍량 작게 나옴
　　3. C곡선
　　ⓐ 송풍기 선정 부적절
　　ⓑ 시스템 곡선 예측 부적절(시스템의 압력손실이 작게 걸림으로써 송풍량이 예상
　　　보다 증가)
　　4. D곡선
　　ⓐ 송풍기 선정 부적절
　　ⓑ 시스템 압력손실이 과대평가, 너무 큰 송풍기를 선정

기출문제

송풍기 정압 등을 계산한 결과, 다음과 같았다. 이에 따라 아래의 조건에 맞는 송풍기를 구매하여 실제 국소배기시스템에 장착하고 가동시켜 보았더니 실제 송풍량이 예상보다 적은 80m³/min 밖에 나오지 않았다. 다음 물음에 답하시오.(단, 다음 그림은 선정한 송풍기의 성능곡선이다.)

▶ 송풍기 정압 : 6.2mmH₂O
▶ 송풍량 : 100m³/min

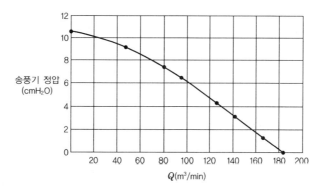

(1) 실제 설치하여 작동할 때 송풍량이 적게 나온 가장 유력한 이유가 무엇인지 설명하시오.
(2) 이 송풍기의 벨트풀리 기어를 이용하여 팬의 회전수를 증가시켜 원래 설계상의 송풍량인 100m⁰/min로 높리면, 벨트풀리의 기어를 조정하기 전, 즉 팬의 회전수를 조정하기 전의 가동 시보다 동력(Power)은 몇 % 증가하는가?

풀이 (1) 실제 작동 시 송풍량이 적게 나온 이유

① 설계치의 정압이 6.2mmH₂O이었으나 실제 압력손실($≒7.5$mmH₂O)보다 과소설계되었기 때문

② 국소배기시스템 내의 청소 불량 등의 이유로 오염물질의 퇴적으로 인해 설계치의 정압값보다 커져 실제 송풍량이 80m³/min 정도로 됨

(2) $\dfrac{Q_2}{Q_1} = \left(\dfrac{\text{rpm}_2}{\text{rpm}_1}\right)$

회전수 비 $\left(\dfrac{\text{rpm}_2}{\text{rpm}_1}\right) = \dfrac{100\text{m}^3/\text{min}}{80\text{m}^3/\text{min}} = 1.25$

$\dfrac{\text{kW}_2}{\text{kW}_1} = \left(\dfrac{\text{rpm}_2}{\text{rpm}_1}\right)^3 = (1.25)^3 = 1.953$

100m³/min으로 증가 시 80m³/min 경우보다 동력은 95.3% 증가함

기출문제

그래프의 X축은 송풍량이고, Y축은 송풍기 정압이다. 위로 볼록한 선은 송풍기 성능곡선이고, 아래로 볼록한 선은 시스템 요구곡선이다. A점과 B점이 송풍기 동작점일 때 다음 각 물음에 답하시오.

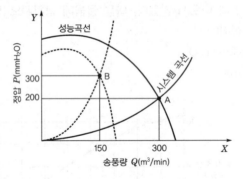

(1) Y축의 송풍기 정압을 구하는 공식의 빈 칸을 채우시오.

송풍기 정압=송풍기 (   ) 정압−송풍기 (   ) 정압−송풍기 입구 (   )

(2) 성능곡선은 어떠한 경향을 나타내는 곡선인지 설명하시오.

(3) 시스템 요구곡선은 어떠한 경향을 나타내는 곡선인지 설명하시오.

(4) 실선의 시스템곡선이 점선의 성능곡선으로 이동하였다면 그 원인 2가지를 설명하시오.

(5) 벨트가 느슨해지고 분진이 퇴적하였을 때 송풍기의 동작은 어떻게 변하는지 설명하시오.

> **풀이** (1) 송풍기 정압=송풍기 (배출구) 정압−송풍기 (흡입구) 정압−송풍기 입구 (속도압)
> (2) 교재 본문 참고
> (3) 교재 본문 참고
> (4) 정압이 증가하여 송풍량이 현저하게 감소한 이유
>   ① 국소배기장치 내에서의 분진 퇴적
>   ② 공기정화장치의 필터, 흡착제 등에서의 압력손실 증가
> (5) 벨트가 느슨해지면 회전수가 작아지는 것을 의미하므로 송풍량, 정압이 감소되며 분진이 퇴적할 경우는 송풍량은 감소, 정압은 증가하여 이에 상응하게 송풍기의 동작점 위치가 변경된다.

기출문제

국소배기시스템을 설계한 후 필요한 송풍량과 정압을 계산하여 적절한 송풍기를 선정하기 위해 다음 그림과 같은 송풍기 곡선(Fan Curve)을 보고 적합하다고 판단되는 송풍기를 선정하였다. 다음 물음에 답하시오. (단, ①번이 설계에 의해 요구되는 작동점(Operation point)이었다.)

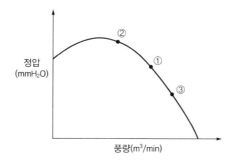

(1) 실제 송풍기를 설치한 후 가동을 해보니 ①번이 아닌 ②번 점에서 작동하였다. 무엇이 잘못되었는지 설명하시오.
(2) 만약 실제 작동점이 ③번이었다면 무엇이 잘못되었는지 그 원인을 설명하시오.

> **풀이** (1) 압력손실은 계산값보다 실제값이 증가하고, 유량은 계산값보다 실제값이 감소한 것을 나타내며, 덕트 내부가 막힌 경우, 덕트가 접히고 꺾인 경우, 덕트가 긴 경우가 원인이다.
> (2) 국소배기시설의 전체압력손실(정압) 계산상 과소하게 계산된다.

SECTION 9 공기정화장치

01 공기정화장치 개요

국소배기장치에 의해 작업장으로부터 외부로 배출되는 오염물질은 대기오염을 유발하므로 외부로 배출하기 전에 오염물질을 정화하는 장치이다.

후드 및 덕트를 통해 반송된 유해물질을 정화시키는 고정식 또는 이동식 제진, 집진, 흡수, 연소, 산화·환원 방식 등의 처리장치를 말한다.

02 공기정화장치(집진장치) 선정 및 설계 시 영향을 미치는 요인 (출제율 50%)

공기정화장치는 유해물질의 종류, 발생량, 입자 크기, 형태, 밀도, 온도 등을 고려하여 선정하여야 한다.

(1) 오염물질의 농도와 입자 크기

① 일반적 오염물질 농도는 공기의 m^3당 230mg 이하에서 230kg 이상까지 처리 농도의 범위가 다양하다.

② 일반적 입자의 직경은 0.5~10μm 범위이다.

(2) 요구 집진효율

① 법상 대기오염 관련기준에 좌우된다.

② 오염물질의 건강 위해나 공해 또는 재산상의 손실가능성에 대한 잠재적 특성을 고려한다.

③ 후처리장치(전기집진장치, 여과집진장치, 습식집진장치)를 이용하고자 하는 경우에는 전처리장치(중력집진장치, 관성력집진장치, 원심력집진장치)를 설치하여 효율향상 및 경제성도 고려한다.

(3) 처리가스 특성(유량, 온도, 습도)

① 처리배출가스의 평균, 최고, 최저 유량을 고려한다.
② 처리배출가스의 높은 온도는 유량의 부피를 증가시키며 높은 습도는 배기구 주변의 지역에 수증기(백연)로 인해 민원의 소지가 있다.

(4) 오염물질의 물리 및 화학적 특성

① 오염물질의 종류 및 각 오염물질의 평균배출량 및 단시간의 최고배출량
② 비중
③ 부착성
④ 응집성
⑤ 전기저항
⑥ 입자상 물질인 경우 입경분포, 형태 등

(5) 총 에너지 요구량

① 에너지 비용은 집진기의 경제성에 중요한 영향을 미친다.
② 전기집진장치 경우 운전 시 압력손실이 적어 유지관리에 에너지가 적게 들어 초기 설치비용이 부담되더라도 많이 선호하고 있다.

(6) 분진제거 및 처분 방법

① 처분 방법은 분진의 성분, 발생공정, 발생량 및 집진장치의 설계에 따라 달라진다.
② 건조 분진의 경우 재비산 문제가 발생할 수 있으므로 신속한 제거 또는 재비산 방지설비를 갖추어야 한다.
③ 연속적으로 제거 방법은 로터리밸브 및 컨베이어장치를 이용한다.

03 공기정화장치의 종류

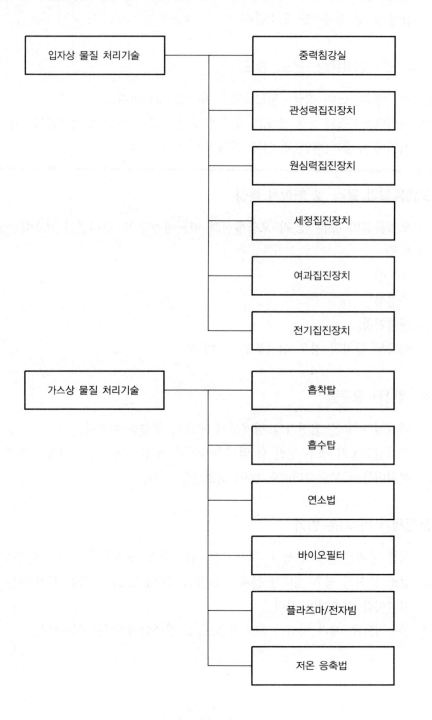

입자상 물질 처리기술
- 중력침강실
- 관성력집진장치
- 원심력집진장치
- 세정집진장치
- 여과집진장치
- 전기집진장치

가스상 물질 처리기술
- 흡착탑
- 흡수탑
- 연소법
- 바이오필터
- 플라즈마/전자빔
- 저온 응축법

∥ 공기정화장치 구분 ∥

○ 각 공기정화장치의 처리방식 ●출제율 30%

구 분	공기정화장치	처리방식
입자상 물질처리	중력집진장치	가장 간단한 집진장치로 입자 자체의 무게(비중)에 의해 가라앉게 만드는 장치
	관성력집진장치	유해물질 함유 공기를 고속으로 유입시켜 내부에 설치한 장애물로 공기의 흐름을 급격히 바꾸면서 유해물질을 침강시키는 장치
	사이클론 (Cyclone)	유해물질 함유 공기를 유입시켜 내부에서 회전시키고, 그 원심력에 의해서 입자상 물질을 침강시키는 장치
	여과제진장치 (Bag filter)	유해물질 함유 공기를 유입시켜 여과포(Bag filter)를 통과시킴으로써 공기를 정화시키는 장치
	세정식집진장치 (Scrubber)	액적, 액막, 기포 등에 의해 배기를 세정하여 공기를 정화시키는 장치
	전기제진장치	고압직류원을 이용한 코로나 방전에 의하여 분진을 대전시켜 집진극판에서 분진을 분리·포집하는 장치
가스상 물질처리	흡수탑	배기가스를 흡수액에 접촉시켜 반응을 시키거나 용해시켜 유해가스를 제거하는 장치로써 흡수액에는 물, 알칼리, 산, 염류 등의 수용액 사용
	흡착탑	흡착작용을 가진 흡착제를 유해가스가 함유된 공기를 통과시켜 유해가스가 흡착제에 흡착되어 제거되도록 하는 장치
	연소법	유해가스를 산소와 반응시켜 열, 이산화탄소, 물을 급속히 발생시키는 산화현상을 이용하는 장치

(1) 중력집진장치

① 원리

함진가스 중의 입자를 중력에 의한, 즉 Stoke의 법칙에 의거 자연침강을 이용해 분리, 포집시키는 장치이다.

② 개요

㉠ 취급입자 : $50 \sim 100\mu m$ 이상(조대입자)

㉡ 기본 유속 : $1 \sim 2m/sec$

㉢ 압력손실 : $5 \sim 10mmH_2O$

㉣ 십신효율 : $40 \sim 60\%$

③ 특징

㉠ 타집진장치보다 구조가 간단하다.

㉡ 전처리 장치로 많이 이용된다.

㉢ 다른 집진장치에 비해 상대적으로 압력손실이 적다.

㉣ 설치 유지비가 낮고 유지관리가 용이하다.

㉤ 부하가 높고, 고온가스 처리가 용이하며, 장치 운전 시 신뢰도가 높다.

㉥ 넓은 설치면적이 요구된다.

㉦ 상대적으로 집진효율이 낮고 미세입자 처리는 곤란하다.

㉧ 먼지부하 및 유량변동에 적응성이 낮아 민감하다.

④ Stoke 종말침전속도(분리속도) ●출제율 30%

$$V_g = \frac{d_p^2(\rho_p - \rho)g}{18\mu}$$

여기서, V_g : 종말침강속도(m/sec)

d_p : 입자의 직경(m)

ρ_p : 입자의 밀도(kg/m^3)

ρ : 가스(공기)의 밀도(kg/m^3)

g : 중력가속도($9.8m/sec^2$)

μ : 가스의 점도(점성계수)($kg/m \cdot sec$)

⑤ 집진효율 향상 방안

$$\eta = \frac{V_g}{V} \times \frac{L}{H} \times n = \frac{d_p^2 \times (\rho_p - \rho)gL}{18\mu HV} \times n = \frac{V_g \cdot L \cdot W}{V \cdot H \cdot W}$$

$$d_p = \left[\frac{18\mu_g \cdot H \cdot V}{g \cdot L(\rho_p - \rho)} \right]^{\frac{1}{2}}$$

여기서, η : 집진효율

V_g : 종말침강속도(m/sec)

V : 처리가스 속도(m/sec) : 수평이동속도를 의미함

L : 침강실 수평길이(m)

H : 침강실의 높이(m)

n : 침전실의 단수(바닥면 포함)

W : 침강실 폭(m)

㉠ 침강실 내의 처리가스 속도가 작을수록 미세입자를 포집한다.

㉡ 침강실 내의 H가 낮고, L이 길수록 집진효율이 높아진다.

㉢ 침강실 내의 배기기류를 균일하게 한다.

㉣ 침강실 입구폭이 클수록 유속이 느려지며, 미세한 입자가 포집된다.

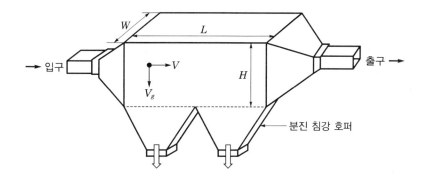

┃ 중력집진장치 ┃

필수 예상문제　　　　　　　　　　　　　　　　　　　　✔ 출제확률 30%

상온에서 밀도가 1.5g/cm³, 입경이 30μm의 입자상 물질의 종말침강속도(m/sec)는?
(단, 공기의 점도 1.7×10⁻⁵kg/m · sec, 공기의 밀도 1.3kg/m³)

풀이 Stoke law에 의한 침강속도

$$V_g = \frac{d_p^2(\rho_p - \rho)g}{18\mu}$$

$d_p : 30\mu m(30 \times 10^{-6}m)$

$\rho_p : 1.5g/cm^3(1,500kg/m^3)$

$$= \frac{(30\mu m \times 10^{-6}m/\mu m)^2 \times (1,500 - 1.3)kg/m^3 \times 9.8m/sec^2}{18 \times (1.7 \times 10^{-5})kg/m \cdot sec}$$

$$= 0.043m/sec$$

필수 예상문제　　　　　　　　　　　　　　　　　　　　✔ 출제확률 30%

폭 5m, 높이 0.2m, 길이 10m 침전실의 단수 2인 중력집진장치에서 처리가스를 0.4m³/sec로
유입처리 시 입경 10μm 입자의 집진효율(%)은? (단, $\rho_p = 1.10g/cm^3$, $\mu = 1.84 \times$
10⁻⁴g/cm · sec, ρ는 무시한다.)

풀이 $\eta = \dfrac{V_g}{V} \times \dfrac{L}{H} \times n = \dfrac{d_p^2(\rho_p - \rho)gL}{18\mu HV} \times n$

유속(V) $= \dfrac{Q}{A} = \dfrac{0.4}{5 \times 0.2} = 0.4m/sec$

점도(μ) $= 1.84 \times 10^{-5}kg/m \cdot sec$

밀도(ρ_p) $= 1.10 \times 10^3kg/m^3$

입경(d_p) $= 10 \times 10^{-6}m$

$$= \frac{(10 \times 10^{-6})^2 \times (1,100 - 0) \times 0.8 \times 10}{18 \times (1.84 \times 10^{-5}) \times (0.2 \times 0.4)} \times 2 = 0.4048 \times 2 = 0.8136 \times 100 = 81.36\%$$

필수 예상문제 ✔ 출제확률 30%

중력식 집진기에서 입자 직경이 $50\mu m$이며 밀도가 2,000kg/m³, 가스 유량이 10m³/sec 이다. 집진기의 폭이 1.5m, 높이가 1.5m이며 밑면을 포함한 수평단이 10단일 때 효율이 100%가 되기 위한 침강실의 길이(m)는? (단, 층류로 가정하며, 점성계수 $\mu = 1.75 \times 10^{-5}$kg/m · sec)

풀이 침강실의 길이(L)

$$L = \eta \times \frac{H \times V}{V_g}$$

$$H = \frac{1.5m}{10} = 0.15m$$

$$V = \frac{Q}{A} = \frac{10m^3/\sec}{(1.5 \times 1.5)m^2} = 4.44m/\sec$$

$$V_g = \frac{d_p^2(\rho_p - \rho_g)g}{18\mu_g}$$

$$d_p = 50\mu m \times 10^{-6}m/1\mu m = 5 \times 10^{-5}m$$

$$\rho_p = 2{,}000kg/m^3$$

$$\rho_g = 1.29kg/Sm^3$$

$$\mu_g = 1.75 \times 10^{-5}kg/m \cdot \sec$$

$$= \frac{(5 \times 10^{-5})^2 \times (2{,}000 - 1.29) \times 9.8}{18 \times (1.75 \times 10^{-5})} = 0.155m/\sec$$

$$= 1.0 \times \frac{0.15 \times 4.44}{0.155} = 4.29m$$

(2) 관성력집진장치

① 원리

함진 배기를 방해판(Baffle)에 충돌시켜 기류의 방향을 급격하게 전환시켜 입자의 관성력에 의하여 배출가스의 흐름으로부터 입자를 분리 · 포집하는 장치이다.

② 개요

㉠ 취급입자 : $10 \sim 100\mu m$ 이상(조대입자)

㉡ 기본 유속 : $1 \sim 2$m/sec

㉢ 압력손실 : $30 \sim 70$mmH₂O

㉣ 집진효율 : $50 \sim 70\%$

③ 특징

    ㉠ 구조 및 원리가 간단하다.

    ㉡ 전처리 장치로 많이 이용된다.

    ㉢ 운전비용이 적고, 고온가스 중의 입자상 물질 제거가 가능하다.

    ㉣ 큰 입자 제거에 효율적이며, 미세입자의 효율은 낮다.

    ㉤ 덕트 중간에 설치가 가능하다.

    ㉥ 유속이 너무 빠르면 압력손실 증가와 포집된 분진의 재비산 문제가 발생하기 때문에 $20\mu m$ 이상의 입자에 적용한다.

    ㉦ 집진효율을 높이기 위해서는 충돌 전 처리배기가스 속도는 입자의 성상에 따라 적당히 빠르게 하고 충돌 후 집진기 후단의 출구 기류속도를 가능한 적게 한다.

    ㉧ 기류의 방향전환각도가 클수록 제진효율이 높아지고 기류의 방향전환횟수가 많을수록 압력손실은 증가한다.

(3) 원심력집진장치(Cyclone)

① 원리

입자를 함유하는 가스에 선회운동을 시켜서 배출가스 흐름으로부터 입자상 물질을 분리 · 포집하는 장치이며, 가스유입 및 유출 형식에 따라 접선유입식과 축류식으로 나누어져 있다.

② 개요

    ㉠ 취급입자 : $3\sim10\mu m$ 이상

    ㉡ 압력손실 : $50\sim150mmH_2O$

    ㉢ 집진효율 : $60\sim90\%$

    ㉣ 입구 유속

        ⓐ 접선유입식($7\sim15m/sec$)

        ⓑ 축류식($10m/sec$ 전후)

    ㉤ 입구 유속 선정 시 고려사항

        ⓐ 압력손실

        ⓑ 집진효율

        ⓒ 경제성

③ 특징

    ㉠ 설치비가 적고, 고온에서 운전 가능하다.

    ㉡ 구조가 간단하여 유지 · 보수 비용이 저렴하다.

    ㉢ 미세입자에 대한 집진효율이 낮고, 먼지부하 유량 변동에 민감하다.

ⓔ 접착성, 마모성, 조해성, 부식성 가스에 부적합하다.

ⓜ 먼지 퇴적함에서 재유입, 재비산 가능성이 있다.

ⓗ 단독 또는 전처리 장치로 이용된다.

ⓢ 배출가스로부터 분진회수 및 분리가 적은 비용으로 가능하다.

ⓞ 미세한 입자를 원심분리하고자 할 때 가장 큰 영향인자는 사이클론의 직경이다.

ⓩ 직렬 또는 병렬로 연결하여 사용이 가능하다.

ⓒ 처리 가스량이 많아질수록 내관경이 커져서 미립자의 분리가 잘 되지 않는다.

- 사이클론 원통의 길이가 길어지면 선회기류가 증가하여 집진효율이 증가한다.
- 입자 입경과 밀도가 클수록 집진효율이 증가한다.
- 사이클론의 원통 직경이 클수록 집진효율이 감소한다.
- 집진된 입자에 대한 블로다운 영향을 최대화하여야 한다.
- 원심력과 중력을 동시에 이용하기 때문에 입경이 크면 효율적이다.

④ 분리계수(S : separation factor) ●출제율 30%

㉠ 개요 및 특징

ⓐ 분리계수는 입자에 작용하는 원심력과 중력의 관계로 원심력을 중력으로 나눈 값이다.

ⓑ Cyclone의 잠재적인 효율(분리능력)을 나타내는 지표이다.

ⓒ 원심력이 클수록 분리계수가 커져 집진율도 증가한다.

ⓓ Cyclone의 원추하부의 반경(입자 회전반경)이 클수록 분리계수는 작아진다.

ⓔ 분리계수는 중력가속도에 반비례하고, 입자의 접선방향속도의 제곱에 비례한다.

㉡ 관계식

$$분리계수(S) = \frac{원심력(가속도)}{중력(가속도)} = \frac{V^2}{R \cdot g}$$

여기서, V : 입자의 접선방향속도(원심력이 최대가 되는 R 지점에서 선회류의 접선속도)

R : 입자의 회전반경(원추하부의 반경)

g : 중력가속도

⑤ 절단입경(Cut size diameter, d_{p50}) ●출제율 40%

㉠ 개요

ⓐ 집진율이 50%인 입경으로 50% 분리한계입경이라고도 한다.

ⓑ cyclone에서 50% 처리효율로 제거되는 입자의 크기이다.

ⓒ 집진성능 평가 시 주로 사용하며, Lapple식을 이용한다.

ⓒ 관계식

Lapple의 절단입경(cut size diameter)

$$d_{p50} = \sqrt{\frac{9\mu_g W}{2\pi N_e (\rho_p - \rho_g) V_i}}$$

여기서, μ_g : 배출가스의 점도(kg/m · sec)

W : 유입구 폭(m)

N_e : 유효 회전수

ρ_p : 입자의 밀도(kg/m^3)

ρ_g : 배출가스의 밀도(kg/m^3)

V_i : 유입구의 가스유속(m/sec)

⑥ 임계입경(Critical diameter, $d_{p,crit}$)

㉠ 개요

ⓐ 100% 집진할 수 있는 입경, 즉 집진율이 100%인 입경으로 100% 분리한 계입경이라고도 한다.

ⓑ Cyclone에서 100% 처리효율로 제거되는 입자의 크기이다.

ⓒ 관계식

$$d_{p,crit} = d_{p50} \times \sqrt{2} = \sqrt{\frac{9\mu_g W}{\pi N_e (\rho_p - \rho_g) V_i}}$$

⑦ 부분집진효율(η_f)

$$\eta_f = \frac{\pi N_e d_p^2 (\rho_p - \rho_g) Q_i}{9\mu_g H W^2} = \frac{\pi N_e d_p^{\,2} (\rho_p - \rho_g) V_i}{9\mu_g W}$$

여기서, N_e : 외부 선회류의 유효 회전수

d_p : 입자의 직경(m)

ρ_p : 입자의 밀도(kg/m^3)

ρ_g : 배출가스의 밀도(kg/m^3)

V_i : 유입구의 가스유속(m/sec)

Q_i : 유입구의 함진가스량(m^3/sec)

μ_g : 배출가스의 점도(kg/m · sec)

H : 유입구 높이(m)

W : 유입구 폭(m)

⑧ 집진효율 향상조건

　㉠ 미세먼지의 재비산을 방지하기 위해 Skimmer와 Turning Vane 등을 설치한다.

　㉡ 배기관경(내경)이 작을수록 입경이 작은 먼지를 제거할 수 있다.

　㉢ 먼지폐색(Dust Plugging) 효과를 방지하기 위해 축류집진장치를 사용한다.

　㉣ 고용량 가스를 비교적 높은 효율로 처리해야 할 경우 소구경 Cyclone을 여러 개 조합시킨 Multi Cyclone을 사용한다.

　㉤ 고농도는 병렬로 연결하고, 응집성이 강한 먼지는 직렬연결(단수 3단 한계)하여 주로 사용한다.

　㉥ Blow-Down 효과를 적용하면 효율이 높아진다.

　㉦ 한계(입구)유속 내에서는 유속이 빠를수록 효율이 증가한다.

참고 Cyclone 운전조건에 따른 집진효율 변화

운전조건	집진효율
유속 증가	증가
가스점도 증가	감소
분진밀도 증가	증가
분진량 증가	증가
온도 증가	증가
원통 직경 증가	감소

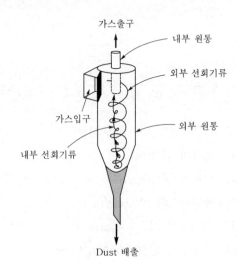

∥ 원심력집진시설 ∥

필수 예상문제 ✔ 출제확률 40%

다음 조건일 경우 cut size diameter(μm)를 구하시오. 또한 입경이 7μm인 입자의 부분 집진율(%)은 얼마인가? (단, 함진가스의 점도는 0.09kg/m · hr)

[조건]

▸ cyclone 유입구 폭 : 10cm, 선회류 회전수 : 4, 함진가스 온도 450K, 유입속도 : 15.0m/sec, 입자밀도 2.0g/cm³

풀이 ① 절단입경 $d_{p,cut} = \sqrt{\dfrac{9\mu_g W}{2\pi N_e (\rho_p - \rho_g) V_i}}$

$$\mu_g = 0.09 \text{kg/m} \cdot \text{hr} \times \frac{1\text{hr}}{3,600 \text{sec}} = 2.5 \times 10^{-5} \text{kg/m} \cdot \text{sec}$$

$$W = 0.1\text{m}$$

$$N_e = 4$$

$$\rho_p = 2.0 \text{g/cm}^3 \times \text{kg}/1,000\text{g} \times 10^6 \text{cm}^3/\text{m}^3 = 2 \times 10^3 \text{kg/m}^3$$

$$\rho_g = 1.29 \text{kg/Sm}^3 \times \frac{273}{450} = 0.78 \text{kg/m}^3$$

$$= \left[\frac{9 \times 2.5 \times 10^{-5} \times 0.1}{2 \times 3.14 \times 4 \times (2 \times 10^3 - 0.78) \times 15} \right]^{\frac{1}{2}}$$

$$= 5.47 \times 10^{-6} \text{m} = 5.47 \mu\text{m}$$

② $\eta_f = \dfrac{\pi N_e d_p^2 (\rho_p - \rho_g) V_i}{9\mu_g W}$

$$= \frac{\pi \times 4 \times (7 \times 10^{-6})^2 \times (2 \times 10^3 - 0.78) \times 15}{9 \times 2.5 \times 10^{-5} \times 0.1} = 0.82 \times 100 = 82\%$$

필수 예상문제 ✔ 출제확률 30%

실린더 직경 1.5×10²cm인 사이클론으로 선회류의 회전수가 5인 경우 함진가스 유입속도 10m/s, 입자밀도 1.5g/cm³일 때 직경 24μm인 입자의 Lapple식에 의한 이론적 제거효율(%)은? (단, D_p : 절단입경(μm), 배출가스 점도 : 2×10⁻⁵kg/m · sec, 배출가스의 밀도 : 1.3×10⁻³g/cm³, 유입구 폭 : $\dfrac{1}{4}$×실린더 직경)

◐ 입경비에 대한 이론적 제거효율

D/D_p	1.0	1.5	2.0	2.5
이론적 제거효율(%)	50	70	80	85

풀이 절단입경 $(D_p) = \left(\dfrac{9\mu_g W}{2\pi N(\rho_p - \rho) V} \right)^{0.5}$

$\rho_p = 1.5\mathrm{g/cm^3} \times \mathrm{kg}/1{,}000\mathrm{g} \times 10^6 \mathrm{cm^3/m^3} = 1{,}500\mathrm{kg/m^3}$

$\rho = 1.3 \times 10^{-3} \mathrm{g/cm^3} \times \mathrm{kg}/1{,}000\mathrm{g} \times 10^6 \mathrm{cm^3/m^3} = 1.3\mathrm{kg/m^3}$

$W = \dfrac{1}{4} \times$ 실린더 직경 $= \dfrac{1}{4} \times (1.5 \times 10^2)\mathrm{cm} \times \mathrm{m}/100\mathrm{cm} = 0.375\mathrm{m}$

$= \left(\dfrac{9 \times (2 \times 10^{-5}) \times 0.375}{2 \times 3.14 \times 5 \times (1{,}500 - 1.3) \times 10} \right)^{0.5}$

$= 1.1976 \times 10^{-5}\mathrm{m} \times 10^6 \mu\mathrm{m/m} = 11.976\mu\mathrm{m}$

직경비 $\left(\dfrac{D}{D_p} \right) = \dfrac{24}{11.976} = 2.0$

표에서 이론적 제거효율 = 80%

⑦ 블로다운(blow-down) ●출제율 30%

　㉠ 정의

　　사이클론의 집진효율을 향상시키기 위한 하나의 방법으로서 더스트 박스 또는
　　호퍼부에서 처리가스의 5~10%에 상당하는 함진가스를 추출·흡인하여 운영
　　하는 방식이다.

　㉡ 효과

　　ⓐ 사이클론 내의 난류현상을 억제시킴으로써 집진된 먼지 비산방지 및 선회기류
　　　의 흐트러짐을 방지하여 유효원심력을 증가시킴

　　ⓑ 집진효율 증대

　　ⓒ 원추하부에 가교현상을 방지하여 장치의 원추하부 또는 출구에 먼지퇴적을
　　　억제한다.

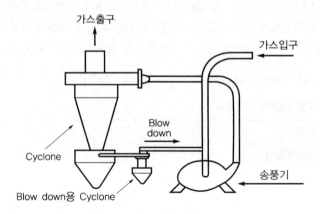

‖ blow-down cyclone ‖

(4) 세정집진장치(Wet scrubber)

① 원리

세정액을 분사시키거나 함진가스를 분산시켜 생성되는 액적(물방울), 액막(공기방울), 기포(거품) 등에 의해서 함진가스를 세정시킴으로써 입자의 부착 또는 응집을 일으켜 입자를 분리 · 포집하는 장치이다.

㉠ 액적과 입자의 충돌

㉡ 미립자 확산에 의한 액적과의 접촉

㉢ 배기의 증습에 의한 입자가 서로 응집

㉣ 입자를 핵으로 한 증기의 응결

㉤ 액적, 기포와 입자의 접촉

② 장점

㉠ 습한 가스, 점착성 입자를 폐색없이 처리가 가능하다.

㉡ 인화성, 가열성, 폭발성, 점착성, 조해성 입자를 처리할 수 있다.

㉢ 친수성 입자의 집진효과가 크고, 고온가스의 취급이 용이하다.

㉣ 설치면적이 작아 초기비용이 적게 든다.

㉤ 단일장치로 입자상 외에 가스상 오염물을 제거할 수 있다.

㉥ Demistor 사용으로 미스트 처리가 가능하다.

㉦ 부식성 가스와 분진을 중화시킬 수 있다.

㉧ 집진효율을 다양화할 수 있다.

③ 단점

㉠ 폐수가 발생한다.

㉡ 공업용수를 과잉 사용한다.

㉢ 포집된 분진은 오염 가능성이 있고, 회수가 어렵다.

㉣ 연소가스가 포함된 경우에는 부식 잠재성이 있다.

㉤ 추운 경우에 동결방지장치를 필요로 한다.

㉥ 폐슬러지 처리비용이 발생한다.

㉦ 백연발생으로 인한 재가열 시설이 필요하다.

㉧ 배기의 상승 확산력을 저하한다.

㉨ 소수성 입자나 가스의 집진율이 일반적으로 낮다.

㉩ 친수성, 부착성이 높은 먼지에 의해 폐쇄발생 우려가 있다.

㉪ 다 집진장치와 비교 시 장기운전이나 휴식 후의 운전 재개 시 장애가 발생할 수 있다.

④ 종류 ●출제율 40%

세정집진장치의 형식은 세정액의 접촉방식에 따라 유수식, 가압수식, 회전식으로 크게 구분한다.

㉠ 가압수식(액분산형)

세정액을 가압 공급하여 함진가스와 접촉시키는 방식으로 벤투리 스크러버, 제트 스크러버, 사이클론 스크러버, 충전탑, 분무탑 등이 있으며 이때 세정액은 대부분 순환하여 재사용한다.

ⓐ 벤투리 스크러버(Venturi scrubber)

구 분	내 용
원리	가스입구에 벤투리관을 삽입하고 배기가스를 벤투리관의 목부에 유속 60~90m/sec로 빠르게 공급하여 목부 주변의 노즐로부터 세정액을 흡인 분사되게 함으로써 포집하는 방식, 즉 기본유속이 클수록 작은 액적이 형성되어 미세입자를 제거함
목(Throat)부 유속	60~90m/sec
적용	분진 농도 10g/Sm^3 이하
효율	가압수식 중 가장 높음(광범위 사용)
액기비	• 액가스비는 10μm 이하 미립자 또는 친수성 입자가 아닌 입자, 즉 소수성 입자의 경우는 1.5L/m^3 정도를 필요로 함.(0.3~1.5L/m^3) • 액가스비는 일반적으로 먼지의 입경이 작고, 친수성이 아닐수록, 먼지 농도가 높을수록 액가스비가 커지며, 점착성이 크고 처리가스의 온도가 높을 때도 액가스비가 커짐
압력손실	300~800mmH₂O
물방울 입경과 먼지 입경의 비	• 150 : 1 전후 • 포집하려는 먼지의 입경에 대한 수적입경의 비를 최적수적경이라 하며, 150배 전후의 것이 좋고 이보다 크거나 작아지면 충돌효율이 저하됨 • 수적의 크기는 목부의 가스속도가 클수록, 액가스비가 작을수록 미세하게 생성됨
특징	• 소형으로 대용량의 가스 처리가 가능 • 먼지와 가스의 동시 제거 가능 • 고온 다습한 가스 처리 가능 • 압력손실이 높음(동력소비량 증가로 운전비용 상승) • 세정액 대량 요구됨(운전비용 상승) • 먼지부하 및 가스유동에 민감함 • 소요면적이 적고, 흡수효율이 매우 우수함

ⓑ 제트 스크러버(Jet scrubber)

구 분	내 용
원리	이젝터(ejector)를 사용하여 물(세정액)을 고압분무하여 승압효과에 의해 수적과 접촉 포집하는 방식으로 기본유속이 클수록 작은 액적이 형성되어 미세입자를 제거함
유속	10~20m/sec
적용	• 가스저항이 적고, 세정수량이 다른 세정장치에 비해 10~20배 정도로 많아 동력비가 많이 소요됨 • 현장 여건이 송풍기 설치가 불가하고, 처리가스량이 소량인 경우 적용
액기비	10~50L/m³(액기비 가장 큼)
압력손실	$-100 \sim -300$mmH₂O
특징	• 송풍기를 사용하지 않음(세정액의 고압분무에 의한 승압효과로 배기가스를 장치 내로 유입시키기 때문) • 가스측 저항이 적고, 집진효율이 우수 • 처리가스량이 많은 경우에는 효과가 낮은 편이므로 사용하지 않음 • 동력비가 많이 소요되며, 액가스비가 커 대량 처리가스에 불리함 • 다량 세정액 사용으로 유지관리비 증가

ⓒ 사이클론 스크러버(Cyclone scrubber)

구 분	내 용
원리	처리가스를 접선 유입하여 회전시키면서 중심부에 노즐을 설치하여 세정액을 분무 세정하는 방식
유속	15~35m/sec
액기비	0.5~1.5L/m³
압력손실	100(120)~200(150)mmH₂O
특징	• 원심력집진, 가압수식, 유수식 집진원리를 동시에 가지므로 효율이 좋음 • 대량가스 처리 가능, 수용성 가스에 효과적, 구조 간단 • 사이클론의 직경을 크게 하면 효율 저하 • 분무노즐이 막힐 염려와 높은 수압으로 동력요구량 큼

ⓓ 충전탑(Packed tower)

구 분	내 용
원리	탑 내에 충전물을 넣어 배기가스와 세정액적의 접촉 표면적을 크게 하여 세정하는 방식이다. 즉 충전물질의 표면을 흡수액으로 도포하여 흡수액의 엷은 층을 형성시킨 후 가스와 흡수액을 접촉시켜 흡수시킴
탑 내 이동속도	1m/sec 이하(0.3~1m/sec or 0.5~1.5m/sec)
액기비	1~10L/m³(2~3L/m³)
압력손실	50~100mmH₂O(100~250mmH₂O)

구 분	내 용
특징	• 액분산형 흡수장치로서 충전물의 충전방식을 불규칙으로 했을 때 접촉면적은 크나, 압력손실은 증가함 • 효율 증대를 위해서는 가스의 용해도를 증가시키고, 액가스비를 증가시켜야 함 • 포말성 흡수액에도 적응성이 좋으나 충전층의 공극이 폐쇄되기 쉬우며, 희석열이 심한 곳에는 부적합함 • 가스유속이 과대할 경우 조작이 불가능함 • 가스량 변동에 비교적 적응성이 있음 • 충전탑에서 1~5 μm 정도 크기의 입자를 제거할 경우 장치 내 처리가스의 속도는 대략 25cm/sec 이하 정도이어야 함 • 효율이 우수함 • 흡수액의 hold up이 적음 • 소요 수압이 낮으므로 동력비가 적게 듦

참고 **충전탑의 Break Point** ●출제율 50%

1. Hold-up

   충전층(Packing) 내의 세정액 보유량을 의미한다.

2. Loading Point

   부하점이라 하며, 세정의 Hold-up이 증가하여 압력손실이 급격하게 증가되는 첫 번째 파괴점을 말한다.

3. Flooding Point

   범람점이라 하며, 충전층 내의 가스속도가 과도하여 세정액이 비말동반을 일으켜 흘러넘쳐 향류 조작 자체가 불가능한 두 번째 파괴점을 말한다.

4. 충전탑의 Loading Point, Flooding Point

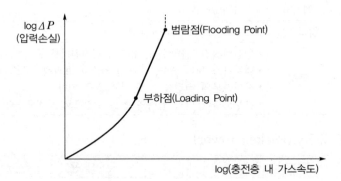

5. 대책

   부하점 근처에서 운전조작이 이루어지게 하여야 하나 실제적으로는 범람점과 부하점의 구별이 어려워 설계 시에는 충전탑의 용량(처리가스의 유속)은 범람점의 40~70% 범위로 한다.

ⓔ 분무탑(spray tower)

구 분	내 용
원리	다수의 분사노즐 사용으로 세정액을 미립화시켜 오염가스 중에 분무하는 방식
가스유속	0.2~1m/sec
액기비	2~3L/m^3
압력손실	2(10)~20(50)mmH$_2$O
특징	• 구조적으로 간단하고, 압력손실이 적어 충전탑보다 저렴하다. • 가스유출 시 세정액의 비산이 문제되므로 탑 상단에 Demistor(기액 분리장치)를 설치해야 함 • 가스의 흐름이 균일하지 못하고, 분무액과 가스의 접촉이 균일하지 못하여 효율이 낮은 편임

ⓛ 회전식

송풍기 팬의 회전을 이용하여 세정액의 액적, 액막, 기포로 만들어 함진가스 내의 분진을 제거하는 방법이다.

ⓐ 타이젠 와셔(Theisen washer)

구 분	내 용
원리	고정 및 회전 날개로 구성된 다익형 날개차를 350~750rpm으로 고속선회하여 배기가스와 세정수를 교반시켜 먼지를 제거하는 방식
액기비	0.5(0.7)~2L/m^3
압력손실	−50~−150mmH$_2$O
특징	미세먼지에 대한 효율이 99% 정도이며, 별도의 송풍기는 필요 없으나 동력비는 많이 듦

ⓑ 임펄스 스크러버(Impulse scrubber)

구 분	내 용
원리	송풍기 회전축에 설치된 분무 회전판에 의해 생성되는 액막, 기포 등으로 배기가스를 세정하는 방식
액기비	0.2~0.5L/m^3(가장 작음)
압력손실	30~100mmH$_2$O
특징	• 회전판의 회전속도에 따라 액적의 크기가 변하여 집진율이 변동되어 타이젠 와셔보다는 집진율이 낮음 • 운전비가 저렴함

ⓒ 유수식(가스분산형)

물(액체)속으로 처리가스를 유입하여 다량의 액막을 형성 함진가스를 세정하는 방식이다.

ⓐ S 임펠러형 ⓑ 로터형 ⓒ 분무형

ⓓ 나선 안내익형 ⓔ 오리피스 스크러버

참고 단탑(Plate Tower) ● 출제율 20%

1. 포종탑
   ㉠ 계단식으로 되어 있는 다단의 Plate 위에 있는 액체 속으로 기포가 발생되는 포종을 갖는 가스를 분산·접촉시키는 방법이다.
   ㉡ 가스속도가 작을 경우 효율이 증가한다.
   ㉢ 흡수액에 부유물이 포함되어 있을 경우 충전탑보다는 단탑을 사용하는 것이 더 효율적이다.
   ㉣ 온도변화에 따른 팽창과 수축이 우려될 경우에는 충전재 손상이 예상되므로 충전탑보다는 단탑이 유리하다.
   ㉤ 운전 시 용매에 의해 발생하는 용해열을 제거할 경우 냉각오일을 설치하기 쉬운 단탑이 충전탑보다 유리하다.

2. 다공판탑
   ㉠ 직경 3~12mm 범위의 구멍을 갖춘 다공판(개공률≒10%) 위에 가스를 분산·접촉시키는 방법으로 액측 저항이 클 경우 이용하기 유리하다.
   ㉡ 비교적 소량의 액량으로 처리가 가능하다.
   ㉢ 판수를 증가시키면 고농도 가스처리도 일시 처리가 가능하다.
   ㉣ 판 간격은 40cm, 액가스비는 $0.3 \sim 5\text{L/m}^3$ 정도이다.
   ㉤ 압력손실은 $100 \sim 200\text{mmH}_2\text{O/}$단 정도이다.
   ㉥ 가스(겉보기)속도는 $0.1 \sim 1\text{m/sec}$ 정도이다.
   ㉦ 가스량의 변동이 심한 경우에는 조업할 수 없다.
   ㉧ 고체부유물 생성 시 적합하다.

---

⑤ 집진율 향상조건

㉠ 유수식에서는 세정액의 미립화 수, 가스처리속도가 클수록 집진율이 높아진다.

㉡ 가압수식(충진탑 제외)에서는 목(throat)부의 가스처리속도가 클수록 집진율이 높아진다.

㉢ 회전식에서는 주속도를 크게 하면 집진율이 높아진다.

㉣ 충진탑에서는 공탑 내의 속도를 1m/sec 정도로 작게 한다. 또한 충전재의 표면적, 충전밀도를 크게 하고 처리가스의 체류시간이 길수록 집진율이 높아진다.

ⓜ 분무압력을 높게 하여야 수적이 다량 생성되어 세정효과가 증대된다. 또한 세
  정수량을 많게 하고 액적, 액박 등의 표면적을 크게 한다.
ⓗ 최종단에 사용되는 기액분리기의 수적생성률이 높을수록 집진율이 높아진다.

참고 흡수장치의 비교 ●출제율 30%

특 징 종 류	충진탑	분무탑	벤투리형 세정기
가스속도(m/s)	1~2	1~2	8~15
소요 액량(L/m³)	1~10	1~3	3~5
압력손실(mmH₂O)	100~300	10~50	300~800
장 점	• 가스량 변동에 잘 적응 • 압력손실 작음	• 구조 간단, 압력손실 작음 • 침전물이 있는 경우 적합 • 충진탑보다 저렴	• 대량 처리 • 효율 양호
단 점	• 고형물에 의한 막힘 • 충전물 고가	• 가스유출 시 액의 비산 • 분무노즐 막힘 • 미세 물방울을 위한 동력 필요	• 압력손실 크다 • 동력비 과다

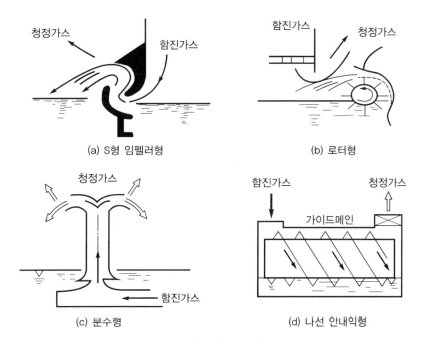

(a) S형 임펠러형   (b) 로터형

(c) 분수형   (d) 나선 안내익형

‖ 유수식 세정집진장치 ‖

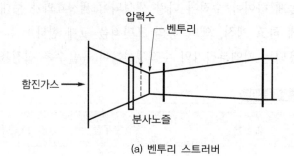

(a) 벤투리 스크러버

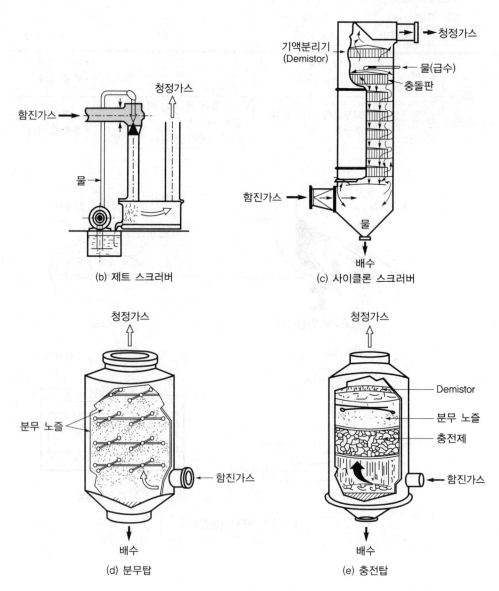

(b) 제트 스크러버   (c) 사이클론 스크러버

(d) 분무탑   (e) 충전탑

‖ 가압식 세정집진장치 ‖

(5) 여과집진장치(Bag filter)

① 집진 메커니즘

함진가스를 여과재(filter media)에 통과시켜 입자를 분리·포집하는 장치로서 $1\mu m$ 이상의 분진의 포집은 99%가 관성충돌과 직접 차단에 의하여 이루어지고 $0.1\mu m$ 이하의 분진은 확산과 정전기력에 의하여 포집하는 집진장치이다.

㉠ 관성충돌(Intertial Impaction)

ⓐ 분진의 입경이 커서 충분한 관성력이 있을 때 유선과 같이 발산하지 않고 그대로 직진한 후 분진은 여과포에 충돌하여 부착된다.

ⓑ 처리가스 중 분진의 입경과 처리가스의 속도가 상대적으로 커 입자에 충분한 관성력이 작용할 때 입자를 포집하는 기구(mechanism)이다.

ⓒ 유속이 빠를수록, 필터섬유가 조밀할수록 이 원리에 의한 포집비율이 커진다.

㉡ 직접차단(간섭 ; Direct Interception)

ⓐ 분진입자는 처리가스의 유선을 따라 이동하다가, 처리가스의 유선과 같이 발산하다가 여과포에 부딪쳐 부착된다.

ⓑ 분진입자의 입경이 비교적 작아 그 질량이 무시할 정도이고, 처리가스의 유속이 느려 입자에 작용하는 관성력이 상대적으로 작을 때 입자를 포집하는 기구이다.

ⓒ 입자 크기와 필터 기공의 비율이 상대적으로 클 때 중요한 기전이다.

㉢ 확산(diffusion)

ⓐ $0.1\mu m$ 이하인 아주 작은 입자는 유선을 따라 운동하지 않고 브라운 운동(Brown motion)을 하므로 처리가스의 유선을 따라 움직이지 않고 확산에 의해 불규칙적으로 움직이다가 여과포에 부착된다.

ⓑ 분진입자의 직경이 $0.1\mu m$ 이하의 아주 작은 경우 배출가스 중 입자를 포집하는 기구이다.

㉣ 정전기력(정전기 침강 ; Electrostatic Settling)

ⓐ 분진입자와 여과포 또는 분진입자 사이의 정전기적인 인력에 의해 여과포에 입자를 포집하는 기구이다.

ⓑ 정전기적인 인력이 너무 강할 경우 탈진이 잘 되지 않는 문제도 있다.

㉤ 중력침강(Gravitional Settling)

분진입자가 아주 클 경우 분진입자에 작용하는 중력에 의해 자유침강하여 여재에 부착 제거되거나 분진 퇴적함에 퇴적되어 직접 제거되는 기구이다.

② 특징

㉠ 처리가능 입자

$0.1{\sim}20\mu m$

ⓒ 집진효율

90~99%

ⓒ 압력손실

100~200mmH$_2$O

ⓔ 분진탈진시기

압력손실이 150≒mmH$_2$O 전후

ⓜ 여과속도

일반입자(0.3~10cm/sec), 미세입자(1~2cm/sec)

ⓗ 장점

ⓐ 집진효율이 높으며, 집진효율은 처리가스의 양과 밀도변화에 영향이 적다.

ⓑ 다양한 용량을 처리할 수 있다.

ⓒ 연속집진방식일 경우 먼지부하의 변동이 있어도 운전효율에는 영향이 없다.

ⓓ 건식 공정이므로 포집먼지의 처리가 쉽다. 즉 여러 가지 형태의 분진을 포집할 수 있다.

ⓔ 여과재에 표면처리하여 가스상 물질을 처리할 수도 있다.

ⓕ 설치 적용범위가 광범위하다.

ⓖ 탈진방법과 여과재의 사용에 따른 설계상의 융통성이 있다.

ⓢ 단점

ⓐ 고온, 산, 알칼리 가스일 경우 여과백의 수명이 단축된다.

ⓑ 250℃ 이상 고온가스를 처리할 경우 고가의 특수 여과백을 사용해야 한다.

ⓒ 산화성 먼지농도 50g/m^3 이상일 때는 발화위험이 있다.

ⓓ 여과백 교체 시 비용이 많이 들고, 작업방법이 어렵다.

ⓔ 가스가 노점온도 이하가 되면 수분이 생성되므로 주의를 요한다.

ⓕ 섬유여포상에서 응축이 일어날 때 습한 가스를 취급할 수 없다.

③ 형식

㉠ 여과포 모양에 따른 구분

ⓐ 원통형(tube type)

ⓑ 평판형(plate screen type)

ⓒ 봉투형(envelope type)

㉡ 탈진방법에 따른 구분

ⓐ 진동형(shaking type)

• 여과포를 기계적인 진동으로 분진을 털어내는 방식이다.

- 분진입경이 크고 비교적 털기 쉬운 분진에 적당하며, 흄 등 미세분진 및 접착성 분진은 부적당하다.
- 여과속도는 0.5~2m/min 정도이고, 여과포는 직포가 사용된다.

ⓑ 역기류형(Reverse Air Flow type)
- 단위집진실에 처리 여과기류를 차단하고 가스의 유입방향과는 반대방향으로 압축공기를 통과시켜 포집된 분진을 탈진한다.
- 기계적 자극이 적으므로 여과포의 손상이 적어서 고온용 유리섬유(초자섬유 ; glass fiber)도 여과포 사용이 가능하다.
- 여과속도는 0.5~2m/min 정도이다.

ⓒ 펄스제트형(Pulse-Jet-type)
- 고압의 충격제트기류를 사용하여 여과포 표면의 분진층을 털어내는 방식이다.
- 여과포를 지지하는 Cage가 필요하며 여과포 상부에 벤투리와 Blow tube가 설치되어 있으며, 압축공기를 격막 밸브에서 일정시간마다 순간적(0.1~1초)으로 분사하여 분진을 탈진한다.
- 여과포는 부직포(felt)를 사용하며, 원통형을 주로 사용한다.
- 여과속도는 타 탈진방식 여과집진기보다 2~3배 정도 높일 수 있어 소형화가 가능하다(여과속도 : 2.5~6cm/sec).

참고 탈진방식에 의한 구분 ●출제율 30%

구 분	기계진동형 (Shaking Type)	역기류형 (Reverse Air Type)	충격제트기류형 (Pulse Jet Type)
원리	기류를 정지하고 여과포를 기계적으로 진동시켜 분진을 탈진	Damper의 전환으로 여과기류를 차단하고 반대방향으로 기류를 통과시켜 분진을 탈진	압축공기를 분사하여 Venturi에 의하여 2차 공기를 유입하여 충격을 수반하는 역기류로 탈진
효과	입경이 크고 비교적 털기 쉬운 분진에 적당	일반적 적용	고농도 분진에 적당
단점	• 미세입자에 부적당 • 기계부분 고장나기 쉬움	풍량의 변동이 발생할 수 있음	압축공기가 필요
특징	• 간이형 집진기에 사용 • 탈진 양호	• 구조가 간단하고, 유지관리 쉬움 • 면적 축소 가능	빠른 여과속노로 인한 소형화 가능
여과포	직포	부직포	부직포
여과속도	0.5~2m/min(내면여과)	2~4m/min(외면여과)	2~5m/min(외면여과)
여과포 형상	원통	봉투	원형

④ 집진율 향상조건

　　㉠ 겉보기 여과속도를 작게 하면 미세입자 포집이 가능하다.

　　㉡ 간헐식 탈진방식은 저농도 소량가스를 높은 집진율로 집진할 때 유리하며, 연속식 탈진방식은 고농도 대용량의 처리에 유리하다.

　　㉢ 함진가스의 성상 및 탈진 방식에 적합한 여과재를 선택해야 한다.

⑤ 여과속도

　　㉠ 공기여재비(Air to Cloth ratio : A/C)

　　　단위시간 동안 단위면적당 통과하는 여과재의 총 면적으로 나눈 값

$$여과속도 = \frac{총\ 처리가스량}{총\ 여과면적(여과포\ 1개의\ 면적 \times 여과포\ 개수)}$$

　　㉡ 여과포 개수

　　　전체가스량(전체면적)을 여과포 하나의 통과가스량(면적)으로 나눈 값

$$여과포\ 개수 = \frac{전체가스량}{여과포\ 하나가스량} = \frac{전체여과면적}{여과포\ 하나면적}$$

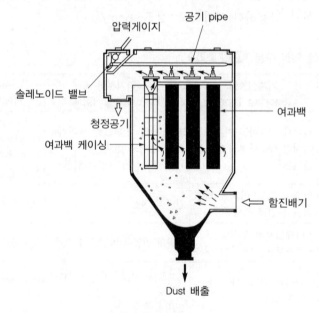

┃ 여과집진장치 ┃

⑥ 여과재(여과포) 선정 ●출제율 40%

　㉠ 여과포 선택 시 고려사항

　　ⓐ 온도, 수분, 분진입경

　　ⓑ 가스 특성(종류, 분진의 물성, 화학적 지향성, 물리적 정도, 마모성)

　　ⓒ 여과속도

　　ⓓ 분진의 마모성

　　ⓔ 탈진방법, 설치방법, 운전방법

　　ⓕ 여과량

　㉡ 여과포 선정 시 물리 · 화학적 강도 측면에서 고려사항

　　ⓐ 물리적 강도

　　　• 인장강도

　　　• 파열강도

　　　• 평면마모강도

　　　• 굴곡마모강도

　　ⓑ 화학적 강도

　　　• 내약품성

　　　• 내열성

　㉢ 여과포 파손의 주원인

　　ⓐ 여과포가 고온으로 인하여 취약해지거나, 진공 및 역류 반복으로 파손되는 경우

　　ⓑ 여과포가 취부 불량으로 인한 장력이 과해서 이탈된 경우나 장기간 운전으로 하단부가 파손되는 경우

　　ⓒ 여포실과 하부 호퍼와의 사이에 간격이 좁아 호퍼에서 분출되는 분진에 의하여 여포 외부로부터 마모공이 생기는 경우

　　ⓓ 운전 시 임의적으로 기물에 의하여 파손되는 경우

　　ⓔ 가스량이 급격히 증가되어 여과속도가 상승하는 경우

　　ⓕ 먼지농도가 증가되어 차압이 정상운전범위를 초과할 경우

　　ⓖ 산노점 이하에서 운전할 경우

참고 각종 여과포 특성 비교

항 목	최고상용온도(°C)	내산성	내알칼리성	강 도	흡습성(%)	가격비
목면	80	불가	우수	1.0	8.0	1.0
양모	80	양호	불가	0.4	1.6	6.0
사란	80	양호	불가	0.6	0.0	4.0
데비론	95	우수	양호	1.0	0.4	2.2
비닐론	100	우수	양호	1.5	5.0	1.5
카네카론	100	우수	양호	1.1	0.5	5.0
오론	150	우수	불량	1.6	0.4	6.0
나일론(아미드)	110	양호	양호	2.5	4.0	4.2
나일론(에스테르)	150	우수	불량	1.6	0.4	6.5
데트론	150	우수	불량	1.6	0.4	6.5
초자섬유	250	우수	불량	1.0	0.0	7.0

〈출처 : 환경부, 대기관리(전문가과정), 1999〉

참고 헤파 필터(HEPA 필터) 출제율 20%

1. 정의

   HEPA(High Efficiency Particulate Air) 필터는 공기 중의 먼지 등을 제거하는 에어필터로 등급에 따라 $0.3\mu m$의 입자에 대해 85~99.975% 이상의 포집능력을 가진 필터를 말하며, 필터의 여과지는 주로 직경 $1\sim10\mu m$ 이하의 유리섬유이다.

2. 포집원리

   입자의 크기에 따라 섬유조직에 의한 차단 및 충돌, 중력에 의한 입자침강, 입자의 브라운 운동, 정전기력에 의한 흡착 등을 이용하여 입자를 포집한다.

3. 등급(0.3μm 포집효율)

E10	E11	E12	E13	E14	U15	U16	U17
85%	95%	99.5%	99.75%	99.975%	99.9975%	99.99975%	99.9999%

4. 표준 HEPA 필터 사양

   ㉠ $0.3\mu m$ 크기 입자를 99.97% 이상 포집가능할 것

   ㉡ 필터 면속도가 0.84m/sec 이상일 것

   ㉢ 압력손실이 $25.4mmH_2O$ 이하일 것

5. HEPA 필터 적용 사업장

   ㉠ 전자제품 제조업의 클린룸

   ㉡ 제약회사 및 식품회사

   ㉢ 의약품 제조회사

   ㉣ 석면 제조 · 취급 사업장

참고 **Bag Filter의 각 구성설비** ●출제율 20%

1. Bag Filter Body
   ㉠ 맨홀
      보수 및 여과포 교환 시 이용
   ㉡ 댐퍼
      입·출구에 설치하여 운전 중 보수를 가능하게 함
   ㉢ 슬라이드 게이트(Slide gate)
      호퍼 하부에 설치하며, 외부 유입기류에 주의해야 함

2. Air Header
   압축공기(5~7kg/cm²)를 저장하여 Diaphragm V/V에서 순간적으로 많은 유량으로 여과포를 탈진할 수 있도록 하는 역할을 한다.

3. Diaphragm Valve
   본체 상부에 장착되는 부분으로 압축공기를 순간적으로 Air Pulse를 발생시키는 장치로서, 백필터에 정착하고 있는 분진을 탈진하여 집진효율을 높여주는 장치이다.

4. Blow Tube
   고압공기를 순간적으로 분출시키는 노즐로 벤투리 상부에 일정한 거리를 두고 고정설치한다.

5. Venturi
   Blow Tube로부터 고압의 공기량과 2차 공기를 함께 여과포 내부로 유도하는 역할을 하며, 일반적으로 재질은 알루미늄 다이캐스팅이다.

6. Bag Case
   ㉠ 여과포 내부 보강 및 지지 역할을 하며 재질은 SUS, SS 등이다.
   ㉡ 바닥부분은 Cap으로 막혀 있고 상부는 벤투리의 조립에 용이하도록 되어 있다.

7. Filter Bag
   여과집진기의 가장 중요한 부분으로 원통형이 일반적으로 사용된다.

8. Timer controller
   ㉠ Timer는 순차적으로 Filter Bag을 탈진하기 위해 전기신호로 Diaphragm Valves의 Solenoids 장치를 동작시키는 장치로서 시간 간격을 두어 순차적으로 Pulse를 제어한다.
   ㉡ 매 Pulse의 작동시간, 즉 Pulsing은 0.016~1.65초 범위이며, 조정도 가능하다.

9. Manometer
   공기정화장치의 전단과 후단의 압력차를 눈금으로 표시하여 여과포의 교환/청소 주기를 판정하며, 압력차이 150~200mmAq 범위에서 여과포를 점검, 교환한다.

10. Dust Discharge system
    운전하는 중 Dust를 연속 배출하기 위한 장치로서 Hopper 내의 집진분진은 Screw Conveyor에 의해서 Rotary Valve로 유도되어 최종 Dust Box로 배출된다.

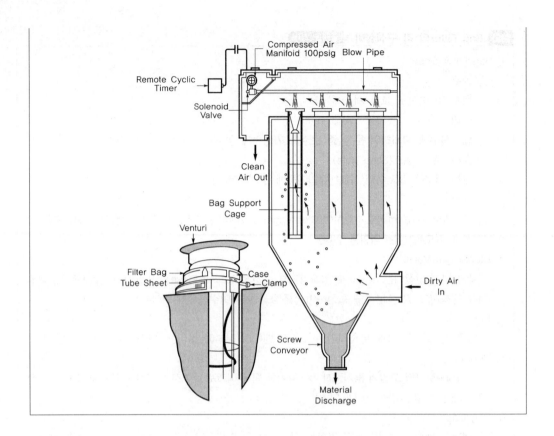

필수 예상문제

✔ 출제확률 40%

직경이 30cm, 유효 높이 10m의 원통형 Bag filter를 사용하여 1,000m³/min의 함진가스를 처리할 때 여과속도를 1.5cm/sec로 하면 여과포 소요 개수는?

풀이 총 여과면적을 구하고 여과포 하나의 면적의 비를 구하면

$$총\ 여과면적 = \frac{총\ 처리가스량}{여과속도}$$

$$= \frac{1,000\text{m}^3/\text{min}}{1.5\text{cm/sec} \times 60\text{sec/min} \times 1\text{m}/100\text{cm}}$$

$$= 1111.11\text{m}^2$$

$$\therefore 여과포\ 소요\ 개수 = \frac{전체\ 여과면적}{여과포\ 하나의\ 면적(\pi \times D \times L)}$$

$$= \frac{1111.11\text{m}^2}{3.14 \times 0.3\text{m} \times 10\text{m}}$$

$$= 117.95(118개)$$

(6) 전기집진장치(Electrostatic Precipitator)

① 원리 ●출제율 20%

특고압 직류전원을 사용하여 집진극을 (+), 방전극을 (−)로 불평등 전계를 형성하고 이 전계에서의 코로나(corona)방전을 이용 함진가스 중의 입자에 전하를 부여, 대전입자를 쿨롱력(coulomb)으로 집진극에 분리포집하는 장치이다. 즉 대전입자의 하전에 의한 쿨롱력, 전계강도에 의한 힘, 입자간의 흡인력, 전기풍에 의한 힘에 의하여 집진이 이루어진다.

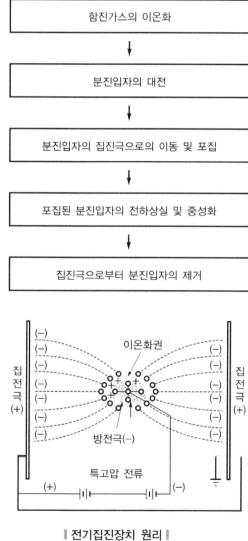

‖ 전기집진장치 원리 ‖

② 입자에 작용하는 전기력의 종류

　　㉠ 대전입자의 하전에 의한 쿨롱력 : 가장 지배적으로 작용

　　㉡ 전계강도에 의한 힘

　　㉢ 입자 간의 흡인력(입자의 응집작용)

　　㉣ 전기풍에 의한 힘

③ 개요

　　㉠ 취급입자 : $0.1\mu m$ 이상

　　㉡ 압력손실 : 건식($10mmH_2O$), 습식($20mmH_2O$)

　　㉢ 집진효율 : 99.9% 이상

　　㉣ 입구유속 : 건식($1\sim2m/sec$), 습식($2\sim4m/sec$)

④ 장점 ●출제율 20%

　　㉠ 집진효율이 높다($0.01\mu m$ 정도 포집 용이, 99.9% 정도 고집진 효율).

　　㉡ 광범위한 온도범위에서 적용이 가능하며, 폭발성 가스의 처리도 가능하다.

　　㉢ 고온가스(500℃ 전후) 처리가 가능하여 보일러와 철강로 등에 설치할 수 있다.

　　㉣ 압력손실이 낮고, 대용량의 처리가스가 가능하고, 배출가스의 온도강하가 적다.

　　㉤ 운전 및 유지비가 저렴하다.

　　㉥ 회수가치 입자포집에 유리하며, 습식 및 건식으로 집진할 수 있다.

　　㉦ 넓은 범위의 입경과 분진 농도에 집진효율이 높다.

⑤ 단점 ●출제율 20%

　　㉠ 설치비용이 많이 든다.

　　㉡ 설치공간을 많이 차지한다.

　　㉢ 설치된 후에는 운전조건의 변화에 유연성이 적다.

　　㉣ 먼지성상에 따라 전처리시설이 요구된다.

　　㉤ 분진포집에 적용되며, 기체상 물질제거에는 곤란하다.

　　㉥ 부하변동에 따른 적응이 곤란하다(전압변동과 같은 조건변동에 쉽게 적응이 곤란).

　　㉦ 가연성 입자의 처리가 곤란하다.

⑥ 집진효율에 영향을 미치는 인자 ●출제율 50%
  ㉠ 분진의 전기 고유저항(비저항, 겉보기 고유저항)
    ⓐ 개요
      겉보기 전기저항은 입자의 대전능력을 좌우하며, 포집된 입자의 단위량, 즉
      두께 1cm, 단위면적 $1cm^2$에서 포집입자가 갖는 전기저항으로 단위는 단위
      길이당 저항(ohm · cm)으로 나타낸다.
    ⓑ 일반적 대기오염원 배출입자의 비저항
      $10^{-3} \sim 10^{14} \Omega \cdot cm$
    ⓒ 영향
      집진극 표면에 입자가 부착 퇴적되면 입자층의 전기비저항으로 인하여 방전
      극과 집진극 사이의 전기장(Electric Field) 상태에 영향을 준다.
    ⓓ 겉보기 전기저항이 $10^4 \Omega \cdot cm$ 이하인 경우
      • 전기장 내에서 대전된 입자는 집진극에 도달하자마자 대전된 전하를 집진
        극으로 쉽게 전달하여 먼지입자가 집진극 표면에 퇴적될 수 있는 전기적
        부착력을 잃는다.
      • 먼지입자는 가스흐름에 의해 재비산되거나 재대전되어 다시 집진극을 향
        한다. 그러나 다시 쉽게 전하를 방출하여 재비산되고 그 현상이 거듭됨으
        로써 집진효율은 크게 저하한다. 이 현상을 재비산 현상 또는 Jumping
        현상이라고 한다.
      • 대책으로는 NH_3를 주입 Conditioning하는 방법, 처리가스의 온도 · 습도
        를 낮게 조절하여야 한다.
    ⓔ 겉보기 전기저항이 $10^{11} \Omega \cdot cm$ 이상인 경우
      • 역전리현상(Back Corona)이 발생, 이 방전이 발생한 상태에서는 양극
        간의 방전전류는 증가하지만 스파크 개시 전압이 낮아지고 양이온에 의한
        먼지의 대전량이 증가되므로 집진효율은 크게 저하한다.
      • 대책으로는 비저항 조절제(물, 수증기, 소다회, 트리에틸아민, 황산, 이산
        화황 등)를 투입하여 겉보기 전기저항을 낮추며, 또한 탈진 타격을 강하게
        하고 빈도도 증가시킨다.
    ⓕ 겉보기 전기저항이 $10^5 \sim 10^{10} \Omega \cdot cm$인 경우
      • 입자의 대전과 집진된 분진 · 탈진이 정상적으로 진행된다.

ⓛ 가스온도와 가스 중 수분량

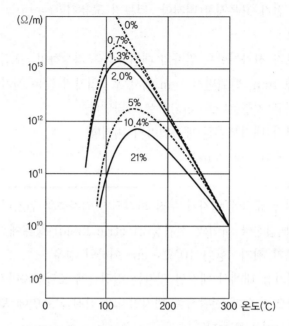

∥ 가스온도와 수분함량이 비저항에 미치는 영향 ∥

ⓐ 처리가스 온도가 약 150~160℃ 이하이거나 약 250℃ 이상에서 분진입자의 전기비저항이 10^{11}Ω · cm 이하로 되므로 전기집진장치의 처리가스 온도는 150℃ 이하이거나 250℃ 이상이 집진작용에 유리하다.

ⓑ 가스의 온도가 높을수록 이온의 이동도가 증가하여 방전전류가 증가하지만, 한편으로는 스파크 개시 전압이 낮아지고 가스의 점성계수가 증가하여 분진입자의 이동속도가 감소한다. 그러므로 일반적으로 처리가스 온도가 200℃ 이하에서는 온도가 높아지면 집진효율이 감소한다.

ⓒ 가스 중 수분량이 증가할수록 분진입자의 전기비저항이 낮아져서 집진효율은 증가한다.

ⓒ 분진의 입자직경

ⓐ 전하 이동속도(W : migration velocity)

$$W = \frac{D\varepsilon_0 E^2\left(\dfrac{\varepsilon}{\varepsilon + 2}\right)}{\mu}$$

여기서, D : Particle Size(m)

E : Average electric field(V/m)

ε : Dielectric constant of particle

ε_0 : Permittivity of free space

μ : Viscosity of fluid

ⓑ 분진의 입자경이 작으면 집진극으로 향하는 입자의 이동속도가 감소하게 되어 집진효율이 감소된다.

ⓒ 분진의 입자경이 작으면 기계적인 부착력과 전기적인 부착력이 강해지는데, 그 이유는 분진의 입자경이 작아지면 분진입자의 비표면적이 증가하며, 따라서 분진입자의 대전량이 증가하기 때문이다. 그러나 집진극에 부착된 분진이 용이하게 제거되지 않으므로, 추타 등을 행하여도 집진극 표면에 분진이 그대로 부착되어 남아 있어, 이로 인하여 방전전류가 감소되어 집진효율이 떨어진다.

ⓛ 분진 농도

ⓐ 가스 중 분진 농도가 크면 분진입자의 비표면적이 크게 되어서 공간전하 효과가 커진다. 이로 인해 방류전류가 억제되어, 분진을 충분한 전하로서 대전시킬 수 없게 되므로 집진효율이 감소한다.

ⓑ 분진 농도는 집진효율에 반비례하므로 처리가스와 분진 농도가 큰 경우에는 전처리 집진장치를 설치하여 전기집진기 입구의 분진 농도를 줄이기도 한다.

ⓖ 집진효율 계산 → Deuche-Enderson식 이용

$$\eta = 1 - \exp\left[-\frac{A \cdot W_e}{Q}\right]$$

여기서, η : 집진효율

W_e : 분진입자 이동속도(m/sec)

A : 유효집진 단면적(m²)

Q : 처리가스량(m³/sec)

• 관형 : $A = 2\pi RL$(원주×길이)

$Q = \pi R^2 V$(단면적×유속)

• 판형 : $A = 2HL$(2×폭×길이)

$Q = 2RHV$(단면적×유속)

> **참고 하전(대전) 형식에 따른 구분**
>
> 1. 1단식
>   ⊙ 하전과 집진이 같은 전계에서 일어나도록 되어 있으며, 분진의 충전에 고전압(50~70kV)이 사용되어 고저압 단단전기집진기라고도 한다.
>   ⓛ 같은 전계에서 하전과 집진이 이루어지고 보통 산업용으로 많이 사용된다.
>   ⓒ 역전리가 발생하나 집진극에서 재비산방지가 이루어진다.
>   ⓔ 극간 큰 전압 차이로 인한 많은 O_3이 발생한다.
>   ⓜ 고저항 분진 처리 시 발생하는 역전리현상에 대한 대응이 곤란하다.
> 2. 2단식
>   ⊙ 하전 및 집진부가 분리되어 있고 분진의 충전에 저전압(12~13kV)이 사용되어 저전압 이단전기집진기라고도 한다. 보통 공기정화기에 사용된다.
>   ⓛ 비교적 함진 농도가 낮은 가스처리에 유용하다.
>   ⓒ 1단식에 비해 O_3의 생성을 감소시킬 수 있다.
>   ⓔ 역전리는 방지되나 재비산 문제가 있다.
>   ⓜ 탈진 시 비산되는 분진은 그대로 유출되므로 후단 2차 집진장치가 필요하다.

04 집진효율과 분진 농도

(1) 집진율(η)

$$\eta(\%) = \frac{S_c}{S_i} \times 100 = \left(1 - \frac{S_o}{S_i}\right) \times 100$$

여기서, η : 집진효율(%)

S_i : 집진장치에 유입된 분진량(g/hr)

S_c : 집진장치에 포집된 분진량(g/hr)

S_o : 집진장치 출구 분진량(g/hr)

$$\eta(\%) = \left(1 - \frac{C_o \cdot Q_o}{C_i \cdot Q_i}\right) \times 100 = \left(1 - \frac{C_o}{C_i}\right) \times 100$$

여기서, C_i, C_o : 집진장치 입·출구 분진 농도(g/m^3)

Q_i, Q_o : 집진장치 입·출구 가스유량(m^3/hr)

(2) 통과율(P)

$$P = \frac{S_o}{S_i} \times 100 = 100 - \eta(\%)$$

(3) 부분집진효율(η_f)

부분집진효율이란 함진가스에 함유된 분진 중 어느 특정한 입경범위의 입자를 대상으로 한 집진효율을 말한다.

$$\eta(\%) = \left(1 - \frac{C_o \cdot f_o}{C_i \cdot f_i}\right) \times 100$$

여기서, f_i, f_o : 특정 입경범위의 분진입자가 전입자에 대한 입 · 출구 중량비

(4) 직렬조합(1차 집진 후 2차 집진) 시 총 집진율(η_T)

$$\eta_T(\%) = \eta_1 + \eta_2\left(1 - \frac{\eta_1}{100}\right)$$
$$\eta_T = \eta_1 + \eta_2(1 - \eta_1)$$

여기서, η_T : 총 집진율(%)

η_1 : 1차 집진장치 집진율(%)

η_2 : 2차 집진장치 집진율(%)

$$\eta_T = 1 - (1 - \eta_c)^n$$

여기서, η_T : 총 집진율(%) → 동일 집진효율 집진장치 직렬 시 총 집진율

η_c : 단위집진효율(%)

n : 집진장치 개수

필수 예상문제 ✔ 출제확률 50%

2개의 집진장치를 직렬로 연결하였다. 집진효율 70%인 사이클론을 전처리장치로 사용하고 전기집진장치를 후처리 장치로 사용하였다. 총 집진효율이 98.5%라면 전기집진장치의 집진효율(%)은?

풀이 $\eta_T(\%) = \eta_1 + \eta_2\left(1 - \dfrac{\eta_1}{100}\right)$

$\eta_2 = \dfrac{\eta_T - \eta_1}{\left(1 - \dfrac{\eta_1}{100}\right)} = \dfrac{98.5 - 70}{\left(1 - \dfrac{70}{100}\right)} = 95\%$

필수 예상문제 ✔ 출제확률 60%

배출가스 중의 먼지 농도가 1,000mg/m³인 어느 사업장의 배기가스 중 먼지를 처리하기 위해 원심력, 세정집진장치를 직렬연결하였다면 전체의 효율(%)은? (단, 원심력 집진장치 효율 70%, 세정식 집진시설 효율 85%)

풀이 전체효율$(\eta_T) = \left(1 - \dfrac{C_o}{C_i}\right) \times 100$

C_i(입구 농도) $= 1.000\text{mg/m}^3$

C_o(출구 농도) $= C_i \times (1 - \eta_1) \times (1 - \eta_2)$

$= 1,000 \times (1 - 0.7) \times (1 - 0.85)$

$= 45\text{mg/m}^3$

$= \left(1 - \dfrac{45}{1,000}\right) \times 100 = 95.5\%$

필수 예상문제 ✔ 출제확률 60%

발생먼지를 원심력(cyclone) 집진시설로 전처리한 후 여과집진장치로 제거하고 있다. 측정결과가 다음과 같다면 집진장치의 총 집진율은?

구 분	cyclone	여과집진장치	
	입 구	입 구	출 구
가스량(m³/hr)	50,000	60,000	60,000
먼지 농도(g/m³)	70	20.5	1.21

풀이 총 집진율$(\eta_T) = \eta_1 + \eta_2(1-\eta_1)$

cyclone 집진율$(\eta_1) = \left(1 - \dfrac{C_o \cdot Q_o}{C_i \cdot Q_i}\right) = \left(1 - \dfrac{20.5 \times 60,000}{70 \times 50,000}\right) = 0.6486$

여과집진장치 집진율$(\eta_2) = \left(1 - \dfrac{C_o \cdot Q_o}{C_i \cdot Q_i}\right) = \left(1 - \dfrac{1.21 \times 60,000}{20.5 \times 60,000}\right) = 0.941$

∴ 총 집진율$(\eta_T) = 0.6486 + [0.941(1 - 0.6486)] = 0.98 \times 100 = 98\%$

기출문제

처리해야 하는 먼지의 농도가 너무 높아 일차적으로 원심력 집진시설로 전처리한 후 여과집진장치로 최종 처리하였다. 이때 각 집진장치의 집진율(η)을 계산하고 총 집진율(%)을 구하시오. (단, 원심력집진기의 처리 농도는 40.5g/m³이고, 처리가스량은 51,000m³/hr이다. 여과집진기의 유입 농도는 17.4g/m³, 유입가스량은 54,000m³/hr, 배출 농도는 1.05g/m³이고, 배출가스량은 54,000m³/hr이다.)

풀이 ① 총 집진율$(\eta_T) = \eta_1 + \eta_2(1-\eta_1)$

② 원심력집진시설 집진율$(\eta_1) = \left(1 - \dfrac{C_o \cdot Q_o}{C_i \cdot Q_i}\right) = \left(1 - \dfrac{17.4 \times 54,000}{40.5 \times 51,000}\right) = 0.5451$

③ 여과집진시설 집진율$(\eta_2) = \left(1 - \dfrac{C_o \cdot Q_o}{C_i \cdot Q_i}\right) = \left(1 - \dfrac{1.05 \times 54,000}{17.4 \times 54,000}\right) = 0.9396$

④ 총 집진율$(\eta_T) = 0.5451 + [0.9396(1 - 0.5451)] = 0.9725 \times 100 = 97.25\%$

05 유해가스 처리장치

유해 농도가 낮은 경우는 전체환기를 적용하나 고농도의 유해가스는 국소배기시설을 통한 처리가 되어야 한다. 유해가스 처리장치는 유해가스의 물리 · 화학적 특성에 따라 흡수법, 흡착법, 연소법, 중화법이 주로 사용된다.

(1) 흡수법

① 원리

유해가스가 액상에 잘 용해되거나 화학적으로 반응하는 성질을 이용하여 주로 물이나 수용액을 사용하기 때문에 물에 대한 가스의 용해도가 중요한 요인이다.

② 제거효율에 미치는 인자

㉠ 접촉시간

㉡ 기액 접촉면적

㉢ 흡수제의 농도

㉣ 반응속도

㉤ 물에 대한 기체의 용해도

③ 헨리 법칙(Henry's law)

㉠ 기체의 용해도와 압력관계, 즉 일정온도에서 기체 중에 있는 특정 유해가스 성분의 분압과 이와 접한 액체상 중 액농도와의 평형관계를 나타낸 법칙이다(일정온도에서 특정 유해가스 압력은 용해가스의 액중 농도에 비례한다는 법칙).

㉡ 헨리 법칙은 비교적 용해도가 적은 기체에 적용되며, 용해에 따른 복잡한 화학반응이 일어날 경우에는 흡수이론이 성립하지 않는다.

㉢ 용해도가 크지 않은 기체가 일정온도에서 용매에 용해될 경우 질량은 그 기체의 압력에 비례한다.

㉣ 헨리 법칙에 잘 적용되는 기체(난용성 : 용해도가 적은 가스)

H_2, O_2, N_2, CO, CH_2, NO, CO_2, NO_2, H_2S

㉤ 헨리 법칙에 잘 적용되지 않는 기체(가용성 : 용해도가 큰 가스)

HCl, NH_3, SO_2, HF, Cl_2, SiF_4

㉥ 헨리 법칙

$$P = H \cdot C$$

여기서, P : 용질가스의 기상분압(atm)

H : 헨리상수(atm · m³/kmol)

C : 액체성분 농도(kmol/m³)

ⓐ 헨리상수(H)는 온도에 따라 변하며, 온도가 높을수록 용해도는 적을수록 커진다.

ⓑ 헨리상수 값이 큰 물질 순서

$CO > H_2S > SO_2 > Cl_2 > SO_2 > NH_3 > HF > HCl$

ⓒ 액상 측 저항이 지배적인 물질은 헨리상수 값이 큰 것을 의미한다.

ⓓ 용해도가 낮을수록 액중 농도는 감소하며, 헨리상수 값은 커진다.

④ 흡수액(세정액)의 구비조건(고려사항) ●출제율 30%

㉠ 용해도가 클 것

㉡ 점성이 작고, 화학적으로 안정할 것

㉢ 독성이 없고, 휘발성이 적을 것

㉣ 착화성, 부식성이 없고, 가격이 저렴할 것

㉤ 용매의 화학적 성질과 비슷할 것

㉥ 빙점은 낮고, 비점은 높아야 할 것

㉦ 가격이 저렴하고, 사용이 편리할 것

⑤ 특징(장 · 단점)

㉠ 유해가스 처리비용이 저렴

㉡ 가스온도가 고온일 경우 냉각 등 전처리 시설이 필요하지 않음

㉢ 부대적으로 폐수처리 시설이 필요

㉣ 가스의 증습으로 인한 배연확산이 원활하지 않음

⑥ 흡수탑의 높이(H)

$$H = NTU \times HTU$$

여기서, NTU : • 기상총괄 이동단위수

• 물질이동의 난이도를 나타내는 지수

• 흡수물질 농도와 용해도에 좌우

HTU : • 기상총괄 이동단위높이(m)

• 충진제, 가스용액 유입량에 의한 실험값(0.1~1.5m)

⑦ 충진제 구비조건(충진탑) ●출제율 30%

㉠ 압력손실이 적고, 충전밀도가 클 것

㉡ 단위부피 내에 표면적이 클 것

㉢ 대상물질에 부식성이 작을 것

참고 **충전탑(Packed Tower), 단탑(Plate Tower), 분무탑(Spray Tower)** 출제율 30%

1. 충전탑
   ㉠ 충전탑의 원리는 충전물질의 표면을 흡수액으로 도포하여 흡수액의 엷은 층을 형성시킨 후 가스와 흡수액을 접촉시켜 흡수시키는 것으로 급수량이 적절하면 효과가 좋다.
   ㉡ 일반적으로 원통형의 탑 내에 여러 가지 충전재를 넣어 함진가스(가스유입속도 1m/sec 이하)와 세정액을 접촉시켜 세정하는 장치이다.
   ㉢ 액분산형 가스흡수장치에 속하며, 효율 증대를 위해서는 가스의 용해도를 증가시키고 액가스비를 증가시켜야 한다.
   ㉣ 온도의 변화가 큰 곳에는 적응성이 낮고, 희석열이 심한 곳에는 부적합하다.
   ㉤ 흡수액에 고형물이 함유되어 있는 경우에는 침전물이 생겨 성능이 저하할 수 있다.
   ㉥ 포말성 흡수액일 경우 단탑(Plate Tower)보다는 충전탑이 유리하다.
   ㉦ 불화규소 제거에는 부적합하다.
   ㉧ 충전층의 공극이 폐쇄되기 쉬우며, 충전재는 내식성이 큰 플라스틱과 같이 가벼운 물질이어야 한다.
   ㉨ 1~5μm 크기의 입자를 제거할 경우 장치 내 처리가스의 속도는 약 25cm/sec 이하가 되어야 한다.

2. 단탑
   ㉠ 포종탑
     • 계단식으로 되어 있는 다단의 Plate 위에 있는 액체 속으로 기포가 발생되는 포종을 갖는 가스를 분산·접촉시키는 방법이다.
     • 가스속도가 작을 경우 효율이 증가한다.
     • 흡수액에 부유물이 포함되어 있을 경우 충전탑보다는 단탑을 사용하는 것이 더 효율적이다.
     • 온도변화에 따른 팽창과 수축이 우려될 경우에는 충전재 손상이 예상되므로 충전탑보다는 단탑이 유리하다.
     • 운전 시 용해에 의해 발생하는 용해열을 제거할 경우 냉각오일을 설치하기 쉬운 단탑이 충전탑보다 유리하다.
   ㉡ 다공판탑
     • 직경 3~12mm 범위의 구멍을 갖춘 다공판(개공률≒10%) 위에 가스를 분산·접촉시키는 방법으로 액측 저항이 클 경우 이용하기 유리하다.
     • 비교적 소량의 액량으로 처리가 가능하다.
     • 판수를 증가시키면 고농도 가스처리도 일시 처리가 가능하다.
     • 판 간격은 40cm, 액가스비는 0.3~5L/m^3 정도이다.
     • 압력손실은 100~200mmH$_2$O/단 정도이다.
     • 가스(겉보기)속도는 0.1~1m/sec 정도이다.
     • 가스량의 변동이 심한 경우에는 조업할 수 없다.
     • 고체부유물 생성 시 적합하다.

3. 분무탑
   ㉠ 탑 내에 몇 개의 살수노즐을 사용하여 함진가스를 향류 접촉시켜 분진을 제거하며, 가스의 흐름이 균일하지 못하고, 분무액과 가스의 접촉이 균일하지 못하여 효율이 낮은 편이다.
   ㉡ 가스의 압력손실(2~20mmH$_2$O)은 작은 반면, 세정액 분무에 상당한 동력이 요구되며, 겉보기 속도는 0.2~1m/sec 정도이다.

ⓒ 구조가 간단하고 보수가 용이하며, 충전제를 쓰지 않기 때문에 압력손실의 증가는 없다.

ⓔ 액가스비는 2(0.5)~3(1.5)L/m³ 정도이다.

ⓜ 유해가스 속도가 느릴 경우를 제외하고는 가스의 유출 시 비말동반의 위험이 있다.

ⓗ 충전탑에 비하여 설비비 및 유지비가 적게 든다.

ⓢ 액분산형 흡수장치에 해당하며, 흡수가 잘 되는 수용성 기체에 효과적이다.

ⓞ 침전물이 생기는 경우에 적합하나 분무노즐의 폐쇄 및 노즐 형태에 따라 흡수효율이 달라 효율이 낮은 단점이 있다.

(2) 흡착법

① 원리

유체가 고체상 물질의 표면에 부착되는 성질을 이용하여 오염된 기체(주 : 유기용제)를 제거하는 원리이다. 특히 회수가치가 있는 불연성 희박 농도가스의 처리 및 기체상 오염물질이 비연소성이거나 태우기 어려운 경우에 가장 적합한 방법이 흡착법이다.

② 흡착의 분류

㉠ 물리적 흡착

ⓐ 가스와 흡착제가 분자간의 인력, 즉 Van der Waals force(반 데르 발스 결합력)으로 약하게 결합되어 있으며 보통 가용한 피흡착제의 표면적에 비례한다.

ⓑ 가스 중의 분자간 상호의 인력보다 고체표면과의 인력이 크게 되는 때에 일어난다. 즉 화학적 흡착보다 발열량(약 0.1kcal/mole)이 적다.

ⓒ 가역성이 높다. 즉 가역적 반응이기 때문에 흡착제 재생 및 오염가스 회수에 매우 유용하며, 여러 층의 흡착이 가능하다.

ⓓ 흡착물질은 임계온도 이상에서는 흡착되지 않는다.

ⓔ 흡착제에 대한 용질의 분자량이 클수록, 온도가 낮을수록, 압력(분압)이 높을수록 흡착에 유리하다.

ⓕ 흡착제 표면에 여러 층으로 흡착이 일어날 수 있고, 흡착열은 약 40kJ/g · mol 이하이다.

ⓖ 흡착량은 단분자층과는 관계가 적다. 즉 물리적 흡착은 다분자 흡착층 흡착이며, 흡착열이 낮다.

ⓗ 압력을 낮추거나 온도를 높임으로써 흡착물질을 흡착제로부터 탈착시킬 수 있다.

ⓛ 화학적 흡착

ⓐ 기체와 흡착제가 화학적 반응에 의해 결합력은 물리적 흡착보다 크다.

ⓑ 비가역 반응이기 때문에 흡착제 재생 및 오염가스 회수를 할 수 없다.

ⓒ 분자간의 결합력이 강하여 흡착과정에서 발열량이 많다. 즉 반응열을 수반하여 온도가 대체로 높다.

ⓓ 흡착력은 단분자층의 영향을 받는다.

ⓔ 흡착제는 대부분 고체로 재생성이 낮다.

참고 물리적 흡착 및 화학적 흡착의 특징 비교 ●출제율 30%

구 분	물리적 흡착	화학적 흡착
결합력	Van der Waals 인력에 의한 약한 결합	자유전자의 재배열에 의한 이온결합 또는 공유결합
흡착열	적음(응축열과 비슷)	큼(반응열과 비슷)
흡착속도	빠름(활성화에너지가 존재하지 않으므로)	느림(활성화에너지가 필요하므로)
흡착질	임계온도 이하의 모든 기체를 흡착하는 비선택성(다중흡착)	화학반응성이 있는 피흡착질만 흡착하는 선택성(단일흡착)
가역성	가역적	비가역적(800℃ 이상에서는 가역으로 작용)
온도	온도 높을수록 흡착량 감소	온도상승에 따라 흡착량 증가하다가 감소

③ 흡착법이 유용한 경우

㉠ 기체상 오염물질이 비연소성이거나 태우기 어려운 경우

㉡ 오염물질의 회수가치가 충분한 경우

㉢ 배기 내의 오염물 농도가 대단히 낮은 경우

④ 흡착장치 설계 시 고려사항 ●출제율 20%

㉠ 흡착장치의 처리능력

㉡ 가스상 오염물질의 처리가능성 검토 여부

㉢ 흡착제의 break point

㉣ 압력손실

⑤ 흡착제 선정 시 고려사항 ●출제율 20%

㉠ 흡착탑 내에서 기체흐름에 대한 저항(압력손실)이 작을 것

㉡ 어느 정도의 강도와 경도가 있을 것

㉢ 흡착률이 우수할 것

㉣ 흡착제의 재생이 용이할 것

    ⓜ 흡착물질의 회수가 용이할 것

    ⓗ 내산성 및 불순물 함유량이 적을 것

⑥ 특징

    ㉠ 처리가스의 농도변화에 대응할 수 있다.

    ㉡ 오염가스 제거가 거의 100%에 가깝다.

    ㉢ 회수가치가 있는 불연성, 희박 농도 가스 처리에 적합하다.

    ㉣ 조작 및 장치가 간단하다.

    ㉤ 처리 비용이 높다.

    ㉥ 분진, 미스트를 함유하는 가스는 예비 처리시설이 필요하다.

    ㉦ 고온가스 처리 시 냉각장치가 필요하다.

⑦ 흡착제의 종류 ●출제율 20%

    ㉠ 활성탄(Activated Corbon)

        ⓐ 활성탄은 탄소함유 물질을 탄화 및 활성화하여 만든 흡착능력이 큰 무정형 탄소의 일종이다.

        ⓑ 주로 비극성 물질에 유효하며, 혼합가스 내의 유기성 가스의 흡착에 주로 사용된다. 유기용제의 증기 제거기능이 높다.

        ⓒ 유기용제 회수, 악취제거, 가스정화에 주로 사용된다.

        ⓓ 활성탄의 표면적은 $600 \sim 1,400 \text{m}^2/\text{g}$ 정도이며, 공극의 크기는 일반적으로 $5 \sim 30 \text{Å}$으로 분자모세관 응축현상에 의해 흡착된다.

        ⓔ 분자량이 클수록 흡착력이 커지며, 흡착법으로 제거 가능한 유기성 가스의 분자량은 최소 45 이상이어야 한다.

        ⓕ 페놀, 스타이렌 등 유기용제 증기, 수은증기 같은 상대적으로 무거운 증기는 잘 흡착하고 메탄, 일산화탄소, 일산화질소 등은 흡착되지 않는다.

        ⓖ 끓는점이 낮은 저비점 화합물인 암모니아, 에틸렌, 염화수소, 포름알데히드 증기는 흡착속도가 높지 않아 비효과적이다.

    ㉡ 실리카겔(Silicagel)

        ⓐ 실리카겔은 규산나트륨과 황산의 반응에서 유도된 무정형의 물질로 표면적은 $300 \text{m}^2/\text{g}$ 정도이다.

        ⓑ 탄소의 불포화결합을 가진 분자를 선택적으로 흡착한다. 즉 물과 같은 극성 분자를 선택적으로 흡착한다.

        ⓒ 250℃ 이하에서 물과 유기물을 잘 흡착하며 일반적으로 NaOH 용액 중 불순물 제거에 이용된다.

ⓓ 실리카겔의 친화력(극성이 강한 순서)

물 > 알코올류 > 알데하이드류 > 케톤류 > 에스테르류 > 방향족 탄화수소류
> 올레핀류 > 파라핀류

ⓒ 활성 알루미나(Alumina)

ⓐ 활성 알루미나는 무기다공성 고체로 물과 유기물을 잘 흡착하며, 175~325℃로 가열하여 재생시킬 수 있다.

ⓑ 주로 탈수에 사용되며, 일반적으로 가스(공기), 액체의 건조에 이용된다.

ⓒ 표면적은 200~300m^2/g 정도이다.

ⓔ 합성 제올라이트(Synthetic Zeolite)

ⓐ 제올라이트(Zeolite)는 H$_2$O를 주성분으로 하는 함수 알루미노 규산염소 광물로서 열을 가하면 거품을 발생시키며 비석이라고도 불린다.

ⓑ 극성이 다른 물질이나 포화 정도가 다른 탄화수소의 분리가 가능하다.

ⓒ 분자체로 알려져 있으며, 제조과정에 그 결정구조를 조절하여 특정한 물질을 선택적으로 흡착시키는데 이용할 수 있다.

ⓓ 낮은 노점(이슬점)을 요구하는 물질을 흡착하는 데 이용할 수 있다.

⑧ 흡착제의 재생방법

㉠ 가열공기 탈착법

㉡ 수세탈착법

㉢ 수증기 송입탈착법

㉣ 감압 탈착법

참고 **흡착식** ●출제율 30%

1. Freundlich 등온 흡착식

㉠ 일정 온도에서 용질의 분압이 증가하면 흡착되는 양이 증가, 일정분압 하에서 온도가 증가하면 흡착되는 양은 감소한다는 가정 하에 적용된다.

㉡ 압력과 단위무게당 흡착량의 변화를 나타낸 식이며, 고농도에서 등온선은 선형을 유지하지만 한정된 범위의 용질 농도에 대한 흡착평형 값으로 적용된다.

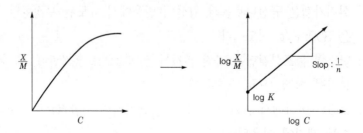

$\dfrac{X}{M} = KC^{\frac{1}{n}}$ 양변에 log를 취하면

$\log \dfrac{X}{M} = \dfrac{1}{n} \log C + \log K$

여기서, X : 흡착제에 흡착된 피흡착제 농도(제거된 오염물질=흡착된 용질량 : mg/L)
(유입 농도−유출 농도)의 의미

M : 흡착제의 양(mg/L)

C : 용질의 평형 농도(흡착 후 평형 농도, 피흡착제 물질 농도−출구가스 농도 : mg/L)

K, n : 상수($\dfrac{X}{M} = KC^{\frac{1}{n}}$을 만족할 경우 $n = 1.725$, $K = 1.579$)

2. Langmuir 등온 흡착식
　㉠ 흡착제와 흡착물질 사이에 결합력이 약한 물리적 흡착을 의미하며, 고농도에서 등온선은 선형적이지 못하고 한정적이다.
　㉡ 흡착은 고체표면에 흡착된 분자의 증발, 응축하는 속도가 동일하다는 가정, 즉 가역적, 평형 조건이 이루어졌다는 가정 하에 적용되며, 흡착된 용질은 단분자층으로 흡착된다.

참고 흡착능력 ● 출제율 20%

1. 포화점(Saturation Point)
주어진 온도와 압력조건에서 흡착제가 가장 많은 양의 흡착질을 흡착하는 점, 즉 시간이 경과함에 따라 흡착률이 감소하여 흡착장치 입구와 출구의 흡착질 농도가 같아지는 점이 포화점이다.

2. 보전력(Retentioity)
　㉠ 흡착질로 포화된 흡착제를 일정 온도, 압력 조건 하에서 순수 공기를 통과시킬 경우 흡착제로부터 탈착되지 않고 잔류하는 흡착질의 양을 보전력이라 한다.
　㉡ 보전력

$$\text{보전력} = \dfrac{\text{흡착질 무게}}{\text{흡착제 무게}}$$

3. 파과점(Break Point)
　㉠ 흡착제층 전체가 포화되어 배출가스 중에 오염가스 일부가 남게 되는 점을 파과점이라 한다(흡착탑 출구에서 오염물질 농도가 급격히 증가되기 시작하는 점).
　㉡ 파과점 이후부터는 오염가스의 농도가 급격히 증가한다.
　㉢ 파과곡선의 형태는 비교적 기울기가 큰 것이 바람직하다. 그 이유는 기울기가 작은 경우는 흡착층의 상당 부분이 이미 포화되기 전부터 파과가 진행되었음을 의미하기 때문이다.
　㉣ 흡착 초기에는 흡착이 매우 빠르고 효과적으로 진행되다가 어느 정도 흡착이 진행되면 흡착이 전차로 천천히 진행된다.
　㉤ 파과곡선은 흡착탑 출구 농도(유출 농도)를 시간 진행에 따라 나타낸 S자 형태의 그래프로 나타난다.

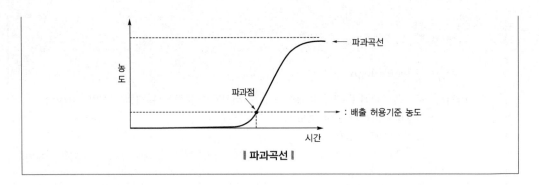

‖ 파과곡선 ‖

(3) 연소법

가연성의 유해가스, 유해가스의 농도가 낮은 경우, 악취 등에 주로 적용하며 직접연소, 가열연소, 촉매연소의 방법이 있다.

① 장점
  ㉠ 폐열을 회수하여 이용할 수 있다.
  ㉡ 배기가스의 유량과 농도의 변화에 잘 적용할 수 있다.
  ㉢ 가스연소장치의 설계 및 운전조절을 통해 유해가스를 거의 완전히 제거할 수 있다.

② 단점
  시설투자비 및 유지관리비가 많이 소요된다.

③ 적용
  유해가스의 농도가 낮은 경우 악취 등에 주로 적용한다.

④ 분류
  ㉠ 직접연소
    ⓐ 유해가스를 연소기 내에서 직접 태우는 방법이다.
    ⓑ CO, HC, H_2, NH_3의 유독가스 제거 및 정유공장의 비상구조 설비로부터 비정상적으로 발생되는 고농도 VOC를 처리하는 데 사용된다.
    ⓒ 연소조건(시간, 온도, 혼합 : 3T)이 적당하면 유해가스의 완벽한 산화처리가 가능하다.
  ㉡ 간접연소(가열연소)
    ⓐ 오염가스 중 가연성 성분 농도가 낮아 직접연소가 불가능할 때 사용되는 방법이다.
    ⓑ 악취 제거용도로 자주 사용된다.

ⓒ 촉매연소

　　ⓐ 오염가스 중 가연성 성분을 연소시설 내에서 촉매를 사용하여 불꽃없이 산화시
　　　키는 방법으로 직접연소법에 비해 낮은 온도에서도 가능하고 짧은 체류시간에
　　　서도 처리가 가능하다.

　　ⓑ 분자량이 큰 탄화수소류 가스 제거에 적합하다.

　　ⓒ 촉매로는 백금, 팔라디움 등이 사용된다.

06　휘발성 유기화합물(VOC)

(1) 휘발성 유기화합물의 정의

"휘발성 유기화합물(VOC ; Volatile Organic Compounds)"이란 탄화수소화합물로서 대기 중의 질소산화물(NO_x) 및 다른 화학물질과 광화학반응(Photo-chemical reaction)을 통해 광화학 스모그(Photo-chemical smog)의 원인이 되는 오존(O_3)을 발생시키는 물질을 말하며, 지방족 탄화수소류, 방향족 탄화수소류, 비균질 탄화수소류(알데히드, 케톤, 알코올 등) 및 지방족과 비균질이 혼합되어 있는 탄화수소화합물 중 레이드 증기압이 27.6kPa 이상인 물질을 말한다. 단, 메탄 및 에탄 등 광화학 반응성이 낮은 물질로서 국가에서 정하여 고시하는 물질을 제외한다. 여기서 레이드 증기압(Reid vapor pressure)이란 37.8℃(100℉)에서 증기와 액체 부피를 4 대 1로 만든 장치를 이용하여 측정한 절대압력을 말한다.

(2) 업종별 VOC 발생원

① 석유화학산업

　ⓞ 제조 · 취급 공정으로부터 누출

　ⓛ 원유 및 정제된 제품들의 저장탱크로부터 누출

　ⓒ 배 또는 트럭에 제품을 하역하거나 운반 중 누출

　ⓔ 제조 · 취급 공정으로부터 밸브, 플랜지, 펌프, 압축기 등에서 누출

　ⓜ 기타 사고 등으로 인한 누출

② 식품산업

　ⓞ 식용유 및 동물성 지방 가공

　ⓛ 제빵 · 제과

ⓒ 맥주, 포도주 등 알코올 음료 제조

ⓔ 감자, 옥수수 등 튀김공정

ⓜ 커피 제조

③ 철강산업

    ㉠ 압연공장

    ㉡ 제선공장

    ㉢ 제강공장

    ㉣ 코크스 공장

④ 쓰레기 처리설비

    ㉠ 쓰레기 매립장

    ㉡ 하수 및 폐수 처리장

    ㉢ 쓰레기 처리장

⑤ 농경지에서의 농약살포

⑥ 이동 배출원

    자동차, 기차, 선박, 비행기 등의 배출가스

⑦ 자연적 발생원

    ㉠ 나무(송진류와 이소프렌류)

    ㉡ 늪지대(메탄)

(3) 영향 및 특성

① 독성 화학물질

    방향족 및 할로겐화 탄화수소는 화합물 자체로도 매우 유해하다.

② 광화학산화물의 전구물질

    올레핀류의 탄화수소는 대기 중에서 광화학반응에 의해 오존생성 등의 2차 오염을
    발생시킨다.

③ 성층권의 오존층 파괴물질

    염화불화탄소(CFC)는 성층권 오존층 파괴 원인물질이다.

④ 지구온난화에 영향을 미치는 물질

    지표면 부근에서 오존생성에 관여하여 결과적으로 지구온난화에 간접적으로 기여
    한다.

⑤ 피부접촉 및 호흡기로 흡입되어 신경계 등에 장애를 일으키는 발암물질이다.

⑥ 증기압이 높아 대기 중으로 쉽게 휘발하여 악취 및 오존의 원인물질로 작용한다.

⑦ 반응성이 약하여 중 · 장기간 대기 중에 체류하여 환경에 누적되거나 축적되어 인간을 포함한 자연생태계에 영향을 미친다.

> **참고** VOC 물질별 건강장해 〔출제율 20%〕

물 질	건강장해
벤젠	조혈기능 장해(혈구 감소증, 재생불량성 빈혈), 부정맥, 발암성(백혈병)
할로겐화 탄화수소	간독성, 신독성, 심장독성(부정맥, 돌연사), 동물에서 발암성
메탄올	시력 상실, 대사성 산증
포름알데히드	알레르기성 피부염, 폐기능 저하, 동물에서의 발암성
노르말 헥산	말초신경 장해

(4) VOC 처리방법 〔출제율 50%〕

휘발성 유기화합물을 처리하기 위한 방법을 선택하기 위해서는 가스의 종류 · 농도 및 가스량을 고려해야 한다.

① 직접연소(TO ; Thermal Oxidation)

　㉠ 원리

　　고온에서 산화 · 분해되는 모든 처리 대상가스에 적용시킬 수 있는 기술로 열소각로와 열교환기를 이용하여 고온(700~850℃)에서 0.3~0.6초 체류시켜 직접연소하여 CO_2와 수증기(H_2O)로 분해하는 방법이다.

　㉡ 반응식

$$VOCs + O_2 \xrightarrow[700 \sim 850℃]{고온산화} CO_2 + H_2O + 반응열$$

　㉢ 공정(Process)도

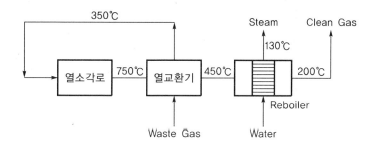

ⓔ 특징

@ 적절한 연소온도를 유지함으로써 99% 이상의 효율

ⓑ 촉매독을 함유한 물질 처리 가능

ⓒ 증기, 온수, 열풍 등 폐열회수 시스템 구축 가능(폐열회수장치, 폐열 보일러 등을 개선하여 경제적인 폐열회수 가능)

ⓓ 배기가스의 온도와 처리가스 농도가 높을 때 경제적

ⓔ 조작이 간단하며, 별도의 인력이 필요 없음

ⓕ 열적 NOx 발생량이 많으며, 온실가스인 CO_2 다량 발생

ⓖ 열회수장치가 없는 경우 및 처리가스 농도에 따라 연료비가 고가

ⓗ 고농도 가스($8g/Nm^3$ 이상) 및 압력, 풍량의 변화가 없는 공정(저풍량 가스)에 적용

ⓘ 장치의 소형화로 유지·보수 간단

ⓙ 할로겐화합물을 처리할 경우 세정장치 필요

② 촉매연소(CO ; Catalytic Oxidation)

㉠ 원리

직접연소 온도보다 낮은 온도(200~400℃)로 가열하여 백금, 코발트 등 촉매층을 통과시킴으로써 촉매산화 작용에 의해 CO_2와 H_2O로 분해하는 방법이다.

㉡ 반응식

$$VOCs + O_2 \xrightarrow[200 \sim 400℃]{촉매산화} CO_2 + H_2O + 반응열$$

㉢ 공정(Process)도

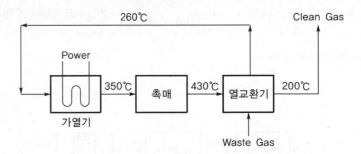

ⓔ 특징

@ 직접연소에 비해 연소온도는 낮으나 비슷한 효율

ⓑ 저온산화하므로 질소산화물에 의한 2차 오염물질 생성이 적음

ⓒ 저온연소방식으로 연료의 소모가 적고 고효율의 열교환기를 사용하여 경제
성이 높음

ⓓ 조작이 간단

ⓔ 촉매독으로 인하여 처리 대상가스에 따라 적용범위가 한정적임

ⓕ 촉매의 수명이 한정되어 있어 촉매의 교환이 필요함

ⓖ 중농도가스($4{\sim}5g/Nm^3$) 및 촉매독이 없는 가스에 적용

③ 축열식 연소(RTO ; Regenerative Thermal Oxidation)

㉠ 원리

VOC의 연소열을 열교환용 세라믹 축열재로 축열시켜 축열된 열로 VOC를 승
온하여 연소시키는 방법, 즉 배기가스의 폐열의 최대한 회수하여 이를 흡기가
스 예열에 사용하기 위해 표면적이 큰 세라믹 소재 등의 축열재를 직접 가열하
고 재생(Regeneration)하는 장치가 RTO이다.

㉡ 반응식

$$VOCs + O_2 \xrightarrow[700\,\sim\,850℃]{고온산화} CO_2 + H_2O + 반응열$$

재이용(97% 이상 열회수)

㉢ 폐열회수 방법

ⓐ Regeneration(재생)

• 축열재(세라믹) 이용, 열을 회수하는 방법으로 입구·출구 가스온도차가
약 40℃이다.

• 오염된 공기를 세라믹 축열재에 통과시켜 예열, 연소시키는 주기를 반복함
으로써 90% 이상의 높은 열회수율을 얻는 동시에 처리가스 중 VOC를
95% 이상의 높은 효율로 산화분해 처리한다.

ⓑ Recuperative(열교환)

• 폐열을 대기로 방출하기 전에 열회수를 위해 향류나 병류의 다관식 열교환기
이용, 열을 회수하는 방법으로 입구·출구 가스 온도차가 약 250℃이다.

• 유입가스의 예열을 위해 열교환기와 같은 간접적 열전달장치를 이용하는
것이며, 열교환장치 선정 시 폐가스의 유속, 배출가스의 온도, 열교환 효율
및 경제성 등을 고려하여야 한다

ⓡ 특징

ⓐ 처리효율이 높음(약 99%)

ⓑ VOC 연소열을 외부로 배출시키지 않고 회수함으로써 2차 공해요인이 적음

ⓒ 폐열을 이용하는 고효율에너지 기술(열회수율 95%)

ⓓ 장치수명이 길고, 안정적임

ⓔ 유입가스 유기물 부하가 $1.5 \sim 2g/Nm^3$이면 연료없이도 운전 가능

④ 축열식 촉매연소(RCO ; Regenerative Catalytic Oxidation)

ㄱ 원리

축열식 연소설비의 기본원리에 의한 방법으로 연소실 내의 반응온도를 낮추어 연료량을 절감하기 위한 목적이며, VOC를 세라믹 축열제를 이용하여 가열한 후 촉매층을 통과시켜 저온($200 \sim 400℃$)에서 산화시켜 수증기와 이산화탄소로 분해하는 방법이다.

ㄴ 반응식

$$VOCs + O_2 \xrightarrow[200 \sim 400℃]{촉매산화} CO_2 + H_2O + 반응열$$

재이용(97% 이상 열회수)

ㄷ 특징

ⓐ 저온에서 VOCs 연소가 가능하고 열회수율이 97% 이상이므로 운전비용(연료비) 절감

ⓑ 2차 공해요인이 적음(저온에서 연소하므로 Thermal NO_x가 RTO보다 60% 정도 적게 발생)

ⓒ 유입가스 유기물 부하가 $1 \sim 1.5g/Nm^3$이면 연료없이도 운전 가능

ⓓ 오염물질의 농도 및 성분 변화에 따라 영향이 적음

ⓔ 촉매에 의한 산화가 가능한 VOC에 한해서 RTO보다 경제적(RTO보다 장치의 소형화 가능)

ⓕ 촉매독이 함유된 가스의 처리는 곤란하고 촉매교환 비용이 고가

ⓖ 폐열을 스팀으로 회수하는 경우 적용이 곤란하고 처리 대상가스 성상의 영향 때문에 적용범위가 한정적

참고 RTO와 RCO의 특성 비교

구 분	RTO	RCO
산화방법	열회수물질(세라믹)을 사용하여 연소	촉매층을 사용하여 산화
운전방법	연속식	연속식
보조연료량	중, 대	소
경제적 효율	초기투자비 고가, 유지비 저렴	초기투자비 저렴, 촉매비 고가
촉매 수명	없음	약 12~60개월
VOC 제거효율	약 95% 이상	약 90% 이상
운전온도	750~900°C	200~400°C

〈출처 : 호남권 중대산업사고 예방센터〉

참고 촉매독에 관한 관리와 대책 ● 출제율 30%

촉매독	활성 저하도	재생 여부	활성 저하요인	대 책
유기실리콘 화합물	강함	가능	촉매 표면에서 촉매금속 피독	• 전처리 • 재생처리
유기인화합물	극히 강함	농도에 따라 가능	백금-인 화합물 생성	• 전처리 • 촉매 교환
염소화합물	• 낮은 농도에서 1차 피독 • 높은 농도에서 영구 피독	경우에 따라 약품세정 가능	350°C 이하에서 촉매 표면에 강하게 흡착 그 이상에서 촉매독이 없음	• 온도 상승 • 내할로겐 촉매 사용
유기금속 화합물	극히 강함	불가	백금과 합금 형성	• 전처리 • 촉매 교환
황화합물	낮은 농도에서 1차 피독	가능	350°C 이하에서 촉매 표면에 강하게 흡착	• 온도 상승 • 촉매 교환
	높은 농도에서 영구 피독	불가	그 이상에서 촉매독이 없음	
타르, 농무	약함	가능	촉매 표면을 물리적으로 피독	500°C에서 가열처리, 재생처리
먼지	약함	가능	촉매 표면을 물리적으로 피독	• Air Filter 설치 • Air Blow 물세척

〈출처 : 한국환경공단〉

⑤ 흡착

㉠ 개요

흡착은 기체상태의 VOC 분자가 고체 흡착제와 접촉해서 약한 분자간의 인력에 의해 결합하여 분리되는 공정이다. 흡착제의 수명을 연장시키기 위해서는 흡착된 VOC를 회수해서 흡착제를 재생하여 계속 사용한다.

㉡ 특징

ⓐ 활성탄은 VOC를 제거하기 위해 현재 가장 널리 사용되고 있는 흡착제이다. 활성탄 이외의 흡착제로는 실리카겔, 알루미나, 제올라이트 등이 있다.

ⓑ 입상 활성탄은 충분히 넓은 표면적을 갖고 압력강하가 적으면서 흡착된 VOC를 비교적 쉽게 회수할 수 있어 가장 널리 사용되고 있다.

ⓒ 분말탄은 값은 싸지만 입상탄보다 질이 떨어지고 흡착탑에 사용할 때 압력강하가 너무 크기 때문에 사용에 많은 제한이 있다. 또한 분말탄은 거의 재생할 수 없어 사용 후 폐기하여야 한다.

ⓓ 섬유상 활성탄은 최근에 많은 각광을 받고 있는 흡착제이다. 섬유상 활성탄은 기공(pore) 크기가 미세공으로만 이루어져 있으며, 흡착 부분이 섬유표면으로부터 직접 미세공으로 연결되어 있어 흡착과 탈착 속도가 빠르다. 그리고 벌꿀집 구조나 판형 등 여러 모양으로 만들 수 있어 표면을 최대한 사용할 수 있는 장점이 있다.

ⓔ 탄소 흡착제에는 휘발성이 높은 VOC(분자량이 40 이하)는 흡착이 잘 안 되며, 비휘발성 물질(분자량이 130 이상이거나 비점이 150℃보다 큰 경우)은 탈착이 잘 안 되기 때문에 효율적이지 못하다. 탑내의 과도한 열축적을 피하기 위해서 활성탄 흡착탑에는 농도가 1만 ppmv를 초과하지 않는 것이 좋다.

ⓕ 제올라이트를 이용해 VOC를 처리하기 위해서는 배출가스 중 수분보다 VOC를 더 잘 흡착할 수 있도록 친수성에서 소수성으로 변형시켜 사용한다. 보통 VOC를 흡착시키기 전에 배출가스에 포함된 수분을 제거해 주어야 하며 제올라이트를 변형시키면 소수성으로 바뀌면서 탄소 흡착제보다 상대습도에 덜 영향을 받게 된다. 또한 제올라이트는 비가연성이어서 흡착된 용제간에 있을 수 있는 발열반응으로 인한 영향에도 강하다. 제올라이트는 높은 흡착력 때문에 탄소 흡착제보다 저농도와 높은 유속에서도 성능이 우수하다.

ⓒ 흡착탑 종류
  ⓐ 고정상 흡착장치(Fixed Bed Absorber)
    • 보통 수직형은 처리가스량이 적은 소규모에 적합하고, 수평형 및 실린더형은 처리가스량이 많은 대규모에 적합하다(약 $60 \sim 60{,}000\text{m}^3/\text{min}$에 적용).
    • 낮은 ppm 범위 또는 화학물질의 최저폭발한계(LEL)의 25% 농도 이하에서 운전된다.
    • 처리가스를 연속적으로 처리하고자 할 경우에는 회분식(Batch Type) 흡착장치 2개를 병렬로 연결하여 흡착과 재생을 교대로 한다.
    • 회분식, 즉 간헐식에서의 탈착은 재생 → 건조 → 냉각의 세 단계를 거치며, 탈착작업이 종료되면 흡착장치는 재가동된다.
    • 병렬식, 즉 연속적인 운전에 있어서는 다수의 고정상 흡착시설 중 적어도 한 개의 흡착시설이 항상 운전될 수 있도록 설치하며, 배기가스를 흡착층으로 유입, 흡착층이 흡착한계에 접근하면서 파과점에 도달되면 배출되는 유해물질 농도는 급속히 증가한다. 이 과정에 두 번째 흡착탑은 첫 번째 흡착탑이 포화되기 전에 탈착과정을 밟는다. 재생 시스템에 있어서 오프라인층(탈착층)은 온라인층(흡착층)이 포화되기 전에 사용될 준비(즉, 탈착과 냉각)가 완료되어야 한다.
    • 병렬식은 연속적인 배출원에서 보통 넓은 범위의 유량과 농도를 제어하는 데 사용된다. 흔히 예상 정화시간이 상대적으로 긴 경우에 사용되는데, 하나의 흡착탑이 흡착하고 다른 흡착탑은 재생 또는 정지 상태에 있어야 하기 때문에 운전중인 흡착탑의 흡착시간은 정지상태의 흡착탑 재생시간(즉, 재생, 건조, 냉각)과 같거나 더 길어야 한다.
    • 활성탄의 재생은 흡착된 오염물질의 탈착, 활성탄 냉각 및 재사용의 3단계로 구분할 수 있고, 이 3단계 과정을 탈착주기라 한다.
    • 흡착장치 내 흡착층 단면속도는 $0.15 \sim 0.5\text{m/sec}$이고 접촉체류시간은 $0.5 \sim 5$초 정도이다.
  ⓑ 이동상 흡착장치(Movable Bed Adsorber)
    • 흡착층을 위에서 아래로 이동시키면서 처리가스를 아래에서 위로 향하게 하여 향류 접촉시키는 방식으로 고정상에서는 주기적으로 흡착층을 재생, 건조 과정을 수동적으로 해야 하지만 이동층에서는 흡착층이 장치 내 회전 드럼 안에 들어가 있어 자동적으로 재생과정이 진행된다.

- 항상 흡착제를 탈착부로 이동시키기 때문에 포화된 탈착에 필요한 에너지가 적게 들고 또한 흡착제 사용량이 절약되는 장점이 있다.
- 유동층 흡착장치에 비해 가스의 유속을 크게 유지할 수 없으며, 흡착제 이동에 따른 파손이 많다는 단점이 있다.

ⓒ 유동상 흡착장치(Fludized Bed Adsorber)

- 흡착제가 좁은 부유층으로 유지되며, 오염물질을 포함한 가스가 밑에서 위로 흐르면 부유층이 팽창하면서 흡착제의 유동이 발생되며 이렇게 유동화된 흡착제와 오염물질이 접촉함으로써 제거되고 고정층 흡착장치에서 문제가 되는 편류(Channeling)를 방지할 수 있다.
- 고정층과 이동층 흡착장치의 장점만을 이용한 복합형으로 회수율은 90~95% 정도이다.
- 가스의 유속을 고정상, 이동상보다 크게 유지할 수 있고, 고체와 기체의 접촉을 크게 할 수 있으며 가스와 흡착제를 향류 접촉시킬 수 있다.
- 흡착제의 유동에 의한 마모가 크게 일어나고, 조업조건에 따른 주어진 조건의 변동이 어렵다.
- 상대적으로 고정상, 이동상보다 압력손실이 적다.

⑥ 흡수

㉠ 개요

ⓐ 흡수는 기체와 액체가 향류 또는 병류로 접촉해서 VOC 함유 기체로부터 VOC가 액상 흡수제로 전달되는 공정이다.

ⓑ 물질 전달의 구동력은 기체와 액체간의 VOC 농도구배이다. 보통 흡수제로는 물, 가성소다 용액, 암모니아 또는 고비점 탄화수소 등이 있다.

ⓒ 흡수제의 선택은 VOC의 특성에 따라 달라지며 예를 들면 VOC가 수용성이면 물이 좋은 흡수제가 될 수 있다.

㉡ 주사용 흡수장치

ⓐ 충전탑

- 충전탑은 탑내의 금속, 세라믹 또는 플라스틱 재료로 된 불규칙 충전물이나 규칙 충전물로 채워져 있다.
- 액체는 기체와는 접촉면적을 크게 하기 위해 탑정에서 고르게 분산시켜주며, 분산된 액체는 충전물의 표면에 얇은 필름을 형성하면서 아래로 흐르게 된다.

- VOC를 함유한 기체는 탑저로 보내 액체와 접촉하면서 VOC가 액상으로 전달되면서 탑정으로 빠져나가게 된다.
- 충전물은 기체와 액체의 접촉면적, 즉 물질 전달면적을 최소화하기 위해 제작되었으며 최근에는 고효율의 충전물이 많이 개발되어 사용되고 있다.
- 충전탑을 설계할 때는 배출가스 중의 입자상 물질에 의해 막히거나 오염되어 유효 표면적이 작아지지 않도록 해야 한다.
- 탑정에서의 액체분산이 충전탑의 성능에 큰 영향을 받기 때문에 기체흐름을 방해하지 않는 범위 내에서 액체가 전면적에 고르게 분산되도록 해주어야 한다.

ⓑ 분무탑
- 분무탑은 충전물 등을 사용하지 않고 VOC 함유 기체가 액체 흡수제의 아주 작은 액적과 접촉되면서 물질전달이 일어난다. 이때 작은 액적은 VOC가 흡수되는데 필요한 표면적을 최대로 해준다.
- 분무탑은 기체와 액체의 접촉시간이 짧아 암모니아나 이산화황 같이 물에 용해력이 큰 기체를 처리하는데 적합하다.

ⓒ 벤투리 스크러버
- 벤투리 스크러버는 벤투리 노즐에서 VOC 함유 기체와 흡수제를 강재로 접촉시켜 VOC를 처리하는 방법이다.
- 벤투리 스크러버도 기체와 액체의 접촉시간이 짧기 때문에 분무탑과 비슷하게 대부분의 VOC보다는 액체에 용해력이 큰 기체를 처리하는데 적합하다.

ⓓ 다단탑
- 다단탑은 접속시간이 비교적 길고, 각 단에 있는 액체에 기체가 고르게 분산되어 흡수탑으로 많이 사용되고 있다.
- 흡수에는 흡수제와 흡수된 VOC와의 반응성 여부에 따라 물리흡수와 화학흡수의 둘로 나눌 수 있다.

위에 서술한 4종류 중 충전탑과 다단탑이 VOC 함유 가스를 처리하는데 많이 사용되고 있다.

⑦ 냉각응축(저온응축)

   ⓐ 개요

      ⓐ 냉각응축은 냉각 조작에 의해 비응축성 가스로부터 VOC를 분리해 주는 공정이다.

      ⓑ 공기나 가스 중의 VOC 대부분은 저온으로 냉각시켰을 때 액체상태로 응축되며, 응축된 액체는 중력에 의해 가스 중에서 쉽게 분리 가능하다.

      ⓒ 냉각응축은 일정한 압력에서 온도를 낮춰주거나 또는 일정한 온도에서 압력을 높여줌으로써 일어나게 할 수 있다.

   ⓛ 응축과정

      ⓐ 첫 번째 단계

      대부분의 물과 일부의 가솔린을 제거하기 위해 물의 어느 점까지 냉각시키는 과정이다.

      ⓑ 두 번째 단계

      나머지 가솔린을 제거하기 위해 좀 더 낮은 온도로 냉각시키는 방법을 통해 VOC를 제거하는 단계이다.

   ⓒ 응축기 형태 구분

      ⓐ 직접응축기

      직접응축기는 응축시켜야 할 기체가 냉매와 직접 접촉 혼합되면서 열적, 물리적 평형이 이루어지는 것으로 분무탑형이나 단탑형이 있다.

      ⓑ 간접응축기

      간접응축기는 주로 다관식 열교환기 형태로 관내로 냉매를 통과시켜 관 외부를 지나는 가스를 응축시켜 준다.

   ⓔ 냉매

      ⓐ VOC를 응축시키는데 사용되는 냉매는 주로 냉수, 브라인, 염화불화탄소(CFC), 저온유체 등이 있으며 이들 냉매의 사용온도는 보통 냉수는 7℃, 브라인은 −35℃, 염화불화탄소는 −68℃ 등이다.

      ⓑ 질소나 이산화탄소와 같은 저온유체는 온도를 −195℃까지 내릴 수 있다.

ⓜ 특징

ⓐ VOC를 그대로 회수할 수 있다는 장점이 있다.

ⓑ 제거효율은 다른 방법에 비해 높지는 않지만, 고농도 VOC를 제거하는 데 대단히 유효하며, 주로 유기용제 등 탄화수소 관련 시설에 설치한 예가 많다.

ⓒ 저온응축법은 냉각 전후의 온도차가 클수록 제거효율이 높으므로 비교적 온도가 높은 배기가스 처리에 적용되며, 처리가스 양이 비교적 적은 쪽이 유리하다.

ⓓ VOC가 가연성일 경우 폭발한계와의 관계를 주의할 필요가 있다.

⑧ 생물학적 처리

㉠ 개요

ⓐ 생물학적 처리방법은 미생물을 이용해서 VOC를 이산화탄소, 물 그리고 무기질로 변환시켜 주는 공정이다.

ⓑ 생물학적 처리에는 바이오필터가 사용되는데 모든 바이오필터는 VOC를 무해한 물질로 변환시켜 주는 미생물을 포함하고 있는 흙이나 퇴비를 충전재로 사용한 장치이다.

㉡ 원리

VOCs가 공기(O_2)와 함께 미생물층(막)을 통과하면서 미생물막에 확산되며, 이에 VOCs는 미생물에 의해 물과를 이산화탄소로 분해되면서, 미생물은 VOCs를 에너지원인 탄소원으로 이용하고 질소는 세포증식에 이용하기 때문에 VOCs는 미생물의 먹이로 이용되어 제거된다.

$$VOCs + O_2 \xrightarrow{\text{미생물}} CO_2 + H_2O + \text{열} + Biomass$$

㉢ 특징

ⓐ 탑은 대기와 밀폐되어 있거나 개방되어 있으며 한 개 또는 여러 개의 탑이 사용될 수 있다.

ⓑ 바이오필터장치에서 VOC 함유 기체는 먼저 먼지를 제거하고 냉각시킨 후 필요하면 가습시켜 송풍기에 의해 탑저로 유입시킨다.

ⓒ 탑에는 배양된 미생물들이 있으며 활성탄, 알루미나 등을 포함할 수 있다. 여기서 사용되는 미생물은 처리하고자 하는 VOC 종류에 따라 다르다. 예를 들면 알데히드, 케톤, 알고올, 에테르나 유기산 등은 분해속도가 빠르며 할로겐화합물은 분해속도가 느리다.

ⓓ VOC 함유 기체는 먼지를 제거하고 냉각과 가습을 시켜주어야 하는 데 이런 전처리 조작은 탑의 운전에 매우 중요하다. 배출가스 중의 먼지는 탑내에 공극을 막아 VOC 분해효율을 감소시킨다. 가장 중요한 전처리인 가습은 탑의 균열 및 미반응 VOC가 대기 중으로 빠져나가는 것을 막아준다.

ⓔ 탑내의 충전재 선정은 조업조건에 따라 달라진다. 흙은 퇴비보다 공극률이 작아 배출가스 처리하는데 투과성이 적어 퇴비를 충전재로 사용하는 경우보다 탑의 크기가 커야 한다. 혼합물 충전재는 투과율이 크기 때문에 큰 유속에 적당하며, VOC가 쉽게 생분해되는 기체를 처리할 때 효율적이다.

⑨ 분리막(막분리) 기술

㉠ 개요

악취(VOC)를 가스분리막에서 선택적으로 농축, 분리하여 회수하는 기술, 즉 막의 전후(공급 측과 투과 측)에 압력차를 발생시켜 가스분리막에서 공기와 가솔린 증기의 투과속도의 차를 이용하여, 악취증기를 선택적으로 분리하는 방법이다.

㉡ 특징

ⓐ 막은 오랫동안 식용수를 처리하는데 사용되어 왔으며 이를 VOC 처리에 적용하고자 하는 기술은 최근의 일이다.

ⓑ 분리막기술은 염소계 탄화수소나 염화불화탄소 등 과거에 회수하기 어려웠던 기체들을 회수하는데 효과적이다.

ⓒ 반투과막은 합성 고분자로 만들며 분리 시 구동력은 막 사이의 압력차를 이용한다.

ⓓ 진공 펌프를 사용하여 막모듈 내의 압력을 낮게 유지해 주며 VOC 함유 기체를 막을 통과시키면 VOC만 막을 통과하고 공기는 통과하지 못해 결국 VOC와 공기가 분리된다.

ⓔ 막분리 전 단계에서 더스트, 미스트 등을 전처리하여야 한다.

ⓕ 장치를 콤팩트하게 할 수 있고 흡수법과 비교하여 설치면적이 작다.

참고 VOC 방지시설의 종류와 개요 ●출제율 40%

악취방지시설		개 요	장 점	단 점
연소법	직접 연소장치	악취가스를 700℃ 이상으로 가열하여 무해한 탄산가스와 물로 산화분해하여 탈취	• 광범위한 유기용제의 탈취가 가능하다. • 장치가 소형이므로 유지, 관리가 간단	• 연소열의 회수가 없다면 운전비가 고가 • NO_x 발생이 큼
	축열식 연소장치	축열재에 의해 교환효율(>80%)을 높인 연소장치	• 중간 농도 배기가스를 경제적으로 탈취 • NO_x 발생이 적음	설치장소, 무게 등의 문제가 있으며, 비용이 고가
	촉매 연소장치	200~350℃의 저온에서 촉매를 이용한 산화분해로 탈취	• 직접연소법보다 운전비가 저렴하다. • NO_x 발생이 적음	촉매 노화, 피독물질의 사전 제거가 필요
흡수법	세척(흡수)식 탈취장치	• 약제를 분무하여 화학반응에 따른 탈취 • 악취물질의 종류에 따라 물·산·알칼리·산화재, 수용액 등이 사용됨	• 설치비가 저렴하다. • Mist, Dust도 동시에 처리가 가능 • 가스냉각 효과가 있음	• 폐수 발생 • 약액 농도, 조정이나 계기 점검 등 엄격한 일상관리 필요 • 약품에 대한 안전대책, 장치 부식에 대한 대책 필요
흡착법	회수 · 고정식 회수 장치	활성탄을 충전한 복수탑을 전환하면서 흡착하여, 수증기로 탈취, 냉각·응축하여 회수	• 역사가 깊고, 실적이 많음 • 조작 간단 • 장치 높이가 낮음	• 폐수 다량 발생 • 케톤계 용제는 발화방지 대책이 필요
	회수 · 유동식 회수 장치	• 유동층에 용제흡착, 가열 탈취 • 활성탄이 순환하는 연속 회수장치 • 탈취가스로 질소 이용	• 폐수 소량 발생 • 케톤 용액제도 안전하게 회수 가능 • 회수용제 내 수분이 적음	• 장치 높이가 높음 • 풍량이 대폭 변동할 때는 풍량제어장치 필요
	농축 · 허니콤 농축 장치	• 낮은 농도의 가스에서 악취를 분리하여, 적은 풍량으로 농축	• 풍량이 많은 배기가스도 경제적으로 처리 • 장치가 콤팩트화되어 운영 관리가 간단함	활성탄 노화물질이 다량으로 포함될 때는 활용이 어려움
	교환 · 교환식 흡착 장치	• 흡착제나 산화제를 충전하여 통풍 • 충전재의 효과가 없어지면 신품으로 교환	• 장치비가 저렴하고, 콤팩트 • 운전조작 간단	낮은 농도의 가스처리에 한정됨(농도가 높은 가스는 교환비용이 상승)
생물탈취법	도양 딜취빕	악취가스를 토양층에 통풍시켜 토양 중 미생물로 분해·탈취	• 운전비가 저렴하고, 유지관리 용이 • 토양 상층은 환원 등 녹지에 이용 가능	• 처리 가능한 악취물질이 제한됨 • 빗물에 의한 통기저항이 크게 되어 리스크 발생 • 넓은 장소가 필요
	바이오필터	미생물을 부착한 담체를 충전한 탑에 통풍시켜 미생물에 의해 분해·탈취	• 장치가 콤팩트 • 유지관리 용이 • 운전비 저렴	• 처리 가능 물질 제한 • 미생물의 순응기간 필요 • 산성 폐액처리 필요

〈출처 : 한국환경공단〉

참고 방지기술 선택 시 고려사항 ◉출제율 30%

제어기술	안정성	오염물질 특성	오염원 특성	제어 특성
열소각	니트로글리세린(Nitroglycerin)과 같은 많은 폭발성 화합물은 급속히 가열될 때 매우 불안정해진다.	여러 다양한 화합물을 처리할 수 있다.	어떤 구조물에도 쉽게 적용할 수 있다.	매우 높은 처리효율을 가지고 있다. 다양한 유형의 소각로(재생식 열소각 등)를 사용, 비용을 절감시키고 전체 효율을 증가시킬 수 있다.
흡착	흡착 시 폭발물질의 농축이 일어나며, 이는 매우 유해하다.	다양한 화합물을 처리할 수 있다.	어떤 구조물에서도 쉽게 적용할 수 있다.	높은 포집효율을 가지고 있다. 여러 형의 메디아(활성탄, silica 등)을 이용, 비용을 절감하고 효율을 증가시킬 수 있다.
흡수	폭발물질을 중성화시킬 수 있는 흡수액을 폭발물질에 따라 선택해야 한다.	특정 화합물을 유형에 맞는 흡수제를 사용해야 하고, 배출물의 조성변화를 쉽게 처리하기 어렵다.	어떤 구조물에도 쉽게 적용할 수 있다. 흡수제로부터 배출되는 폐수처리장치가 필요하다.	포집효율이 높으나 생성되는 폐수에 폭발성 물질이 포함될 수 있으므로 적절히 처리되어야 한다.
응축	니트로글리세린(Nitroglycerin)과 같은 폭발성 화합물은 응축시키면 안 된다.	제습과정이 필요하며, 끓는점이 낮은 화합물을 처리하기 어렵다.	추가적인 응축장치가 필요하다.	특정 화합물에 대해서는 포집효율이 높다. 응축시스템은 초기비용이 많이 든다.
생물여과	미생물에 의해 포집된 폭발성 화합물을 쉽게 처리할 수 있다.	많은 유량을 처리하기 힘들다.	어떤 구조물에도 쉽게 적용할 수 있다.	화합물의 유형에 따라 높은 처리효율을 나타낼 수 있다.
촉매소각	반응시간과 유속에 따라 촉매층에서 폭발성 화합물의 농축이 일어날 수 있다.	많은 유량을 처리하기 힘들다. 또한 촉매판에 독성을 미쳐서 효율을 떨어뜨린다.	어떤 구조물에도 쉽게 적용할 수 있다.	화합물질의 유형에 따라 높은 파괴효율을 보일 수 있다.
광촉매 산화	저온에서 폭발성 화합물질을 파괴할 수 있다. 체류시간이 짧고 낮은 온도에서 운전되므로 폭발의 위험을 줄일 수 있다.	많은 유량을 처리하기 어렵다.	어떤 구조물에도 쉽게 적용할 수 있다.	매우 높은 처리효율을 나타내며, 전체 비용이 비교적 적게 든다.

〈출처 : 한국환경정책 평가연구원, 유해 대기오염물질 규제에 관한 국내 대응방안 연구〉

참고 VOC 처리장치 특성 비교 ●출제율 30%

저감기술	농도범위(ppm)	용량(m³/min)	저감효율(%)	특 징
고온소각	100~2,000	280~140,000	95~99	축열식은 95% 이상의 에너지 회수
촉매소각	100~2,000	280~28,000	90~95	70% 이상의 에너지 회수, 저NOx
응축분리(회수)	>5,000	30~6,000	50~90	운전비용 절감
흡착분리(회수)	20~5,000	30~18,000	90~98	순환시스템
흡수분리(회수)	500~5,000	6,000~28,000	95~98	회수비용 절감

처리기술	장 점	단 점
소각	• 입증된 처리기술로 다양한 적용 • 기존 보일러, 소각로 등의 설비 사용 • 유속 및 농도에 따른 다양한 설계 • 모든 VOC 완전 파괴 • 혼합 VOC 처리 적합	• 촉매 소각의 경우 10,000ppmv 이상 불가 • 유속, 농도 등 변동 시 처리효율 변화 • 소각산물 생성 시 2차적 처리설비 요구 • 황 및 질소 산화물 처리에 부적합
흡착	• 다양한 사용 예에 대한 자료가 많음 • 운전이 간단 • 다양한 VOC 처리 가능 • 필요 시 VOC 회수 가능 • 초기 고정투자비 저렴	• 2차 오염물질의 발생 및 관련 처리설비 • 고농도 시 운전비용 급상승 • 흡착제 폐기비용 • 일부 탄화수소에 적용 불가 • 수분함량이 높거나 온도가 높을 경우 낮은 효율
흡수	• 다양한 사용 예에 대한 자료가 많음 • 적합한 용매 선정 시 높은 처리효율 • 초기 투자비 및 운전비 저렴 • 기존 세정기 재사용 가능 • 용매가 물인 경우 기존 폐수처리장에서 처리 가능	• 가스의 조성, 농도변화 시 처리 불가 • 여러 종류의 VOC 처리 시 부적합 • 가스 도입조건에 따라 처리효율 변화 • 가스 특성에 따라 배출허용기준 이하 처리 불가능 • VOC 회수 불가능
응축	• VOC 회수 가능 • 2차 오염물질 발생 없음 • 운전, 유지 및 보수 간단 • 거의 모든 VOC에 적용	• 응축기 동결방지를 위해 가스 전처리 • 농도 3,000ppm 이하 부적합 • 유속, 종류 및 농도변화 시 처리효율 저하 • 낮은 온도의 냉매 필요 • 응축온도에서 포화 농도 이하 처리 불가능

〈출처 : VOC 처리설비의 안전(호남권 중대산업사고 예방센터)〉

참고 휘발성 유기화합물(VOC) 처리에 관한 기술지침(KOSHA GUIDE P-104-2012) ●출제율 20%

1. 용어의 정의

   ㉠ "VOC"라 함은 지방족 탄화수소류, 방향족 탄화수소류, 비균질 탄화수소류(알데히드, 케톤, 알코올 등) 및 지방족과 비균질이 혼합되어 있는 탄화수소 중 레이드 증기압이 27.6킬로파스칼 이상인 물질을 말한다. 단, 메탄 및 에탄 등 광화학 반응성이 낮은 물질로서 국가에서 정하여 고시하는 물질은 제외한다.

   ㉡ "광화학 산화물"이라 함은 VOC가 빛과 반응하여 생성된 오존, 알데히드, 스모그 중의 질소화합물 등을 말한다.

2. VOC가 인체 및 생태계에 미치는 영향

   VOC는 인체 및 생태계에 미치는 영향이 커서 일부 특정 대기 유해물질로 분류되고 있으며, 또한 광화학반응을 통하여 오존 등과 같은 2차 오염물질인 광화학산화물을 생성시킨다. VOC 중 많은 물질이 낮은 농도에서도 냄새가 감지되며 거의 대부분 자극적이고 불쾌한 냄새를 함유하고 있어서 생활환경에 막대한 영향을 미치게 된다.

   ㉠ VOC의 직접적 영향

      방향족 탄화수소류의 VOC 중에는 발암성이 가장 높다고 알려져 있는 화학물질이 다수 포함되어 있다.

      • 벤젠의 경우는 백혈병과 중추신경 장애를 일으킨다고 알려져 있으며, 매우 낮은 농도의 벤젠에 노출되었던 사람에게도 염색체 이상이 종종 발견된다고 보고되고 있다. 한편, 유기용제류는 그 자체가 독성을 지니고 있거나 그 속에 포함된 이 물질들이 독성이 높아서 문제시되고 있다. 대표적인 유기용제로는 벤젠, 톨루엔, 크실렌 등의 방향족 탄화수소류가 있다.

      • 유기할로겐화합물은 다른 화학물질에 비해 독성이 높고 대기에 유출되면 장기간 분해되지 않고 남아있는 특성 때문에 특별한 주의가 요망되는 물질로 분류되고 있다.

   ㉡ 오존에 의한 영향

      오존은 대기권 내에 일정량이 존재할 경우 오존의 살균작용으로 생활환경을 쾌적하게 하는 유익한 물질이다. 그러나 VOC 등이 광화학반응에 의해 많은 양의 오존을 생성하는 경우, 이들 물질은 유기성 오염물질과 반응하여 다른 유해 화합물을 형성하여 눈의 자극, 식물 및 농작물의 피해 등을 야기시킨다. 또한 오존은 대기 중의 SO_2를 산화시켜서 산성비의 원인이 되는 황산 증기를 형성한다. ($SO_2 + O_3 \rightarrow SO_3$, $SO_3 + H_2O \rightarrow$ (액체) H_2SO_4)

   ❖ **오존 농도별 인체 및 식물에 미치는 영향**

구 분	농도 및 시간	영 향
인체	• 0.1~0.3ppm(1시간) • 0.3~0.5ppm(2시간) • 0.5ppm(6시간)	• 호흡기 자극(기침), 눈 자극 • 운동 중 폐기능 감소 • 마른 기침, 흉부 불안
식물	• 0.05ppm(20일) • 0.07ppm(60일) • 0.1ppm(5.5시간)	• 수확량 감소 • 개화 감소 • 꽃가루 생산 감소

3. VOC 방출 감소 지침

　㉠ 고온산화(열소각)

　　고온산화(열소각) 방법은 배출가스 중 VOC를 함유한 공기를 포집해서 예열하고 잘 혼합한 후 고온으로 태워 VOC를 이산화탄소와 물로 전환시켜 주는 공정이다.

- 고온산화장치는 보통 VOC 혼합 가스를 이송시켜 주는 송풍기, VOC 혼합 가스를 혼합시켜 주는 혼합기, 필요에 따라 연소용 연료를 공급해 주는 송풍기, 버너와 내화물 연소 Chamber로 구성되어 있는 연소실, 열회수장치, 그리고 연소가스를 대기 중으로 배출시키기 위한 굴뚝으로 되어 있다.
- VOC의 연소상태 등을 알기 위해 연소온도를 연속으로 측정하는 장치들도 필요하다.
- 열소각에서는 보통 650~870℃ 정도의 연소온도를 유지시켜 주기 위해 가스나 기름 등 보조연료가 사용되기도 한다. 저농도 VOC를 함유한 배출가스는 연소온도를 유지하는데 필요할 정도로 충분한 반응열이 없어 이들을 산화시키기 위해 보조연료가 필요하다. 그리고 배출가스 중 VOC 농도가 높으면 폭발방지를 위한 설비를 설치하여야 한다.
- 열회수장치는 연소 전에 VOC 함유 가스를 예열해 주기 위해 열소각장치와 함께 설치하기도 한다. 유입가스를 예열해 주면 연소온도를 유지시키기 위해 사용되는 보조연료의 양을 줄일 수 있다.
- 열소각에서 연소온도 이외에 VOC 분해효율에 영향을 미치는 요인으로는 체류시간과 혼합정도가 있다. 체류시간은 VOC가 완전산화되는데 필요한 시간이며, 보통 0.5~1초 정도이다. 만일 염소와 불소 등 할로겐화합물이 존재하면 더욱 더 긴 체류시간이 필요하다. 체류시간은 VOC 함유 가스 혼합정도에 영향을 받는다. 즉 혼합이 더욱 더 완전하면 체류시간을 짧게 해도 VOC를 완전히 산화시킬 수 있다.
- 열소각에는 열회수장치가 있는 경우와 없는 경우가 있고 열회수장치가 있는 경우도 열을 회수하는 방법에 따라 크게 열교환(recuperative) 방법과 재생(regenerative) 방법이 있다.
- 열교환(recuperative)장치는 폐열을 대기로 방출하기 전에 열회수를 위해 항류나 병류의 다관식 열교환기를 사용하여 열을 회수하는 장치이다.
- 재생(regenerative)장치는 세라믹 등 축열재를 사용하여 열을 회수하는 것이다. 이러한 축열식 소각의 개념은 연소실에서 나오는 고온의 연소가스를 축열재층을 통과시켜 가지고 있던 열을 축열재로 빼앗아 가스를 저온의 상태로 소각로 굴뚝을 통해 배출한다. 이때 다음 사이클에서 소각로로 유입되는 VOC 함유 가스는 이미 예열된 축열재층을 통과하면서 연소실 온도보다 약간 낮은 온도까지 예열된 후 연소실을 통과하면서 버너에 의해 최종 연소온도까지 가열된다. 결과적으로 이러한 열회수장치가 있는 열소각은 보조연료가 필요한 낮은 VOC 농도의 배출가스를 처리하는데 적합하다.

　㉡ 촉매산화(촉매소각)

　　촉매산화(촉매소각) 방법은 고온산화와 매우 유사하다.

- VOC 함유 가스를 포집해서 예열하고 혼합한 후 촉매가 충전된 연소실에서 고온으로 연소시켜 VOC를 이산화탄소와 물로 전환시킨다. 그러나 연소실 내에 있는 촉매가 VOC 연소에 필요한 활성화에너지를 낮춰주기 때문에 열소각보다 낮은 온도에서 연소가 일어난다. 결과적으로 촉매산화에서 연료비는 열소각장치보다 훨씬 적어질 수 있다.
- 촉매산화에 사용되는 촉매로는 백금이나 팔라듐 같은 귀금속과 크롬산하물, 코발트산하물, 구리산화물, 망간산화물 등과 같은 금속산화물 등이 있다. 촉매의 수명은 평균 2년에서 5년 정도로 이 이후는 촉매활성이 떨어지며 배출가스와 함께 나오는 미세입자에 의해 기공

(pore)이 막히거나 열에 의한 노화로 촉매성능이 급격히 저하된다. 촉매를 연소실에 장착하는 방법으로는 입자상의 촉매를 충전시키거나 벌꿀집 형태(honeycomb type) 촉매 지지체에 촉매를 함침시켜 사용한다. 다음과 같이 촉매산화에서는 배출가스 성분이나 조업조건이 그 성능에 많은 영향을 미치기 때문에 공정의 최적 조업조건을 결정하는 것이 필요하다.

- 첫째로 촉매 산화방법은 납, 비소, 황, 안티몬, 수은, 아연 또는 다른 촉매 유도체를 포함하는 배출가스에는 촉매의 활성이 급격히 저하되는 등 효과적이지 못하다.
- 둘째로 촉매산화는 보통 VOC 농도가 낮은 배출가스를 처리하는데 사용된다. 만일 VOC 농도가 높아 발열량이 크면 열에 의해 촉매가 쉽게 활성을 잃어버릴 수 있기 때문이다.
- 마지막으로 촉매층 사이의 온도와 압력이 촉매의 활성을 잘 유지될 수 있도록 계속 측정, 감시해야 한다. 촉매층의 온도 상승은 VOC 산화정도를 나타내는 것으로 만일 온도가 감소되면 VOC 산화가 불완전하다는 것을 나타낸다.
- 과도한 열은 촉매를 불활성화시키기 때문에 촉매층으로의 유입온도는 촉매의 활성이 유지될 수 있도록 충분히 낮게 유지시켜 주어야 한다. 촉매산화는 보통 산화속도가 260~480℃ 범위에서 조업한다. 촉매층의 압력강하도 역시 촉매의 성능을 나타내는 것으로 압력강하가 감소하면 촉매가 배출가스와 함께 외부로 빠져나가는 것을 뜻하며, 이로 인해 VOC 제거능력이 저하된다.
- 촉매의 수명을 연장하기 위해서는 주기적으로 촉매에 묻어있는 불활성 물질이나 미세입자들을 제거해 주어야 한다. 촉매를 세정하는 방법으로는 공기나 스팀을 촉매층으로 통과시킴으로써 촉매에 묻어있는 미세입자를 제거해 주거나 또는 촉매산화 시의 조업온도 이상으로 깨끗한 공기를 가열해서 이를 이용해 촉매활성을 저해하고 있던 VOC를 산화시켜 촉매세정을 한다. 다른 방법으로는 촉매를 산이나 염기성 용액으로 처리해서 화학적인 불활성 물질을 제거해 준다.

ⓒ 흡착

흡착은 기체상태의 VOC 분자가 고체 흡착제와 접촉해서 약한 분자간의 인력에 의해 결합하여 분리되는 공정이다. 흡착제의 수명을 연장시키기 위해서는 흡착된 VOC를 회수해서 흡착제를 재생하여 계속 사용한다.

- 활성탄은 VOC를 제거하기 위해 현재 가장 널리 사용되고 있는 흡착제이다. 활성탄 이외의 흡착제로는 실리카겔, 알루미나, 제올라이트 등이 있다. 활성탄의 제조 원료로는 나무, 석탄 또는 코코넛 열매와 같은 탄소함유 물질을 사용하며 종류로는 분말탄, 입상탄 그리고 섬유상 활성탄 등이 있다. 탄소 흡착제는 휘발성의 비탄소 성분을 제거하거나 표면적을 증가시키기 위해 특수 조건 하에서 고온으로 원료물질을 가열해 줌으로써 활성화시켜 제조한다. 이 중 입상 활성탄은 충분히 넓은 표면적을 갖고 압력강하가 적으면서 흡착된 VOC를 비교적 쉽게 회수할 수 있어 가장 널리 사용되고 있다.
- 분말탄은 값은 저렴하지만 입상탄보다 질이 떨어지고 충전탑에 사용할 때 압력강하가 너무 크기 때문에 사용에 많은 제한이 있다. 또한 분말탄은 거의 재생할 수 없어 사용 후 폐기하여야 한다.
- 섬유상 활성탄은 최근에 많은 각광을 받고 있는 흡착제이다. 섬유상 활성탄은 기공(pore) 크기가 미세공으로만 이루어져 있으며, 흡착 부분이 섬유 표면으로부터 직접 미세공으로 연결되어 있어 흡착과 탈착 속도가 빠르다. 그리고 벌꿀집 구조나 판형 등 여러 모양으로 만들 수 있어 표면을 최대한 사용할 수 있는 장점이 있다.

- 탄소 흡착제에는 휘발성이 높은 VOC(분자량이 40 이하)는 흡착이 잘 안 되며, 비휘발성 물질(분자량이 130 이상이거나 비점이 150℃보다 큰 경우)은 탈착이 잘 안 되기 때문에 효율적이지 못하다. 탑내의 과도한 열축적을 피하기 위해서 활성탄 흡착탑에는 농도가 1만 ppmv를 초과하지 않는 것이 좋다.
- 제올라이트는 탄소 흡착제보다 다양한 특성을 갖는 대체물로 점차 각광을 받고 있다. 제올라이트는 화산암으로부터 자연적으로 얻거나 인공적으로 합성할 수 있는 수소화규산염이다.
- 제올라이트를 이용해 VOC를 처리하기 위해서는 배출가스 중 수분보다 VOC를 더 잘 흡착할 수 있도록 친수성에서 소수성으로 변형시켜 사용한다. 보통 VOC를 흡착시키기 전에 배출가스에 포함된 수분을 제거해 주어야 하며, 제올라이트를 변형시키면 소수성으로 바뀌면서 탄소 흡착제보다 상대습도에 덜 영향을 받게 된다. 또한 제올라이트는 비가연성이어서 흡착된 용제간에 있을 수 있는 발열반응으로 인한 영향에도 강하다. 마지막으로 제올라이트는 높은 흡착력 때문에 탄소 흡착제보다 저농도와 높은 유속에서도 성능이 우수하다.
- 현재 사용되고 있는 흡착탑의 종류는 고정층 형식과 유동층 형식의 두 가지가 있다.
  - 고정층 형식은 보통 2개나 그 이상의 흡착탑으로 되어 있다. 연속 운전을 위해서는 한 흡착탑에서는 흡착조작을 하며 다른 하나에서는 탈착을 수행한다. 탈착은 흡착탑의 흡착능력을 재생시켜 주며 탑의 사용기간(보통 2~5년)을 유지시켜 주기 위한 것이다. 탈착공정은 보통 1~1.5시간 걸리며 흡착제 재생, 건조, 냉각의 3단계로 되어 있다. 흡착제 재생은 스팀을 사용하여 탑의 온도를 높여주거나 진공에 의해 흡착되어 있는 휘발성 물질을 탈착시켜 주는 것이다. 탈착된 물질은 냉각시켜 액상으로 모아 분리하여 재사용하거나 폐기한다.
  - 유동층 흡착탑은 동일장치에서 흡착과 탈착이 동시에 일어나도록 되어 있어 탑이 하나로 되어 있다. VOC를 함유한 배출가스는 탑의 하부로 유입되며 흡착제는 운송가스에 의해 탑 상부로 운송되어 배출가스와 향류로 접촉하면서 VOC를 흡착한다. VOC가 제거된 가스는 탑정으로 배출되며 VOC를 흡착한 흡착제는 탈착을 위해 탑저로 내려온다. 유동층에서는 흡착제의 혼합효과로 인해 국부적인 온도상승이 없으며 오히려 흡착열이 배출가스에 의해 제거되어 흡착열에 의한 흡착 능력의 저하를 막을 수 있다. 그러나 흡착제가 계속 유동되면서 파쇄되기 쉬워 보다 단단한 흡착제가 필요하다.

② 흡수

흡수는 기체와 액체가 향류 또는 병류로 접촉해서 VOC 함유 기체로부터 VOC가 액상 흡수제로 전달되는 공정이다.

- 물질 전달의 구동력은 기체와 액체간의 VOC 농도구배이다. 보통 흡수제로는 물, 가성소다 용액, 암모니아 또는 고비점 탄화수소 등이 있다.
- 흡수제의 선택은 VOC의 특성에 따라 달라지며 예를 들면 VOC가 수용성이면 물이 좋은 흡수제가 될 수 있다.
- 흡수장치는 보통 기체와 액체가 향류로 접촉되지만 병류와 교차흐름도 가능하다. 흡수장치는 다음 4가지 종류가 주로 사용되고 있다.
  - 충전탑
  - 분무탑
  - 벤투리 스크러버(Venturi scrubber)
  - 다단탑

- 충전탑은 탑 내에 금속, 세라믹 또는 플라스틱 재료로 된 불규칙 충전물이나 규칙 충전물로 채워져 있다. 액체는 기체와의 접촉면적을 크게 하기 위해 탑정에서 고르게 분산시켜주며 분산된 액체는 충전물의 표면에 얇은 필름을 형성하면서 아래로 흐르게 된다. VOC를 함유한 기체는 탑저로 보내 액체와 접촉하면서 VOC가 액상으로 전달되면서 탑정으로 빠져나가게 된다. 충전물은 기체와 액체의 접촉면적, 즉 물질 전달면적을 최대화하기 위해 제작되었으며, 최근에는 고효율의 충전물이 많이 개발되어 사용되고 있다. 충전탑을 설계할 때는 배출 가스 중의 입자상 물질에 의해 막히거나 오염되어 유효 표면적이 작아지지 않도록 해야한다. 그리고 탑정에서의 액체분산이 충전탑의 성능에 큰 영향을 받기 때문에 기체흐름을 방해하지 않는 범위 내에서 액체가 전 면적에 고르게 분산되도록 해 주어야 한다.
- 분무탑은 충전물 등을 사용하지 않고 VOC 함유 기체가 액체 흡수제의 아주 작은 액적과 접촉되면서 물질전달이 일어난다. 이때 작은 액적은 VOC가 흡수되는데 필요한 표면적을 최대로 해 준다. 분무탑은 기체와 액체의 접촉시간이 짧아 암모니아나 이산화황 같이 물에 용해력이 큰 기체를 처리하는데 적합하다.
- 벤투리 스크러버는 벤투리 노즐에서 VOC 함유 기체와 흡수제를 강제로 접촉시켜 VOC를 처리하는 방법이다. 벤투리 스크러버도 기체와 액체의 접촉시간이 짧기 때문에 분무탑과 비슷하게 대부분의 VOC보다는 액체에 용해력이 큰 기체를 처리하는데 적합하다.
- 다단탑은 접속시간이 비교적 길고 각 단에 있는 액체에 기체가 고르게 분산되어 흡수탑으로 많이 사용되고 있다. 흡수에는 흡수제와 흡수된 VOC와의 반응성 여부에 따라 물리흡수와 화학흡수 둘로 나눌 수 있다.
- 위에 서술한 4종류 중 충전탑과 다단탑이 VOC 함유 가스를 처리하는데 많이 사용되고 있다.

ⓜ 냉각응축

냉각응축은 냉각조작에 의해 비응축성 가스로부터 VOC를 분리해 주는 공정이다.

- 냉각응축은 일정한 압력에서 온도를 낮춰주거나 또는 일정한 온도에서 압력을 높여줌으로써 일어나게 할 수 있다. 응축기는 크게 2가지 형태로 구분된다.
  - 첫째, 직접 응축기는 응축시켜야 할 기체가 냉매와 직접 접촉 혼합되면서 열적, 물리적 평형이 이루어지는 것으로 분무탑형이나 단탑형이 있다.
  - 둘째, 간접 응축기는 주로 다관식 열교환기 형태로 관내로 냉매를 통과시켜 관 외부를 지나는 가스를 응축시켜 준다.
- VOC를 응축시키는데 사용되는 냉매는 주로 냉수, 브라인, 염화불화탄소(CFC), 저온 유체 등이 있으며 이들 냉매의 사용온도는 보통 냉수는 7℃, 브라인은 −35℃, 염화불화탄소는 −68℃ 등이다. 질소나 이산화탄소와 같은 저온 유체는 온도를 −195℃까지 내릴 수 있다.

ⓗ 생물학적 처리

생물학적 처리 방법은 미생물을 이용해서 VOC를 이산화탄소, 물 그리고 무기질로 변환시켜주는 공정이다.

- 생물학적 처리에는 바이오필터가 사용되는데 모든 바이오필터는 VOC를 무해한 물질로 변환시켜 주는 미생물을 포함하고 있는 흙이나 퇴비를 충전재로 사용한 장치이다.
- 탑은 대기와 밀폐되어 있거나 개방되어 있으며, 한 개 또는 여러 개의 탑이 사용될 수 있다.
- 바이오필터장치에서 VOC 함유 기체는 먼저 먼지를 제거하고 냉각시킨 후 필요하면 가습시켜 송풍기에 의해 탑저로 유입시킨다.

- 탑에는 배양된 미생물들이 있으며 활성탄, 알루미나 등을 포함할 수 있다. 여기서 사용되는 미생물은 처리하고자 하는 VOC의 종류에 따라 달라지며, VOC 분해속도 역시 VOC 종류에 따라 다르다. 예를 들면 알데히드, 케톤, 알코올, 에테르나 유기산 등은 분해속도가 빠르며 할로겐화합물은 분해속도가 느리다.
- VOC 함유 기체는 먼지를 제거하고 냉각과 가습을 시켜주어야 하는데 이런 전처리 조작은 탑의 운전에 매우 중요하다. 배출가스 중의 먼지는 탑내에 공극을 막아 VOC 분해효율을 감소시킨다. 가장 중요한 전처리인 가습은 탑의 균열 및 미반응 VOC가 대기 중으로 빠져나가는 것을 막아준다.
- 탑 내의 충전재 선정은 조업조건에 따라 달라진다. 흙은 퇴비보다 공극률이 작아 배출가스 처리하는데 투과성이 적어 퇴비를 충전재로 사용하는 경우보다 탑의 크기가 커야 한다. 혼합물 충전재는 투과율이 크기 때문에 큰 유속에 적당하며, VOC가 쉽게 생분해되는 기체를 처리할 때 효율적이다.

ⓐ 분리막 기술

분리막 기술은 반투과성 막을 사용하여 배출가스로부터 VOC를 선택적으로 분리하는 공정이다.

- 막은 오랫동안 식용수를 처리하는데 사용되어 왔으며, 이를 VOC 처리에 적용시키고자 하는 기술은 최근의 일이다.
- 분리막 기술은 염소계 탄화수소나 염화불화탄소 등 과거에 회수하기 어려웠던 기체들을 회수하는데 효과적이다.
- 반투과막은 합성 고분자로 만들며 분리 시 구동력은 막 사이의 압력차를 이용한다.
- 진공 펌프를 사용하여 막모듈 내의 압력을 낮게 유지해 주며, VOC 함유 기체를 막을 통과시키면 VOC만 막을 통과하고 공기는 통과하지 못해 결국 VOC와 공기가 분리된다.

❍ 발생원에 따른 VOC 물질의 종류

공장의 종류	발생원	VOC 물질의 종류
도장 및 잉크 제조 공장	• 자동차, 전자제품 도장 및 건조기 • 금속, 유리, 옵셋인쇄 건조기 • 에나멜, 니스 건조기	벤젠, 톨루엔, 크실렌, 납사, 알코올, 에스테르, 유기용매
용매, 접착제 및 합성수지 제조 공장	플라스틱, 합판 제조공정 등	스틸렌, 알데히드, 에스테르
화학공장	석유화학, 유기합성 공정 등	벤젠, 톨루엔, 크실렌, 알데히드, 알코올
악취물질 취급 공장	비료, 사료, 소화기 제조과정 등	아민 및 황 화합물
기타	담배 건조기, 향료 제조과정 등	알코올, 에스테르

참고 **반건식법(SDA, SDR)** ●출제율 30%

1. 원리 및 개요

    배가스 중의 유해가스를 제거하기 위해 슬러리(Slurry) 흡수제를 Spray Dry Reactor(SDR)에서 분사하여 유해가스가 흡수제와의 기액 접촉반응으로 중화되어 염(Solid Particulate)으로 생성되고, 생성된 염을 후단 집진설비(B/F, E/P)에서 제거한다.

2. 단계별 반응 메커니즘

    ㉠ 1단계

    유해가스 물질이 배가스와 액상 흡수제 입자의 계면으로 확산 및 접촉한다.

    ㉡ 2단계

    접촉된 유해가스 물질이 액적의 액경계면을 통과하여 이동한다(접촉과 동시에 매우 빠르게 진행됨).

    ㉢ 3단계

    유해가스 물질이 액상 흡수제 액적 내부에서 흡수 및 염으로 전환 후 건조되어 분말상의 염이 된다.

    ㉣ 4단계

    생성된 분말상의 염은 후단의 집진시설에서 제거한다.

3. 반건식 반응효율 증대 방안

    ㉠ 유해가스와 흡수제 간의 계면 접촉면적 극대화

    • 고순도의 흡수제 사용(90% 이상)

    • 고압분사에 의한 액적 입경 미립화

    ㉡ 유해가스와 흡수제 액적 간의 혼합효율 극대화

    • 배가스 유입부에 가스 분산판 설치

    • 난류흐름 형성을 위한 Venturi, Grid 설치

    ㉢ 흡수 중화반응을 위한 충분한 체류시간 및 접촉시간 확보

    ㉣ 가스 포화온도에 근접한 반응탑의 적정 운전

4. 반건식 반응시스템 설계사항

    ㉠ 반응온도

    • SDR의 운전온도가 포화온도 부근에서 운전될 경우 높은 반응효율을 기대할 수 있다.

    • 일반적으로 가스 포화온도보다 30~80°C 정도의 높은 운전온도를 선정한다.

    • 최저운전온도는 120°C 정도이다.

    • 석탄보일러 후단에 SDR 적용 시 운전온도는 약 80°C 이하(74~77°C)를 적용하는 경우도 있다.

    • 저온부식의 우려 때문에 노점 이상의 운전온도를 유지할 필요가 있다.

        - SO_x 노점온도 : 약 130~140°C 정도

        - HCl 노점온도 : 약 110°C 정도(HCl의 경우 고온 260~320°C에서도 부식을 일으킬 우려 있음)

    ㉡ 처리대상 유해가스

    HCl, HF, SO_2

    ㉢ 당량비(Stoichiometric Ratio)

    • 1.2 : 1 ~ 1.3 : 1

    • HCl, HF는 90~95% 제거되며, SO_2는 60~85% 제거된다.

ⓔ 체류시간
- 6~20sec 범위에서 적용한다.
- 체류시간은 유해물질 농도, 종류 및 제거효율에 따라 변화를 주어 설계한다.

ⓜ Spray Nozzle 수량

분무하는 액량에 따라 설계수량 결정한다.

ⓗ Spray Nozzle 압력
- Atomizing Air 압력을 5~7kg/m² 로 유지할 경우 Air 압력에 따라 액적의 입경이 결정된다.
- 통상 분무 액적의 입경범위는 70~200μm이다.

참고 **선택적 촉매환원법(SCR ; Selective Catalytic Reduction)** ●출제율 40%

1. 원리

연소가스 중의 NO_x 를 촉매(TiO_2 와 V_2O_5 를 혼합하여 제조)를 사용하여 400℃ 이하에서 환원제 (NH_3, H_2S, CO, H_2 등)와 반응, N_2 와 H_2O 로 O_2 와 상관없이 접촉 환원시키는 방법이다.

2. 처리 반응식(메커니즘)

환원제인 암모니아를 분무하고 촉매를 이용하여 NOx의 환원반응이 효과적으로 이루어지기 위한 질소산화물과 암모니아의 반응은 암모니아 사용량을 조절함으로써 높은 제어효율을 기대할 수 있다.

　ⓐ 환원제 : NH_3

NH_3 를 환원제로 사용하는 탈질법은 산소 존재에 의해 반응속도가 증대하는 특이한 반응이고, 2차 공해의 문제도 적은 편이므로 전형적인 화학산업 플랜트나 화력발전소 등에 광범위하게 적용된다.
- $6NO + 4NH_3 \rightarrow 5N_2 + 6H_2O$
- $6NO_2 + 8NH_3 \rightarrow 7N_2 + 12H_2O$
- $4NO + 4NH_3 + O_2 \rightarrow 4N_2 + 6H_2O$ (산소가 공존하는 경우)

　ⓑ 환원제 : CO

CO와 수소 존재 하에서 NO의 선택적 촉매환원법으로서 자동 오염조절에 적용된다.
- $2NO + 2CO \rightarrow N_2 + 2CO_2$
- $2NO_2 + 4CO \rightarrow N_2 + 4CO_2$

3. 주요 구성설비

　ⓐ 촉매반응탑

　ⓑ 촉매

　ⓒ 재가열버너(연소가스)

　ⓓ 암모니아수 저장탱크, 공급 펌프, 분무장치

4. 특징

　ⓐ 주입 환원제가 배출가스 중 질소산화물을 우선적으로 환원한다는 의미에서 선택적 촉매환원법이라 한다.

　ⓑ 적정 반응 온도영역은 275~450℃이며, 최적반응은 350℃에서 일어난다.

　ⓒ 최적조건에서 약 90% 정도의 효율이 있다.

　ⓓ 먼지, SOx 등에 의해 촉매의 활성이 저하되어 효율이 떨어진다.

　ⓔ 촉매 교체 시 상당한 비용이 부담된다.

　　ⓑ 촉매반응탑 설치가 필요하며, 설비비가 많이 소요된다.

　　ⓢ 질소산화물의 고효율 제거에 사용되며, 잔여물질이 없어 폐기물 처리비용이 소요되지 않는다.

　　ⓞ SCR에서 Al_2O_3계(알루미나계)의 촉매는 SO_2, SO_3, O_2와 반응하여 황산염이 되기 쉽고 촉매의 활성이 저하되기도 한다.

　　ⓩ H_2S를 사용하는 선택적 촉매환원법은 Claus 반응에 따라 아황산가스 제거도 가능한 NO_x, SO_x 동시 제거법으로도 제안되기도 한다.

　　ⓩ 질소산화물 전환율은 반응온도에 따라 종모양(Bell Shape)을 나타낸다.

참고 **선택적 비촉매(무촉매) 환원법(SNCR ; Selective Noncatalytic Reduction)** ●출제율 30%

1. 원리

　　촉매를 사용하지 않고 연소가스에 환원제(암모니아, 요소)를 분사하여 고온에서 NO_x와 선택적으로 반응하여 N_2와 H_2O로 분해하는 방법으로 NO의 암모니아에 의한 환원에는 보통 산소의 공존이 필요하며, 환원제는 2단 연소실 후단 고온영역에 투입한다.

2. 처리 반응식(메커니즘)

　　온도가 850∼950(1,100)°C인 영역에서 환원제 주입량은 공정에 실제로 투입된 환원제 양과 1mole의 NO를 제거하기 위하여 화학양론적으로 필요한 환원제 양의 mole비인 NSR(Normalized Stoichiometric Ratio)을 나타내는데 일반적인 환원제 사용량은 NSR 기준 0.9∼2.0 범위이다.

3. 특징

　　㉠ 반응온도 영역은 750∼950°C이며, 최적반응은 800∼900°C에서 일어난다.

　　㉡ 질소산화물의 제거효율은 약 40∼70%이며 제거율을 높이기 위해서는 보통 1,000°C 정도의 고온과 NH_3/NO 비가 2 이상인 암모니아의 첨가가 필요하다.

　　㉢ 다양한 가스에 적용 가능하고 장치가 간단하며, 유지보수가 용이하다.

　　㉣ 약품을 과다 사용하면 암모니아가 HCl과 반응하여 백연현상이 발생할 수 있으므로 주의를 요한다.

　　㉤ 온도가 너무 낮은 경우 NOx의 환원반응이 원활하지 않아 암모니아 그대로 배출되는데 이를 암모니아 슬립현상이라 한다.

　　㉥ 반응기 등의 설비가 필요하지 않아 설비비는 작고, 특히 더러운(고농도) NOx의 제거에 적합하다.

참고 **SCR 설비의 특성 비교** ●출제율 30%

구 분		촉매반응탑
설비 특성		암모니아와 질소산화물을 환원반응시키고 일부 유기물을 분해
운전온도 범위	운전가능범위	250∼400°C
	통상적용범위	320°C 이하
제거 원리		촉매 내부로 배출가스를 통과시켜 촉매상에서 N_2로 분해시킴
사용 반응제(환원제)		암모니아(NOx 제거 목적)
설치위치		B/F, E/P의 후단

구 분	촉매반응탑
장점	• 질소산화물의 고효율 제거 • 반응 후 잔여물질이 없어 발생 폐기물의 처리비용이 소요되지 않음
단점	• 중금속을 함유한 미세입자의 제거에 불리하여 촉매의 활성을 저하시킴 • 체류시간이 길고 반응온도범위가 다이옥신류 재합성이 가장 좋은 온도이므로 촉매성분이 적절하게 선정되지 않았거나 활성도가 저하되었을 경우 다이옥신류의 재생성 가능성이 높음 • 설비투자비가 높음 • 암모니아의 취급에 주의가 필요함 • 촉매의 교체 시 큰 비용이 추가됨

〈출처 : 환경연구정보시스템(DICER)〉

참고 SCR과 SNCR의 비교 ●출제율 50%

비교항목	SCR	SNCR
NO$_x$ 저감한계	20~40ppm	50~80ppm
제거효율	90%	30~70%(40~80%)
운전온도	300~400°C(220~400°C)	850~950°C(850~1,150°C)
소요면적	촉매탑 설치공간 필요	설치공간이 작음
암모니아 슬립	5~10ppm	10~100ppm(≒15ppm)
PCDD 제거	가능성 있음(촉매를 통한 분해 가능)	거의 없음
경제성	수명이 짧다.	설치비가 저렴하다.
고려사항	• 운전온도 • 배기가스 가열비용 • 촉매독 • 암모니아 슬립(매우 적음) • 설치공간 • 촉매 교체비	• 투입온도, 혼합 • 암모니아 슬립 • NOx 제거효율
장점	• 높은 탈질효과 • 암모니아 슬립이 매우 적음	• 기존공정에 적용 가능(SCR 투자비의 1/4~1/6 수준) • 장치가 간단 • 촉매 사용 안 함 • 운전보수 용이
단점	• 유시비가 많이 듦(촉매비용) • 운전비가 많이 듦 • 압력손실이 큼 • 먼지, SOx 등 촉매독에 의해 방해를 받음	• 몰비를 크게 하면 암모니아 슬립에 의한 백연현상이 발생할 수 있음 • 연소온도를 950°C 이하로 확실히 제어하여야 함(적정 연소가스 온도 영역을 벗어나 운전 시 NOx 농도 증가)

SECTION 10 국소배기시설의 점검

01 국소배기시설 성능검사(점검) 필요성(목적) ●출제율 40%

설계 및 설치 후 운영되고 있는 환기장치의 성능 및 운전 상태의 정상여부를 점검하는 일은 시설 성능의 확보뿐만 아니라 환경개선 효과의 유지에 매우 중요한 일이다.

(1) 국소배기시설의 초기 성능과 설계 시방서와의 비교 검토를 위함

(2) 국소배기시설의 일정기간 운영 후 자체검사(성능검사) 및 유지관리를 위한 자료의 확보를 위함

(3) 불량 개소 및 고장 부분의 발견과 응급처리 및 보수 여부의 판단을 위함

(4) 미래의 시설 확충 가능성에 대비하기 위함(송풍량 점검)

(5) 국소배기시설 성능 및 운전 상태에 대한 정상 여부를 판단하기 위함

(6) 미래의 동일 특성의 국소배기시설 설계 및 개선에 필요한 자료를 확보하기 위함

(7) 행정적 검토를 하기 위함(법규나 각종 규제기준)

02 자체검사 준비 측정기

(1) 반드시 갖추어야 할 측정기(필수 측정기) ●출제율 50%

① 발연관(연기발생기 : smoke tester)

　㉠ 염화제2주석이 공기와 반응, 흰색 연기를 발생시키는 원리이며 통풍이나 환기 상태 정도를 인지할 수 있도록 한 기구이다.

　㉡ 오염물질의 확산이동의 관찰에 유용하게 사용된다.

　㉢ 후드로부터 오염물질의 이탈요인의 규명에 사용된다.

　㉣ 후드 성능에 미치는 난기류의 영향에 대한 평가에 사용된다.

　㉤ 덕트 접속부의 공기 누출입 및 집진장치의 배출부에서의 기류의 유입 유무 판단 등에 사용된다.

　㉥ 대략적인 후드의 성능을 평가할 수 있다.

　㉦ 작업장 내의 공기의 유동현상과 이동방향을 알 수 있다.

　㉧ 연기 발생기에서 발생되는 연기는 부식성과 화재 위험성이 있을 수 있다.

② 청음기 또는 청음봉

　㉠ 청음기는 의료용 청진기 중에서 구조가 가장 간단한 것이 좋고, 청음봉은 직경이 6~8mm, 길이가 30cm이고 양단이 구형인 금속제 봉이 좋다.

　㉡ 사용 방법은 검사하는 장치부분에 수음부를 갖다 대고 음을 들으면서 이상 유무를 감지하며, 필요한 경우에는 수 개소에서 음을 들은 후 음원 위치를 찾아내야 한다.

　㉢ 공기의 누출입에 의한 음과 축수상자의 이상음 유무를 점검하는데 주로 사용된다.

③ 절연저항계

　일반적으로 전지식 절연저항계를 사용하며, 전동기의 권선과 케이스 사이 및 권선과 접지단자 사이의 절연저항을 측정하는데 이용된다.

④ 표면온도계 및 초자온도계

　㉠ 표면온도계는 온도조절식(thermostatic)의 센서를 측정장소에 놓으면 직접 온도가 측정되기 때문에 비상시 여러 곳을 측정하는 경우에 편리하다.

　㉡ 표면온도계가 없으면 보통 초자온도계 등을 퍼티(putty)나 접착제로 길게 부착하여 측정한다. 그러나 지시온도가 안정해질 때까지 시간이 걸리므로 번잡한 점이 있다. 이들은 축수와 전동기의 표면온도 및 주위온도(냉매온도)를 측정하는데 사용된다.

ⓒ 송풍기를 1시간 이상 작동시킨 후 측정한 결과는 축수의 표면온도는 70℃ 이하, 표면온도와 주위온도와의 차는 40℃ 이하가 되어야 한다.

⑤ 줄자

각종 길이의 계측에 사용된다.

(2) 필요에 따라 갖추어야 할 측정기

① 테스트 햄머

② 나무봉 또는 대나무봉

③ 초음파 두께 측정기

④ (수주)마노미터

⑤ 열선풍속계

⑥ 정압 프로브(prove) 부착 열선풍속계

⑦ 스크레이퍼

⑧ 회전계(rpm 측정기)

⑨ 피토관(pitot tube)

⑩ 공기 중 유해물질 측정기

⑪ 스톱워치 또는 시계

참고 풍속, 기류 및 압력측정기기

1. 송풍관 내의 풍속 측정계기
   ㉠ 피토관 : 풍속>3m/sec에 사용
   ㉡ 풍차풍속계 : 풍속>1m/sec에 사용
   ㉢ 열선식 풍속계
   • 측정범위에 적은 것
     0.05m/sec<풍속<1m/sec 것을 사용
   • 측정범위에 큰 것
     0.05m/sec<풍속<40m/sec 것을 사용
2. 기류의 속도(공기유속) 측정기기
   ㉠ 피토관(pitot tube)
   • 피토관은 끝부분의 정면과 측면에 구멍을 뚫은 관을 말하며, 이것을 유체의 흐름에 따라 놓으면 정면에 뚫은 구멍에는 유체의 정압과 동압을 더한 전압이, 측면 구멍에는 정압이 걸리므로 양쪽의 압력차를 측정함으로써 베르누이의 정압에 따라 흐름의 속도가 구해진다.
   • 유체흐름의 전압과 정압의 차이를 측정하고 그것에서 유속을 구하는 장치이다.
     $V(\mathrm{m/sec}) = 4.043 \sqrt{VP}$
   • 산업안전보건법에서는 환기시설 덕트 내의 형성되는 기류의 속도를 측정하는데 사용한다.

ⓒ 회전 날개형 풍속계(rotating vane anemometer)
- 공기공급 및 배기용으로 큰 송풍량을 정확히 측정하는 데 사용한다.
- 자주 검정하여야 한다.
- 덕트 내의 유속측정은 풍속계가 너무 크기 때문에 적절하지 않다.
- 단점으로는 파손되기 쉬우며, 분진량이 많은 경우, 부식성의 공기에서는 사용할 수 없다.

ⓒ 그네 날개형 풍속계(swinging vane anemometer : 벨로미터)
- 휴대가 편하며 적용범위가 광범위하고 판독은 직독식이기 때문에 편리하다.
- 사용 전에 "Z" 조정기를 사용하여 0점 보정을 하여야 한다. 방법은 눈금을 0점에 맞춘 후 양쪽의 개구부를 막았을 때 바늘이 0점으로부터 오차범위가 1/8인치 이상 벗어나지 않아야 한다.

ⓔ 열선 풍속계(thermal anemometer)
- 미세한 백금 또는 텅스텐의 금속선이 공기와 접촉하여 금속의 온도가 변하고 이에 따라 선 기저항이 변하여 유속을 측정한다. 따라서 기류속도가 낮을 때도 정확한 측정이 가능하다.
- 가열된 공기가 지나가면서 빼앗는 열의 양은 공기의 속도에 비례한다는 원리를 이용한다.
- 속도센서 및 온도센서로 구성된 프로브(probe)를 사용하며 probe는 급기, 배기 개구부에 직접 공기의 속도 측정, 저유속 측정, 실내 공기흐름 측정, 후드 유속을 측정하는데 사용한다.
- 부식성 환경, 가연성 환경, 분진량이 많은 경우에는 사용할 수 없다.

ⓜ 카타온도계(Kata thermometer)
- 기기 내의 알코올이 위의 눈금(100°F)에서 아래눈금(95°F)까지 하강하는데 소요되는 시간을 측정하여 기류를 간접적으로 측정한다.
- 기류의 방향이 일정하지 않던가, 실내 0.2~0.5m/sec 정도의 불감기류 측정 시 사용한다.

ⓗ 풍차 풍속계
- 풍차의 회전속도로 풍속(1~150m/sec 범위)을 측정하며, 옥외용이다.
- 기류가 아주 낮을 때는 적합하지 않다.

ⓐ 풍향 풍속계

ⓞ 마노미터

3. 압력 측정기기

㉠ 피토관

㉡ U자 마노미터(U튜브형 마노미터)
- 가장 간단한 압력측정기기이다.
- U튜브에 상용하는 매체는 주로 물, 알코올, 수은, 기름 등이다.

㉢ 경사 마노미터
- 일반적으로 10 : 1의 경사 기울기를 갖는다.
- 정밀 측정 시 사용한다.

㉣ 아네로이드 게이지
- 현징용으로 많이 사용한다.
- 피토 튜브로써 정압, 속도압, 전압을 측정하고 단일 튜브로써 정압을 측정한다.

㉤ 마크네헬릭 게이지
- 휴대가 간편하며, 판독이 쉽다.
- 마노미터보다 응답성능이 좋으며, 유지관리가 용이하다.

03 흡기 및 배기 능력검사

(1) 제어속도

① 포위식(부스식 및 레시버식(그라인더) 포함) 후드의 경우에는 개구면을 한 변이 0.5m 이하가 되도록 16개 이상(개구면이 현저히 작은 경우에는 2개 이상)의 등면적으로 분할하여 각 부분의 중심위치에서 후드 유입기류속도를 열선식 풍속계로 측정하여 얻은 값의 최소치를 제어풍속으로 한다. [포위식에서는 제어속도가 면속도]

② 외부식(열원상부설치 캐노피형 레시버식 포함) 후드의 경우에는 후드 개구면으로부터 가장 멀리 떨어진 작업위치에서 후드 유입기류속도를 열선식 풍속계로 측정한다.

(2) 허용 농도

① 작업시간 1시간 경과 후 작업이 정상적으로 진행되고, 국소배기장치가 정상적으로 가동되고 있을 때, 각 측정지점마다 매일 1회 이상 공기 중의 유해물질 농도를 측정하여 기하평균 농도와 허용 농도를 비교 평가한다. 이때 시료채취시간은 10분(직접포집 방법 및 검지관법 제외) 이상으로 한다.

② 포위식 후드에서는 모든 틈을 측정지점으로 하고, 만일 양측에 2개 이상의 틈새가 있을 때 틈새변의 1개 측정점을 선택 측정지점으로 한다.

③ 외부식(상방향) 원형 후드의 경우 측정지점은 동심원상으로 한다.

> **참고** 후드의 흡입기류 방향검사
>
> 1. 포위식(부스식, 레시버식 포함) 후드의 경우에는 개구면을 한 변이 0.5m 이하가 되도록 16개 이상(개구면이 현저히 작은 경우에는 제외)의 등면적으로 분할하여 각 부분의 중심위치에서 발연관(smoke tester)를 사용하여 연기가 흐르는 방향을 조사한다.
> 2. 외부식 후드의 경우에는 후드 개구면으로부터 가장 멀리 떨어진 쪽의 바깥면을 16등분하고 각 등분점에서 발연관을 사용하여 연기가 흐르는 방향을 조사한다.

04 국소배기시설 유지관리

(1) 유지관리를 위한 점검 시 주의사항

① 국소배기장치의 개략도(약도)

② 점검 기록지

③ 측정공

    ㉠ 후드 송풍관의 주요 장소, 공기정화기 전후, 송풍기의 전후에 정압측정용 측정공은 설치한다.

    ㉡ 측정공의 크기는 측정기기의 감지부가 손쉽게 삽입될 수 있을 정도로 한다.

    ㉢ 측정공의 내면이 날이 서지 않도록 매끈하게 한다.

    ㉣ 측정공을 사용하지 않을 경우 고무마개 등으로 막을 수 있도록 한다.

(2) 고장발견 및 응급처리

국소배기장치에서 흡입중단 및 흡입능력 부족 현상이 나타나면 고장이라 판단하여 각 지점에서 정압을 측정하여 설계정압과 비교하여 고장지점을 발견한다.

① 고장발견 시 우선 관찰사항

    ㉠ 시설 내 압력 및 속도 점검

    ㉡ 댐퍼의 폐쇄 및 시료채취구의 개방 확인

    ㉢ 파손된 댐퍼와 송풍관의 관찰

② 각 부분의 정압을 측정한다.

    각 지점에서 측정한 정압이 설계정압을 만족하는가 확인한다.

③ 정상가동 시 측정치와 설계사양치를 비교 검토한다.

④ 고장부품 발견 시 즉시 조치가 가능하도록 항상 설계사양치의 부품을 준비해야 한다.

(3) 정압측정에 따른 고장의 주원인 ●출제율 50%

① 송풍기의 정압이 갑자기 증가한 경우의 원인

    ㉠ 공기정화장치의 분진 퇴적

    ㉡ 덕트 계통의 분진 퇴적

    ㉢ 후드 댐퍼 닫힘

    ㉣ 후드와 덕트, 덕트 연결부위의 풀림

    ㉤ 공기정화장치의 분진 취출구가 열림

② 공기정화장치 전방 정압 감소, 후방 정압 증가한 경우의 원인

공기정화장치의 분진 퇴적으로 인한 압력손실의 증가

③ 공기정화장치 전후에 정압 감소한 경우의 원인

　㉠ 송풍기 자체의 성능 저하

　㉡ 송풍기 점검구의 마개 열림

　㉢ 배기측 송풍관 막힘

　㉣ 송풍기와 송풍관의 flange 연결부위가 풀림

④ 공기정화장치 전후에 정압 증가한 경우의 원인

　㉠ 공기정화장치 앞쪽 주송풍관 내에 분진 퇴적

　㉡ 공기정화장치 앞쪽 주송풍관 내에 이물질

(4) 후드의 불량 원인과 대책 ●출제율 50%

① 송풍기의 송풍량 부족

　㉠ 소량 부족 시 송풍기 회전수 증가

　㉡ 절대적 부족 시 새 송풍기로 교환

　㉢ 벨트(마찰), 축수(마모), 날개 및 케이싱(분진부착), 날개(손상) 발견 시 조치

② 발생원에서 후드 개구면 거리가 멀 때

　㉠ 작업에 지장이 없는 한 후드를 발생원에 가까이 설치

　㉡ 플랜지 부착 후드로 변경

③ 송풍관 분진 퇴적(압력손실 증대)

　㉠ 반송속도 부족 및 저하로 인한 경우 ①의 송풍량 부족 시 대책과 동일

　㉡ 설계오류로 인해 부족한 경우 적절한 반송속도에 따른 송풍관 관경을 개선

　㉢ 수분 또는 분진 점착성에 의한 분진 퇴적의 경우 수분방지를 위한 송풍관 보온

④ 외기영향으로 후두 개구면 기류 제어 불량

후드 주위에 배플(baffle)을 설치하여 난기류 저감

⑤ 유해물질의 비산속도가 큼

　㉠ 비산속도가 작아질 수 있도록 작업방법 변경

　㉡ 후드를 발생원에 가까이 설치

　㉢ 플랜지 부착 후드로 변경

　㉣ 비산방향에 따라 개구면 방향 조정

⑥ 집진장치 내 분진 퇴적(압력손실 증대)

　㉠ 흡입측 덕트 작업측정공 설치 시 항상 압력손실 점검

　㉡ 설계 시의 압력손실보다 1.5배 정도 되면 반드시 덕트 내 청소 실시

⑦ 송풍관 계통에서 다량 공기유입

　송풍관의 접속부 및 파손된 곳 즉시 보수

⑧ 설비증기로 인한 분지관 추후 설치로 송풍기 용량 부족

　소요 송풍량 및 풍압에 맞게 송풍기 교환

⑨ 후드 가까이에 장애물 존재

　즉시 치기

⑩ 후드 형식이 작업조건에 부적합

　작업조건에 맞는 후드로 교체

(5) 덕트의 불량 원인과 대책 ●출제율 30%

① 설치 시 충격, 내부 고부하압력에 의한 변형

　㉠ 설치 시 충격을 주지 않음

　㉡ 송풍관 두께 증대 및 장방형이면 원형으로 개조

　㉢ 보강재(앵글 등)로 보강

② 마모, 부식, 인위적 손상에 의한 파손

　㉠ 곡관 등 마모가 심한 곳 내마모성 재료 사용

　㉡ 내부식성, 내식성 재료 사용

　㉢ 개구홀이 생긴 경우는 완전하게 막음

③ 너트 조임의 잊음, 진동에 의한 너트의 헐거움 및 납땜의 탈락, 퇴적 분진의 중량
에 의한 힘 등에 기인한 접속 개소의 변형

　㉠ 주위를 살펴 조임 등이 이루어지지 않는 것을 확인한 후 조임

　㉡ 특히 송풍기 입구에서는 진동의 영향이 크므로 스프링와셔를 사용함

　㉢ 송풍관의 지지를 잘 해서 접속부에 과대한 응력이 생기지 않게 함

④ 송풍관 분진 퇴적(압력손실 증대)

　후드의 대책 ③과 동일함

(6) 공기정화장치의 불량 원인과 대책 ●출제율 30%

① 시동, 운전, 정지 시의 유지·관리 사항

㉠ 시동 시

ⓐ 송풍기, 전동기 및 집진장치 등의 회전부 주유상태 및 기밀상태

ⓑ 냉각장치 및 안전장치 등 성능 확인

㉡ 운전 중

ⓐ 각 부분의 정압

ⓑ 온도, 풍압

ⓒ 송풍기의 전류, 진동

ⓓ 연기 색깔, 집진된 먼지량

㉢ 정지 시

ⓐ 송풍기, 전동기의 정지 확인

ⓑ 냉각장치 및 안전장치 등의 작동 확인

ⓒ 송풍기, 먼지 배출장치 등에 분진 부착 또는 퇴적 여부 점검

㉣ 공통

ⓐ 압력계, 온도계, 차압계 등의 계측기에 대해 정기적으로 정밀도 검사를 행한다.

ⓑ 처리가스 중에는 유해가스, 폭발성 가스, 부식성 가스가 포함되는 수가 많으므로 조업 정지 후 적어도 10분 이상 가동하여 신선한 공기로 배기가스를 완전히 치환시킨다.

② 원심력집진장치

㉠ 배기와 분체의 불균등한 분배

멀티클론 각 부위의 기밀상태, 각 단위 사이클론의 기체유량 및 분체유량을 적시에 점검하여 보수한다.

㉡ 압력손실 증가에 의한 효율 저하

ⓐ 가동 중지 시에는 장치 내의 분진 및 부식 가스를 깨끗한 공기로 치환해야 한다.

ⓑ 사이클론 내통벽, 외통벽, 안내익 등과 연도와 호퍼에 부착 및 퇴적된 분진을 제거하기 위해 내부를 청소한다.

ⓒ 압력손실 감소에 의한 효율 저하

    ⓐ 마모, 부식 등에 의한 내통 및 외통의 구멍, 분진 등에 의한 안내익 마모, 내통 및 외통의 기밀 불량, 호퍼 하단의 기밀 불량으로 인한 외기유입 등을 조사하여 즉시 보수하거나 교환한다.

    ⓑ 장기간 가동을 중지할 때에도 1주일에 1회 이상 가동시켜 내부에 응결된 수분을 제거하여 부식을 예방한다.

③ 유수식 세정집진장치

  ㉠ 보유액량의 과다 및 과소로 인한 효율 저하

    ⓐ 시동 시에 수위를 조정하고 수막형성에 주의하며, 운전 중에는 싱류(overflow) 및 배수의 양을 되도록 적게 한다.

    ⓑ 가동 중지는 급수밸브 정지, 송풍기 정지, 하부 호퍼의 드레인밸브 폐쇄의 순서로 행하고, 장기간 정지할 때는 호퍼 내부의 물을 완전히 배출시킨다.

④ 벤투리 스크러버

  ㉠ 장치의 부식, 목 부위의 마모 및 유속 저하로 인한 효율 저하

    ⓐ 부식에 견디는 내식성 재료를 사용하거나 라이닝을 하며, 심하면 보수 및 교환한다.

    ⓑ 목부위 전후의 압력차나 목부의 직경을 점검하여 마모가 심할 때 교체 가능하도록 제작한다.

  ㉡ 세정액의 분무 불량 및 분진에 의한 급수노즐 및 벤투리관의 폐색

    ⓐ 시동 시 분사약을 급수한 다음 배출가스를 보내며, 점착성 분진이나 고온가스를 처리할 때는 액기비에 충분히 주의한다.

    ⓑ 정지 시 청소를 철저히 하고 급수노즐은 운전 가동 중 교환 가능하도록 제작한다.

⑤ 여과집진장치

  ㉠ 분진폭발

    ⓐ 시동 시 잔여 가연성 가스가 고온가스에 의하여 연소 또는 폭발할 위험이 있으므로 분진발생시설의 정지 후 5~10분간 집진장치를 운전하여 잔여 가연성 가스를 완전히 제거한 후 정지시킨다.

    ⓑ 합성섬유 여과재에서 발생한 정전기로 인한 분진폭발의 위험이 있으므로 합성섬유 여과재에 금속섬유를 넣어 짠 것을 선으로 유도하여 접지시킨다.

ⓛ 여과포의 눈 막힘

@ 온도지시계, 경보램프 등으로 배출가스의 입구온도를 확인하고, 비상밸브의 개폐, 전동기의 정지 등을 행하여 여과포를 보호한다.

ⓑ 집진실 각 부분의 온도를 산노점 이상으로 유지하여 분진층의 공간 부분이 응집에 의해 막히지 않도록 한다. 따라서 집진장치 입구에서의 배기온도는 특히 겨울에 20℃ 이상을 유지하도록 보온한다.

ⓒ 정지 후 일정 시간동안 털어내기를 해서 부착된 분진을 제거하여 분진 부착 상태로 장시간 방치하지 말아야 하며, 심하면 여과재를 교환한다.

ⓒ 탈진기의 기능 불량

연속식일 때 일정한 압력으로 운전되지 않고 불연속식일 때는 규정 차압으로 운전되지 않을 때는 즉시 탈진기를 보수한다.

ⓔ 압력손실 감소로 인한 효율 저하

여과재의 파손, 여과재의 부착 부위의 파손 등을 점검하여 보수 및 교환한다.

ⓜ 집진실 내의 이상음

여과재 부착의 탈락, 탈진기의 장착 부위, 슬라이드 부위 등을 점검하여 보수한다.

⑥ 전기집진장치

㉠ 애자 및 애자실의 파손, 부식

@ 배출가스를 넣기 6시간 전에 벽관 애관용 히터를 가열하여 애관표면에 수분이나 분진의 부착을 방지한다.

ⓑ 애자와 애관 등의 고압절연부는 정지 시에 잘 청소하여 둔다.

㉡ 역전리 현상, 방전극의 코팅 및 비대, 집진극의 분진 퇴적 등에 의한 효율 저하

@ 하전특성(실효전압, 방전전류)의 변화를 점검하여 절연불량이나 단락, 전극 변형, 전극 피치 등을 보수하며, 부착된 분진을 제거한다.

ⓑ 연도 접속부 및 애관부 등에 공기 및 가스의 누출입이 없도록 하고 패킹은 자주 교환한다.

㉢ 조습용 스프레이 노즐의 막힘과 마모

운전 중 점검이나 교환이 가능한 구조로 한다.

(7) 송풍기의 불량 원인과 대책 ●출제율 20%

① 분진 등의 부착 및 날개 등의 마모

㉠ 공기정화기 뒤에 송풍기를 설치한다.

ⓒ 날개와 케이싱의 내면에 라이나(liner)를 바른다.

ⓒ 고속의 날개에는 강도상 사용하지 않으며, 날개 자체를 소모품으로 생각하여 교환이 쉽도록 고려해 둔다.

ⓔ 일반적으로 레이디얼 송풍기를 사용한다.

② 부식성 가스에 의한 날개 등의 부식

ⓐ 풍속, 가스온도, 또는 분진 농도 등에 따라 가스에 접촉되는 부위를 내식재료로 제작하거나 내식피복을 실시한다.

ⓑ 일반적으로 터보 송풍기를 사용한다.

③ 고온기스에 의한 날개의 결손, 열변형, 축의 신축 및 축수의 소손

ⓐ 흡입가스는 최고온도를 확실히 파악하여 송풍기를 선정함으로써 예상하지 못한 변형이나 사고에 대비한다.

ⓑ 일반적으로 레이디얼 송풍기, 터보 송풍기 또는 다익 송풍기를 사용한다.

④ 송풍기 이상 소음 발생

송풍기의 베어링 점검 후 교체한다.

❍ 국소배기장치의 이상 원인 및 대책

후드의 흡인능력 부족의 주된 원인		대 책
송풍기 능력 충분	규정된 회전수 부족	송풍기 벨트의 이완 유무, 전기배선 점검 및 보수
	댐퍼조정 불량	댐퍼의 점검 및 보수
	덕트계의 공기누설 발생	접속 부분의 누출유무 점검 및 보수
	보충공기의 부족	보충용 급기 시스템 또는 외기의 유입이 용이한 구조로 변경
송풍기 능력 부족	계획된 풍량 충분	덕트계 압력손실, 후드의 유입손실, 송풍기의 동작점 결정의 재평가
	계획된 풍량 부족	후드 개구부 면적, 흡인거리, 방해기류 반송속도의 재평가

참고 산업환기설비의 유지관리(KOSHA GUIDE W-1-2010) ●출제율 60%

1. 신규설치 국소배기장치 사용 전 검사

국소배기장치 등을 설치한 경우에는 다음에서 정하는 바에 따라 준공검사를 하여야 한다.

ⓐ 후드에서의 제어풍속 적합여부 검사

ⓑ 덕트의 반송속도 적합여부 검사

ⓒ 덕트에서의 공기 누출여부 검사

ⓓ 해당 작업장 내 유해물질 농도측정 검사(필요 시)

ⓔ 소음·진동 및 기타 국소배기장치의 성능 등에 필요한 검사

ⓕ 배풍기 정압 및 배기 유량을 측정하여 정격정압 및 배기유량과 비교하는 배풍기 효율 검사

2. 개조 및 수리 후 사용 전 점검
  ㉠ 국소배기장치를 설치한 후 또는 국소배기장치를 분해하여 개조하거나 수리한 후 처음으로 사용할 때에는 사용 전에 다음에서 정하는 바에 따라 점검하여야 한다.
   • 덕트, 배풍기 내부의 유해물질 퇴적상태 점검
   • 덕트의 접속부 이완유무 점검
   • 흡기 및 배기 능력 점검
   • 공기정화장치 내부의 유해물질 퇴적상태 점검
   • 공기정화장치 내부 충전물 등의 파손여부 점검
   • 소음 · 진동 및 기타 국소배기장치의 성능을 유지하기 위하여 필요한 사항 점검
   • 배풍기의 회전방향 점검
   • 배풍기 정압 및 배기 유량 점검
  ㉡ '㉠'의 규정에 의한 점검결과 이상을 발견한 때에는 즉시 청소, 보수 기타 필요한 조치를 하여야 한다.
3. 신규 국소배기장치 준공검사에 필요한 항목
  국소배기장치 등을 설치한 경우에는 다음에서 정하는 바에 따라 준공검사를 하여야 한다.
  ㉠ 후드에서의 제어풍속 적합여부 검사
  ㉡ 덕트의 반송속도 적합여부 검사
  ㉢ 덕트에서의 공기 누출여부 검사
  ㉣ 해당 작업장 내 유해물질의 농도 측정 검사(필요 시)
  ㉤ 소음 · 진동 및 기타 국소배기장치의 성능 등에 필요한 검사
  ㉥ 배풍기 정압 및 배기 유량을 측정하여 정격 정압 및 배기 유량과 비교하는 배풍기 효율 검사

05 국소배기장치 검사 ●출제율 40%

(1) 일반검사기준

① 국소배기장치
  ㉠ 후드

검사방법	판정기준
발산원마다 설치되었는지의 여부	발산원마다 설치되어 있어야 한다.
발생원의 가까운 위치에 설치되어 있는지의 여부	가까운 위치에 설치되어 있어야 한다.
해당 오염물질을 흡인하기에 적합한 형식과 크기를 갖추었는지의 여부	흡인하기에 적합한 형식과 크기를 갖춰야 한다.

ⓛ 덕트 설비

검사방법	판정기준
길이와 굴곡부분 수의 많고 적음	길이는 될 수 있는 한 짧아야 하고, 굴곡 부분의 수가 적어야 한다.
접속부 내면의 돌기물 유무	돌기물이 없어야 한다.
청소구 유무 또는 청소하기에 용이한 구조 여부	청소구가 있거나 청소하기에 용이한 구조가 되어야 한다.

(2) 세부 검사기준

① 후드부의 검사항목

㉠ 마모, 부식, 기타의 손상상태

검사방법	판정기준
표면의 상태를 육안으로 관찰하여 이상 유무를 조사	흡기의 기능을 저하시키는 마모, 부식, 변형, 파손 또는 부식의 원인이 되는 도장 등의 손상이 없을 것

ⓛ 흡입기류의 상태 및 기류를 방해하는 장해물 유무

검사방법	판정기준
후드의 개구면 부근에 흡입기류를 방해하는 구조물 등이 있는지를 관찰한다.	흡입기류를 방해하는 구조물 등이 없을 것
정상적인 작업이 행하여지고 있는 상태에서 기구, 공구, 가공물 재료 등이 후드 개구면 부근에 흡입기류를 방해하는 곳에 설치되지 않았는지 관찰한다.	기류가 완전히 후드 내측에 흡입되어 후드 밖으로 유출이 없을 것

㉢ 개구면의 방향 및 크기

ⓐ 포위식 후드

검사방법	판정기준
포위식(부스식, 레시버식을 포함) 후드의 경우에는 개구면을 한 쪽이 0.5m 이하가 되게 16개 이상 (개구면이 현저하게 작은 경우는 제외)의 등면적으로 분할하고, 각 능변석의 숭심에서 발연관(smoke tester)을 사용하여 연기가 흐르는 방향을 조사한다.	연기가 완전히 후드 내측에 흡입되어 개구면 외로 유출이 없을 것

ⓑ 외부식 후드

검사방법	판정기준
외부식 후드의 경우에는 해당 후드에 의해서 유해물질을 흡입하려는 범위 중 후드 개구면으로부터 가장 멀리 떨어진 쪽의 바깥면을 16등분(만약 바깥면이 짧은 경우를 제외)하고 각 등분점에서 발연관을 사용하여 연기흐름의 방향을 조사한다.	연기가 완전히 후드에 흡입되어 후드 밖으로 유출이 없을 것
외부식 후드의 흡입기류는 개구면으로부터 가장 멀리 떨어진 작업위치에서 관찰한다.	–

ⓒ 레시버식 후드

검사방법	판정기준
레시버식 후드의 경우에는 평상 시 상태에서 작업을 시켜 발생원으로부터 비산하는 유해물질이 비산상태를 관찰한다.	유해물질이 전부 후드에 흡입되어 후드 밖으로 비산이 안 될 것

[주] 고온 물체로부터 발생하는 상승기류(연기)나 그라인더의 분진에 의해 오염물질 자체가 상당한 속도를 갖고 발생하는 경우에 이것을 받아내도록 설치한 후드를 레시버식 후드라고 부른다.

ⓔ 도장용 부스 및 필터(filter)

검사방법	판정기준
도장용 부스 등, 후드 흡입면에 필터가 사용되고 있는 경우에는 그 오염상태를 관찰한다.	흡기 기능을 저하시키는 오염, 막힘, 파손 등이 없을 것
수세식 도장용 부스로 벽면에 수막을 형성하여 도료의 부식을 방지하는 방식인 것에 대해서는 수막이 벽 전체에 고르게 형성되는지를 관찰한다.	벽면 전체가 같은 모양으로 수막이 형성될 것
비펌프식 도장용 부스의 경우에는 세정실 내의 수량을 조사한다.	정상상태에 수면이 높지만 설계치의 범위에 있어야 하며, 운전 시에는 똑같은 분수가 형성될 것

② 덕트의 검사항목

㉠ 외면의 마모, 부식 변형 등

검사방법	판정기준
가지송풍관에 대해서는 후드 접속부로부터 합류부로 향해서, 주 송풍관에 대해서는 상류로부터 하류로 향해서 송풍관 계의 바깥표면을 관찰하고 이상 유무를 조사한다.	공기가 새는 원인이 되는 마모, 부식, 변형, 파손 또는 부식의 원인이 되고 도장 등의 손상 혹은 통기저항의 증가 또는 분진 등의 축적원인이 되는 변형이 없을 것

ⓛ 내면의 마모, 부식, 분진 등의 축적

검사방법	판정기준
① 점검구가 설치되어 있는 경우에는 점검구를 열고 점검구가 설치되지 않은 경우에는 송풍관 접속부를 때고 내면의 상태를 관찰한다.	① 공기누출 원인이 되는 마모, 부식 또는 부식의 원인이 되고 도장 등의 손상, 혹은 통기저항을 증가시키는 분진 등이 축적되지 않을 것
② 수직 송풍관 아래의 분진 등이 축적되기 쉬운 장소에 대하여 다음의 용구를 이용해 송풍관 외면을 가볍게 쳐 타성음을 듣는다. • 두꺼운 송풍관의 경우는 테스트 함마 • 얇은 송풍관의 경우는 나무 또는 대나무 등의 가는 봉 (직경 1~3cm, 길이 0.5~1m일 것)	② 분진 등이 쌓여 있는 이상음이 없을 것
③ 두꺼운 송풍관에서 부식, 마모 등에 의해 파손의 위험이 있는 경우에는 송풍관계의 적당한 장소에 초음파 측정기를 사용하여 송풍관의 두께를 측정한다.	③ 전 측정점에 있어서 초음파 측정기를 사용하여 판의 두께가 처음의 1/4 이상일 것
④ 송풍관계의 적당한 곳에 설치된 측정구에 있어서 수주마노미터 또는 정압 탐침계(probe)를 부착한 열식 미풍속계를 사용하여 송풍관 내의 정압을 측정한다.	④ 초기 정압을 P_s라고 할 때 $P_s \pm 10\%$ 이내일 것

[주] 1. 상기 ①이 될 수 있다면 ②~④는 행할 필요가 없다. ①이 될 수 없는 경우에는 얇은 송풍관에 있어서는 ②, 두꺼운 송풍관에 있어서는 ② 또는 ③ 및 ④를 행한다.
2. 이 방법은 합성 수지제의 송풍관에는 사용하지 않는다.
3. 이상음의 판정은 분진 등이 쌓이지 않는 부분, 이를테면 수직 송풍관 또는 제진장치의 끝부분 등의 부분을 칠 때의 음과 비교한다.
4. 두꺼운 송풍관 : 여기서는 초음파 두께 측정기 측정에 따라서 3mm 이상 강판을 사용한 송풍관을 말한다.

ⓒ 댐퍼의 작동상태 확인

검사방법	판정기준
유량조절용 댐퍼에 있어서는 규정선 위치에 고정되어 있는 것을 확인한다.	유량조절용 댐퍼는 국소배기장치의 성능을 보존하도록 규정선 위치에 고정될 것
유로 변경용 및 폐쇄용 댐퍼에 대해서는 작동시켜 보고, 개방 시 및 폐쇄 시에 해당 댐퍼에 의한 유로의 변경 또는 폐쇄된 후드의 흡입 유무를 발연관을 사용하여 관찰한다.	댐퍼가 가벼운 힘에 작동되고 유로의 변경 또는 폐쇄가 완전히 될 것

② 접속부의 헐거움

검사방법	판정기준
플랜지의 고정용 볼트·너트 및 패킹의 손상 유무를 관찰한다.	플랜지의 결합 볼트, 패킹, 플랜지 너트의 손상이 없을 것
발연관을 사용하여 접속부의 가스가 새는지의 유무를 관찰한다.	발연관의 기류가 흡입덕트에서는 접속부로부터 흡입되지 않고 배기덕트에서는 접속부로부터 배출되지 말 것
접속부의 가스가 누출로 인한 음을 듣는다.	공기의 유입이나 누출에 의한 소리가 없을 것
송풍관계의 적당한 장소에 설치한 측정구에 있어서 수주 마노미터 또는 정압 탐침계를 부착한 열식 미풍속계를 사용하고 송풍관 내의 정압을 측정한다.	덕트 내의 정압이 초기 정압을 P_s 라고 할 때 $P_s \pm 10\%$ 이내일 것

③ 송풍기 및 모터

　㉠ 케이스의 마모, 부식, 변형, 분진 등의 퇴적상태

검사방법	판정기준
케이스 표면의 상태 및 점검구가 설치되어 있는 경우에는 점검구에 의해 케이스의 내면의 상태를 관찰하고 이상의 유무를 조사한다.	팬기능을 저하시키는 마모, 부식, 변형, 파손 또는 부식의 원인이 되는 도장 등의 손상, 분진 등의 부착이 없을 것

　㉡ 케이스의 내면의 마모, 부식, 변형, 분진 등의 부착

검사방법	판정기준
점검구가 설치되어 있는 경우에는 점검구로부터, 점검구가 설치되지 않은 경우에는 송풍관의 접속부를 열고 케이스 내부 임펠러 및 가이드변의 상태를 관찰하여 이상 유무를 조사한다.	마모, 부식, 흠집, 기타 손상 또는 분진의 퇴적이 없고 부식의 원인이 되는 도장 등의 손상이 없을 것
케이스의 내면 임펠러 및 가이드변의 표면을 막대기로 쳐 울려 분진 등의 부착상태를 조사한다.	송풍기의 기능을 저하시키는 분진 등의 부착이 없을 것

ⓒ 벨트 등의 상태

검사방법	판정기준
송풍기를 정지하고, 벨트의 손상 및 벨트와 풀리의 구성 형태의 불일치, 풀리의 손상, 편심 또는 부착위치, 엇갈림, 키(잠금장치)의 헐거움 등의 유무를 조사한다.	벨트의 손상, 벨트와 풀리의 구성 형태의 불일치, 풀리의 손상, 편심 또는 부착위치, 엇갈림, 키의 헐거움이 없을 것

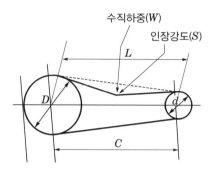

‖ 인장계측기에 의한 인장강도 및 하중의 측정 ‖

벨트를 손으로 눌러서 늘어진 치수를 조사한다.	• 벨트의 늘어짐이 10~20mm일 것 • 벨트의 휘는 양(X)은 $0.01L < X < 0.02L$의 조건이 만족할 것
송풍기를 운전하여 벨트의 미끄러짐 및 진동의 유무를 조사한다.	벨트의 미끄러짐 및 진동이 없을 것
회전계를 사용하여 송풍기 회전수를 측정한다.	규정의 회전수를 밑돌지 않을 것

ⓓ 축수부의 상태

검사방법	판정기준
• 축수에 청음기 또는 청음봉을 대어 이상음의 유무를 조사한다.	• 이상음이 없을 것
• 송풍기를 정상상태로 1시간 이상 운전한 후 정지하고, 축수의 표면을 손으로 만져본다.	• 손으로 만질 수 있을 것
• 송풍기를 정상상태로 1시간 이상 운전하고 일정시간 동안의 표면온도를 표면온도계를 사용하여 측정하거나 또는 온노계를 접착제로 축수의 상반에 묻여서 측정한다.	• 축수부의 표면온도가 70℃ 이하이고, 축수부의 표면온도와 주위 온도 차가 40℃ 이하일 것
• 오일캡, 그리스캡의 뚜껑을 열고 유량 및 기름의 상태를 조사한다.	• 기름의 양이 규정량이고 기름의 더러움 또는 금속가루의 혼입이 없을 것

ⓜ 모터의 상태 등

검사방법	판정기준
송풍기를 정상상태로 1시간 이상 운전하고 일정시간 동안의 표면온도를 표면온도계로 사용하든지 또는 온도계를 접착제로 붙여서 측정한다.	사용된 절연의 종류에 따른 규정의 온도상승한도(다음 표 참조)를 초과하지 않을 것 흔히 온도상승이란 주위의 온도에 대한 차이를 말한다. 또한 주위의 온도가 40℃를 초과하는 경우에는 온도상승한도를 그 초과치까지 감할 것
가동 시의 전류 및 송풍기를 정상상태에서 1시간 이상 운전한 후의 정상전류를 전류계로 측정한다.	규정치 이하로 될 것
코일과 케이스 또는 접지 단자간의 절연저항을 절연저항계를 사용하여 측정한다.	규정치 이상으로 될 것

판정기준 칸 내부 표:

절연의 종류	A종	B종	C종	D종	E종
허용 최고온도	105℃	120℃	130℃	150℃	180℃
개방형	50℃	65℃	70℃	85℃	105℃
전폐형	55℃	70℃	75℃	90℃	110℃

ⓗ 구동부분의 안전커버 및 설치부분

검사방법	판정기준
구동부분의 안전커버의 부착상태를 조사한다.	부식, 마모, 파손, 변형, 이완 등이 없을 것

ⓢ 제어판의 상태 등

검사방법	판정기준
표시등, 표시등 커버, 표시판 계기류의 파손, 누락, 동작 불량 기타의 이상 유무를 조사한다.	이상이 없을 것

ⓞ 송풍기의 풍량

검사방법	판정기준
송풍기의 입구측 또는 출구측에 설치한 측정구에 피토관 또는 풍속계를 이용하여 송풍관 내의 풍속분포, 측정풍속을 계산한다. 풍속의 측정위치는 다음 그림에 의한다.	• 설계 시의 필요 송풍량에 미달되어서는 안될 것 • 판정기준에 적합한 필요 배풍량 이상일 것

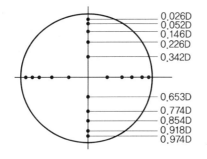

‖ 송풍관 내 풍속의 측정점 ‖

④ 흡기 및 배기 능력

  ㉠ 제어풍속

검사방법	판정기준
포위식(부스식 및 그라인더 등에 설치한 레시버식 포함) 후드의 경우에는 개구면을 1변이 0.5m 이하로 되도록 16개 이상(개구면이 현저히 작은 경우에는 관계가 없다)의 등 면적을 분할하고 등면적의 중심에서 후드에 유입한 기류의 속도를 지향성의 탐침을 부착한 열식 미풍속도계로 측정하고 얻은 값의 최소치를 제어풍속으로 한다.	국소배기장치의 성능은 특정 분진, 유기용제 등에 관련된 후드의 경우 성능에 이상이 없고, 특정화학물질에 대한 국소배기장치 성능기준은 가스상은 0.5m/s 이상, 입자상은 1.0m/s 이상의 성능을 가질 것
외부식[열원에 설치한 캐노피형(canopy) 레시버식을 포함] 후드의 경우에는 당해 후드에 의해 유해물질을 흡입하기 위한 범위 중 후드 개구면으로부터 가장 멀리 떨어진 작업위치에 따라서 개구면으로 향한 기류의 속도를 지향성의 탐침을 부착한 열식 미풍속도계를 이용하여 측정한다.	–

⑤ 제진장치

  ㉠ 장치 본체

  ⓐ 본체부(접속 덕트 포함)의 마모, 부식, 파손, 분진 등 퇴적상태

검사방법	판정기준
점검구가 설치되어 있는 경우에는 점검구를 열고 점검구가 설치되어 있지 않는 경우에는 접속부를 제거하고 내부의 상태를 관찰한다.	• 마모, 부식, 파손이 없고 부식의 원인이 되는 도장 등의 손상 분진 등의 퇴적 및 지지부의 이완 등이 없을 것 • 공기, 세정액의 유입, 누출의 원인이 되는 마모, 부식, 파손이 없고 도장 등의 손상 및 분진 등의 퇴적이 없을 것
외면을 테스트 함마 등으로 가볍게 때려 타격음을 듣는다.	분진의 축적에 의한 이상음이 없을 것
적당한 장소에 있어서 초음파 측정기로 두께를 조사한다.	설계치(강도상 필요한 두께 정도)를 밑돌지 않을 것

ⓑ 검검구

검사방법	판정기준
개폐시험을 행한다.	개폐가 원활하고, 밀폐가 확실하게 될 것

ⓒ 배관계통

검사방법	판정기준
바이패스 밸브, 댐퍼 밸브, 플렉시블 조인트의 상태를 살펴보고 작동시험에 따라 조사한다.	마모, 부식, 파손, 도장 등의 손상 및 분진 등의 퇴적이 없으며, 댐퍼가 원활하게 작동하고 이상음이 없을 것

ⓓ 접속부의 이완 유무

검사방법	판정기준
눈으로 보고 조사한다.	접속부의 볼트, 너트, 패킹 등의 파손, 배관 연결부의 고정상태 및 누출이 없을 것

㉡ 구동장치

"송풍기 및 모터"의 검사방법, 판정기준을 준용함

㉢ 배출장치(호퍼, 배출용 댐퍼, 로타리 밸브, 컨베이어 등의 상태)

검사방법	판정기준
눈으로 살펴보고 작동시험에 따라 조사한다.	• 마모, 부식, 파손, 도장 등의 손상 및 분진 등의 퇴적이 없으며 변형이 없을 것 • 분진 등의 퇴적에 의한 이상음이 없을 것 • 분진 등이 원활히 배출되고 작동 불량 이상음, 이상진동이 없을 것

㉣ 펌프

ⓐ 펌프의 상태(펌프, 축수부)

검사방법	판정기준
눈으로 펌프 외면의 부식, 파손 등의 상태를 조사한다.	부식, 파손 등이 없고 세정액의 누출이 없을 것
청음기 또는 청음봉에 의해 이상음의 유무를 조사한다.	이상음이 없을 것
진동계에 의해 이상진동의 유무를 조사한다.	이상한 진동이 없을 것

검사방법	판정기준
축수의 온도를 측정한다.	적정한 온도일 것(축수부의 표면온도가 70℃ 이하이고 축수부의 표면온도와 주위온도차가 40℃ 이하일 것)
축수의 오일캡, 그리스캡의 커버를 떼고 유량 및 기름의 상태를 조사한다.	소정의 유량일 것, 기름의 오염, 물의 혼입, 금속가루의 혼입이 없을 것

ⓑ 펌프의 작동상태(압력, 유량)

검사방법	판정기준
부속 압력계와 유량계에 의해 압력 및 유량을 조사, 유량계가 부속되어 있지 않는 경우는 압력을 측정하고 펌프의 특성 유압선으로부터 유량을 읽는다.	규정압력, 규정유량의 범위 내일 것

ⓜ 공기압축기

검사방법	판정기준
계기장치, 구동용 압축공기의 압력을 조사한다.	계기의 이상이 없고, 압축공기의 압력이 설계치 범위 내일 것
배수 유무를 조사한다.	배수가 많지 않을 것

ⓗ 안전장치

검사방법	판정기준
기구에 의한 검사	양호하게 작동할 것

⑥ 사이크론 제진장치

㉠ 흡입식 사이크론의 분진 등 배출부 공기의 유입상태

검사방법	판정기준
눈으로 살펴보고, 발연관에 의해 조사한다.	배출부에 흡입되지 않을 것

㉡ 집진구의 마모, 부식, 파손 및 분진 등의 퇴적상태

검사방법	판정기준
막힘의 유무를 테스트 함마로 조사한다.	막힘에 의해 이상음이 없을 것
집진구의 마찰도를 초음파 측정기 등으로 조사한다.	현저한 손상이 없고, 두께가 설계치를 하회하지 않을 것

⑦ 스크러버(세정기제진장치)
　㉠ 분리부
　　ⓐ 벤투리관의 상태

검사방법	판정기준
운전상태에 있어서 벤투리관 전후 압력차를 마노미터로 판정한다.	압력차가 설계의 범위 내일 것
압력차의 측정을 할 수 없을 경우는 벤투리관을 통과하는 가스유량(송풍관 내 가스유량)으로부터, 슬롯부의 유속을 다음 식으로 계산해야 한다. $$u = \frac{Q}{60A}(\text{m/s})$$ 여기서, u : 슬롯부 유속(m/s) 　　　 Q : 슬롯부 가스유량(m³/min) 　　　 A : 슬롯부 단면적(m²)	슬롯 유속이 설계치의 범위 내일 것
분무의 상태를 눈으로 살펴 조사한다.	세정액의 분출상태가 양호할 것
눈으로 살필 수 없는 경우는 급수부 또는 노즐(nozzle)부를 분해하여 슬러지, 스케일 등의 축적 등에 의해 막힘 혹은 부식, 파손 등의 유무를 조사한다.	급수부, 노즐(nozzle)부의 막힘, 혹은 정상적인 기능을 방해하는 마찰, 부식, 파손 등이 없을 것

　　ⓑ 충전물, 탑, 단 등의 상태

검사방법	판정기준
충전물의 상태를 눈으로 보고 조사한다.	충전물의 파손, 막힘이 없고 규정량이 충전되고 있을 것
탑, 단 등의 상태를 조사한다.	마모, 부식, 파손, 변형 등이 없을 것

　　ⓒ 분무노즐, 액분포기의 상태

검사방법	판정기준
분무노즐 또는 액분포기를 육안으로 막힘, 부식, 파손, 변형의 유무를 조사한다.	정상기능을 방해하는 막힘, 부식, 파손, 변형이 없을 것
운전상태에서 분무노즐 또는 액분포기를 육안으로 액의 분무, 분포의 상태를 조사한다.	분무노즐이 있는 것은 세정액이 균일하게 분무되고, 액분포기가 있는 것은 세정액의 분포가 균일하게 될 것

ⓓ 기액 혼합부의 작동상태

검사방법	판정기준
버블링(기포)의 상태를 육안으로 확인한다.	기포상태가 균일할 것
기포가 발생하는 부분의 압력차를 마노미터 등으로 측정한다.	압력차가 규정치의 범위 내일 것
수면의 높이를 조사한다.	수면의 높이가 규정치의 범위 내일 것
막힘, 마모, 부식의 유무를 육안에 의해 조사한다.	정상인 기능을 방해하는 막힘, 마모, 부식이 없을 것

ⓔ 기액 분리부(domistor)의 상태

검사방법	판정기준
디미스터의 막힘의 상태, 변경, 부식, 파손 등을 육안으로 조사한다.	막힘, 변형, 부식, 파손 등이 없을 것
디미스터를 육안으로 볼 수 없을 경우는 그 전후의 압력차를 마노미터 등으로 측정한다.	기액 분리부의 전후 압력차 설계치의 범위 내일 것

[주] 디미스터가 막혔을 경우 일부가 파손되어 가스류가 접촉할 때에는 압력차가 정상치 또는 한쪽으로 치우쳐 저하되는 일이 있으므로 주위를 요한다.

ⓛ 수봉부의 작동상태

검사방법	판정기준
수봉부의 막힘, 부식, 파손, 변형의 유무를 육안에 의해 조사한다.	정상 기능을 방해하는 막힘, 부식, 파손, 변형이 없을 것
수면의 높이를 측정한다.	규정의 수면 높이를 유지할 것
수봉부로부터 공기 누출의 유무를 육안에 의해 조사한다.	공기의 유입, 누출이 없을 것

⑧ 여과식 제진장치

㉠ 여재

ⓐ 여재의 상태

검사방법	판정기준
여재 전후의 정압차를 마노미터 등으로 측정한다.	설계치의 범위 내일 것
여재의 상태를 육안 및 손으로 만져 조사한다.	여재의 막힘, 파손, 열화, 소손, 습기 등이 없을 것

ⓑ 여재의 설치상태

검사방법	판정기준
고정 볼트, 너트, 패킹 등의 상태를 육안에 의해 조사한다.	접합부에 헐거움이 없고 여재의 파손, 탈락, 절물의 파손 등이 없을 것

ⓛ 탈진장치

ⓐ 탈진장치의 상태

검사방법	판정기준
진동전달기구를 육안 및 작동시험에 의해 조사한다.	• 파손, 마모가 없고 이상진동, 이상음이 없을 것 • 여재의 매달린 힘이 적정할 것
역세척 또는 전환 댐퍼 및 구동기구를 육안 및 작동 시험에 의해 조사한다.	작동이 원활하고 이상음, 진동이 없을 것
상기의 방법에 의해 확인할 수 없을 때는 필터 전후의 정압차를 마노미터 등에 의해 측정한다.	측정치가 설계치의 범위 내일 것
역세척, 팬의 작동상태를 조사한다.	이상이 없을 것(규정의 회전방향일 것)

ⓑ 압축공기 분사기구의 상태

검사방법	판정기준
파일럿, 다이어프램(진동판), 안전벨트를 작동시켜 압축공기 분사음을 확인함과 동시에 분사하지 않을 때는 공기새는 음을 조사한다.	분사음이 정상이고, 공기의 누설음이 없을 것
임의의 분사노즐 중 1개에 손을 대어 분사공기 중의 물방울 등의 유무를 조사한다.	손이 물, 기름 등에 의해 젖지 않을 것

⑨ 전기제진장치

㉠ 방전극, 집진극판 및 정류판 및 그 부속부의 상태

검사방법	판정기준
방전극, 집진극판, 정류판의 상태 및 접합상태를 육안에 의해 조사한다.	• 기능을 저하시키는 부식, 변형, 파손이나 분진 등의 이상한 고착(딱붙음)이 없을 것 • 결합 볼트, 너트, 고정 볼트, 너트의 느슨함, 탈락, 손상 등이 없을 것
소정의 장소의 공간길이를 측정한다. 단, 유니트식 전극에 있어서는 변형, 파손 등의 유무를 확인한다.	• 공간 길이가 설계치의 범위 내에 있는 것 • 유니트식 전극은 변형, 파손 등이 없을 것

ⓒ 방전극 및 집진극판의 분진을 털어내는 기구(탈진장치)의 상태

검사방법	판정기준
각 부의 기구를 육안에 의해 조사한다.	• 기능을 저하시키는 부식, 변형, 파손이나 분진 등의 이상 고착이 없을 것 • 연결볼트, 너트, 고정볼트의 느슨함, 탈락, 손상 등이 없을 것 • 접합위치에 변동이 없을 것
작동시험을 행하여 이상의 유무를 조사한다.	이상음, 이상진동이 없을 것
베어링의 오일캡, 그리스캡의 커버를 떼고 유량 및 기름의 상태를 조사한다.	• 소정의 유량일 것 • 기름의 불량, 물의 혼입, 금속가루의 혼입이 없을 것

ⓒ 습식벽 또는 분무노즐의 상태(습식 전기제진장치로 한정)

검사방법	판정기준
급수계통으로부터 젖은 벽, 또는 분무의 상태를 육안에 의해 조사한다.	• 습식 벽식에서는 수막의 파손이 없어 세정액이 균일하게 흐를 것 • 스프레이식에서는 물이 균일하게 분무될 것

ⓔ 애자 및 애자실의 상태

검사방법	판정기준
애자 및 애자실의 불량, 파손, 부식 등의 상태를 육안에 의해 조사한다.	애자 및 애자실의 기능을 저하시키는 오손, 파손, 열화 등이 없을 것
애자용 히터에 전류를 통해 선의 끊어짐의 이상유무 조사	급전부의 기능을 저하시키는 부식, 파손, 소손 등이 없고 설치부의 이완이 없을 것

ⓜ 급전부의 상태

검사방법	판정기준
절연봉 및 절연애자의 상태를 조사한다.	급전부의 기능을 저하시키는 불량, 파손, 열화가 없을 것
급전단자 및 각 접속부의 상태를 조사한다.	급전부의 기능을 저하시키는 부식, 파손, 그을림 및 설치부의 이완이 없을 것

ⓗ 안전장치 등의 상태

검사방법	판정기준
본체부 및 애자실 등 맨홀에 설치한 연동장치의 작동상태를 조작한다.	설계서에 의해 확인하고, 이상이 없을 것
상기 맨홀에 설치된 문 고정용 체인 등의 부식상태를 조사한다.	부식, 변형 및 파손이 없을 것

ⓐ 전원장치의 상태(정기점검, 검사를 종료 후에 실시한다)

검사방법	판정기준
제어반에 있어서 전압, 전류를 조사한다.	소정의 전압, 전류일 것

참고 국소배기장치 내 정압점검 ● 출제율 50%

1. 정압 측정위치
   ㉠ 각 후드
   ㉡ 주관에서 주관으로 들어오는 분지관의 입구
   ㉢ 공기정화장치의 입구 · 출구측
   ㉣ 송풍기의 입구 · 출구측
   ㉤ 길이가 긴 덕트의 경우는 여러 지점
2. 정압 비교에 의한 국소배기장치 진단
   ㉠ 공기정화장치의 막힘

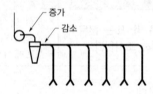

   • 원인 : 공기정화장치의 저항이 너무 높은 경우
   • 결과 : 모든 후드에서 정압이 낮음
   • 대책 : 공기정화장치 청소
   ㉡ 주관 혹은 분지관 막힘

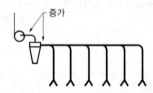

   • 원인 : 주 덕트나 분지덕트가 부분적으로 막혀 있는 경우
   • 결과 : 모든 후드에서 정압은 낮지만 공기정화장치의 입 · 출구측에서는 거의 정상상태
   • 대책 : 부분적으로 막혀 있는 곳 청소
   ㉢ 송풍기 성능 감소, 배기구의 막힘 혹은 덕트 연결부 느슨함

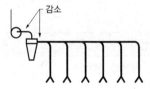

• 원인
  – 송풍기가 정상적으로 작동하지 못하는 경우
  – 배출구의 막힘 또는 덕트 연결부위가 너무 느슨해진 경우
• 결과 : 공기정화장치의 입·출구는 물론 각 후드의 정압이 낮음
• 대책 : 송풍기 점검 및 막힘, 느슨해진 부분 보완

② X지점에서 분지관의 막힘

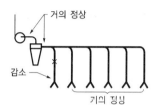

• 원인 : 분지관의 측정지점과 주관 사이가 막혀 있는 경우
• 결과 : 한 후드 정압만 낮고, 나머지는 모두 정상
• 대책 : 막혀 있는 부분 청소

⑩ X지점에서 분지관의 막힘

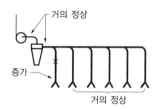

• 원인 : 측정지점과 후드 개구부 사이가 막혀 있는 경우
• 결과 : 한 후드 정압만 높고 나머지는 모두 정상
• 대책 : 막혀 있는 부분 청소

⑭ X지점에서 분지관의 막힘

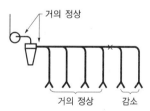

• 원인 : 두 인접 후드 가까이에 있는 주관이 막혀 속도가 낮아진 경우
• 결과 : 두 개의 인접 후드에서의 정압은 감소, 나머지는 정상
• 대책 : 막혀 있는 부분 청소

〈출처 : 「산업보건위생」 신광문화사, 한동희 외〉

참고 **신규 설치 국소배기장치 사용 전 검사(준공검사) 사항** ●출제율 30%

1. 후드에서의 제어풍속 적합여부 검사
2. 덕트의 반송속도 적합여부 검사
3. 덕트에서의 공기 누출여부 검사
4. 해당 작업장 내 유해물질의 농도 측정검사(필요 시)
5. 소음 · 진동 및 기타 국소배기장치의 성능 등에 필요한 검사
6. 배풍기 정압 및 배기 유량을 측정하여 정격 정압 및 배기유량과 비교하는 배풍기 효율 검사

참고 **국소배기장치의 개조 및 수리 후 사용 전 점검사항** ●출제율 30%

1. 국소배기장치를 설치한 후 또는 국소배기장치를 분해하여 개조하거나 수리한 후 처음으로 사용
   할 때에는 사용 전에 다음에서 정하는 바에 따라 점검하여야 한다.
   ㉠ 덕트, 배풍기 내부의 유해물질 퇴적상태 점검
   ㉡ 덕트의 접속부 이완유무 점검
   ㉢ 흡기 및 배기 능력 점검
   ㉣ 공기정화장치 내부의 유해물질 퇴적상태 점검
   ㉤ 공기정화장치 내부의 충전물 등의 파손여부 점검
   ㉥ 소음 · 진동 및 기타 국소배기장치의 성능을 유지하기 위하여 필요한 사항 점검
   ㉦ 배풍기의 회전방향 점검
   ㉧ 배풍기 정압 및 배기유량 점검
2. 1.의 규정에 의한 점검결과 이상을 발견한 때에는 즉시 청소 · 보수 기타 필요한 조치를 하여야
   한다.

참고 **국소배기장치 가동 시 유의사항** ●출제율 40%

1. 국소배기장치는 근로자의 건강, 화재 및 폭발, 가스 등의 유해 · 위험성에 대하여 기능적으로 안
   전하게 가동되어야 한다.
2. 국소배기장치는 작업 중 계속 가동하여야 하며, 작업시작 전과 종료 후 일정시간 가동하여야 한
   다. 다만, 작업이 미실시 되는 시간이라도 유해물질에 의한 작업환경이 지속적으로 오염될 우려
   가 있는 경우에는 국소배기장치를 계속 가동하여야 한다.
3. 공기정화장치의 가동은 제조 및 시공자의 지침서에 따라 조작하고, 가동 중 공기정화장치의 성
   능저하 시에는 즉시 청소 · 보수 · 교체 기타 필요한 조치를 하여야 한다.
4. 배풍기와 전동기의 베어링 등 구동부에는 주기적으로 윤활유를 주유하고, 벨트가 파손되거나 느
   슨해진 경우에는 벨트 전부를 새 것으로 교체하여야 한다.

참고 **개방조에 설치하는 후드의 구조와 설치위치** ●출제율 20%

제어거리(m)	후드의 구조 및 설치위치
0.5 미만	측면에 1개의 슬롯 후드 설치
0.5~0.9	양 측면에 각 1개의 슬롯 후드 설치
0.9~1.2	양 측면에 각 1개 또는 가운데에 중앙선을 따라 1개의 슬로우 후드를 설치하거나 푸시-풀형 후드 설치
1.2 이상	푸시-풀형 후드 설치

[비고] 제어거리 : 후드의 개구면에서 가장 먼 거리에 있는 개방조의 가장자리까지의 거리

참고 **유해물질의 발생형태별 공기정화방식**

유해물질의 발생형태			공기정화방식	
분진	분진 지름 (μm)	5 미만	여과방식, 전기제진방식	분진지름 : 중량법으로 측정한 입경 분포에서 최대빈도를 나타내는 입자지름
		5~20	습식 정화방식, 여과방식, 전기제진방식	
		20 이상	습식 정화방식, 여과방식, 관성방식, 원심력방식 등	
	흄		여과방식, 습식 정화방식, 전기제진방식 등	
미스트 · 증기 · 가스			습식 정화방식, 흡수방식, 흡착방식, 촉매산화방식, 전지제진방식 등	

참고 **유해물질의 발생조건에 따른 제어풍속(KOSHA GUIDE)** ●출제율 30%

유해물질 발생조건	적용 사례	제어풍속(m/s)
실질적인 유속없이 발생, 조용한 공기 속으로 방출됨	개방조로부터의 증발, 그리스 제거 등	0.25~0.5
낮은 유속으로 발생, 조용한 공기 속으로 방출됨	분무도장, 간헐적 용기 충전, 저속의 컨베이어 이송, 용접 도금, 산세 등	0.5~1.0
비교적 높은 유속으로 발생, 빠른 기류 속으로 방출됨	얕은 부스에서의 분무도장, 바렐충전, 컨베이어 적재 등	1.0~2.5
아주 높은 유속으로 발생, 고속의 기류영역으로 방출됨	그라인딩, 분사연마, 회전연마 등	2.5~10

[주] 상기 제어풍속의 범위 중에서 적정 제어풍속을 결정하기 위하여 다음의 인자를 고려한다.
　1. 하한값
　　• 실내 난기류가 없거나 제어가 쉬운 경우
　　• 유해물질의 독성이나 유해성이 낮은 경우
　　• 유해물질의 생성이 적거나 간헐적인 경우
　　• 후드가 크고, 배풍량이 큰 경우

2. 상한값
- 실내 난기류가 클 경우
- 유해물질의 독성이 큰 경우
- 유해물질의 발생 농도 및 양이 큰 경우
- 후두가 작고, 배풍량이 적은 경우

참고 유해물질의 덕트 내 반송속도(KOSHA GUIDE)

유해물질 발생형태	유해물질 종류	반송속도(m/s)
증기 · 가스 · 연기	모든 증기, 가스 및 연기	5.0~10.0
흄	아연 흄, 산화알루미늄 흄, 용접 흄 등	10.0~12.5
미세하고 가벼운 분진	미세한 면분진, 미세한 목분진, 종이분진 등	12.5~15.0
건조한 분진이나 분말	고무분진, 면분진, 가죽분진, 동물털 분진 등	15.0~20.0
일반 산업 분진	그라인더 분진, 일반적인 금속분말분진, 모직물분진, 실리카 분진, 주물분진, 석면분진 등	17.5~20.0
무거운 분진	젖은 톱밥분진, 입자가 혼입된 금속분진, 샌드블라스트 분진, 주철 보링 분진, 납분진 등	20.0~22.5
무겁고 습한 분진	습한 시멘트 분진, 작은 칩이 혼입된 납분진, 석면 덩어리 등	22.5 이상

참고 국소배기장치 구입 및 사용 시 안전보건 기술지침(KOSHA GUIDE G-115-2014) ●출제율 70%

1. 용어의 정의
  ㉠ "국소배기장치(Local exhaust ventilation)"란 작업장 내 발생한 유해물질이 근로자에게 노출되기 전에 포집 · 제거 · 배출하는 장치로서 후드, 덕트, 공기정화장치, 송풍기, 배기구로 구성된 것을 말한다.
  ㉡ "후드(Hood)"란 유해물질을 함유한 공기를 덕트에 흡인하기 위해 만들어진 흡입구를 말한다.
  ㉢ "덕트(Duct)"란 후드에서 흡인한 기류를 운반하기 위한 관을 말한다.
  ㉣ "공기정화장치(Air Cleaner)"란 후드에서 흡인한 공기 속에 포함된 유해물질을 제거하여 공기를 정화하는 장치를 말한다.
  ㉤ "배풍기(혹은 송풍기)(Fan)"란 공기를 이송하기 위하여 에너지를 주는 장치를 말한다.
  ㉥ "배기구(Stack)"란 공기를 최종적으로 실외로 이송시키는 배출구를 말한다.
  ㉦ "댐퍼(Damper)"란 공기가 흐르는 통로에 저항체를 넣어 유량을 조절하는 장치를 말한다.
  ㉧ "제어풍속(Control velocity 또는 Capture velocity)"이란 발생원에서 근로자를 향해 오는 유해물질을 잡아 횡단 방해기류를 극복하고 후드방향으로 흡인하는데 필요한 기류의 속도를 말한다.
  ㉨ "반송속도(Transport velocity)"란 유해물질이 덕트 내에서 퇴적이 일어나지 않고 이동하기 위하여 필요한 최소 속도를 말한다.
  ㉩ "양압(Positive pressure)"이란 작업장 내 압력이 외기보다 높은 상태를 말한다.

　　ⓒ "음압(Negative pressure)"이란 작업장 내 압력이 외기보다 낮은 상태를 말한다.
　　ⓔ "보충용 공기(Make-up air)"란 배기로 인하여 부족해진 공기를 작업장에 공급하는 공기를 말한다.
　　ⓟ "플레넘(혹은 공기 충만실)(Plenum)"이란 공기의 흐름을 균일하게 유지시켜 주기 위해 후드나 덕트의 큰 공간을 말한다.

2. 국소배기장치 구입 전 고려사항
　　㉠ 국소배기장치가 없어도 작업이 가능한지 다음의 사항을 점검한다.
　　　• 유해물질이 발생하지 않도록 할 것
　　　• 유해물질의 배출량을 줄일 것
　　　• 작업자에게 덜 해로운 물질을 사용할 것
　　　• 유해물질의 발생 횟수나 발생시간이 적은 공정으로 바꿀 것
　　　• 유해물질에 노출되는 작업자의 수를 줄일 것
　　　• 뚜껑을 닫는 등 간단한 노출방지 방법을 사용할 것
　　㉡ 국소배기장치 설치 전 다음을 고려해야 한다.
　　　• 일반적인 생각과는 달리 국소배기장치가 매우 정교하게 설계되어 설치되지 않으면 유해물질의 배출이 용이하지 않다.
　　　• 한 번 잘못 설치되면 무용지물이 되거나 재설치 시 엄청난 비용 부담이 발생한다.
　　　• 올바른 작동에 대한 명확한 확신이 없다면 전문가의 도움을 받아야 한다. 산업안전보건공단의 국소배기장치 전문가의 도움을 받도록 한다.
　　　• 3개 이상의 업체에게 작업공정을 보여 주고 환기방법에 대한 설명을 듣는다.
　　　• 필요하면 각 업체가 설계 및 시공한 업체를 방문하여 시공 후 환기가 잘 되는지 확인한다.
　　　• 설계 및 시공은 비용이 많이 들더라도 경험이 풍부한 업체에 맡기고 A/S에 대한 확실한 보장을 받도록 한다.

3. 일반적인 국소배기장치 설치 원칙
　　㉠ 국소배기장치는 반드시 후드 → 덕트 → 공기정화장치 → 송풍기 → 배기구의 순서대로 설치되어야 한다.
　　㉡ 국소배기장치의 작동이 잘 되기 위해서는 보충용 공기를 공급하여 작업장 안을 양압으로 유지시켜야 한다.
　　㉢ 공정에 지장을 받지 않는 한 후드는 유해물질 배출원에 가능한 한 가깝게 설치한다.
　　㉣ 처리조에서 공기보다 무거운 유해물질이 배출된다고 하더라도 후드의 위치는 바닥이 아닌 오염원의 상방 혹은 측방이어야 한다.
　　㉤ 덕트는 사각형관이 아닌 원형관이어야 한다.

4. 후드
　　㉠ 포위식 후드
　　　• 포위식 후드는 작업공정이 어떤 형태이든 가장 먼저 고려되어야 한다.
　　　• 개구부에서 일정한 공기흐름을 유지하기 위해 다음의 조치를 취한다.
　　　　- 후드의 뒤편의 깊이를 상대적으로 깊게 한다.
　　　　- 플레넘을 설치한다.
　　　　- 후드와 덕트의 연결부분(테이퍼)의 각도를 45°로 유지한다.
　　　　- 분리영역(Separation)을 만들지 않기 위해서는 개구부의 높이와 폭을 확장시킨다.

- 보조 공기를 공급하여 공기흐름을 일정하게 만든다. 하방 부스식 후드의 경우 공기흐름이 너무 늦거나 빠르지 않게 조절해야 한다.([일정한 공기흐름] 참조)
- 고열공정의 후드는 측방보다는 상방으로 설치해야 한다.
- 실험실 후드의 경우 후드 안쪽에 차단판을 설치하여 공기의 흐름을 일정하게 유지시켜야 한다.([고열공정과 실험실 후드] 참조)

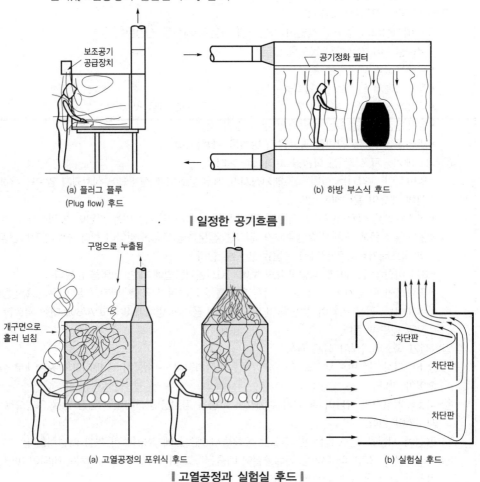

(a) 플러그 플루
(Plug flow) 후드

(b) 하방 부스식 후드

▮ 일정한 공기흐름 ▮

(a) 고열공정의 포위식 후드

(b) 실험실 후드

▮ 고열공정과 실험실 후드 ▮

ⓒ 리시버식 후드
- 가열로(Furnace)에서 생기는 상승기류나 회전연마기(Grinder)에서 나오는 피연마 물체를 잡는데 적합하다.
- 입자가 너무 작아 관성의 영향력을 받지 못하거나 충분한 속도를 내주지 못하는 공정에는 적합하지 못하다.

ⓒ 외부식 후드

외부식 후드는 다음과 같이 분류할 수 있다.

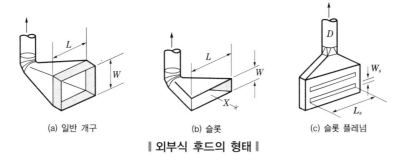

(a) 일반 개구   (b) 슬롯   (c) 슬롯 플레넘

‖ 외부식 후드의 형태 ‖

• 일반 개구의 경우 반드시 플랜지(Flange)를 부착한다.(그림 [플랜지부착 외부식 후드] 참조)

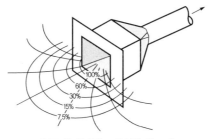

‖ 플랜지부착 외부식 후드 ‖

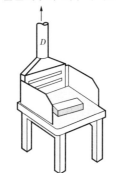

‖ 차단판이 있는 슬롯 후드 ‖

• 차단판이 있는 슬롯 후드의 경우 횡단 방해기류의 속도가 느리면 흡인효과가 우수하지만 이 속도가 너무 빠르면 공기흐름에 채널(Channel)이 생겨 차단판 위쪽으로 오염공기가 올라감으로 흡인효과가 감소한다.(그림 [차단판이 있는 슬롯 후드] 참조)
• 유해물질 발생원과 개구부 사이에 물체가 없어야 한다.
• 유해물질의 발생 속도가 너무 빠르거나 상승기류가 생기면 외부식 후드가 적합하지 않을 수 있다. 이럴 경우 기류의 방향에 따라 후드의 위치를 조절해야 한다.

- 푸시-풀(Push-pull) 후드의 경우 중간에 물체가 놓여 있다면 푸시공기가 물체에 부딪혀 유해물질이 작업장으로 비산된다.(그림 [푸시-풀 후드의 공기유량 밸런스] 참조)

| (a) 푸시와 풀 유량의 밸런스가 양호 | (b) 중간에 물체가 있는 경우 | (c) 푸시가 풀 유량보다 너무 많음 |

▌푸시-풀 후드의 공기유량 밸런스▐

- 푸시-풀 후드의 경우 풀(배기) 유량이 후드에 도착하는 푸시(급기) 유량의 1.5~2.0배가 적합하다.
- 공기흐름을 일정하게 유지시켜 처리조에서 유해물질이 흘러넘치는 일류현상을 없애기 위해서는 반드시 슬롯 플래넘 후드를 설치한다. 비열원의 도금조, 담금조에 적합하다.

5. 덕트

　　㉠ 덕트 내 반송속도는 다음 표와 같다.

◎ 유해물질별 덕트 내 반송속도

유해물질의 특성	실제 사례	반송속도 (m/sec)
증기, 가스, 연기	모든 증기, 가스 및 연기	5~10
흄	용접 흄	10~13
아주 작고 가벼운 분진	가벼운 면분진, 목분진, 암석가루	13~15
건조한 분진이나 분말	고무분진, 황마분진, 보통의 면분진, 이발분진, 비누가루, 면도분진	15~20
보통의 산업 분진	톱밥가루, 마쇄가루, 가죽분진, 모직물류, 커피가루, 구두먼지, 화강암분진, 락카분진, 파쇄블록가루, 흙가루, 석회가루	18~20
무거운 분진	금속가루, 주물가루, 모래분진, 무거운 톱밥, 가축똥 분진, 황동분진, 주철분진, 납분진	20~23
무겁고 습한 분진	습한 납분진, 습한 시멘트가루, 석면섬유, 끈적이는 가죽분진, 생석회 가루	23 이상

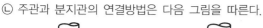

ⓛ 주관과 분지관의 연결방법은 다음 그림을 따른다.

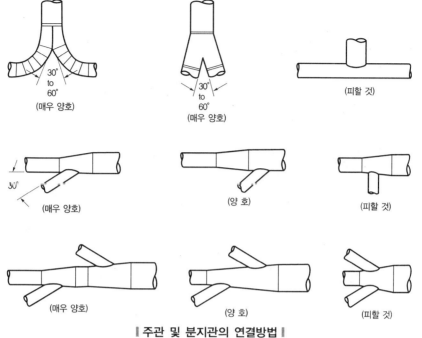

‖ 주관 및 분지관의 연결방법 ‖

6. 공기정화장치
   ㉠ 공기정화장치 구입에 가장 큰 영향을 주는 것은 유해물질의 농도와 입자 크기이다.
   ㉡ 대기오염에 대한 규제기준을 충족시키기 위해서는 유해물질의 제거효율을 알아야 한다.
   ㉢ 공기와 유해물질의 물리적인 특성은 다음과 같다.
   - 유해물질의 종류와 물리적인 상태
   - 각 유해물질의 평균 배출량, 단시간의 최고 배출량
   - 입자상 물질인 경우 입자분포, 모양, 밀도 그리고 집진장치에 영향을 줄 수 있는 기타 특성 (예를 들면, 끈적거림 정도)
   - 배출가스의 온도, 습도
   ㉣ 초기설치비와 유지관리 시 소요되는 비용을 알아야 한다.
   ㉤ 제거 유해물질의 최종 처분방법을 알아야 한다.
7. 송풍기
   ㉠ 송풍기는 설계 시 계산된 압력(송풍기 정압)과 배기량(송풍량)을 만족시킬 수 있는 크기의 송풍기를 구입한다.
   ㉡ 유해물질의 이화학적 특성 및 공정의 특성에 따라 내마모성, 내산성, 내부식성 재질의 임펠러를 선택한다.
   ㉢ 마모, 부식, 분진의 퇴적에 의한 성능 저하가 발생하지 않아야 한다.
   ㉣ 전동기는 부하에 다소간 변동이 있어도 안정된 성능을 유지해야 한다.
   ㉤ 가능한 한 소음·진동이 적은 송풍기를 구입한다.

ⓑ 화재·폭발의 위험이 있는 유해물질을 이송해야 하는 경우에는 방폭구조로된 송풍기를 구입한다.

ⓢ 원심형 송풍기의 특성과 용도는 다음 표와 같다.

◆ 원심형 송풍기의 특성과 용도

종 류	모 양	특 성	용 도
전향날개형 (다익형, 시로코형)		• 길이가 짧고 깃폭이 넓은 여러 개의 날개 　(36~64매) • 낮은 효율(60%) • 과부하 걸리기 쉬움 • 회적속도가 낮으나 빠른 배출속도 • 소음 발생 적음 • 가격이 저렴	• HVAC 시스템 • 낮은 정압에 적합 • 날개에 부착된 부착물 제거가 　어려워 분진작업에 부적합
평판형 (방사형)		• 길이가 길고 폭이 좁은 가장 적은 수의 날 　개(6~12매) • 간단한 구조 • 회전차는 내마모성의 강한 재질 필요 • 고속회전이 가능 • 중간정도의 최고속도와 소음 발생 • 가격이 비쌈	• 높은 정압(500mmHg)에 적합 • 무겁고 고농도의 분진에 적합 　(시멘트, 톱밥, 연마 등) • 부착성이 강한 분진
후향 날개형 (터보형)		• 길이와 폭은 방사형과 동일하며, 중간 수 　의 날개(12~24매) • 효율이 좋고(85%) 안정적이 성능 • 과부하가 걸리지 않음 • 소음은 낮으나 가장 큰 구조	• 가장 광범위하게 사용 • 압력변동이 심한 경우 적합 • 비교적 깨끗한 공기에 적합
익형		• 깃 모양이 익형(airfoil)의 9~16개 날개 수 • 송풍량이 많아도 동력 증가하지 않음 • 기계효율이 가장 우수하며, 소음도가 가장 　적음	• 비교적 깨끗한 공기의 환기장 　치나 HVAC 시스템에 적합 • 분진작업에 부적합

8. 보충용 공기의 공급

　㉠ 국소배기장치의 원활한 작동을 위해서 보충용 공기가 반드시 필요하다.

　㉡ 보충용 공기의 공급량은 배기량의 약 10% 정도가 넘어야 한다.

　㉢ 보충용 공기의 흐름이 깨끗한 지역의 공기가 유해물질이 존재하는 지역으로 흐르도록 유지해야 한다.

　㉣ 겨울철 공급용 공기의 온도는 18℃로 유지하는 것이 바람직하다.

　㉤ 여름철에는 외부공기를 보통 그대로 공급하지만 열부하가 심한 작업장에서는 냉각시켜서 공급해야 한다.

　㉥ 건물 밖의 보충용 공기 유입구는 배출된 유해물질의 재유입을 막을 수 있도록 위치시켜야 한다.

　㉦ 보충용 공기는 바닥에서부터 2.4~3.0m 높이로 유입되어야 한다.

9. 배기구 설치와 재유입 방지
  ⊙ 아래로 내려 미는 공기 즉, 세류(洗流 : Downwash)를 없애기 위해서는 배기구의 속도가 바람 속도의 1.5배 이상이 되어야 한다.
  ⓒ 배기구의 속도는 15m/sec가 적합하다.
  ⓒ 빠른 배출속도가 낮은 배기구의 높이를 상쇄시킨다.
  ② 배기구의 속도가 13m/sec를 초과하면 빗방울의 배기구 유입을 막을 수 있다.(빗방울의 속도는 10m/sec)
  ⑩ 가능하면 배기구는 지붕에서 가장 높은 곳에 위치시킨다.
  ⑭ 배기구는 빗물이 유입되지 않는 구조를 갖아야 한다. 가장 좋은 배기구의 모양은 실린더 형이며, 빗물 제거(Drain)가 필요하면 설치한다.
  ⊗ 여러 개의 배기구 구조가 하나의 배기구 구조보다 공기의 확산이 잘 이루어져 유해물질의 재유입을 감소시킨다.
  ⊙ 배출지점은 작업장의 공기 흡인지점(창문, 출입구, 침기 위치 등)에서 멀리 있어야 한다.
  ㉠ 높은 배기구가 능사가 아니며, 적절한 공기청정장치의 설치가 유해물질의 재유입을 막아준다.
10. 국소배기장치의 점검
  ⊙ 발연관(스모그테스터)을 이용한 개략적인 환기상태의 확인
    • 발연관 양 끝을 자르고 스퀴즈에 넣어 누르면 염화수소의 백색 흄이 분출된다.
    • 백색 흄이 공기흐름에 따라 이동하게 되므로 그 모습을 보고 후드나 작업장 내 공기의 흐름을 알 수 있다.
  ⓒ 횡단측정법
    • 후드나 덕트에서의 공기흐름은 벽에 접한 부분의 속도는 느리고 중앙부분의 속도는 빠르다.
    • 후드나 덕트의 횡단면에 여러 개의 포인트를 정하고 속도나 속도압(동압)을 측정한 후 평균값을 산출하여 이것을 대표 값으로 사용한다.
  ⓒ 공기속도의 측정
    • 제어풍속
      – 열선 풍속계를 이용하여 후드에서 가장 멀리 떨어져 있는 오염원에서 발생한 유해물질이 후드로 흡인하는 속도를 측정해야 한다.
      – 오염 발생장소에서의 평균속도가 아니라 가장 낮은 속도를 측정해야 한다.
      – 열선풍속계는 풍향에 아주 민감하고 제어풍속은 매우 느리므로(0.3~2.0m/sec 정도) 횡단 방해기류를 제어풍속으로 오인하면 안 된다.
      – 발연관을 이용하여 측정지점에서의 풍향을 먼저 확인한 후에 풍속계의 센서가 풍향에 수직이 되도록 위치하여 측정해야 한다.
      – 후드별 제어풍속은 다음 표를 따른다.

● 산업안전보건법의 국소배기장치 제어풍속

관리대상 유해물질에 대한 국소배기장치(안전보건규칙 제429조 관련)

물질의 상태	후드 형식	제어풍속(m/sec)
가스상태	포위식	0.4
	외부식 측방흡인형	0.5
	외부식 하방흡인형	0.5
	외부식 상방흡인형	1.0
입자상태	포위식	0.7
	외부식 측방흡인형	1.0
	외부식 하방흡인형	1.0
	외부식 상방흡인형	1.2

허가대상 유해물질, 금지 유해물질에 대한 국소배기장치(안전보건규칙 제454조, 제500조)

물질의 상태	제어풍속(m/sec)
가스상태	0.5
입자상태	1.0

[비고]
1. 이 표에서 제어풍속이란 국소배기장치의 모든 후드를 개방한 경우의 제어풍속을 말한다.
2. 이 표에서 제어풍속은 후드의 형식에 따라 다음에서 정한 위치에서의 풍속을 말한다.
   가) 포위식 또는 부스식 후드에서는 후드 개구면에서의 풍속
   나) 외부식 또는 리시버식 후드에서는 유해물질의 가스·증기 또는 분진이 빨려들어가는 범위에서 해당 개구면으로부터 가장 먼 작업위치에서의 풍속

- 개구면 속도
  - 후드의 개구면 속도는 권장 값 혹은 약간 벗어나는 정도로 유지시켜야 한다.
  - 가장 정확한 방법은 후드와 연결된 덕트의 횡단 공기유량을 측정하고 이것을 후드 개구면의 면적으로 나누어주는 것이다.
  - 대략적인 값을 측정하고자 할 때에는 후드에서 직접 속도를 측정할 수 있다.
- 덕트 내 속도
  - 드릴을 이용하여 열선풍속계의 탐침이 들어갈 정도로 구멍을 뚫는다.
  - 측정지점은 곡관, 후드 및 분지관 합류점에서 뒤쪽으로 덕트 직경의 7배 이상이어야 한다.
  - 앞쪽 지점은 곡관, 후드 및 분지관 합류점에서 덕트 직경의 1배 이상이어야 한다.
② 압력 측정
- 피토관 측정
  - 호스로 피토관의 압력 측정구와 마노미터를 연결한다.
  - 드릴을 이용하여 피토관이 들어갈 정도로 구멍을 뚫는다.
  - 피토관을 덕트와 수직이 되도록 덕트 내에 삽입하고 피토관 끝의 구멍이나 있는 부분을 공기흐름 방향에 마주하도록 위치시킨다.

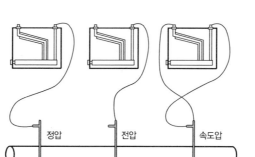

┃ 피토관과 경사 마노미터를 이용한 덕트 내 압력 측정 ┃

- 속도압은 낮은 속도에서는 잘 나타나지 않는 경우가 많기 때문에 전압과 정압을 측정하고 그 차이로 계산한다.
- 열선풍속계에 의한 정압 측정
  - 측정구의 직경은 1.5~3.0mm이면 충분하다.
  - 측정구 부위가 덕트의 안쪽으로 밀려들어가지 않도록 매끈하게 뚫어야 한다.
  - 제조사에 따라 양압과 음압을 측정하는 방식이 다르므로 주의해야 한다.
- 후드 정압의 측정
  - 후드 정압을 정기적으로 측정하여 국소배기장치가 정상적으로 가동되고 있는지 확인해야 한다.
  - 측정구 위치는 후드와 덕트의 연결부(Take-off)를 지난 지점에서부터 직경 2~4배 지점이 적당하다.
  - 과거보다 후드 정압이 떨어졌다면 원원은 다음 중 하나이다.
    ⓐ 측정구 뒤쪽 덕트가 막혔다.
    ⓑ 측정구 앞쪽의 덕트가 새고 있다.
    ⓒ 측정구 뒤쪽의 연결부분이 막혔다.
    ⓓ 송풍기의 성능이 떨어졌다.
    ⓔ 공기정화장치가 막혔거나 유해물질이 과도하게 쌓여 있다.
  - 마노미터를 후드 정압 측정구에 설치해 놓고 작업자로 하여금 눈금의 변화가 생기면 곧바로 알리도록 교육시킨다.

11. 국소배기장치의 성능 부족 원인과 대책
  ㉠ 성능 부족이란 제어풍속이 제대로 나오지 않아 유해물질이 충분히 배출되지 않는다는 의미이다.
  ㉡ 흡인능력의 부족 원인은 다음 표와 같이 요약할 수 있다.

❂ 후드 흡인능력 부족의 주된 원인

후드 흡인 능력 부족	**송풍기 능력 있음**	• 규정된 회전수가 나오지 않음 • 덕트 등 장치 중간에서 누설		• 댐퍼 조정 불량
	송풍기 능력 부족	예측했던 송풍량은 충분	• 압력손실 과소평가 • 송풍기 작동점 잘못 설정 • 공기정화장치 등 압력손실기구의 과소평가	
		예측했던 송풍량이 부족	설계상의 문제 혹은 사용상 문제	• 설계보다 후드 개구면적이 큼(포위식 후드) • 유인비 계산 잘못(푸시-풀 후드) • 너무 먼 곳에서 작업하고 있음(포착거리가 멈)(외부식 후드) • 후드 밖에서 작업하고 있음(포위식 후드)
			설계와 실제 작동의 차이	• 계산식의 오류 • 안전계수의 과소평가 • 흡인거리가 너무 멈(외부식 후드) • 횡단 방해기류 과소평가(외부식 후드) • 수반기류 과소평가(리시버식 후드)

ⓒ 송풍기의 정격능력이 충분하면 환기장치 내 댐퍼를 잘못 조정하였거나 덕트 중간에서 새는 곳이 있거나 보충용 공기가 부족한 경우 등이다.

ⓔ 보충용 공기공급장치가 없으면 출입문이나 창문을 열어둔다.

ⓜ 전동기의 회전수가 정상적이라면 벨트가 이완되었거나 전동기와 연결되는 전기배선이 반대로 연결되었는지 확인한다.

ⓗ 덕트 연결 부분이 떨어져 외부 공기가 새어들어올 수 있다.

ⓢ 공기정화장치 내 청소를 하지 않았거나 흡착제를 교체하지 않았으면 과도한 압력손실로 흡인능력을 떨어뜨린다. 이럴 경우를 대비하여 공기정화장치 내 차압계를 부착한다.

ⓞ 작업자의 등 뒤에서 선풍기를 사용하는 경우 과도한 양의 바람이 유해물질의 후드 안 흡인을 방해할 수 있다.

12. 국소배기장치 안전검사

ⓐ 국소배기장치 자체검사제도가 없어지고 2012년부터 안전검사(노동부 고시 제2010-15호)로 바뀌었다.

ⓛ 다음 표와 같이 유해물질(49종)에 의한 건강장해를 예방하기 위하여 설치한 국소배기장치에 대해서는 반드시 안전검사를 실시하여야 한다.

❂ 국소배기장치 안전검사 대상 유해화학물질

다음의 어느 하나에 해당하는 유해물질(49종)에 따른 건강장해를 예방하기 위하여 설치한 국소배기장치에 한정하여 적용
① 디아니시딘과 그 염 ② 디클로로벤지딘과 그 염 ③ 베릴륨 ④ 벤조트리클로리드 ⑤ 비소 및 그 무기화합물 ⑥ 석면 ⑦ 알파-나프틸아민과 그 염 ⑧ 염화비닐 ⑨ 오로토-톨리딘과 그 염 ⑩ 크롬광 ⑪ 크롬산아연 ⑫ 황화니켈 ⑬ 휘발성 콜타르피치 ⑭ 2-브로모프로판 ⑮ 6가 크롬화합물 ⑯ 납 및 그 무기화합물 ⑰ 노말헥산 ⑱ 니켈(불용성 무기화합물) ⑲ 디메틸포름아미드 ⑳ 벤젠 ㉑ 이황화탄소 ㉒ 카드뮴 및 그 화합물 ㉓ 톨루엔-2,4-디이소시아네이트 ㉔ 트리클로로에틸렌 ㉕ 포름알데히드 ㉖ 메틸클로로포름(1,1,1-트리클로로에탄) ㉗ 곡물분진 ㉘ 망간 ㉙ 메틸렌디페닐디이소시아네이트(MDI) ㉚ 무수프탈산 ㉛ 브롬화메틸 ㉜ 수은 ㉝ 스티렌 ㉞ 시클로헥사논 ㉟ 아닐린 ㊱ 아세토니트릴 ㊲ 아연(산화아연) ㊳ 아크릴로니트릴 ㊴ 아크릴아미드 ㊵ 알루미늄 ㊶ 디클로로메탄(염화메틸렌) ㊷ 용접 흄 ㊸ 유리규산 ㊹ 코발트 ㊺ 크롬 ㊻ 탈크(활석) ㊼ 톨루엔 ㊽ 황산알루미늄 ㊾ 황화수소
다만, 최근 2년 동안 작업환경측정 결과가 노출기준 50% 미만인 경우에는 적용 제외

PART

3

작업환경 측정 및 평가

SECTION 1 작업환경측정의 개요

01 작업환경측정의 의미

(1) 근로자가 근무하는 작업장에서 발생되고 있는 유해인자(소음, 분진, 유해화학물질 등)의 폭로정도를 측정, 평가하여 시설, 설비를 개선하는 등 적절한 대책을 강구하므로 쾌적한 작업환경을 조성하고 근로자의 건강을 보호하기 위해 실시하는 작업환경 평가를 말한다.

(2) 산업안전보건법에서의 정의는 작업환경의 실태를 파악하기 위하여 해당 근로자 또는 작업장에 대하여 사업주가 측정계획을 수립한 후 시료를 채취하고 분석·평가하는 것을 말한다.

(3) 작업환경측정 대상 유해인자

유기화합물(114종), 금속류(24종), 산·알칼리류(17종), 가스상 물질류(15종), 허가대상 유해물질(12종), 분진(7종), 금속가공유, 소음 및 고열 등으로 규정되어 있다.

참고 작업환경측정 제외 작업장 ●출제율 20%

1. 임시 작업 및 단시간 작업을 하는 작업장(고용노동부장관이 정하여 고시하는 물질을 취급하는 작업은 제외한다)
2. 관리대상 유해물질의 허용소비량을 초과하지 아니하는 작업장(그 관리대상 유해물질에 관한 작업환경측정만 해당한다)
3. 분진작업의 적용 제외 작업장(분진에 관한 작업환경측정만 해당한다)
4. 그 밖에 작업환경측정 대상 유해인자의 노출수준이 노출기준에 비하여 현저히 낮은 경우로서 고용노동부장관이 정하여 고시하는 작업장

---

02 작업환경측정 제도의 의의

(1) 근로자 개개인이 건강장해를 초래할 수 있는 유해인자에 노출되는 정도나 유해인자의 발생수준을 측정하여 적절한 대책을 강구함으로써 쾌적한 작업환경을 조성하여 근로자 건강을 보호하기 위한 제도이다.

(2) 작업환경측정은 작업환경실태를 정확히 파악함으로써 작업환경개선의 실마리를 제공하는 동시에 개선 후의 효과를 확인하는 기능을 갖는 것으로 작업환경관리의 중요한 요소이다.

03 작업환경측정 목적 및 목표

(1) 일반적 작업환경측정 목적

① 유해물질에 대한 근로자의 허용기준 초과 여부를 결정한다.

② 환기시설을 가동하기 전과 후의 공기 중 유해물질 농도를 측정하여 환기시설의 성능을 평가한다.

③ 역학조사 시 근로자의 노출량을 파악하여 노출량과 반응과의 관계를 평가한다.

④ 근로자의 노출이 법적기준인 허용농도를 초과하는지의 여부를 판단한다.

⑤ 최소의 오차범위 내에서 최소의 시료수를 가지고 최대의 근로자를 보호한다.

⑥ 작업공정, 물질, 노출요인의 변경으로 인해 근로자의 과대한 노출 가능성을 최소화한다.

⑦ 과거의 노출농도가 타당한가를 확인한다.

⑧ 노출기준을 초과하는 상황에서 근로자가 더 이상 노출되지 않도록 보호한다.

⑨ ①~⑧ 중 가장 큰 목적은 근로자의 노출정도를 알아내는 것으로, 질병에 대한 원인을 규명하는 것은 아니며, 근로자의 노출수준을 간접적 방법으로 파악하는 것이다.

(2) 미국산업위생학회(AIHA)의 작업환경측정 목적 ●출제율 20%

① 근로자노출에 대한 기초자료 확보를 위한 측정
ㄱ 유사노출 그룹별로 유해물질의 농도범위 분포를 평가하기 위한 측정
ㄴ 역학조사에 가장 유용하게 활용
② 진단을 위한 측정
ㄱ 작업장에서 근로자에게 가장 큰 위험을 초래하는 작업과 그 원인이 무엇인지를 알아내기 위한 것
ㄴ 진단을 위한 측정일 경우 측정시간은 공정의 주기별로 발생되는 농도를 반영하기 위한 측정시산이어야 함
③ 법적인 노출기준 초과여부를 판단하기 위한 채취
유해물질의 노출농도를 법에서 정한 노출기준과 비교하여 적절한지를 판단하기 위한 것

(3) 작업환경측정 목적의 구분

① 법적기준의 준수
ㄱ 정기적 작업환경측정
ㄴ 노출기준 초과 판단
ㄷ 정기적 특성의 필요성 판단
② 법적기준 준수와 무관한 측정
ㄱ 근로자의 노출평가(사업장)
ㄴ 유해상황의 분포와 대책의 적절성 등 파악
ㄷ 기타 역학조사, 장기적 농도 추이 파악

(4) 작업환경측정의 목표 ●출제율 30%

① 근로자의 유해인자 노출 파악
작업환경측정은 근로자의 노출수준을 파악하기 위한 간접방법이며, 직접방법은 아니다. 예를 들어 석탄광산에서 근로자의 먼지노출 실태를 정확히 평가하려면 근로자의 폐에 축적된 먼지를 직접 측정해야 한다. 그러나 근로자의 폐에 쌓여 있는 먼지를 측정할 수 없으므로 간접적인 방법 중 가장 정확하다고 생각되는 방법으로 근로자의 '호흡위치(breathing zone)'에서 먼지농도를 측정한다.

② 환기시설 성능 평가

환기시설의 성능을 검사하기 위해서는 지역시료를 채취하여 평가할 수 있다. 즉, 환기시설을 가동하기 전과 후에 공기 중 유해물질농도를 측정하여 환기시설의 성능을 평가한다.

③ 역학조사 시 근로자의 노출량 파악

역학조사에서는 노출량과 반응과의 관계(dose-response relationship)를 평가해야 하므로 근로자의 노출량을 가장 정확히 평가해야 한다. 산업위생에서 가장 어려운 조사에 해당된다.

④ 정부 허용농도와의 비교

근로자의 노출이 법적 기준인 허용농도 초과 여부를 판단한다. 허용농도는 개인의 노출량과 이에 따른 영향을 근거로 설정되었으므로 반드시 호흡위치에서 개인용 시료를 채취해야 한다.

참고 작업환경측정 신뢰성 평가 ●출제율 30%

1. 목적

　작업환경측정 결과의 정확성과 정밀성을 평가하기 위하여, 즉 작업환경 측정결과에 대한 신뢰성의 확보를 위함이다.

2. 작업환경측정 신뢰성 평가의 대상

　㉠ 작업환경측정 결과가 노출기준 미만인데도 직업병 유소견자(D_1)가 발생한 경우

　㉡ 공정설비, 작업방법 또는 사용 화학물질의 변경 등 작업조건의 변화가 없는데도 유해인자 노출수준이 현저히 달라진 경우

　㉢ 작업환경측정 방법을 위반하여 작업환경측정을 한 경우 등 신뢰성 평가의 필요성이 인정되는 경우

3. 운영

　㉠ 공공기관에 의한 불시 측정을 상시화하여 사업장에 대한 측정평가 결과의 적합성을 주기적으로 모니터링하고 작업환경측정 평가제도의 신뢰성을 강화한다.

　㉡ 작업환경측정 기관에 대한 종합적 질 관리와 평가를 강화하는 한편 우수기관에 대한 인센티브 제공방안을 추진한다.

　㉢ 전문기관을 통한 측정 기관 종사자와 산업위생전문가에 대한 재교육 기회를 확대하고 전문자격자에게만 작업환경과 관련된 측정평가와 개선대책 제시를 자문할 수 있도록 하는 제도를 확대한다.

4. 방법

　공단이 신뢰성 평가를 할 때에는 작업환경측정 결과와 작업환경측정 서류(측정대상 사업장, 측정자, 측정방법 및 결과, 분석관련자료 등)을 검토하고, 해당 작업공정 또는 사업장에 대하여 작업환경측정을 실시하여야 한다.

5. 신뢰성 평가결과 조치

　지방노동관서의 장은 신뢰성 평가결과 노출기준을 초과하는 경우에는 사업주로 하여금 해당 시설 및 설비의 설치 또는 개선 또는 건강진단의 실시 등 적절한 조치를 하도록 하여야 한다.

04 예비조사 ●출제율 20%

(1) 예비조사의 측정계획서 작성 시 포함사항

① 원재료의 투입과정부터 최종 제품생산공정까지의 주요공정 도식
② 해당 공정별 작업내용, 측정대상공정 및 공정별 화학물질 사용실태
③ 측정대상 유해인자, 유해인자 발생주기, 종사근로자 현황
④ 유해인자별 측정방법 및 측정소요시간 등 필요한 사항

(2) 예비조사 목적

① 동일노출그룹(유사노출그룹, HEG)의 설정
  ㉠ 어떤 동일한 유해인자에 대하여 통계적으로 비슷한 수준(농도, 강도)에 노출되는 근로자 그룹이라는 의미이며, 유해인자의 특성이 동일하다는 것은 노출되는 유해인자가 동일하고 농도가 일정한 변이 내에서 통계적으로 유사하다는 것이다.
  ㉡ 모든 근로자를 유사한 노출그룹별로 구분하고 그룹별로 대표적인 근로자를 선택하여 측정하면 측정하지 않은 근로자의 노출농도까지도 추정할 수 있다.
  ㉢ HEG의 설정방법
    조직, 공정, 작업범주, 공정과 작업내용(업무)별로 구분하여 설정한다.
② 정확한 시료채취 전략 수립
  ㉠ 발생되는 유해인자의 특성을 조사한다.
  ㉡ 작업장과 공정의 특성을 파악한다.
  ㉢ 측정대상, 측정시간, 측정매체 등을 계획한다.

참고 예비조사(작업환경측정) 시 노·사의 준수사항 ●출제율 20%

1. 유해공정, 유해인자의 누락방지
2. 정상적인 작업상태에서 정확한 측정이 되도록 협조
3. 산업안전보건위원회의 심의, 의결
4. 측정결과는 근로자에게 고지
   게시판 부착, 사보 게재, 집합교육 등
5. 작업환경측정기관에서 결과에 대한 설명회 개최

참고 **사업주가 작업환경측정 시 지켜야 하는 사항** ●출제율 20%

1. 작업환경측정을 하기 전에 예비조사를 할 것
2. 작업이 정상적으로 이루어져 작업시간과 유해인자에 대한 근로자의 노출정도를 정확히 평가할수 있을 때 실시할 것
3. 모든 측정은 개인시료채취방법으로 하되, 개인시료채취방법이 곤란한 경우에는 지역시료채취방법으로 실시(이 경우 그 사유를 작업환경측정 결과표에 분명하게 밝혀야 한다)할 것
4. 작업환경측정기관에 위탁하여 실시하는 경우에는 해당 작업환경측정기관에 공정별 작업내용, 화학물질의 사용실태 및 물질안전보건자료 등 작업환경측정에 필요한 정보를 제공할 것

05 예비조사, 측정계획 수립 시 조사해야 할 항목 ●출제율 20%

(1) 조사항목

① 공정의 흐름
② 공정의 원리
③ 공정별 작업내용, 측정대상 관리
④ 공정별 화학물질 사용실태(사용량 등)
⑤ 공정운영조건(온도, 압력 등)
⑥ 측정대상 유해인자, 유해인자 발생주기
⑦ 종사근로자 현황
⑧ 유해인자별 측정방법
⑨ 측정 소요기간
⑩ 환기시스템 및 보호구 착용

(2) 조사항목 구분

① 근로자의 작업특성
   작업업무별 근로자 수, 작업내용 설명, 업무분석 등 파악
② 작업장과 공정특성
   공정도면과 공정보고서 활용
③ 유해인자의 특성
   사용량, 사용시기, 유해성 자료

06 작업환경측정 순서(유해인자에 대한 노출 평가과정)

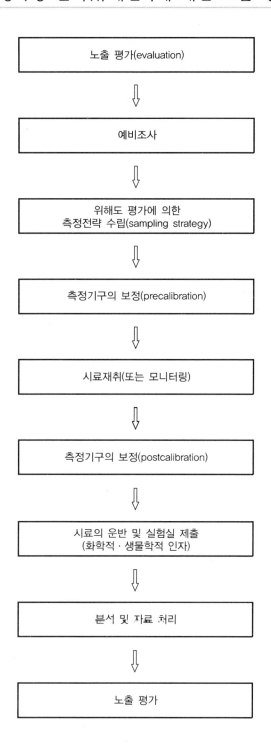

노출 평가(evaluation)

⬇

예비조사

⬇

위해도 평가에 의한
측정전략 수립(sampling strategy)

⬇

측정기구의 보정(precalibration)

⬇

시료재취(또는 모니터링)

⬇

측정기구의 보정(postcalibration)

⬇

시료의 운반 및 실험실 제출
(화학적 · 생물학적 인자)

⬇

분서 및 자료 처리

⬇

노출 평가

07 동일노출그룹(HEG ; Homogeneous Exposure Group) ●출제율 30%

(1) 개요

① 유사노출그룹(similar exposure group)이라고도 한다.

② 어떤 동일한 유해인자에 대하여 통계적으로 비슷한 수준(농도, 강도)에 노출되는 근로자 그룹이라는 의미이다.

③ 작업환경측정 분야에서 유사노출군의 개념이 도입된 배경은 한 작업장 내에 존재하는 근로자 모두에 대해 개인노출을 평가하는 것이 바람직하나 시간적, 경제적 사유로 불가능하여 대표적인 근로자를 선정하여 측정 평가를 실시하고 그 결과를 유사노출군에 적용하고자 하는 것이다.

(2) HEG의 설정목적(활용)

① 시료채취 수를 경제적으로 하는데 있다.

② 모든 작업의 근로자에 대한 노출농도를 평가할 수 있다.

③ 역학조사 수행 시 해당 근로자가 속한 동일노출그룹의 노출농도를 근거로 노출원인 및 농도를 추정할 수 있다.

④ 작업장에서 모니터링하고 관리해야 할 우선적인 그룹을 결정하기 위함이다.

(3) HEG의 설정방법

① 전체조직에서 공정을 구분하고 공정 내에서 작업별 범주로 구분하고 동일한 유해인자에 노출되는 그룹을 선정한다.

② 근로자가 수행하는 특정업무를 분석하여 유해인자에 대한 유사성을 확보한다.

③ 동일노출그룹을 가장 세분하여 분류하는 기준은 업무내용이며, 하부로 내려갈수록 유사한 노출특성을 갖게 된다.

④ HEG을 분류하는 단계

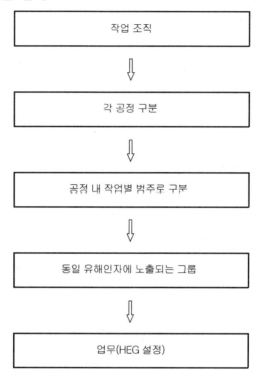

```
┌─────────────────────────┐
│        작업 조직          │
└─────────────────────────┘
            ⇩
┌─────────────────────────┐
│        각 공정 구분        │
└─────────────────────────┘
            ⇩
┌─────────────────────────┐
│    공정 내 작업별 범주로 구분   │
└─────────────────────────┘
            ⇩
┌─────────────────────────┐
│   동일 유해인자에 노출되는 그룹   │
└─────────────────────────┘
            ⇩
┌─────────────────────────┐
│      업무(HEG 설정)        │
└─────────────────────────┘
```

(4) 주의점

실제 작업환경측정을 실시하게 되는 경우 이 개념을 적용하기 위하여 많은 현장 경험이 필요하며, 산업위생전문가가 특정 사업장의 환경을 관리하고자 하는 경우 여러 번의 시행 착오를 거쳐야만 비로소 만족할만한 유사노출군을 결정하여 관리가 가능해지는 경우가 대부분이다.

08 작업환경측정의 시료채취방법 ●출제율 30%

(1) 채취위치 및 측정대상에 따른 구분

① 개인시료(Personal sample)
　㉠ 작업환경측정을 실시할 때 시료채취의 한 방법으로서 개인시료 채취기를 이용하여 가스·증기, 흄, 미스트 등을 근로자 호흡위치(호흡기를 중심으로 반경 30cm인 반구)에서 채취하는 것을 말한다.

    ⓛ 개인시료채취방법은 분석화학의 발달로 미량분석이 가능하게 됨에 따라 시료채취기기의 소형화도 쉽게 이루어질 수 있다.

    ⓒ 작업환경측정에는 개인시료채취를 원칙으로 하고 있으며, 개인시료채취가 곤란한 경우에 한하여 지역시료를 채취할 수 있다(개인시료 위주, 지역시료 보조).

    ⓔ 대상이 근로자일 경우 노출되는 유해인자의 양이나 강도를 간접적으로 측정하는 방법이다.

    ⓜ 개인시료의 활용은 노출기준 평가 시 이용된다.

② 지역시료(area sample)

    ㉠ 작업환경측정을 실시할 때 시료채취의 한 방법으로서 시료채취기를 이용하여 가스·증기, 분진, 흄, 미스트 등 유해인자를 근로자의 정상작업위치 또는 작업행동 범위에서 호흡기 높이에 고정하여 채취하는 것을 말한다. 즉 단위작업 장소에 시료채취기를 설치하여 시료를 채취하는 방법이다.

    ⓛ 근로자에게 노출되는 유해인자의 배경농도와 시간별 변화 등을 평가하며, 개인시료채취가 곤란한 경우 등 보조적으로 사용한다.

    ⓒ 지역시료채취기는 개인시료채취기를 대신할 수 없으며, 근로자의 노출정도를 평가할 수 없다.

    ⓔ 지역시료채취 적용 경우

        ⓐ 유해물질의 오염원이 확실하지 않은 경우

        ⓑ 환기시설의 성능을 평가하는 경우(작업환경개선의 효과측정)

        ⓒ 개인시료 채취가 곤란한 경우

        ⓓ 특정공정의 계절별 농도변화 및 공정의 주기별 농도변화를 확인하는 경우

        ⓔ 유해인자의 배경농도와 시간별 변화 등을 평가하는 경우

(2) 시료채취시간에 따른 구분(장시간 시료 포집방법 구분)

① 개요

시료채취의 목적은 유해물질에 대한 근로자의 허용기준 초과여부 결정, 노출원 파악·평가 및 대책 수립, 과거 노출농도의 타당성 조사 등이다. 또한 독성에 따른 적정한 시료채취시간을 선정하여야 한다. 일반적으로 급성독성 물질은 단시간(15분)을 측정하고 만성독성 물질은 8시간을 측정한다.

② 구분

　　㉠ 전 작업시간 동안의 단일시료 채취(Full-Period single sample)

　　　일정기간별 농도변화를 알 수 없으며 유기용제의 경우 파과, 금속이나 먼지 등을 과부하로 인하여 시료손실을 야기할 수 있다.

　　㉡ 전 작업시간 동안의 연속시료 채취(Full-Period consecutive sample)

　　　ⓐ 작업장에서 시료채취 시 가장 좋은 방법이다.(오차가 가장 낮은 방법)

　　　ⓑ 여러 개의 시료를 나누어서 채취한 경우 위험을 방지할 수 있다.

　　　ⓒ 여러 개의 측정결과로 작업시간 동안의 노출농도의 변화와 영향을 알 수 있다

　　　ⓓ 오염물질의 농도가 시간에 따라 변할 때, 공기 중 오염물질의 농도가 낮을 때 시간가중 평균치를 구하고자 할 때 연속시료 채취방법을 사용한다.

　　㉢ 부분 작업시간 동안의 연속시료 채취(Partial-Period consecutive sample)

　　　측정되지 않은 시간에 대한 농도를 알 수 없다.

09 작업환경측정 및 분석 시 오차

(1) 개요

① 측정값과 참값 사이 그 차이를 오차라고 하며, 산업위생 분야에서 작업환경측정 결과치 등도 오차를 수반하게 되며, 오차는 규칙성이 있는 계통오차(systematic error)와 완전히 불규칙한 우연오차(확률오차 : random error)로 크게 구분한다.

② 오차의 발생은 시료채취와 분석과정에서 가장 많이 발생한다.

③ 유효숫자란 측정 및 분석값의 정밀도를 표시하는데 필요한 숫자이다.

(2) 계통오차

① 개요

참값과 측정치간에 일정한 차이가 있음을 나타내며, 대부분의 경우 변이의 원인을 찾아낼 수 있으며, 크기와 부호를 추정할 수 있고 보정할 수 있다. 또한 계통오차가 작을 때는 정확하다고 말한다.

② 원인

　　㉠ 부적절한 표준물질 제조(시약의 오염)

　　㉡ 표준시료의 분해

　　㉢ 잘못된 검량선

　　㉣ 부적절한 기구보정

　　㉤ 분석물질의 낮은 회수율 적용

　　㉥ 부적절한 시료채취 여재의 사용

③ 종류

　　㉠ 외계오차(환경오차)

　　　　ⓐ 측정 및 분석 시 온도나 습도와 같은 외계의 환경으로 생기는 오차

　　　　ⓑ 보정값을 구하여 수정함으로써 오차를 제거할 수 있다.

　　㉡ 기계오차(기기오차)

　　　　ⓐ 사용하는 측정 및 분석 기기의 부정확성으로 인한 오차

　　　　ⓑ 기계의 교정에 의하여 오차를 제거할 수 있다.

　　㉢ 개인오차

　　　　ⓐ 측정자의 습관이나 선입관에 의한 오차

　　　　ⓑ 두 사람 이상의 측정자의 측정을 비교하여 오차를 제거할 수 있다.

④ 구분

　　㉠ 상가적 오차

　　　　ⓐ 참값에 비해 크기가 항상 일정하게 벗어나는 경향이 있으며, 분석물질의 농도에 관계없이 크기가 일정한 오차이다.

　　　　ⓑ 참값과 측정치의 관계는 직선을 나타낸다.

　　㉡ 비례적 오차

　　　　ⓐ 오차의 크기가 분석물질의 농도수준에 비례적인 관계가 있는 오차이다.

　　　　ⓑ 참값과 측정치의 관계는 곡선을 나타낸다.

⑤ 계통오차 확인방법

　　㉠ 표준시료 분석 후 인증서 값과 일치하는지 확인하는 방법

　　㉡ spliked된 시료 분석 후 이론값과 비교 확인하는 방법

　　㉢ 독립적 분석방법과 서로 비교 확인하는 방법

(3) 우발오차(임의오차, 확률오차, 비계통오차)

① 개요
  ㉠ 어떤 값보다 큰 오차와 작은 오차가 일어나는 확률이 같을 때 이 값을 확률오차
    라 하며, 참값의 변이가 기준값과 비교하여 불규칙하게 변하는 경우로 정밀도
    로 정의되기도 한다. 따라서 오차원인규명 및 그에 따른 보정도 어렵다.
  ㉡ 한 가지 실험측정을 반복할 때 측정값의 변동으로 발생되는 오차이며, 보정이
    힘들다.

② 원인
  ㉠ 전력의 불안정으로 인한 기기반응이 불규칙하게 변하는 경우
  ㉡ 기기로 시료 주입량의 불일정성이 있는 경우
  ㉢ 분석 시 부피 및 질량에 대한 측정의 변이가 발생한 경우

(4) 상대오차

① 정의
  측정오차를 참값으로 나눈 값을 의미한다.

② 관계식

$$상대오차 = \frac{근사값 - 참값}{참값}$$

(5) 누적오차(총 측정오차)

① 정의
  여러 가지 요소에 의한 오차의 합을 의미하며, 오차의 최소화 방법은 오차의 절대
  값이 큰 항부터 개선해야 한다.

② 관련식

$$E_c = \sqrt{E_1{}^2 + E_2{}^2 + E_3{}^2 + ... + E_n{}^2}$$

  여기서, E_c : 누적오차(%)
      E_1, E_2, E_3, $\cdots$, E_n : 각각 요소에 대한 오차

필수 예상문제 ✔ 출제확률 50%

유량, 측정시간, 회수율 및 분석 등에 의한 오차가 각각 10, 5, 7 및 5%였다. 만일 유량에 의한 오차를 5%로 개선시켰다면 개선 후의 누적오차(%)를 구하고, 우선적으로 개선해야 하는 항목을 쓰시오.

> **풀이** 유량오차의 적용을 개선 후 오차(%)를 적용하면
>
> $$E_c = \sqrt{E_1^2 + E_2^2 + E_3^2 + \cdots + E_n^2} = \sqrt{5^2 + 5^2 + 7^2 + 5^2} = 11.14\%$$
>
> 우선적으로 개선해야 하는 항목은 절대값이 가장 큰 항목인 회수율이다.

기출문제

작업환경측정 및 분석 시 발생하는 오차는 여러 가지가 있다. 이런 오차를 분석한 결과 시료 전처리 과정에서 3%, 표준액 제조에서 2%, 분석에서 5%, 시료포집과정에서 12%의 오차가 발생하였다. 총 누적오차를 구하시오.

> **풀이** 총 누적오차(E_c)
>
> $$E_c = \sqrt{3^2 + 2^2 + 5^2 + 12^2} = 13.49\%$$

(6) 작업장의 유해물질 농도를 측정 및 평가 4단계

① 1단계

시료채취

② 2단계

시료채취 펌프의 보정

③ 3단계

시료분석

④ 4단계

자료처리

(7) 시료채취 및 분석과정에서 측정오차 원인(요인) ●출제율 20%

① 채취효율

② 측정장치 시스템에서의 공기 누설

③ 공기채취 유량 및 공기채취 용량

④ 측정시간

⑤ 시료채취·운반·보관 시 시료의 안정성

⑥ 시료 중 일부분을 분석 시, 시료 내에 채취된 유해물질분포의 균일성

⑦ 공기 중에 존재하는 방해물질

⑧ 온도·압력 및 습도와 같은 환경요소

(8) 시료채취 및 분석오차(SAE ; Sampling and Analytical Error) ●출제율 20%●

① 작업환경측정 분야에서 가장 널리 알려진 오차로 측정치와 실제농도와의 차이이며, 어쩔 수 없이 발생되는 오차를 허용한다는 의미이다.

② 이 오차는 측정결과가 현장시료채취와 실험실 분석만을 거치면서 발생되는 것만을 말한다.

③ 엄격한 의미에서는 확률오차만을 의미하며, "1"을 기준으로 표준화된 수치로 나타내어진다.

④ SAE가 0.15라는 의미는 노출기준과 같은 정해진 수치로부터 15%의 오차를 의미하게 된다.

참고 허용기준 이하 유지대상 유해인자의 허용기준 초과 여부 평가방법 ●출제율 30%●

1. 측정한 유해인자의 시간가중 평균값 및 단시간 노출값을 구한다.
   ㉠ X_1(시간가중 평균값)

   $$X_1 = \frac{C_1 \cdot T_1 + C_2 \cdot T_2 + \cdots + C_n \cdot T_n}{8}$$

   여기서, C : 유해인자의 측정농도(단위 : ppm, mg/m³ 또는 개/cm³)
   　　　　T : 유해인자의 발생시간(단위 : 시간)

   ㉡ X_2(단시간 노출값)

   STEL 허용기준이 설정되어 있는 유해인자가 작업시간 내 간헐적(단시간)으로 노출되는 경우에는 15분씩 측정하여 단시간 노출값을 구한다.

   ※ 단, 시료채취시간(유해인자의 발생시간)은 8시간으로 한다.

2. $X_1(X_2)$를 허용기준으로 나누어 Y(표준화값)를 구한다.

   $$Y(표준화값) = \frac{X_1(X_2)}{허용기준}$$

3. 95%의 신뢰도를 가진 하한치를 계산한다.
   하한치 = Y - 시료채취 분석오차

4. 허용기준 초과 여부를 판정한다.
   ㉠ 하한치 > 1일 때 허용기준을 초과한 것으로 판정된다.
   ㉡ 상기 1.의 ㉡의 값을 구한 경우 이 값이 허용기준 TWA를 초과하고 허용기준 STEL 이하인 때에는 다음 어느 하나 이상에 해당되면 허용기준을 초과한 것으로 판정한다.
   　ⓐ 1회 노출지속시간이 15분 이상인 경우
   　ⓑ 1일 4회를 초과하여 노출되는 경우
   　ⓒ 각 회의 간격이 60분 미만인 경우

10 표준기구(보정기구) ●출제율 30%

(1) 개요

① 공기채취 시 펌프의 유량을 정확히 결정하는데 이 과정을 공기시료채취 펌프의 기구보정이라 하며, 시료채취와 동일한 조건에서 기구보정을 실시해야 한다.

② 공기(시료)채취 시의 공기유량의 보정을 하는 기구를 표준기구라 한다.

(2) 1차 표준기구(표준장비) : 1차 유량보정장치

① 물리적 크기에 의해서 공간의 부피를 직접 측정할 수 있는 기구를 말하며, 기구 자체가 정확한 값을 제시한다. 즉 정확도가 ±1% 이내이다.

② pump의 유량을 보정하는데 1차 표준으로서 비누거품미터(soap bubble meter)는 정확하고 경제적이고, 비교적 단순하기 때문에 산업위생 분야에서 가장 널리 이용된다.

③ Pitot 튜브는 기류를 측정하는 1차 표준으로서 보정이 필요 없으며, 정확성에는 한계가 있고 기류가 12.7m/sec 이상일 때는 U자 튜브를 이용, 그 이하에서는 기울어진 튜브를 이용한다.

④ 폐활량계(Spirometer)는 실린더 형태의 종(bell)으로서 개구부는 아래로 향하고 있으며, 액체에 담겨져 있으며 파이프를 통하여 종 안에 공기가 유입 시 공기의 양에 따라 종이 상부로 이동하며 용량의 계산은 이동거리와 단면적을 곱하여 한다.

⑤ 흑연 피스톤미터(frictionless piston meter : 무마찰 피스톤미터) 뷰렛 내에 거품이 형성, 거품의 부피를 펌프로 이동하는 시간을 측정하여 유량을 알 수 있으며, 고유량에서는 정확도가 감소한다.

⑥ 공기채취기구의 보정에 사용되는 1차 표준기구 종류

표준기구	일반사용범위	정확도
비누거품미터(Soap bubble meter)	1mL/분~30L/분	±1%
폐활량계(Spirometer)	100~600L	±1%
가스치환병(Mariotte bottle)	10mL/분~500L/분	±0.05~0.25%
유리피스톤미터(Glass piston meter)	10mL/분~200L/분	±2%
흑연피스톤미터(Frictionless meter)	1mL/분~50L/분	±1~2%
피토튜브(Pitot tube)	15mL/분 이하	±1%

1. 공기흐름과 직접 마주치는 튜브 → 총(전체) 압력측정
2. 외곽튜브 → 정압측정
3. 총 압력−정압=동압(속도압)
4. 유속=$4.043\sqrt{동압}$

(3) 2차 표준기구(표준장비)

① 2차 표준기구는 공간의 부피를 직접 알 수 없으며, 1차 표준기구로 다시 보정하여야 하며, 유량과 비례관계가 있는 유속, 압력을 측정하여 유량으로 환산방법을 말한다.

② 1차 표준기구를 기준으로 보정하여 사용할 수 있는 기구를 의미하며, 온도와 압력에 영향을 받는다.

③ 유량측정 시 가장 흔히 사용하는 2차 표준기구는 로타미터(Rotameter)이다.

④ 로타미터의 원리는 유체가 위쪽으로 흐름에 따라 float도 위로 올라가며, float와 관벽사이의 접촉면에서 발생되는 압력강하가 float를 충분히 지지해 줄 때까지 올라간 float의 눈금을 읽는 것이다.

⑤ 습식 테스트미터는 주로 실험실, 건식 가스미터는 주로 현장에서 사용된다.

⑥ 2차 표준기구의 종류

표준기구	일반사용범위	정확도
로타미터(Rotameter)	1mL/분 이하	±1~25%
습식 테스트미터(Wet-test-meter)	0.5~230L/분	±0.05%
건식 가스미터(Dry-gas-meter)	10~150L/분	±1%
오리피스미터(Orifice meter)	−	±0.05%
열선기류계(Thermo anemometer)	0.05~40.6m/초	±0.1~0.2%

참고 시료채취 전후 유량보정 순서 ●출제율 20%

1. 개요
   펌프의 유량보정은 시료채취 전 보정과 시료채취 후 보정을 반드시 하여야 하며, 이는 펌프의 장시간 사용으로 압력변화 등이 원인이 되어 시료채취 전후의 유량이 다소 다를 수 있기 때문이다.

2. 시료채취 전 유량보정
   ㉠ 먼저 유량보정에 앞서 펌프를 5분 정도 가동시킨다.
   ㉡ 유량보정 data 작성 양식에 일반적인 사항(보정자, 위치, 온도, 습도 등)을 기재한다.
   ㉢ 시료채취 매체 즉, 3단 카세트를 시료채취 시와 동일하게 결합시킨다.
   ㉣ 카세트에 유연성 튜브를 연결시킨다.

ⓜ 카세트의 뒷부분에 연결된 유연성 튜브는 펌프에 연결시키고 앞쪽(inlet)에 연결된 유연성 튜브는 유량보정장치와 연결시킨다.

ⓗ 유량보정을 실시한다.

ⓢ 원하는 유량으로 펌프의 유량을 맞추게 되는데 만약 유량의 변동범위가 ±5%를 벗어나게 되면 펌프의 유량조절나사 등을 조절하여 변동 범위 내에 들도록 한다.

ⓞ 일단 안정적인 유량이 확보되면 3회 이상 반복 측정하여 평균유량을 구한다.

ⓩ 유량보정이 끝나면 펌프를 끄고, 유량보정장치와 분리시켜 둔다.

3. 시료채취 후 유량보정

㉠ 시료채취 전 유량보정과 동일하게 유량을 체크한다.

㉡ 시료채취 후의 유량의 변화는 시료채취 전과 ±10% 이내여야 한다.

㉢ 시료채취 전후의 평균유량을 가지고 전체 평균시료채취유량(L/min)을 계산한다.

〈출처 : 중금속 측정 및 분석, 이병규〉

---

11 측정분석 관련 용어

(1) 검출한계(LOD ; Limit Of Detection) 출제율 20%

① 정의

㉠ IUPAC(International Union of Pure and Applied Chemistry)

어느 정해진 분석절차에 따라 합리적인 확실성을 가지고 검출할 수 있는 가장 적은 농도나 양을 말한다.

㉡ ACS(American Chemical Society)

어느 정해진 분석절차로 신뢰성 있게 분석할 수 있는 분석물질의 가장 낮은 농도를 말한다.

㉢ EPA

0(zero)와 신뢰성 있게 구별될 수 있지만, 적절한 정밀성으로 정량할 수는 없는 가장 낮은 농도를 말한다.

㉣ NIOSH

평균 blank signal 이상에서 평균 signal이 σ_b의 3배를 나타내는 농도(σ_b : blank signal의 표준편차) 즉, 3×표준편차를 말한다.

㉤ AIHA

분석에 이용되는 공시료와 통계적으로 다르게 분석될 수 있는 가장 낮은 농도로 분석기기가 검출할 수 있는 가장 작은 양, 즉 주어진 신뢰수준에 검출가능한 분석물의 질량을 말한다.

② LOD 계산방법(추정방법)

　㉠ 시각에 의한 방법

　　S/N 비(신호/잡음 비)를 구하여 이용하는 방법으로 S/N 비가 보통 3을 초과하는 농도로 평가한다. 또는 공시료 신호의 3배에 해당하는 신호(S)를 나타내는 농도로 평가하기도 한다.

　㉡ 회귀직선을 이용하는 방법

　　검량선에서 구한 방정식의 표준오차를 기울기로 나누어 3배를 해준 값으로 구하며, 일반적으로 신호(S)의 표준편차와 검량선을 기초로 한다.

$$LOD = 3(\sigma/A)$$

　　　여기서, σ : 표준편차
　　　　　　• 공시료의 표준편차 사용 방법
　　　　　　• y 절편의 표준편차를 이용하는 방법
　　　　　　• 회귀직선의 표준편차를 이용하는 방법
　　　　　A : 검량선의 기울기

③ LOD의 특징

　㉠ LOD는 바탕신호의 통계적 요동 크기에 대한 분석신호의 크기의 비에 따라 달라진다.

　㉡ 최근 분석신호가 바탕신호 표준편차의 3배일 때 검출의 신뢰수준은 95% 정도로 인정되고 있다.

④ 검출한계 미만(ND)의 값을 포함한 자료의 평균 구하는 방법

　㉠ 분포가 대수정규분포하는 경우

　　LOD 미만의 값을 $1/\sqrt{2}$ LOD로 추정한다.

　㉡ 자료가 0점으로 매우 치우쳐 있고, 기하표준편차가 3 이상의 경우 ND의 값을 1/2로 한다.

⑤ 종류

　㉠ 기기검출한계(IDL ; Instrument Detection Limit)

　　ⓐ 시험분석 대상물질을 기기가 검출할 수 있는 최소한의 농도이다.

　　ⓑ 일반적으로 S/N 비의 2~5배 농도 또는 바탕시료를 반복 측정 분석한 결과의 표준편차에 3배한 값 등을 말한다.

　　ⓒ 시료전처리 과정을 전혀 거치지 않은 분석물질로 측정하는 것을 말한다.

ⓛ 방법검출한계(MDL ; Method Detection Limit)

    ⓐ 시료와 비슷한 매질 중에서 시험분석 대상을 검출할 수 있는 최소한의 농도이다.

    ⓑ 제시된 정량한계 부근의 농도를 포함하도록 준비한 n개의 시료를 반복 측정하여 얻은 결과의 표준편차(s)에 99% 신뢰도에서의 t-분포 값을 곱한 것이다.

    ⓒ 산출된 정량한계는 제시한 정량한계값 이하이어야 한다.

    ⓓ IDL과 비슷하나 분석 전 모든 전처리과정을 거친 시료를 이용한 검출한계이다.

ⓒ PQL(Practical Quantification Limit)

    MDL의 3~10배 사이로 단순히 검출되는 것 이상으로 정확히 측정될 수 있는 검출한계이다.

참고

작업환경측정 시 아주 낮게 검출되는 농도(또는 정량하기 어려운 농도수준)에 대해서는 '미검출', '불검출', '흔적', 'ND(NON-Detectable)', 'Trace' 등으로 표기한다.

---

(2) 정량한계(LOQ ; Limit Of Quantification) ●출제율 30%

① 정의(NIOSH)

    분석기마다 바탕선량과 구별하여 분석될 수 있는 최소의 양, 즉 분석결과가 어느 주어진 분석 절차에 따라서 합리적인 신뢰성을 가지고 정량분석할 수 있는 가장 작은 양의 농도나 양이다. 또한 정량한계는 통계적인 개념보다는 일종의 약속이다.

② 도입 이유

    ㉠ 공시료와 실제 분석물질에 대한 신호의 통계학적인 분리를 위한 LOD 개념을 보충하기 위하여

    ㉡ LOD가 정량분석에서 만족스런 개념을 제공하지 못하기 때문

③ 특징

    ㉠ 일반적으로 표준편차의 10배 또는 검출한계의 3 또는 3.3배로 정의한다.

    ㉡ 정량한계를 기준으로 최소한으로 채취해야 하는 양이 결정된다.

    ㉢ 시험분석 대상을 정량화할 수 있는 측정값이다.

    ㉣ 제시된 정량한계 부근의 농도를 포함하도록 시료를 준비하고 이를 반복 측정하여 얻은 결과의 표준편차(s)에 10배한 값을 사용한다.

(3) 특이성

① 다른 물질의 존재에 관계없이 분석하고자 하는 대상물질을 정확하게 분석할 수 있
는 능력을 말한다.
② 정확도와 정밀도를 가진 다른 독립적인 방법과 비교하는 것이 특이성을 결정하는
일반적인 수단이다.

(4) 선택성

① 혼합물 중에 어느 한 물질을 정성적 또는 정량적으로 분석할 수 있는 능력을 말한다.
② 방해물질의 방해정도에 영향을 받지 않고 정확도와 정밀도를 가지는 것을 의미한다.
③ 선택성이 있기 위해서는 특이성이 있어야 한다.

(5) 회수율 시험

① 시료채취에 사용하지 않는 동일한 여과지에 첨가된 양과 분석량의 비로 나타내며,
여과지를 이용하여 채취한 금속을 분석하는데 보정하기 위해 행하는 실험이다.
② MCE 여과지에 금속농도 수준별로 일정량을 첨가한(spiked) 후 분석하여 검출된
(detected) 양의 비(%)를 구하는 실험은 회수율을 알기 위한 것이다.
③ 금속시료의 회화에 사용되는 왕수는 염산과 질산을 3 : 1의 몰 비로 혼합한 용액이다.
④ 관련식

$$회수율(\%) = \frac{분석량(검출량)}{첨가량(주입량)} \times 100$$

(6) 탈착률

① 탈착은 경계면에 흡착된 어느 물질이 떨어져나가 표면 농도가 감소하는 현상으로
일반적 탈착률은 고체흡착관을 이용하여 채취한 유기용제를 분석하는데 있어서 보
정한 것이다.
② 탈착률은 채취에 사용하지 않은 동일한 흡착관에 첨가된 양과 분석량의 비로 표현된다.
③ 탈착률 시험을 위한 첨가량은 작업장 예상농도 일정범위(0.5~2배)에서 결정된다.

$$탈착률(\%) = \frac{분석량(검출량)}{첨가량(주입량)} \times 100$$

필수 예상문제 ✔ 출제확률 70%

세척제로 사용하는 트리클로로에틸렌의 근로자 노출농도를 측정하고자 한다. 과거의 노출정도를 조사해 본 결과 평균 60ppm이었다. 활성탄관을 이용하여 0.17L/min으로 채취하였다. 트리클로로에틸렌의 분자량은 131.39이고 가스 크로마토그래피의 정량한계는 시료당 0.25mg이다. 채취하여야 할 최소한의 시간(분)은? (단, 25℃, 1기압 기준)

풀이 우선, 과거농도 60ppm을 mg/m^3으로 환산하면

$$mg/m^3 = 60ppm \times \frac{131.39g}{24.45L} = 322.43mg/m^3$$

정량한계를 기준으로 최소한으로 채취해야 하는 양이 결정되므로

$$부피 = \frac{LOQ}{과거농도} = \frac{0.25mg}{322.43mg/m^3} = 0.000775m^3 \times \frac{1,000L}{m^3} = 0.78L$$

따라서, 채취 최소시간은 최소채취량으로 pump 용량으로 나누면

$$채취 최소시간(분) = \frac{0.78L}{0.17L/min} = 4.56min$$

기출문제

도장작업을 하는 공정에서 사용하는 유기용제인 메틸에틸케톤(methyl ethyl ketone)의 근로자 노출농도를 측정하고자 한다. 과거의 노출농도는 평균 100ppm이었다. 고체흡착관을 이용하여 0.10L/분으로 채취하였다. 채취해야 할 최소한의 시간(분)을 구하시오. (단, MEK의 분자량은 72.11이고 가스 크로마토그래피 2대조의 정량한계(LOQ)는 시료당 0.5mg이다.)

풀이 ① 과거농도를 mg/m^3으로 변환

$$mg/m^3 = 100ppm \times \frac{72.11g}{24.45L} = 294.92mg/m^3$$

② 채취 최소공기량

$$최소공기량(L) = \frac{LOQ}{과거농도} = \frac{0.5mg}{294.93mg/m^3} = 0.00169m^3 \times 1,000L/m^3 = 1.7L$$

∴ 채취 최소시간

$$최소시간(min) = \frac{최소공기량}{pump용량} = \frac{1.7L}{0.10L/min} = 17min$$

기출문제

의약품 제조공장의 캡슐탈지조에서 n-hexane을 사용하여 세정작업을 하고 있다. 과거의 노출농도를 조사해 본 결과 평균 100ppm이었다. 활성탄관(100mg/50mg)을 이용하여 0.2L/min으로 시료를 채취할 경우 채취해야 할 최소한의 시간(분)을 구하시오. (단, n-hexane의 분자량은 86.17이고, 가스 크로마토그래피의 정량한계는 시료당 2.0mg이다.)

풀이 ① 과거농도를 mg/m^3으로 변환

$$mg/m^3 = 100ppm \times \frac{86.17g}{24.45L} = 352.43mg/m^3$$

② 채취 최소공기량

$$최소공기량(L) = \frac{LOQ}{과거농도}$$

$$= \frac{2.0mg}{352.43mg/m^3} = 0.00567m^3 \times 1,000L/m^3 = 5.68L$$

∴ 채취 최소시간

$$최소시간(min) = \frac{최소공기량}{pump용량} = \frac{5.68L}{0.2L/min} = 28.37min$$

기출문제

수동식 시료채취기(Passive sampler)로 공기 중 벤젠농도를 측정하고자 한다. 수동식 시료채취기의 시료채취율(sampling rate)은 0.02LPM이며 실험실 분석조건에서 시료당 정량한계(LOQ)는 $0.32\mu g$이다. 벤젠의 노출기준인 1ppm의 1/10 수준까지 측정하려면 최소 몇 시간 이상 시료채취를 해야 하는가? (단, 벤젠 분자량 78)

풀이 ① 추정농도(1ppm의 1/10)를 mg/m^3으로 변환

$$mg/m^3 = (1ppm \times 0.1) \times \frac{78g}{24.45L} = 0.319mg/m^3$$

② 채취 최소공기량

$$최소공기량(L) = \frac{LOQ}{추정농도}$$

$$= \frac{0.32\mu g \times mg/10^3\mu g}{0.319mg/m^3} = 0.001m^3 \times 1,000L/m^3 = 1.0L$$

∴ 채취 최소시간

$$최소시간(min) = \frac{최소공기량}{pump용량} = \frac{1.0L}{0.02L/min} = 50min$$

탄분진이 있는 작업장에 새로운 호흡성 먼지 측정을 위한 분립장치인 알루미늄 사이클론 (SKC사 유량 2.0lpm)을 이용하여 호흡성 먼지를 측정하고자 한다. 먼저 측정 전에 실험실의 정확도를 알아보기 위하여 자체적으로 시료를 채취하지 않은 공시료(blank sample) 24개로 사전 건조 및 칭량을 실시한 후 방치했다가(먼지를 측정하지 않고, 오염되지 않도록 방치) 다시 건조과정을 거쳐 칭량을 하였다. 24개의 공시료에 대해 전후 칭량결과로부터 그 차이가 평균은 0.00mg, 표준편차는 0.03mg인 것으로 나타났다. 여과지는 PVC filter를 사용하며, 탄분진의 노출기준은 호흡성 분진으로 2mg/m³이다. 노출기준의 1/10 기준까지 측정하고자 할 때 위와 같은 실험실 조건이라면 최소 시료채취시간은 몇 분 이상이어야 하는가? (단, 정량한계는 일반적으로 사용하는 다음 식을 이용한다. LOQ= 3 · SD)

풀이 ① 추정농도(mg/m³)=2mg/m³×0.1=0.2mg/m³

② 채취 최소공기량

$$최소공기량(L)=\frac{LOQ}{추정농도}$$

$$=\frac{3\times0.03mg}{0.2mg/m^3}=0.45m^3\times1,000L/m^3=450L$$

∴ 채취 최소시간

$$최소시간(min)=\frac{최소공기량}{pump용량}$$

$$=\frac{450L}{2.0L/min}=225min$$

호흡성 먼지의 노출농도가 0.05mg/m³이라고 가정하고 실험실의 정량한계가 0.01mg이라 할 때 공기 중 노출농도를 정량적으로 평가하기 위한 최소한의 시료채취시간은 얼마인가?

풀이 ① 노출농도 : 0.05mg/m³

② 채취 최소공기량(L)=$\frac{LOQ}{노출농도}=\frac{0.01mg}{0.05mg/m^3\times m^3/1,000L}=200L$

③ 채취 최소시간(min)=$\frac{채취 최소공기량}{pump용량}=\frac{200L}{1.7L/min}=118min$

[1.7L/min → ACGIH 추천 pump 유량 적용]

기출문제

섬유화학공장에서 발암물질인 벤젠 노출관리가 매우 중요하다. 특히 시설을 유지관리하는 작업자는 작업 중간 중간의 단시간 노출이 문제가 되고 있다. 벤젠의 단시간 노출농도는 5ppm이다. 현장에서는 작업특성상 일반적으로 passive sampler(수동식 배지형 시료채취기)를 사용하고 있다. 작업자의 노출수준을 알기 위해 노출기준의 1/10까지 측정하는 것이 바람직하다. 실제로 현장에서 벤젠의 단시간 노출농도를 평가하기 위해 분석 실험실에 요구되는 정량한계(LOQ)는 시료당 몇 μg이어야 하는가? (단, 수동식 시료채취기의 벤젠에 대한 공기채취유량은 0.02L/min이라 한다. 벤젠의 분자량은 78g/mole이다.)

풀이 ① 추정농도(5ppm×0.1)를 mg/m^3으로 변환

$$mg/m^3 = (5ppm \times 0.1) \times \frac{78g}{24.45L} = 1.59mg/m^3$$

② 채취 최소공기량 $= \dfrac{LOQ}{추정농도}$

∴ LOQ=채취 최소공기량×추정농도

　　최소공기량=최소시간×pump용량=15min×0.02L/min=0.3L

　　$= 0.3L \times 1.59mg/m^3 \times m^3/1,000L \times 10^3 \mu g/mg = 0.48\mu g$

SECTION 2 가스상 물질

01 가스상 물질 ●출제율 30%

(1) 가스의 주요특성

① 25℃, 1atm에서 기체상태로 존재하며, 공간을 완전하게 다 채울 수 있는 물질이다.

② 가스는 온도가 높아지거나 농도가 높아져도 응축되지 않는다.

③ 공기의 주요성분인 질소, 산소, 아르곤, 이산화탄소, 헬륨, 수소는 가스이다.

④ 유해인자 중 포름알데히드, 에틸렌옥사이드, 일산화탄소, 질소산화물, 아황산가스도 가스에 포함된다.

⑤ 이상기체방정식을 적용하기 용이하다. 즉 이상기체방정식을 사용하여 거동을 예측할 수 있다.

(2) 증기의 주요특성

① 25℃, 1atm에서 액체나 고체인 물질이 기체화된 물질이다.

② 증기는 농도가 높아지면 응축되는 성질이 있다.

③ 액체나 고체가 압력의 강하 또는 온도의 상승으로 인해 엔탈피가 높아져 기체상태로 바뀌어 존재하면 증기가 된다.

④ 임계온도가 25℃ 이상인 액체·고체 물질이 증기압에 따라 휘발 또는 승화하여 기체상태로 변한 것을 의미한다.

⑤ 이상기체방정식을 적용할 수 없다. 즉 고농도의 증기는 이상기체와 전혀 다른 거동을 나타낸다.

(3) 가스, 증기의 공통점 ●출제율 20%

① 기체상태의 물질이다.(gas phase)

② 자유롭게 움직이는 분자로 구성되어 있다.

③ 용기형태에 관계없이 충진이 가능하다.

④ 모든 방향으로 일정한 압력을 가진다.

(4) 가스, 증기의 차이점 ●출제율 20%

① 분자의 내부에너지

② 실내온도 및 온도가 낮아지거나 높아짐으로서 응축유무(가스응축 안 됨)

02 가스상 물질에 대한 채취방법

(1) 연속시료채취(Continuous Sampling) ●출제율 20%

① 정의

유해물질이 포함된 공기를 흡착관이나 흡수액에 통과시켜 공기로부터 유해물질을 분리하는 방법이다.

② 활용

㉠ 오염물질의 농도가 시간에 따라 변할 때

㉡ 공기 중 오염물질의 농도가 낮을 때

㉢ 시간가중평균치로 구하고자 할 때

③ 종류

㉠ 능동식 시료채취방법

ⓐ 시료채취 pump를 이용, 강제적으로 시료공기를 통과시키는 방법

ⓑ 흡착관 시료채취유량은 0.2L/min 이하

ⓒ 흡수액 시료채취유량은 1L/min 이하

ⓓ 시료채취는 일반적으로 흡착제, 흡수액, 시료채취 플라스틱백 등을 사용

㉡ 수동식 시료채취방법

ⓐ 가스상 물질의 확산원리를 이용하는 방법

ⓑ 시료채취는 일반적으로 수동식 시료채취(pump 없음) 사용

④ 장점
  ㉠ 정확한 측정이 가능하다.
  ㉡ 일반적으로 표준방법으로 채택되어진다.
⑤ 단점
  ㉠ 포집효율 측정을 매회하여야 한다.
  ㉡ 측정장비의 보정이 요구되고 장치가 복잡하다.

(2) 순간시료채취(Grab sampling)

① 정의
  작업시간이 단시간이어서 시료의 포집이 불가능할 때는 순간시료를 포집 분석하여 이것을 8시간으로 나누어 평가하는 방법이며, 근로자의 건강진단 시 채취하는 혈액과 뇨는 대표적인 순간 채취시료이다.
② 활용 ●출제율 20%
  ㉠ 미지 가스상 물질의 동정을 알려고 할 때
  ㉡ 간헐적 공정에서의 순간농도 변화를 알고자 할 때
  ㉢ 오염발생원 확인을 요할 때
  ㉣ 직접 포집해야 되는 메탄, 일산화탄소, 산소 측정에 사용
③ 장점 ●출제율 20%
  ㉠ 농도를 즉시 인지 가능하므로 긴급상황 시 개인보호구 착용이 용이하다.
  ㉡ 누출원의 결정 및 밀폐장소의 입장 전 확인하는데 유리하다.
  ㉢ 채취시간이 짧고 피크농도를 알고자 할 경우 유용하다.
  ㉣ 포집효율이 거의 100%이다.
④ 단점 ●출제율 20%
  ㉠ 장시간 동안에 농도변화를 알 수 없음. 즉 TWA를 결정 시 부적합하다.
  ㉡ 농도가 낮은 경우 분석기기의 센서가 감지하지 못하여 정확한 측정이 불가능하다.
  ㉢ 시료 손실이 많고 농도가 시간마다 변할 때는 사용이 불가능하다.
⑤ 순간시료채취방법을 적용할 수 없는 경우 ●출제율 20%
  ㉠ 오염물질의 농도가 시간에 따라 변할 때
  ㉡ 공기 중 오염물질의 농도가 낮을 때(유해물질이 농축되는 효과가 없기 때문에 검출기의 검출한계보다 공기 중 농도가 높아야 함)
  ㉢ 시간가중평균치를 구하고자 할 때

⑥ 일반적으로 사용하는 순간시료채취 기기
  ㉠ 진공플라스크(진공포집병)
    ⓐ 재질은 유리, 폴리프로필렌, 스테인리스스틸이 사용된다.
    ⓑ 크기는 200~1,000mL 정도이다.
    ⓒ 시료공기를 혼합하기 위해 내부에 유리구슬을 넣어두며, 누설확인용 진공계를 부착한다.
  ㉡ 액체치환병
    ⓐ 액체로는 물이 가장 많이 사용된다.
    ⓑ 분석대상 가스는 액체에 불용성이며, 반응성이 없어야 한다.
  ㉢ 주사기(주사통)
    ⓐ 유리나 플라스틱 재질이며, 용량은 최소 100mL 이상으로 한다.
    ⓑ 가격이 저렴하고, 사용하기 편한 장점이 있다.
    ⓒ 사용 전에 세척 및 건조, 공기누설, 내면 그리스나 기름 도포 유무 등을 확인하여야 한다.
  ㉣ 시료채취백(플라스틱백) **출제율 20%**
    ⓐ pump로 직접 Bag에 공기를 넣어서 시료를 포집하는 방법이다.
    ⓑ 시료채취 전에 백의 내부를 불활성 가스로 몇 번 치환하여 내부 오염물질을 제거한다.
    ⓒ 백의 재질이 채취하고자 하는 오염물질에 대한 투과성이 낮아야 한다.
    ⓓ 백의 재질과 오염물질 간에 반응성이 없어야 한다.
    ⓔ 분석할 때까지 오염물질이 안정하여야 한다.
    ⓕ 연결부위에 그리스 등을 사용하지 않는다.
    ⓖ 가격이 저렴하고 깨질 염려가 없다.
    ⓗ 개인시료포집 및 연속시료채취가 가능하다.
    ⓘ 시료채취 후 장시간 보관이 불가능하다.
  ㉤ 검지관
  ㉥ 스테인리스스틸 캐니스터(수동형 캐니스터)
  ㉦ 직독식 기기
⑦ 시료채취백 사용 시 주의사항
  ㉠ 시료채취 전에 백의 내부를 불활성 가스로 몇 번 치환하여 내부 오염물질을 제거한다.

ⓛ 백의 재질이 채취하고자 하는 오염물질에 대한 투과성이 낮아야 한다.

ⓒ 백의 재질과 오염물질 간에 반응성이 없어야 한다.

ⓔ 분석할 때까지 오염물질이 안정하여야 한다.

ⓜ 연결부위에 그리스 등을 사용하지 않는다.

(3) 직독식 측정기구(Directing-reading Instrument)

① 종류

ⓖ 가스검지관

ⓛ 입자상 물질 측정기

ⓒ 가스모니터

ⓔ 휴대용 가스 크로마토그래피

ⓜ 적외선 분광광도계

② 적용

ⓖ 유해물질의 누출여부를 조사할 경우

ⓛ 밀폐공간 등 위험지역 출입 전 위험성 여부를 확인하는 경우

ⓒ 예비조사로 활용하는 경우

ⓔ STEL, C의 평가를 위한 경우

③ 특징

ⓖ 부피가 작아 휴대가 용이하다.

ⓛ 측정이 용이하며, 반응시간이 빨라 현장에서 바로 측정 결과를 알 수 있다.

(4) 가스검지관(Gas Detector Tube)

① 개요

ⓖ 검지관은 작업환경 중 오염된 공기를 통과시켜 오염물질과 반응관 내 검지제의 화학적 작용으로 검지제가 변색되는 것을 이용하여 오염물질의 농도를 측정하는 직독식 측정방법이다.

ⓛ 대표적으로 측정 가능한 물질은 톨루엔, 메탄올, 일산화탄소, 벤젠, 1-2디클로로에틸렌 등이다.

② 구조

검지관은 내경 2~4mm의 가늘고 긴 유리관 속에 측정대상 물질에 대응하는 검지제를 넣어 양단을 밀봉한 것으로 측정할 때에는 양단을 개방한 후 한쪽은 측정하고자 하는 위치에, 한쪽은 흡인펌프에 끼워 사용한다.

③ 검지관에 공기 흡인하는 수동식 펌프의 종류
  ㉠ 피스톤식(piston-type)
  ㉡ 주름식(bellow-type)
  ㉢ 구형(bulb-type)

④ 작업환경측정, 단위작업장소에서 검지관을 사용할 수 있는 경우 〔출제율 20%〕
  ㉠ 예비조사 목적인 경우
  ㉡ 검지관방식 외에 다른 측정방법이 없는 경우
  ㉢ 사업장 자체 측정기관이 작업환경측정을 하는 때에 있어서 발생하는 가스상 물질이 단일물질인 경우

⑤ 변색을 농도로 환산하는 방법
  ㉠ 검지관에 표시된 농도 눈금에 의한 방법(사용이 가장 쉬움)
  ㉡ 보정차트(calibration chart)에 의한 방법
  ㉢ 독립된 대조검지관을 이용하는 방법

⑥ 장점 〔출제율 20%〕
  ㉠ 사용이 간편하다.
  ㉡ 반응시간이 빨라 현장에서 바로 측정 결과를 알 수 있다.
  ㉢ 비전문가도 어느 정도 숙지하면 사용할 수 있지만 산업위생전문가의 지도 아래 사용되어야 한다.
  ㉣ 맨홀, 밀폐공간에서의 산소부족 또는 폭발성 가스로 인한 안전이 문제가 될 때 유용하게 사용된다.
  ㉤ 다른 측정방법이 복잡하거나 빠른 측정이 요구될 때 사용할 수 있다.

⑦ 단점 〔출제율 20%〕
  ㉠ 민감도가 낮아 비교적 고농도에만 적용이 가능하다.
  ㉡ 특이도가 낮아 다른 방해물질의 영향을 받기 쉽고 오차가 크다.
  ㉢ 대개 단기간 측정만 가능하다.
  ㉣ 한 검지관으로 단일물질만 측정 가능하여 각 오염물질에 맞는 검지관을 선정함에 따른 불편함이 있다.
  ㉤ 색변화에 따라 주관적으로 읽을 수 있어 판독자에 따라 변이가 심하며, 색변화가 시간에 따라 변하므로 제조자가 정한 시간에 읽어야 한다.
  ㉥ 미리 측정대상 물질의 동정이 되어 있어야 측정이 가능하다.

03 흡착제

(1) 흡착

흡착은 경계면에서 어느 물질의 농도가 증가하는 현상으로 기상, 용액들의 균일상으로 부터 기체 혹은 용질분자가 고체표면과 액상의 계면에 머물게 되는 현상이며, 공기 중 가스와 증기를 포집하기 위해 가장 널리 사용되는 것은 고체흡착관이다.

(2) 흡착의 종류 ●출제율 30%

① 물리적 흡착
- ㉠ 흡착제와 흡착 분자(흡착질) 간의 Van der Waals 상호작용(분산 또는 극성 상호작용)의 비교적 약한 인력에 의해서 일어난다. 이 상호작용은 장거리성이지만 약하며, 분자가 물리적 흡착과정에서 발생하는 에너지는 응축 엔탈피와 같은 크기이다.
- ㉡ 가역적 현상이므로 재생이나 오염가스 회수에 용이하다.
- ㉢ 일반적으로 작업환경측정에 사용된다.
- ㉣ 흡착량은 온도가 높을수록, pH가 높을수록, 분자량이 작을수록 감소된다.
- ㉤ 흡착물질은 임계온도 이상에서는 흡착되지 않는다.
- ㉥ 기체분자량이 클수록 잘 흡착된다.

② 화학적 흡착
- ㉠ 흡착제와 흡착된 물질 사이에 화학결합(공유결합)이 생성되는 경우로서 새로운 종류의 표면 화합물이 형성된다.
- ㉡ 비가역적 현상이므로 재생되지 않는다.
- ㉢ 온도의 영향은 비교적 작다.
- ㉣ 흡착과정 중 발열량이 많다. (흡착열이 물리적 흡착에 비하여 높다.)

참고 **물리적, 화학적 흡착의 특징 구분** 출제율 20%

구 분	물리적 흡착	화학적 흡착
원리	Van der Waals 힘에 의한 약한 인력	자유전자의 재배열에 의한 강한 이온결합 또는 공유결합
흡착열	• 일반적으로 적음(2~10kcal/gmol) • 응축열과 같은 정도	• 일반적으로 큼(10~30kcal/gmol) • 반응열과 같은 정도
온도	• 온도가 높을수록 흡착량 감소 • 흡착은 흡착물질의 끓는점 이하 온도에서 일어남	• 온도상승에 따라 흡착량 증가하다가 감소 • 흡착은 일반적으로 고온에서 일어남
압력	흡착물질의 압력증가에 따라 흡착량의 증가율도 증가함	흡착물질의 압력이 증가함에 따라 흡착량의 증가율은 감소함
흡착속도	빠름	느림(활성화에너지가 필요하므로)
흡착질	임계온도 이하의 모든 기체흡착 (비선택성, 다분자흡착)	화학반응성이 있는 피흡착질만 흡착 (선택성, 단분자층 흡착)
가역성	항상 가역적	가역 또는 비가역적(800°C 이상에서는 탈착 가능)

(3) 파과 출제율 30%

① 연속채취가 가능하며, 정확도 및 정밀도가 우수한 흡착관을 이용하여 채취 시 파과 (Breakthrough)를 주의하여야 한다.

② 파과란 공기 중 오염물질이 시료채취 매체에 포함되지 않고 빠져나가는 현상으로 흡착관 앞층에 포화된 후 뒤층에 흡착되기 시작하여 결국 흡착관을 빠져나가며 파과가 일어나면 유해물질 농도를 과소평가할 우려가 있다.

③ 포집시료의 보관 및 저장 시 흡착물질의 이동현상(migration)이 일어날 수 있으며, 파과현상과 구별하기가 힘들다.

④ 시료채취유량이 높으면 파과가 일어나기 쉽고 코팅된 흡착제일수록 그 경향이 강하다.

⑤ 고온일수록 흡착성질이 감소하여 파과가 일어나기 쉽다.

⑥ 극성 흡착제를 사용할 경우 습도가 높을수록 파과가 일어나기 쉽다.

⑦ 공기 중 오염물질의 농도가 높을수록 파과용량(흡착된 오염물질량)은 증가한다.

⑧ 일반적으로 앞층의 1/10 이상이 뒤층으로 넘어가면 파과로 판정하며, 심각한 파과의 기준은 1/2 이상으로 한다.

(4) 흡착관

① 작업환경측정 시 많이 이용하는 흡착관은 앞층이 100mg, 뒤층이 50mg으로 되어 있는데 오염물질에 따라 다른 크기의 흡착제를 사용하기도 한다.

② 표준형은 길이 7cm, 내경 4mm, 외경 6mm의 유리관에 20/40mesh 활성탄이 우레탄폼으로 나뉜 앞층과 뒤층으로 구분되어 있으며, 구분 이유는 파과를 감지하기 위함이다.

③ 대용량의 흡착관은 앞층이 400mg, 뒤층이 200mg으로 되어 있으며, 휘발성이 큰 물질 및 낮은 농도의 물질채취 시 사용한다.

④ 일반적으로 앞층의 1/10 이상이 뒤층으로 넘어가면 파과가 일어났다고 하고 측정 결과로 사용할 수 없다.

⑤ 채취효율을 높이기 위하여 흡착제에 시약을 처리하여 사용하기도 한다.

(5) 흡착제를 이용하여 시료채취 시 영향인자 ●출제율 50%

① 온도

　㉠ 온도가 낮을수록 흡착에 좋다.

　㉡ 고온일수록 흡착대상 오염물질과 흡착제의 표면사이 또는 2종 이상의 흡착대상 물질간 반응속도가 증가하여 흡착성질이 감소하며, 파과가 일어나기 쉽다(모든 흡착은 발열반응이다).

　㉢ 고온일수록 흡착성질이 감소하여 파과가 일어나기 쉽다.

② 습도

　㉠ 극성 흡착제를 사용할 때 수증기가 흡착되기 때문에 파과가 일어나기 쉽다.

　㉡ 습도가 높으면 파과공기량(파과가 일어날 때까지 채취공기량)이 적어진다.

③ 시료채취속도(시료채취량)

　시료채취속도가 크고 코팅된 흡착제일수록 파과가 일어나기 쉽다.

④ 유해물질 농도(포집된 오염물질의 농도)

　㉠ 농도가 높으면 파과용량(흡착제에 흡착된 오염물질량)이 증가하나 파과공기량은 감소한다.

　㉡ 동족 화합물에서는 분자 크기가 클수록 흡착량은 증가하나 고분자 화합물은 흡착되기 어렵다.

⑤ 혼합물존재

    ⊙ 혼합기체의 경우 각 기체의 흡착량은 단독성분이 있을 때보다 적어지게 된다(혼합물 중 흡착제와 강한 결합을 하는 물질에 의하여 치환반응이 일어나기 때문).

    ○ 극성 흡착제는 쌍극자모멘트가 가장 큰 성분, 비극성 흡착제는 끓는점이 높은 화합물을 잘 흡착한다.

⑥ 흡착제의 크기(흡착제의 비표면적)

    입자 크기가 작을수록 표면적이 증가, 채취효율이 증가하나 압력 강하가 심하다(활성탄은 다른 흡착제에 비하여 큰 비표면적을 갖고 있다).

⑦ 흡착관의 크기(튜브의 내경 : 흡착제의 양)

    흡착제의 양이 많아지면 전체 흡착제의 표면적이 증가하여 채취용량이 증가하므로 파과가 쉽게 발생되지 않는다(단, 이 경우도 채취 pump의 압력강하는 심함).

(6) 흡착관의 종류

대개 극성 오염물질에는 극성 흡착제를, 비극성 오염물질에는 비극성 흡착제를 사용하나 반드시 그러하지는 않다.

① 활성탄관(Charcoal tube) ●출제율 30%

    ⊙ 활성탄은 탄소함유 물질을 탄화 및 활성화하여 만든 흡착능력이 큰 무정형 탄소의 일종으로 다른 흡착제에 비하여 큰 비표면적을 갖는다.

    ○ 비교적 높은 습도는 활성탄의 흡착용량을 저하시킨다.

    © 공기 중 가스상 물질의 고체포집법으로 이용되는 활성탄관은 유리관 안에 활성탄 100mg과 50mg을 두 개층으로 충전하여 양끝을 봉인한 것이다.

    ② 활성탄관을 사용하여 채취하기 용이한 시료

        ⓐ 비극성류의 유기용제

        ⓑ 각종 방향족 유기용제(방향족 탄화수소류)

        ⓒ 할로겐화 지방족, 유기용제(할로겐화 탄화수소류)

        ⓓ 에스테르류, 알코올류, 에테르류, 케톤류

    ⑩ 탈착용매

        ⓐ 비극성 물질의 탈착용매는 이황화탄소(CS_2)를 사용하고, 극성 물질에는 이황화탄소와 다른 용매를 혼합하여 사용한다.

        ⓑ 활성탄에 흡착된 증기(유기용제-방향족 탄화수소)를 탈착시키는데 일반적으로 사용되는 용매는 이황화탄소이다.

ⓒ 용매로 사용되는 이황화탄소의 단점
- 독성 및 인화성이 크며, 작업이 번잡하다.
- 특히 심혈관계와 신경계에 독성이 매우 크고, 취급 시 주의를 요한다.
- 전처리 및 분석하는 장소의 환기에 유의하여야 한다.

ⓓ 용매로 사용되는 이황화탄소의 장점

탈착효율이 좋고 가스 크로마토그래피의 불꽃이온화검출기에서 반응성이 낮아 피크의 크기가 작게 나오므로 분석 시 유리하다.

ⓔ 탈착률의 권고치는 일반적으로 90% 이상이며, NIOSH는 75% 이상이다.

ⓕ 측정시료가 극성 화합물, 농도범위가 큰 경우일 때는 탈착률에 영향을 미친다.

ⓑ 흡착과정

ⓐ 1단계

오염물질 중 활성탄에 흡착할 수 있는 흡착질 분자들이 흡착제 외부표면으로 이동(느린반응)

ⓑ 2단계

흡착제의 거대공극, 중간공극을 통한 확산에 의해 내부의 미세공극 쪽으로 이동(느린반응)

ⓒ 3단계

확산된 흡착질이 미세공극 내부 표면에 물리적으로 결합하여 구멍에 채워짐으로써 시료채취 완료(빠른반응)

ⓢ 표면의 산화력으로 인해 반응성이 큰 멜캅탄, 알데히드 포집에는 부적합하고 케톤의 경우 활성탄 표면에서 물을 포함하는 반응에 의하여 파과되어 탈착률과 안정성에 부적절하다.

ⓞ 용기용제 증기, 수은 증기 같은 상대적으로 무거운 증기는 잘 흡착하고 메탄, 일산화탄소 등은 흡착되지 않고 휘발성이 큰 저분자량의 탄화수소 화합물은 채취효율이 떨어진다.

ⓩ 끓는점이 낮은 저비점 화합물인 암모니아, 에틸렌, 염화수소, 포름알데히드 증기는 흡착속도가 높지 않아 비효과적이다.

ⓒ 탈착된 용출액은 가스 크로마토그래프 분석법으로 정량한다.

ⓚ 작업장 공기 중 벤젠증기를 활성탄관 흡착제로 채취할 때 작업장 공기 중 페놀이 함께 다량 존재하면 벤젠증기를 효율적으로 채취할 수 없게 되는 이유는 벤젠과 흡착제와의 결합자리를 페놀이 우선적으로 차지하기 때문이다.

ⓣ 활성탄관으로 공시료 처리방법은 현장에서 관 끝을 깨고 관 끝을 폴리에틸렌 마개로 막아 현장 시료와 동일한 방법으로 운반, 보관한다.

- 가 : 100mg 활성탄(20/40mesh)
- 나 : 50mg 활성탄(20/40mesh)

‖ 활성탄관 ‖

참고 **활성탄 제조** 출제율 20%

1. 개요

   원료물질로부터 활성탄을 제조하기 위해서는 탄화 및 활성화 과정(공정)을 거쳐야 한다.

2. 탄화과정

   ㉠ 개요

   탄화는 유기질 원료를 약 500~800°C로 가열하는 것으로 탈수, 탈수소 등의 분해가 일어나 산소가 물이나 이산화탄소 등의 형태로 방출되고 휘발분이 제거되어 고정탄소가 남는 과정을 말한다.

   ㉡ 특징

   - 탄화공정 동안에는 원료물질 내 고정탄소 성분을 제외한 휘발성분의 제거가 요구되므로, 반응기 내부를 지속적으로 비활성 분위기로 유지할 필요가 있다. 또한 반응기 내에 열공급에 따른 승온과정에서 발생되는 휘발성 가스를 지속적으로 외부로 배출시켜야 한다.
   - 탄화공정의 중요한 결정요인은 탄화온도와 시간이며, 탄화시간의 변화가 활성탄의 물리적 특성을 결정에 더 큰 영향을 미친다.
   - 탄화과정의 탄화온도는 350~600°C, 탄화시간은 15~90분 정도에서 최적조건을 나타낸다.

3. 활성화 과정

   ㉠ 개요

   활성화는 800~1,100°C 온도에서 일어나는 탄소의 산화반응으로, 탄화물의 표면을 침식시켜 미세기공 구조를 발달시키는 과정을 말한다.

   ㉡ 특징

   - 활성화 방법으로는 가스 활성화 및 약품 활성화 방법이 있으며 일반적으로 산화성 기체인 수증기, 이산화탄소, 공기 등의 고온 가스화 반응에 의하여 활성화되는 가스활성화법이 이용된다. (약품 활성화법은 제조 복잡성, 장치부식, 2차 환경문제, 경제성 이유로 이용 미약)
   - 활성화 온도를 증가시킬수록 활성탄수율은 감소, 회분함량은 증가하여 흡착력은 감소된다. (회분이 활성탄 미세기공을 막거나 방해)
   - 활성화 과정의 활성화 온도는 800~1,100°C, 활성화 시간은 9시간 정도에서 최적조건을 나타낸다.

② 실리카겔관(Silicagel tube) ●출제율 30%

  ㉠ 실리카겔은 규산나트륨과 황산과의 반응에서 유도된 무정형의 물질이다.

  ㉡ 극성을 띠고 흡수성이 강하므로 습도가 높을수록 파과되기 쉽고 파과용량이 감소한다.

  ㉢ 실리카 및 알루미나 흡착제는 탄소의 불포화결합을 가진 분자를 선택적으로 흡수한다(표면에서 물과 같은 극성분자를 선택적으로 흡착).

  ㉣ 실리카겔은 극성 물질을 강하게 흡착하므로 작업장에 여러 종류의 극성 물질이 공존할 때는 극성이 강한 물질이 극성이 약한 물질을 치환하게 된다.

  ㉤ 실리카겔관을 사용하여 채취하기 용이한 시료

    ⓐ 극성류의 유기용제, 산(무기산 : 불산, 염산)

    ⓑ 방향족 아민류, 지방족 아민류

    ⓒ 아미노에탄올, 아마이드류

    ⓓ 니트로벤젠류, 페놀류

  ㉥ 장점

    ⓐ 극성 물질을 채취한 경우 물, 메탄올 등 다양한 용매로 쉽게 탈착한다.

    ⓑ 추출용액(탈착용매)이 화학분석이나 기기분석에 방해물질로 작용하는 경우가 많지 않다.

    ⓒ 활성탄으로 채취가 어려운 아닐린, 오르소 – 톨루이딘 등의 아민류나 몇몇 무기물질의 채취가 가능하다.

    ⓓ 유독한 이황화탄소를 탈착용매로 사용하지 않는다.

  ㉦ 단점

    ⓐ 친수성이기 때문에 우선적으로 물분자와 결합을 이루어 습도의 증가에 따른 흡착용량을 감소를 초래한다.

    ⓑ 습도가 높은 작업장에서는 다른 오염물질의 파과용량이 작아져 파과를 일으키기 쉽다.

  ㉧ 실리카겔의 친화력(극성이 강한 순서)

> 물> 알코올류> 알데하이드류> 케톤류> 에스테르류> 방향족 탄화수소류> 올레핀류 > 파라핀류

③ 다공성 중합체(Porous Polymer)

  ㉠ 활성탄에 비해 비표면적은 작으나 특수한 물질 채취에 유용하다.

  ㉡ 대부분 스티렌, 에틸비닐벤젠, 디비닐벤젠 중 하나와 극성을 띤 비닐화합물과의 공중 중합체이다.

ⓒ 특별한 물질에 대하여 선택성이 좋은 경우가 있다.

② 장점

    ⓐ 아주 적은 양도 흡착제로부터 효율적으로 탈착이 가능하다.

    ⓑ 고온에서 매우 열 안전성이 뛰어나기 때문에 열탈착이 가능하다.

    ⓒ 저농도 측정이 가능하다.

⑩ 단점

    ⓐ 비휘발성 물질(대표적 : 이산화탄소)에 의하여 치환반응이 일어난다.

    ⓑ 시료가 산화, 가수, 결합 반응이 일어날 수 있다.

    ⓒ 아민류 및 글리콜류는 비가역적 흡착이 발생한다.

    ⓓ 반응성이 강한 기체(무기산, 이산화황)가 존재 시 시료가 화학적으로 변한다.

ⓗ 종류

    ⓐ Tenax관

    ⓑ XAD관

    ⓒ Chromsorb

    ⓓ Porapak

    ⓔ Amberlite

ⓢ Tenax관(Tenax GC) ●출제율 20%

    ⓐ 휘발성 유기화합물(VOC)의 측정 시 많이 사용되며 유기염류, 중성화합물, 끓는점이 높은 화합물의 채취에도 사용된다.

    ⓑ 375℃까지 고열에 안정하여 열탈착이 가능하여 저농도의 오염물질 채취에 적합하다.

    ⓒ 휘발성이며, 비극성인 유기화합물의 채취에 이용되며, 다공성 중합체 중에서 가장 일반적으로 사용된다.

    ⓓ 폭발성 물질 흡착제로 이용 가능하다.

    ⓔ 실내공기질측정(VOC) 시 많이 이용된다.

④ 냉각 트랩(cold trap)

  ⊙ 일반채취방법으로 채취가 어려울 경우 냉각응축방법을 이용한다.

  ⓛ 개인시료채취보다는 일반대기(실내오염) 측정 시 사용한다.

⑤ 분자체탄소(Molecular sieve)

  ⊙ 비극성(포화결합) 화합물 및 유기물질을 잘 흡착하는 성질이 있다.

  ⓛ 거대공극 및 무산소 열분해로 만들어지는 구형의 다공성 구조로 되어 있다.

ⓒ 사용 시 가장 큰 제한요인은 습도이며, 휘발성이 큰 비극성 유기화합물의 채취에 흑연체를 많이 사용한다.

ⓓ 종류로는 Carboxen, Carbosive, Spherocarb 등이 있다.

04 흡수제(액체포집법)

(1) 흡수액

① 흡수액은 가스상 물질 등을 용해 및 화학 반응 등을 이용하여 흡수 채취하는 용액이다.

② 고체흡수관으로 채취가 불가능한 물질의 경우 임핀저나 버블러에 흡수액을 첨가하여 채취한다.

③ 흡수액을 이용한 작업환경측정은 운반의 불편성과 근로자 부착 시 흡수액이 누수될 우려가 있으며, 임핀저 등이 깨질 위험성이 있어 점차 사용이 제한되고 있다.

④ 흡수액으로 채취한 시료분석은 일반적으로 비색법을 이용하든지 이온선택성 전극을 이용한다.

⑤ 임핀저나 버블러를 튜브로 이용하여 펌프를 연결할 때 입구 쪽과 출구 쪽을 잘 구별하지 않으면 흡수액이 펌프 쪽으로 넘어가 펌프 고장의 원인이 된다.

⑥ 흡수액에 오염물질이 포화농도가 될 때까지 시료의 흡수는 지속된다.

⑦ 시료는 흡수액에 흡수된 후에도 증발하려는 성질이 있기 때문에 완전한 흡수는 일어나지 않는다.

⑧ 휘발성이 큰 물질을 용매로 사용하는 경우에는 계속해서 손실액을 보충해 주어야 한다.

⑨ 흡수액을 사용한 능동식 시료채취방법의 시료채취 유량기준은 1.0L/min이다.

⑩ 유기용제 등의 휘발성 물질은 흡수액의 온도가 낮을수록 포집효율이 좋아진다.

(2) 흡수율(채취효율)을 높이기 위한 방법 〔출제율 20%〕

① 포집액의 온도를 낮추어 오염물질의 휘발성을 제한한다.

② 두 개 이상의 임핀저나 버블러를 연속적(직렬)으로 연결하여 사용하는 것이 좋다.

③ 시료채취속도를 낮춘다(채취물질이 흡수액을 통과하는 속도).

④ 기포의 체류시간을 길게 한다.

⑤ 기포와 액체의 접촉면적을 크게 한다. (가는 구멍이 많은 fritted 버블러 사용)

⑥ 액체의 교반을 강하게 한다.

⑦ 흡수액의 양을 늘려준다.

⑧ 액체에 포집된 오염물질의 휘발성을 제거한다.

(3) 채취기구

① 미젯 임핀저(midjet impinger)

㉠ 가스상 물질을 채취할 때 사용하는 액체를 담는 유리로 된 채취기구로 채취원리는 가스상 물질인 가스, 산, 증기, 미스트 등을 액체용액에 충돌, 반응, 흡수시켜 채취한다.

㉡ 임핀저와 펌프를 연결하여 공기를 임핀저 배출구 쪽으로 잡아당기면 주입관을 통해 가스, 공기가 용액의 아랫부분을 통과하면서 용액에 의하여 유해물질은 흡수되고 공기만 펌프 쪽으로 나가도록 구성되어 있다.

㉢ 흡수액은 10~20mL(표준형 25mL) 정도로 하고, 채취유량은 1L/min이 추천되고 있다.

㉣ 증류수에 의한 메탄올과 부탄올의 채취 알코올 용액에 의한 에스테르류의 채취, 부탄올 용액에 의한 염소 유기물 같이 반응성이 없는 가스 증기채취에 적절하다.

㉤ 임핀저를 사용할 때에는 깨지거나 용액이 엎질러지지 않도록 해야 한다.

㉥ 용액이 너무 많으면 펌프 쪽으로 넘어갈 수 있으므로 주의한다. 넘을 경우는 뒤쪽에 흡수액이 없는 임핀저를 연속적으로 달거나 트랩을 장착하여 용액이 넘치지 않도록 한다.

㉦ 유리병에 액체가 담겨져 있는 채취기구이므로 근로자가 직접 착용하는 개인시료에 의한 채취는 불가능하다. 따라서 임핀저에 채취는 노출량을 평가하는 방법으로는 바람직하지 않다.

㉧ 입자상 물질을 임핀저로 포집할 경우 주의사항 ◉출제율 20%

ⓐ 규정 유량대로 흡입한다. 규정대로 흡인을 지키지 않으면 포집률은 저하된다.

ⓑ 임핀저 등은 바닥면에 대하여 수직으로 장치하고, 경사되지 않게 한다.

ⓒ 임핀저 등의 저면과 노즐면은 평행하고 그 간격을 5mm로 유지한다.

ⓓ 입도분포가 미세한 입자는 일반적으로 포집효율이 낮으므로 포집정밀도에 주의한다.

② 프리티드 버블러(fritted bubbler)

㉠ 수많은 미세구멍이 있는 유리로 되어 있어 공기가 흡수액에 접촉 전 미세 방울로 나뉘어져 흡수액과 접촉면적을 크게 높임으로써 채취효율을 향상시킨 기구이다.

㉡ 채취유량은 일반적으로 0.5~1.0L/min이다.

㉢ 플릿 크기가 작을수록 채취속도를 작게 해야 하는데 이유는 속도가 크면 미세 공기방울이 다시 결합, 커지기 때문이다.

③ 소형 가스 흡수관 및 소형 버블러

05 수동식 시료채취기 ●출제율 50%

(1) 원리

수동채취기는 공기채취펌프가 필요하지 않고 공기층을 통한 확산 또는 투과되는 현상을 이용하여 수동적으로 농도구배에 따라 가스나 증기를 포집하는 장치이며, 확산포집방법 (확산포집기)이라고도 한다. 또한 채취용량(SQ)이라는 표현 대신에 채취속도(SR, 유량)라는 표현을 사용한다.

(2) 적용 이론

① Fick의 제1법칙(확산)

$$W = D\left(\frac{A}{L}\right)(C_i - C_o) \ \text{또는} \ \frac{M}{At} = D\frac{C_i - C_o}{L}$$

$$M = D\frac{A}{L}(C_i - C_o)t$$

여기서, W : 물질의 이동속도(ng/sec)

D : 확산계수(cm^3/sec)

A : 포집기에서 오염물질이 포집되는 면적(확산경로의 면적)(cm^2)

L : 확산경로의 길이(cm)

$C_i - C_o$: 공기 중 포집대상 물질 농도와 포집매질에 함유한 포집대상 물질의 농도(ng/cm^3)

M : 물질의 질량(ng) : 총 시료채취량

t : 포집기의 표면이 공기에 노출된 시간(채취시간)(sec)

위 식에서 $DA/L(\text{cm}^3/\text{sec})$이 시료채취율로서 시료채취기의 확산면적 A가 커지고 확산길이 L이 작아지면 시료채취율이 높아지고, 반대로 확산면적이 작아지고, 확산길이가 길어지면 시료채취율은 낮아진다.

② Fick 확산식을 적용 시 가정조건

    ㉠ 시료채취기간 동안 공기 중 유해물질의 농도가 일정하거나 채취기 내에서 유해물질의 농도가 빠른시간 내에 정상상태에 도달한다.

    ㉡ 흡착제가 유해물질을 효과적으로 채취한다. (역확산이 일어나지 않음)

    ㉢ 유해물질의 채취기 내에서의 이동은 기류속도와 무관하다.

(3) 수동식 시료채취기의 정확도와 정밀도에 영향 미치는 인자

수동식 시료채취기의 성능에 영향을 미치는 환경적 요인

① 습도

    ㉠ 습도가 높으면 오차가 커진다.

    ㉡ 저습도는 시료채취 및 포집에 영향을 거의 미치지 않는다.

② 온도와 압력

    ㉠ 온도가 높아지면 오차가 커진다.

    ㉡ 유기용제의 확산계수는 절대온도와 압력의 함수이다.

③ 기류의 면속도

    ㉠ 너무 낮으면 공기 중 오염물질의 확산이 이루어지지 않아 일정한 채취유량을 기대하기 어렵다. (결핍현상)

    ㉡ 너무 높으면 시료채취기 내부에 난류가 형성된다.

    ㉢ 시료채취기의 확산면이 기류방향과 수직으로 마주 볼 때가 가장 높은 채취효율을 나타낸다.

④ 농도

OSHA에서는 대상물질 노출기준의 0.1배 정도의 수준에서 채취하여 평가하도록 권고한다.

(4) 결핍(starvation)현상

수동식 시료채취기 사용 시 최소한의 기류가 있어야 하는데 최소기류가 없어 채취가 표면에서 일단 확산에 대하여 오염물질이 제거되면 농도가 없어지거나 감소하는 현상이다. 따라서 수동식 시료채취기의 표면에서 나타나는 결핍현상을 제거하는데 필요한 가장 중요한 요소는 최소한 기류유지(0.05~0.1m/sec)이다.

(5) 장점

① 시료채취방법이 편리하고 쉽다.

② 시료채취를 간편하게 할 수 있고 가볍다.

(6) 단점

① 능동식 시료채취기에 비해 시료채취속도가 매우 낮기 때문에 저농도 측정 시에는 장기
간에 걸쳐 시료채취를 해야 한다. (따라서 대상오염물이 일정한 확산계수로 확산되
는 물질이 개발되어야 함)

② 채취오염물질 양이 적어 재현성이 좋지 않다.

06 탈착

(1) 개요

탈착은 경계면에 흡착된 어느 물질이 떨어져나가 표면 농도가 감쇠하는 현상으로 기체
분자의 운동에너지와 흡착된 상태에서 안정화된 에너지의 차이에 따라 흡착과 탈착의 변
화방향이 결정된다.

(2) 탈착효율

① 탈착효율은 분석결과에 보정하여야 하며, 일반적으로 탈착률이 일정하지 않으므로
시험 시마다 탈착률을 측정해야 한다.

② 관련식

$$탈착효율(\%) = \frac{분석량}{주입량} \times 100$$

(3) 탈착방법 ● 출제율 20%

① 용매탈착

㉠ 비극성 물질의 탈착 용매는 이황화탄소(CS_2)를 사용하고, 극성 물질에는 이황
화탄소와 다른 용매를 혼합하여 사용한다.

ⓛ 활성탄에 흡착된 증기(유기용제-방향족 탄화수소)를 탈착시키는데 일반적으로 사용되는 용매는 이황화탄소이다.

ⓒ 용매로 사용되는 이황화탄소의 단점으로는 독성 및 인화성이 크며, 작업이 번잡하다는 것이며 특히 심혈관계와 신경계에 독성이 매우 크며 취급 시 주의를 요하며 전처리 및 분석하는 장소의 환기에 유의하여야 한다.

ⓔ 용매로 사용되는 이황화탄소의 장점으로 탈착효율이 좋고 가스 크로마토그래피의 불꽃이온화검출기에서 반응성이 낮아 피크의 크기가 적게 나오므로 분석 시 유리하다.

② 열탈착

ⓐ 흡착관에 열을 가하여 탈착하는 방법으로 탈착이 자동으로 수행되며, 탈착된 분석물질이 가스 크로마토그래피로 직접 주입되도록 되어 있다.

ⓛ 분자체탄소, 다공중합체에서 주로 사용한다.

ⓒ 용매탈착보다 간편하나 활성탄을 이용하여 시료를 채취한 경우 열탈착에 필요한 300℃ 이상에서는 많은 분석물질이 분해되어 사용이 제한된다.

ⓔ 열탈착은 한 번에 모든 시료가 주입된다.

필수 예상문제   ✔ 출제확률 50%

작업장(25℃, 1기압)의 톨루엔을 활성탄관을 이용하여 0.3L/min으로 180분 동안 측정한 후 G.C로 분석하였더니 활성탄관 100mg 층에서 3.3mg이, 50mg 층에서 0.11mg이 검출되었다. 탈착효율이 95%라고 할 때 파과 여부와 공기 중 농도(ppm)는?

풀이 ① 파과 여부

앞층과 뒤층의 비를 구하여 확인한다.

$$\frac{뒤층\ 검출량}{앞층\ 검출량} = \frac{0.11mg}{3.3mg} \times 100 = 3.33\%$$

∴ 10%에 미치지 않기 때문에 파과 아님

② 공기 중 농도

$$농도 = \frac{질량}{부피}$$

질량(톨루엔의 양) = 3.3 + 0.11 = 3.41mg

실제 채취 톨루엔의 양은 탈착효율(95%)을 고려하여 구한다.

$$\frac{3.41mg}{0.95} = 3.59mg$$

부피(공기채취량) = pump 유량 × 채취시간 = 0.3L/min × 180min = 54L

$$공기 중 농도(mg/m^3) = \frac{3.59mg}{54L \times 10^{-3}m^3/L} = 66.48mg/m^3$$

$$\therefore 공기 중 농도(ppm) = 66.48mg/m^3 \times \frac{24.45}{92.13} = 17.64ppm$$

필수 예상문제 ✔ 출제확률 50%

공기 중 벤젠(분자량 78.1)을 활성탄에 0.1L/min의 유량으로 2시간 동안 채취하여 분석한 결과 2.5mg이 나왔다. 공기 중 벤젠의 농도는 몇 ppm인가? (단, 공시료에서는 벤젠이 검출되지 않았으며, 25℃, 1기압)

풀이 농도를 구하여 단위를 변환($mg/m^3 \rightarrow ppm$)하는 문제이므로

$$농도 = \frac{질량(분석)}{공기채취량}이고,$$

공기채취량은 유량(L/min) × 시료채취시간(min)이므로

$$농도(mg/m^3) = \frac{2.5mg}{0.1L/min \times 120min} = \frac{2.5mg}{12L \times (1m^3/1,000L)} = 208.33mg/m^3$$

$$\therefore 농도(ppm) = 208.33mg/m^3 \times \frac{24.45}{78.1} = 65.22ppm$$

필수 예상문제 ✔ 출제확률 50%

2개의 흡수관을 연결하여 메탄올을 액체 채취하였다. 다음과 같은 분석 결과가 나왔다면 농도(mg/m^3)는?

[결과]
▶ 앞쪽 흡수관에서 정량된 분석량 35.75μg
▶ 뒤쪽 흡수관에서 정량된 분석량 6.25μg
▶ 공시료에서 분석시료량 2.35μg
▶ 포집유량 1.0L/min, 포집시간 365분
▶ 흡수관의 포집효율 80%

풀이 농도를 구하여 포집효율을 고려하여 계산하면

$$농도(mg/m^3) = \frac{질량(분석)}{공기채취량}$$

$$= \frac{(35.75 + 6.25)\mu g - (2.35)\mu g}{1.0L/min \times 365min} = 0.1086\mu g/L(= mg/m^3)$$

흡수관의 포집효율을 고려한 보정농도를 구하면

$$보정농도 = \frac{측정농도}{포집효율} = \frac{0.1086mg/m^3}{0.8} = 0.14mg/m^3$$

기출문제

자동차 정비공장 도장부스에서 노출되는 톨루엔(Toluene)을 포집하기 위하여 활성탄관을 이용하여 0.2L/min 유속으로 240분 동안 측정한 후 분석하였다. 활성탄관 앞층 100mg 층에서는 4.5mg이 검출되었고, 뒤층 50mg 층에서는 0.18mg이 검출되었다. 탈착효율을 93%로 가정할 때, 파과 여부와 공기 중 농도(ppm)를 구하시오. (단, 25℃, 1기압 기준이며 톨루엔의 분자량은 92이다.)

풀이 ① 파과 여부

앞층과 뒤층의 비를 구하여 확인한다.

$$\frac{뒤층\ 검출량}{앞층\ 검출량} = \frac{0.18\text{mg}}{4.5\text{mg}} \times 100 = 4.0\%$$

∴ 10%에 미치지 않기 때문에 파과 아님

② 공기 중 농도(ppm)

$$농도(\text{mg/m}^3) = \frac{(4.5+0.18)\text{mg}}{0.2\text{L/min} \times 240\text{min} \times 0.93 \times \text{m}^3/1{,}000\text{L}} = 104.84\text{mg/m}^3$$

∴ 농도(ppm) $= 104.84\text{mg/m}^3 \times \dfrac{24.45}{92.0} = 27.86\text{ppm}$

SECTION 3 입자상 물질

01 입자상 물질의 종류

(1) 에어로졸(aerosol)

　유기물의 불완전연소 시 발생한 액체와 고체의 미세한 입자가 공기 중에 부유되어 있는 혼합체이며, 가장 포괄적인 용어이다.

(2) 먼지(dust)

① 입자의 크기가 비교적 큰 고체입자로서, 석탄, 재, 시멘트와 같이 물질의 운송 처리과정에서 방출되며 톱밥, 모래흙과 같이 기계의 작동 및 분쇄에 의하여 방출되기도 한다.

② 입자의 크기는 $1 \sim 100 \mu m$ 정도이다.

(3) 분진(particulates)

① 일반적으로 공기 중에 부유하고 있는 모든 고체의 미립자로서 공기나 다른 가스에 단시간 부유할 수 있는 고체입자를 말한다.

② 산업조건에서는 근로자가 작업하는 장소에서 발생하거나 흩날리는 미세한 분말상의 물질을 분진으로 정의하고 있다.

(4) 미스트(mist)

① 상온에서 액체인 물질이 교반, 발포, 스프레이 작업 시 액체의 입자가 공기 중에서 발생. 비산하여 부유, 확산되어 있는 액체 미립자를 말한다.

② 입자의 크기는 보통 $100 \mu m$ 이하이다.

③ 미스트를 포집하기 위한 장치로는 벤투리 스크러버(Venturi scrubber) 등이 사용된다.

(5) 흄(fume) ●출제율 20%

① 상온에서 고체물질(금속)이 용해되어 액상물질로 되고 이것이 가스상 물질로 기화된 후 다시 응축된 고체 미립자이다.

② 보통 크기가 $0.1(1)\mu m$ 이하이므로 호흡성 분진의 형태로 체내에 흡입되어 유해성도 커진다.

③ 용접공정에서 흄이 주로 발생되며, 미세하여 폐포에 쉽게 도달한다.

④ 생성기전 3단계
   ㉠ 금속의 증기화
   ㉡ 증기물의 산화
   ㉢ 산화물의 응축

(6) 섬유상(fiber) 입자

길이가 $5\mu m$ 이상이고 길이 대 너비의 비가 3 : 1 이상인 가늘고 긴 먼지로 석면섬유, 식물섬유, 유리섬유, 암면 등이 있다.

(7) 연기(smoke)

유해물질이 불완전연소하여 만들어진 에어로졸의 혼합체로 크기는 $0.01{\sim}1.0\mu m$ 정도이다.

02 입자상 물질의 크기를 측정하는 방법 ●출제율 40%

(1) 가상직경

① 공기역학적 직경(aero-dynamic diameter)
   ㉠ 대상 먼지와 침강속도가 같고 밀도가 $1g/cm^3$이며, 구형인 먼지의 직경으로 환산된 직경이다.

ⓒ 입자의 크기를 입자의 역학적 특성, 즉 침강속도(setting velocity) 또는 종단 속도(terminal velocity)에 의하여 측정되는 입자의 크기를 말한다.

ⓒ 입자의 공기 중 운동이나 호흡기 내의 침착기전을 설명할 때 유용하게 사용한다.

② 질량 중위직경(mass median diameter)

㉠ 입자 크기별로 농도를 측정하여 50%의 누적분포에 해당하는 입자 크기를 말한다.

ⓒ 입자를 밀도, 크기 형태에 따라 측정기기의 단계별로 질량을 측정한 것이다.

ⓒ 직경분립충돌기(cascade impactor)를 이용하여 측정한다.

(2) 기하학적(물리적) 직경

입자직경의 크기는 페렛직경, 등면적직경, 마틴직경 순으로 작아진다.

① 마틴직경(martin diameter)

㉠ 먼지의 면적을 2등분하는 선의 길이로서 선의 방향은 항상 일정하여야 하며, 과소 평가할 수 있는 단점이 있다.

ⓒ 입자의 2차원 투영상을 구하여 그 투영면적을 2등분한 선분 중 어떤 기준선과 평행인 것의 길이(입자의 무게중심을 통과하는 외부경계면에 접하는 이론적인 길이)를 직경으로 사용하는 방법이다.

② 페렛직경(feret diameter)

㉠ 먼지의 한쪽 끝 가장자리와 다른 쪽 가장자리 사이의 거리이다.

ⓒ 과대평가될 가능성이 있는 입자성 물질의 직경이다.

③ 등면적직경(projected area diameter)

㉠ 먼지의 면적과 동일한 면적을 가진 원의 직경으로 가장 정확한 직경이다.

ⓒ 측정은 현미경 접안경에 porton reticle을 삽입하여 측정한다.

$$D = \sqrt{2^n}$$

여기서, D : 입자직경(μm)

n : porton reticle에서 원의 번호

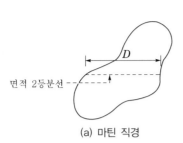
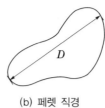
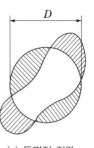

(a) 마틴 직경　　　　(b) 페렛 직경　　　　(c) 등면적 직경

‖ 물리적 직경 ‖

참고 영국 BMR의 호흡성 먼지의 정의

1952년 영국 BMR(British Medical Research Council)에서는 입경 $7.1\mu m$ 미만의 먼지를 호흡성 먼지로 정의하였다.

필수 예상문제　　　　　　　　　　　　　　　　✔ 출제확률 40%

입경이 $10\mu m$ 이고 밀도가 $1.2g/cm^3$ 인 입자의 침강속도(cm/sec)는? (단, 공기밀도 $0.0012g/cm^3$, 중력가속도 $980cm/sec^2$, 공기 점성계수 $1.78\times10^{-4}g/cm \cdot sec$)

풀이 $V(cm/sec) = \dfrac{g \cdot d^2(\rho_1 - \rho)}{18\mu}$

$1\mu m = 10^{-4}cm$ 이므로, $\left[1m = 10^2cm = 10^3mm = 10^6\mu m = 10^9nm\right]$

$\therefore V = \dfrac{980 \times (10 \times 10^{-4})^2 \times (1.2 - 0.0012)}{18 \times (1.78 \times 10^{-4})} = 0.37cm/sec$

필수 예상문제　　　　　　　　　　　　　　　　✔ 출제확률 40%

종단속도가 0.5m/hr인 입자가 있다. 이 입자의 크기(직경)가 $3\mu m$ 라고 할 때 비중을 구하시오.

풀이 Lippman 식을 이용

$V(cm/sec) = 0.003 \times \rho \times d^3$ 에서

$\rho(밀도, 비중) = \dfrac{V}{0.003 \times d^2}$ 이므로

(V는 문제에서 0.5m/hr를 cm/sec 단위로 환산하여 구힌다.)

$\therefore \rho = \dfrac{0.5m/hr \times hr/3,600sec \times 100cm/m}{0.003 \times (3^2)} = 0.51$

필수 예상문제 ✔ 출제확률 50%

어떤 작업장에 입자의 직경이 5μm, 비중 2.3인 입자상 물질이 있다. 작업장의 높이가 3m일 경우 모든 입자가 바닥에 가라앉은 후 청소를 하려고 하면 몇 분 후에 시작하여야 하는가?

> **풀이** Lippman 식을 이용하여 침강속도를 구하고 작업장 높이를 고려하여 구한다.
>
> $V(\text{cm/sec}) = 0.003 \times \rho \times d^2 = 0.003 \times 2.3 \times 5^2 = 0.1725 \text{cm/sec}$
>
> $\therefore$ 시간 $= \dfrac{\text{작업장 높이}}{\text{침강속도}} = \dfrac{300\text{m}}{0.1725\text{cm/sec}} = 1739.12\text{sec} \times \text{min/60sec} = 28.99\text{min}$

필수 예상문제 ✔ 출제확률 50%

높이가 4.0m인 곳에서 비중이 2.0, 입경이 10μm인 분진입자가 발생하였다. 신장이 170cm인 작업자의 호흡영역은 바닥으로부터 대략 150cm로 본다. 이 분진입자가 작업자의 호흡영역까지 다가오는 시간은 대략 몇 분이 소요되는가?

> **풀이** 침강속도 $= 0.003 \times \rho \times d^2 = 0.003 \times 2.0 \times 10^2 = 0.6 \text{cm/sec}$
>
> $\therefore$ 소요시간(분) $= \dfrac{\text{작업자 호흡높이}}{\text{침강속도}} = \dfrac{(400-150)\text{cm}}{0.6\text{cm/sec}}$
>
> $= 416.67\text{sec} \times \text{min/60sec} = 6.94\text{min}$

---

03 ACGIH의 입자 크기별 TLV(기준) ●출제율 30%

(1) 흡입성 입자상 물질(IPM ; Inspirable Particulates Mass)

① 호흡기 어느 부위(비강, 인후두, 기관 등 호흡기의 기도부위)에 침착하더라도 독성을 유발하는 분진이다.

② 입경범위는 0~100μm이다.

③ 평균입경(폐침착의 50%에 해당하는 입자의 크기)은 100μm이다.

④ 침적분진은 재채기, 침, 코 등의 벌크(bulk) 세척기전으로 제거된다.

⑤ 비암이나 비중격천공을 일으키는 입자상 물질이 여기에 속한다.

(2) 흉곽성 입자상 물질(TPM ; Thoracic Particulates Mass)

① 기도나 하기도(가스교환 부위)에 침착하여 독성을 나타내는 물질이다.
② 평균 입경은 10μm이다.

(3) 호흡성 입자상 물질(RPM ; Respirable Particulates Mass)

① 가스교환 부위, 즉 폐포에 침착할 때 유해한 물질이다.
② 평균 입경은 4μm이다.
③ 채취기구는 10mm nylon cyclone이다.
④ 폐포에서 유해물질 제거 시 방해하는 인자는 입자 종류, 입자 성질, 노출시간, 침적된 입자 양 등이다.

04 침강속도

(1) 스토크스(Stokes) 법칙에 의한 침강속도

$$V(\text{cm/sec}) = \frac{g \cdot d^2(\rho_1 - \rho)}{18\mu}$$

여기서, V : 침강속도(cm/sec)
g : 중력가속도(980cm/sec^2)
d : 입자직경(cm)
ρ_1 : 입자밀도(g/cm^3)
ρ : 공기밀도(0.0012g/cm^3)
μ : 공기 점성계수(20℃ : 1.81×10^{-4}g/cm · sec, 25℃ : 1.85×10^{-4}g/cm · sec)

(2) Lippman 식에 의한 침강속도

입자 크기가 1~50μm인 경우 적용한다.

$$V(\text{cm/sec}) = 0.003 \times \rho \times d^2$$

여기서, V : 침강속도(cm/sec)

ρ : 입자밀도(비중)(g/cm^3)

d : 입자직경(μm)

05 여과포집(채취) 원리(기전) ●출제율 30%

(1) 직접차단(간섭 : interception)

① 기체유선에 벗어나지 않는 크기의 미세입자가 섬유와 접촉에 의해서 포집되는 집진기구이며, 입자 크기와 필터 가공의 비율이 상대적으로 클 때 중요한 포집기전이다.

② 영향인자

㉠ 분진입자의 크기(직경)

㉡ 섬유의 직경

㉢ 여과지의 기공 크기(직경)

㉣ 여과지의 고형성분(solidity)

(2) 관성충돌(intertial impaction)

① 입경이 비교적 크고 입자가 기체유선에서 벗어나 급격하게 진로를 바꾸면 방향의 변화를 따르지 못한 입자의 방향지향성, 즉 관성 때문에 섬유층에 직접 충돌하여 포집되는 원리이며 유속이 빠를수록, 필터 섬유가 조밀할수록 이 원리에 의한 포집비율이 커진다.

② 관성충돌은 1μm 이상인 입자에서 공기의 면속도가 수 cm/sec 이상일 때 중요한 역할을 한다.

③ 영향인자

㉠ 입자의 크기(직경)

㉡ 입자의 밀도

㉢ 섬유로의 접근속도(면속도)

㉣ 섬유의 직경

㉤ 여과지의 기공 직경

(3) 확산(diffusion)

① 유속이 느릴 때 포집된 입자층에 의해 유효하게 작용하는 포집기구로서 미세입자의 불규칙적인 운동, 즉 브라운 운동에 의한 포집원리이다.

② 입자상 물질의 채취(카세트에 장착된 여과지 이용) 시 펌프를 이용, 공기를 흡인하여 시료채취 시 크게 작용하는 기전이 확산이다.

③ 영향인자

  ㉠ 입자의 크기(직경) → 가장 중요한 인자

  ㉡ 입자의 농도 차이 [여과지 표면과 포집공기 사이의 농도구배(기울기) 차이]]

  ㉢ 심유로의 접근속도(면속도)

  ㉣ 섬유의 직경

  ㉤ 여과지의 기공 직경

(4) 중력침강(gravitional settling)

① 입경이 비교적 크고, 비중이 큰 입자가 저속기류 중에서 중력에 의하여 침강되어 포집되는 원리이다.

② 면속도가 약 5cm/sec 이하에서 작용한다.

③ 영향인자

  ㉠ 입자의 크기(직경)

  ㉡ 입자의 밀도

  ㉢ 섬유로의 접근속도(면속도)

  ㉣ 섬유의 공극률

(5) 정전기 침강(electrostatic settling)

입자가 정전기를 띠는 경우에는 중요한 기전이나 정량화하기가 어렵다.

(6) 체질(siening)

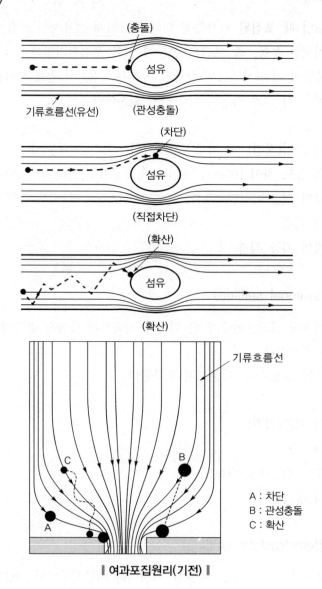

(충돌)

섬유

기류흐름선(유선)   (관성충돌)

(차단)

섬유

(직접차단)

(확산)

섬유

(확산)

기류흐름선

A : 차단
B : 관성충돌
C : 확산

❘ 여과포집원리(기전) ❘

06 각 여과 기전에 대한 입자 크기별 포집효율 ●출제율 20%

(1) 입경 $0.1\mu m$ 미만 입자 : 확산

(2) 입경 $0.1 \sim 0.5\mu m$: 확산, 직접차단(간섭)

(3) 입경 $0.5\mu m$ 이상 : 관성충돌, 직접차단(간섭)

(4) 가장 낮은 포집효율의 입경은 $0.3\mu m$이다.

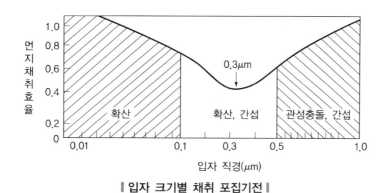

‖ 입자 크기별 채취 포집기전 ‖

07 여과지의 포집효율에 영향 요인

(1) 여과지 특성요인

① 섬유의 직경

② 여과지의 기공직경

③ 여과지의 고형성분

④ 여과지의 두께 및 재료

(2) 여과지 성능 요인

① 포집효율

㉠ 채취효율이 가장 낮은 입경 $0.3\mu m$로 표준시험을 한다.

㉡ 입자의 재비산, 포집입자의 부착력 등도 포집효율에 영향을 미친다.

② 압력강하

포집 시 흡인저항은 가능한 낮게 하며, 흡수율이 높으면 압력강하에 영향을 준다.

08 여과지 선정 시 고려사항(구비조건)

(1) 포집대상 입자의 입도분포에 대하여 포집효율이 높아야 한다.

(2) 포집 시의 흡인저항은 될 수 있는 대로 낮아야 한다(압력손실이 적을 것).

(3) 접거나 구부리더라도 파손되지 않고 찢어지지 않아야 한다.

(4) 될 수 있는 대로 가볍고, 1매당 무게의 불균형이 적어야 한다.

(5) 될 수 있는 대로 흡수율이 낮아야 한다.

(6) 측정대상 물질의 분석상 방해가 되는 것과 같은 불순물이 함유하지 않아야 한다.

09 여과지의 종류

(1) 막 여과지(membrane filter)

① 개요

셀룰로오스에스테르, PVC, 니트로아크릴 같은 중합체를 일정한 조건에서 침착시켜 만든 다공성의 얇은 막 형태이다.

② 특징

㉠ 작업환경측정 시 공기 중에 부유하고 있는 입자상 물질을 포집하기 위하여 사용되는 여과지이며, 유해물질은 여과지 표면이나 그 근처에 채취된다.

㉡ 섬유상 여과지에 비하여 공기저항이 심하다.

㉢ 여과지 표면에 채취된 입자들이 이탈되는 경향이 있다.

㉣ 섬유상 여과지에 비하여 채취 입자상 물질이 작다.

③ 종류 ●출제율 50%

　㉠ MCE 막 여과지(Mixed Cellulose Ester membrane filter)

　　ⓐ 산업위생에서는 거의 대부분이 직경 37mm, 구멍의 크기는 0.45~0.8μm의 MCE 막 여과지를 사용하고 있어 작은 입자의 금속과 fume 채취가 가능하다.

　　ⓑ MCE 막 여과지는 산에 쉽게 용해하고 가수분해되며, 습식 회화되기 때문에 공기 중 입자상 물질 중의 금속을 채취하여 원자흡광법으로 분석하는데 적당하다.

　　ⓒ 시료가 여과지의 표면 또는 가까운 곳에 침착되므로 석면, 유리섬유 등 현미경 분석을 위한 시료채취에도 이용된다.

　　ⓓ 흡습성(원료인 셀룰로오스가 수분 흡수)이 높은 MCE 막 여과지는 오차를 유발할 수 있어 중량분석에 적합하지 않다.

　　ⓔ MCE 막 여과지는 산에 의해 쉽게 회화되기 때문에 원소분석에 적합하고 NIOSH에서는 금속, 석면, 살충제, 불소 화합물 및 기타 무기물질에 추천되고 있다.

　㉡ PVC 막 여과지(Polyvinyl Chloride membrane filter)

　　ⓐ PVC 막 여과지는 흡수성이 낮기 때문에 분진의 중량분석에 사용된다.

　　ⓑ 유리규산을 채취하여 X-선 회절법으로 분석하는데 적절하고 6가 크롬 그리고 아연산 화합물의 채취에 이용하며 수분에 영향이 크지 않아 공해성 먼지, 총 먼지 등의 중량분석을 위한 측정에 사용한다.

　　ⓒ 석탄먼지, 결정형 유리규산, 무정형 유리규산, 별도로 분리하지 않은 먼지 등을 대상으로 무게농도를 구하고자 할 때 PVC 막 여과지로 채취한다.

　　ⓓ 습기에 영향을 적게 받으려 전기적인 전하를 가지고 있어 채취 시 입자가 반발하여 채취효율을 떨어뜨리는 단점이 있는 것으로 채취 전에 이 필터를 세정용액으로 처리함으로써 이러한 오차를 줄일 수 있다.

　㉢ PTFE 막 여과지(테프론 : Pilytetrafluroethylene membrane filter)

　　ⓐ 열, 화학물질, 압력 등에 강한 특성을 가지고 있어 석탄건류나 증류 등의 고열공정에서 발생하는 다핵방향족 탄화수소를 채취하는데 이용된다.

　　ⓑ 농약, 알칼리성 먼지, 콜타르피치 등을 채취한다.

　　ⓒ 1μm, 2μm, 3μm의 여러 가지 구멍 크기를 가지고 있다.

　㉣ 은막 여과지(Silver membrane filter)

　　ⓐ 균일한 금속은을 소결하여 만들며 열적, 화학적 안정성이 있다.

　　ⓑ 코크스 제조공장에서 발생되는 코크스 오븐 배출물질, 콜타르피치 휘발물질, X선 회절분석법을 적용하는 석영 또는 다핵방향족 탄화수소 등을 채취하는데 사용한다.

ⓒ 결합제나 섬유가 포함되어 있지 않다.

ⓓ 온도에 대한 저항력이 크고, 직경은 47mm 정도이다.

ⓜ nucleopore

ⓐ 폴리카보네이트 재질에 레이저빔을 쏘아 만들어지고 구조가 막 여과지처럼 여과지 구멍이 겹치는 것이 아니고 채(sieve)처럼 구멍(공극)이 일직선으로 되어 있다.

ⓑ TEM(전차현미경)분석을 위한 석면의 채취에 이용된다.

ⓒ 화학물질과 열에 안정적이다.

ⓓ 표면이 매끄럽고 기공의 크기는 일반적으로 $0.03 \sim 8\mu m$ 정도이다.

(2) 섬유상 여과지

① 개요

$20\mu m$ 이하의 직경을 가진 섬유를 압착 제조한 것이다.

② 특징

㉠ 막 여과지에 비하여 가격이 높고 물리적 강도가 약하며, 흡수성이 작다.

㉡ 막 여과지에 비해 열에 강하고 과부하에서도 채취효율이 높다.

㉢ 여과지 표면뿐만 아니라 단면 깊게 입자상 물질이 들어가므로 더 많은 입자상 물질을 채취할 수 있다.

③ 종류

㉠ 유리섬유 여과지(Glass fiber filter)

ⓐ 유리섬유 여과지는 흡습성이 없지만 부서지기 쉬운 단점이 있어 중량분석에 사용하지 않는다. 또한 부식성 가스 및 열에 강하다.

ⓑ 높은 포집용량과 낮은 압력강하 성질을 가지고 있다.

ⓒ 다량의 공기시료채취에 적합하다.

ⓓ 농약류(2,4-D 벤지딘 : 멜캅탄류) 다핵방향족 탄화수소 화합물 등의 유기화합물 채취에 널리 사용된다.

ⓔ 유리섬유가 여과지 측정물질과 반응을 일으킨다고 알려졌거나 의심되는 경우에는 PTFE를 사용할 수 있다.

ⓕ 유해물질이 여과지의 안층에도 채취되며, 결합제 첨가형과 결합제 비첨가형이 있다.

ⓛ 셀룰로오스섬유 여과지

ⓐ 작업환경측정보다는 실험실 분석에 많이 유용하게 사용한다.

ⓑ 셀룰로오스 펌프로 조제하고 친수성이며, 습식 회화가 용이하다.

ⓒ 대표적 여과지는 와트만(Whatman) 여과지이다.

ⓓ 크기를 다양하게 할 수 있으며, 가격이 상대적으로 저렴하다.

ⓔ 유량저항이 일정하지 않아 포집효율이 변하는 경우가 있다.

(3) 채취기구 출제율 60%

① 카세트

㉠ 카세트에 장착된 여과지에 여과원리를 이용한다.

ⓛ 총 분진, 금속성 입자상 물질을 측정할 때 일반적인 이용방법이다.

㉢ 입경에 관계 없이 측정가능하다.

㉣ 입자상 물질 채취 시 closed face, 즉 상단에 있는 4mm의 hole로 공기가 흐르도록 열어 놓으며, 주로 2-piece 상태로 사용된다.

㉤ 용접 흄, 석면 등 섬유상 분진은 포집입자가 여과지 표면에 균일하게 분포되도록 3-piece의 상단 piece를 제거한 다음 시료를 채취한다.

② 10mm nylon cyclone

㉠ 개요

ⓐ 호흡성 입자상 물질을 측정하는 기구이며, 원심력을 이용하는 채취원리이다.

ⓑ 10mm nylon cyclone과 여과지가 연결된 개인시료채취 펌프의 채취유량은 1.7L/min이 가장 적절하다. 왜냐하면 이 채취유량으로 채취하여야만 호흡성 입자상 물질에 대한 침착률을 평가할 수 있기 때문이다.

ⓒ 10mm nylon cyclone의 입구(orifice)는 0.7mm이며, 일반적으로 직경이 소형인 10mm cyclone이 사용된다.

ⓓ 호흡성 먼지 채취 시 입자의 크기가 $10\mu m$ 이상인 경우의 채취효율(폐의 침착률 : ACGIH 기준)은 0%이며, $2\mu m$인 입자의 채취효율은 약 90%이다.

ⓛ 입경분립충돌기에 비해 갖는 장점

ⓐ 사용이 간편하고 경제적이다.

ⓑ 호흡성 먼지에 대한 자료를 쉽게 얻을 수 있다.

ⓒ 시료입자의 되튐으로 인한 손실염려가 없다.

ⓓ 매체의 코팅과 같은 별도의 특별한 처리가 필요 없다.

ⓒ 오차발생 요인

ⓐ 펌프의 채취유량(1.7L/min)이 일정하지 않은 경우 오차가 발생한다.

ⓑ 재질이 플라스틱인 경우 정전기 영향에 의하여 오차가 발생한다.

ⓒ 반응성이 있는 물질을 채취하는 경우 오차가 발생한다.

③ cascade impactor(입경분립충돌기, 직경분립충돌기, anderson impactor)

㉠ 개요

흡입성 입자상 물질, 흉곽성 입자상 물질, 호흡성 입자상 물질의 크기별로 측정하는 기구이며, 공기흐름이 층류일 경우 입자가 관성력에 의해 시료채취 표면에 충돌하여 채취하는 원리이다. 즉, 노즐로 주입되는 에어로졸의 유선이 충돌판 부근에서 급속하게 꺾이면 에어로졸상의 입자들 중 특정 크기(절단입경 : cut diameter)보다 큰 입자들은 유선을 따라가지 못하고 충돌판에 부착되고 절단입경보다 작은입자들은 공기의 유선을 따라 이동하며 충돌판을 빠져나가는 원리이다.

㉡ 장점

ⓐ 입자의 질량 크기 분포를 얻을 수 있다(공기흐름속도를 조절하여 채취입자를 크기별로 구분 가능).

ⓑ 호흡기의 부분별로 침착된 입자 크기의 자료를 추정할 수 있다.

ⓒ 흡입성, 흉곽성, 호흡성 입자의 크기별로 분포와 농도를 계산할 수 있다.

㉢ 단점

ⓐ 시료채취가 까다롭다. 즉 경험이 있는 전문가가 철저한 준비를 통해 이용해야 정확한 측정이 가능하다(작은 입자는 공기흐름속도를 크게 하여 충돌판에 포집할 수 없음).

ⓑ 비용이 많이 든다.

ⓒ 채취준비시간이 과다하다.

ⓓ 되튐으로 인한 시료의 손실이 일어나 과소분석결과를 초래할 수 있어 유량을 2L/min 이하로 채취하여 되튐현상을 방지하기 위해 필터에 코팅을 한다.

㉣ 주의사항

ⓐ 채취여재의 준비, 코팅, 건조처리 시 정해진 절차를 준수한다.

ⓑ 공기가 옆에서 유입되지 않도록 각 충돌기의 조립과 장착을 철저히 해야 한다.

ⓒ 적절한 시료채취시간을 선정하여 과부하를 방지한다.

ⓓ 정해진 채취유량을 준수한다.

ⓔ 유지관리(오염방지, 세척 등)을 철저히 한다.

참고 Cascade impactor의 충돌이론

1. 충돌이론에 의하여 차단점 직경(cutpoint diameter)을 예측할 수 있다.
2. 충돌이론에 의하여 포집효율곡선의 모양을 예측할 수 있다.
3. 충돌이론은 Stokes 수와 관계되어 있다. 즉, Stokes 수가 0인 경우는 입자가 완전히 유선을 따라 이동하며, Stokes 수가 증가할수록 입자는 유선을 따라 그 운동방향을 변화시키기 어렵게 된다.
4. Reynolds 수가 500~3,000 사이일 때 포집효율 곡선이 가장 이상적인 곡선에 가깝게 된다.

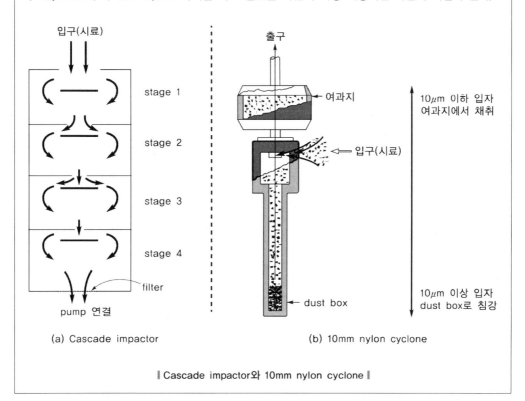

| Cascade impactor와 10mm nylon cyclone |

참고 중금속 시료의 전처리과정 ●출제율 30%

1. 개요
   ㉠ 일반적으로 금속의 전처리 과정은 여과지 내에 있는 금속은 남겨 두고 여과지, 기질(matrix) 등을 강산으로 용해하여 제거하는 과정을 말한다.
   ㉡ 전처리 즉 회화방법으로 대부분의 Manual에서 권고하는 방법이 습식 회화(wet ashing)법이다.
   ㉢ 습식 회화방법은 회화과정을 촉진시키기 위해 고온(수십 ℃~수백 ℃)에서 염산, 질산, 과염소산, 황산 등을 사용하여 회화하는 방법이다.
   ㉣ 최근에 도입되어 사용되고 있는 방법으로 마이크로파(microwave digestion)방법이 있다.
2. 습식 회화방법
   ㉠ 여과지를 비커에 넣고, 용매인 강산을 일정량 첨가하여 완전히 용해시킨다.
   ㉡ 보통 염산이나 질산 등의 강산을 넣고, 140℃에서 가열하여 0.5mL 정도가 남을 때까지 두 번 혹은 세 번을 반복하여 여과지상의 금속을 용해시키고 다른 입자상 물질 등 분석방해물질을 분해한다.

ⓒ 용액이 투명해지면 남아 있는 강산은 모두 증발하고 하얀 재(ash)가 비커에 남게 된다. 이때 너무 완전히 증발시켜 재가 탈 정도로 가열하면 안 된다.

ⓔ 하얀 재가 남아 있는 비커에 약산이나 증류수로 용해하여 용량플라스크에 담아 분석기기에 주입할 준비를 한다.

ⓜ 만약 산으로 전처리를 다하여 용액이 투명해졌지만 약간의 부유물이 보인다면 실린지 필터로 거른 후 분석기기에 주입한다.

ⓗ 부유물이 있는 상태에서 용액을 기기에 주입하다 보면 기기의 시료주입 시스템 부분이 금방 막혀버려 제대로 분석이 되지 않을 수 있다.

3. 마이크로파 회화법

㉠ 최근에는 습식 회화방법이 장시간 소요되고, 엎지를 가능성, 시료의 손실가능성이 있기 때문에 마이크로파를 이용한 회화법이 도입되고 있다.

㉡ 태플런 재질의 시료용기(vessel)에 여과지를 넣고, 일정량의 산을 첨가한 후 마이크로파를 주사하면 용기 내의 온도와 압력의 상승으로 회화가 가속화되어 일어난다.

㉢ 이 방법은 전처리 시간이 짧고, 휘발성 성분의 손실이 없다는 장점이 있지만 장비가 고가이다.

〈출처 : 중금속 측정 및 분석, 이병규〉

참고 금속(입자상 물질) 시료채취방법의 순서

1. 현장의 작업환경에 대한 예비조사를 실시한 후 현장 측정용 데이터 작성 양식 중 일반적인 사항을 기재한다.
2. 측정지점이 선정되면 펌프에 시료채취기구를 연결하기 전에 5분 정도 미리 펌프를 작동시켜 펌프를 워밍업시킨다.
3. 유연성 튜브를 이용하여 펌프와 시료채취기구를 연결한다.
4. 개인 시료채취의 경우 사람에게, 지역시료의 경우 일정한 장소에 펌프를 설치한다.
5. 펌프를 작동시키고 시료번호와 작동시간 등 필요사항을 현장 측정용 데이터 작성 양식에 기록한다.
6. 시료채취가 끝나면 펌프를 OFF시키고, 종료시각을 기록한다.
7. 카세트를 유연성 튜브로부터 분리시키고 마개로 막아 실험실로 운반한다.

〈출처 : 중금속 측정 및 분석, 이병규〉

---

10 입자상 물질 채취

(1) 채취유량

1~4L/min

(2) 채취위치

호흡기를 중심으로 반경 30cm 이내인 반구

11 용접 흄

(1) 개요

① 입자상 물질의 한 종류의 고체이며, 기체가 온도의 급격한 변화로 응축, 산화된 형태이다.

② 용접 흄을 채취할 때에는 카세트를 헬멧 안쪽에 부착하고, glass fiber filter를 사용하여 포집한다.

③ 용접 흄은 호흡기계에 가장 깊숙이 들어갈 수 있는 입자상 물질이다.

(2) 용접 흄 측정분석방법

① 중량 분석방법

② 원자흡광분광기를 이용한 분석방법

③ 유도결합 플라즈마를 이용한 분석방법

(3) 용접작업 시 개인위생보호구

① 보호안경(유해광선 차광)

② 방열장갑(고열로부터 보호)

③ 방진마스크(흄으로부터 호흡기 보호)

(4) 건강보호를 위한 작업환경관리

① 용접 흄 노출농도가 적절한지 살펴보고 특히 망간 등 중금속의 노출정도를 파악하는 것이 중요하다.

② 자외선의 노출여부 및 노출강도를 파악하고 적절한 보안경 착용여부를 점검한다.

③ 용접작업 주변에 TCE 세척작업 등 TCE의 노출이 있는지 확인한다.

참고 **용접 시 발생가스와 아크용접 시 용접 흄의 증가 원인** ●출제율 20%

1. 용접 시 발생가스
   ㉠ 강한 자외선에 의해 산소가 분해되면서 오존이 형성된다.
   ㉡ CO_2 용접에서 CO_2가 CO로 환원된다.
   ㉢ 포스겐은 TCE로 세정된 철강재 용접 시에 발생한다.
   ㉣ 아크전압이 높을 경우 불완전연소로 인하여 흄 및 가스발생이 증가한다.

2. 아크용접 시 용접 흄의 증가 원인
   ㉠ 봉극성이 (–) 극성인 경우
   ㉡ 아크전압이 높은 경우
   ㉢ 아크길이가 긴 경우
   ㉣ 토치의 경사각도가 큰 경우

SECTION 4 측정 및 분석의 일반사항

01 화학시험의 일반사항

(1) 원자량

원자량은 국제 순수 및 응용화학연맹(IUPAC)에서 정한 원자량 표에 따르되, 분자량은 소수점 이하 셋째 자리에서 반올림하여 둘째 자리까지 표시한다.

(2) 단위 및 기호

주요 단위 및 기호는 다음 표와 같고, 여기에 표시되어 있지 않은 단위는 KS A ISO 1000(국제단위계 [SI] 및 그 사용법)에 따른다.

◑ SI 단위 및 기호

종 류	단 위	기 호	종 류	단 위	기 호
길이	미터 센티미터 밀리미터 마이크로미터(미크론) 나노미터(밀리미크론)	m cm μm(μ) nm(mμ)	농도	몰농도 노르말농도 그램/리터 밀리그램/리터 퍼센트	M N g/L mg/L %
압력	기압 수은주밀리미터 수주밀리미터	atm mmHg mmH$_2$O	부피	세제곱미터 세제곱센티미터 세제곱밀리미터	m^3 cm^3 mm^3
넓이	제곱미터 제곱센티미터 제곱밀리미터	m^2 cm^2 mm^2	무게	킬로그램 그램 밀리그램 마이크로그램 나노그램	kg g mg μg ng
용량	리터 밀리리터 마이크로리터	L mL μL			

(3) 온도 표시 ●출제율 20%

① 온도의 표시는 셀시우스(Celcius)법에 따라 아라비아 숫자의 오른쪽에 °C를 붙인다. 절대온도는 K로 표시하고, 절대온도 K는 −273°C로 한다.

② 상온은 15~25°C, 실온은 1~35°C, 미온은 30~40°C로 하고 찬 곳은 따로 규정이 없는 한 0~15°C의 곳을 말한다.

③ 냉수(冷水)는 15°C 이하, 온수(溫水)는 60~70°C, 열수(熱水)는 약 100°C를 말한다.

(4) 농도 표시 ●출제율 20%

① 중량백분율을 표시할 때에는 %의 기호를 사용한다.

② 액체단위부피, 또는 기체단위부피 중의 성분질량(g)을 표시할 때에는 %(W/V)의 기호를 사용한다.

③ 액체단위부피, 또는 기체단위부피 중의 성분용량을 표시할 때에는 %(V/V)의 기호를 사용한다.

④ 백만분율(parts per million)을 표시할 때에는 ppm을 사용하며 따로 표시가 없으면 기체인 경우에는 용량 대 용량(V/V)을, 액체인 경우에는 중량 대 중량(W/W)을 의미한다.

⑤ 10억분율(parts per billion)을 표시할 때에는 ppb를 사용하며 따로 표시가 없으면 기체인 경우에는 용량 대 용량(V/V)을, 액체인 경우에는 중량 대 중량(W/W)을 의미한다.

⑥ 공기 중의 농도를 mg/m^3로 표시했을 때는 25°C, 1기압 상태의 농도를 말한다.

(5) 초순수(물)

측정분석방법에 사용하는 초순수는 따로 규정이 없는 한 정제증류수 또는 이온교환수지로 정제한 탈염수(脫廉水)를 말한다.

(6) 시약, 표준물질

① 분석에 사용하는 시약은 따로 규정이 없는 한 특급 또는 1급 이상이거나 이와 동등한 규격의 것을 사용하여야 한다. 단, 단순히 염산, 질산, 황산 등으로 표시하였을 때 따로 규정이 없는 한 다음 표에 규정한 농도 이상의 것을 말한다.

○ 시약의 농도

물질명	화학식	농도(%)	비중(약)
염산	HCl	35.0~37.0	1.18
질산	HNO₃	60.0~62.0	1.38
황산	H₂SO₄	95% 이상	1.84
아세트산	CH₃COOH	99.0% 이상	1.05
인산	H₃PO₄	85.0% 이상	1.69
암모니아수	NH₄OH	28.0~30.0(NH₃로서)	0.90
과산화수소	H₂O₂	30.0~35.0	1.11
불화수소산	HF	46.0~48.0	1.14
요오드화수소산	HI	55.0~58.0	1.70
브롬화수소산	HBr	47.0~49.0	1.48
과염소산	HClO₄	60.0~62.0	1.54

② 분석에 사용되는 표준품은 원칙적으로 특급 시약을 사용한다.

③ 광도법, 전기화학적 분석법, 크로마토그래피법, 고성능 액체 크로마토그래피법에 사용되는 시약은 순도에 유의해야 하고, 불순물이 분석에 영향을 미칠 우려가 있을 때에는 미리 검정하여야 한다.

④ 분석에 사용하는 지시약은 따로 규정이 없는 한 KS M 0015(화학분석용 지시약 조제방법)에 규정된 지시약을 사용한다.

⑤ 시료의 시험, 바탕시험 및 표준액에 대한 시험을 일련의 동일 시험으로 행할 때에 사용하는 시약 또는 시액은 동일 로트(lot)로 조제된 것을 사용한다.

(7) 기구

① 측정방법에서 사용하는 모든 유리기구는 KS L 2302(이화학용 유리기구의 형상 및 치수)에 적합한 것 또는 이와 동등 이상의 규격에 적합한 것으로 국가 또는 국가에서 지정하는 기관에서 검정을 필한 것을 사용해야 한다.

② 부피플라스크, 피펫, 뷰렛, 메스실린더, 비커 등 화학분석용 유리기구는 국가검정을 필한 것을 사용한다.

③ 여과용 기구 및 기기의 기재 없이 "여과한다"라고 표시한 것은 KS M 7602(화학분석용 거름종이) 거름종이 5종 또는 이와 동등한 여과지를 사용하여 여과함을 말한다.

(8) 용기 출제율 20%

① "용기"

시험용액 또는 시험에 관계된 물질을 보존, 운반 또는 조작하기 위하여 넣어두는 것으로 시험에 지장을 주지 않도록 깨끗한 것을 말한다.

② "밀폐용기(密閉容器)"

물질을 취급하거나 보관하는 동안에 이물(異物)이 들어가거나 내용물이 손실되지 않도록 보호하는 용기를 말한다.

③ "기밀용기(機密容器)"

물질을 취급 또는 보관하는 동안에 외부로부터의 공기 또는 다른 기체가 침입하지 않도록 내용물을 보호하는 용기를 말한다.

④ "밀봉용기(密封容器)"

물질을 취급 또는 보관하는 동안에 기체 또는 미생물이 침입하지 않도록 내용물을 보호하는 용기를 말한다.

⑤ "차광용기(遮光容器)"

광선이 투과되지 않는 갈색용기 또는 투과하지 않도록 포장한 용기로서 취급 또는 보관하는 동안에 내용물의 광화학적 변화를 방지할 수 있는 용기를 말한다.

(9) 분석용 저울

이 기준에서 사용하는 분석용 저울은 국가검정을 필한 것으로서 소수점 다섯째 자리 이상을 나타낼 수 있는 것을 사용하여야 한다.

(10) 전처리 기기

① 가열판(Hot plate)

국가검정을 필한 것으로서 200℃ 이상으로 가열할 수 있는 것을 사용하여야 한다.

② 마이크로웨이브(Microwave) 회화기

온도와 압력의 조절이 가능하도록 설계되어야 하며, 베셀(vessel)은 내산성(耐酸性) 재료로 만들어져야 한다.

(11) 용어 출제율 30%

① "항량이 될 때까지 건조하다 또는 강열한다"

규정된 건조온도에서 1시간 더 건조 또는 강열할 때 전후 무게의 차가 매 g당 0.3mg 이하일 때를 말한다.

② 시험조작 중 "즉시"

30초 이내에 표시된 조작을 하는 것을 뜻한다.

③ "감압 또는 진공"

따로 규정이 없는 한 15mmHg 이하를 뜻한다.

④ "이상""초과""이하"라고 기재하였을 때 이(以)자가 쓰여진 쪽은 어느 것이나 기산점(起算點) 또는 기준점(基準點)인 숫자를 포함하며, "미만" 또는 "초과"는 기산점 또는 기준점의 숫자를 포함하지 않는다. 또 "a~b"라 표시한 것은 a 이상 b 이하를 말한다.

⑤ "바탕시험(空試驗)을 하여 보정한다"

시료에 대한 처리 및 측정을 할 때, 시료를 사용하지 않고 같은 방법으로 조작한 측정치를 빼는 것을 말한다.

⑥ 중량을 "정확하게 단다"

지시된 수치의 중량을 그 자릿수까지 단다는 것을 말한다.

⑦ "약"

그 무게 또는 부피에 대하여 ±10% 이상의 차가 있지 아니한 것을 말한다.

⑧ "검출한계"

분석기기가 검출할 수 있는 가장 적은 양을 말한다.

⑨ "정량한계"

분석기기가 정량할 수 있는 가장 적은 양을 말한다.

⑩ "회수율"

여과지에 채취된 성분을 추출과정을 거쳐 분석 시 실제 검출되는 비율을 말한다.

⑪ "탈착효율"

흡착제가 흡착된 성분을 추출과정을 거쳐 분석 시 실제 검출되는 비율을 말한다.

⑫ 측정결과의 표시

㉠ 측정결과의 표시는 산업안전보건법에서 규정한 허용기준의 단위로 표시하여야 한다.

㉡ 시험성적수치는 마지막 유효숫자의 다음 단위까지 계산하여 KS Q 5002(데이터의 통계적 해석방법-제1부 : 데이터의 통계적 기술)에 따라 기록한다.

02 시료채취 및 분석 시 고려사항

(1) 시료채취 시 고려사항 ●출제율 30%

① 시료채취 시에는 예상되는 측정대상 물질의 농도, 방해인자, 시료채취 시간 등을 종합적으로 고려하여야 한다.

② 시간가중 평균허용기준을 평가하기 위해서는 정상적인 작업시간 동안 최소한 6시간 이상 시료를 채취해야 하고, 단시간허용기준 또는 최고허용기준을 평가하기 위해서는 10~15분 동안 시료를 채취해야 한다.

③ 시료채취 시 오차를 발생시키는 주요 원인은 시료채취 시 흡입한 공기 총량이 정확히 측정되지 않아서 발생되는 경우가 많다. 따라서 시료채취용 펌프는 유량 변동 폭이 적은 안정적인 펌프를 선택하여 사용하여야 하고, 시료채취 전후로 펌프의 유량을 확인하여 공기 총량을 산출하여야 한다.

(2) 검량선 작성을 위한 표준용액 조제(검량선 작성 시 주의점) ●출제율 40%

① 측정대상 물질의 표준용액을 조제할 원액(시약)의 특성[분자량, 비중, 순도(함량) 노출기준 등]을 파악한다.

② 표준용액의 농도범위는 채취된 시료의 예상농도(0.1~2배 수준)에서 결정하는 것이 좋다.

③ 표준용액의 조제방법은 표준원액을 단계적으로 희석시키는 희석식과 표준원액에서 일정량씩 줄여가면서 만드는 배취식이 있다. 희석식은 조제가 수월한 반면 조제 시 계통오차가 발생할 가능성이 있고, 배취식은 조제가 희석식에 비해 어려운 점은 있으나 계통오차를 줄일 수 있는 장점이 있다.

④ 표준용액은 최소한 5개 수준 이상을 만드는 것이 좋으며, 이때 분석하고자 하는 시료의 농도는 반드시 포함되어져야 한다.

⑤ 원액의 순도, 제조일자, 유효기간 등은 조제 전에 반드시 확인되어져야 한다.

⑥ 표준용액, 탈취효율 또는 회수율에 사용되는 시약은 같은 로트(lot) 번호를 가진 것을 사용하여야 한다.

(3) 내부 표준물질 ●출제율 20%

① 내부 표준물질은 시료채취 후 분석 시 칼럼의 주입손실, 퍼징손실 또는 점도 등에

영향을 받은 시료의 분석결과를 보정하기 위해 인위적으로 시료 전처리 과정에서 더해지는 화학물질을 말한다.

② 내부 표준물질도 각 측정방법에서 정하는 대로 모든 측정시료, 정도관리시료 그리고 공시료에 가해지며, 내부 표준물질 분석결과가 수용한계를 벗어난 경우 적절한 대응책을 마련한 후 다시 분석을 실시하여야 한다.

③ 내부 표준물질로 사용되는 물질은 다음의 특성을 갖고 있어야 한다.
  ㉠ 머무름시간이 분석대상 물질과 너무 머리 떨어져 있지 않아야 한다.
  ㉡ 피크가 용매나 분석대상 물질의 피크와 중첩되지 않아야 한다.
  ㉢ 내부 표준물질의 양이 분석대상 물질의 양보다 너무 많거나 적지 않아야 한다.

④ 내부 표준물질은 탈착용매 및 표준용액의 용매로 사용되는 물질에 적당한 양을 직접 주입한 후 이를 표준용액 조제용 용매와 탈착용매로 사용하는 것이 좋다.

(4) 탈착효율 실험을 위한 시료조제방법 ◖출제율 50%◗

탈착효율 실험을 위한 첨가량은 작업장에서 예상되는 측정대상 물질의 일정 농도 범위(0.5~2배)에서 결정한다. 이러한 실험의 목적은 흡착관의 오염여부, 시약의 오염여부 및 분석대상 물질이 탈착용매에 실제로 탈착되는 양을 파악하여 보정하는데 있으며, 그 시험방법은 다음과 같다.

① 탈착효율 실험을 위한 첨가량을 결정한다. 작업장의 농도를 포함하도록 예상되는 농도(mg/m^3)와 공기채취량(L)에 따라 첨가량을 계산한다. 만일 작업장의 예상농도를 모를 경우 첨가량은 노출기준과 공기채취량 20L(또는 10L)를 기준으로 계산한다.

② 예상되는 농도의 3가지 수준(0.5~2배)에서 첨가량을 결정한다. 각 수준별로 최소한 3개 이상의 반복 첨가시료를 다음의 방법으로 조제하여 분석한 후 탈착효율을 구하도록 한다.
  ㉠ 탈착효율 실험용 흡착 튜브의 뒤층을 제거한다.
  ㉡ 계산된 첨가량에 해당하는 분석대상 물질의 원액(또는 희석용액)을 마이크로 실린지를 이용하여 정확히 흡차 튜브 앞층에 주입한다.
  ㉢ 흡착 튜브를 마개로 즉시 막고 하룻밤 동안 상온에서 놓아둔다.
  ㉣ 탈착시켜 분석한 후 분석량/첨가량으로서 탈착효율을 구한다.

③ 탈착효율은 최소한 75% 이상이 되어야 한다.

④ 탈착효율 간의 변이가 심하여 일정성이 없으면 그 원인을 찾아 교정하고 다시 실험을 실시해야 한다.

(5) 회수율 실험을 위한 시료조제방법 ●출제율 50%

회수율 실험을 위한 첨가량은 측정대상 물질의 작업장 예상농도 일정범위(0.5~2배)에서 결정한다. 이러한 실험의 목적은 여과지의 오염 시약의 오염여부 및 분석대상 물질이 실제로 전처리 과정 중에 회수되는 양을 파악하여 보정하는데 있으며, 그 시험방법은 다음과 같다.

① 회수율 실험을 위한 첨가량을 결정한다. 작업장의 농도를 포함하도록 예상되는 농도(mg/m³)와 공기채취량(L)에 따라 첨가량을 계산한다. 만일 작업장의 예상농도를 모를 경우 첨가량은 노출기준과 공기채취량 400L(또는 200L)를 기준으로 계산한다.

② 예상되는 농도의 3가지 수준(0.5~2배)에서 첨가량을 결정한다. 각 수준별로 최소한 3개 이상의 반복 첨가시료를 다음의 방법으로 조제하여 분석한 후 회수율을 구하도록 한다.

　㉠ 3단 카세트에 실험용 여과지를 장착시킨 후 상단 카세트를 제거한 상태에서 계산된 첨가량에 해당하는 분석대상 물질의 원액(또는 희석용액)을 마이크로 실린지를 이용하여 주입한다.

　㉡ 하룻밤 동안 상온에 놓아둔다.

　㉢ 시료를 전처리한 후 분석하여 분석량/첨가량으로서 회수율을 구한다.

③ 회수율은 최소한 75% 이상이 되어야 한다.

④ 회수율간의 변이가 심하여 일정성이 없으며, 그 원인을 찾아 교정하고 다시 실험을 실시해야 한다.

참고 | 공시료(sample blank, field blank) ●출제율 30%

1. 정의
   공시료는 공기 중의 유해물질, 분진 등을 측정 시 시료를 채취하지 않고 측정오차를 보정하기 위하여 사용하는 시료, 즉 채취하고자 하는 공기에 노출되지 않은 시료를 말한다.

2. 목적
   모든 시료에는 공시료를 분석하고, 이를 농도산정에 고려하여 측정오차를 보정하기 위한 목적이 있다.

3. 개수
   NIOSH에서는 현장 공시료는 10개, 시료당 2개이고, 각 시료 세트당 10개를 최대로 제안하고 있다.

4. 취급방법
   ㉠ 현장시료와 동일한 방법으로 취급·운반·분석되어야 한다.
   ㉡ 공시료에서 채취하고자 하는 물질의 양이 높게 나타나면 오염을 의심하고 결과의 정확도에도 의문을 가지고 그 원인을 파악해서 교정해야 한다.

SECTION
5
가스상 물질의 분석

01 크로마토그래피(Chromatography)

(1) 원리

① 두 가지 이상의 혼합물이 이동상(시료를 이동시키는 것)과 함께 고정상(시료를 머무르게 하는 것)이 있는 분리관(고정상이 충진된 관)을 흐르면서 각각의 고유한 분배와 흡착기전으로 인하여 일어나는 물리 · 화학적인 분리과정을 말한다.

② 크로마토크램에서 피크의 모양은 선처럼 가늘지 않고 일정한 폭을 가진 형태로 나타나고, 소용돌이 확산, 세로 확산, 비평형 물질전달의 요소에 의해 폭이 넓어진다.

(2) 크로마토그램에서의 머무름 시간

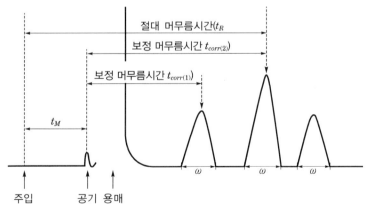

t_M : 분리관에 의하여 흡착되지 않고 분리관의 물리적인 길이를 이동해 온 시간

t_R : 절대머무름 시간(머무름 시간)

    • 시료를 주입한 후 분리성분이 검출기에 도달한 시간

$t_R - t_M$: 보정머무름 시간

    • t_R에서 t_M를 뺀 시간

(3) 분배계수(K : partition coefficient)

분배계수가 크다는 것은 분리관에 머무는 시간이 길다는 의미이다.

$$K = \frac{고정상에\ 있는\ 시료성분의\ 농도}{이동상에\ 있는\ 시료성분의\ 농도}$$

(4) 용매효율(α)

두 물질의 분배계수값(K)이 차이가 클수록 분리가 잘 되는 것을 의미하며, α는 보정머무름 시간이나 분배계수 K에 의해 측정된다.

$$\alpha = \frac{K_2}{K_1} = \frac{t_{corr(2)}}{t_{corr(1)}} = \frac{K_2(2물질의\ 분배계수)}{K_1(1물질의\ 분배계수)} = \frac{2물질의\ 보정머무름\ 시간}{1물질의\ 보정머무름\ 시간}$$

(5) 분해능 ●출제율 30%

① 정의

분해능은 인접되는 성분끼리 분리된 정도를 정량적으로 나타낸 값이며, 분해능이 1.5 이상일 경우 완전분리된 것을 의미한다.

② 분리관의 성능

㉠ 분해능

피크를 얼마나 잘 분리해 내는가를 표시한다.

㉡ 효율

피크의 폭(W_1, W_2)이 어느 정도로 좁게 나오는가, 즉 같은 성분이 같은 시간대에 검출기에 도달하는 정도를 나타낸다.

$$R = \frac{2(t_{corr(2)} - t_{corr(1)})}{w_1 + w_2} = \frac{2d}{w_1 + w_2}$$

여기서, R : 분해능

d : 피크의 좁음정도

• 피크의 최대점 사이의 거리

w : 피크의 폭

③ 분해능을 높이기 위한 조작

　　㉠ 운반가스의 유속을 최적화한다.

　　㉡ 분리관의 길이를 길게 한다. (길이의 제곱근에 비례)

　　㉢ 고정상의 양을 작게 한다.

　　㉣ 고체 지지체의 입자 크기를 작게 한다.

　　㉤ 저온에서 좋은 분해능을 나타냄, 즉 온도를 낮춘다.

　　㉥ 시료의 양을 적게 한다.

(6) 분리관의 효율

이론단수(N)와 이론층 해당 높이(HETP)로 표시한다.

① 이론단수(number of theoretical plates)

분리관은 크기가 같은 수많은 분리층으로 이루어져 있다고 가정하고 각 층에서 시료성분이 평형층을 이루고 있다고 할 때 이를 이론단층이라고 하고, 이 층수를 이론단수라 한다.

$$N = 16\left(\frac{t_R}{t_W}\right)^2$$

여기서, t_R : 피크의 머무름 시간

　　　　t_W : 피크의 폭

② 이론층 해당 높이(Height Equivalent to Theoretical Plates)

시료분자가 이동상인 기체와 고정상인 액체사이에서 평형에 도달하는데 필요한 분리관의 길이를 나타내며, 한 번 평형이 발생할 때의 높이가 HETP이다.

$$\text{HETP} = \frac{L}{N} = \frac{L}{16} \times \left(\frac{t_W}{t_R}\right)^2$$

여기서, L : 칼럼 길이

(7) 속도이론 《출제율 20%》

① 개요

　　㉠ 유해물질의 분석을 위한 크로마토그래피 분리관(column)의 띠넓음 현상은 Van Deemter Plot(반딤터 그림)으로 설명할 수 있다.

ⓛ Van Deemter Plot은 소용돌이 확산, 세로 확산, 비평형 물질전달의 세 가지 요소로 구성되며, 크로마토그래피의 속도이론이라고도 한다.

ⓒ 이 세 가지 요소는 이동상의 유속, 고정상 입자의 크기, 확산속도 및 고정상의 두께 등에 영향을 받는다.

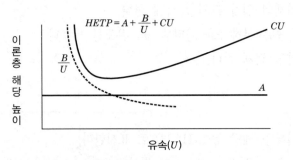

$$HETP = A + \frac{B}{U} + CU$$

- A : 소용돌이 확산
- H : 이론층 해당 높이(HETP)
- B/U : 세로 확산
- CU : 비평형 물질전달(nonequilibrium mass transfer)
- U : 유속(liner velocity) 또는 유량(flow rate)

∥ 반딤터 그림(Van Deemter Plot) ∥

② 소용돌이 확산
  ㉠ 다경로 효과
    분석물질이 이동상을 따라 분리관의 고정상을 지날 때 흐름의 경로차이에 의하여 피크폭이 넓어지는 현상으로 고정상의 입자 크기가 고르지 못하거나 충진이 불규칙하여 운반기체의 경로가 달라지기 때문에 나타나는 현상이다.
  ㉡ 이동상의 속도에 상관없이 일정하다.

③ 세로 확산
  ㉠ 이동상의 속도가 느릴 경우에 크게 작용하고 속도가 빠르면 그 영향이 적다.
  ㉡ 이동상의 운반기체의 밀도가 작거나 분리관 안의 기체압력이 낮을 경우 증가된다. 즉 피크폭이 넓어진다.

④ 비평형 물질전달
  ㉠ 시료분자들이 분리관을 지나는 동안 농도가 진한 중앙부분에서 농도가 묽은 주변으로 확산하려는 성질이다.
  ㉡ 유속이 빠른 경우 완전평형을 이루기 전에 분리관의 아래쪽으로 움직이게 되어 같은 시료분자들이라 해도 분리관을 통과하는 시간이 달라지게 되는 현상을 비평형 물질전달이라 한다.
  ㉢ 유속이 빠를수록 증가된다. 즉 피크폭이 넓어진다.

02 가스 크로마토그래피(GC ; Gas Chromatography)

(1) 원리 및 적용범위

가스 크로마토그래피는 기체시료 또는 기화한 액체나 고체 시료를 운반가스로 고정상이 충진된 칼럼(또는 분리관) 내부를 이동시키면서 시료의 각 성분을 분리·전개시켜 정성 및 정량하는 분석기기로서 허용기준 대상 유해인자 중 휘발성 유기화합물의 분석방법에 적용한다.

(2) 주요 구성

가스 크로마토그래피는 주입부(injector), 칼럼(column)오븐 및 검출기(detector)의 3가지 주요 요소로 구성되어 있으며, 여기에 이동상인 운반가스를 공급해 주는 가스공급장치(압축가스통 또는 가스발생기) 및 검출기에서 나오는 신호결과를 처리해주는 데이터처리시스템이 있어야 한다.

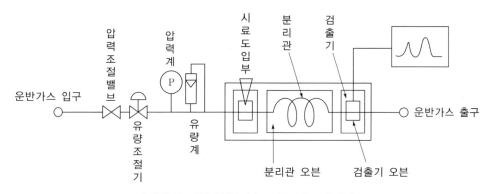

‖ 장치의 기본 구성(가스 크로마토그래피) ‖

(가스 유로계) → (주입부 : injection) → (칼럼 : column) → (검출기 : detector)

① 주입부(시료도입부 : injection)
    ㉠ 시료주입부는 열안정성이 좋고 탄성이 좋은 실리콘 고무와 같은 격막이 있는 시료기화실로서 칼럼온도와 동일하거나 또는 그 이상의 온도를 유지할 수 있는 가열기구가 갖추어져야 하고, 또한 이들 온도를 조절할 수 있는 기구 및 이를 측정할 수 있는 기구가 갖추어져야 한다.

ⓛ 주입부는 충진칼럼(packed column) 또는 캐필러리 칼럼(capillary column)에 적합한 것이어야 하고 미량주사기를 이용하여 수동으로 시료를 주입하거나 또는 자동주입장치를 이용하여 시료를 주입할 수 있어야 한다.

ⓒ 분석하고자 하는 시료를 기화시켜 분리관으로 보내기 위한 부분으로 가열기와 온도센서가 내장되어 있어 분석성분을 기화시킬 정도로 높여야 한다.

ⓔ 주입량은 충진용 분리관의 경우 $4 \sim 10\mu L$, 모세분리관의 경우 $2\mu L$ 이하로 한다.

ⓜ 주입기의 형태는 충진분리관용 주입기, 모세분리관용 주입기(분할 · 비분할 방식), 분리관상 직접 주입기로 구분할 수 있다.

② 칼럼오븐(분리관 : column) ●출제율 20%

㉠ 분리관은 주입된 시료가 각 성분에 따라 분리(분배)가 일어나는 부분으로 G.C에서 분석하고자 하는 물질을 지체시키는 역할을 한다.

ⓛ 분배계수값 차이가 크다는 것은 분리가 잘 된다는 것을, 분배계수가 크다는 것은 분리관에 머무르는 시간이 길다는 것을 의미한다.

ⓒ 칼럼오븐의 내용적은 분석에 필요한 길이의 칼럼을 수용할 수 있는 크기이어야 한다.

ⓔ 칼럼 내부의 온도를 조절할 수 있는 가열기구 및 이를 측정할 수 있는 측정기구가 갖추어져야 한다.

ⓜ 오븐 내 전체온도가 균일하게 조절되고 가열 및 냉각이 신속하여야 한다.

ⓑ 설정온도에 대한 온도조절 정밀도는 $\pm 0.5℃$의 범위 이내, 전원의 전압변동 10%에 대하여도 온도변화가 $\pm 0.5℃$ 범위 이내이어야 한다.

ⓢ 충진칼럼과 캐필러리칼럼의 일반적인 특성을 비교

인 자	충진칼럼	캐필러리칼럼
길이(m)	1~5	5~100
내경(mm)	2~4	0.1~0.8
칼럼의 주요재질	유리, 스테인리스 스틸	fused silica
운반기체유량(mL/min)	10~100	0.5~10
운반기체압력(psig)	10~40	3~40
이론단수(단수/m)	2,000~3,000	5,000 이상
총 이론단수	5,000(2m인 경우)	150,000(50m인 경우)
피크당 성분용 질량(μg)	10 미만	0.05 미만
고정상. 필름두께(μm)	1~10	0.1~2

분리관 내경(mm)	시료용 질량(ng)	효율(이론단수/m)	최적유량(mL/min)
0.20	5~30	5,000	0.4
0.25	50~100	4,170	0.6
0.32	400~500	3,330	1.0
0.53	1,000~2,000	1,670	2.8
0.75	10,000~15,000	1,170	5.6

◎ 분리관 충전물질(액상) 조건

ⓐ 분석대상 성분을 완전히 분리할 수 있어야 한다.

ⓑ 사용온도에서 증기압이 낮고 점성이 작은 것이어야 한다.

ⓒ 화학적 성분이 일정하고 안정된 성질을 가진 물질이어야 한다.

ⓩ 분할비(분리관으로 들어가지 않는 양과 들어가는 양의 비)는 보통 20~300 : 1 정도이다.

③ 검출기 ●출제율 30%

㉠ 검출기는 복잡한 시료로부터 분석하고자 하는 성분을 선택적으로 반응, 즉 시료에 대하여 선형적으로 감응해야 하며, 검출기의 특성에 따라 전기적인 신호로 바꾸게 하여 시료를 검출하는 장치이다.

㉡ 검출기의 온도를 조절할 수 있는 가열기구 및 이를 측정할 수 있는 측정기구가 갖추어져야 한다.

㉢ 검출기는 감도가 좋고 안정성과 재현성이 있어야 하며, 시료에 대하여 선형적으로 감응해야 하고, 약 400℃까지 작동 가능해야 한다.

㉣ 검출기는 시료의 화학종과 운반기체의 종류에 따라 각기 다르게 감도를 나타내므로 선택에 주의해야 하고, 검출기를 오랫동안 사용하면 감도가 저하되므로 용매에 담궈 씻거나 분해하여 부드러운 붓으로 닦아주는 등 감도를 유지할 수 있도록 해야 한다.

㉤ 검출기 종류

ⓐ 불꽃이온화검출기(FID)의 작동 원리

• 분리관에서 분리된 물질이 검출기 내부로 들어와 수소가스와 혼합되고 혼합된 기체는 공기가 통과하고 있는 젯(jet)으로 들어가서 젯 위에 형성된 2,100℃ 정도의 불꽃 안에서 연소가 되면서 이온화가 이루어지는 것이다.

- 발생된 이온은 직류전위차를 측정할 수 있는 전극에 의해 전류의 양으로 변환되는데 이는 전하를 띈 이온의 농도에 비례하게 된다.
- 특징
- FID는 성분의 탄소수에 비례하여 높은 감응도를 보이는데, 일반적인 유기화합물에 대한 감응수준은 10~100pg이며, 직선범위는 1×10^7 수준이다.
- FID에 감응하지 않는 화학성분들은 H_2O, CO_2, N_2, NH_4, O_2, SO_2, SiO_4 등이다.
- FID는 불꽃을 사용하므로 검출기의 온도가 너무 낮은 경우에는 검출기 내부에 수분이 응축되어 기기가 부식될 가능성이 있으므로 적어도 80~100℃ 이상의 온도를 유지할 필요가 있다.
  ⓑ 전자포획검출기(ECD)의 작동원리
  시료와 운반가스가 β선을 방출하는 검출기를 통과할 때 이 β선에 의해 운반가스(흔히 질소를 사용함)의 원자로부터 많은 전자를 방출하게 만들고 따라서 일정한 전류가 흐르게 하는 것이다. 그러나 운반기체와 함께 이송되는 시료성분인 유기화합물에 의해 운반기체에서 방출된 전자와 결합하기 때문에 검출기로부터 나오는 전류량은 유기화합물의 농도에 비례하여 감소하게 된다.
  - 특징
    - ECD는 할로겐, 과산화물, 퀴논, 니트로기와 같은 전기음성도가 큰 작용기에 대하여 대단히 예민하게 반응한다.
    - 아민, 알코올류, 탄화수소와 같은 화합물에는 감응하지 않는다.
    - 염소를 함유한 농약의 검출에 널리 사용되고, ECD를 통과한 화합물은 파괴되지 않는다는 장점이 있다.
    - 검출한계는 약 50pg 정도이고, 1×10^7까지 반응의 직선성을 가진다.
  ⓒ 불꽃광전자검출기(FPD)의 작동원리
  시료가 검출기 내부에 형성된 불꽃을 통과할 때 연소하는 과정에서 화합물들이 에너지가 높은 상태로 들뜨게 되고 다시 바닥상태로 돌아올 때 특정한 빛을 내놓는 불꽃 발광현상을 이용한 것이다. 이 빛은 광증배관에 의해 수집되고 측정되며 광학필터에 의해 황 및 인을 함유한 화합물에 매우 높은 선택성을 갖게 된다.

ⓓ 이상의 검출기 이외에도 질소인검출(NPD), 열전도도검출기(TCD), 광이온 화검출기(PID) 등이 있다.

• 최근에는 캐필러리칼럼이 주로 사용되며, 그 종류는 제조회사별로 다양 하다.

○ 검출기의 종류 및 특징 ●출제율 30%

검출기 종류	특징
불꽃이온화검출기 (FID)	• 분석물질을 운반기체와 함께 수소와 공기의 불꽃 속에 도입함으로써 생기는 이온의 증가를 이용하는 원리 • 유기용제 분석 시 가장 많이 사용하는 검출기 • 매우 안정한 보조가스(수소-공기)의 기체흐름이 요구됨 • 큰 범위의 직선, 비선택성, 넓은 용융성, 안전성, 높은 민감성 • 할로겐 함유 화합물에 대하여 민감도가 낮음 • 운반기체로 질소나 헬륨을 사용 • 주 분석대상 가스는 다핵방향족 탄화수소류, 할로겐화 탄화수소류, 알 코올류, 방향족 탄화수소류, 이황화탄소, 니트로메탄, 멜캅탄류
열전도도검출기 (TCD)	• 분석물질마다 다른 열전도도차를 이용하는 원리 • 민감도는 FID의 약 $\dfrac{1}{1,000}$ • 사용되는 운반가스는 순도 99.8% 이상의 헬륨 사용 • 주 분석대상 가스는 벤젠
전자포획검출기 (ECD)	• 유기화합물의 분석에 많이 사용 • 사용되는 운반가스는 순도 99.8% 이상의 헬륨 사용 • 주 분석대상 가스는 할로겐화 탄화수소 화합물, 사염화탄소, 벤조피렌 니트로 화합물, 유기금속 화합물, 염소를 함유한 농약의 검출 • 불순물 및 온도에 민감
불꽃광도(전자) 검출기(FPD)	• 악취관계 물질분석에 많이 사용(이황화탄소, 멜캅탄류) • 잔류 농약의 분석(유기인, 유기황 화합물)에 대하여 특히 감도가 좋음
광이온화검출기 (PID)	주 분석대상 가스는 알칸계, 방향족, 에스테르류, 유기금속류
질소인검출기 (NPD)	• 매우 안정한 보조가스(수소-공기)의 기체흐름이 요구됨 • 주 분석대상 가스는 질소 포함 화합물, 인 포함 화합물

④ 운반기체 ●출제율 20%

운반기체는 충전물이나 시료에 대하여 불활성이고 사용하는 검출기의 작동에 적합 하고 순도는 99.99% 이상이어야 한다.

검출기의 종류	운반기체	특 징
FID	질소	적합
	수소, 헬륨	사용 가능
ECD	질소	가장 우수한 감도 제공
	아르곤, 메탄	가장 넓은 시료 농도범위에서 직선성을 가짐
FPD	질소	적합

(3) 조작방법

① 설치조건

㉠ 설치장소는 진동이 없고, 분석에 사용되는 유해물질을 안전하게 처리하게 할 수 있으며, 부식가스나 먼지가 적고 상대습도 85% 이하의 직사광선이 비춰지지 않는 곳이 적절하다.

㉡ 공급전원은 지정된 전력용량 및 주파수이어야 하고, 전원변동은 지정전압의 ±10 이내로서 주파수변동이 없어야 한다.

㉢ 대형변압기, 고주파 가열로와 같은 것으로부터 전자기 유도를 받지 않아야 하고 접지저항은 10Ω 이하이어야 한다.

② 장치의 설치 및 점검

㉠ 장치를 설치하고 가스배관을 연결한 다음 가스의 누출이 없는지 확인해야 한다. 장치에 가스를 공급하는 가스통은 넘어지지 않도록 고정해야 한다.

㉡ 각 분석방법에 규정된 칼럼을 참고하여 선택된 칼럼을 장치에 부착한 후 운반기체의 압력을 사용압력 이상으로 올려 연결부에 가스누출이 일어나는지 여부를 비눗물 등을 이용하여 점검한다.

③ 분석을 위한 장비의 가동

㉠ 각 분석방법에 규정된 내용과 기기회사의 권고내용을 참고하여 기기의 조건을 설정하고 최적화시킨다.

㉡ 분석 시스템의 바탕선(base line)의 안정상태를 확인한다.

㉢ 시료를 주입하여 분석하고자 하는 물질이 다른 물질과 완전히 분리가 일어나는지 여부를 확인한 다음 실제 시료분석을 실시한다.

(4) 정성 및 정량 분석

① 정성분석

동일조건 하에서 표준물질의 피크 머무름시간(retention time) 값과 미지물질의 머무름시간 값을 비교하여 실시한다. 일반적으로 5~30분 정도에서 측정하는 피크의 머무름시간은 반복시험을 할 때 ±3% 오차범위 이내여야 한다.

② 정량분석

각 분석방법에서 규정된 방법에 따라 시험하여 크로마토그램의 재현성, 시료분석의 양, 피크면적 또는 높이 관계, 회수율(탈착효율) 등을 고려하여 분석한다.

③ 검출한계는 분석기기의 검출한계와 분석방법의 검출한계로 구분되며, 분석기기의 검출한계라 함은 최종시료 중에 포함된 분석대상 물질을 검출할 수 있는 최소량을 말하고, 분석방법의 검출한계라 함은 작업환경측정 시료 중에 포함된 분석대상 물질을 검출할 수 있는 최소량을 말하며, 구하는 요령은 다음과 같다.

㉠ 기기 검출한계

분석대상 물질을 용매에 일정 양을 주입한 후 이를 점차 희석하여 가면서 분석기기가 반응하는 가능한 낮은 농도를 확인한 후, 이 최저 농도를 7회 반복 분석하여 반복 시 기기의 반응 값들로부터 편차를 가한 후 다음과 같이 검출한계 및 정량한계를 구한다.

- 검출한계 : 3.143×표준편차
- 정량한계 : 검출한계×4

㉡ 분석방법의 검출한계

분석기기가 검출할 수 있는 가능한 저농도의 분석대상 물질을 시료채취기구에 직접 주입시켜 흡착시킨 후 시료 전처리 방법과 동일한 방법으로 탈착시켜 이를 7회 반복 분석하여 기기 검출한계 및 정량한계 계산방법과 동일한 방법으로 구한다.

참고 **가스 크로마토그래피의 운반기체(Carrier Gas)** ●출제율 40%

1. 정의

   시료 주입구에서 기화된 시료를 칼럼으로 이동시켜 주는 기체를 운반기체라 하며, 수분 또는 불순물이 없는 고순도의 헬륨, 수소, 질소, 아르곤 등의 비활성 기체이며, 검출기의 특성에 따라 선택한다.

2. 조건

   ㉠ 시료분자나 고정상과 반응하지 않는 비활성이어야 한다.

   ㉡ 순수하고 건조한 상태로 공급되어야 한다.

   순도(purity)는 99.995% 이상(ECD는 99.9995% 이상)이어야 하며, 순도를 높이기 위해서는 운반기체에 포함된 수분, 산소 및 입자와 같은 불순물을 제거하여야 한다.

   ㉢ 칼럼 내에서 시료분자의 확산을 최소한으로 줄일 수 있어야 한다.

   ㉣ 사용되는 검출기에 적합해야 하며, 일정한 압력과 유량을 유지하도록 조절되어야 한다.

   ㉤ 유량조절기는 기체 실린더의 입구와 출구 사이에 10~15psi의 압력차가 있어야 한다.

3. 검출기에 적용가능한 운반기체

구 분	Detector	Carrier Gas	내 용
일반적인 검출기	TCD	He	가장 일반적
		H₂	감도는 높으나 사용상 주의를 요함
		N₂	H₂ 분석 시 사용
	FID	N₂	가장 일반적, 감도 높음, 적합
		H₂, He	대체로 사용 가능
	NPD	He	최적
		N₂	최고감도
	ECD	N₂	최고감도
		Ar/CH₄	최고의 동적범위(가장 넓은 시료농도 범위에서 직선성을 나타냄)
	FPD	N₂	감도 우수
정성이 가능한 검출기	MSD	He	MSD Mass Range가 2~800amu이기 때문에 반드시 He을 사용해야 함

4. 주의

　㉠ 불순물이 함유된 운반기체를 사용하면 시료와 상호작용을 일으켜 봉우리모양에 변형이 생기거나 유령봉우리(ghost peak)가 나타나고, 바탕선(baseline)이 상승되는 현상이 발생한다.

　㉡ 수분이 지나치게 많으면 분리관 또는 검출기의 수명을 단축시키기도 한다.

　㉢ 시판되는 기체를 사용할 경우 기체 실린더와 GC 사이에 moisture trap(분자체 충전, 수분제거용), oxygen trap(산소 제거용) 등을 통과시켜 순도를 높인다.

참고 가스 크로마토그래피의 검출기(Detector) ●출제율 40%

1. 정의

칼럼으로부터 분리된 단일 화합물을 검출하여 양에 비례한 전기적인 신호로 변화시키는 기기를 말한다.

2. 특성

　㉠ 감응(Response)

　　시료에 의해 생겨나는 신호를 말한다.

　㉡ 감도(Sensitivity)

　　시료의 양과 감응 데이터를 plot화하여 나타나는 직선 기울기이다.

　㉢ 선택성(Selectivity)

　　검출기가 응답할 수 있는 화합물의 범주를 의미한다.

　　• Universal

　　　칼럼으로부터 분리되어 나오는 거의 모든 화합물을 검출

　　• Selective

　　　특정 원소, 화합물의 구조 및 반응 그룹 등에 의해 검출

　㉣ 직선성 범위(Linera Range)

　　시료의 무게(농도) vs 감응이 직선을 이루는 범위를 말한다.

　㉤ 검출기가 정량적으로 반응하지 않는 원인

- 검출기가 작동되는 물리적인 원리가 본래 비직선성임
- 시료의 농도가 너무 커서 검출기가 포화된 경우
⊎ 감응인자(Response Factor)
- 시료 무게당 피크의 면적
- 모든 농도 범위에서 일정값이 되지는 않음
3. 종류
㉠ FID(Flame Ionization Detector) : 불꽃이온화검출기
- 원리
H_2/Air에 의해 형성된 불꽃에서 시료가 연소되면 전하를 띤 이온이 형성되며, 이온의 농도에 비례하여 전류흐름이 변화되는 원리를 이용한다.
- Sensitivity
내부분의 화합물에 대해 TCD의 약 10^3배 정도 감도가 높다.
- Selectivity
H_2/Air에 의한 불꽃에 태워져 전하를 띤 이온을 생성하는 화합물만 검출할 수 있는 선택적인 검출기이다.
- 유량 설정방법
ⓐ 수소의 유량은 점화 및 검출기의 감도에 영향을 주는 매우 민감한 요소이지만 공기의 유량은 수소의 유량보다 민감도가 덜하므로 충분한 양이면 된다.
ⓑ 이동상 가스의 유량이 많으면 점화가 제대로 되지 않는 경우가 있는데 이때는 수소의 유량을 조금 증가시킨다.
ⓒ 일반적으로 점화 시 사용할 수 있는 수소 및 공기의 유량은 다음과 같으며, 불꽃이 계속 유지되기 위해서 수소와 공기의 비율은 8~12%(주로 10% 정도)를 유지하는 것이 중요하다.
  - H_2 flow : 35~40mL/min (40mL/min)
  - Air flow : 350~400mL/min (450mL/min)
ⓓ Make-up gas
Capillary column을 통과한 flow만으로는 검출기의 용적을 다 채울 수 없어서, 비어있는 검출기의 용적을 채워주는 역할을 하는 것으로 유량은 대략 15~25mL/min으로 설정한다.
- FID 사용방법
ⓐ 검출기 온도 150℃ 이상에서 불꽃이 점화됨
ⓑ FID 점화되지 않을 때 Check 사항
  - H_2 & Air의 유량과 비율
  - Jet의 파손 또는 막힘(H_2 Flow)
  - Ignitor 손상
  - Detector Contamination (Collector, Jet)
ⓒ 칼럼에서 유출되는 실리카나 유도체화 시약 등은 검출기에 적체되어 감도를 감소시키다.
㉡ TCD(Thermal Conductivity Detector) : 열전도도검출기
- 원리
이동상 Gas와 시료의 열전도도 차이를 측정한다.
- Sensitivity
주로 사용되는 검출기 중 가장 낮다.
- Selectivity

모든 화합물 검출이 가능한 일반적인(Universal) 검출기(시료가 파괴되지 않는 비파괴성 검출기)

- 운반기체
  ⓐ He : 큰 열전도도와 불활성을 지녀 가장 일반적으로 사용하는 가스
  ⓑ H₂ : 감도는 높으나 사용상 주의를 요한다.
  ⓒ N₂ : H₂ 분석 시 사용한다.
- TCD 사용방법
  ⓐ 검출기가 켜진 상태에서 이동상 가스의 공급이 중단되면 필라멘트가 영구히 손상되기 때문에 검출기를 켜기 전, 항상 Ref. 및 이동상 가스의 공급여부를 확인한다.
  ⓑ 필라멘트가 산소에 노출 시 산화되므로 주의한다.
  ⓒ 산이나 할로겐 화합물과 같은 활성물질도 필라멘트를 손상시킨다.
  ⓓ 온도가 낮아 야기되는 시료의 농축은 검출기 Cell을 오염시킨다.
  ⓔ 오염원들은 Thermal Conditioning으로 제거한다.

ⓒ ECD(Electron Capture Detector) : 전자포획검출기
- 원리
  전자포착 화합물(할로겐원소를 포함한 유기물)에 의하여 감소된 전자의 흐름을 측정하는 원리이다.
- Sensitivity
  가장 민감한 검출기로서 1pg의 적은 양까지 검출이 가능하다.
- Selectivity
  Halogen원소(F, Cl, Br, I)를 가진 화합물에 대해 선택성을 가지고 있기 때문에 유기 염소계 농약분석에 주로 이용된다.
- 최적조건에서 ECD 분석을 하기 위해서는 이동상 가스 및 Purge 가스는 매우 깨끗하고 건조해야 한다. (순도 99.9995% 이상)
- Anode gas purge는 검출기의 윗부분을 씻어줌으로써 검출기의 오염을 최소화한다.
- ECD System이 오염되는 경우(Signal Value>100)
  ⓐ 원인
    – 운반기체 정화장치 또는 가스 실린더의 오염
    – 칼럼 Conditioning이 불충분한 경우
    – 검출기의 오염
    – 칼럼, 주입구 부분의 오염과 Septum Bleed
    – Leak
    – Anode Insulation Leakage
  ⓐ 현상
    검출기의 Dynamic range를 잃어버리고, Output Signal에 Noise가 심함
  ⓒ 대책
    Thermal Conditioning을 여러 시간동안 실시한다. (Detector temp. : 300~350℃)
- ECD 사용 시 주의사항
  ⓐ 고순도용 운반기체를 사용한다. (만약 수분이나 O₂ 등의 오염물이 함유되어 있는 경우에는 감도나 직선성 범위를 잃는 경우가 있다.)
  ⓑ 반드시 분석하기 전 칼럼 Conditioning을 충분히 하고 사용한다.

ⓒ 가스 실린더에서 GC 본체로 연결하는 Tubing 사이에 반드시 Conditioning된 Moisture Trap과 Oxygen Trap을 장착한다.

ⓔ NPD(Nitrogen Phosphorous Detector) : 질소인검출기

• 원리

Thermoionic Detector 또는 Alkali Flame Detector라고도 불리운 NPD는 Active Element (Rubidium Salt로 Coating되어 있는 Alumina Cylinder)가 전기적(NPD Bead Power)으로 가열됨으로써 H_2와 Air에 의하여 불꽃을 형성한다. 불꽃은 FID보다 약하여 n-Hydrocarbon 이온화를 최소하였으며, 유기화합물 중에서 특히 N, P을 함유하고 있는 화합물을 선택적으로 이온화시켜 이때 변화하는 전류가 측정되어지는 원리를 이용한다.

• Sensitivity

ⓐ N을 함유하고 있는 유기화합물 : 0.4~10pg

ⓑ P를 함유하고 있는 유기화합물 : 0.1~1pg

• Selectivity

질소와 인을 포함한 성분한 선택적으로 이온화하며, 유기인계 농약류 분석에 많이 응용한다.

• NPD 사용방법

ⓐ Detector Gas

－ H_2 flow : 3mL/min (Max. flow : 5mL/min)

－ Air flow : 60mL/min

ⓑ 설정온도 : 250℃ 이상

ⓒ Adjust offset : 30~60pA

ⓓ Alkali salt 수명연장, 감도 향상, EPC Module 오염을 방지하기 위하여 반드시 Gas Purification System 장착

◑ 각 Detector의 특징

구 분	Type	검출 화합물	Sensitivity Range	직선범위	운반기체
FID	S	H_2/Air 불꽃에서 이온화되는 유기화합물	10~100pg 10ppb~99%	10(*7)	He or N_2 Make up (H_2, Air)
TCD	U	운반기체와 열전도도 차이가 있는 유기화합물	5~100ng 10ppm~100%	10(*6)	He (H_2 분석 시 N_2)
μ-ECD	S	전자포획원자를 포함한 유기화합물	0.008~4000pg 8ppt~1%	10(*4)	N_2
NPD	S	N, P 포함 유기화합물	0.1~10pg 10ppb~100ppm	10(*4)	He Make up (H_2, Air)
FPD(394nm)	S*	S 포함 유기화합물	10~100pg 10ppb~100ppm	10(*3)	He or N_2 Make up (H_2, Air)
FPD(526nm)	S*	P 포함 유기화합물	1~10pg 1ppb~0.1%	10(*3)	He or N_2 Make up (H_2, Air)
AED	U	거의 모든 유기화합물 (원소별 검출)	0.1~20pg/sec (검출 원소별에 따라)	10(*4)	He or N_2 Reagent gases

03 고성능 액체 크로마토그래피(HPLC)

(1) 원리 및 적용범위

① 원리

고성능 액체 크로마토그래피(HPLC)는 끓는점이 높아 가스 크로마토그래피를 적용하기 곤란한 고분자화합물이나 열에 불안정한 물질, 극성이 강한 물질들을 고정상과 액체 이동상 사이의 물리·화학적 반응성의 차이를 이용하여 서로 분리하는 분석기기이다.

② 적용범위

허용기준 대상 유해인자 중 포름알데히드, 2,4-톨루엔디이소시아네이트 등의 정성 및 정량 분석방법에 작용한다.

(2) 주요 구성

고성능 액체 크로마토그래피는 용매, 탈기장치(degassor), 펌프 시료주입기, 칼럼, 그리고 검출기로의 주요 구성요소를 가지며, 검출기에서 나오는 신호결과를 처리해 주는 데이터 처리시스템이 있어야 한다.

① 용매

㉠ 용매를 저장하는 용기는 유리 또는 폴리에틸렌 재질로 만들어져 있는 것을 사용하며, 시료분석에 영향을 주지 않아야 한다.

㉡ 용매는 HPLC 용 등급의 고순도 용매만을 사용해야 하고, 초순수가 용매로 사용되는 경우에는 저항값이 18MΩ 이상의 것을 사용해야 한다.

㉢ 두 용매를 혼합하여 사용하는 경우 혼화성 지수의 차가 15 미만이어야 하고 시료는 반드시 용매(이동상)에 녹아야 하지만 이 이동상은 고정상을 녹여서는 안 된다.

㉣ 용매는 사용하는 파장에서 흡광이 일어나지 않아야 한다.

㉤ 다음은 HPLC 용매로 사용되는 주요물질의 혼화성 지수를 나타낸 것이다.

물질명	혼화성 지수	물질명	혼화성 지수
acetone	15	ethyl acetate	19
acetonitrile	11	ethyl ether	23
n-butyl acetate	22	heptane	29
n-butyl alcohol	15	hexane	29
chlorobenzene	21	iso-octane	29
chloroform	19	isobutyl alcohol	15
cyclohexane	28	isopropyl alcohol	15
dichloromethane	20	methanol	12
n,n-dimethyl foramide	12	methyl ethyl ketone	17
dimethylsilfoxide	9	terahydrofuran	17
1,4-dioxane	17	toluene	23

② 탈기장치

　㉠ 이동상 중의 용존산소, 질소, 기포 등을 제거하여 칼럼 내에서 이동상에 대한 댐핑현상을 줄여주는 장치이다.

　㉡ 탈기방법으로는 이동상 용매에 헬륨가스를 주입하여 기포 등을 제거하는 헬륨 퍼징방법(helium sparging), 이동상 용매를 사용하기 전에 막 여과지를 이용하여 여과시키는 방법(vacuum filteration), 초음파를 이용하여 탈기시키는 방법(sonication)이 있다.

③ 펌프 ●출제율 20%

　㉠ 기능

　　이동상으로 사용되는 용매를 저장용기로부터 시료주입기를 거쳐 칼럼으로 연속적으로 밀어주어 최종적으로 검출기를 통과하여 이동상인 용매와 시료주입기를 통해 주입된 시료가 밖으로 나올 수 있도록 압력을 가해주는 장치이다.

　㉡ 펌프가 기본적으로 갖추어야 할 요건

　　ⓐ 펌프 내부는 용매와 화학적인 반응이 없어야 한다.

　　ⓑ 최소한 500psi의 고압에도 견딜 수 있어야 하고, 0.1∼10mL/min 정도의 유량조절이 가능해야 한다.

　　ⓒ 일정한 유속과 압력을 유지할 수 있어야 한다.

　　ⓓ 기울기 용리가 가능해야 한다.

④ 시료주입기

㉠ 기능

분석하고자 하는 시료를 이동상인 용매의 흐름에 실어주는 장치이다.

㉡ 시료주입용 밸브를 이용하는 방법이 가장 일반적으로 사용된다.

㉢ 시료주입기는 수동형 시료주입기와 자동형 시료주입기가 있다.

⑤ 칼럼 ●출제율 20%

㉠ 물질의 분리가 일어나는 곳으로 일반적으로 스테인리스 스틸을 사용하여 만든 관모양의 용기에 충진제를 채워서 사용하는데 분석하고자 하는 시료의 종류에 따라서 칼럼의 직경과 길이 및 충진제의 종류를 선택하여 사용할 수 있다.

㉡ 일반적으로 많이 사용되는 컬럼은 길이 10~30mm, 내경 4.6mm, 충진제의 크기 5μm, 이론단수 40,000~60,000단/m인 것이며, 이러한 분석용 칼럼을 보호하기 위한 가드칼럼(guard column)이 사용되기도 한다.

㉢ 가드칼럼은 5~10cm 정도의 길이이며, 분석칼럼의 수명을 연장시키고, 오염물질을 제거하는 역할을 한다.

㉣ 보통 가드칼럼은 분석용 칼럼과 같은 충진제를 사용하며, 분석용 칼럼 앞단에 설치한다.

㉤ 칼럼의 내경에 따른 이동상의 최적유량은 칼럼의 제조사마다 다르다.

❍ 일반적인 최적유속

내경(mm)	길이(cm)	유 량	
		입경(μm)	입경(3μm)
4.0~4.6	3~25	1.0~2.0	–
4.0~4.6	3~10	–	2.0~4.0
3.2	4~0	0.5	0.7
2.1	15~30	0.2	0.3
1.0	3~10	0.05	0.07

⑥ 검출기

㉠ 개요

ⓐ HPLC에 사용되는 검출기로는 자외선-가시광선검출기(ultraviolet-visible detector), 굴절률검출기(refractive index detector), 전기화학검출기(electrochemical detector), 형광검출기(fluorescence detector), 전기전도도검출기(electrical conductivity detector), 질량분석계(msaa spectrometer) 등 여러 종류가 있다.

ⓑ 노출농도 측정시료에 주로 사용하는 검출기는 자외선-가시광선검출기와 형광검출기이다.

ⓛ 종류 ●출제율 30%

ⓐ 자외선-가시광선검출기

• HPLC 검출기 중에서 가장 많이 사용되는 검출기로서 분석대상 물질이 자외선-가시광선 영역에서 흡수하는 에너지의 양을 측정하는 검출기이다.

• 광원에서 특정파장의 빛이 광로를 거쳐 검출기 셀 내의 시료에 투사되면 특정파장의 빛이 시료에 의해 흡수된다.

• 검출기에서는 이러한 빛의 흡수량을 전기적 신호로 나타내어 이 신호의 크기로서 시료의 정량분석이 이루어진다.

ⓑ 형광검출기

• 분자는 외부로부터 에너지를 흡수하면 들뜬상태(exciting state)로 되었다가 안정화되기 위해 에너지를 방출하면서 기저상태(ground state)로 돌아가려는 성질을 가지고 있는데 이러한 과정에서 빛이나 열 또는 소리 등을 발생시킨다.

• 형광검출기는 이러한 에너지 평형상태 중 형광을 발생하는 화합물을 특이적으로 검출하는 검출기이다.

• 자외선-가시광선검출기와 같은 흡광도 검출기에 비해 10~100배 이상의 좋은 감도를 가진다.

(3) 조작방법

① 설치조건

㉠ 설치장소는 진동이 없고 분석에 사용되는 유해물질을 안전하게 처리하게 할 수 있으며, 부식가스나 먼지가 적고 상대습도 85% 이하의 직사광선이 비춰지지 않는 곳이 적절하다.

㉡ 공급전원은 지정된 전력용량 및 주파수이어야 하고, 전원변동은 지정전압의 ⊥10% 이내로시 주파수변동이 없이야 한다.

㉢ 대형변압기, 고주파 가열로와 같은 것으로부터 전자기유도를 받지 않아야 하고 접지저항은 10Ω 이하이어야 한다.

② 분석을 위한 장비의 가동

 ㉠ 각 분석방법에 규정된 내용과 기기회사의 권고내용을 참고하여 기기의 조건을 설정하고 최적화시킨다.

 ㉡ 분석시스템의 바탕선(base line)의 안정상태를 확인한다.

 ㉢ 시료를 주입하여 분석하고자 하는 물질이 다른 물질과 완전히 분리가 일어나는 지 여부를 확인한 다음 실제 시료분석을 실시한다.

(4) 정성 및 정량 분석

① 전체 시스템을 작동시켜 유속을 1~2mL/분으로 고정시킨 다음 이동상 용매를 흘 려보내면서 펌프의 압력 및 검출기의 신호가 일정하게 유지될 때까지 기다린 다음, 기기의 바탕선이 안정화되면 각 분석의 방법에서 규정한 표준용액 조제방법을 참고하여 표준용액을 조제한 다음 이를 기기에 주입하여 검량선을 작성한다.

② 검량선 작성 후 실제 시료 등을 주입하여 정성 및 정량 분석을 실시한다.

③ 검출한계는 분석기기의 검출한계와 분석방법의 검출한계로 구분되며, 분석기기의 검출한계라 함은 최종 시료 중에 포함된 분석대상 물질을 검출할 수 있는 최소량 을 의미하고, 분석방법의 검출한계라 함은 노출농도 측정시료 중에 포함된 분석대 상 물질을 검출할 수 있는 최소량을 의미하며, 구하는 요령은 가스 크로마토그래 피법에서 규정한 방법과 동일하다.

참고 HPLC의 특징 및 적용　●출제율 20%

1. 특징
 ㉠ 시료의 전처리가 거의 필요 없이 직접적 분석이 이루어지며, 장점으로는 빠른 분석속도, 해상 도, 민감도를 들 수 있다.
 ㉡ 시료의 회수가 용이하여 열안정성의 고려가 필요 없는 것이 장점이다.
 ㉢ 가스 크로마토그래피에 비해 실험법이 쉬우나 분해물질이 이동상에 녹아야 하는 제한점이 있다.
2. 적용
 ㉠ 방향족 유기용제의 뇨 중 대사산물 측정에 유리한 방법
 ㉡ 끓는점이 높아 가스 크로마토그래피를 적용하기 곤란한 고분자(분자량 500 이상) 화합물이나 열에 불안정한 물질
 ㉢ 다핵방향족 탄화수소류(PAHs), PCB
 ㉣ 포름알데히드, 2,3-톨루엔디이소시아네이트

기출문제

작업장 공기 중 톨루엔 농도를 측정하기 위하여 표와 같이 장소시료 1개와 개인시료를 측정한 후 GC로 분석하였다. GC로 분석할 때 표준용액은 1mL의 이황화탄소(CS_2)에 톨루엔 0.5mg, 1mg, 2mg, 4mg을 각각 첨가하여 제조하였고, 이 표준용액에 대한 검량선은 그림과 같다. 다음 물음에 답하시오.

구 분	시료채취			분석결과		
	기 구	유 량 (L/m)	시 간 (min)	탈착 용매량 (mL)	탈착률 (%)	GC 반응 (pA*s)
장소시료	활성탄관 (charcoal tube)	0.2	200	1	95	6,000
개인시료	수동식 채취기 (passive sampler)	0.032	200	2	108	1,500

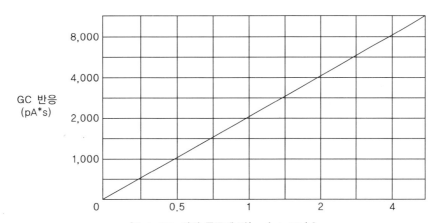

┃1mL CS_2 안의 톨루엔 양(mg/mL CS_2) ┃

(1) 장소(지역)시료의 공기 중 농도를 구하시오.

(2) 개인시료의 공기 중 농도를 구하시오.

풀이 (1) 장소(지역)시료의 공기 중 농도

우선 검량선 GC반응(pA*s) 6,000일 때 1mL CS_2 안의 톨루엔 양은 검량선 그래프에서 3mg이다.

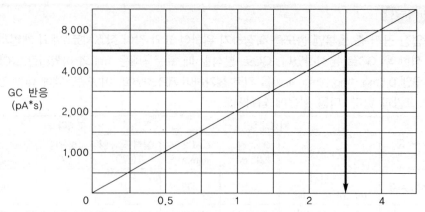

||1mL CS₂ 안의 톨루엔 양(mg/mL CS₂)||

$$농도(mg/m^3) = \frac{3mg}{0.2L/min \times 200min \times 0.95 \times m^3/1,000L} = 78.95mg/m^3$$

만일 ppm으로 구하고자 하면

$$\therefore 농도(ppm) = 78.95mg/m^3 \times \frac{24.45}{92.13} = 20.95ppm$$

(2) 개인시료의 공기 중 농도

우선 검량선 GC반응(pA*s) 1,500일 때 1mL CS₂ 안의 톨루엔 양은 검량선 그래프에서 0.75mg이나 탈착 용매량이 2mL이므로 적용하면 1.5mg이다.

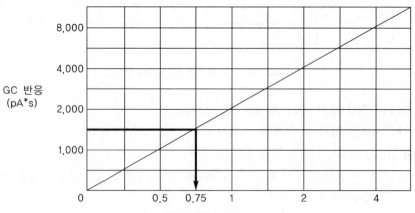

||1mL CS₂ 안의 톨루엔 양(mg/mL CS₂)||

$$농도(mg/m^3) = \frac{0.75mg/mL \times 2mL}{0.032L/min \times 200min \times 1.08 \times m^3/1,000L} = 217.01mg/m^3$$

만일 ppm으로 구하고자 하면

$$\therefore 농도(ppm) = 217.01mg/m^3 \times \frac{24.45}{92.13} = 57.59ppm$$

참고 가스 크로마토그래피-질량분석기(GC-MS) ●출제율 30%

1. 개요
　㉠ 유기용제 분석에는 가스 크로마토그래프(GC)/불꽃이온화검출기(FID)를 많이 이용한다. 주로 탄화수소 화합물(HCs)이기 때문에 표준용액을 이용하여 정성 및 정량 분석이 어렵지 않다. 그러나 다양한 화학물질이 사용되는 작업장에서 간혹 미지물질이 발견되는 경우도 있으며, FID에서 머무름 시간(RT)만을 이용하여 어떤 물질인지 확인하기 어려운 경우도 있다. 이러한 경우에 질량분석기(Mass Spectrometer, MS)를 이용하면 쉽고 정확하게 화학물질을 확인할 수 있다.
　㉡ GC/MS에서 MS는 Mass Spectrometer를 의미한다. 질량분석기로 해석할 수 있다. 또는 MSD라고도 하는데 Mass Selective Detector, 즉 질량 선택적 검출기라고도 한다.
　㉢ GC에 연결되는 FID 또는 ECD 같은 검출기의 한 종류라기보다는 하나의 독립된 분석기기라고 볼 수 있다.
　㉣ 일반 검출기와 달리 MS는 미지시료 중에 포함된 화학물질의 정성분석이 가능한 것이 가장 큰 특징이다.
2. 원리 및 구성
　㉠ 원리
　　MS는 GC와 별도로 분리되어 있으며, 칼럼으로 연결되어 있으며, 칼럼에서 분리된 분자는 진공상태의 MS에서 이온화되어 분자구조가 깨지는데, 각 물질마다 고유한 질량 스펙트럼(mass spectrum)을 가지게 된다. 이를 이용하여 어떤 성분인지 알 수 있는 원리이다.
　㉡ 구성
　　• Interface(시료주입부)
　　　– MS로 시료를 도입하는 부분이며, 압력을 유지하는 역할을 하는 곳이다.
　　　– GC에서 칼럼의 한쪽이 검출기와 연결되는 것처럼 MS 내의 ion source까지 칼럼이 연결되어 있으며, 온도도 매우 고온으로 유지된다.
　　　– 보통 시료분자는 대기압에서 진공상태로 시료주입부를 통해 이동하게 되는 것이다.
　　• Ion Source(이온 발생원)
　　　– Ion source, Analyzer 그리고 detector는 펌프에 의해 진공상태로 유지된다.
　　　– 이온원은 GC 칼럼에서 분리되어 interface를 통해 들어온 분자를, 여기에서 발생되는 전자와 충돌하여 이온화시키는 역할을 한다.
　　• Analyzer(질량에 따른 분리기)
　　　– 이온원에서 이온화되거나 쪼개진 양이온들은 전자기장이 형성되어 있는 Analyzer로 이동된다.
　　　– Analyzer에서는 양이온을 가속화시키는 역할을 하는데, Ion trap과 Quadrupole 방식이 대표적이다.
　　• Dctcctor(검출기)
　　　– 특정한 질량 대 전하비(m/z)를 가진 이온의 수를 검출한다.
　　　– 이온은 셀 수 있는 기구에 의해 감지되고, 이러한 검출기의 결과는 증폭되어 기록계에서 기록되는데 이렇게 기록된 것이 질량 스펙트럼이다.
　　• Vacuum system(진공장치)
　　　– Ion source, analyzer 그리고 detector를 진공으로 유지시키는 역할을 한다.

- 최적의 기기상태에서 분석을 하려면 MS 내 존재하는 불순물을 없애야 하고, 분자의 자유행로를 최대한 확보하기 위함이다.
- 공기 중 포함되어 있는 질소, 산소 및 물 등의 성분은 분석 시 불순물로 작용할 수 있다.
- Data system(컴퓨터)
  - 결과를 정성하는데 중요한 기능을 한다.
  - 소프트웨어에는 화학물질의 분광학적 자료가 DB화 되어 있다. 따라서 시료에서 얻은 질량 스펙트럼을 DB에 있는 스펙트럼 자료와 비교하여 어느 물질인지 찾아내는 것이다.

◑ 검출기 특징 비교

종 류	형 태	선택적인 화합물	최소 검출정도	직선성 범위
FID	선택적	Air/H_2 불꽃에서 이온화되는 화합물	5pg C/sec	10^7
TCD	일반적	운반기체와 열전도도 차이가 있는 화합물	400pg C/mL carrier	10^6
ECD	선택적	할로겐족 화합물	0.1pg Cl/sec	10^4
NPD	선택적	N, P 포함하는 화합물	0.4pg N/sec 0.2pg P/sec	10^4
FPD	선택적	P, S 포함하는 화합물	20pg S/sec 0.9pg P/sec	10^3 10^4
MS	일반적	모든 화합물	10pg~10ng	10^5

3. GC/MS를 이용한 미지작업환경 시료의 분석
   ㉠ 정성분석(=Scan mode)
   - 시료
     - GC와 마찬가지로 다양한 전처리 과정을 거쳐서 용매에 녹아 있는 액체상태의 시료이어야 한다.
     - 예를 들면 신너의 경우는 적절한 용매(이황화탄소, 메탄올)에 희석해야 하며, 활성탄인 경우는 용매로 추출해야 한다. 시료의 특성에 따라 적절한 전처리 장비와 연결하는 것도 가능하다.
   - 분석조건
     - 칼럼, 오븐 온도조건, 시료주입량, split ratio 등의 분석조건을 설정한다.
     - 분석하고자 하는 대상이 극성 물질이면 극성 칼럼을, 비극성이면 비극성 칼럼을 선택한다.
     - 일반적인 유기용제 분석에는 VOC 전용 칼럼을 PAHs는 비극성 칼럼(1 또는 5column)이 적절하다.
   - MS의 진공유지
     - 시료가 진공상태에서 이온화되기 때문에 가장 먼저 진공상태로 만들어야 한다.
     - 기기는 켜 놓을수록 안정화가 되기 때문에 하루 전에 미리 기기를 켜두는 것도 좋다.
   - MS의 tuning
     - MS에서 mass spectrum을 얻기 위해서 수행되어야 할 첫 번째 과정이다.
     - 정밀하고 우수한 MS 데이터를 얻기 위해서는 MS의 여러 가지 기기적인 parameters를 조절하여 기기를 calibration 해 주어야 하는데, 이러한 일련의 과정이 tuning이다.
     - 이 과정은 기기를 사용할 때마다 해 주어야 하며, tuning data를 이용하여 MS 내의 이온원의 세척시기 등을 알 수 있다.
   - 시료분석
     - GC와 MS가 최적의 상태이면 분석조건으로 시료를 분석한다.

　　　－ 이는 일반적인 GC 분석법과 동일하다. 단, MS의 조건에서는 mass spectrum을 얻기 위
　　　　한 분자량의 범위를 설정해 주어야 한다.
　　　－ 예를 들면 300~500amu로 설정하며, 분자량이 30에서 500 사이에 있는 화학물질만 분
　　　　석한다.
　　• TIC
　　　TIC의 각 피크는 mass spectrum을 갖는데, 이 mass spectrum을 컴퓨터 내에 있는 DB 또
　　　는 library와 비교하여 정성하는 것이다.
　　• 피크 확인
　　　시료의 분석결과 얻은 mass spectrum과 library에 있는 mass spectrum을 비교한다.
　ⓛ 정량분석(=SIM mode)
　　• 정량분석을 위해서는 가장 먼저 scan mode로 분석하여 미지성분이 어떤 물질인지 확인해
　　　야 한다.
　　• 정성 확인된 물질의 표준용액을 구하여 scan mode의 분석조건과 동일한 조건 하에서 분석
　　　하여 mass spectrum을 얻은 뒤 동일한 것인지 확인한다.
　　• 두 개의 mass spectrum이 일치하면 그 스펙트럼에서 특징적인 mass peak를 2~5개 정도
　　　선택하여 그들의 질량을 기록하고, 그 피크의 머무름 시간을 기록한다.
　　• MS의 분석조건을 설정한 다음 표준용액과 시료를 분석한다.
　　• 표준용액을 이용하여 검량선을 작성한 후에, 시료의 면적을 이용하여 정량한다.
　　　　　　　　　　　　　　〈출처 : GC/MS를 이용한 현장의 유기 미지시료분석, 최인자〉

SECTION 6 입자상 물질의 분석

01 원자흡광광도계

(1) 원리 및 적용범위

① 원리

분석대상 원소가 포함된 시료를 불꽃이나 전기열에 의해 바닥상태의 원자로 해리시키고, 이원자의 증기층에 특정파장의 빛을 투과시키면 바닥상태의 분석대상 원자가 그 파장의 빛을 흡수하여 들뜬상태의 원자로 되는데 이때 흡수하는 빛의 세기를 측정하는 분석기기이다.

② 적용

허용기준 대상 유해인자 중 금속 및 중금속의 분석방법에 적용한다.

③ 적용 이론

램버트-비어 법칙

(2) 주요구성

원자흡광광도계는 광원, 원자화장치, 단색화장치, 검출부의 주요 요소로 구성되어 있어야 한다.

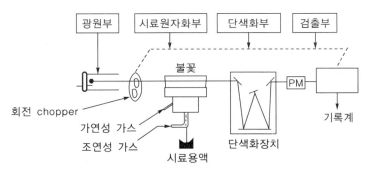

‖ 장치의 기본 구성(원자흡광광도계) ‖

① 광원
  ㉠ 광원은 분석하고자 하는 금속의 흡수파장의 복사선을 방출하여야 하며, 주로 속빈 음극램프가 사용된다.
  ㉡ 전류를 필요 이상 높여주면 발광선의 폭이 넓어져 흡광도가 감소하고 검량선의 직선성이 떨어지므로 속빈 음극램프에 사용하는 전류는 추천치 이하로 사용하는 것이 바람직하다.
  ㉢ 전류와 전압을 램프에 일정하게 공급할 수 있고 사용되는 전류량은 정밀하게 조절될 수 있어야 한다.

② 원자화장치 ●출제율 20%
원자화장치는 불꽃원자화장치와 비불꽃원자화장치 두 가지로 분류된다.
  ㉠ 불꽃원자화방법
    ⓐ 조연제와 연료를 적절히 혼합하여 최적의 불꽃온도와 화학적 분위기를 유도하여 원자화시키는 방법
    ⓑ 빠르고 정밀도가 좋으며, 매질효과에 의한 영향이 적다는 장점이 있는 방법
    ⓒ 대부분의 금속물질을 분석하는 데 널리 사용
  ㉡ 비불꽃원자화방법
    ⓐ 전열고온로법(graphite furnace)과 기화법이 있다.
    ⓑ 기화법은 화학적 반응을 유도하여 분석하고자 하는 원소를 시료로부터 기화시켜 분석하는 방법으로 이 방법 또한 미량분석이 가능하므로 수은이나 비소의 분석에 사용된다.
  ㉢ 시료분석에 널리 사용되는 불꽃원자화장치의 원자화 단계 및 각 단계에서 주의해야 할 사항
    ⓐ 분석 시 표준용액과 시료용액의 분무현상은 동일해야 한다. 이를 위해 표준용액이나 시료의 물성, 특히 표면장력과 점도까지도 동일한 것이 좋으므로 용매의 조성 및 사용되는 산의 농도가 동일하게 관리되어야 한다.

ⓑ 불꽃 속으로 진입하는 입자의 크기가 미세하고 균일할수록 원자화가 골고루 일어나 흡광도가 안정적으로 생성된다.

- 연료가스 및 산화가스가 용액입자에 얼마나 잘 혼합되느냐에 따라 분석 시 감도 및 재현성이 달라진다. 따라서 모든 가스는 추천등급에 맞아야 하고 유량이 적절히 조절되어서 버너로 보내져야 하며, 분무장치가 막히는 일이 없도록 해야 한다.
- 불꽃을 만들기 위한 연료가스와 조연가스의 조합에는 프로판-공기, 수소-공기, 아세틸렌-공기, 아세틸렌-이산화질소 등이 있다. 작업환경 분야 분석에 가장 널리 사용되는 것은 아세틸렌-공기, 아세틸렌-아산화질소로서 분석대상 금속에 따라 이를 적절히 선택하여 사용해야 한다.

참고 **시료원자화장치의 장·단점** ●출제율 20%

1. 불꽃원자화장치
    ㉠ 장점
    - 쉽고 간편하다.
    - 가격이 흑연로장치나 유도결합 플라즈마-원자발광분석기보다 저렴하다.
    - 분석이 빠르고, 정밀도가 높다(분석시간이 흑연로장치에 비해 적게 소요).
    - 기질의 영향이 적다.
    ㉡ 단점
    - 많은 양의 시료(10mL)가 필요하며, 감도가 제한되어 있어 저농도에서 사용이 힘들다.
    - 용질이 고농도로 용해되어 있는 경우, 버너의 슬롯을 막을 수 있고, 점성이 큰 용액은 분무구를 막을 수 있다.
    - 고체시료의 경우 전처리에 의하여 기질(매트릭스)을 제거해야 한다.
2. 전열고온로법(흑연로방식)
    ㉠ 장점
    - 높은 감도가 있다.
    - 시료량이 적고(10~100μL) 전처리가 간단하다.
    ㉡ 단점
    - 시료를 분석하는 데 시간이 오래 걸린다.
    - 기질에 의한 바탕 보정이 필요하다.
    - 경비가 많이 든다.

---

③ 단색화장치 ●출제율 20%

㉠ 단색화장치는 분석의 감도를 감소시키거나 또는 방해하는 다른 스펙트럼으로부터 측정하려는 선을 선명하게 분리하는 역할을 한다. 즉, 일종의 스펙트럼필터로서 좁은 범위의 복사선만을 투과시킨다.

ⓛ 단색화장치는 슬릿, 거울, 렌즈 및 회절발로 구성된 장치로 입사된 빛 중에 원하는 파장의 빛만을 골라내기 위해 사용된다.

ⓒ 분석대상 금속에 따라 슬릿의 폭을 바꾸어 목적하는 분석선 만을 선택해 내야 한다.

ⓔ 슬릿의 폭은 목적하는 분석선을 분리해 낼 수 있는 범위 내에서 되도록 넓게 설정하는 것이 좋다.

ⓜ 일반적으로 0.2nm의 분해능을 갖는 것이면 된다.

④ 검출부

　ⓐ 검출부는 단색화장치에서 나오는 빛의 세기를 측정 가능한 전기적 신호로 증폭시킨 후 이 전기적 신호를 판독장치를 통해 흡광도나 흡광률 또는 투과율 등으로 표시한다.

　ⓑ 일반적으로 증폭장치를 사용하는 것은 광전증배관이다.

(3) 조작방법

① 설치조건

　ⓐ 설치장소는 진동이 없고 분석에 사용되는 유해물질을 안전하게 처리하게 할 수 있으며, 부식가스나 먼지가 적고 상대습도 85% 이하의 직사광선이 비치지 않는 곳이 적절하다.

　ⓑ 공급전원은 지정된 전력용량 및 주파수이어야 하고, 전원변동은 지정전압의 ±10% 이내로서 주파수변동이 없어야 한다.

　ⓒ 대형변압기, 고주파 가열로와 같은 것으로부터 전자기 유도를 받지 않아야 하고 접지저항은 10Ω 이하이어야 한다.

② 장치의 설치 및 점검

　ⓐ 장치를 설치하고 가스배관을 연결한 다음 가스의 누출이 없는지 확인해야 한다.

　ⓑ 장치에 가스를 공급하는 가스통은 넘어지지 않도록 고정해야 한다.

③ 분석을 위한 장비의 가동 ●출제율 30%

　ⓐ 각 분석방법에 규정된 내용과 기기회사의 권고내용을 참고하여 기기의 조건을 설정하고 최적화시킨다. 최적화가 감도결정에 영향을 주며, 광원과 원자화장치의 최적화가 감도결정에 영향을 많이 준다.

ⓐ 광원의 최적화
- 광원에서 방사되는 복사선이 버너의 적정높이에서 평행하게 지나가도록 램프위치를 설정해야 한다. 기기마다 램프의 수직과 수평 위치를 조절하는 나사가 있으므로 이것을 조절하면서 흡광도를 관찰하여 가장 최대의 흡광도를 나타내고 변화가 적은 램프위치를 설정한다.
- 제조회사가 제시한 기기의 작동지침서에는 대부분 금속별로 2개 이상의 고유파장이 주어져 있다. 이러한 파장 중에서 분석예상농도를 분석하는 데 가장 적절한 파장을 선택하도록 한다.
- 램프가 노후화되면 전류를 약간 높여 사용한다.

ⓑ 원자화장치의 최적화
- 분무장치에서 시료의 원자화에 가장 큰 영향을 미치는 변수는 시료방울의 크기이다. 따라서 유입된 시료는 분무장치의 유리구슬에 효율적으로 충돌되어 작은 물방울로 분산되어야 한다.
- 시료주입량이 너무 느리면 시료량이 적어 흡광도가 낮고, 너무 빠르면 용매의 과잉공급으로 불꽃이 불안정해진다. 따라서 적정 주입량은 보통 분당 2~5mL이나 기기마다 적정유량을 참조하는 것이 바람직하다.
- 분석조건에 따라 적정불꽃의 상태(산화상태 또는 환원상태)와 버너의 높이를 조절하여 최대의 흡광도가 일어나는 조건을 찾아야 한다.

ⓛ 기기회사가 제시한 농도에서 그에 해당하는 적절한 흡광도가 얻어지는지를 확인한다. 적절한 흡광도가 얻어지지 않을 때에는 시료주입량, 버너의 위치, 불꽃의 상태, 광원의 전류량 조절 등을 통해 원하는 흡광도가 얻어질 수 있도록 조정해야 한다.

최적화 상태를 확인하는 방법은 다음과 같다.

ⓐ 기기 제조회사가 제시한 작동지침서에서 제시한 금속별 최적농도 범위 내에서 표준용액을 조제하고 그 중 한 농도를 선택한다.
ⓑ 앞서 설명한 기기의 최적화에 영향을 미치는 변수들을 차례대로 조절하여 가장 높은 흡광도를 나타내는 기기상태와 조건을 설정한다.
ⓒ 가장 높은 흡광도를 나타내는 상태에서 정확도와 정밀도를 제공할 수 있는지를 확인한다.

ⓒ 직접흡광도가 이루어지면 공시료, 표준용액 및 현장시료의 분석을 실시한다.

(4) 정성 및 정량 분석

① 원자흡광분석에 있어 검량선은 저농도 영역에서는 양호한 직선성을 나타내지만 고농도 영역에서는 여러 가지 원인에 의해 휘어진다. 따라서 정량을 행하는 경우 직선성을 나타내는 농도나 흡광도 영역에서 시험을 실시하여야 한다.

② 정량분석은 각 분석방법에 규정된 방법에 따라 시험하여 흡광도의 재현성, 회수율 등을 고려하여 분석한다.

③ 검출한계는 분석기기의 검출한계와 분석방법의 검출한계로 구분되며, 분석기기의 검출한계란 최종시료 중에 포함된 분석대상 물질을 검출할 수 있는 최소량을 말하고, 분석방법의 검출한계란 노출농도 측정시료 중에 포함된 분석대상 물질을 검출할 수 있는 최소량을 말하며, 구하는 요령은 가스 크로마토그래피법에서 규정한 방법과 동일하다.

(5) 검량선 작성과 정량법 ●출제율 30%

① 개요

원자흡광분석에 있어서의 검량선은 일반적으로 저농도 영역에서는 양호한 직선성을 나타내지만 고농도 영역에서는 여러 가지 원인에 의하여 휘어진다. 따라서 정량을 행하는 경우에는 직선성이 좋은 농도 또는 흡광도의 영역을 사용하지 않으면 안 된다.

② 정량법 종류

㉠ 검량선법

ⓐ 검량선은 적어도 세 종류 이상의 농도의 표준시료 용액에 대하여 흡광도를 측정하여 표준물질의 농도를 가로대에, 흡광도를 세로대에 취하여 그래프를 그려서 작성한다.

ⓑ 그림에 따라서 분석시료에 대하여 흡광도를 측정하고 검량선의 직선영역에 의하여 목적성분의 농도를 구한다.

ⓒ 이 방법은 분석시료의 조성과 표준시료와의 조성이 일치하거나 유사하여야 한다.

㉡ 표준첨가법

ⓐ 같은 양의 분석시료를 여러 개 취하고 여기에 표준물질이 각각 다른 농도로 함유되도록 표준용액을 첨가하여 용액열을 만든다. 이어 각각의 용액에 대한 흡광도를 측정하여 가로대에 용액영역 중의 표준물질 농도를, 세로대에는 흡광도를 취하여 그래프용지에 그려 검량선을 작성한다.

ⓑ 목적성분의 농도는 검량선이 가로대와 교차하는 점으로부터 첨가표준물질의 농도가 0인 점까지의 거리로써 구한다.

ⓒ 내부표준법

ⓐ 이 방법은 분석시료 중에 다량으로 함유된 공존원소 또는 새로 분석시료 중에 가한 내부 표준원소(목적원소와 물리적 · 화학적 성질이 아주 유사한 것이어야 한다)와 목적원소와의 흡광도 비를 구하는 동시 측정을 행한다.

ⓑ 목적원소에 의한 흡광도 A_S와 표준원소에 의한 흡광도 A_R와의 비를 구하고 A_S/A_R값과 표준물질 농도와의 관계를 그래프에 작성하여 검량선을 만든다.

ⓒ 이 방법은 측정치가 흩어져 상쇄하기 쉬우므로 분석값의 재현성이 높아지고 정밀도가 향상된다.

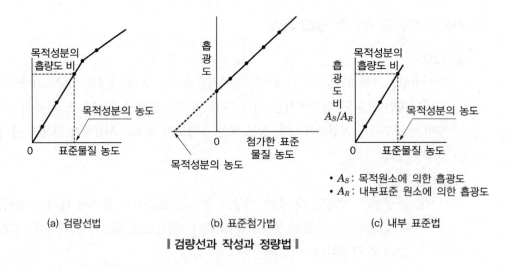

(a) 검량선법   (b) 표준첨가법   (c) 내부 표준법

▮ 검량선과 작성과 정량법 ▮

02 분광광도계(흡광광도법)

(1) 원리 및 적용범위

① 원리

일반적으로 빛(백색광)이 물질에 닿으면 그 빛은 물질이 표면에서 반사, 물질의 표면에서 조금 들어간 후 반사, 물질에 흡수 또는 물질을 통과하는 빛으로 나누어지는데, 물질에 흡수되는 빛의 양(흡광도)은 그 물질의 농도에 따라 다르다. 분광광도

계는 이와 같은 빛의 원리를 이용하여 일정한 파장에서 시료용액의 흡광도를 측정하여 그 파장에서 빛을 흡수하는 물질의 양을 정량하는 원리를 갖는 분석기기이다.

② **적용범위**

사용하는 파장대는 주로 자외선(180~320nm)이나 가시광선(320~800nm) 영역이다.

③ **램버트-비어(Lambert-Beer)의 법칙** ●출제율 30%

세기 I_0인 빛이 농도 C, 길이 L이 되는 용액층을 통과하면 이 용액에 빛이 흡수되어 입사광의 강도가 감소한다. 통과한 직후의 빛의 세기 I_t와 I_0 사이에는 램버트-비어의 법칙에 의하여 다음의 관계가 성립한다.

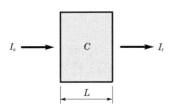

$$I_t = I_o \cdot 10^{-\varepsilon \cdot C \cdot L}$$

여기서, I_o : 입사광의 강도

　　　　I_t : 투사광의 강도

　　　　C : 농도

　　　　L : 빛의 투사거리(석영 cell의 두께)

　　　　ε : 비례상수로서 흡광계수

㉠ 투과도(투광도, 투과율)(τ)

$$\tau = \frac{I_t}{I_o}$$

㉡ 흡광도(A)

$$A = \xi L c = \log \frac{I_o}{I_t} = \log \frac{1}{투과율}$$

　　여기서, ξ : 몰 흡광계수

(2) 주요 구성

분광광도계는 광원, 파장선택장치, 시료용기(큐벳 홀더, cuvette holder), 그리고 검출기와 지시기로 구성되어 있다.

① 광원
- ㉠ 시료 중에 존재하는 흡광물질의 농도를 측정하는 데 필요한 일정한 파장의 빛을 낼 수 있어야 한다.
- ㉡ 대부분의 분광광도계는 가시광선 범위의 분석에는 텅스텐(텅스텐 램프)을 사용하고, 자외선 범위의 분석에는 수소(중수소 방전관) 등을 사용한다.

② 파장선택장치
프리즘이나 회절절격자와 같은 단색화장치가 있어 원하는 파장범위의 빛을 시료에 투과할 수 있도록 해야 한다.

③ 시료 용기부
시료용액의 흡광도가 측정되는 곳으로 파장선택장치로부터 나온 일정한 파장의 빛에 의하여 시료가 조사되는 장소로, 외부로부터 빛이 완전히 차단될 수 있어야 한다.
- ㉠ 두 개 이상의 큐벳을 사용할 때에는 표준화된 한 벌의 큐벳을 사용해야 한다. 표준화된 큐벳이란 빛의 50%를 통과시키는 용액에 대하여 큐벳 사이의 흡광도 차이가 1% 이하인 것을 말한다.
- ㉡ 큐벳은 항상 큐벳홀더의 정위치에 위치시켜야 한다.
- ㉢ 큐벳에 여러 종류의 흠이 있거나, 지문, 용매 등이 묻어 있을 수 있는데, 이들 역시 흡광도에 영향을 미치기 때문에 조심스럽게 잘 닦은 후 사용하도록 해야 한다.

④ 검출기와 지시기
시료용액을 통과한 빛에너지를 전기에너지로 변환하여 시료용액의 흡광도를 나타낼 수 있어야 한다.

(3) 조작방법 ●출제율 20%

① 설치조건
- ㉠ 설치장소는 진동이 없고, 분석에 사용되는 유해물질을 안전하게 처리하게 할 수 있으며, 부식가스나 먼지가 적고 상대습도 85% 이하의 직사광선이 비춰지지 않는 곳이 적절하다.
- ㉡ 공급전원은 지정된 전력용량 및 주파수이어야 하고, 전원변동은 지정전압의 ±10% 이내로서 주파수변동이 없어야 한다.

ⓒ 대형변압기, 고주파가열로와 같은 것으로부터 전자기 유도를 받지 않아야 하고, 접지저항은 10Ω 이하이어야 한다.

② 분석을 위한 장비의 가동

　㉠ 각 분석방법에 규정된 내용과 기기회사의 권고내용을 참고하여 기기의 조건을 설정하고 최적화시킨다.

　㉡ 분석시스템의 바탕선(base line)의 안정상태를 확인한다.

　㉢ 시료를 주입하여 분석하고자 하는 물질의 흡광도가 적정한지를 확인한 다음 실제 시료분석을 실시한다.

(4) 정성 및 정량 분석

① 전체 시스템을 작동시켜 최적화시킨 후, 각 분석방법에서 규정한대로 바탕 공시료와 표준용액을 조제한다.

② 바탕 공시료를 시료 용기(cuvette)에 넣고 투광도가 100% 되게 조절한다.

③ 표준용액을 농도 순서에 따라 차례로 시료 용기에 넣고 흡광도를 측정한 다음 검량선을 작성한다.

④ 검량선 작성 후 현장시료를 넣어 분석한 후 검량선으로부터 농도를 구한다.

⑤ 검출한계는 분석기기의 검출한계와 분석방법의 검출한계로 구분되며, 분석기기의 검출한계란 최종시료 중에 포함된 분석대상 물질을 검출할 수 있는 최소량을 말하고 분석방법의 검출한계란 노출농도 측정시료 중에 포함된 분석대상 물질을 검출할 수 있는 최소량을 말하며, 구하는 용량은 가스 크로마토그래피법에서 규정한 방법과 동일하다.

03 유도결합 플라즈마 분광광도계(ICP-AES)

(ICP ; Inductively Coupled Plasma : 원자발광분석기)

(1) 개요 및 원리

① 모든 원자는 고유한 파장(에너지)을 흡수하면 바닥상태(안정된 상태)에서 여기상태(들뜬상태 : 흥분된 상태)로 된다.

② 여기상태의 원자는 다시 안전한 바닥상태로 되돌아올 때 에너지를 방출한다.

③ 금속원자마다 그들이 흡수하는 고유한 특정파장과 고유한 파장이 있다. 전자의 원리를 이용한 분석이 원자흡광광도계이고 후자의 원리(원자가 내놓는 고유한 발광에너지)를 이용한 것이 유도결합 플라즈마 분광광도계이다. (발광에너지=방출 스펙트럼)

(2) 장치 구성 ●출제율 20%

> (시료주입장치) → (광원부) → (분광장치) → (검출기)

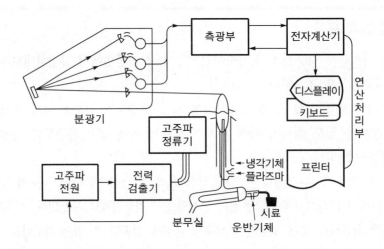

① 시료주입장치

　㉠ 분무기(Nebulizer)와 안개상자(Spray chamber)로 구성되어 있고, 수용액 시료를 pump(주입속도 : 1~2mL/min)를 이용, 에어로졸 상태로 분무 도입시킨다.

　㉡ 가장 일반적으로 시료를 플라즈마로 보내는 방법은 액체 에어로졸을 직접 주입하는 분무기에 의한 것이다.

　㉢ 시료용액을 원자화하기 위해서는 균일한 에어로졸을 많이 만들어 주어야 할 뿐아니라 다량의 에어로졸을 플라즈마에 분사시키기 위하여 가능한 그 크기를 최소화하는 것이 효과적이므로 분무기의 효율은 검출한계에 가장 큰 영향을 미치는 요인이다.

　㉣ 분무기에 의하여 원자화되는 시료의 크기는 비중, 점성, 표면장력 등 검액의 물리적 성질에 의하여 결정되기 때문에 다량의 염을 포함하는 용액이나 강산을 분석할 경우에는 플라즈마에 도입되는 시료의 양과 표준용액의 양이 달라질 수 있으므로 주의를 요한다.

② 광원부(플라즈마 토치+라디오 주파수 발생기)

    ㉠ 별도의 광원이 필요 없고 아르곤 가스를 6,000K 이상의 초고온상태로 만들어 아르곤 플라즈마를 생성시켜 플라즈마가 금속원자를 들뜨게 한다.

    ㉡ 원자화된 시료를 용해, 해리, 증발 및 여기하는 장치로서 분석에 이용되는 분석선을 방출시킨다.

③ 분광장치(파장분리기)

    플라즈마에서 이온화되어 들뜬상태의 금속에서 내놓는 발광에너지들은 광학 시스템에 모아져 분광장치로 보내진다.

④ 검출기

    검출기는 주로 광학적 신호를 전기적 신호로 전환시켜주는 광전자증배관을 사용한다.

(3) 장점 ●출제율 20%

① 비금속을 포함한 대부분의 금속을 ppb 수준까지 측정할 수 있다.
    (원자흡광광도계에 비하여 희석에 따른 오차를 줄일 수 있다)

② 적은 양의 시료를 가지고 한꺼번에 많은 금속을 분석할 수 있다는 것이 가장 큰 장점이다.

③ 한 번의 시료를 주입하여 10~20초 내에 30개 이상의 원소를 분석할 수 있다.

④ 화학물질에 의한 방해로부터 거의 영향을 받지 않는다.
    (플라즈마 온도가 매우 높아서 원자흡광광도계의 불꽃에서 발생되던 화학적 간섭물질이 없으며, 전처리가 요구되지 않아 분석시간을 절약할 수 있음)

⑤ 검량선의 직선성 범위가 넓다. 즉 직선성 확보가 유리하다.

⑥ 원자흡광광도계보다 적어도 같은 정밀도를 갖으며, 경제적인 측면에서도 유리하다.

(4) 단점 ●출제율 20%

① 원자들은 높은 온도에서 많은 복사선을 방출하므로 분광학적 방해영향이 있다.

② 시료분해 과정 동안에 화합물(NO, CO, CN 등) 바탕방출이 있어 컴퓨터 처리과정에서 교성이 필요하다.

③ 유지관리(주 : 아르곤가스) 및 기기구입 가격이 높다(원자흡광광도계보다 약 2배 이상 고가).

④ 이온화에너지가 낮은 원소들은 검출한계가 높다.

⑤ 이온화 에너지가 낮은 원소들이 공존하면 다른 금속의 이온화에 방해를 준다.

(5) ICP-AES의 금속원소 및 비금속원소 분석범위

① ICP로 분석할 수 있는 원소의 범위는 매우 넓어 이론적으로 아르곤을 제외한 주기
율표의 모든 원소를 분석할 수 있다.

② 실제로 F, Cl, Br 등은 보통 직접 분석이 안 되며 산소, 질소 등은 감도가 낮아
ICP로 분석이 곤란하다. 이러한 몇몇 원소를 제외하면 거의 모든 원소가 ICP로
분석이 가능한데 특히 다른 방법으로는 분석이 곤란한 희토류 원소나 Li, Be, B
등의 원소도 분석이 가능하다.

③ ICP로 분석가능한 농도범위(dynamic range)는 매우 넓은데 특히 한 원소가 여
러 파장의 빛을 발광하고 각 파장마다 그 강도가 다르기 때문에 적당한 파장으로
바꾸어 주면서 고농도에서 저농도까지 광범위한 농도범위에서 분석이 가능하다.

④ 작업환경이 개선됨으로 인해서 공기 중에 금속농도가 낮아지거나 또는 여러 종류
의 금속이 존재할 경우 ICP는 유일하게 이용될 수 있다.

⑤ 일반적 분석범위
  ㉠ 금속원소
    0.01~100ppm
  ㉡ 비금속원소
    0.1~100ppm

〈출처 : 작업환경측정 및 평가, 신광출판사, 백남원 외〉

04 위상차현미경(PCM)

(1) 원리 및 적용범위

① 원리
위상차현미경은 표본에서 입자를 투과한 빛과 투과하지 않은 빛 사이에서 발생하
는 미세한 위상의 차이를 진폭의 차이로 바꾸어 현미경 표본 내의 얇고 투명한 입
자를 높은 명암비로 또렷하게 관찰할 수 있도록 고안된 광학현미경의 한 종류인
분석기기이다.

② 적용범위
허용기준 대상 유해인자 중 석면의 공기 중 섬유농도 정량분석에 적용한다.

(2) 주요 구성 ●출제율 20%

Köhler 조명을 잘 구현할 수 있는 투과조명방식이며, Binocular 타입 이상의 현미경을 사용한다.

① 광원

　　㉠ 표본을 밝고 균일하게 조명하기 위한 것으로 30W 이상의 할로겐램프를 사용한다.

　　㉡ 광원상에 그린필터($\lambda \fallingdotseq 530$nm) 또는 블루필터가 장착되어 있어야 한다.

② 집광기

　　㉠ 표본의 일정부위를 빛을 모아 일정한 개수구로 조명하기 위한 것으로 대물렌즈의 개구수보다 큰 개구수를 갖는 것을 사용한다.

　　㉡ 시야상에서 40배 대물렌즈의 위상판 고리 이미지와 중첩되는 크기의 집광고리가 있는 것을 사용한다.

③ 대물대

X, Y-축으로 이동가능한 형태로 슬라이드 고정을 위한 표본고정 클립이 있는 것을 사용한다.

④ 대물렌즈

위상차 이미지 구현을 위해 위상차판이 삽입되어 있는 확대 배율 40배의 위상차 대물렌즈로 개구수가 0.65~0.75인 것을 사용한다.

⑤ 접안렌즈

　　㉠ Wide-eyefield 또는 Huyenian 타입의 10배 배율의 렌즈를 사용해야 한다.

　　㉡ Walton-Beckett 그래티큘 삽입이 가능한 형태의 렌즈이어야 한다.

⑥ Walton-Beckett 그래티큘

　　㉠ 400배 배율로 관찰 시 시야 상 그래티큘 원의 지름이 $100 \pm 2\mu$m를 만족해야 한다.

　　㉡ 원의 지름선상에 수직으로 3μm와 5μm의 스케일이 있어 섬유의 크기를 쉽게 가늠할 수 있어야 한다.

　　㉢ 그래티큘 원 주위의 섬유의 길이를 가늠할 수 있는 5μm, 10μm, 20μm의 선과 길이 대 지름의 비 3 : 1의 섬유형태가 인쇄되어 있는 그래티큘을 사용해야 한다.

(3) 조작방법

① 설치·운반 조건
  ㉠ 현미경의 설치장소는 바닥이 평평하며 진동이 없고, 먼지가 발생하지 않는 곳에 설치하도록 한다.
  ㉡ 현미경을 옮길 때에는 광학계에 충격이 가지 않도록 한 손으로는 지지손잡이(Arm)를 잡고 한 손으로는 현미경 바닥을 받치고 옮긴다.

② 분석을 위한 장비의 가동
  ㉠ 위상차현미경의 좋은 이미지 관찰을 위하여 Köhler illumination을 구현하여 기기의 조건을 설정하고 최적화시킨다.
  ㉡ HSE/NPL 테스트 슬라이드를 이용하여 현미경의 해상도를 확인한다.
  ㉢ 스테이지 마이크로미터(stage micrometer, 0.01mm/div 이상)를 이용하여 Walton-Beckett 그래티큘의 지름을 측정하여 계수면적을 계산한다.

(4) 계수분석(A규칙) 출제율 20%

① 길이가 $5\mu m$보다 크고 길이 대 넓이의 비가 3 : 1 이상인 섬유만 계수한다.
② 섬유가 계수면적 내에 있으면 1개로 섬유의 한쪽 끝만 있으면 1/2개로 계수한다.
③ 계수면적 내에 있지 않고 밖에 있거나 계수면적을 통과하는 섬유는 세지 않는다.
④ 섬유다발뭉치는 각 섬유의 끝단이 뚜렷이 보이지 않으면 1개로 계수하고, 뚜렷하게 보이면 각각 계수한다.
⑤ 100개의 섬유가 계수될 때까지 최소 20개 이상 충분한 수의 계수면적을 계수하되, 계수한 면의 수가 100개를 넘지 않도록 한다.

SECTION 7 석면의 측정 및 분석

01 개요 및 특징

(1) 석면(asbestos)은 화성암의 일종으로 천연의 자연계에 존재하는 사문석계 및 각섬석계의 광물에서 채취된 섬유모양의 규산 화합물로서 직경이 $0.02 \sim 0.03 \mu m$ 정도의 유연성이 있는 광택이 특이한 극세섬유상의 광물이다.

(2) 사문석계는 백석면(chrysotile), 각섬석계는 청석면(crocidolite), 갈석면(amosite), 악티노라이트(actinolite), 안소필라이트(anthophylite), 트레모라이트(tremolite)로 구분되며, 청석면 및 갈석면, 악티노라이트 석면, 안소필라이트 석면 및 트레모라이트 석면은 제조 등의 금지 유해물질이며, 백석면은 허가대상 유해물질이다.

(3) 이들 6종의 석면은 화학적으로 각 석면별로 고유의 원소비를 가지는 결정형 실리케이트(silicate) 광물의 일종이다. 따라서 석면을 동정하고 함량을 분석하기 위해서는 섬유상의 형태와 석면특유의 화학조성 및 결정특성을 확인하여야 한다.

(4) 공기 중 석면의 존재여부를 알기 위해서는 석면의 발생원을 파악해야 한다. 작업장의 경우 물질안전보건자료를 이용하여 석면의 사용여부를 쉽게 파악할 수 있으며, 석면 포함 여부가 의심되는 경우에는 해당 물질의 고형시료(bulk sample)를 채취하여 석면포함 여부를 판정하게 된다.

(5) 일반적으로 공기 중 석면농도를 평가하는 방법은 OSHA와 NIOSH에서 추천하는 방법으로 막 여과지로 채취하고 위상차현미경으로 분석하는 방법이 이용된다.

02 석면의 화학조성 ●출제율 20%

광물군	명 칭	화학조성
사문석계	chrysotile	$Mg_3Si_2O_4(OH)_4$
각섬석계	amosite	$(Fe^{2+})_2(Fe^{2+},\ Mg)_5Si_8O_{22}(OH)_2$
	crocidolite	$Na_2(Fe^{2+},\ Mg)_3Fe^{3+}Si_8O_{22}(OH)_2$
	anthophylite	$Mg_7Si_8O_{22}(OH)_2$
	tremolite	$Ca_2Mg_5Si_8O_{22}(OH)_2$
	actionlite	$Ca_2(Mg,\ Fe^{2+})Si_8O_{22}(OH)_2$

03 석면의 분석방법 구분

(1) 공기 중 석면 섬유의 계수분석

① 위상차현미경법(PCM) : 가장 보편적 사용
② 투과전자현미경법(TEM) : 미국 EPA에서 사용
③ 주사전자현미경법(SEM)

(2) 고형시료 중의 석면 함유율 분석

① 편광현미경법(PLM) : 가장 보편적 사용
② 투과전자현미경법(TEM) : 가장 보편적 사용
③ 주사전자현미경법(SEM)
④ 엑스선회절분석법(XRD)
⑤ 열분석법(TG-DTA)

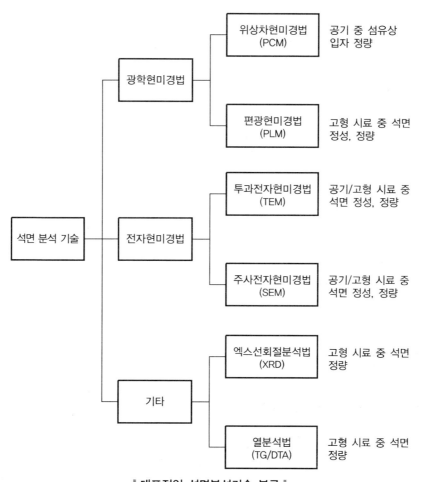

┃ 대표적인 석면분석기술 분류 ┃

04 석면시료의 시료채취

(1) 고형 시료채취방법

① 시료채취결정

　ㄱ 채취할 장소의 건축자재나 물품명세서, 물질안전보건자료를 확인하거나 육안관
　　 찰을 하여 석면 함유 가능성을 파악한다.

　　ⓐ 건축물인 경우 잘 떨어져 나오는 물질

　　ⓑ 손상된 부위나 섬유가 노출된 곳

　　ⓒ 석면이 함유되어 있으리라고 예상되는 곳

ⓛ 동일한 물질에 대해 시료의 대표성을 가질 수 있는 시료수를 결정

미국 환경보호청에서는 1,000ft² 이하의 면적에서 최소한 3개의 시료를 1,000~5,000ft²는 5개 그 이상은 7개의 시료를 채취하도록 하고 있다.

② 고형 시료채취방법

㉠ 표면을 적신다.

㉡ 표면을 적실 수 없으면 플라스틱백 같은 것으로 감싸 비산되지 않도록 한다.

㉢ 시료채취자는 반드시 호흡보호구를 착용한다.

㉣ 건축자재인 경우 쿠르크 borer 같은 것을 돌리거나 시료가 대표성을 가질 수 있도록 채취한다.

㉤ 시료를 용기에 넣을 때 비산되지 않도록 하고 시료채취에 사용한 기구는 잘 닦는다.

㉥ 시료에 채취장소, 일시 등을 기록한다.

㉦ 시료채취장소는 잘 복구한다.

㉧ 포장을 잘 하여 운송도중 파손되지 않도록 한다.

㉨ 분석실에서는 반드시 후드에서 작업한다.

(2) 공기 중 시료채취방법 출제율 20%

① NIOSH P&CAM 239 Method

㉠ NIOSH Method 7400이 제한(1984년)되기 전에 사용되던 방법

㉡ 유량

개인용 시료채취 펌프를 이용(1.0~2.5L/분)

㉢ 채취기구

직경 37mm, 3-piece cassette에 구멍의 크기 0.8μm 셀룰로오스 에스테르 막 여과지(MCE)를 사용 채취

㉣ 분석

Porton reticle과 0.1mm subdivision stage micrometer를 사용하여 계수

㉤ 시료의 투명화

ⓐ 디메틸프탈레이트(dimetyl pythalate)와 디에틸옥살레이트(diethyloxalate)를 사용한다. 이 용액을 1:1 부피비로 혼합하고 1mL당 0.05g의 막 여과지를 넣어 진탕하여 녹게 한 후 투명화 용액(mounting solution)으로 사용 이 투명화 용액을 유리봉으로 슬라이드 글라스 위에 떨어뜨리고 삼각형

모양으로 퍼지게 만든 다음 여기에 시료의 일부를 잘라 올려놓고 커버 글라스(cover glass)로 덮는다.

ⓑ 시료는 2일이 경과되면 결정화가 생길 수 있으므로 장기간 보관하지 못한다. 이러한 단점을 보완하여 1984년 NIOSH Method 7400이 제정되었고, 그 후 몇 번의 개정을 하였다.

② OSHA Method

NIOSH 7400 방법을 추천하고 있으나 37mm 크기의 여과지도 추천하고 있는데 이는 섬유의 과잉채취를 방지할 수 있기 때문이다.

③ NIOSH Method 7400

위상차현미경을 이용한 시료채취 및 분석방법이다.

05 석면시료의 분석방법

(1) 위상차현미경 분석법(PCM ; Phase Contrast Microscopy) ●출제율 30%

① 원리

㉠ 작업환경 중의 분석대상 물질을 여과지로 통과시켜 측정대상 물질을 채취하여 시료 전처리를 한 후 위상차현미경을 이용하여 길이가 5μm보다 크고, 길이 대 직경(aspect ratio)의 비가 3 : 1을 초과하는 석면섬유를 직접 계수한다.

㉡ 주요 측정 · 분석 방법으로는 미국 NIOSH 7400, 미국 OSHA ID-160, 영국 HSE MDHS 39/4 등이 있다.

② 기구

㉠ 채취기

셀룰로오스 막 여과지(cellulose ester membrane filter, pore size : 0.45~1.2μm, 직경 : 25mm)와 패드가 장착된 전도성 연장통이 있는 직경 25mm의 3단 카세트(직경 37mm의 필터 및 카세트도 사용 가능함)

ⓐ Open face로 시료채취할 것

• 사용하지 않은 여과지의 섬유수가 계수면적 100시야당 5개 이상으로 오염된 것은 사용 불가

• 카세트의 카울이 정전기를 띠지 않도록 전도성이 처리되어 있으면 정전기의 방해작용이 없어 시료채취가 더욱 양호함

- 위상차현미경 분석 시 0.8μm의 여과지를 사용한다. 0.45μm 여과지는 전자현미경으로 분석 시 필요하나 일반적으로는 시료채취 시 부하가 커서 부적당하다.

ⓒ 개인시료 채취용 펌프

ⓒ 위상차현미경

대안렌즈(10×), 대물렌즈(40~50×), 총 배율(약 400배), 구경수차(numerical aperture : 0.65~0.75)

ⓒ 슬라이드 글라스 : 25×75mm

ⓒ 커버 글라스 : 22×22mm, No. $1\frac{1}{2}$

ⓒ 락커나 매니큐어

ⓒ 수술용 칼 : #10

ⓒ 핀셋

ⓒ 마이크로 피펫 : 5~500μL

ⓒ 현미경계수자

Walton-Beckett graticule, Type G-22

시야면적 : 0.00785mm^2

ⓒ Stage micrometer(0.01mm division)

ⓒ 아세톤 증기화장치

삼각플라스크(200~250mL)에 유리관(길이 16~22cm)이 연결된 고무마개를 끼운다. 마개에 구멍을 뚫어 유리관을 플라스크 안으로 10~12cm 정도 들어가게 하고, 고무관 밖의 유리관(8~10cm)은 알코올램프를 사용하여 수평으로 20~30°가 되도록 구부린다. 또는 제품으로 나와 있는 슬라이드 글라스 투명화 '가열 알루미늄 블록(heated aluminium block)'을 사용해도 된다.

③ 시약

㉠ 아세톤

㉡ triacetin(glycerol triacetate) : 시약 등급

④ 시료채취

㉠ 각 시료채취 펌프를 보정한다(시료채취 시와 동일한 연결상태에서).

㉡ 카세트는 근로자의 호흡위치(코로부터 반경 30cm 이내)에 위치하도록 하고 상단부 뚜껑을 열어 공기가 흡입되는 쪽을 열린 면으로 하고, 바닥으로 향하도록 한다.

ⓒ 2개 이상(또는 총 시료의 10% 이상)의 공시료를 준비하는데 공시료는 시료채취 장소에서 카세트 상단부의 작은 뚜껑을 한번 열고 다시 닫은 후 깨끗한 장소(상자나 가방)에 보관한다.

ⓔ 시료는 0.5~16L/분의 유량으로 채취한다. 계수정밀도를 높이기 위해 섬유밀도가 100~1,300개/mm² 가 되도록 유량과 채취시간을 조정한다.

ⓐ 먼지가 많지 않고 섬유농도가 0.1개/cc 정도에서는 1~4L/분의 유량으로 8시간 동안 시료를 채취하는 것이 좋다. 그러나 먼지가 많은 환경에서는 공기채취량을 보다 적게 한다(<400L).

ⓑ 석면농도가 높고 먼지가 많은 곳에서는 여과지를 여러 번 바꿔 연속 시료 채취하는 것이 좋다.

ⓒ 간헐적으로 폭로되는 경우에는 고유량(7~16L/분)으로 짧은 시간동안 채취하는 것이 좋다.

ⓓ 비교적 깨끗한 대기에서 석면의 농도가 0.1개/cc보다 작으면 정량가능한 양이 채취되도록 충분한 공기량(3,000~10,000L)을 채취한다. 그러나 여과지 표면적의 50% 이상이 먼지로 덮이지 않도록 하는데 먼지의 과대채취는 오차를 유발하기 때문이다.

ⓔ 시료가 손상을 입히지 않도록 알루미늄 호일에 싼 채로 용기에 넣어 충전물질을 충분히 채운 다음 분석실로 운반한다(폴리스티렌폼은 정전기 때문에 섬유의 손실을 유발하므로 이를 충전물질로 사용해서는 안 된다).

⑤ 시료의 전처리

㉠ 슬라이드 글라스와 커버 글라스를 깨끗이 닦는다.

㉡ 아세톤 증기화장치 안에 아세톤을 40~60mL를 넣은 후 60~70℃ 정도로 가열한다.

㉢ 아세톤 증기화장치를 서서히 가열하여 아세톤을 끓인다. 이때 아세톤 증기는 유리관을 통해 나오면 폭발위험이 있으므로 불꽃이 없는 가열판을 사용하도록 하고 반드시 흄 후드 내에서 실험을 하도록 한다. 아세톤의 끓는점은 58℃이다.

㉣ 여과지의 25% 정도를 수술용 칼로 찢어지지 않도록 구르듯이 잘라 먼지가 있는 면이 위로 가도록 슬라이드 글라스 위에 놓는다.

㉤ 깨끗이 닦아 놓은 슬라이드 글라스 위에 절단한 여과지를 분진이 위로 향하도록 올려놓는다.

㉥ 슬라이드 글라스 위의 여과지를 아세톤 증기가 발생되는 곳에서 약 1~2cm 정도 앞에서 2~5초간 증기를 쏘이면 여과지가 투명하게 된다.

[유리관을 통하여 아세톤 증기가 충분히 나오는지 확인하기 위해서는 슬라이드 글라스의 여과지가 없는 부위를 대어보면 된다. 2~3cm의 응축반점이 생기면 증기가 충분하므로 여과지를 투명화시키면 된다. 여과지가 휘어지면 증기가 충분하지 않은 상태이다. 투명화시키는 과정에서 아세톤이 여과지로 떨어지지 않도록 주의하고 유리관 구멍을 주기적으로 닦아준다.]

ⓐ 마이크로 피펫을 사용해서 3~3.5mL의 트리아세틴을 떨어뜨린다.

ⓞ 커버 글라스를 기포가 생기지 않도록 비스듬하게 여과지 위에 얹는다.

[과량의 트리아세틴이 커버 글라스 아래에 있는 여과지 가장자리에 있으면 섬유의 이동이 일어날 수 있다.]

ⓩ 커버 글라스의 가장자리를 락커나 매니큐어로 칠하여 밀봉한다.

[투명화가 느리게 진행되면 빨리 되도록 50℃ 정도의 열판 위에서 15분 이상 슬라이드를 가열한다. 이때 기포가 생기지 않도록 주의한다.]

⑥ 시료의 분석(석면섬유의 계수)

㉠ 석면계수자가 삽입된 현미경의 대물대에 투명화된 시료를 넣고 여과지 표면에 초점을 낮춘다.

㉡ 다음 2가지 계수 규정 중 하나를 선택해서 400배율 또는 450배율에서 계수한다.

ⓐ A규정
- 길이가 $5\mu m$보다 크고 길이 대 직경의 비가 3 : 1 이상인 섬유만 계수한다.
- 섬유가 계수면적 내에 있으면 1개로, 섬유의 한쪽 끝만 있으면 1/2개로 계수한다.
- 계수면적 내에 있지 않고 밖에 있거나 계수면적을 통과하는 섬유는 세지 않는다.
- 100개의 섬유가 계수되도록 충분한 시야수를 계수한다. 최소한 20개 이상의 시야수를 관찰하고, 섬유수에 관계없이 100개 시야에서 중단한다.
- 섬유다발뭉치는 각 섬유의 끝단이 뚜렷이 보이지 않으면 1개로 계수한다.
- 계수면적의 이동은 여과지의 한 끝에서 수평으로 반대 끝까지 간 다음, 수직으로 약간 움직여 다시 수평으로 이동시키면 된다.

ⓑ B규정(유리섬유 같은 비석면 계수 시 적당하다)
- 섬유의 끝만을 계수하며, 각 섬유의 길이가 $5\mu m$ 이상이고 직경이 $3\mu m$보다 작아야 한다.
- 길이 대 직경의 비가 5:1 이상인 것만 계수한다.
- 계수면적 내에 있는 각 섬유의 끝을 한 개로 계수한다.

- 섬유덩어리는 끝의 구분이 가능할 때 최대한 10개의 끝으로 계수할 수 있다.
- 200개의 끝이 계수될 때까지 시야수를 관찰한다. 최소한 20개의 시야를 관찰한다. 100시야에서 멈춘다.
- 섬유가 다른 입자에 붙어 있을 때에는 다른 입자의 크기에 관계없이 구별이 가능한 끝을 계수한다.
- 전체 끝의 수를 2로 나눈 값이 섬유수에 해당한다.
- 계수면적의 이동은 여과지의 한 끝에서 수평으로 반대 끝까지 간 다음 수직으로 약간 움직여 다시 수평으로 이동시키면 된다.

ⓒ A규정이나 B규정으로 계수 시 주의점
- 첫 계수면적을 선정 시 렌즈로부터 잠깐 눈을 돌린 후 대물대를 이동시켜 이를 선정한다.
- 섬유덩어리가 계수면적의 1/6을 차지하면 그 계수면적은 버리고 다른 것을 선정한다. 버린 계수면적은 총 계수면적에 포함시키지 않는다.
- 계수면적을 옮길 때 계속해서 미세조정 손잡이로 초점을 맞추면서 여과지에 묻어 있는 미세한 섬유를 측정한다. 작은 직경의 섬유는 매우 희미하게 보이나 전체 석면계수에 큰 영향을 미친다.

ⓓ A규정에 의한 섬유(석면) 계수법의 예

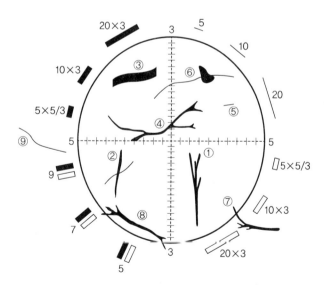

❙ 위상차현미경상의 섬유 예 ❙

번호	섬유수 (개)	설 명
①	1	가는 석면 섬유가 여러 개 뭉쳐 있는 것으로 보인다. 섬유 끝이 갈라져 보이더라도 같은 뭉치(bundle)에서 나온 것으로 보이며, 1개로 계수한다. (섬유다발의 형태로 각 섬유의 양 끝단이 확인되지 않으므로 섬유 전체를 하나하나 계수하지 않고 1개의 섬유다발로 계수) 석면 섬유이든 아니든 길이 대 직경기준(3 : 1)을 만족하면 계수한다.
②	2	길이가 5μm보다 크고 길이 대 직경의 비가 3 : 1 이상이므로 계수규정을 만족한다. 두 섬유가 교차되어 있으나 같은 뭉치에서 나오지 않은 것처럼 보이므로 각각 계수하여 2개가 된다. (가는 섬유들이 모여진 섬유다발과 단일 섬유가 동시에 관찰될 경우 섬유다발과 섬유를 각각 계수함)
③	1	직경이 5μm 이상이나 길이 대 직경의 비가 3 : 1 이상이므로 1개로 계수한다. A규정에서는 직경에 관한 제한이 없다.
④	1	매우 긴 섬유가 교차되어 있으나 같은 뭉치에서 나온 것처럼 보이므로 1개로 계수한다. (섬유다발에 많은 가지가 나온 경우, 섬유가지는 섬유다발의 일부분으로 계수)
⑤	0	5μm 이하이면 계수하지 않는다.
⑥	1	섬유에 먼지가 묻어 있어도 계수한다. 만일 먼지에서 나온 두 섬유가 다른 섬유라고 판단되고 각각이 5μm 이상이고 길이 대 직경의 비가 3 : 1 이상이면 각각 계수한다. (섬유가 분진에 가려져 있으나, 양 끝이 보이고 동일한 섬유로 판단되는 경우, 섬유의 길이, 길이 대 지름의 비가 A규정에 적합하면 계수)
⑦	1/2	월톤-바켓 그래티클을 1번 통과하고 있으므로 1/2개로 계수한다. (섬유의 한쪽 끝만 계수면적 안에 있으면 1/2개로 계수)
⑧	0	월톤-바켓 그래티클을 2번 이상 통과하면 계수하지 않는다. (섬유의 양 끝이 계수면적 밖에 있으므로 계수하지 않음)
⑨	0	월톤-바켓 그래티클의 바깥쪽에 위치하므로 계수하지 않는다. (섬유가 계수면적 밖에 있으므로 계수하지 않음)

⑦ 농도계산

　㉠ 다음 식에 의하여 섬유밀도를 계산한다.

　　시야당 섬유수를 석면계수자 시야면적으로 나누어서 계산한다.

$$E = \frac{(F/n_f - B/n_b)}{A_f}$$

　　여기서, E : 개/mm^2

　　　　　　F : 시료의 계수 섬유수(개)

　　　　　　n_f : 시료의 계수 시야수

　　　　　　B : 공시료의 평균 계수 섬유수(개)

n_b : 공시료의 계수 시야수

A_f : 석면계수자 시야면적 (0.00785mm²)

ⓛ 공기 중 석면(섬유) 농도

위에서 계산한 섬유밀도를 이용하여 다음과 같이 계산한다.

$$C = \frac{(E)(A_c)}{V \cdot 10^3}$$

여기서, C : 개/cc

E : 단위면적당 섬유밀도

A_c : 여과지의 유효면적(25mm 여과지인 경우 385mm²)

V : 시료공기 채취량(L)

10^3 : 1,000cc/L

⑧ 장 · 단점

㉠ 장점

ⓐ 전처리가 비교적 간편하여 전처리 중 시료의 훼손 가능성이 적고 빠른 분석 결과 산출이 가능하다.

ⓑ 장비의 이동이 쉬워서 건축물의 석면 해체작업장에서의 석면노출을 매일 모니터링 시 현장에서 빠르게 분석결과를 산출할 수 있다.

ⓒ 현행 고용노동부 산업안전보건법상의 작업환경 중 공기 중 석면노출에 대한 8시간 시간가중평균(TWA) 노출기준인 0.1fibers/cc와 환경부 다중이용시설법(실내공기질 관리법)의 관리기준인 0.01fibers/cc는 위상차현미경법에 의한 분석결과를 기준으로 한 것이므로 위상차현미경을 이용하여 적절히 시료채취 전략을 수립하여 채취 · 분석할 경우 근로자 개인시료와 지역시료의 노출(관리)기준과 비교 · 평가에 모두 적용할 수 있다.

ⓓ 과거의 국내외 역학조사와 작업환경측정 자료 또한 대부분 위상차현미경법으로 분석한 결과이므로 석면섬유노출에 대한 위해도 평가에도 적절히 적용할 수 있다.

㉡ 단점

ⓐ 석면의 길이 대 지름의 비(aspect ratio)만을 이용하여 섬유상 입자 중 석면과 비석면, 석면의 종류를 구분할 수 없다.

ⓑ 비섬유상 입자의 농도가 높은 경우 현미경 시야에서 섬유상 입자의 관찰이 어렵게 되므로 본 측정 · 분석 방법의 검출한계를 증가시키는 방해물질로 작용한다.

ⓒ 현미경의 분해능과 확대 배율의 한계로 인해 채취된 모든 석면을 검출할 수 없다. (백석면은 약 $0.25\mu m$, 기타 각섬석계는 약 $0.15\mu m$ 이상의 지름을 가지는 석면섬유만을 검출할 수 있음)

필수 예상문제 ✔ 출제확률 50%

위상차현미경을 이용하여 석면시료를 분석하였더니 다음과 같은 결과를 얻었다. 공기 중 석면농도(개/cc)를 구하시오.

▸ 시료 1시야당 3.1개, 공시료 1시야당 0.05개

▸ 25mm 여과지(유효 직경 22.14mm)

▸ 2.4L/min의 pump로 1.5시간 시료채취

풀이 석면농도(개/cc) $=\dfrac{(C_s-C_b)\times A_s}{A_f\times T\times R\times 1,000(cc/L)}$

- $C_s - C_b$(1시야당 실제 석면 개수)$=(3.1-0.05)$개/시야
$=3.05$개/시야
- A_s(여과지 유효면적)$=3.14\times(22.14/2)^2 mm^2=385mm^2$
- A_f(개수면적 : 1시야 면적)$=0.00785mm^2$
- T(채취시간)$=90min$
- R(pump 유량)$=2.4L/min$

$=\dfrac{3.05\times 385}{0.00785\times 90\times 2.4\times 1,000}=0.69$개/cc

---

(2) 투과전자현미경 분석법(TEM ; Transmission Electron Microscopy) ●출제율 20%

① 개요

㉠ TEM은 석면의 동정에 있어서 현재까지 가장 정확하고 신뢰할 수 있는 방법이다.

㉡ 전자현미경은 고배율로 미세한 크기의 섬유도 자세히 관찰할 수 있고, 장착된 EDS(Energy Dispersive X-ray Spectrometer)를 사용하여 극미량의 원소도 정확하게 분석할 수 있으며, 전자회절상(electron diffrastion)을 이용하여 결정체의 독특한 구조를 알 수 있어 다른 석면분석방법에 비하여 석면의 성상과 종류를 가장 정확하게 분석할 수 있는 방법이라고 할 수 있다.

ⓒ 필터에 채취된 공기 중 석면의 계수분석과 고형시료의 석면 함유율 분석에 모두 적용 가능하다.

ⓔ 투과전자현미경(TEM−EDS)을 이용한 석면분석방법은 장비가 너무 고가이고 시간과 노력이 많이 드는 단점이 있다.

ⓜ 주요 측정방법으로는 미국 NIOSH 7402, 미국 EPA AHERA TEM 등이 있다.

② 시료 제작

ⓞ 각 시료를 분쇄기(mortar)에서 잘게 부순다.

ⓛ 증류수 100mL가 들어 있는 유리병에 1mg 씩 넣고, 2시간 동안 초음파 발생기로 분산시킨다.

ⓒ 분산시킨 시료는 폴리카보네이트 막 여과지(Millipore GTTP 02500, nuclepore filter, pore size : 0.2μm, 직경 : 25mm)에 흡인 여과한다.

ⓔ 여과시킨 필터를 건조한 후 진공증착기(EMITECH, K 950)를 사용하여 탄소막을 입힌다.

ⓜ 탄소막을 입힌 필터를 carbon casted nickel grid(직경 : 3mm, 200mesh) 위에 올려놓고 클로로포름 증기를 이용하여 12시간 동안 용해 · 건조시킨다.

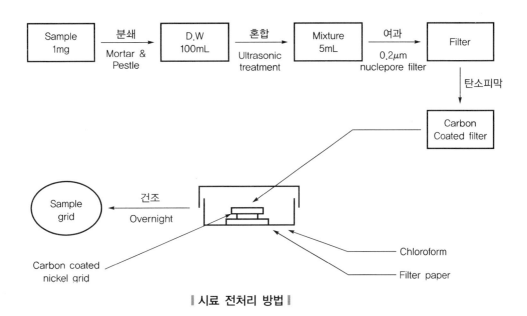

‖ 시료 전처리 방법 ‖

③ 분석방법

ⓞ 제작된 그리드(grid)는 EDS가 장착된 투과전자현미경을 사용하여 분석한다.

ⓛ 투과전자현미경의 가속전압은 100kV로 한다.

　　ⓒ 시료는 전자현미경으로 전반적으로 관찰하여 섬유의 형태특성을 파악한다.

　　ⓔ 10,000~5,000 배율에서 길이 대 직경의 비율이 3 : 1이 넘는 섬유를 선정하여 EDS로 각 섬유의 구성원소 성분 비율(atomic %)을 구한다.

④ 장·단점

　㉠ 장점

　　ⓐ 석면의 정확한 동정을 위하여 확인하여야 하는 3가지 사항인 형태, 화학조성, 결정구조 모두 확인 가능한 가장 정확한 방법이다.

　　ⓑ 약 100,000배의 확대 비율에서 약 10nm 이상의 분해능으로 이미지를 관찰할 수 있기 때문에 매우 가는 개별섬유(약 0.02μm)까지 관찰가능하다.

　　ⓒ 고형 및 공기 중 시료 모두 분석이 가능하다.

　㉡ 단점

　　ⓐ 가장 정확하게 석면을 동정할 수 있는 분석법이지만 공기 중 시료 분석에 적용 시 현행 국내 노출(관리)기준과 대부분의 과거 역학조사 자료 등은 위상차현미경법을 이용한 결과이므로 투과전자현미경의 분석결과를 이와 비교하는 것은 불가능하다.

　　ⓑ 시료의 전처리 과정이 복잡하다.

　　ⓒ 전처리 중 시료의 훼손 가능성이 상대적으로 높다.

　　ⓓ 분석 시간이 오래 소요된다.

　　ⓔ 비경제적이며, 현장분석이 불가능하다.

(3) 주사전자현미경 분석법(SEM ; Scanning Electron Microscopy) ●출제율 20%

① 개요

　㉠ 주사전자현미경법은 EDXA를 장착하여 섬유상 물질의 화학조성의 확인이 가능한 전자현미경법의 일종으로 주로 영국, 독일 등 유럽에서 주로 사용되고 있으나 위상차현미경법이나 투과전자현미경법에 비해 상대적으로 널리 사용되고 있는 방법은 아니다.

　㉡ 필터에 채취된 공기 중 석면의 계수분석과 고형시료의 석면 함유율 분석에 모두 적용 가능하다.

　㉢ 주요 측정방법으로는 영국 MDHS 87, 독일 VDI 3492 및 3866 Blatt 5 등이 있다.

② 장 · 단점

  ㉠ 장점

    ⓐ EDXA를 장착하여 섬유상 물질의 화학조성을 확인할 수 있어 석면, 비석면 및 석면의 종류 확인이 가능하다.

    ⓑ 투과전자현미경에 비해 해상도가 높아서 석면의 형태 관찰이 상대적으로 용이하다.

    ⓒ 시료의 전처리가 투과전자현미경에 비해 상대적으로 간편하여 비교적 저렴한 비용과 시간으로 신뢰성 있는 결과를 얻을 수 있다.

  ㉡ 단점

    ⓐ SAED를 이용한 시료의 결정구조 확인이 불가능하므로 투과전자현미경법에 비해 분석의 신뢰도가 떨어진다.

    ⓑ 국제적으로 주사전자현미경법을 이용한 석면분석법에 대한 정도관리 프로그램이 없어서 외부정도관리를 통한 분석결과의 정확도 관리가 어려운 측면이 있다.

(4) 편광현미경 분석법(PLM ; Polarized Light Microscopy) ●출제율 30%

① 개요

  ㉠ 편광현미경법은 고형시료 중에서 석면의 동정 및 함유율 분석에 가장 널리 사용되고 있는 광학현미경법 중 하나이다.

  ㉡ 100~400배의 배율로 관찰하며 석면의 형태, 굴절률, 분산염색의 색깔, 교차편광, 복굴절, 소멸각, 신장부호를 관찰하여 석면 여부 및 석면의 종류를 동정하고 함유율을 정량분석한다.

  ㉢ 편광현미경의 특징은 박편을 사이에 두고 상하부에 편광판이 있는 점이다. 빛이 편광판을 투과하면 한 방향으로만 진동하게 되며, 2개의 편광판에 의한 빛의 진동방향은 서로 직각이다. 박편 아래에 있는 편광판(Polarizer) 혹은 하부니콜 위에 있는 편광판을 분석기(analyzer) 혹은 상부니콜이라 부른다.

  ㉣ 대표적인 측정 분석방법으로 미국 NIOSH 9002, 미국 EPA 공정시험법 등이 있다.

② 편광현미경을 이용한 정량분석방법

  ㉠ 시야평가(visual estimation)법

    석면의 면적비율을 통해 육안으로 정량하는 방법으로 시료의 대표적인 부분으로 3개 이상의 표본을 제작하고, 표본의 전체 면적을 관찰하는 것을 말한다.

ⓛ 포인트카운팅(point counting)법

시야 내 정해진 포인트에 겹치는 입자 중 석면의 비율을 계수하는 방법으로 1% 함유율을 기준으로 분석 시 십자선의 중심과 중첩되는 입자를 최소 400개 이상 계수한다.

ⓒ 중량법(gravimetric analysis)

석면 함유의 중량 비율을 평가하는 방법. 즉 미리 무게를 측정한 일정량의 시료를 전처리 후 석면을 제외한 물질을 제거한 후 최종 잔여물질의 무게를 측정, 시료 중 석면의 함유율을 계산하는 방법을 말한다.

ⓔ 정량법(stratified method)

분석 정확도 및 정밀도를 높이기 위해 시야평가법과 포인트카운팅법을 혼용한 계층화된 방법을 말한다.

③ 편광현미경에서 관찰하여야 할 사항

㉠ 굴절률(relief)

광물의 모습이 다를 때 그 정도의 차를 말한다.

㉡ 색(color)

개방니콜(open nicol)에서의 색을 말한다.

㉢ 다색성(pleochrosim)

개방니콜(open nicol) 상태에서 stage를 돌렸을 때 색이 변하는 경우를 말한다.

㉣ 형태(form)

광물의 결정 형태(육정계 등)를 말한다.

㉤ 벽개(cleavage)

원자들의 결합이 약해서 일정한 방향으로 쪼개지는 성질을 말한다.

㉥ 소광(extingtion)

현미경 하에서 광물이 어두워지는 현상을 말한다. 벽개(cleavage)와 십자선을 일치시켰을 때와 stage 회전 시 광물이 어두워졌을 때의 사이각을 소광각이라 한다.

㉦ 간섭색(interference color)

상광선과 이상광선의 상호작용에 의해서 나타나는 색으로 광물 자체의 색은 아니다.

㉧ 간섭상(interference figure)

conoscope 장치(Bertrand lense를 넣었을 때)를 했을 때 나타나는 현상으로 광축의 개수에 따라 일축성과 이축성으로 나눌 수 있고, 각각 결정의 광학적 방향성에 따라 positive(+) 또는 negative(−)의 간섭상으로 나누어진다.

④ 측정장비 및 시약

　㉠ 필요장비

　　ⓐ 후드장치

　　ⓑ 슬라이드 글라스, 커버 글라스

　　ⓒ mortar, 핀셋, 탐침, 저속도 핸드드릴, 스푼 등

　　ⓓ 입체현미경

　　ⓔ 편광현미경(100~400배의 배율)

　　ⓕ 대안렌즈(micrometer 부착, dispersion staining 관찰 가능)

　　ⓖ 계수기(point counter)

　㉡ 시약

　　ⓐ 굴절액(1.550~1.700)

　　ⓑ 석면 표준시료

　　ⓒ 증류수, 염산, 아세톤 등

⑤ 시료채취 및 준비

　㉠ 시료채취(sampling)

　　ⓐ 시료는 1~10g 정도 준비한다.

　　ⓑ 취급 시 비산되지 않도록 유의한다.

　㉡ 시료준비(sample preparation)

　　ⓐ 저배율 입체현미경으로 관찰하여 대표성 있는 시료를 선정한다.

　　ⓑ 샘플을 용기 내에서 가루로 만든다.

　　ⓒ 샘플 내의 불필요한 물질들은 적절한 용매로 제거한다(hood 사용).

　　ⓓ 슬라이드 위에 굴절액을 몇 방울 떨어뜨리고, 굴절액 속에 샘플을 넣는다. 균일한 입자가 될 수 있도록 섞는다.

⑥ 현미경 관찰 및 감정

　㉠ 현미경 관찰

　　ⓐ 현미경 재물재 위에 시료를 놓고, 광도, 초점 등을 조절한다.

　　ⓑ 개방니콜(open nicol)과 교차니콜(cross nicol) 상태에서 각각 관찰하여 감정한다.

　㉡ 현미경 감정

　　ⓐ 개방니콜에서의 감정

- 결정형태(crystal form)

  광물 결정형태를 관찰한다.

- 색 및 다색성

  광물의 고유색 및 다색성을 관찰한다.

- 벽개(cleavage)

  광물을 구성하는 원자배열의 규칙성 여부에 따라 나타나는 벽개의 유무, 방향, 각도 등을 관찰하고 측정한다.

- 굴절률(refrective index)

  광물 고유의 굴절률과 표준 굴절액과의 상대적 또는 절대적 굴절률을 측정한다.

ⓑ 교차니콜에서의 감정

- 이방성과 등방성 판정

  편광현미경의 교차니콜에서 재물대 회전 시 나타나는 소광현상을 관찰하여 시료의 이방성 또는 등방성 여부를 판단한다. 석면광물들은 모두 이방성 광물이다.

- 간섭색 및 복굴절률

  이방성 광물 내로 입사된 광파와 니콜간의 상호작용으로 생기는 간섭 및 소광 현상을 관찰한다. 광물의 최대 굴절률과 최소 굴절률의 차이인 복굴절률과 굴절률 차이에서 생기는 간섭색을 감정한다.

- 소광 및 소광각

  광물 내를 통과하는 빛의 진동방향과 니콜의 진동방향과의 상호관계에 의해 나타나는 소광현상을 관찰한다.

- 오리엔테이션(orientation)

  광물의 물리적 방향과 빛의 진동방향과의 상호관계를 보정판을 이용하여 감정한다. 느린 광선의 진동방향이 결정의 장축방향에 평행하거나 거의 평행할 경우, 이 결정의 기다란 형태의 정벽(elongation)은 정(+)이라고 나타내며, "length slow"라고 한다. 반대로 빠른 광선이 장축방향에 평행할 경우 부(-)라고 나타내며, "length fast"라 한다.

ⓒ 기타

  광학적 성질과 광물의 물리·화학적 성질 등을 관찰한다.

⑦ 함량비 계산

  ㉠ 굴절액(1.550)을 이용하여 샘플 내의 석면형태 물질들을 측정하고 슬라이드상에 있는 모든 샘플들의 분포상태를 고려한다.

  ㉡ 정성적 함량비를 계산한다.

⑧ 기타사항

  ㉠ 균질한 샘플에서 섬유상이 발견되지 않을 경우 최소한 2회 추가적 조합을 통해 검토하여 결정을 내린다.

  ㉡ 시료제작의 미흡으로 인해 균질한 샘플을 만들어 내지 못할 경우, 한 쌍의 슬라이드를 준비하여 이들 결과를 평균한다. 두 개의 값이 매우 상이하게 나올 경우, 추가적으로 더 만들어 결과를 평균한다.

⑨ 장·단점

  ㉠ 장점

    ⓐ 석면과 비석면의 구별 및 석면 종류별 구별이 가능하다.

    ⓑ 대부분의 고형시료의 석면함유율 분석에 검출한계 1% 기준으로 보편·타당하게 적용할 수 있는 방법이다.

    ⓒ 시료의 전처리가 간편하다.

    ⓓ 분석 시 타 분석법에 비해 상대적으로 짧다.

    ⓔ 현장분석이 가능하고 경제적이다.

  ㉡ 단점

    ⓐ 분석에 필요한 광학적 성질을 모두 육안으로 확인하므로 석면의 동정 시 오류가 발생할 가능성이 크므로 분석자의 경험과 능력이 크게 요구되는 분석기술이다.

    ⓑ 시야평가법을 이용한 정량 시에는 분석자의 시야에 의존하기 때문에 10% 이하의 낮은 함량에서 분석결과의 변이가 매우 크다.

    ⓒ 편광현미경은 석면함유 중량비율(%w/w)를 직접적으로 산출할 수 없으며, 검출한계인 1% 이하 수준의 낮은 석면 함유율의 고형시료에 대한 정량이 어렵다.

    ⓓ 가늘고 짧은 석면섬유가 많은 시료의 경우 분석 시 정량에 큰 오차가 발생하거나 석면이 불검출되는 음성오류(false negative error)가 발생할 수도 있다.

    ⓔ 공기 중 시료의 분석은 불가능하다.

(5) 엑스선 회절분석방법(XRD : X-ray Diffractometer) ●출제율 20%

① 개요

㉠ 엑스선 회절분석법은 고형시료 중에서 석면의 결정특성에서 기인하는 엑스선 회절패턴의 유사성을 통해 석면을 검출하고, 이 중 특정 고유피크의 세기 (intensity)를 이용해 함유율을 분석하는 방법이다.

㉡ 단결정 또는 분말시료(석면 포함 물질을 은막 여과지에 놓고 X선 조사)에 의한 단색 X선의 회절각을 변화시켜가며, 회절선의 세기를 계수관으로 측정하여 X선 의 세기나 각도를 자동적으로 기록하는 장치를 이용하는 방법이다.

㉢ 약 100mg의 고형시료를 분쇄하여 펠렛(pellet) 형태로 제작한 후 분석하고, 표준시료로부터 얻은 회귀방정식을 이용하여 석면의 함유율을 분석하게 된다.

㉣ 주요 측정·분석 방법으로는 미국 NIOSH 9000, 미국 EPA 600/R93-116 등이 있다.

② 장·단점

㉠ 장점

ⓐ 엑스선 회절분석법의 가장 큰 장점은 고형시료 중 석면함유의 중량비율 (%W/W)을 분석할 수 있다는 점으로 고용노동부의 산업안전보건법에서 석 면함유 물질의 기준인 '중량비 1% 이상'의 평가에 가장 타당하게 적용할 수 있는 방법이다.

ⓑ 고형시료 중 백석면 분석에 사용된다.

㉡ 단점

ⓐ 값이 비싸고, 조작이 복잡하다.

ⓑ 섬유상과 비섬유상 입자의 구분이 불가능하기 때문에 석면의 형태를 확인하 기 위해 분산염색 대물렌즈가 부착된 위상차현미경이나 편광현미경을 병행 해 사용하여야 한다.

ⓒ 1차로 편광현미경 분석을 하고 2차적으로 분석이 필요할 때 사용한다.

ⓓ 엑스선 회절분석기는 주로 석면의 동정보다는 중량비율 산출을 위한 정량분 석이나 석면함유 여부의 추가 확인의 목적으로 주로 이용한다.

참고 광학현미경 및 전자현미경의 특성 비교

구 분	광학현미경	전자현미경
조명 매체	가시광선	전자파
파장	200~750nm	~0.003nm
분해능	~200nm	~0.2nm
배율	10~2,000X	10~1,000,000X
렌즈	광학	전자기
콘트라스트	흡수, 반사	흡수, 회절, 위상

참고 대표적인 공기 중 석면 측정·분석법의 비교 ●출제율 20%

구 분	NMAM 7400	NMAM 7402	AHERA TEM
분석기술	위상차현미경법	투과전자현미경법	투과전자현미경법
섬유의 정의	aspect ratio $\geq 3:1$ length $\geq 5\mu m$ diameter $\geq 0.25\mu m$	aspect ratio $\geq 3:1$ length $\geq 5\mu m$ diameter $\geq 0.25\mu m$	aspect ratio $\geq 5:1$ length $\geq 0.5\mu m$
분석결과	fibers/cc	% of asbestos fiber in PCME fibers	structures/cc
적용범위	• 작업환경 중 개인/지역 시료의 섬유상 입자농도 분석 • 형태 확인(섬유상 입자 중 석면과 비석면, 석면의 종류를 구분할 수 없음)	• NMAM 7400으로 분석한 섬유상 입자의 농도 중 석면섬유의 비율 • 모든 섬유상 입자 구분-형태, 원소 조성, 결정구조 확인	• 석면해체/제거작업 후 작업 완결여부 확인

SECTION 8 작업환경측정 및 정도관리 등에 관한 고시(노출농도 측정 및 분석 방법)

01 ~ 13 : 공통 ●출제율 50%

01 납 및 그 무기화합물

1. 적용범위

이 방법은 작업장 내 납[Pb, CAS No. 7439-92-1] 및 그 무기화합물 노출농도의 허용기준 초과여부를 확인하기 위해 적용한다.

2. 시료채취

(1) 시료채취기

막 여과지(직경 : 37mm, 공극 : 0.8μm, cellulose ester membrane)와 패드 (backup pad)가 장착된 3단 카세트를 사용한다.

(2) 시료채취용 펌프

① 작업자의 정상적인 작업상황에서 작업자에게 부착 가능해야 한다.
② 적정유량(1~4L/분)에서 8시간 동안 연속적으로 작동이 가능해야 한다.

(3) 유량보정

① 시료채취기와 펌프를 유연성 튜브로 연결한 후, 비누거품 유량보정기를 사용하여 적정유량(1~4L/분)으로 보정한다.
② 유량보정은 시료채취 전·후에 실시한다.

(4) 시료채취

① 시료채취 직전 시료채취기의 마개를 열고 유연성 튜브를 이용하여 시료채취기와 펌프를 연결한다.

② 개인시료 채취의 경우 펌프를 근로자에게 장착시키고 시료채취기는 근로자의 호흡영역에 부착하여 시료를 채취한다.

(5) 시료채취량

시료채취 시의 펌프유량 및 채취 총량은 다음 표의 정보를 참고하여 시료채취할 때 여과지에 채취된 먼지의 무게가 2mg을 초과하지 않도록 펌프의 유량 및 시료채취 시간을 조절하여 시료채취를 한다.

[과도하게 시료채취가 되는 경우 시료채취기 내부 벽에 분석대상 물질이 포함된 먼지 등이 흡착되는 경우가 발생할 수 있다.]

시료채취		
유 량 (L/분)	총량(L)[1]	
	최 소	최 대
1~4	200	1,500

[1] 작업장의 공기 중 납의 농도가 0.05mg/m^3 존재 시 시간가중평균농도의 평가를 위한 기준임

(6) 시료운반, 시료안정성, 현장공시료

① 채취된 시료는 시료채취기의 마개를 완전히 밀봉한 후 상온 · 상압 상태에서 운반하며, 상온에서 보관하여도 안정하다.

② 현장공시료의 개수는 채취된 총 시료 수의 10% 이상 또는 시료 세트당 2~10개를 준비한다.

[현장공시료는 시료채취에 사용하지 않은 시료채취기로 마개를 막아두어야 하며, 시료채취에 활용되지 않은 점만 제외하고 모두 현장시료와 동일하게 취급 · 운반한다.]

3. 분석

(1) 분석기기

유도결합 플라즈마 분광광도계(ICP) 또는 원자흡광광도계(AAS)를 사용한다.

(2) 회화장비

가열판(Hot plate) 또는 마이크로웨이브(Microwave) 회화기를 사용한다.

(3) 표준용액

1,000μg/mL의 표준용액 또는 동등 이상의 납 표준용액을 사용한다.

(4) 전처리 시약

① 가열판 전처리

  ㉠ 회화용액 : 진한 질산과 진한 과염소산을 부피비로 4 : 1 혼합하여 사용한다.

  ㉡ 희석용액 : 회화용액을 5% 농도로 희석하여 사용한다.

② 마이크로웨이브 회화기 전처리

회화용액은 진한 질산 또는 진한 염산을 사용한다.

[모든 산은 취급할 때 흄 후드 내에서 행해야 하며, 피부 및 눈에 산 접촉을 방지하기 위해 보안경, 보호장갑 등을 착용하고 작업을 수행해야 한다.]

(5) 회수율 검증시료 제조

① 회수율 시험을 위한 첨가량을 결정한다. 첨가량은 현장시료의 납 농도를 모두 포함하는 범위이어야 한다.

② 납 표준용액을 이용하여 계산된 첨가량이 될 수 있도록 적당량을 미량주사기로 취해 시료채취 시와 동일한 막 여과지에 떨어뜨린다. 동일 첨가량을 가진 각기 다른 여과지에 떨어뜨려 동일 농도수준에서 총 3개의 회수율 검증용 시료를 조제하도록 하고, 서로 다른 세 가지 농도수준에서 동일한 요령으로 회수율 검증시료를 조제하도록 한다.

[일반적으로 저농도, 중농도, 그리고 고농도의 각 농도수준에서 각각 동일한 첨가량으로 3개의 첨가시료를 조제하기 때문에 총 9개의 회수율 검증용 첨가시료가 조제된다.]

③ 하룻밤 정도 실온에서 놓아둔다.

(6) 시료 전처리

① 가열판을 이용한 시료 전처리

  ㉠ 시료채취기로부터 막 여과지를 핀셋 등을 이용하여 비커에 옮긴다.

  ㉡ 여과지가 들어간 비커에 제조한 회화용액 5mL를 넣고 유리덮개로 덮은 후, 실온에서 30분 정도 놓아둔다.

  ㉢ 가열판 위로 비커를 옮긴 후 120℃에서 회화용액이 약 0.5mL 정도가 남을 때까지 가열시킨다.

ⓡ 유리덮개를 열고 회화용액 2mL를 다시 첨가하여 가열시킨다. 비커 내의 회화용액이 투명해질 때까지 이 과정을 반복한다.

ⓜ 비커 내의 회화용액이 투명해지면 유리덮개를 열고 비커와 접한 유리덮개 내부를 초순수로 헹구어 잔여물이 비커에 들어가도록 한다. 유리덮개는 제거하고 비커 내의 용액량이 거의 없어져 건조될 때까지 증발시킨다.

ⓗ 희석용액 2~3mL를 비커에 가해 잔유물을 다시 용해시킨 다음 10mL 용량 플라스크에 옮긴 후 희석용액을 가해 최종 용량이 10mL가 되게 한다. [최종 용량은 시료 내의 납 농도를 고려하여 20mL 또는 25mL로 만들어 사용해도 된다.]

② 마이크로웨이브를 이용한 시료 전처리

ⓒ 시료채취기로부터 막 여과지를 핀셋 등을 이용하여 들어낸 후, 마이크로웨이브의 베셀(vessel)에 옮긴다.

ⓛ 질산 1~3mL를 넣거나 또는 질산 1~3mL에 염산 1mL를 추가하여 넣는다.

ⓒ 베셀의 뚜껑을 닫고 마이크로웨이브 내의 회전판 위에 장착시킨 후, 마이크로웨이브 회화기의 운전조건(온도, 압력, 시간 등)을 설정하여 회화한다.

ⓡ 마이크로웨이브의 작동이 멈추면 베셀이 식을 때까지 기다린 후, 흄 후드 내에서 베셀의 뚜껑을 조심스럽게 연다.

ⓜ 베셀 내의 용액을 10~25mL 용량 플라스크에 옮긴 후 베셀 내부를 초순수로 헹군 후 헹군 용액을 동일 용량 플라스크에 넣고 초순수를 가해 최종 용량이 10~25mL가 되도록 한다.

(7) 검량선 작성과 정도관리

① 분석기기(ICP, AAS)의 감도 등을 고려하여 5개의 농도수준을 표준용액으로 하여 검량선을 작성한다. 이때 표준용액의 농도범위는 현장시료 농도범위를 포함하는 것이어야 한다.
[가열판을 이용한 전처리 시료의 표준용액 제조는 희석용액을 사용하며, 마이크로웨이브로 회화기를 이용한 표준용액 제조 시의 산 농도는 시료 속의 산농도와 동일하게 한다.]

② 검량선 작성용 표준용액 시료와 공시료를 이용하여 검량선을 작성한다. 한번 작성한 검량선에 따라 10개의 시료를 분석한 후, 분석기기 반응에 대한 재현성을 확인하기 위해 1개의 표준용액 시료를 분석하여 그 재현성을 점검하도록 한다.

③ 작업장에서 채취된 현장시료, 회수율 검증시료, 현장공시료 및 공시료를 분석한다.

④ 분석된 회수율 검증시료를 통해 다음과 같이 회수율을 구한다.

$$회수율(RE, \ recovery) = 검출량/첨가량$$

(8) 기기분석

① 유도결합 플라즈마 분광광도계(ICP) 또는 원자흡광광도계(AAS)의 기기를 작동시켜 최적화시킨 후 283.3nm에서 배경보정상태로 납 흡광도를 측정하도록 한다. 만일 방해물질이 존재할 경우 283.3nm 이외의 다른 파장을 선택하여 분석한다.

[작업장 공기 중에 칼슘(calcium), 황산염(sulfate), 인산염(phosphate), 요오드화물(iodide), 불화물(fluoride), 또는 아세테이트(acetate)가 고농도로 존재하는 작업장에서 채취된 시료를 AAS로 분석할 때는 분석장비의 배경보정(background correction)을 실시하는 것이 좋다.]

② 표준용액, 공시료, 현장시료, 그리고 회수율 검증시료를 흡입시켜 납의 흡광도를 측정한다.

③ 검출한계 및 시료채취분석오차

이 방법의 검출한계는 $0.062\mu g$/시료(ICP)와 $2.6\mu g$/시료(AAS)이며, 시료채취분석오차는 0.171(ICP 분석), 0.198(AAS 분석)이다.

(9) 농도

다음 식에 의해 작업장의 공기 중 납 및 그 무기화합물의 농도를 계산한다.

$$C(\text{mg/m}^3) = \frac{(C_s V_s - C_b V_b)}{V \times RE}$$

여기서, C_s : 시료에서 납 농도(μg/mL)

V_s : 시료의 최종용량(mL)

C_b : 공시료에서 납 농도(μg/mL)

V_b : 공시료의 최종용량(mL)

V : 시료공기 채취 총량(L)

RE : 평균 회수율

02 니켈(불용성 무기화합물)

1. 적용범위

이 방법은 작업장 내 니켈[Ni, CAS No. 7440-02-0](불용성 무기화합물) 노출농도의 허용기준 초과여부를 확인하기 위해 적용한다.

국문명	영문명	화학식	CAS No.
탄산니켈	Nickel carbonate	$NiCO_3$	235-715-9
수산화니켈	Nickel hydroxide	$Ni(OH)_2$	–
니켈(Ⅱ)산화물	Nickel monoxide	NiO	–
황화니켈	Nickel sulphide	NiS	–
니켈황화물	Nickel subsulphide	Ni_3S_2	12035-72-2

2. 시료채취

(1) 시료채취기

막 여과지(직경 : 37mm, 공극 : $0.8\mu m$, cellulose ester membrane)와 패드(backup pad)가 장착된 3단 카세트를 사용한다.

(2) 시료채취용 펌프

① 작업자의 정상적인 작업상황에서 작업자에게 부착 가능해야 한다.
② 적정유량(1~3L/분)에서 8시간 동안 연속적으로 작동이 가능해야 한다.

(3) 유량보정

① 시료채취기와 펌프를 유연성 튜브로 연결한 후, 비누거품 유량보정기를 사용하여 적정유량(1~3L/분)으로 보정한다.
② 유량보정은 시료채취 전·후에 실시한나.

(4) 시료채취

① 시료채취 직전 시료채취기의 마개를 열고 유연성 튜브를 이용하여 시료채취기와 펌프를 연결한다.

② 개인시료 채취의 경우 펌프를 근로자에게 장착시키고 시료채취기는 근로자의 호흡영역에 부착하여 시료를 채취한다.

(5) 시료채취량

시료채취 시의 펌프유량 및 채취 총량은 다음 표의 정보를 참고하여 시료채취할 때 여과지에 채취된 먼지의 무게가 2mg을 초과하지 않도록 펌프의 유량 및 시료채취 시간을 조절하여 시료채취를 한다.

[과도하게 시료채취가 되는 경우 시료채취기 내부 벽에 분석대상 물질이 포함된 먼지 등이 흡착되는 경우가 발생할 수 있다. 따라서 이러한 경우가 발생하지 않도록 적정량의 시료를 채취하도록 해야 한다.]

유 량 (L/분)	시료채취		
	총량(L)[1]		
	최 소	최 대	
1~3	5	1,000	

1) 작업장의 공기 중 니켈농도가 1mg/m³ 존재 시 시간가중평균농도의 평가를 위한 기준임

(6) 시료운반, 시료안정성, 현장공시료

① 채취된 시료는 시료채취기의 마개를 완전히 밀봉한 후 상온 · 상압 상태에서 운반하며, 상온에서 보관하여도 안정하다.

② 현장 공시료의 개수는 채취된 총 시료 수의 10% 이상 또는 시료 세트당 2~10개를 준비한다.

[현장공시료는 시료채취에 사용하지 않은 시료채취기로 마개를 막아두어야 하며, 시료채취에 활용되지 않은 점만 제외하고 모두 현장시료와 동일하게 취급 · 운반한다.]

3. 분석

(1) 분석기기

유도결합 플라즈마 분광광도계(ICP) 또는 원자흡광광도계(AAS)를 사용한다.

(2) 회화장비

가열판(Hot plate) 또는 마이크로웨이브(Microwave) 회화기를 사용한다.

(3) 표준용액

1,000㎍/mL의 표준용액 또는 동등 이상의 니켈 표준용액을 사용한다.

(4) 전처리 시약

① 가열판 전처리

　㉠ 회화용액 : 진한 질산과 진한 과염소산을 부피비로 4 : 1 혼합하여 사용한다.

　㉡ 희석용액 : 회화용액을 5% 농도로 희석하여 사용한다.

② 마이크로웨이브 회화기 전처리

회화용액은 진한 질산 또는 진한 염산을 사용한다.

[모든 산은 취급할 때 흄 후드 내에서 행해야 하며, 피부 및 눈에 산 접촉을 방지하기 위해 보안경, 보호장갑 등을 착용하고 작업을 수행해야 한다.]

(5) 회수율 검증시료 제조

① 회수율 시험을 위한 첨가량을 결정한다. 첨가량은 현장시료의 니켈농도를 모두 포함하는 범위이어야 한다.

② 니켈 표준용액을 이용하여 계산된 첨가량이 될 수 있도록 적당량을 미량주사기로 취해 시료채취 시와 동일한 막 여과지에 떨어뜨린다. 동일 첨가량을 가진 각기 다른 여과지에 떨어뜨려 동일 농도수준에서 총 3개의 회수율 검증용 시료를 조제하도록 하고, 서로 다른 세 가지 농도수준에서 동일한 요령으로 회수율 검증시료를 조제하도록 한다.

[일반적으로 저농도, 중농도, 그리고 고농도의 각 농도수준에서 각각 동일한 첨가량으로 3개의 첨가시료를 조제하기 때문에 총 9개의 회수율 검증용 첨가시료가 조제된다.]

③ 하룻밤 정도 실온에서 놓아둔다.

(6) 시료 전처리

① 가열판을 이용한 시료 전처리

　㉠ 시료채취기로부터 막 여과지를 핀셋 등을 이용하여 비커에 옮긴다.

　㉡ 여과지가 들어간 비커에 제조한 회화용액 5mL를 넣고 유리덮개를 덮은 후, 실온에서 30분 정도 놓아둔다.

　㉢ 가열판 위로 비커를 옮긴 후 120℃에서 회화용액이 약 0.5mL 정도가 남을 때까지 가열시킨다.

② 유리덮개를 열고 회화용액 2mL를 다시 첨가하여 가열시킨다. 비커 내의 회화용액이 투명해질 때까지 이 과정을 반복한다.

⑩ 비커 내의 회화용액이 투명해지면 유리덮개를 열고 비커와 접한 유리덮개 내부를 초순수로 헹구어 잔여물이 비커에 들어가도록 한다. 유리덮개는 제거하고 비커 내의 용액량이 거의 없어져 건조될 때까지 증발시킨다.

㉺ 희석용액 2~3mL를 비커에 가해 잔유물을 다시 용해시킨 다음 10mL 용량 플라스크에 옮긴 후 희석용액을 가해 최종 용량이 10mL가 되게 한다. [최종 용량은 시료 내의 니켈농도를 고려하여 20mL 또는 25mL로 만들어 사용해도 된다.]

② 마이크로웨이브 회화기를 이용한 시료 전처리
  ㉠ 시료채취기로부터 막 여과지를 핀셋 등을 이용하여 들어낸 후, 마이크로웨이브의 베셀(vessel)에 옮긴다.
  ㉡ 질산 1~3mL를 넣거나 또는 질산 1~3mL에 염산 1mL를 추가하여 넣는다.
  ㉢ 베셀의 뚜껑을 닫고 마이크로웨이브 내의 회전판 위에 장착시킨 후, 마이크로웨이브 회화기의 운전조건(온도, 압력, 시간 등)을 설정하여 회화한다.
  ㉣ 마이크로웨이브의 작동이 멈추면 베셀이 식을 때까지 기다린 후, 흄 후드 내에서 베셀의 뚜껑을 조심스럽게 연다.
  ㉤ 베셀 내의 용액을 10~25mL 용량 플라스크에 옮긴 후 베셀 내부를 초순수로 헹군 후 헹군 용액을 동일 용량 플라스크에 넣고 초순수를 가해 최종 용량이 10~25mL가 되게 한다.

(7) 검량선 작성과 정도관리

① 분석기기(ICP, AAS)의 감도 등을 고려하여 5개의 농도수준을 표준용액으로 하여 검량선을 작성한다. 이때 표준용액의 농도 범위는 현장시료 농도 범위를 포함하는 것이어야 한다.
   [가열판을 이용한 전처리 시료의 표준용액 제조는 희석용액을 사용하며, 마이크로웨이브로 회화기를 이용한 표준용액 제조 시의 산 농도는 시료 속의 산 농도와 동일하게 한다.]

② 검량선 작성용 표준용액 시료와 공시료를 이용하여 검량선을 작성한다. 한번 작성한 검량선에 따라 10개의 시료를 분석한 후, 분석기기 반응에 대한 재현성을 확인하기 위해 1개의 표준용액 시료를 분석하여 그 재현성을 점검하도록 한다.

③ 작업장에서 채취된 현장시료, 회수율 시험시료, 현장공시료 및 공시료를 분석한다.

④ 분석된 회수율 검증시료를 통해 다음과 같이 회수율을 구한다.

> 회수율(RE, recovery)＝검출량/첨가량

(8) 기기분석

① 유도결합 플라즈마 분광광도계(ICP) 또는 원자흡광광도계(AAS)의 기기를 작동시켜 최적화시킨 후 232.0nm에서 배경보정상태로 니켈 흡광도를 측정하도록 한다. 만일 방해물질이 존재할 경우 232.0nm 이외의 다른 파장을 선택하여 분석한다.

② 표준용액, 공시료, 현장시료, 그리고 회수율 검증시료를 흡입시켜 니켈의 흡광도를 측정한다.

③ 검출한계 및 시료채취분석오차

이 방법의 검출한계는 0.020μg/시료(ICP)와 0.16μg/시료(AAS)이며, 시료채취분석오차는 0.116(ICP 분석), 0.120(AAS 분석)이다.

(9) 농도

다음 식에 의해 작업장의 공기 중 니켈(불용성 무기화합물)의 농도를 계산한다.

$$C(\text{mg/m}^3) = \frac{(C_s \, V_s - C_b \, V_b)}{V \times RE}$$

여기서, C_s : 시료에서 니켈 농도(μg/mL)

V_s : 시료의 최종용량(mL)

C_b : 공시료에서 니켈 농도(μg/mL)

V_b : 공시료의 최종용량(mL)

V : 시료공기 채취 총량(L)

RE : 평균 회수율

03 디메틸포름아미드

1. 적용범위

이 방법은 작업장 내 디메틸포름아미드[NHCO(CH₃)₂, CAS No. 68-12-2] 노출
농도의 허용기준 초과여부를 확인하기 위해 적용한다.

2. 시료채취

(1) 시료채취기

실리카겔관(silica gel 150mg/75mg, 또는 동등 이상의 흡착성능을 갖는 흡착
튜브)을 사용한다.

(2) 시료채취용 펌프

① 작업자의 정상적인 작업상황에서 작업자에게 부착 가능해야 한다.
② 적정유량(0.01~1L/분)에서 8시간 동안 연속적으로 작동이 가능해야 한다.

(3) 유량보정

① 시료채취기와 펌프를 유연성 튜브로 연결한 후, 비누거품 유량보정기를 사용
하여 적정유량(0.01~1L/분)으로 보정한다.
② 유량보정은 시료채취 전·후에 실시한다.

(4) 시료채취

시료채취 직전 실리카겔관의 양 끝단을 절단한 후 유연성 튜브를 이용하여 실리
카겔관과 펌프를 연결한다. 개인시료 채취의 경우 펌프를 근로자에게 장착시키고
시료채취기는 근로자의 호흡영역에 부착하여 시료를 채취한다.

(5) 시료채취량

시료채취 시의 펌프유량 및 채취 총량은 다음 표의 정보를 참고하여 시료채취할
때 실리카겔관의 파과가 일어나지 않도록 펌프의 유량 및 시료채취 시간을 조절
하여 시료채취를 한다.
[흡착제로 사용되는 실리카겔은 흡습성이 높은 물질이다. 따라서 작업장 공기 중
의 습도가 과도하게 높으면 디메틸포름아미드의 흡착을 방해할 수 있다.]

시료채취		
유량(L/분)	총량(L)	
	최 소	최 대
0.01~1	15	80

OSHA의 평가결과로 파과기준은 5%임(46.22mg/m³에서 159L 이상 포집 시 5% 이상 파과).

(6) 시료운반, 시료안정성, 현장공시료

① 채취된 시료는 실리카겔관의 마개로 완전히 밀봉한 후 상온·상압 상태에서 운반하며, 시료 보관 시의 시료안정성은 25℃에서 약 5일이다.

② 현장공시료의 개수는 채취된 총 시료 수의 10% 이상 또는 시료 세트당 2~10개를 준비한다.

[현장공시료는 시료채취에 사용하지 않은 실리카겔관의 양 끝단을 절단한 후 즉시 마개로 막아두어야 하며, 시료채취에 활용되지 않은 점만 제외하고 모두 현장시료와 동일하게 취급·운반한다.]

[디메틸포름아미드의 분석을 방해하거나 방해할 수 있다고 의심되는 물질이 작업장 공기 중에 존재한다면 관련정보를 시료분석자에게 시료전달 시 제공하여야 한다.]

3. 분석

(1) 분석기기

불꽃이온화검출기(FID)가 장착된 가스 크로마토그래피를 사용한다.

(2) 시약

크로마토그래피 분석등급의 메탄올과 디메틸포름아미드를 사용한다.

[표준용액 및 시료 전처리는 반드시 후드 안에서 작업을 수행해야 한다.]

(3) 탈착효율 검증시료 제조

탈착효율 검증용 시료분석은 시료 배치(batch)당 최소한 한 번씩은 행해져야 하며, 탈착효율 검증용 시료조제는 다음과 같은 요령으로 조제하여 사용하도록 한다.

① 3개 농도수준(저, 중, 고 농도)에서 각각 3개씩의 실리카겔관과 공시료로 사용할 실리카겔관 3개를 준비한다.

② 미량 주사기를 이용하여 탈착효율 검증용 용액(stock solution)의 일정량(계산된 농도)을 취해 실리카겔관의 앞층 실리카겔에 직접 주입한다. 탈착효율 검증용 저장용액은 ①에서 언급한 3개의 농도수준이 포함될 수 있도록 디메틸포름아미드의 원액 또는 메탄올에 희석된 디메틸포름아미드 용액을 말한다.

③ 탈착효율 검증용 저장용액을 주입한 실리카겔관은 즉시 마개를 막고 하룻밤 정도 실온에 놓아둔다.

(4) 시료 전처리

① 실리카겔관 앞층과 뒤층의 실리카겔을 각각 다른 바이엘에 담는다.

② 바이엘에 피펫으로 1.0mL의 메탄올을 넣고 즉시 마개로 막는다.

③ 초음파 수욕조에 넣고, 1시간 이상 초음파 처리를 한다.

(5) 검량선 작성과 정도관리

① 검출한계에서 정량한계의 10배 농도범위까지 최소 5개 이상의 농도수준을 표준용액으로 하여 검량선을 작성한다. 표준용액의 농도 범위는 현장시료 농도 범위를 포함해야 한다.

② 표준용액의 조제는 적당량의 디메틸포름아미드를 취해 메탄올에 넣어 혼합시킨 후 이를 메탄올로 연속적으로 희석시켜 원하는 농도 범위의 표준용액을 조제하는 희석식 표준용액 조제방법을 사용한다.

③ 표준용액 검증용 표준용액(standard matching solution) : 조제된 표준용액이 정확히 만들어졌는지 이를 검증할 수 있는 표준용액 2개를 만들어 검증하도록 한다.

④ 작업장에서 채취된 현장시료, 탈착효율 검증시료, 현장공시료 및 공시료를 분석한다.

⑤ 분석된 탈착효율 검증용 시료를 통해 다음과 같이 탈착효율을 구한다.

$$\text{탈착효율(DE ; Desorption Efficiency)} = \text{검출량/주입량}$$

(6) 기기분석

가스 크로마토그래피를 이용한 디메틸포름아미드의 분석은 머무름 시간이 동일한 방해물질 및 다른 화학물질의 존재여부에 따라 칼럼의 종류와 분석기기의 분석조건 등을 다르게 하여 분석하도록 한다. 다음에 예시된 기기분석 조건을 참고하여 디메틸포름아미드 분석이 용이하도록 가스 크로마토그래피를 최적화시킨다.

① 분석조건

칼 럼	Capillary, 30m×0.32mm ID : 0.5μm film DB WAX
시료주입량	1μL
운반가스	질소 또는 헬륨가스
온도조건	시료도입부 : 200℃
	검출기 : 250℃
	오븐 : 35℃(3분)~150℃(8℃/분)

② 현장시료, 탈착효율 검증시료, 현장공시료 및 공시료의 디메틸포름아미드에 해당하는 피크 면적 또는 높이를 측정한다.

③ 검출한계 및 시료채취분석오차

이 방법의 검출한계는 50μg/시료이며, 시료채취분석오차는 0.117이다.

(7) 농도

다음 식에 의해 작업장의 공기 중 디메틸포름아미드의 농도를 계산한다.

$$C(\text{ppm}) = \frac{(W_f + W_b - B_f - B_b) \times 24.45}{V \times \text{DE} \times 73.10}$$

여기서, W_f : 시료 앞층에서 분석된 디메틸포름아미드의 질량(μg)

W_b : 시료 뒤층에서 분석된 디메틸포름아미드의 질량(μg)

B_f : 공시료들의 앞층에서 분석된 디메틸포름아미드의 평균질량(μg)

B_b : 공시료들의 뒤층에서 분석된 디메틸포름아미드의 평균질량(μg)

24.45 : 작업환경 표준상태(25℃, 1기압)에서 공기부피

V : 시료채취 총량(L)

DE : 평균 탈착효율

73.10 : 디메틸포름아미드의 분자량

04 벤젠

1. 적용범위

이 방법은 작업장 내 벤젠[C_6H_6, CAS No. 71-43-2] 노출 농도의 허용기준 초과 여부를 확인하기 위해 적용한다.

2. 시료채취

(1) 시료채취기

활성탄관(coconut shell charcoal, 길이 : 7cm, 외경 : 6mm, 내경 : 4mm, 앞층 : 100mg, 뒤층 : 50mg, 20/40mesh 또는 이와 동등성능 이상의 흡착성 능을 갖는 흡착관)을 사용한다.

(2) 시료채취용 펌프

① 작업자의 정상적인 작업상황에서 작업자에게 부착 가능해야 한다.
② 적정유량(0.01~0.20L/분)에서 8시간 동안 연속적으로 작동이 가능해야 한다.

(3) 유량보정

① 시료채취기와 펌프를 유연성 튜브로 연결한 후, 비누거품 유량보정기를 사용하여 적정유량(0.01~0.20L/분)으로 보정한다.
② 유량보정은 시료채취 전·후에 실시한다.

(4) 시료채취

① 시료채취 직전 활성탄관의 양 끝단을 절단한 후 유연성 튜브를 이용하여 활성탄과 펌프를 연결한다.
② 개인시료 채취의 경우 펌프를 근로자에게 장착시키고 시료채취기는 근로자의 호흡영역에 부착하여 시료를 채취한다.

(5) 시료채취량

시료채취 시의 펌프유량 및 채취 총량은 다음 표의 정보를 참고하여 시료채취할 때 활성탄관의 파과가 일어나지 않도록 펌프의 유량 및 시료채취 시간을 조절하여 시료채취를 한다.

[작업장 공기 중의 습도가 과도하게 높으면 활성탄관 안에서 수분의 응축현상이 발생하게 된다. 응축된 수분은 벤젠이 활성탄관에 흡착되는 것을 방해하므로 수분의 응축현상이 발생한 시료는 측정시료로 사용하지 말아야 한다.]

시료채취			파과 시 농도 및 채취공기량	
유량(L/분)	총량(L)[1]		채취공기량(L)	농도(mg/m³)
	최소	최대		
0.01~0.20	5	30	>45	30

1) 8시간 시간가중평균으로 0.5ppm 벤젠농도 기준임.

(6) 시료운반, 시료안정성, 현장공시료

① 채취된 시료는 활성탄관의 마개로 완전히 밀봉한 후 상온·상압 상태에서 운반하며, 시료보관 시의 시료안정성은 5℃에서 약 30일이다.

② 현장공시료의 개수는 채취된 총 시료 수의 10% 이상 또는 시료 세트당 2~10개를 준비한다.

[현장공시료는 시료채취에 사용하지 않은 활성탄관의 양 끝단을 절단한 후 즉시 마개로 막아두어야 하며, 시료채취에 활용되지 않은 점만 제외하고 모두 현장시료와 동일하게 취급·운반한다.]

[벤젠의 분석을 방해하거나 방해할 수 있다고 의심되는 물질이 작업장 공기 중에 존재한다면 관련정보를 시료분석자에게 시료전달 시 제공하여야 한다.]

3. 분석

(1) 분석기기

불꽃이온화검출기(FID)가 장착된 가스 크로마토그래피를 사용한다.

(2) 시약

크로마토그래피 분석등급의 이황화탄소와 벤젠을 사용한다.
[표준용액 및 시료 전처리는 반드시 후드 안에서 작업을 수행해야 한다.]

(3) 탈착효율 검증시료 제조

탈착효율 검증용 시료분석은 시료 배치(batch)당 최소한 한 번씩은 행해져야 하며, 탈착효율 검증용 시료조제는 다음과 같은 요령으로 조제하여 사용하도록 한다.

① 3개 농도수준(저, 중, 고 농도)에서 각각 3개씩의 활성탄관과 공시료로 사용할 활성탄관 3개를 준비한다.

② 미량 주사기를 이용하여 탈착효율 검증용 용액(stock solution)의 일정량(계산된 농도)을 취해 활성탄관의 앞층 활성탄에 직접 주입한다. 탈착효율 검증용 저장용액은 ①에서 언급한 3개의 농도수준이 포함될 수 있도록 벤젠원액 또는 이황화탄소에 희석된 벤젠용액을 말한다.

③ 탈착효율 검증용 저장용액을 주입한 활성탄관은 즉시 마개를 막고 하룻밤 정도 실온에 놓아둔다.

(4) 시료 전처리

① 활성탄관 앞층과 뒤층의 활성탄을 각각 다른 바이엘에 담는다.

② 각 바이엘에 피펫으로 1.0mL의 이황화탄소를 넣고, 즉시 마개로 막는다.

③ 가끔 흔들어 주면서 실온에서 최소한 30분 이상 놓아둔다.

(5) 검량선 작성과 정도관리

① 검출한계에서 정량한계의 10배 농도범위까지 최소 5개 이상의 농도수준을 표준용액으로 하여 검량선을 작성한다. 표준용액의 농도범위는 현장시료 농도범위를 포함해야 한다.

② 표준용액의 조제는 적당량의 벤젠을 취해 이황화탄소에 넣어 혼합시킨 후 이를 이황화탄소로 연속적으로 희석시켜 원하는 농도범위의 표준용액을 조제하는 희석식 표준용액 조제방법을 사용한다.

③ 표준용액 검증용 표준용액(standard matching solution) : 조제된 표준용액이 정확히 만들어졌는지 이를 검증할 수 있는 표준용액 2개를 만들어 검증하도록 한다.

④ 작업장에서 채취된 현장시료, 탈착효율 검증시료, 현장공시료 및 공시료를 분석한다.

⑤ 분석된 탈착효율 검증용 시료를 통해 다음과 같이 탈착효율을 구한다.

> 탈착효율(DE ; Desorption Efficiency)=검출량/주입량

(6) 기기분석

가스 크로마토그래피를 이용한 벤젠의 분석은 머무름 시간이 동일한 방해물질 및 다른 화학물질의 존재여부에 따라 칼럼의 종류와 분석기기의 분석조건 등을 다르게 하여 분석하도록 한다. 다음에 예시된 기기분석 조건을 참고하여 벤젠분석이 용이하도록 가스 크로마토그래피를 최적화시킨다.

① 분석조건

칼 럼	• 2m×2mm ID glass column packed with 15% silicone on silanized, acid washed Chromosorb W • Capillary, fused silica : 30m×0.32mm ID : 1μm film 100% PEG
시료주입량	1μL
운반가스	질소 또는 헬륨 가스
온도조건	시료도입부 : 250℃
	검출기 : 300℃
	오븐 : 50℃

② 현장시료, 탈착효율 검증시료, 현장공시료 및 공시료의 벤젠에 해당하는 피크 면적 또는 높이를 측정한다.

③ 검출한계 및 시료채취분석오차

이 방법의 검출한계는 0.5μg/시료이며, 시료채취분석오차는 0.114이다.

(7) 농도

다음 식에 의해 작업장의 공기 중 벤젠의 농도를 계산한다.

$$C(\text{ppm}) = \frac{(W_f + W_b - B_f - B_b) \times 24.45}{V \times \text{DE} \times 73.11}$$

여기서, W_f : 시료 앞층에서 분석된 벤젠의 질량(μg)

W_b : 시료 뒤층에서 분석된 벤젠의 질량(μg)

B_f : 공시료들의 앞층에서 분석된 벤젠의 평균질량(μg)

B_b : 공시료들의 뒤층에서 분석된 벤젠의 평균질량(μg)

24.45 : 작업환경 표준상태(25℃, 1기압)에서 공기부피

V : 시료채취 총량(L)

DE : 평균 탈착효율

73.11 : 벤젠의 분자량

05 2-브로모프로판

1. 적용범위

이 방법은 작업장 내 2-브로모프로판[$(CH_3)_2CHBr$, CAS No. 75-26-3] 노출 농도의 허용기준 초과여부를 확인하기 위해 적용한다.

2. 시료채취

(1) 시료채취기

활성탄관(coconut shell charcoal, 길이 : 7cm, 외경 : 6mm, 내경 : 4mm, 앞층 : 100mg, 뒤층 : 50mg, 20/40mesh 또는 이와 동등성능 이상의 흡착성능을 갖는 흡착관)을 사용한다.

(2) 시료채취용 펌프

① 작업자의 정상적인 작업상황에서 작업자에게 부착 가능해야 한다.
② 적정유량(0.01~0.20L/분)에서 8시간 동안 연속적으로 작동이 가능해야 한다.

(3) 유량보정

① 시료채취기와 펌프를 유연성 튜브로 연결한 후, 비누거품 유량보정기를 사용하여 적정유량(0.01~0.20L/분)으로 보정한다.
② 유량보정은 시료채취 전·후에 실시한다.

(4) 시료채취

① 시료채취 직전 활성탄관의 양 끝단을 절단한 후 유연성 튜브를 이용하여 활성탄과 펌프를 연결한다.
② 개인시료채취의 경우 펌프를 근로자에게 장착시키고, 시료채취기는 근로자의 호흡영역에 부착하여 시료를 채취한다.

(5) 시료채취량

시료채취 시의 펌프유량 및 채취 총량은 다음 표의 정보를 참고하여 시료채취할 때 활성탄관의 파과가 일어나지 않도록 펌프의 유량 및 시료채취 시간을 조절하여 시료채취를 한다.

[작업장 공기 중의 습도가 과도하게 높으면 활성탄관 안에서 수분의 응축현상이 발생하게 된다. 응축된 수분은 2-브로모프로판이 활성탄관에 흡착되는 것을 방해하므로 수분의 응축현상이 발생한 시료는 측정시료로 사용하지 말아야 한다.]

시료채취			파과 시 농도 및 채취공기량	
유량(L/분)	총량(L)		채취공기량(L)	농도(mg/m^3)
	최 소	최 대		
0.01~0.20	0.1	12	—[1]	—

1) 연구된 결과가 없음

(6) 시료운반, 시료안정성, 현장공시료

① 채취된 시료는 활성탄관의 마개로 완전히 밀봉한 후 상온·상압 상태에서 운반하며, 시료보관 시의 시료안정성은 5℃에서 약 30일이다.

② 현장공시료의 개수는 채취된 총 시료 수의 10% 이상 또는 시료 세트당 2~10개를 준비한다.

[현장공시료는 시료채취에 사용하지 않은 활성탄관의 양 끝단을 절단한 후 즉시 마개로 막아두어야 하며, 시료채취에 활용되지 않은 점만 제외하고 모두 현장시료와 동일하게 취급·운반한다.]

[2-브로모프로판의 분석을 방해하거나 방해할 수 있다고 의심되는 물질이 작업장 공기 중에 존재한다면 관련정보를 시료분석자에게 시료전달 시 제공하여야 한다.]

3. 분석

(1) 분석기기

불꽃이온화검출기(FID)가 장착된 가스 크로마토그래피를 사용한다.

(2) 시약

크로마토그래피 분석등급이 이황화탄소와 2-브로모프로판을 사용한다.
[표준용액 및 시료 전처리는 반드시 후드 안에서 작업을 수행해야 한다.]

(3) 탈착효율 검증시료 제조

탈착효율 검증용 시료분석은 시료 배치(batch)당 최소한 한 번씩은 행해져야 하며, 탈착효율 검증용 시료조제는 다음과 같은 요령으로 조제하여 사용하도록 한다.

① 3개 농도수준(저, 중, 고 농도)에서 각각 3개씩의 활성탄관과 공시료로 사용할 활성탄관 3개를 준비한다.

② 미량 주사기를 이용하여 탈착효율 검증용 용액(stock solution)의 일정량(계산된 농도)을 취해 활성탄관의 앞층 활성탄에 직접 주입한다. 탈착효율 검증용 저장용액은 ①에서 언급한 3개 농도수준이 포함될 수 있도록 2-브로모프로판 원액 또는 이황화탄소에 희석된 2-브로모프로판 용액을 말한다.

③ 탈착효율 검증용 저장용액을 주입한 활성탄관은 즉시 마개를 막고 하룻밤 정도 실온에 놓아둔다.

(4) 시료 전처리

① 활성탄관 앞층과 뒤층의 활성탄을 각각 다른 바이엘에 담는다.

② 각 바이엘에 피펫으로 1.0mL의 이황화탄소를 넣고, 즉시 마개로 막는다.

③ 가끔 흔들어 주면서 실온에서 최소한 30분 이상 놓아둔다.

(5) 검량선 작성과 정도관리

① 검출한계에서 정량한계의 10배 농도범위까지 최소 5개 이상의 표준용액으로 검량선을 작성한다. 표준용액의 농도범위는 현장시료 농도범위를 포함해야 한다.

② 표준용액의 조제는 적당량의 2-브로모프로판을 취해 이황화탄소에 넣어 혼합시킨 후 이를 이황화탄소로 연속적으로 희석시켜 원하는 농도범위의 표준용액을 조제하는 희석식 표준용액 조제방법을 사용한다.

③ 표준용액 검증용 표준용액(standard matching solution) : 조제된 표준용액이 정확히 만들어졌는지 이를 검증할 수 있는 표준용액 2개를 만들어 검증하도록 한다.

④ 작업장에서 채취된 현장시료, 탈착효율 검증시료, 현장공시료 및 공시료를 분석한다.

⑤ 탈착효율 검증시료는 다음과 같이 탈착효율을 구한다.

탈착효율(DE ; Desorption Efficiency)＝검출량/주입량

(6) 기기분석

가스 크로마토그래피를 이용한 2-브로모프로판의 분석은 머무름 시간이 동일한 방해물질 및 다른 화학물질의 존재여부에 따라 칼럼의 종류와 분석기기의 분석조건 등을 다르게 하여 분석하도록 한다. 다음에 예시된 기기분석 조건을 참고하여 2-브로모프로판 분석이 용이하도록 가스 크로마토그래피를 최적화시킨다.

① 분석조건

칼 럼	• Capillary, fused silica : 30m×0.32mm ID : 1.8μm film phenyl/methyl polysiloxane, RTx-502.2
시료주입량	1μL
운반가스	질소 또는 헬륨 가스
온도조건	시료도입부 : 200℃
	검출기 : 250℃
	오븐 : 35℃(3분)~150℃(8℃/분)

② 현장시료, 탈착효율 검증시료, 현장공시료 및 공시료의 2-브로모프로판에 해당하는 피크 면적 또는 높이를 측정한다.

③ 검출한계 및 시료채취분석 오차

이 방법의 검출한계는 1.0μg/시료이며, 시료채취분석 오차는 0.107이다.

(7) 농도

다음 식에 의해 작업장의 공기 중 2-브로모프로판의 농도를 계산한다.

$$C(\text{ppm}) = \frac{(W_f + W_b - B_f - B_b) \times 24.45}{V \times \text{DE} \times 123.00}$$

여기서, W_f : 시료 앞층에서 분석된 2-브로모프로판의 질량(μg)

W_b : 시료 뒤층에서 분석된 2-브로모프로판의 질량(μg)

B_f : 공시료들의 앞층에서 분석된 2-브로모프로판의 평균질량(μg)

B_b : 공시료들의 뒤층에서 분석된 2-브로모프로판의 평균질량(μg)

24.45 : 작업환경 표준상태(25℃, 1기압)에서 공기부피

V : 시료채취 총량(L)

DE : 평균 탈착효율

123.00 : 2-브로모프로판의 분자량

06 석면

1. 적용범위

이 방법은 작업장 내 석면 노출 농도의 허용기준 초과여부를 확인하기 위해 적용한다.

석면 종류	화학식	CAS No.
백석면	$Mg_3(Si_2O_5)(OH)_4$	12001-29-5
갈석면	$(Mg, Fe)_7Si_8O_{22}(OH)_2$	12172-73-5
청석면	$Na_2Fe_3^{2+}Fe_2^{3+}Si_8O_{22}(OH)_2$	12001-28-4
트레모라이트-석면	$Ca_2(Mg, Fe)_5Si_8O_{22}(OH)_2$	77536-68-6
악티노라이트-석면	$Ca_2Mg_5(Si_8O_{22})(OH)_2$	77536-66-4
안소필라이트-석면	$(Mg, Fe)_7Si_8O_{22}(OH)_2$	77536-67-5

2. 시료채취

(1) 시료채취기

셀룰로오즈 에스테르 막 여과지(공극 : 0.45~1.2μm, 직경 : 25mm)와 패드가 장착된 길이가 약 50mm의 전도성 카울(extension cowl)이 있는 3단 카세트 (직경 25mm)를 사용한다.

(2) 시료채취용 펌프

① 작업자의 정상적인 작업상황에서 작업자에게 부착 가능해야 한다.
② 적정유량(0.5~16L/분)에서 8시간 동안 연속적으로 작동이 가능해야 한다.

(3) 유량보정

① 시료채취기와 펌프를 유연성 튜브로 연결한 후, 비누거품 유량보정기를 사용 하여 적정유량(0.5~16L/분)으로 보정한다.
② 유량보정은 시료채취 전 · 후에 실시한다.

(4) 시료채취

① 시료채취 직전 시료채취기와 펌프를 유연성 튜브로 연결한다. 개인시료채취의 경우 펌프를 근로자에게 장착시키고 시료채취기는 근로자의 호흡영역에 부착 시킨다.

② 이때 3단 카세트의 상단부 뚜껑을 열어(open face) 시료를 채취하며, 카세트의 열린 면이 작업장 바닥 쪽을 향하도록 한다.

(5) 시료채취량

시료채취 시의 펌프유량 및 채취 총량은 섬유계수의 정밀도를 높이기 위해 섬유밀도가 $100 \sim 1{,}300$개/mm^{2}이 되도록 유량과 채취시간을 조정한다. 참고가 되는 사항은 다음과 같다.

① 먼지가 많고 섬유농도가 0.1개/cc 정도에서는 $1 \sim 4$L/분의 유량으로 8시간 동안 시료를 채취한다. 그러나 먼지가 많은 환경에서는 공기채취량을 400L보다 적게 한다.

② 석면농도가 높고 먼지가 많은 곳에서는 여과지를 여러 번 바꿔 연속 시료채취한다.

③ 간헐적으로 노출되는 경우, 고유량($7 \sim 17$L/분)으로 짧은 시간동안 채취한다.

④ 비교적 깨끗한 대기에서 석면의 농도가 0.1개/cc보다 적으면 정량가능한 양이 채취되도록 충분한 공기량($3{,}000 \sim 10{,}000$L)을 채취한다. 그러나 이 때에도 여과지 표면적의 50% 이상이 먼지로 덮이지 않도록 해야 하며, 과대먼지가 채취되면 계수결과에 오차를 유발하게 된다.

유량 (L/분)	시료채취		
	총량(L)		
	최 소		최 대
$0.5 \sim 16$	400[1]		—[2]

[1] 공기 중의 농도가 약 0.1개/cc일 때 기준임
[2] 여과지 필터면적(mm^2)당 $100 \sim 1{,}300$개의 섬유가 채취되도록 시료채취 총량 결정

(6) 시료운반, 시료안정성, 현장공시료

① 채취된 시료는 3단 카세트의 마개를 완전히 밀봉한 후 상온·상압 상태에서 운반하며, 시료보관 시 상온에서 보관하여도 시료는 안정하다.

② 현장공시료의 개수는 채취된 총 시료 수의 10% 이상 또는 시료 세트당 $2 \sim 10$개를 준비한다.
[현장공시료는 3단 카세트의 상단 뚜껑을 열고 현장채취시간과 동일한 시간대에 깨끗한 장소(상자나 가방)에 보관한다. 현장시료채취가 끝나면 현장공시료 역시 상단 뚜껑을 닫고 현장시료와 동일하게 취급하여 실험실로 운반한다.]

[시료운반과정에서 시료채취기에 충격 등이 가해지면 시료의 손실이 발생할 수 있다.]

(7) 주의사항

① 석면 이외의 섬유상 물질이나 입자상 물질이라 할지라도 체인상으로 연결된 경우 석면섬유와 구분이 쉽지 않으므로 계수에 방해물질로 작용할 수 있다.

② 석면을 방해하거나 방해할 수 있다고 의심되는 물질(유리섬유, 세라믹섬유, 암면, 기타 섬유상 물질 등)이 작업장 공기 중에 존재한다면 관련정보를 시료분석자에게 시료전달 시 제공하여야 한다.

3. 분석

(1) 기기 및 시약

① 위상차현미경(PCM ; Phase Contrast Microscope)
대안렌즈(10X), 대물렌즈(40~45X), 구경수차(numerical aperture, 0.65 ~0.75), 그린필터($\lambda=530nm$)를 사용한다.

② 시약
크로마토그래피 분석등급의 아세톤 및 트리아세틴을 사용한다.

③ 슬라이드 글라스 및 커버슬립
25×75mm, 두께 1mm의 슬라이드 글라스를 사용하며, 커버슬립은 23×35mm (대물렌즈에 맞는 두께 사용, 일반적으로, No. 1.5를 사용함)를 사용한다.

④ 현미경 계수자
Walton-Beckett graticule(Type G-22)을 사용한다.
[400배율 시야상에서 Walton-Beckett graticule의 지름은 $100\pm2\mu m$의 크기여야 한다. $100\mu m$의 시야면적은 $0.00785mm^2$이다.]
[Walton-Beckett graticule의 지름은 스테이지 마이크로미터(stage micrometer, 0.01mm division)를 사용하여 측정한다.]

⑤ HSE/NPL 위상차 테스트 슬라이드

⑥ 아세톤 증기화장치
삼각플라스크(200~250mL)에 유리관(길이 16~22cm)이 연결된 고무마개를 끼운다. 이때 마개에 구멍을 뚫어 유리관을 플라스크 안으로 10~12cm 정도 들어가게 하고, 고무관 밖의 유리관(8~10cm)은 알코올램프를 사용하여 수평

으로 20~30° 가량 구부린다. 아세톤 증기화장치는 상품으로 상용화된 슬라이드 글라스 투명화용 '가열 알루미늄 블록(heated aluminium block)'을 사용해도 된다.

(2) 시료 전처리

① 슬라이드 글라스와 커버슬립을 깨끗이 닦는다.

② 아세톤 증기화장치 안에 아세톤을 40~60mL를 넣은 후 60~70℃정도로 가열한다.

③ 아세톤 증기화장치를 서서히 가열하여 아세톤을 끓인다.

[아세톤 증기는 유리관을 통해 나오게 되는데, 이 증기는 폭발위험성이 있으므로 불꽃이 없는 가열판을 사용해야 하며, 반드시 흄 후드 내에서 실험을 실시하도록 한다.]

④ 핀셋으로 필터의 가장자리를 잡고 3단 카세트에서 조심스럽게 꺼낸 후 시료를 채취한 면이 위쪽을 향하도록 슬라이드 글라스 위에 올려놓는다.

⑤ 수용 칼의 날을 따라 굴리듯이 움직여서 필터를 이등분한다(37mm를 사용한 경우 여과지를 1/4등분한다).

⑥ 절단한 필터를 올린 슬라이드를 아세톤 증기화장치의 증기가 나오는 부분에서 1~2cm 정도 앞에서 2~5초간 증기를 쐬면 여과지가 투명하게 된다.

[유리관을 통해 아세톤 증기가 충분하게 나오는지 확인하기 위해서는 슬라이드 글라스의 여과지가 없는 부위를 대어보면 된다. 2~3cm의 응축반점이 생기면 증기가 충분하므로 여과지를 투명화시키면 된다. 여과지가 휘어지면 증기가 충분하지 않은 상태이며, 투명화시키는 과정에서 아세톤이 여과지로 떨어지지 않도록 주의하고, 유리관 구멍은 주기적으로 닦아주도록 한다.]

⑦ 마이크로 피펫을 사용하여 3~3.5μL의 트리아세틴을 떨어뜨린다.

[트리아세틴은 커버슬립을 덮었을 때 전체를 투명하게 채울 수 있는 양을 사용한다. 25mm 필터를 이등분하여 사용하는 경우 약 3~4방울의 트리아세틴 양이 적당하다. 과량의 양을 사용하는 경우 필터에 채취된 섬유의 이동이 일어날 수 있으므로 주의한다.]

⑧ 커버슬립을 주의하여 비스듬하게 여과지 위에 기포가 생기지 않도록 얹는다.

[커버슬립을 얹은 후 밀거나 과하게 누르면 필터에 채취된 섬유의 이동이 일어날 수 있으므로 주의한다.]

⑨ 커버슬립의 가장자리를 라커나 매니큐어로 칠하여 밀봉한다.

[습도가 높은 곳에서 채취한 시료나 아세톤에 수분이 많은 경우 투명화가 느리게 진행되거나, 아세톤 증기가 슬라이드에 남아있을 경우 가열판의 온도를 50℃로 가열하여 아세톤 증기를 증발시킨다. 이때 온도가 너무 높으면 트리아세틴이 증발하여 기포가 생길 수 있으므로 주의한다.]

(3) 분석과정

① 위상차 현미경의 위상차 이미지 형성조건을 위한 최적화를 시킨다.

② HSE/NPL 테스트 슬라이드를 이용하여 위상차현미경의 분해능을 확인한다 (매회 분석을 시작하기 전에 주기적으로 확인한다).

③ 현미경 재물대에 전처리한 시료를 올려놓고 400배 또는 450배에서 초점을 조절하여 맞춘 후 다음 규정에 따라 석면섬유를 계수한다.

④ 길이가 $5\mu m$보다 크고 길이 대 넓이의 비가 3 : 1 이상인 섬유만 계수한다.

⑤ 섬유가 계수면적 내에 있으면 1개로, 섬유의 한쪽 끝만 있으면 1/2개로 계수한다.

⑥ 계수면적 내에 있지 않고 밖에 있거나 계수면적을 통과하는 섬유는 세지 않는다.

⑦ 100개의 섬유가 계수될 때까지 최소 20개 이상 충분한 수의 계수면적을 계수하되, 계수한 면적의 수가 100개를 넘지 않도록 한다.

⑧ 섬유다발뭉치는 각 섬유의 끝단이 뚜렷이 보이지 않으면 1개로 계수하고, 뚜렷하게 보이면 각각 계수한다.

⑨ 계수면적의 이동은 여과지의 한 끝에서 수평으로 반대 끝까지 간 다음, 수직으로 약간 움직여 다시 수평으로 이동시키면 된다.

[첫 계수면적 선정 시 렌즈로부터 잠깐 눈을 돌린 후 재물대를 이동시켜 이를 선정한다.]

[전처리한 필터의 한부분에 치우치지 않게 전체적인 면적을 골고루 계수한다. 계수면적의 이동은 여과지의 한쪽 끝에서 반대 쪽 끝까지 계수하고, 수직으로 조금 움직여 다시 반대편 방향으로 계수한다.]

[섬유덩어리가 계수면적의 1/6을 차지하면 그 계수면적은 버리고 다른 것을 선정한다. 버린 계수면적은 총 계수면적에 포함시키지 않는다.]

[계수면적을 옮길 때 계속해서 미세조정 손잡이로 초점을 맞추면서 섬유를 측정한다. 작은 직경의 섬유는 매우 희미하게 보이나 전체 석면계수에 큰 영향을 미친다.]

(4) 정도관리

① 시료채취 및 운반과정의 오염여부를 확인하기 위해 현장공시료를 분석하도록 한다.

② 실험실 내의 오염이 의심되는 경우 실험실 공시료를 분석하도록 한다.

③ 외부 공기 중 석면정도관리 프로그램에 참여해야 한다.

④ 검출한계 및 시료채취분석오차

이 방법의 검출한계는 7개/mm^{2}이며, 시료채취분석오차는 0.300이다.

(5) 농도

다음 식에 의해 작업장의 공기 중 석면(섬유) 농도를 계산한다.

① 다음 식에 의하여 섬유밀도를 계산한다.

$$E = \frac{(F/n_f - B/n_b)}{A_f}$$

여기서, E : 단위면적당 섬유밀도(개/mm^2)

F : 시료의 계수 섬유수(개)

n_f : 시료의 계수 시야수

B : 공시료의 평균 계수 섬유수(개)

n_b : 공시료의 계수 시야수

A_f : 석면계수자 시야면적 → 0.00785mm^2

(graticule의 직경이 100μm일 때)

② 공기 중 석면(섬유) 농도

위에서 계산한 섬유밀도를 이용하여 다음과 같이 계산한다.

$$C = \frac{(E)(A_c)}{V \cdot 10^3}$$

여기서, C : 개/cc

E : 단위면적당 섬유밀도

A_c : 여과지의 유효면적(실측하여 사용함)

V : 시료공기 채취량(L)

07 6가 크롬화합물

1. 적용범위

이 방법은 작업장 내 6가 크롬화합물[Cr(Ⅵ), CAS No. 18540-29-9] 노출 농도의 허용기준 초과여부를 확인하기 위해 적용한다.

2. 시료채취

(1) 시료채취기

PVC 여과지(직경 : 37mm, 공극 : 5.0μm, polyvinyl chloride membrane) 와 패드(backup pad)가 장착된 3단 카세트를 사용한다.

(2) 시료채취용 펌프

① 작업자의 정상적인 작업상황에서 작업자에게 부착 가능해야 한다.
② 적정유량(1~4L/분)에서 8시간 동안 연속적으로 작동이 가능해야 한다.

(3) 유량보정

① 시료채취기와 펌프를 유연성 튜브로 연결한 후, 비누거품 유량보정기를 사용하여 적정유량(1~4L/분)으로 보정한다.
② 유량보정은 시료채취 전·후에 실시한다.

(4) 시료채취

① 시료채취 직전 시료채취기의 마개를 열고 유연성 튜브를 이용하여 시료채취기와 펌프를 연결한다.
② 개인 시료채취의 경우 펌프를 근로자에게 장착시키고 시료채취기는 근로자의 호흡영역에 부착하여 시료를 채취한다.

(5) 시료채취량

시료채취 시의 펌프유량 및 채취 총량은 다음 표의 정보를 참고하여 시료채취할 때 여과지에 채취된 먼지의 무게가 1mg을 초과하지 않도록 펌프의 유량 및 시료채취 시간을 조절하여 시료채취를 한다.

시료채취		
유량 (L/분)	총량(L)	
	최 소	최 대
1~4	100[1]	1,000

1) 작업장의 공기 중 6가 크롬 농도가 0.1mg/m³ 존재 시 시간가중평균농도의 평가를 위한 기준임

(6) 시료운반, 시료안정성, 현장공시료

① 채취된 시료는 시료채취기의 마개를 완전히 밀봉한 후 실험실로 운반하여 냉장보관한다. 분석은 시료채취 후 2주 이내에 분석하도록 한다.

② 현장공시료의 개수는 채취된 총 시료 수의 10% 이상 또는 시료 세트당 2~10개를 준비한다.

[6가 크롬 도금공정에서 채취된 시료는 시료채취 후 즉시 여과지를 꺼내 바이엘에 넣고 추출용액(2% 수산화나트륨/3% 탄산나트륨) 5mL를 첨가하여 여과지를 완전히 적신 후 마개로 밀봉하여 냉장보관한다.]

[스테인리스강(stainless steel) 용접공정에서 채취된 시료의 경우는 시료채취 후 8일 이내에 분석하도록 한다.]

3. 분석

(1) 분석기기

전도도 또는 분광검출기가 장착된 이온 크로마토그래피이어야 한다.

(2) 표준용액

1,000μg/mL의 표준용액 또는 동등 이상의 6가 크롬 표준용액을 사용한다.

(3) 추출용액

2% 수산화나트륨/3% 탄산나트륨 : 1L 용량 플라스크에 20g의 수산화나트륨(NaOH)과 30g의 탄산나트륨(Na₂CO₃)을 넣고 초순수로 녹인 후 눈금이 정확히 1L가 되게 제조한다.

(4) 용리액(eluent)

① 전도도검출기 : 7.0mM 탄산나트륨/0.5mM 수산화나트륨

4L 용량 플라스크에 탄산나트륨 2.97g을 초순수로 녹인 후 0.1M 수산화나트륨(8g/L) 20mL를 넣는다. 초순수로 용량 플라스크의 눈금까지 채운다.

② 분광검출기 : 250mM 황산염/100mM 수산화암모늄

1L 용량 플라스크에 황산암모늄 33g을 초순수로 녹인 후 수산화암모늄 6.5mL를 넣는다. 초순수로 용량 플라스크의 눈금까지 채운다.

(5) 발색시약 용액(post-column reagent)

2mM 1,5-디페닐카바자이드/10% 메탄올/1N 황산을 제조하여 사용한다.

① 1,5-디페닐카바자이드(1,5-diphenylcarbazide) 0.5g을 100mL 용량 플라스크에 넣어 메탄올로 녹인 후 눈금까지 채운다.

② 1L 용량 플라스크에 초순수를 넣고 황산(H_2SO_4) 28mL를 첨가하고 ① 용액을 넣은 후 1L가 되도록 눈금까지 채운다.

(6) 회수율 검증시료 제조

① 회수율 시험을 위한 첨가량을 결정한다. 첨가량은 현장시료의 6가 크롬 농도를 모두 포함하는 범위이어야 한다.

② 6가 크롬 표준용액을 이용하여 계산된 첨가량이 될 수 있도록 적당량을 미량주사기로 취해 시료채취 시와 동일한 PVC 여과지에 떨어뜨린다. 동일 첨가량을 가진 각기 다른 여과지에 떨어뜨려 동일 농도수준에서 총 3개의 회수율 검증용 시료를 조제하도록 하고, 서로 다른 세 가지 농도수준에서 동일한 요령으로 회수율 검증시료를 조제하도록 한다.

[일반적으로 저농도, 중농도, 그리고 고농도의 각 농도수준에서 각각 동일한 첨가량으로 3개의 첨가시료를 조제하기 때문에 총 9개의 회수율 검증용 첨가시료가 조제된다.]

③ 하룻밤 정도 실온에서 놓아둔다.

(7) 시료 전처리

① 시료채취기로부터 필터를 핀셋을 이용해 꺼낸 후 50mL 비커에 넣고, 추출용액을 5.0mL 첨가한다. 바이엘에 추출용액으로 담구어 운반 보관한 시료는 필터와 용액을 50mL 비커에 넣은 후 추출용매로 바이엘을 2~3번 헹구어 비커에 담는다.

[시료에 Cr(III)이 존재한다면 비커에 담긴 시료용액에 질소가스를 5분 정도 불어(버블링) 넣어준다.]

[수용성 6가 크롬 화합물만 존재한다면 추출용매 대신 초순수를 사용할 수 있다.]

[작업장 공기 중에 철, 구리, 니켈, 또는 바나듐이 존재하여 시료채취가 6가 크롬 화합물과 동시에 채취된다면 분석과정에서 방해물질로 작용할 수 있다. 이러한 방해물질의 영향은 알칼리 추출방법을 사용함으로써 최소화시킬 수 있다.]

② 비커에 유리덮개를 덮고 135℃ 정도의 가열판 위에서 45분 정도 가끔 흔들어 주면서 가열시킨다.

[시료용액을 너무 오랫동안 가열하여 완전히 증발시키거나 건조시키면 안 된다. 여과지의 색깔이 갈색으로 변할 정도로 가열하면 Cr(VI)이 PVC 여과지와 반응하여 손실될 수 있으므로 주의한다.]

[페인트 스프레이 공정에서 채취한 6가 크롬 화합물 경우 90분 이상 가열이 필요할 수도 있다.]

③ 용액을 식힌 후 10~25mL의 용량 플라스크에 옮긴다. 이때 초순수로 비커를 2~3번 헹구어 시료손실이 없도록 한다.

(8) 검량선 작성과 정도관리

① 시료 농도(0~250μg/시료) 범위가 포함될 수 있도록 최소 5개 이상의 농도수준을 표준용액으로 하여 검량선을 작성한다. 이때 표준용액의 농도 범위는 현장시료 농도 범위를 포함하는 것이어야 한다.

② 표준용액의 조제는 25mL 용량 플라스크에 추출용액 5mL를 넣고 일정량의 6가 크롬 표준용액을 첨가한 후 초순수로 최종 부피가 25mL가 되게 하는 방식으로 조제토록 한다.

③ 작업장에서 채취된 현장시료, 회수율 시험시료, 현장공시료 및 공시료를 분석한다.

④ 분석된 회수율 검증시료를 통해 다음과 같이 회수율을 구한다.

$$회수율(RE, \ recovery) = 검출량/첨가량$$

(9) 기기분석

이온 크로마토그래피를 작동시켜 기기를 최적화시킨 후 측정하도록 한다.

① 분석조건

㉠ 전도도검출기 사용

칼 럼	Dionex HPIC–AG5 guard, HPIC–AS5 separator, anion suppressor
시료주입량	50mL
전도도 설정	$1\mu s$ full scale
용리액	7.0mM Na_2CO_3/0.5mM NaOH, Na_2CO_3
유 량	2mL/분

㉡ 분광검출기 사용

칼 럼	IonPac NG1 guard, IonPac AS7 separator, anion suppressor
시료주입량	50~100mL
유 량	1.5mL/분
용리액	250mM $(NH_4)_2SO_4$ + 100mM NH_4OH
발색용액	2mM 1,5–diphenylcarbazide/10% MeOH/1N H_2SO
발색용액 유량	0.5mL/분
파 장	540nm

② 검출한계 및 시료채취분석오차

이 방법의 검출한계는 $3.5\mu g$/시료이며, 시료채취분석오차는 0.130이다.

(10) 농도

다음 식에 의해 작업장의 공기 중 6가 크롬 및 그 화합물의 농도를 계산한다.

$$C(\text{mg/m}^3) = \frac{(C_s\,V_s - C_b\,V_b)}{V \times \text{RE}}$$

여기서, C_s : 시료에서 6가 크롬 농도(μg/mL)

V_s : 시료의 최종 용량(mL)

C_b : 공시료에서 6가 크롬 농도(mL)

V_b : 공시료의 최종 용량(mL)

V : 시료공기 채취 총량(L)

RE : 평균 회수율

08 이황화탄소

1. 적용범위

이 방법은 작업장 내 이황화탄소[CS₂, CAS No. 75-15-0] 노출 농도의 허용기준 초과여부를 확인하기 위해 적용한다.

2. 시료채취

(1) 시료채취기

건조관(길이 7cm, 외경 : 6mm. 내경 : 4mm, 270mg의 황산나트륨, 22℃의 상대습도 100%인 공기 6L를 완전 제습할 수 있는 성능을 가질 것)과 활성탄관 (coconut shell charcoal, 길이 : 7cm, 외경 : 6mm, 내경 : 4mm, 앞층 : 100mg, 뒤층 : 50mg, 20/40mesh 또는 이와 동등성능 이상의 흡착성능을 갖는 흡착관)을 직렬로 연결하여 사용한다.

(2) 시료채취용 펌프

① 작업자의 정상적인 작업상황에서 작업자에게 부착 가능해야 한다.
② 적정유량(0.01~0.20L/분)에서 8시간 동안 연속적으로 작동이 가능해야 한다.

(3) 유량보정

① 시료채취기와 펌프를 유연성 튜브로 연결한 후, 비누거품 유량보정기를 사용하여 적정유량(0.01~0.20L/분)으로 보정한다.
② 유량보정은 시료채취 전·후에 실시한다.

(4) 시료채취

① 시료채취 직전 활성탄관의 양 끝단을 절단한 후 유연성 튜브를 이용하여 활성탄과 펌프를 연결한다.
② 개인 시료채취의 경우 펌프를 근로자에게 장착시키고 시료채취기는 근로자의 호흡영역에 부착하여 시료를 채취한다.

(5) 시료채취량

시료채취 시의 펌프유량 및 채취 총량은 다음 표의 정보를 참고하여 시료채취할 때 활성탄관의 파과가 일어나지 않도록 펌프의 유량 및 시료채취 시간을 조절하여 시료채취를 한다.

[황화수소가 작업장 공기 중에 존재해도 방해물질로 작용하지 않는 것으로 평가되었으며, 공기 중의 습도는 시료채취를 방해하기는 하지만 시료채취기에 연결된 건조관을 통해 제거하면 그 영향을 최소화시킬 수 있다.]

시료채취			파과 시 농도 및 채취공기량	
유량(L/분)	총량(L)		채취공기량(L)	농도(mg/m^3)
	최 소	최 대		
0.01~0.20	2	25	32.4	40

(6) 시료운반, 시료안정성, 현장공시료

① 채취된 시료는 활성탄관의 마개로 완전히 밀봉한 후 상온·상압 상태에서 운반하며, 시료보관 시의 시료안정성은 25℃에서 약 1주일, 그리고 0℃에서는 6주일 정도이다.

② 현장공시료의 개수는 채취된 총 시료 수의 10% 이상 또는 시료 세트당 2~10개를 준비한다.

[현장공시료는 시료채취에 사용하지 않은 활성탄관의 양 끝단을 절단한 후 즉시 마개로 막아두어야 하며, 시료채취에 활용되지 않은 점만 제외하고 모두 현장시료와 동일하게 취급·운반한다.]

[이황화탄소의 분석을 방해하거나 방해할 수 있다고 의심되는 물질이 작업장 공기 중에 존재한다면 관련정보를 시료분석자에게 시료전달 시 제공하여야 한다.]

3. 분석

(1) 분석기기

불꽃광전자검출기(FPD)가 장착된 가스 크로마토그래피를 사용한다.

(2) 시약

크로마토그래피 분석등급의 톨루엔과 이황화탄소를 사용한다.

[표준용액 및 시료 전처리는 반드시 후드 안에서 작업을 수행해야 한다.]

(3) 탈착효율 검증시료 제조

탈착효율 검증용 시료분석은 시료 배치(batch)당 최소한 한 번씩은 행해져야 하며, 탈착효율 검증용 시료 조제는 다음과 같은 요령으로 조제하여 사용하도록 한다.

① 3개 농도수준(저, 중, 고 농도)에서 각각 3개씩의 활성탄관과 공시료로 사용할 활성탄관 3개를 준비한다.

② 미량 주사기를 이용하여 탈착효율 검증용 용액(stock solution)의 일정량(계산된 농도)을 취해 활성탄관의 앞층 활성탄에 직접 주입한다. 탈착효율 검증용 저장용액은 ①에서 언급한 3개 농도수준이 포함될 수 있도록 이황화탄소 원액 또는 톨루엔에 희석된 이황화탄소 용액을 말한다.

③ 탈착효율 검증용 저장용액을 주입한 활성탄관은 즉시 마개를 막고 하룻밤 정도 실온에 놓아둔다.

(4) 시료 전처리

① 건조관을 활성탄관으로부터 분리한 후 활성탄관 앞층과 뒤층의 활성탄을 각각 다른 바이엘에 담는다.

② 각 바이엘에 피펫으로 1.0mL의 톨루엔을 넣고 즉시 마개로 막는다.

③ 가끔 흔들어 주면서 실온에서 최소한 60분 이상 놓아둔다.

(5) 검량선 작성과 정도관리

① 검출한계에서 정량한계의 10배 농도 범위까지 최소 5개 이상의 농도수준을 표준용액으로 하여 검량선을 작성한다. 표준용액의 농도 범위는 현장시료 농도 범위를 포함해야 한다.

② 표준용액의 조제는 적당량의 이황화탄소를 취해 톨루엔에 넣어 혼합시킨 후 이를 톨루엔으로 연속적으로 희석시켜 원하는 농도 범위의 표준용액을 조제하는 희석식 표준용액 조제방법을 사용한다.

③ 표준용액 검증용 표준용액(standard matching solution) : 조제된 표준용액이 정확히 만들어졌는지 이를 검증할 수 있는 표준용액 2개를 만들어 검증하도록 한다.

④ 작업장에서 채취된 현장시료, 탈착효율 검증시료, 현장공시료 및 공시료를 분석한다.

⑤ 탈착효율 검증시료는 다음과 같이 탈착효율을 구한다.

> 탈착효율(DE ; Desorption Efficiency)= 검출량/주입량

(6) 기기분석

① 가스 크로마토그래피를 이용한 이황화탄소의 분석은 머무름 시간이 동일한 방해물질 및 다른 화학물질의 존재여부에 따라 칼럼의 종류와 분석기기의 분석조건 등을 다르게 하여 분석하도록 한다.

② 다음에 예시된 기기분석 조건을 참고하여 이황화탄소 분석이 용이하도록 가스 크로마토그래피를 최적화시킨다.

③ 분석조건

칼 럼	• Glass, 2m×6mm OD, 5% OV-17 on 80/100 mesh GasChrom Q • Capillary, fused silica DB-5
시료주입량	1μL
운반가스	질소 또는 헬륨 가스
온도조건	시료도입부 : 150℃
	검출기 : 145℃
	오븐 : 30℃(3분)

④ 현장시료, 탈착효율 검증시료, 현장공시료 및 공시료의 이황화탄소에 해당하는 피크 면적 또는 높이를 측정한다.

⑤ 검출한계 및 시료채취분석오차

이 방법의 검출한계는 0.02mg/시료이며, 시료채취분석오차는 0.129이다.

(7) 농도

다음 식에 의해 작업장의 공기 중 이황화탄소의 농도를 계산한다.

$$C(\text{ppm}) = \frac{(W_f + W_b - B_f - B_b) \times 24.45}{V \times \text{DE} \times 76.14}$$

여기서, W_f : 시료 앞층에서 분석된 이황화탄소의 질량(μg)

　　　　W_b : 시료 뒤층에서 분석된 이황화탄소의 질량(μg)

　　　　B_f : 공시료들의 앞층에서 분석된 이황화탄소의 평균질량(μg)

　　　　B_b : 공시료들의 뒤층에서 분석된 이황화탄소의 평균질량(μg)

　　　　24.45 : 작업환경 표준상태(25℃, 1기압)에서 공기부피

　　　　V : 시료채취 총량(L)

　　　　DE : 평균 탈착효율

　　　　76.14 : 이황화탄소의 분자량

09 카드뮴 및 그 화합물

1. 적용범위

이 방법은 작업장 내 카드뮴[Cd, CAS No. 7440-43-9] 및 그 화합물 노출 농도의 허용기준 초과여부를 확인하기 위해 적용한다.

2. 시료채취

(1) 시료채취기

막 여과지(직경 : 37mm, 공극 : 0.8μm, cellulose ester membrane)와 패드(backup pad)가 장착된 3단 카세트를 사용한다.

(2) 시료채취용 펌프

① 작업자의 정상적인 작업상황에서 작업자에게 부착 가능해야 한다.
② 적정유량(1~3L/분)에서 8시간 동안 연속적으로 작동이 가능해야 한다.

(3) 유량보정

① 시료채취기와 펌프를 유연성 튜브로 연결한 후, 비누거품 유량보정기를 사용하여 적정유량(1~3L/분)으로 보정한다.
② 유량보정은 시료채취 전·후에 실시한다.

(4) 시료채취

① 시료채취 직전 시료채취기의 마개를 열고 유연성 튜브를 이용하여 시료채취기와 펌프를 연결한다.
② 개인 시료채취의 경우 펌프를 근로자에게 장착시키고 시료채취기는 근로자의 호흡영역에 부착하여 시료를 채취한다.

(5) 시료채취량

시료채취 시의 펌프유량 및 채취 총량은 다음 표의 정보를 참고하여 시료채취할 때 여과지에 채취된 먼지의 무게가 2mg을 초과하지 않도록 펌프의 유량 및 시료채취 시간을 조절하여 시료채취를 한다.

[과도하게 시료채취가 되는 경우 시료채취기 내부 벽에 분석대상 물질이 포함된 먼지 등이 흡착되는 경우가 발생할 수 있다. 따라서 이러한 경우가 발생하지 않도록 적정량의 시료를 채취하도록 해야 한다.]

시료채취		
유량 (L/분)	총량(L)[1]	
	최 소	최 대
1~3	25	1,500

1) 작업장의 공기 중 카드뮴 농도가 0.1mg/m^3 존재 시 시간가중평균농도의 평가를 위한 기준임

(6) 시료운반, 시료안정성, 현장공시료

① 채취된 시료는 시료채취기의 마개를 완전히 밀봉한 후 상온·상압 상태에서 운반하며, 상온에서 보관하여도 안정하다.

② 현장공시료의 개수는 채취된 총 시료 수의 10% 이상 또는 시료 세트당 2~10개를 준비한다.

[현장공시료는 시료채취에 사용하지 않은 시료채취기로 마개를 막아두어야 하며, 시료채취에 활용되지 않은 점만 제외하고 모두 현장시료와 동일하게 취급·운반한다.]

3. 분석

(1) 분석기기

유도결합 플라즈마 분광광도계(ICP) 또는 원자흡광광도계(AAS)를 사용한다.

(2) 회화장비

가열판(Hot plate) 또는 마이크로웨이브(Microwave) 회화기를 사용한다.

(3) 표준용액

1,000 μg/mL의 표준용액 또는 동등 이상의 카드뮴 표준용액을 사용한다.

(4) 전처리 시약

① 가열판 전처리

㉠ 회화용액

진한 질산과 진한 과염소산을 부피비로 4 : 1 혼합하여 사용한다.

ⓒ 희석용액

회화용액을 5% 농도로 희석하여 사용한다.

② 마이크로웨이브 회화기 전처리

㉠ 회화용액은 진한 질산 또는 진한 염산을 사용한다.

[모든 산은 취급할 때 흄 후드 내에서 행해야 하며, 피부 및 눈에 산 접촉을 방지하기 위해 보안경, 보호장갑 등을 착용하고 작업을 수행해야 한다.]

(5) 회수율 검증시료 제조

① 회수율 시험을 위한 첨가량을 결정한다. 첨가량은 현장시료의 카드뮴 농도를 모두 포함하는 범위이어야 한다.

② 카드뮴 표준용액을 이용하여 계산된 첨가량이 될 수 있도록 적당량을 미량주사기로 취해 시료채취 시와 동일한 막 여과지에 떨어뜨린다. 동일 첨가량을 가진 각기 다른 여과지에 떨어뜨려 동일 농도수준에서 총 3개의 회수율 검증용 시료를 조제하도록 하고, 서로 다른 세 가지 농도수준에서 동일한 요령으로 회수율 검증시료를 조제하도록 한다.

[일반적으로 저농도, 중농도, 그리고 고농도의 각 농도수준에서 각각 동일한 첨가량으로 3개의 첨가시료를 조제하기 때문에 총 9개의 회수율 검증용 첨가시료가 조제된다.]

③ 하룻밤 정도 실온에서 놓아둔다.

(6) 시료 전처리

① 가열판을 이용한 시료 전처리

㉠ 시료채취기로부터 막 여과지를 핀셋 등을 이용하여 비커에 옮긴다.

ⓒ 여과지가 들어간 비커에 제조한 회화용액 5mL를 넣고 유리덮개로 덮은 후, 실온에서 30분 정도 놓아둔다.

ⓒ 가열판 위로 비커를 옮긴 후 120℃에서 회화용액이 약 0.5mL 정도가 남을 때까지 가열시킨다.

㉣ 유리덮개를 열고 회화용액 2mL를 다시 첨가하여 가열시킨다. 비커 내의 회화용액이 투명해질 때까지 이 과정을 반복한다.

㉤ 비커 내의 회화용액이 투명해지면 유리덮개를 열고 비커와 접한 유리덮개 내부를 초순수로 헹구어 잔여물이 비커에 들어가도록 한다. 유리덮개는 제거하고 비커 내의 용액량이 거의 없어져 건조될 때까지 증발시킨다.

ⓗ 희석용액 2~3mL를 비커에 가해 잔유물을 다시 용해시킨 다음 10mL 용량 플라스크에 옮긴 후 희석용액을 가해 최종 용량이 10mL가 되게 한다. [최종 용량은 시료 내의 카드뮴 농도를 고려하여 20mL 또는 25mL로 만들어 사용해도 된다.]

② 마이크로웨이브를 이용한 시료 전처리

㉠ 시료채취기로부터 막 여과지를 핀셋 등을 이용하여 들어낸 후, 마이크로웨이브의 베셀(vessel)에 옮긴다.

㉡ 질산 1~3mL를 넣거나 또는 질산 1~3mL에 염산 1mL를 추가하여 넣는다.

㉢ 베셀의 뚜껑을 닫고 마이크로웨이브 내의 회전판 위에 장착시킨 후, 마이크로웨이브 회화기의 운전조건(온도, 압력, 시간 등)을 설정하여 회화한다.

㉣ 마이크로웨이브의 작동이 멈추면 베셀이 식을 때까지 기다린 후, 흄 후드 내에서 베셀의 뚜껑을 조심스럽게 연다.

㉤ 베슬 내의 용액을 10~25mL 용량 플라스크에 옮긴 후 베셀 내부를 초순수로 헹군 후 헹군 용액을 동일 용량 플라스크에 넣고 초순수를 가해 최종 용량이 10~25mL가 되게 한다.

(7) 검량선 작성과 정도관리

① 분석기기(ICP, AAS)의 감도 등을 고려하여 5개의 농도수준을 표준용액으로 하여 검량선을 작성한다. 이때 표준용액의 농도 범위는 현장시료 농도 범위를 포함하는 것이어야 한다.
[가열판을 이용한 전처리 시료의 표준용액 제조는 희석용액을 사용하며, 마이크로웨이브로 회화기를 이용한 표준용액 제조 시의 산 농도는 시료 속의 산농도와 동일하게 한다.]

② 검량선 작성용 표준용액 시료와 공시료를 이용하여 검량선을 작성한다. 한번 작성한 검량선에 따라 10개의 시료를 분석한 후, 분석기기 반응에 대한 재현성을 확인하기 위해 1개의 표준용액 시료를 분석하여 그 재현성을 점검하도록 한다.

③ 작업장에서 채취된 현장시료, 회수율 검증시료, 현장공시료 및 공시료를 분석한다.

④ 분석된 회수율 검증시료를 통해 다음과 같이 회수율을 구한다.

$$회수율(RE, \; recovery) = 검출량/첨가량$$

(8) 기기분석

① 유도결합 플라즈마 분광광도계(ICP) 또는 원자흡광광도계(AAS)의 기기를 작동시켜 최적화시킨 후 228.8nm에서 배경보정상태로 카드뮴 흡광도를 측정하도록 한다. 만일 방해물질이 존재할 경우 228.8nm 이외의 다른 파장을 선택하여 분석한다.

② 표준용액, 공시료, 현장시료, 그리고 회수율 검증시료를 흡입시켜 카드뮴의 흡광도를 측정한다.

③ 검출한계 및 시료채취분석오차

이 방법의 검출한계는 $0.0075\mu g$/시료(ICP)와 $0.05\mu g$/시료(AAS)이며, 시료채취분석오차는 0.082(ICP 분석), 0.132(AAS 분석)이다.

(9) 농도

다음 식에 의해 작업장의 공기 중 카드뮴 및 그 화합물의 농도를 계산한다.

$$C(\text{mg/m}^3) = \frac{(C_s\,V_s - C_b\,V_b)}{V \times \text{RE}}$$

여기서, C_s : 시료에서 카드뮴 농도(μg/mL)

V_s : 시료의 최종 용량(mL)

C_b : 공시료에서 카드뮴 농도(μg/mL)

V_b : 공시료의 최종 용량(mL)

V : 시료공기 채취 총량(L)

RE : 평균 회수율

10 2,4-톨루엔디이소시아네이트

1. 적용범위

이 방법은 작업장 내 2,4-톨루엔디이소시아네이트[$CH_3C_6H_3(NCO)_2$, CAS No. 584-84-9] 노출 농도의 허용기준 초과여부를 확인하기 위해 적용한다.

2. 시료채취

(1) 시료채취기

1-2PP(1-(2-pryridyl)piperazine))이 코팅된 유리섬유 여과지가 장착된 37mm 3단 카세트 홀더를 사용한다.

① 디클로로메탄에 1-2PP를 첨가하여 0.2mg/mL 농도로 조제한다.

② ① 용액 0.5mL를 취하여 37mm 유리섬유 여과지의 시료채취 면에 골고루 도포한다.

③ 상온에서 공기를 건조시킨 후 진공오븐에 넣고 진공을 가해 용매인 디클로로메탄이 완전히 제거되도록 한다.

[처리가 끝난 여과지는 사용 전까지는 반드시 냉장보관하도록 한다.]

(2) 시료채취용 펌프

① 작업자의 정상적인 작업상황에서 작업자에게 부착 가능해야 한다.

② 적정유량(1~2L/분)에서 8시간 동안 연속적으로 작동이 가능해야 한다.

(3) 유량보정

① 시료채취기와 펌프를 유연성 튜브로 연결한 후, 비누거품 유량보정기를 사용하여 적정유량(1~2L/분)으로 보정한다.

② 유량보정은 시료채취 전·후에 실시한다.

(4) 시료채취

① 시료채취 직전 시료채취기의 마개를 열고, 유연성 튜브를 이용하여 시료채취기와 펌프를 연결한다.

② 개인 시료채취의 경우 펌프를 근로자에게 장착시키고, 시료채취기는 근로자의 호흡영역에 부착하여 시료를 채취한다.

(5) 시료채취량

시료채취 시의 채취 총량은 작업장의 2,4-톨루엔디이소시아네이트 추정농도를 고려하여 펌프의 유량 및 시료채취 시간을 조절하여 시료채취를 한다.

[작업장 공기 중에 아민류(amines), 알코올류, 그리고 카르복실산류 등과 같이 1-2PP와 반응할 수 있는 물질이 존재하면 2,4-톨루엔디이소시아네이트와 경쟁하게 되므로 간섭물질로 작용할 수 있다.]

시료채취			시료채취 효율
유량(L/분)	총량(L)		
	최 소	최 대	
1~2	20	900	0.95~1.05

(6) 시료운반, 시료안정성, 현장공시료

① 채취된 시료는 3단 카세트의 마개를 막고 햇빛으로부터 차단하여 실험실로 운반한다. 시료는 냉장보관을 하도록 하며, 시료채취 전의 1-2PP가 코팅된 유리섬유 여과지가 장착된 3단 카세트(시료채취기)는 반드시 냉장보관하도록 한다.

② 현장공시료의 개수는 채취된 총 시료 수의 10% 이상 또는 시료 세트당 2~10개를 준비한다.

[현장공시료는 시료채취에 사용하지 않은 시료채취기를 사용하며(3단 카세트가 모두 체결된 상태로 공기유입구와 출구가 마개로 막힌 상태를 말함), 현장공시료는 시료채취에 활용되지 않은 점만 제외하고 모두 현장시료와 동일하게 취급 · 운반하여야 한다.]

[2,4-톨루엔디이소시아네이트의 분석을 방해하거나 방해할 수 있다고 의심되는 물질이 작업장 공기 중에 존재한다면 관련정보를 시료분석자에게 시료전달 시 제공하여야 한다.]

3. 분석

(1) 분석기기

자외선-가시광선 검출기 또는 형광검출기가 장착된 고성능 액체 크로마토그래피를 사용한다.

(2) 시약

2,4-톨루엔디이소시아네이트(2,4-toluene diisocyanate), 노말헥산(n-hexane), 아세토니트릴(acetonitrile, ACN), 디메틸설폭사이드(Dimethylsulfoxide, DMSO), 디클로로메탄(Dichloromethane), 암모늄아세테이트(Ammonium acetate) 등 HPLC 등급의 시약을 사용한다.
[표준용액 및 시료 전처리는 반드시 후드 안에서 작업을 수행해야 한다.]

(3) 회수율 검증 시료제조

회수율 검증용 시료분석은 시료 배치(batch)당 최소한 한 번씩은 행해져야 하며, 회수율 검증용 시료조제는 다음과 같은 요령으로 조제하여 사용하도록 한다.

① 3개 농도수준(저, 중, 고 농도)에서 각각 3개씩의 1,2-PP가 코팅된 유리섬유 여과지와 공시료용으로 사용할 1,2-PP가 코팅된 유리섬유 여과지 3개를 준비한다.

② 적당 무게의 2,4-톨루엔디이소시아네이트를 디클로로메탄에 녹인 후 미량 주사기를 이용하여 유리섬유 여과지에 주입한다.

③ 하룻밤 정도 실온에 놓아둔다.

(4) 시료 전처리

① 카세트 홀더에 들어 있는 유리섬유 여과지를 핀셋으로 꺼낸 후 37mm 이상의 바닥 직경을 가진 비커나 시료용기에 넣는다. 이때 유리섬유 여과지가 접히지 않도록 주의한다.

② 각 비커 또는 용기에 2.0mL의 추출용액(ACN과 DMSO를 부피비 9 : 1로 혼합한 용액)을 놓고, 즉시 밀봉하거나 마개로 막는다.

③ 유리섬유 여과지와 용기바닥 사이에서 발생할 수 있는 기포를 제거하기 위해 약간 흔들어 준 후 1시간 정도 놓아둔다.

(5) 검량선 작성과 정도관리

① 검출한계에서 정량한계의 10배 농도 범위까지 최소 5개 이상의 농도수준을 표준용액으로 하여 검량선을 작성한다. 표준용액의 농도 범위는 현장시료 농도 범위를 포함해야 한다.

② 표준용액 제조는 상업적으로 구매한 표준원액(2,4-톨루엔디이소시아네이트와 1,2-PP의 유도체화한 용액)으로 제조하거나 다음의 방법으로 제조하여 사용한다. 표준용액은 시료분석 때마다 만들어 사용한다.

ⓐ 2,4-톨루엔디이소시아네이트 3.5g에 디클로로메탄을 가해 녹인 후 부피가 25mL가 되게 한다.

ⓑ 1-2PP 7.25g에 디클로로메탄을 가해 녹인 후 부피가 100mL가 되게 한다.

ⓒ ⓐ의 용액을 ⓑ의 용액에 저으면서 서서히 첨가시키다. 용액 첨가가 끝나면 35℃에서 10분간 가열한다.

ⓓ 용액의 부피가 10mL 정도 될 때까지 가열이 끝나면 이 용액에 질소가스를 퍼지(purging)시킨다.

ⓔ 퍼지(purging)가 끝난 용액에 노말헥산을 넣어 침전시킨다(노말헥산이 첨가되기 전에 약간의 침전이 일어날 수도 있다).

ⓕ 침전물을 여과시킨 후 여과된 침전물에 소량의 디클로로메탄을 가하여 녹인 후 다시 노말헥산을 가하여 재 침전시킨다.

ⓖ 침전물을 다시 여과시킨 후 노말헥산으로 세척하고 진공건조시킨다. 이렇게 하면 약 9g의 디이소시아네이트 유도체를 얻을 수 있다.

ⓗ 디이소시아네이트 유도체 적당량을 DMSO에 녹여 표준원액(stock solution)을 만든다. 이 유도체 안의 2,4-톨루엔디이소시아네이트 무게는 다음과 같다.

> 2,4- 톨루엔디이소시아네이트 무게＝유도체 무게×0.3479

ⓘ ⓗ에서 조제한 표준원액을 아세토니트릴 용매로 희석하여 원하는 농도의 표준용액을 조제한다.

③ 작업장에서 채취된 현장시료, 회수율 검증시료, 현장공시료 및 공시료를 분석한다.

④ 분석된 회수율 검증시료를 통해 다음과 같이 회수율을 구한다.

> 회수율(RE, recovery)＝검출량/첨가량

(6) 기기분석

고성능 액체 크로마토그래피를 다음에 예시된 기기분석 조건을 참고하여 2,4-톨루엔디이소시아네이트의 분석이 용이하도록 기기를 최적화시킨다.

① 분석조건

칼 럼	• Supecosil, LC-8-DB, $3\mu m$ particle size, 7.5cm×4.6mm ; 2cm guard column, $10\mu m$ particle size • Hypersil ODS $5\mu m$, 10cm×4.6mm • $10\mu m$ Alltech C8, 25cm×4.6mm
시료주입량	10~25μL
자외선-가시광선 검출기 사용 시 파장	254mm 또는 313mm
형광검출기 사용 시 파장	240nm excitation, 370nm emission
이동상	0.01M ammonium acetate in 37.5/62.6 ACN/water adjusted to pH 6.2
유 량	1mL/분

[이동상 조제방법 : 아세토니트릴과 초순수를 부피비로 37.5 : 62.5로 혼합한 것을 용매로 사용하며, 아세트산암모늄 0.77g을 약 500mL의 혼합용매에 넣어 녹인 후 혼합용매를 추가해 최종용액 부피가 1L가 되게 한 다음, 초산을 약간 가해 pH 6.2가 되게 한다.]

② 현장시료, 회수율 검증시료, 현장공시료 및 공시료의 2,4-톨루엔디이소시아네이트에 해당하는 피크 면적 또는 높이를 측정한다.

③ 검출한계 및 시료채취분석오차

이 방법의 검출한계는 19ng/시료이며, 시료채취분석오차는 0.168이다.

(7) 농도

다음 식에 의해 작업장의 공기 중 2,4-톨루엔디이소시아네이트의 농도를 계산한다.

$$C(\text{mg/m}^3) = \frac{W - B}{V \times \text{RE}}$$

여기서, W : 시료에서 분석된 2,4-톨루엔디이소시아네이트의 질량(μg)

B : 공시료에서 분석된 2,4-톨루엔디이소시아네이트의 질량(μg)

V : 시료채취 총량(L)

RE : 평균 회수율

11 트리클로로에틸렌

1. 적용범위

이 방법은 작업장 내 트리클로로에틸렌[C_2HCl_3, CAS No. 79-01-6] 노출 농도의 허용기준 초과여부를 확인하기 위해 적용한다.

2. 시료채취

(1) 시료채취기

활성탄관(coconut shell charcoal, 길이 : 7cm, 외경 : 6mm, 내경 : 4mm, 앞층 : 100mg, 뒤층 : 50mg, 20/40mesh 또는 이와 동등성능 이상의 흡착성 능을 갖는 흡착관)을 사용한다.

(2) 시료채취용 펌프

① 작업자의 정상적인 작업상황에서 작업자에게 부착 가능해야 한다.
② 적정유량(0.01~0.20L/분)에서 8시간 동안 연속적으로 작동이 가능해야 한다.

(3) 유량보정

① 시료채취기와 펌프를 유연성 튜브로 연결한 후, 비누거품 유량보정기를 사용하여 적정유량(0.01~0.20L/분)으로 보정한다.
② 유량보정은 시료채취 전·후에 실시한다.

(4) 시료채취

① 시료채취 직전 활성탄관의 양 끝단을 절단한 후 유연성 튜브를 이용하여 활성탄과 펌프를 연결한다.
② 개인 시료채취의 경우 펌프를 근로자에게 장착시키고, 시료채취기는 근로자의 호흡영역에 부착하여 시료를 채취한다.

(5) 시료채취량

시료채취 시의 펌프유량 및 채취 총량은 다음 표의 정보를 참고하여 시료채취할 때 활성탄관의 파과가 일어나지 않도록 펌프의 유량 및 시료채취 시간을 조절하여 시료채취를 한다.

[작업장 공기 중의 습도가 과도하게 높으면 활성탄관 안에서 수분의 응축현상이 발생하게 된다. 응축된 수분은 트리클로로에틸렌이 활성탄관에 흡착되는 것을 방해하므로 수분의 응축현상이 발생한 시료는 작업환경 측정시료로 사용하지 말아야 한다.]

시료채취			파과 시[2] 농도 및 채취공기량	
유량(L/분)	총량(L)[1]		채취공기량(L)	농도(mg/m³)
	최 소	최 대		
0.01~0.20	1	30	>23.3	1,306

1) 8시간 시간가중평균으로 100ppm 트리클로로에틸렌 농도 기준임
2) OSHA의 평가결과로 파과기준은 5%임(1,306mg/m³에서 23.3L 이상 포집 시 5% 이상 파과)

(6) 시료운반, 시료안정성, 현장공시료

① 채취된 시료는 활성탄관의 마개로 완전히 밀봉한 후 상온·상압 상태에서 운반하며, 시료보관 시의 시료안정성은 5℃에서 약 30일이다.

② 현장공시료의 개수는 채취된 총 시료 수의 10% 이상 또는 시료 세트당 2~10개를 준비한다.

[현장공시료는 시료채취에 사용하지 않은 활성탄관의 양 끝단을 절단한 후 즉시 마개로 막아두어야 하며, 시료채취에 활용되지 않은 점만 제외하고 모두 현장시료와 동일하게 취급·운반한다.]

[트리클로로에틸렌의 분석을 방해하거나 방해할 수 있다고 의심되는 물질이 작업장 공기 중에 존재한다면 관련정보를 시료분석자에게 시료전달 시 제공하여야 한다.]

3. 분석

(1) 분석기기

불꽃이온화검출기(FID)가 장착된 가스 크로마토그래피를 사용한다.

(2) 시약

크로마토그래피 분석등급의 이황화탄소와 트리클로로에틸렌을 사용한다.
[표준용액 및 시료 전처리는 반드시 후드 안에서 작업을 수행해야 한다.]

(3) 탈착효율 검증시료 제조

탈착효율 검증용 시료분석은 시료 배치(batch)당 최소한 한 번씩은 행해져야 하며, 탈착효율 검증용 시료 조제는 다음과 같은 요령으로 조제하여 사용하도록 한다.

① 3개 농도수준(저, 중, 고 농도)에서 각각 3개씩의 활성탄관과 공시료로 사용할 활성탄관 3개를 준비한다.

② 미량 주사기를 이용하여 탈착효율 검증용 용액(stock solution)의 일정량(계산된 농도)을 취해 활성탄관의 앞층 활성탄에 직접 주입한다. 탈착효율 검증용 저장용액은 ①에서 언급한 3개 농도수준이 포함될 수 있도록 트리클로로에틸렌 원액 또는 이황화탄소에 희석된 트리클로로에틸렌 용액을 말한다.

③ 탈착효율 검증용 저장용액을 주입한 활성탄관은 즉시 마개를 막고 하룻밤 정도 실온에 놓아둔다.

(4) 시료 전처리

① 활성탄관 앞층과 뒤층의 활성탄을 각각 다른 바이엘에 담는다.

② 각 바이엘에 피펫으로 1.0mL의 이황화탄소를 넣고, 즉시 마개로 막는다.

③ 가끔 흔들어 주면서 실온에서 최소한 30분 이상 놓아둔다.

(5) 검량선 작성과 정도관리

① 검출한계에서 정량한계의 10배 농도 범위까지 최소 5개 이상의 농도수준을 표준용액으로 하여 검량선을 작성한다. 표준용액의 농도 범위는 현장시료 농도 범위를 포함해야 한다.

② 표준용액의 조제는 적당량의 트리클로로에틸렌을 취해 이황화탄소에 넣어 혼합시킨 후 이를 이황화탄소로 연속적으로 희석시켜 원하는 농도 범위의 표준용액을 조제하는 희석식 표준용액 조제방법을 사용한다.

③ 표준용액 검증용 표준용액(standard matching solution) : 조제된 표준용액이 정확히 만들어졌는지 이를 검증할 수 있는 표준용액 2개를 만들어 검증하도록 한다.

④ 작업장에서 채취된 현장시료, 탈착효율 검증시료, 현장공시료 및 공시료를 분석한다.

⑤ 탈착효율 검증시료는 다음과 같이 탈착효율을 구한다.

> 탈착효율(DE ; Desorption Efficiency)＝검출량/주입량

(6) 기기분석

가스 크로마토그래피를 이용한 트리클로로에틸렌의 분석은 머무름 시간이 동일한 방해물질 및 다른 화학물질의 존재여부에 따라 칼럼의 종류와 분석기기의 분석조건 등을 다르게 하여 분석하도록 한다. 다음에 예시된 기기분석 조건을 참고하여 트리클로로에틸렌 분석이 용이하도록 가스 크로마토그래피를 최적화시킨다.

① 분석조건

칼 럼	• Capillary, fused silica : 30m×0.32mm ID : 3μm film 100% dimethylpolysiloxane • capillary, fused silica : 50m×0.22mm ID : 0.5~1.0μm film 7% cyanopropyl, 96% methylsiloxane
시료주입량	1μL
운반가스	질소 또는 헬륨 가스
온도조건	시료도입부 : 250℃
	검출기 : 300℃
	오븐 : 50℃

② 현장시료, 탈착효율 검증시료, 현장공시료 및 공시료의 트리클로로에틸렌에 해당하는 피크 면적 또는 높이를 측정한다.

③ 검출한계 및 시료채취분석오차

이 방법의 검출한계는 0.01mg/시료이며, 시료채취분석오차는 0.198이다.

(7) 농도

다음 식에 의해 작업장의 공기 중 트리클로로에틸렌의 농도를 계산한다.

$$C(\text{ppm}) = \frac{(W_f + W_b - B_f - B_b) \times 24.45}{V \times DE \times 131.39}$$

여기서, W_f : 시료 앞층에서 분석된 트리클로로에틸렌의 질량(μg)

W_b : 시료 뒤층에서 분석된 트리클로로에틸렌의 질량(μg)

B_f : 공시료들의 앞층에서 분석된 트리클로로에틸렌의 평균질량(μg)

B_b : 공시료들의 뒤층에서 분석된 트리클로로에틸렌의 평균질량(μg)

24.45 : 작업환경 표준상태(25℃, 1기압)에서 공기부피

V : 시료채취 총량(L)

DE : 평균 탈착효율

131.39 : 트리클로로에틸렌의 분자량

12 포름알데히드

1. 적용범위

이 방법은 작업장 내 포름알데히드[HCHO, CAS No. 50-00-0] 노출 농도의 허용 기준 초과여부를 확인하기 위해 적용한다.

2. 시료채취

(1) 시료재취기

2,4-디니트로페닐히드라진(2,4-DNPH, 2,4-dinitrophenylhydrazine)이 코팅된 실리카겔관(60/100mesh) 또는 카트리지를 사용한다.

(2) 시료채취용 펌프

① 작업자의 정상적인 작업상황에서 작업자에게 부착 가능해야 한다.
② 적정유량(0.03~1.5L/분)에서 8시간 동안 연속적으로 작동이 가능해야 한다.

(3) 유량보정

① 시료채취기와 펌프를 유연성 튜브로 연결한 후, 비누거품 유량보정기를 사용하여 적정유량(0.03~1.5L/분)으로 보정한다.
② 유량보정은 시료채취 전·후에 실시한다.

(4) 시료채취

① 시료채취 직전 실리카겔관(또는 카트리지)의 양 끝단을 절단한 후 유연성 튜브를 이용하여 실리카겔관(또는 카트리지)과 펌프를 연결한다.
② 개인 시료채취의 경우 펌프를 근로자에게 장착시키고 시료채취기는 근로자의 호흡영역에 부착하여 시료를 채취한다.

(5) 시료채취량

시료채취 시의 펌프유량 및 채취 총량은 다음 표의 정보를 참고하여 시료채취할 때 실리카겔관의 파과가 일어나지 않도록 펌프의 유량 및 시료채취 시간을 조절하여 시료채취를 한다.

시료채취			파과 시 농도	
유량(L/분)	총량(L)		채취공기량(L)	농도(mg/m³)
	최 소	최 대		
0.03~1.5	1	15	55[1]	1.2

1) 평가 당시 습도는 10%이며, 5%가 파과된 경우 시료채취기에 흡착된 포름알데히드 양임

(6) 시료운반, 시료안정성, 현장공시료

① 채취된 시료는 실리카겔관의 마개로 완전히 밀봉한 후 상온·상압 상태에서 운반하며, 시료보관 시의 시료안정성은 5℃에서 약 30일이다.

② 현장공시료의 개수는 채취된 총 시료 수의 10% 이상 또는 시료 세트당 2~10개를 준비한다.

[현장공시료는 시료채취에 사용하지 않은 실리카겔관의 양 끝단을 절단한 후 즉시 마개로 막아두어야 하며, 시료채취에 활용되지 않은 점만 제외하고 모두 현장시료와 동일하게 취급·운반한다.]

(7) 주의사항

공기 중의 오존은 실리카겔에 코팅되어 있는 2,4-디니트로페닐히드라진을 소비하여 없애는 역할을 하고, 또한 포름알데히드 유도체를 분해하는 것으로 평가되었다. 따라서 공기 중의 오존농도가 높다고 의심되는 경우 오존을 제거하기 위한 오존 스크러버를 시료채취기 전단에 연결하여 사용하는 것이 좋다. 케톤류와 다른 알데히드 물질도 2,4-디니트로페닐히드라진과 반응하여 유도체물질을 생성한다. 그러나 이러한 물질은 칼럼을 이용하여 포름알데히드 유도체와 분리하여 정량할 수 있다.

3. 분석

(1) 분석기기

자외선-가시광선 검출기가 장착된 고성능 액체 크로마토그래피를 사용한다.

(2) 시약

HPLC 분석등급의 포름알데히드(37%), 아세토니트릴을 사용한다.

(3) 표준용액(2,4-DNPH-HOHC)

2,4-디니트로페닐히드라진-포름알데히드 $100\mu g/mL$의 표준용액을 사용하거나 2,4-디니트로페닐히드라진 시약으로 표준용액을 합성하여 사용한다.

① 표준용액 합성방법

　㉠ 2M HCl 용액 1L를 조제 : 진한 염산 172mL를 1L 용량 플라스크에 넣은 후 증류수를 서서히 첨가하여 1L로 만든다.

　㉡ 2,4-디니트로페닐히드라진 8g을 정확히 달아 ㉠에서 조제한 2M HCl 용액에 첨가한 후 20~25℃에서 1시간 정도 저으면서 포화시킨다.

　㉢ $0.45\mu m$ 친수성 여과지를 사용하여 여과한다.

　㉣ ㉢에서 여과된 용액에 ㉡에서 첨가한 2,4-디니트로페닐히드라진보다 2 몰랄(molar) 이상의 포름알데히드를 첨가한 후 20~25℃에서 저으면서 30분에서 1시간 정도 방치한다.

　㉤ ㉣에서 형성된 진한 노란색의 하이드라존(hydranone)을 다시 여과한다. 이때 2M HCl 용액 50mL씩 3회 반복하여 하이드라존를 세척하고 난 후 다시 증류수 50mL씩 사용하여 3회 반복 세척한다.

　㉥ 50~60℃에서 필터를 건조시킨다.

　㉦ ㉥에서 건조된 유도체를 적당량 정확히 달아 아세토니트릴용액에 녹여 표준저장용액을 만든다.

　[하이드라존 $1\mu g$은 포름알데히드 농도로 약 $0.143\mu g$에 해당하며, 정확한 농도는 HPLC나 다른 표준용액을 이용하여 순도를 검증한 후 사용해야 한다.]

(4) 포름알데히드 저장용액(stock solution)

37% 포르말린용액을 사용하여 조제하거나 상업적 제품을 구매하여 사용한다.

① pH 적정을 이용한 조제

　㉠ 37% 포르말린용액 2.7mL에 초순수를 가하여 1L가 되게 한다.(약 3개월간 안정)

　㉡ 1.13M 황산나트륨 5mL를 50mL 비커에 넣고 자석교반기로 저어주면서 산 또는 염기 용액을 가하여 pH를 8.5~10으로 조정하고 pH 농도를 기록한다.

　㉢ ㉠에서 조제한 용액 10mL를 ㉡의 용액에 가한다. 이때 pH는 11 이상이 되는데 0.02N 황산용액을 가하여 ㉡에서의 pH로 맞춘다.(약 17mL 정도의 산이 필요함) pH 농도를 지나치게 되면 0.01N 수산화나트륨으로 재조절한다.

ⓔ 농도계산

$$C_s \text{(mg/mL)} = \frac{30.0\,(N_a\,V_a - N_b\,V_b)}{V_s}$$

여기서, 30.0 : 30.0 g/equivalent of formaldehyde

N_a : 황산의 노르말 농도(0.02N)

V_a : 적정에 사용된 황산의 부피(mL)

N_b : 역적정에 사용된 수산화나트륨의 노르말 농도(0.01N)

V_b : 역적정에 사용된 수산화나트륨의 부피(mL)

V_s : ⓒ에서 첨가한 포름알데히드 저장용액의 부피(10mL)

② 지시약 적정을 이용한 조제

　　ⓐ 250mL 용량 플라스크에 0.1M 황산나트륨 50mL와 지시약인 0.04% thymophthalein(w/v) 3방울을 넣는다.

　　[0.04% thymophthalein(w/v)는 에탄올과 물을 50 : 50으로 하는 용매에 중량/부피비로 0.04%가 되도록 조제한다.]

　　ⓑ 0.1N 황산용액 1~2방울 정도를 ⓐ에 떨어뜨려 색이 완전히 무색이 되도록 한다.

　　[0.04% thymophthalein(w/v) 지시약은 당량점 이상의 pH에서는 푸른색(blue color)을 나타내고, 당량점 이하의 pH에서는 무색을 나타낸다.]

　　ⓒ ⓐ에서 조제된 포름알데히드 저장용액을 3.0~12.0mL를 정확히 취하여 ⓑ 용액에 첨가한 후 0.1N 황산용액으로 이 혼합물을 적정한다. 당량점은 색깔이 무색으로 변하는 지점이다.

　　ⓓ 농도계산

$$C_s \text{(mg/mL)} = \frac{30.0\,(N_a \times V_a)}{V_s}$$

여기서, 30.0 : 30.0 g/equivalent of formaldehyde

N_a : 황산의 노르말 농도(0.1N)

V_a : 적정에 사용된 황산의 부피(mL)

V_s : ⓒ에서 첨가한 포름알데히드 저장용액의 부피(mL)

(5) 탈착효율 시료제조

탈착효율 검증 시료분석은 시료 배치(batch)당 최소한 한 번씩은 행해져야 하며,
탈착효율 검증용 시료 조제는 다음과 같은 요령으로 조제하여 사용하도록 한다.

① 3개 농도수준(저, 중, 고 농도)에서 각각 3개씩의 실리카겔관과 공시료용으로
사용할 실리카겔관 3개를 준비한다.

② 미량 주사기를 이용하여 포름알데히드 저장용액(stock solution)의 일정량(계
산된 농도)을 취해 실리카겔관 앞층 실리카겔에 직접 주입한다. 탈착효율 검증
용 저장용액은 ①에서 언급한 3개의 농도수준이 포함될 수 있도록 아세토니트
릴을 이용하여 적당히 희석하여 사용한다.

③ 탈착효율 검증용 저장용액을 주입한 실리카겔관은 즉시 마개를 막고 하룻밤 정
도 실온에 놓아둔다.

(6) 시료 전처리

① 흡착튜브의 앞층과 뒤층의 실라카겔을 각각 다른 4mL 바이엘에 담는다.

② 각 바이엘에 2.0mL의 아세토니트릴을 넣고, 즉시 마개로 막는다.

③ 가끔 흔들어 주면서 실온에서 최소한 30분 이상 놓아둔다.

[카트리지를 사용하여 포름알데히드를 채취한 경우 아세토니트릴로 추출하되
카트리지 제조회사가 권고한 대로 추출을 시행하도록 한다.]

(7) 검량선 작성과 정도관리

① 검출한계에서 정량한계의 10배 농도 범위까지 최소 5개 이상의 농도수준을 표
준용액으로 하여 검량선을 작성한다. 이때 표준용액의 농도 범위는 현장시료
의 농도 범위를 포함하는 것이어야 한다.

② 2,4-DNPH-포름알데히드 표준용액을 희석하여 표준용액을 제조한다.

③ 작업장에서 채취된 현장시료, 탈착효율 검증시료, 현장공시료 및 공시료를 분
석한다.

④ 탈착효율 검증시료는 다음과 같이 탈착효율을 구한다.

> 탈착효율(DE ; Desorption Efficiency)＝검출량/주입량

(8) 기기분석

고성능 액체 크로마토그래피를 다음에 예시된 기기분석 조건을 참고하여 2,4-디
페닐히드라존(포름알데히드 유도체) 분석이 용이하도록 기기를 최적화시킨다.

① 분석조건

칼 럼	3.9×150mm, stainless steel, packed with 5μm C-18, Symmetry
시료주입량	20μL
검출기	UV, 360nm
이동상	아세토니트릴 : 초순수 = 45 : 55
유 량	1.3mL/분

② 현장시료, 탈착검증용 시료, 현장공시료 및 공시료의 포름알데히드에 해당하는 피크 면적 또는 높이를 측정한다.

③ 검출한계 및 시료채취분석오차

이 방법의 검출한계는 0.07μg/시료이며, 시료채취분석오차는 0.171이다.

(9) 농도

다음 식에 의해 작업장의 공기 중 포름알데히드의 농도를 계산한다.

$$C\text{(ppm)} = \frac{(W_f + W_b - B_f - B_b) \times 24.45}{V \times \text{DE} \times 30.0}$$

여기서, W_f : 시료 앞층에서 분석된 포름알데히드 질량(μg)

W_b : 시료 뒤층에서 분석된 포름알데히드 질량(μg)

B_f : 공시료들의 앞층에서 분석된 포름알데히드 평균질량(μg)

B_b : 공시료들의 뒤층에서 분석된 포름알데히드 평균질량(μg)

24.45 : 작업환경 표준상태(25℃, 1기압)에서 공기부피

V : 시료채취 총량(L)

DE : 평균 탈착효율

30.0 : 포름알데히드 분자량

[포름알데히드 저장용액을 실리카겔관에 직접 주입하여 이를 탈착시켜 표준용액을 조제한 경우 표준용액 조제 시 탈착효율이 이미 보정된 것이므로 평균 탈착효율은 적용하지 않아도 된다.]

[2,4-DNPH-포름알데히드 표준용액을 사용하여 검량선을 작성한 후에 시료 농도를 유도체 농도 값으로 계산한 경우에는 유도체 농도를 포름알데히드 농도로 변환하기 위해 시료에서 발견된 유도체 질량 값에 0.143를 곱해준다.]

13 노말헥산

1. 적용범위

이 방법은 작업장 내 노말헥산[C_6H_{14}, CAS No. 110-54-3] 노출 농도의 허용기준 초과여부를 확인하기 위해 적용한다.

2. 시료채취

(1) 시료채취기

활성탄관(coconut shell charcoal, 길이 : 7cm, 외경 : 6mm, 내경 : 4mm, 앞층 : 100mg, 뒤층 : 50mg, 20/40mesh 또는 이와 동등성능 이상의 흡착성능을 갖는 흡착관)을 사용한다.

(2) 시료채취용 펌프

① 작업자의 정상적인 작업상황에서 작업자에게 부착 가능해야 한다.
② 적정유량(0.01~0.20L/분)에서 8시간 동안 연속적으로 작동이 가능해야 한다.

(3) 유량보정

① 시료채취기와 펌프를 유연성 튜브로 연결한 후, 비누거품 유량보정기를 사용하여 적정유량(0.01~0.20L/분)으로 보정한다.
② 유량보정은 시료채취 전·후에 실시한다.

(4) 시료채취

① 시료채취 직전 활성탄관의 양 끝단을 절단한 후 유연성 튜브를 이용하여 활성탄과 펌프를 연결한다.
② 개인 시료채취의 경우 펌프를 근로자에게 장착시키고 시료채취기는 근로자의 호흡영역에 부착하여 시료를 채취한다.

(5) 시료채취량

시료채취 시의 펌프유량 및 채취 총량은 다음 표의 정보를 참고하여 시료채취할 때 활성탄관의 파과가 일어나지 않도록 펌프의 유량 및 시료채취 시간을 조절하여 시료채취를 한다.

[작업장 공기 중의 습도가 과도하게 높으면 활성탄관 안에서 수분의 응축현상이 발생하게 된다. 응축된 수분은 노말헥산이 활성탄관에 흡착되는 것을 방해하므로 수분의 응축현상이 발생한 시료는 측정시료로 사용하지 말아야 한다.]

시료채취			파과 시 농도 및 채취공기량	
유량(L/분)	총량(L)		채취공기량(L)	농도(mg/m³)
	최소	최대		
0.01~0.20	$-^{1)}$	4	–	–

1) 관련 연구결과가 없음

(6) 시료운반, 시료안정성, 현장공시료

① 채취된 시료는 활성탄관의 마개로 완전히 밀봉한 후 상온·상압 상태에서 운반하며, 시료보관 시의 시료안정성은 5℃에서 약 30일이다.

② 현장공시료의 개수는 채취된 총 시료 수의 10% 이상 또는 시료 세트당 2~10개를 준비한다.

[현장공시료는 시료채취에 사용하지 않은 활성탄관의 양 끝단을 절단한 후 즉시 마개로 막아두어야 하며, 시료채취에 활용되지 않은 점만 제외하고 모두 현장시료와 동일하게 취급·운반한다.]

[노말헥산의 분석을 방해하거나 방해할 수 있다고 의심되는 물질이 작업장 공기 중에 존재한다면 관련정보를 시료분석자에게 시료전달 시 제공하여야 한다.]

3. 분석

(1) 분석기기

불꽃이온화검출기(FID)가 장착된 가스 크로마토그래피를 사용한다.

(2) 시약

크로마토그래피 분석등급의 이황화탄소와 노말헥산을 사용한다.

[표준용액 및 시료 전처리는 반드시 후드 안에서 작업을 수행해야 한다.]

(3) 탈착효율 검증 시료제조

탈착효율 검증용 시료분석은 시료 배치(batch)당 최소한 한 번씩은 행해져야 하며, 탈착효율 검증용 시료 조제는 다음과 같은 요령으로 조제하여 사용하도록 한다.

① 3개 농도수준(저, 중, 고 농도)에서 각각 3개씩의 활성탄관과 공시료로 사용할 활성탄관 3개를 준비한다.

② 미량 주사기를 이용하여 탈착효율 검증용 용액(stock solution)의 일정량(계산된 농도)을 취해 활성탄관의 앞층 활성탄에 직접 주입한다. 탈착효율 검증용 저장용액은 ①에서 언급한 3개의 농도수준이 포함될 수 있도록 노말헥산의 원액 또는 이황화탄소에 희석된 노말헥산 용액을 말한다.

③ 탈착효율 검증용 저장용액을 주입한 활성탄관은 즉시 마개를 막고 하룻밤 정도 실온에 놓아둔다.

(4) 시료 선처리

① 활성탄관 앞층과 뒤층의 활성탄을 각각 다른 바이엘에 담는다.

② 각 바이엘에 피펫으로 1.0mL의 이황화탄소를 넣고, 즉시 마개로 막는다.

③ 가끔 흔들어 주면서 실온에서 최소한 30분 이상 놓아둔다.

(5) 검량선 작성과 정도관리

① 검출한계에서 정량한계의 10배 농도 범위까지 최소 5개 이상의 농도수준을 표준용액으로 하여 검량선을 작성한다. 표준용액의 농도 범위는 현장시료 농도 범위를 포함해야 한다.

② 표준용액의 조제는 적당량의 노말헥산을 취해 이황화탄소에 넣어 혼합시킨 후 이를 이황화탄소로 연속적으로 희석시켜 원하는 농도 범위의 표준용액을 조제하는 희석식 표준용액 조제방법을 사용한다.

③ 표준용액 검증용 표준용액(standard matching solution) : 조제된 표준용액이 정확히 만들어졌는지 이를 검증할 수 있는 표준용액 2개를 만들어 검증하도록 한다.

④ 작업장에서 채취된 현장시료, 탈착효율 검증시료, 현장공시료 및 공시료를 분석한다.

⑤ 탈착효율 검증시료는 다음과 같이 탈착효율을 구한다.

$$\text{탈착효율(DE ; Desorption Efficiency)} = \text{검출량/주입량}$$

(6) 기기분석

가스 크로마토그래피를 이용한 노말헥산의 분석은 머무름 시간이 동일한 방해물질 및 다른 화학물질의 존재여부에 따라 칼럼의 종류와 분석기기의 분석조건 등을 다르게 하여 분석하도록 한다. 다음에 예시된 기기분석 조건을 참고하여 노말헥산 분석이 용이하도록 가스 크로마토그래피를 최적화시킨다.

① 분석조건

칼 럼	• Capillary, fused silica : 30m×0.32mm ID : 3μm film 100% dimethylpolysiloxane • capillary, fused silica : 50m×0.22mm ID : 0.5~1.0μm film 7% cyanopropyl, 96% methylsiloxane
시료주입량	1μL
운반가스	질소 또는 헬륨 가스
온도조건	시료도입부 : 250℃
	검출기 : 300℃
	오븐 : 35℃(8분), 7.5℃/분, 230℃(1분)

② 현장시료, 탈착효율 검증시료, 현장공시료 및 공시료의 노말헥산에 해당하는 피크 면적 또는 높이를 측정한다.

③ 검출한계 및 시료채취분석오차

이 방법의 검출한계는 0.4μg/시료이며, 시료채취분석오차는 0.120이다.

(7) 농도

다음 식에 의해 작업장의 공기 중 노말헥산의 농도를 계산한다.

$$C(\text{ppm}) = \frac{(W_f + W_b - B_f - B_b) \times 24.45}{V \times \text{DE} \times 86.18}$$

여기서, W_f : 시료 앞층에서 분석된 노말헥산의 질량(μg)

W_b : 시료 뒤층에서 분석된 노말헥산의 질량(μg)

B_f : 공시료들의 앞층에서 분석된 노말헥산의 평균질량(μg)

B_b : 공시료들의 뒤층에서 분석된 노말헥산의 평균질량(μg)

24.45 : 작업환경 표준상태(25℃, 1기압)에서 공기부피

V : 시료채취 총량(L)

DE : 평균 탈착효율

86.18 : 노말헥산의 분자량

PART

4

소음 · 진동

소음·진동

01 소음단위와 표현

(1) 소음의 정의

① 소음은 공기의 진동에 의한 음파 중 인간에게 감각적으로 바람직하지 못한 소리, 즉 지나치게 강렬하여 불쾌감을 주거나 주의력을 빗나가게 하여 작업에 방해가 되는 음향을 말한다.

② 산업안전보건법에서는 소음성 난청을 유발할 수 있는 85dB(A) 이상의 시끄러운 소리로 정의하고 있다.

(2) 소음의 특징

① 축적성이 없다.

② 국소다발적이다.

③ 대책 후에 처리할 물질이 발생되지 않는다.

④ 감각적 공해이다.

⑤ 민원발생이 많다.

(3) 소음의 단위

① dB(decibel) ●출제율 30%

　㉠ dB이란 음의 전파방향에 수직한 단위면적을 단위시간에 통과하는 음의 세기량 또는 음의 압력량이며, 소리(소음)의 크기를 나타내는 단위이다.

　㉡ Weber-Fethner의 법칙에 의해 사람의 감각량(반응량)은 자극량(소리 크기량)에 대수적으로 비례하여 변하는 것을 기본적인 이론으로 한다.

ⓒ 사람이 들을 수 있는 음압은 0.00002~60N/m²의 범위이며, 이것을 dB로 표시하면 0~130dB이 된다.

ⓔ 음압을 직접 사용하는 것보다 dB로 변환하여 사용하는 것이 편리하다.

② sone

㉠ 감각적인 음의 크기(loudness)를 나타내는 양이며 1,000Hz에서의 압력수준 dB을 기준으로 하여 등감곡선을 소리의 크기로 나타내는 단위이다.

㉡ 1,000Hz 순음의 음의 세기레벨 40dB의 음의 크기를 1sone으로 정의하며, 1,000Hz 순음 40phon을 1sone이라 한다.

㉢ sone은 소음의 감각량을 나타내는 단위이다. 즉, sone 값이 2배, 3배로 증가하면 감각량의 크기도 2배, 3배로 증가한다.

㉣ phon과 sone의 관계

$$S = 2^{\frac{(L_L - 40)}{10}} \text{(sone)}$$
$$L_L = 33.3 \log S + 40 \text{(phon)}$$

③ phon

㉠ 감각적인 음의 크기레벨을 나타낸다.

㉡ 1,000Hz 순음의 크기와 평균적으로 같은 크기로 느끼는 1,000Hz 순음의 음의 세기레벨로 나타낸 것이 phon이다.

㉢ 1,000Hz에서 압력수준 dB을 기준으로 하여 등감곡선을 소리의 크기로 나타낸 단위이다.

㉣ dB와 phon의 관계는 주파수에 따라 달라지나, 1,000Hz을 기준으로 해서 나타난 1dB을 1phon이라고 한다.

㉤ phon의 수치는 음의 크기의 대소관계를 나타낼 수 있지만 심리량으로서의 합, 비의 관계를 나타낼 수는 없다.

(4) 소음의 물리적 특성

① 주파수 파장의 관계

㉠ 파장

ⓐ 위상의 차이가 360°가 되는 거리, 즉 1주기의 거리를 파장이라 한다.

ⓑ 보통 λ라 표시하고, 단위는 m를 사용한다.

ⓛ 주파수

    ⓐ 한 고정점을 1초 동안에 통과하는 고압력 부분과 저압력 부분을 포함한 압력변화의 완전한 주기(cycle) 수를 말하고, 음의 높낮이를 나타낸다.

    ⓑ 보통 f로 표시하고, 단위는 Hz(1/sec) 및 cps(cycle per second)를 사용한다.

    ⓒ 정상청력을 가진 사람의 가청주파수 영역은 20~20,000Hz이다.

    ⓓ 회화음역은 250~3,000Hz 정도이다.

ⓒ 주기

    ⓐ 한 파장이 전파되는 데 소요되는 시간을 말한다.

    ⓑ 보통 T로 표시하고, 단위는 sec를 사용한다.

    ⓒ 주기와 주파수의 관계는 역비례이다$\left(T = \dfrac{1}{f}\right)$.

ⓔ 진폭

    ⓐ 음원으로부터 주어진 거리만큼 떨어진 위치에서 발생되는 음의 최대변위치를 말한다.

    ⓑ 단위는 m이다.

② 음속

    ㉠ 음파의 속도를 말한다.

    ㉡ 음파는 음압의 변화에 따라 매질을 통하여 전달하는 종파(소밀파, 압력파, P파)이다.

    ㉢ 관련식

$$음속(C) = f \times \lambda$$

    여기서, C : 음속(m/sec)

           f : 주파수(1/sec)

           λ : 파장(m)

$$음속(C) = 331.42 + 0.6(t)$$

    여기서, C : 음속(m/sec)

           t : 음전달 매질의 온도(℃)

(5) 음세기레벨(SIL ; Sound Intensity Level)

① 음의 진행방향에 수직하는 단위면적을 단위시간에 통과하는 음에너지를 음의 세기라 한다.

② SIL은 기준음의 세기(I_0)에 대한 임의의 소리의 세기(I)가 그 몇 배인가를 대수로 표현한 값이다.

$$SIL = 10\log\left(\frac{I}{I_0}\right)(dB)$$

여기서, SIL : 음의 세기레벨(dB)

I_0 : 정상청력을 가진 사람의 최소가청음의 세기($10^{-12}W/m^2$)

I : 대상음의 세기(W/m^2)

(6) 음압력레벨(SPL ; Sound Pressure Level)

① 음에너지에 의해 매질에는 미세한 압력변화가 생기며, 이 압력부분을 음압이라 한다.

② 음의 압력레벨은 음압도, 음압수준이라는 용어와 같은 의미이다.

③ SPL은 기준음압(P_0)을 기준치로 하여 임의의 소리의 음압(실효치)이 그 몇 배인가를 대수로 표현한 값이다.

$$SPL = 20\log\left(\frac{P}{P_0}\right)(dB)$$

여기서, SPL : 음압수준(음압도, 음압레벨)(dB)

P_0 : 정상청력을 가진 사람이 1,000Hz에서 가청할 수 있는 최소음압실효치

$(2 \times 10^{-5}N/m^2 = 20\mu Pa = 2 \times 10^{-4}dyne/cm^2)$

P : 대상음의 음압실효치(N/m^2)

④ 음압진폭(피크, 최대값)과 음압실표치(rms값)의 관계

$$P_{rms} = \frac{P_m}{\sqrt{2}}$$

여기서, P_{rms} : 음압의 실효치(N/m^2)

P_m : 음압진폭(피크, 최대값)(N/m^2)

(7) 음향파워레벨(PWL ; sound power level)

① 음원으로부터 단위시간당 방출하는 총 음에너지(총 출력)를 음향출력(음향파워)이라 한다.

② PWL은 기준음의 파워(W_0)에 대한 임의의 소리의 파워(W)가 그 몇 배인가를 대수로 표현한 값이다.

$$PWL = 10\log\left(\frac{W}{W_0}\right)(dB)$$

여기서, PWL : 음향파워레벨(dB)

W_0 : 정상청력을 가진 사람의 최소가청음의 음향파워($10^{-12}W$)

W : 대상음의 음향파워(W)

(8) SPL과 PWL 관계

① 의미

SPL은 상대적인 특정위치에서 소음레벨이고, PWL은 측정대상의 총 소음에너지를 의미한다.

② 관계식

$$PWL = 10\log\left(\frac{W}{W_0}\right)(dB) \cdots\cdots ⓐ$$

$$W = I \times S \cdots\cdots\cdots\cdots\cdots\cdots ⓑ$$

식 ⓐ에서 식 ⓑ를 대입하면

$$PWL = 10\log\left(\frac{W}{W_0}\right) = 10\log\left(\frac{IS}{I_0 S_0}\right) = 10\log\frac{I}{I_0} + 10\log\frac{S}{S_0}$$

여기서, S : 구의 표면적(m^2)

S_0 : 기준면적($1m^2$)

$$PWL = 10\log\left(\frac{I}{10^{-12}}\right) + 10\log S = SIL(SPL) + 10\log S$$

⑦ 음원이 점음원

ⓐ 음원이 자유공간(공중, 구면파 전파)에 위치할 때

$$
\begin{aligned}
SPL &= PWL - 10\log S \\
&= PWL - 10\log(4\pi r^2) \\
&= PWL - 20\log r - 11dB
\end{aligned}
$$

ⓑ 음원이 반자유공간(바닥, 천장, 벽, 반구면파 전파)에 위치할 때

$$
\begin{aligned}
SPL &= PWL - 10\log S \\
&= PWL - 10\log(2\pi r^2) \\
&= PWL - 20\log r - 8dB
\end{aligned}
$$

ⓛ 음원이 선음원

ⓐ 음원이 자유공간(공중, 구면파 전파)에 위치할 때

$$
\begin{aligned}
SPL &= PWL - 10\log S \\
&= PWL - 10\log(2\pi r) \\
&= PWL - 10\log r - 8dB
\end{aligned}
$$

ⓑ 음원이 반자유공간(바닥, 천장, 벽, 반구면파 전파)에 위치할 때

$$
\begin{aligned}
SPL &= PWL - 10\log S \\
&= PWL - 10\log(\pi r) \\
&= PWL - 10\log r - 5dB
\end{aligned}
$$

(9) 음의 크기레벨(L_L, loudness level)

① 어떤 음을 귀로 들어 1,000Hz 순음의 크기와 평균적으로 같은 크기로 느껴질 때 그 어떤 음의 크기를 1,000Hz 순음의 음세기레벨(음압레벨)로 나타낸 것이 음의 크기레벨이다.

② 음의 크기레벨의 단위는 phon으로 음의 크기의 수준을 나타낸다.

③ 1,000Hz를 기준으로 해서 나타낸 dB을 phon이라 한다.

④ dB와 phon의 관계는 주파수에 따라 달라지나, 1,000Hz를 기준으로 해서 나타낸 dB을 1phon이라고 한다.

⑤ phon의 수치는 음의 크기의 대소관계를 나타낼 수 있지만 심리량으로서의 합, 비의 관계는 나타낼 수 없다.

(10) 음의 크기(S, loudness)

① 1,000Hz 순음의 음의 세기레벨 40dB의 음 크기를 1sone이라 한다.

② 1,000Hz 순음 40phon을 1sone이라 한다.

③ sone은 소음의 감각량을 나타내는 단위이다. 즉 sone 값이 2배, 3배 등으로 증가하면 감각량의 크기도 2배, 3배 등으로 증가한다.

④ 음의 크기를 결정 시 18~25세의 연령군을 대상으로 하며, 1,000Hz를 중심으로 시험하고 4,000Hz 부근에서 청감이 가장 민감하게 나타난다.

(11) phon과 sone의 관계

$$S = 2^{\frac{(L_L - 40)}{10}} \, (\text{sone})$$

$$L_L = 33.3\log S + 40 \, (\text{phon})$$

여기서, S : 음의 크기(sone)
L_L : 음의 크기레벨(phon)

참고 음 관련 용어

1. 파동(Wave)
   ㉠ 매질 자체가 이동하는 것이 아니고 음이 전달되는 매질의 변화운동으로 이루어지는 에너지 전달이다.
   ㉡ 음에너지의 전달은 매질의 운동에너지와 위치에너지의 교번작용으로 이루어진다.
   ㉢ 파동과 더불어 전달되는 것은 매질이 아니고 매질의 상태변화에 의한 것이다. 즉, 파동에 의해 운반되는 것은 물질이 아니고 에너지이다.
2. 파동의 종류
   모든 파동은 매질입자의 진동방향과 파동의 진행방향 사이의 상호관계에 따라 두 가지(종파, 횡파)로 구분된다.
   ㉠ 종파
   • 파동의 진행방향과 매질의 진동방향이 평행한 파동이다.
   • 물체의 체적(부피) 변화에 외해 전달되는 파동이다.
   • 소밀파, P파, 압력파라고도 한다.
   • 종파의 대표적 파동은 음파, 지진파의 P파이다.
   • 종파는 매질이 있어야만 전파된다.
   • 음파는 공기 등의 매질을 통하여 전파하는 소밀파(압력파)이며, 순음의 경우 그 음압은 정현파적으로 변한다.

ⓛ 횡파
- 파동의 진행방향과 매질의 진동방향이 수직한 파동파이다.
- 물체의 형상 탄성변화에 의해 전달되는 파동이다.
- 고정파, S파라고도 한다.
- 횡파의 대표적 파동은 물결파(수면파), 전자기파(광파, 전파), 지진파의 S파이다.
- 횡파의 매질이 없어도 전파된다.

3. 파면

파동의 위상이 같은 점들을 연결한 면을 의미한다.

4. 음선

음의 진행방향을 나타내는 선으로 파면에 수직한다.

5. 음파의 종류

음파는 공기 등의 매질을 통하여 전파하는 소밀파이며, 순음의 경우 정현파적으로 변화한다.

㉠ 평면파

긴 실린더의 피스톤 운동에 의해 발생하는 파와 같이 음파의 파면들이 서로 평행한 파, 즉 파면이 평행이 되는 파동이다.

㉡ 발산파

음원으로부터 거리가 멀어질수록 더욱 넓은 면적으로 퍼져나가는 파이다.

㉢ 구면파

공중에 있는 점음원과 같이 음원에서 모든 방향으로 동일한 에너지를 방출할 때 발생하는 파이다.

㉣ 진행파

음파의 진행방향으로 에너지를 전송하는 파이다.

㉤ 정재파

둘 또는 그 이상 음파의 구조적 간섭에 의해 시간적으로 일정하게 음압의 최고와 최저가 반복되는 패턴의 파이다.

(12) 소음레벨(SL ; Sound Level)

① 어떤 음에 대한 소음계의 지시값이 소음레벨 즉 소음계의 청감보정회로 A, B, C, D를 통하여 측정한 값이 소음레벨이다.

② 소음계에는 청감보정회로가 내장되어 있는데(주로 A 청감보정회로를 이용하여 계측) A 청감보정회로를 통하여 측정한 레벨로서 단위는 dB(A)로 표시한다.

③ 소음레벨은 감각량을 나타내며, 단위는 국제적으로 dB(A)가 사용되고 있다.

④
$$소음레벨(SL) = SPL + 보정치(A)[dB(A)]$$

보정치는 감각적인 음의 크기를 나타내는 phon의 크기에 따라 구분

필수 예상문제 ✔ 출제확률 30%

0℃, 1기압의 공기 중에서 파장이 2m인 음의 주파수(Hz)는?

풀이 음속$(C) = f \times \lambda$

$$f = \frac{C}{\lambda}$$

C는 매질의 온도 0℃를 고려하면 $C = 331.42 + (0.6 \times 0) = 331.42 \text{m/sec}$

$$= \frac{331.42}{2} = 165.71 \text{Hz}$$

필수 예상문제 ✔ 출제확률 40%

음압이 10배 증가하면 음압수준은 몇 dB 증가하는가?

풀이 음압수준$(\text{SPL}) = 20\log\left(\dfrac{P}{P_o}\right)$에서 P_o는 일정하므로

$$= 20\log\left(\frac{10}{1}\right) = 20\text{dB}$$

필수 예상문제 ✔ 출제확률 30%

측정한 음압의 최대값이 0.63N/m²라면 음압수준은?

풀이 음압수준$(\text{SPL}) = 20\log\left(\dfrac{P}{P_o}\right)$

여기서 P는 실효치이므로 문제상 음압 최대값을 실효치로 적용

$$= 20\log\left(\frac{0.63/\sqrt{2}}{2 \times 10^{-5}}\right) = 87\text{dB}$$

필수 예상문제　　　　　　　　　　✔ 출제확률 40%

음의 세기레벨이 80dB에서 83dB로 증가되려면 음의 세기는 몇 %가 증가되어야 하는가?

풀이 $SIL = 10\log\dfrac{I}{I_0}$ 이므로

$$80 = 10\log\dfrac{I_1}{10^{-12}}, \quad I_1 = 10^8 \times 10^{-12} = 1 \times 10^{-4}\,\text{W/m}^2$$

$$83 = 10\log\dfrac{I_2}{10^{-12}}, \quad I_2 = 10^{8.3} \times 10^{-12} = 1.995 \times 10^{-4}\,\text{W/m}^2$$

$$\therefore \ \text{증가율}(\%) = \dfrac{I_2 - I_1}{I_1} = \dfrac{1.995 \times 10^{-4} - 1 \times 10^{-4}}{1 \times 10^{-4}} \times 100 = 99.53\%$$

필수 예상문제　　　　　　　　　　✔ 출제확률 40%

작은 점음원이 자유공간에 등방향으로 퍼져나가고 있으며, 4m 거리에서의 음압레벨은 110dB이다. 음향출력은 몇 Watt인가?

풀이 점음원, 자유공간

$$PWL = SPL + 20\log r + 11\text{dB} = 110 + (20\log 4) + 11 = 133\text{dB}$$

$$PWL = 10\log\dfrac{W}{W_0}$$

$$133 = 10\log\dfrac{W}{10^{-12}}$$

$$\therefore \ W = 10^{13.3} \times 10^{-12} = 20\text{Watt}$$

필수 예상문제　　　　　　　　　　✔ 출제확률 40%

출력이 0.1Watt인 작은 점음원으로부터 50m 떨어진 지점에서의 SPL은? (단, 무지향성, 자유공간)

풀이 점음원, 자유공간

$$SPL = PWL - 20\log r - 11\text{dB}$$

$$PWL = 10\log\dfrac{W}{10^{-12}} = 10\log\dfrac{0.1}{10^{-12}} = 110\text{dB}$$

$$r = 50\text{m}$$

$$= 110 - 20\log 50 - 11 = 65\text{dB}$$

기출문제

소음원으로부터 20m 떨어진 지점에서 소음수준이 90dB이었다. 소음원의 음력수준 (sound power level)은 몇 dB인지 쓰시오. (단, 자유음장이라 가정함)

풀이 점음원, 자유공간

$$SPL = PWL - 20\log r - 11$$
$$\therefore PWL = SPL + 20\log r + 11 = 90dB + (20\log 20) + 11 = 127dB$$

02 소음의 거리감쇠

(1) 점음원

음원의 크기가 소리의 전파거리에 비해 아주 작은 음원을 점음원이라 하고, 점음원이 360° 방향(자유공간)으로 전파(구면파)되는 경우와 180°(반자유공간)으로 전파(반구면파)되는 경우가 일반적이다.

① 음압레벨(SPL), 음향파워레벨(PWL), 지향계수(Q)의 관계식

$$SPL = PWL - 20\log r - 11 + 10\log Q = PWL - 20\log r - 11 + DI$$

㉠ 자유공간의 경우

$$SPL = PWL - 20\log r - 11 + 0(DI = 0)$$

㉡ 반자유공간의 경우

$$SPL = PWL - 20\log r - 11 + 3(Q = 2, DI = 10\log 2 = 3dB)$$

② 두 점음원 사이의 거리감쇠식

$$SPL_1 - SPL_2 = 20\log \frac{r_2}{r_1}(r_2 > r_1)$$

여기서, SPL_1 : 음원으로부터 r_1(가까운 거리)만큼 떨어진 지점의 음압레벨(dB)

SPL_2 : 음원으로부터 r_2(먼 거리)만큼 떨어신 시점의 음압레벨(dB)

③ 역2승법칙 **출제율 30%**

점음원으로부터 거리가 2배 멀어질 때마다 음압레벨이 6dB(=20log2)씩 감쇠되는데, 이를 점음원의 역2승법칙이라 한다.

(2) 선음원

일반적으로 교통기관(고속도로의 자동차소음, 철도소음)처럼 여러 개의 점음원이 모여 하나의 선으로 연결되어 있는 음원을 선음원이라 하고, 일반적으로 180° 방향(반자유 공간)으로 전파(반구면파)되는 경우이다.

① 두 선음원 사이의 거리감쇠식

$$SPL_1 - SPL_2 = 10\log\frac{r_2}{r_1}(r_2 > r_1)$$

여기서, SPL_1 : 음원으로부터 r_1(가까운 거리)만큼 떨어진 지점의 음압레벨(dB)

SPL_2 : 음원으로부터 r_2(먼 거리)만큼 떨어진 지점의 음압레벨(dB)

② 선음원으로부터 거리가 2배 멀어질 때마다 음압레벨이 3dB(=10log2)씩 감쇠한다.

필수 예상문제　　　✔ 출제확률 40%

지표면에 무지향성 점음원으로 볼 수 있는 소음원이 있다. 출력을 원래의 1/2로 하고, 거리를 2배로 멀어지게 하면 SPL은 원래보다 몇 dB 감소하는가?

풀이 $\Delta dB = 10\log\dfrac{W}{W_0} - 20\log\dfrac{r_2}{r_1} = 10\log 0.5 - 20\log 2 = -9dB$ (9dB 감소)

필수 예상문제　　　✔ 출제확률 30%

점음원과 선음원(무한히 긴 경우)이 있다. 각각의 음원으로부터 30m 되는 거리에서 음압레벨은 100dB이다. 1m 떨어진 곳에서의 음압레벨은 각각 얼마인가?

풀이 ① 점음원

$$SPL_1 - SPL_2 = 20\log\left(\frac{r_2}{r_1}\right)$$

$$SPL_1 = SPL_2 + 20\log\left(\frac{r_2}{r_1}\right) = 100 + 20\log\left(\frac{30}{1}\right) = 129.5dB$$

② 선음원

$$SPL_1 - SPL_2 = 10\log\left(\frac{r_2}{r_1}\right)$$

$$SPL_1 = SPL_2 + 10\log\left(\frac{r_2}{r_1}\right) = 100 + 10\log\left(\frac{30}{1}\right) = 114.7dB$$

필수 예상문제   ✔ 출제확률 50%

공장 내 지면 위에 소형 기계가 있는데, 여기서 발생하는 소음은 10m 떨어진 곳에서 75dB이었다. 이것을 68dB이 되도록 하려면 이 기계를 얼마나 이동시켜야 하는가? (단, 대지와 지면에 의한 흡수는 무시한다.)

풀이 점음원의 거리감쇠

$$SPL_1 - SPL_2 = 20\log\left(\frac{r_2}{r_1}\right)$$

$$75 - 68 = 20\log\left(\frac{r_2}{10}\right)$$

$$r_2 = 10^{\frac{7}{20}} \times 10 = 22.4\text{m}$$

문제상 더 이동시켜야 하는 거리를 묻고 있으므로

$$\therefore r_2 - r_1 = 22.4 - 10 = 12.4\text{m}$$

기출문제

주조된 금속제품을 절단하는 공정이 있다. 절단기로부터 12m 떨어진 곳에서 측정한 소음수준은 104dB(A)이었다. 4m 떨어진 곳에서 소음수준을 이론적으로 추정하여 보시오. (단, 절단기 사이는 소음을 흡수하거나 반향하는 물체가 없는 자유영역인 것으로 가정한다.)

풀이 점음원의 거리감쇠

$$SPL_1 - SPL_2 = 20\log\left(\frac{r_2}{r_1}\right)$$

$$\therefore SPL_1 = SPL_2 + 20\log\left(\frac{r_2}{r_1}\right) = 104 + 20\log\left(\frac{12}{4}\right) = 113.5\text{dB(A)}$$

SECTION 2

소음의 노출기준

01 우리나라 고용노동부의 노출기준

① 1일 8시간 노출 시 노출기준은 90dB(A)이다.

② 5dB(A) 증가 시마다 노출시간은 반감된다(5dB 변화율).

③ 복합소음에 노출 시 상가효과를 고려하여 노출지수(EI)를 계산하여 1 미만이면 노출기준 미만이라고 평가한다.

④ 노출지수(EI)

$$EI = \frac{C_1}{T_1} + \frac{C_2}{T_2} + \cdots\cdots + \frac{C_n}{T_n}$$

여기서, $C_1 \sim C_n$: 각 소음노출시간(hr)

$T_1 \sim T_n$: 각 노출허용기준(TLV)에 따른 노출시간(hr)

❖ 연속음에 대한 고용노동부의 노출기준(5dB 변화율)

1일 노출시간(시간/일)	음압수준[dB(A)]
8	90
4	95
2	100
1	105
$\frac{1}{2}$	110
$\frac{1}{4}$	115

※ 115dB(A)를 초과해서는 안 된다.

02 ACGIH의 허용기준

① 1일 8시간 노출 시 허용기준은 85dB(A)이다.
② 3dB(A) 증가 시마다 노출시간은 반감된다(3dB 변화율).
③ 복합소음에 노출 시 상가효과를 고려하여 노출지수(EI)를 계산하여 1 미만이면 노출기준 미만이라고 평가한다.
④ 노출지수(EI)

$$EI = \frac{C_1}{T_1} + \frac{C_2}{T_2} + \cdots\cdots + \frac{C_n}{T_n}$$

03 노출가능시간(T) 계산

① 우리나라 (5dB 변화율)

$$T(\text{hour}) = \frac{8\text{hr}}{2^{\left(\frac{L-90}{5}\right)}}$$

② ISO (3dB 변화율)

$$T(\text{hour}) = \frac{8\text{hr}}{2^{\left(\frac{L-85}{3}\right)}}$$

◑ 연속음에 대한 ACGIH의 허용기준(3dB 변화율)

구 분	1일 노출시간	허용기준[dB(A)]
시간	24	80
	16	82
	8	85
	4	88
	2	91
	1	94
분	30	97
	15	100
	7.50	103
	3.75	106
	1.88	109
	0.94	112
초	28.12	115
	14.06	118
	7.03	121
	3.52	124
	1.76	127
	0.88	130
	0.44	133
	0.22	136
	0.11	136

필수 예상문제 ✔ 출제확률 50%

어떤 작업환경에서 100dB(A)의 소음이 1시간(TLV 2hr), 95dB(A)의 소음이 3시간(TLV 4hr) 발생하고 있을 때 소음허용기준 초과 여부를 판정하시오.

풀이 소음허용기준 초과 여부 $= \dfrac{C_1}{T_1} + \cdots + \dfrac{C_n}{T_n}$

여기서, $C_1 \sim C_n$: 각 소음노출시간(hr)

$T_1 \sim T_n$: 각 노출허용기준(TLV)에 따른 노출 시간(hr)

$= \dfrac{1}{2} + \dfrac{3}{4} = 1.25 \rightarrow$ 이 값이 1 이상이므로 허용기준 초과 판정

기출문제

소음부서의 작업환경 측정결과 작업특성상 96dB(A)의 소음이 2시간, 91dB(A)의 소음이 4시간, 84dB(A)의 소음이 2시간 발생하였다. 이때 고용노동부 고시에서 정한 소음의 허용기준 초과 여부를 판단하시오.

풀이 ① 각 소음수준의 노출가능시간

$$96dB(A) \rightarrow \frac{8}{2^{\left(\frac{96-90}{5}\right)}} = 3.48hr$$

$$91dB(A) \rightarrow \frac{8}{2^{\left(\frac{91-90}{5}\right)}} = 6.96hr$$

$$84dB(A) \rightarrow 고용노동부 고시(제외)$$

② 소음노출지수(EI)

$$EI = \frac{2}{3.48} + \frac{4}{6.96} = 1.15$$

EI가 1 이상이므로 허용기준 초과로 평가한다.

기출문제

다음과 같은 소음수준에 노출되었을 경우 각 소음수준에서 노출기준 시간을 산출하고, 소음노출지수를 계산하여 기준의 초과 여부를 판단하시오. (단, 우리나라 측정기준)

노출시간	소음수준[dB(A)]
09 : 00 ~ 09 : 30	82
09 : 30 ~ 10 : 10	84
10 : 10 ~ 12 : 00	92
13 : 00 ~ 15 : 20	93
15 : 20 ~ 16 : 00	98
16 : 00 ~ 16 : 30	94
16 : 30 ~ 18 : 00	79

풀이 ① 각 소음수준의 노출가능시간(주어진 소음수준 중 Threshold 90dB 이하 값은 적용 안 함)

$$T = \frac{8hr}{2^{\left(\frac{L-90}{5}\right)}}$$

$$92dB(A) \rightarrow 8/(2^{\frac{92-90}{5}}) = 6.06hr$$

$$93dB(A) \rightarrow 8/(2^{\frac{93-90}{5}}) = 5.28hr$$

$$98\mathrm{dB(A)} \rightarrow 8/(2^{\frac{98-90}{5}}) = 2.64\mathrm{hr}$$

$$94\mathrm{dB(A)} \rightarrow 8/(2^{\frac{94-90}{5}}) = 4.59\mathrm{hr}$$

② 소음노출지수(EI)

$$\mathrm{EI} = \frac{1.83}{6.06} + \frac{2.33}{5.28} + \frac{0.67}{2.64} + \frac{0.5}{4.59} = 1.11$$

③ EI가 1 이상이므로 허용기준 초과로 판정한다.

SECTION 3 소음의 측정 및 평가

01 소음의 측정

① 소음계의 종류로는 주파수 범위와 청감보정특성의 허용범위의 정밀도 차이에 의해 정밀소음계, 지시소음계, 간이소음계의 3종류로 분류한다.

② 누적소음 노출량 측정기(noise dose meter)
소음에 대한 작업환경 측정 시 소음의 변동이 심하거나 소음수준이 다른 여러 작업장소를 이동하면서 작업하는 경우 소음의 노출평가에 가장 적합한 소음기, 즉 개인의 노출량을 측정하는 기기로서 노출량(dose)은 노출기준에 대한 백분율(%)로 나타내며, 정확도는 ±2dB이다.

③ 누적소음 노출량 측정기의 법적 설정기준(우리나라) **출제율 30%**

　ⓐ Criteria : 90dB
　　Criteria는 허용기준(PEL)을 의미하며, 허용하는 소음노출 100%에 해당하는 등가소음레벨을 말한다.

　ⓑ Exchange rate : 5dB
　　Exchange rate는 측정기의 측정변환율을 의미하며, 소음노출이 ER만큼 증가 시 위험도가 2배 높아짐을 의미한다.

　ⓒ Threshold : 80dB
　　Threshold는 노출량으로 인식되는 A특성 음압수준을 의미하며, 이 음압수준(80dB)보다 이하의 음압수준은 노출량 계산에서 제외한다.

> **참고** ISO · ACGIH의 누적소음 노출량 측정기 설정기준 **출제율 30%**
>
> 1. Criteria : 85dB
> 2. Exchange rate : 3dB
> 3. Threshold : 80dB

> **참고** 누적소음 노출량 측정기 Exchange rate 설정상태나 작동여부 확인방법 ●출제율 20%
>
> 1. 안전된 평균 음압수준을 얻을 수 있을 만큼 충분한 시간(일반적으로 30초 이하이나 제조업체의 지침에 따른다)동안 보정기로 소음을 가한다. 일정시간 종료 후의 평균 소음은 calibrator의 출력 레벨과 정확히 일치해야 한다.
> 2. 다음으로 calibrator를 끄고 외부 소음을 차단하기 위해 마이크로폰과 연결된 상태 그대로 둔다. Noise dosimeter는 일시 중지(pause)상태로 둔다.
> 3. 마지막으로 처음과 같은 시간 동안 dosimeter를 다시 작동상태로 둔다. 두 번째 시간의 종료시점에서 dose 또는 평균 음압수준을 읽는다.
> 4. 계속해서 소음에 노출되지 않은 상태에서 시간은 두 배로 증가하였기 때문에 dosimeter의 수치는 Exchange rate에 해당하는 양만큼 감소되어야 한다. calibrator의 초기 입력소음이 94dB이라면 마지막 평균 소음은 5dB Exchange rate의 경우 89dB, 4dB Exchange rate의 경우 90dB, 3dB Exchange rate의 경우 91dB이어야 한다.

02 소음의 평가

① 등가소음레벨(등가소음도, Leq)

ㄱ 정의

변동이 심한 소음의 평가방법이며 이렇게 변동하는 소음을 일정시간 측정하여 그 평균 에너지 소음레벨로 나타낸 값이 등가소음도이다.

ㄴ 관련식

$$등가소음도(Leq) = 16.61\log\frac{\left(n_1 \times 10^{\frac{L_{A1}}{16.61}} + \cdots + n_n \times 10^{\frac{L_{An}}{16.61}}\right)}{(각\ 소음레벨\ 측정치의\ 발생시간\ 합)}$$

여기서, Leq : 등가소음레벨[dB(A)]

L_A : 각 소음레벨의 측정치[dB(A)]

n : 각 소음레벨 측정치의 발생시간(분)

16.61 : 누적소음 노출량 측정기의 Exchange rate 5dB일 경우

(5dB/log2 = 16.61) : 우리나라 측정기준

Exchange rate 3dB일 경우(3dB/log2 = 10) : ISO 측정기준

$$일정시간\ 간격\ 등가소음도(Leq) = 10\log\frac{1}{n}\sum_{i-1}^{n} 10^{\frac{L_i}{10}}$$

여기서, n : 소음레벨 측정치의 수

L_i : 각 소음레벨의 측정치[dB(A)]

② 누적소음폭로량

㉠ 단위작업장소에서 소음의 강도가 불규칙적으로 변동하는 소음 등을 누적소음 노출량 측정기로 측정하여 평가한다.

㉡ 관련식

$$\text{누적소음폭로량}(D) = \left(\frac{C_1}{T_1} + \frac{C_2}{T_2} + \cdots + \frac{C_n}{T_n} \right) \times 100$$

여기서, D : 누적소음폭로량(%)

C : 각 소음레벨 발생시간(hr)

T : 그 소음에 노출될 수 있는 허용노출시간(hr)

$$\text{TWA} = 16.61\log\left[\frac{D(\%)}{100}\right] + 90$$

여기서, TWA : 시간가중 평균소음수준[dB(A)]

D : 누적소음폭로량(%)

100 : $(12.5 \times T$; $T =$ 노출시간)

참고 누적 소음계(Noise Dosimeter) 측정값 단위 ●출제율 20%

1. Dose

   노출로 반영하기 시작하는 소음수준인 80dB보다 큰 횟수가 얼마나 되는지를 나타내는 단위이며, 노출기준에 대한 백분율로 나타낸다.

2. Dose(8)

   소음발생 시간동안 소음노출을 8시간 측정한 값으로 예측하여 나타내는 단위이다.

3. LAVG

   Average sound level을 의미하며, 소음발생시간에 측정, 평균 값으로 나타내는 단위이다.

4. TWA

   Time Weighted Average level을 의미하며, 시간가중평균농도로 정상작업(8hr)동안 측정, 평가 기준(초과, 미만)으로 사용되는 단위이다.

필수 예상문제 ✔ 출제확률 30%

다음 측정값의 등가소음레벨(Leq)은?

[조건]

▶ 소음레벨(dB) : 80, 85, 90, 95

▶ 소음지속시간(min) : 15, 8, 5, 2

풀이 $Leq = 16.61\log\left(\dfrac{15\times10^{\frac{80}{16.61}}+8\times10^{\frac{85}{16.61}}+5\times10^{\frac{90}{16.61}}+2\times10^{\frac{95}{16.61}}}{30}\right)$

$= 85.8\text{dB(A)}$

필수 예상문제 ✔ 출제확률 40%

다음 측정값의 등가소음레벨(Leq)은?

[조건]

▶ 소음도 구간(dB) : 60~65, 65~70, 70~75, 75~80

▶ 소음지속시간(min) : 11, 8, 24, 17

풀이 소음도 구간으로 주어지면 중앙값으로 계산한다.

$Leq = 16.61\log\left(\dfrac{11\times10^{\frac{62.5}{16.61}}+8\times10^{\frac{67.5}{16.61}}+24\times10^{\frac{72.5}{16.61}}+17\times10^{\frac{77.5}{16.61}}}{30}\right)$

$= 73.1\text{dB(A)}$

필수 예상문제 ✔ 출제확률 30%

5초 간격으로 10번의 소음을 측정한 결과 다음과 같다. Leq는?

[조건]

▶ 측정치 : 75, 78, 80, 74, 82, 90, 88, 82, 76, 72

풀이 $Leq = 10\log\dfrac{1}{10}\left[10^{7.5}+10^{7.8}+10^{8.0}+10^{7.4}+10^{8.2}+10^{9.0}+10^{8.8}+10^{8.2}+10^{7.6}+10^{7.2}\right]$

$= 83.47\text{dB(A)}$

필수 예상문제 ✔ 출제확률 60%

작업장에서 90dB(A) 5hr, 95dB(A) 3hr 변동하는 소음 발생 시 누적소음폭로량(%)과 시간가중 평균소음수준[dB(A)]을 구하시오.

풀이 ① 누적소음폭로량$(D) = \left(\dfrac{C_1}{T_1} + \dfrac{C_2}{T_2}\right) \times 100 = \left(\dfrac{5}{8} \times \dfrac{3}{4}\right) \times 100 = 137.5\%$

② 시간가중 평균소음수준$(\mathrm{TWA}) = 16.61 \log\left[\dfrac{D(\%)}{100}\right] + 9 \mathrm{dB(A)}$

$$= 16.61 \log\left[\dfrac{137.5}{100}\right] + 90$$

$$= 92.3 \mathrm{dB(A)}$$

기출문제

소음노출량계(noise dosimeter)로 5분간의 소음노출량을 측정하여 다음 표와 같은 결과를 얻었다. 다음 각 물음에 답하시오.

시간	음압수준(dB)
9:00~9:01	93
9:01~9:02	91
9:02~9:03	84
9:03~9:04	78
9:04~9:05	86

(1) 우리나라 측정기준(criteria : 90dB, exchange rate : 5dB, threshold : 80dB)으로 노출량계를 setting하여 측정하였을 때 5분간 누적소음노출량은 몇 %가 될지 산출하시오.

(2) ISO 측정기준(criteria : 85dB, exchange rate : 3dB, threshold : 80dB)으로 노출량계를 setting하여 측정하였을 때 5분간 누적소음노출량은 몇 %가 될지 산출하시오.

풀이 (1) 우리나라 측정기준

주어진 음압수준 중 Threshold 80dB 이하의 값은 누적소음노출량에 계산되지 않으므로 제외한다.

등가소음도(Leq)

$$Leq[\mathrm{dB(A)}] = 16.61 \log\left(\dfrac{1 \times 10^{\frac{93}{16.61}} + 1 \times 10^{\frac{91}{16.61}} + 1 \times 10^{\frac{84}{16.61}} + 1 \times 10^{\frac{86}{16.61}}}{5}\right)$$

$$= 87.78 \mathrm{dB(A)}$$

노출가능시간(T)

$$T(\text{hr}) = \frac{8\text{hr}}{2^{\left(\frac{87.78-90}{5}\right)}} = 10.88\text{hr}$$

누적소음노출량(D)

$$\therefore\ D(\%) = \frac{5\text{min}}{10.88\text{hr} \times 60\text{min/hr}} \times 100 = 0.766\%$$

(2) ISO 측정기준

주어진 음압수준 중 Threshold 80dB 이하의 값은 누적소음노출량에 계산되지 않으므로 제외한다.

등가소음도(Leq)

$$Leq[\text{dB}(\text{A})] = 10\log\left(\frac{1 \times 10^{\frac{93}{10}} + 1 \times 10^{\frac{91}{10}} + 1 \times 10^{\frac{84}{10}} + 1 \times 10^{\frac{86}{10}}}{5}\right)$$

$$= 88.92\text{dB}(\text{A})$$

노출가능시간(T)

$$T(\text{hr}) = \frac{8\text{hr}}{2^{\left(\frac{88.92-85}{3}\right)}} = 3.23\text{hr}$$

누적소음노출량(D)

$$\therefore\ D(\%) = \frac{5\text{min}}{3.23\text{hr} \times 60\text{min/hr}} \times 100 = 2.58\%$$

SECTION 4 등청감곡선 및 청감보정회로

01 등청감곡선 ●출제율 20%

① 정의

정상청력을 가진 젊은 사람을 대상으로 한 가지 주파수로 구성된 음에 대하여 느끼는 소리의 크기(Loudness)를 실험한 곡선이 등청감곡선이다.

② 특징

㉠ 인간의 청감은 4,000Hz 주위의 음에서 가장 예민하며, 저주파영역에서는 둔하다.

㉡ 사람이 느끼는 크기는 음의 주파수에 따라 다르며, 동일한 크기를 느끼기 위해서 저주파음에서는 고주파음보다 높은 압력수준이 요구된다.

㉢ 같은 크기의 에너지를 가진 소리라도 주파수에 따라 크기를 다르게 느낀다.

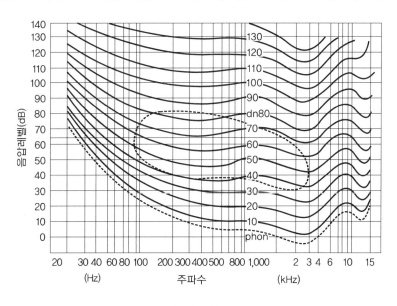

▌등청감곡선▐

02 청감보정회로(Weighting Network) 출제율 50%

① 정의

등청감곡선을 역으로 한 보정회로로 소음계에 내장되어 있으며 40phon, 70phon, 100phon의 등청감곡선과 비슷하게 주파수에 따른 반응을 보정하여 측정한 음압 수준으로 순차적으로 A, B, C 청감보정회로(특성)라 한다.

② 특성

ㄱ 등청감곡선에 가까운 보정회로를 의미하며, 주파수 보정회로라고도 한다.

ㄴ 소음계의 마이크로폰으로부터 지시계기까지의 종합 주파수 특성을 청감에 근사 시키기 위한 전기회로의 형식이다.

ㄷ 어떤 음의 감각적인 크기레벨을 측정하기 위해 등청감곡선을 역으로 한 보정회 로를 소음계에 내장시켜 근사적인 음의 크기레벨을 측정한다.

ㄹ 실제의 소음계에는 40phon, 70phon, 100phon의 등청감곡선에 유사한 감도 를 나타내도록 주파수 보정이 되어 있는데, 이것을 각각 순서대로 A, B, C 특 성이라 부르며, 소음측정은 원칙적으로 A특성을 사용한다.

ⓐ 청감보정 A특성 : 40phon 등청감곡선[dB(A)]

ⓑ 청감보정 B특성 : 70phon 등청감곡선[dB(B)]

ⓒ 청감보정 C특성 : 100phon 등청감곡선[dB(C)]

③ 청감보정회로 특성

ㄱ A : 청감보정회로(A특성)

ⓐ 저음압레벨에 대한 청감음압을 나타낸다. 즉, 저음역대 신호를 많이 보정한 특징이 있다.

ⓑ 저주파음을 크게 낮추는 특성이 있다.

ⓒ 인간의 주관적 반응과 잘 맞아 가장 많이 이용된다.

ⓓ 환경오염공정시험기준에서 채용되고 있다.

ⓔ 주관적인 감각량과 좋은 상관관계를 보이고 있어 각종 소음평가기법의 기초 척도가 된다.

ㄴ B : 청감보정회로(B특성)

ⓐ 중음압레벨에 대한 청감음압을 나타낸다. 즉, 중음역대 신호보정에 이용되 나 거의 사용하지는 않는다.

ⓑ Fletcher와 Munson의 등청감곡선의 70phon의 역특성을 채용하고 있고
미국에서는 60phon 또는 70phon 곡선의 특성을 채용하고 있는데, 실용적
으로는 잘 사용하고 있지 않다.

ⓒ C : 청감보정회로(C특성)

ⓐ 주파수 변화에 따라 크게 변하지 않는다. 즉, 주파수 변화에 따라 상대 응답
도가 크게 변하지 않는다.

ⓑ 신호보정영역은 중음역이다.

ⓒ 전 주파영역에서 거의 평탄한 주파수 특성이므로 주파수 분석(소음의 물리적
특성 파악), 수음등급 파악을 할 때 사용하며 음압레벨과 근사한 값을 갖는다.

ⓔ D : 청감보정회로(D특성)

ⓐ 소음의 시끄러움을 평가하기 위한 방법인 PNL을 근사적으로 측정하기 위한
것으로 주로 항공기소음평가를 위한 기초 척도로 사용된다.

ⓑ A특성 회로처럼 저주파에너지를 많이 제거시키지 않으며 1,000~12,000Hz
범위의 고주파 음에너지를 보충시킨다.

ⓒ D특성으로 측정한 레벨은 A특성으로 측정한 레벨보다 항상 크다.

④ 소음계의 청감보정회로를 A 및 C에 넣고 측정한 소음레벨이 dB(A) 및 dB(C)라
할 때, 그 결과치가 dB(A)≪dB(C)일 경우 이 음은 저음성분(저주파음)이 많고,
dB(A)=dB(C)일 경우 이 음은 고음성분(고주파음)이 주성분이다.

⑤ 소음의 특성치를 알아보기 위해서 A, B, C 특성치(청감보정회로)로 측정한 결과
세 가지의 값이 거의 일치되는 주파수는 1,000Hz이다. 즉 A, B, C 특성 모두
1,000Hz에서 보정치는 0이다.

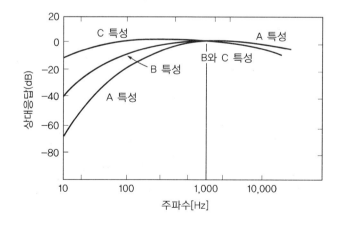

‖ 청감보정회로 ‖

❖ A특성 청감보정량(1/1 Octave Band)

중심주파수(Hz)	31.5	63	125	250	500	1,000	2,000	4,000	8,000
보정량(dB)	−39.4	−26.2	−16.1	−8.6	−3.2	0	+1.2	+1.0	−1.1

03 C_5 - dip 현상 ●출제율 30%

(1) 정의

소음성 난청의 초기단계로서 4,000Hz(C5 : 4,096Hz)에서 청력장애가 현저히 커지는 현상

(2) 특징

① 우리 귀는 고주파음에 대단히 민감하다. 특히 4,000Hz에서 소음성 난청이 가장 많이 발생한다.

② C_5 부근에서 청력손실이 커져서 dip은 점점 분명해지며, 복용약의 부작용에 의해서도 일어날 수 있다.

> **기출문제**
>
> 물리적인 음압의 크기가 0.00632N/m²(C-특성치)인 소음의 주파수가 100Hz라면 등감곡선을 이용하여 이 소리가 사람의 귀에 들리는 크기(dB)를 구하시오.

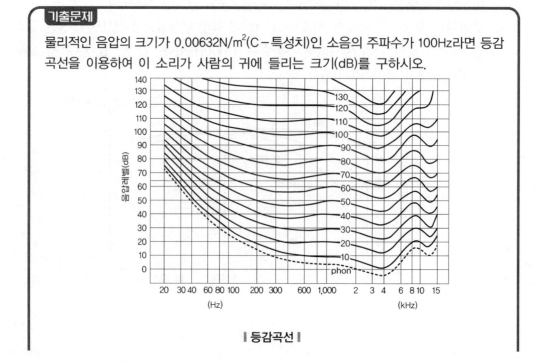

┃ 등감곡선 ┃

풀이 ① 음압레벨(SPL)을 구하면

$$SPL = 20\log\frac{P}{P_0} = 20\log\left(\frac{0.00632}{2 \times 10^{-5}}\right) = 50dB$$

② 100Hz에서 SPL 50dB은 사람의 귀, 즉 청감을 고려하면 약 40dB의 크기로 들린다.

SECTION 5 주파수 분석

01 개요

① 소음의 특성을 정확히 평가, 즉 문제가 되는 주파수 대역을 알아내어 그에 따른 대책을 세우기 위해 주파수 분석을 한다.

② 분석에는 정비형과 정폭형이 있고, 일반적으로 정비형을 주로 사용한다.

02 정비형

① 대역(band)의 하한 및 상한 주파수를 f_L 및 f_U라 할 때 어떤 대역에서도 f_U/f_L의 비가 일정한 필터이다.

②

$$\frac{f_U}{f_L} = 2^n$$

여기서, n : 일반적으로 1/1, 1/3 옥타브 밴드

③ 1/1 옥타브 밴드 분석기

$$\frac{f_U}{f_L} = 2^{\frac{1}{1}}, \ f_U = 2f_L$$

중심주파수$(f_c) = \sqrt{f_L \times f_U} = \sqrt{f_L \times 2f_L} = \sqrt{2}\,f_L$

밴드폭$(b_w) = f_c(2^{\frac{n}{2}} - 2^{-\frac{n}{2}}) = f_c(2^{\frac{1/1}{2}} - 2^{-\frac{1/1}{2}}) = 0.707f_c$

④ 1/3 옥타브 밴드 분석기

$$\frac{f_U}{f_L} = 2^{\frac{1}{3}}, \ f_U = 1.26 f_L$$

중심주파수$(f_c) = \sqrt{f_L \times f_U} = \sqrt{f_L \times 1.26 f_L} = \sqrt{1.26} f_L$

밴드폭$(b_w) = f_c(2^{\frac{n}{2}} - 2^{-\frac{n}{2}}) = f_n(2^{\frac{1/3}{2}} - 2^{-\frac{1/3}{2}}) = 0.232 f_c$

필수 예상문제   ✔ 출제확률 50%

중심주파수가 2,500Hz인 경우 차단주파수(하한~상한)를 구하시오. (단, 1/3 옥타브 필터(정비형) 기준)

풀이 f_c(중심주파수) $= \sqrt{1.26} f_L$

f_L(하한주파수) $= f_c / \sqrt{1.26} = \dfrac{2,500}{\sqrt{1.26}} = 2227.2 \text{Hz}$

f_c(중심주파수) $= \sqrt{f_L \times f_u}$

f_u(상한주파수) $= \dfrac{f_c^{\ 2}}{f_L} = \dfrac{(2,500)^2}{2227.2} = 2806.2 \text{Hz}$

차단주파수는 하한주파수와 상한주파수의 범위를 의미하므로
2227.2~2806.2Hz

필수 예상문제   ✔ 출제확률 40%

중심주파수가 1,000Hz일 때 밴드폭(b_w)을 구하시오. (단, 1/1 옥타브 밴드)

풀이 밴드폭$(b_w) = f_c(2^{\frac{n}{2}} - 2^{-\frac{n}{2}}) = f_c(2^{\frac{1/1}{2}} - 2^{-\frac{1/1}{2}}) = 1,000 \times 0.707$

          $= 707 \text{Hz}$ (단위 주의 요함)

기출문제

소음의 주파수 분석 시 보통 Octave bond의 주파수 범위를 말한다. 이때 중심주파수가 250Hz일 경우 주파수 범위를 구하시오.

풀이 ① $f_c = \sqrt{2} f_L$

$$f_L = \frac{f_c}{\sqrt{2}} = \frac{250}{\sqrt{2}} = 176.8 \text{Hz}$$

$$f_c = \sqrt{f_L \times f_U}$$

$$f_U = \frac{f_c^2}{f_L} = \frac{(250)^2}{176.8} = 353.5 \text{Hz}$$

② 주파수 범위 : 176.8~353.5Hz

기출문제

소음의 주파수를 말할 때는 보통 중심주파수를 말한다. 1,000Hz라고 할 때 옥타브 밴드와 1/3 옥타브 밴드에서 각각 주파수 범위를 구하시오.

풀이 ① 옥타브 밴드

$$f_c = \sqrt{2} f_L$$

$$f_L = \frac{f_c}{\sqrt{2}} = \frac{1,000}{\sqrt{2}} = 707.1 \text{Hz}$$

$$f_c = \sqrt{f_L \times f_U}$$

$$f_U = \frac{f_c^2}{f_L} = \frac{1,000^2}{707.1} = 1414.2 \text{Hz}$$

∴ 주파수 범위 : 707.1~1414.2Hz

② 1/3 옥타브 밴드

$$f_c = \sqrt{1.26} f_L$$

$$f_L = \frac{f_c}{\sqrt{1.26}} = \frac{1,000}{\sqrt{1.26}} = 890.9 \text{Hz}$$

$$f_c = \sqrt{f_L \times f_U}$$

$$f_U = \frac{f_c^2}{f_L} = \frac{1,000^2}{890.9} = 1122.5 \text{Hz}$$

∴ 주파수 범위 : 890.9~1122.5Hz

SECTION 6

소음성 난청
(NIHL ; Noise Induced Hearing Loss)

01 소음성 난청의 정의

감각세포의 손상이며, 청력손실의 원인이 되는 코르티기관의 총체적인 파괴이다.

02 소음성 난청의 특징 ●출제율 20%

① 내이의 모세포에 작용하는 감각신경성 난청이다.
② 거의 항상 양측성이며, 처음 중음부에서 시작되어 고음부 순서로 파급된다.
③ 농을 일으키지 않는다(저음한계는 40dB, 고음한계는 75dB).
④ 소음노출 중단 시 소음노출 결과로 인한 청력손실이 진행하지 않는다.
⑤ 과거의 소음성 난청으로 인해 소음노출에 더 민감하게 반응하지 않는다.
⑥ 청력역치가 증가할수록 청력손실률은 감소한다.
⑦ 초기 저음역(500Hz, 1,000Hz, 2,000Hz)에서보다 고음역(3,000Hz, 4,000Hz, 6,000Hz)에서 청력손실이 현저히 심하게 나타나고 특히 4,000Hz에서 심하다.
⑧ 지속적인 소음노출 시 고음역에서의 청력손실이 보통 10~15년에 최고치에 이른다. 즉 장기적인 소음노출에 의해서 발생된다.
⑨ 지속적인 소음노출이 단속적인(간헐적인) 소음노출보다 더 큰 장해를 초래한다.
⑩ 소음성 난청은 주로 주파수 4,000Hz 영역에서 시작하여 전 영역으로 파급된다.

03 소음성 난청에 영향을 미치는 요소 ●출제율 30%

① 음압수준(소리의 강도와 크기)

높을수록 영향이 크다.

② 소음의 주파수 특성(주파수 구성)

고주파음이 저주파음보다 영향이 크다.

③ 소음의 발생 특성

지속적인 소음노출이 단속적인(간헐적인) 소음노출보다 더 큰 장애를 초래한다.

④ 개인의 감수성

소음에 노출된 모든 사람들이 똑같이 반응하지 않으며, 감수성이 매우 높은 사람이 극소수 존재한다.

04 소음성 난청의 종류 ●출제율 40%

① 일시적 청력손실(TTS)

㉠ 강력한 소음에 노출되어 생기는 난청으로 4,000~6,000Hz에서 가장 많이 발생한다.

㉡ 청신경세포의 피로현상으로 이것이 회복되려면 12~24시간을 요하는 가역적인 청력저하나 영구적 소음성 난청의 예비신호로 볼 수 있다.

㉢ 소음에 노출된지 2시간 이후부터 발생한다.(하루 작업이 끝날 때 20~30dB의 청력손실 초래)

② 영구적 청력손실(PTS)

㉠ 정의

소음성 난청이라고도 하며 비가역적 청력저하, 강렬한 소음이나 지속적인 소음노출에 의해 청신경말단부의 내이 corti 기관의 섬모세포의 손상으로 회복될 수 없는 영구적인 청력저하를 말한다.

㉡ 특징

ⓐ 항상 내이의 모세포에 작용하는 감각신경성 난청이다. 즉 전음계가 아니라 감음계의 장애를 말한다.

ⓑ 거의 항상 양측성이며, 처음 중음부에서 시작되어 고음부 순서로 파급된다.

ⓒ 소음노출이 중단되었을 때 소음노출 결과로 인한 청력손실이 진행하지 않는다.

ⓓ 과거의 소음성 난청으로 인해 소음노출에 더 민감하게 반응하지 않는다.

ⓔ 초기 저음역(500Hz, 1,000Hz, 2,000Hz)에서보다 고음역(3,000Hz, 4,000Hz, 6,000Hz)에서 청력손실이 현저히 나타나고, 특히 4,000Hz에서 심하다.

ⓕ 지속적인 소음노출 시 고음역에서의 청력손실이 보통 10~15년에 최고치에 이른다. 즉, 장기적인 소음노출에 의해서 발생된다.

ⓖ 소음성 난청은 주로 주파수 4,000Hz 영역에서 시작하여 전 영역으로 파급된다.

③ 노인성 난청

㉠ 정의

노화에 의한 달팽이관의 퇴행성 질환으로 감각신경성 청력손실이 양측 귀에 대칭적, 점진적으로 발생하는 질환이다.

㉡ 특징

ⓐ 일반적으로 고음역에 대한 청력손실이 현저하며, C_5-dip현상은 유발되지 않고 6,000Hz에서부터 난청이 시작된다.

ⓑ 갑자기 발생하기보다는 양쪽 귀가 점차적으로 안 들리게 된다.

ⓒ 초기에는 고음을 잘못 듣고 진행함에 따라 저음영역으로 확대된다.

참고 직업성 난청의 종류

1. 소음성 난청
2. 이독성 난청(산업화학물질)
3. 음향외상성 난청
4. 외상성 난청
5. 이상기압에 의한 난청
6. 기타 소음으로 추정되는 돌발성 난청 진동

참고 청력장애(난청)의 유형 ●출제율 20%

1. 전음성 난청
2. 감각신경성 난청
   ㉠ 소음성 난청은 감각신경성 난청 중의 한 종류이다.
   ㉡ 감각신경성 난청이 다른 원인이 없고, 소음이 원인이라면 소음성 난청이다.
   • 미로선(와우) 난청
   • 후미로성 난청
3. 혼합성 난청
   두 가지 이상의 난청장애가 혼합된 것이며, 주로 전음성 난청과 감각신경성 난청이 공존하므로 소음성 난청이 포함된다.
4. 중추성 난청
5. 기능성 난청

참고 **음향외향성 난청** 출제율 30%

1. 정의
   강 · 대음에 단시간 또는 순간적으로 노출되어 유발되는 청력장애이다.
2. 기전
   ① 유모세포의 직접적인 기계적 손상
   ② 신진대사의 손상
   ③ 물리 · 화학적 손상
3. 주요현상
   난청, 이루, 이통, 이명, 현훈
4. 특성
   ① 고주파음역의 소음이 저주파음역의 것보다 더욱 유해한다.
   ② 소음의 강도가 클수록 청력장애는 더욱 심하고 빨리 유발된다.
   ③ 소음에 노출되는 시간의 장단(즉, 소음환경 하의 일일노출시간)이 난청의 밀접한 요인의 하나가 된다.
   ④ 소음의 리듬에 따라 유해도가 상이하다.
   ⑤ 작업장의 구도 및 재료에 따라 소음이 청기에 미치는 영향이 다르다.
   ⑥ 난청의 발병은 개개인의 수상성(감수성)에 의해서 영향을 받는다.
   ⑦ 소음에 처음 노출되는 시기가 40세 이후일 때 일반적으로 더욱 수상되기 쉽다.
   ⑧ 이질환의 기왕력(anamnesis)을 가진 사람은 난청을 일으킬 소인이 농후하다.

SECTION 7 소음의 영향

01 신입징 소음으로 인한 건강영향

다음과 같은 소음으로 인한 청력장애로 신체적, 정서적, 행동학적, 사회적 기능에 영향을 준다.

① 직업성(소음성) 난청의 원인이다.
② 재해의 발생이나 작업능률의 저하 등 직접적인 각종 피해를 야기한다.
③ 청각장애 이외에도 심혈관계 질환과 고혈압의 발생에 영향을 준다.
④ 스트레스와 정신장애를 급격히 유발시키는 요인으로 작용한다.
⑤ 수행행동능력 장애, 수면 장애, 대화 방해 등 건강과 일상생활에 영향을 준다.

02 일상생활에 미치는 영향

① 대화방해
  ㉠ 대화가 필요한 작업수행에 영향을 주고, 작업으로 인한 스트레스를 증가시킴
  ㉡ 위험지시를 못 듣게 해서 심각한 재해를 일으킬 가능성 있음
② 학습 · 작업능률 방해
  ㉠ 소음은 총 작업량의 저하보다는 작업의 정밀도를 저하시킴
  ㉡ 특정음이 없고 90dB을 넘지 않는 일정한 소음도는 작업을 방해하지 않음
  ㉢ 불규칙한 폭발음은 90dB 이하일 때도 때때로 작업을 방해함
③ 수면방해
  수면방해가 계속될 때 정신적, 육체적 고통을 느낌
④ 정서적 영향

03 생리적 영향

소음이 생리적 기능에 미치는 영향은 스트레스에 대한 인체의 반응과 유사하다.

① 혈압 상승, 맥박 증가, 말초혈관 수축

② 호흡횟수 증가, 호흡깊이 감소

③ 타액분비량 증가, 위액산도 저하, 위 수축운동의 감퇴

④ 혈당도 상승, 백혈구 수 증가, 아드레날린 증가

⑤ 동공 확대, 집중력 감소

SECTION 8 소음대책

출제율 30%

분 류	방 법	구체적인 예
소음발생원 대책	• 발생원의 저감화 • 발생원의 제거 • 차음(遮音) • 소음(消音) • 방진 • 제진 • 능동제어 • 운전방법의 개선	• 저소음형 기계의 사용 • 급유, 불균합정비, 부품교환 등 • 방음커버, 러깅 • 소음기, 흡음 덕트 • 방진고무의 설치 • 제진제의 장치 • 소음기, 덕트, 차음벽에 활용 • 자동화, 배치의 변경 등
전파경로 대책	• 거리감쇠 • 차폐효과 • 흡음 • 지향성 • 능동제어	• 배치의 변경 등 • 차폐물, 방음벽 • 건물 내부의 소음처리 • 음원방향의 변경 • 소음기, 덕트, 차음벽에 활용
수음자 대책	• 차음 • 작업방법의 개선 • 귀의 보호 • 능동제어	• 방음 감시실 • 작업계획의 정리, 원격조작 등 • 귀마개, 귀덮개 • 소음장치 부착

01 음원대책

① 기계적 원인에 의한 소음

   ㉠ 저소음기계 사용

      ⓐ 병타법을 용접법으로 변경

      ⓑ 단조법을 프레스법으로 변경

      ⓒ 압축공기 구동기기를 전동기기로 변경

ⓛ 기계의 방진지지

ⓒ 고체 내에서의 진동 전파방지

ⓔ 진동면의 진동을 제진하여 방사효율 감소

ⓜ 기계 운전의 정상화 유지

② 연소에 의한 소음

㉠ 연소조건에 주의하여 정상상태로 연소

ⓛ 유동진동수가 용기의 고유진동수와 일치하지 않도록 용기의 조합을 변경

③ 유체적 원인에 의한 소음

소음 발생부위에 소음기 설치

④ 전자적 원인에 의한 소음

3상 유도전동기는 전원전압의 불평형에 의해 소음이 발생한다는 사실에 주의

⑤ 음원의 밀폐

㉠ 차음도가 높은 차음재 사용

ⓛ 진동전달을 방지하기 위한 적정한 방진재 사용

ⓒ 공정상 환기를 요하는 시설 밀폐 시 급·배기구 측에 소음기 설치

ⓔ 배관, 덕트 등의 연결부는 진동절연

ⓜ 음원의 밀폐로 벽면의 반사음에 의해 실내 소음수준 증가 시 내면에 흡음재를 처리

ⓗ 차음재의 실효차음량은 실험설치의 약 70% 이상으로 함

ⓢ 차음재는 단층보다 이중층으로 사용

⑥ 음의 제거

㉠ 급·배기 측의 배기부에서 발생하는 소음은 소음기 또는 흡음장치를 사용하여 제거

ⓛ 소음기는 각종 형식에 맞는 것 사용

⑦ 방진·제진

㉠ 기계진동에서 고체전자음이 문제가 되는 경우 진동기계 하부에 방진재를 지지하여 진동을 흡수

ⓛ 방진재료는 방진고무, 공기스프링, 금속스프링 등 주로 사용

02 전파경로 대책

① 거리감쇠와 지향성 변환
② 차음
    차음벽의 재료밀도가 클수록, 고주파일수록 투과손실이 큼
③ 흡음
    음향 운동에너지를 열에너지로 변환하여 음을 감쇠시킴

03 수음자 대책

① 음원을 격리시켜 작업 또는 방음실 설치
② 청력보호구 착용
    ㉠ 청력보호구를 올바르게 착용해야 차음효과를 얻음
    ㉡ 귀마개는 25~35dB, 귀덮개는 35~45dB의 감음효과가 있고, 동시 착용하면
        3~5dB이 추가 감음됨
    ㉢ 어떤 경우에도 50dB 이상 감음은 불가능

SECTION 9

소음성 난청의 판정기준과 보상기준

● 출제율 50%

01 소음성 난청 인정기준(소음성 난청 장해보상 청구를 할 수 있는 조건)

① 연속음으로 85dB(A) 이상의 소음에 노출되는 작업장에서 3년 이상 종사하고 있거나 3년 이상 경력이 있는 근로자로서 한 귀의 청력손실이 40dB 이상이 되는 감각신경성 난청의 증상이나 또는 소견이 있을 것

② ①의 규정에 의한 근로자의 증상이 다음의 요건을 충족할 것

    ㉠ 고막 또는 중이에 뚜렷한 병변이 없을 것

    ㉡ 순음청력검사 결과 기도청력역치와 골도청력역치 사이에 뚜렷한 차이(10dB 이하)가 없고, 청력장해가 저음역보다 고음역에서 클 것

    ㉢ 내이염, 약물중독, 열성질환, 메니에르씨 증후군, 매독, 두부외상, 돌발성 난청, 가족성 난청, 노인성 난청 또는 재해성 폭발음 등에 의한 난청이 아닐 것

02 소음성 난청 측정방법

난청은 순음청력검사를 통해 '내이 병변에 의한 감각신경성 난청' 진단을 받아야 산재로 인정된다.

① 24시간 이상 소음작업을 중단한 후 공단이 정하여 고시한 검사항목에 의하여 고시한 인력, 시설을 갖춘 의료기관에서 500(a)Hz, 1,000(b)Hz, 2,000(c)Hz, 4,000(d)Hz의 주파수음에 대한 청력역치를 측정하여 6분법$(a+2b+2c+d/6)$으로 판정한다. 순음청력계기는 ISO 기준으로 보정된 계기를 사용하여야 한다.

② 순음청력검사는 의사의 판단에 따라 3~7일간 간격으로 3회 이상(음향외향성 난청에 대하여는 요양 종결 후 30일 간격으로 3회 이상) 실시하여 검사의 유의차가 없는 경우 그 중 최소가청력치를 청력장해로 인정하되, 검사결과가 다음의 모든 요건을 충족하지 않는 경우에는 1월 후 재검사를 실시한다.

    ㉠ 기도청력역치와 골도청력역치의 차이가 각 주파수마다 10dB 이내일 것

    ㉡ 상승법, 하강법, 혼합법 각각의 청력역치의 차이가 각 주파수마다 10dB 이내일 것

    ㉢ 각 주파수마다 하강법의 청력역치가 상승법의 청력역치에 비해 낮을 것

    ㉣ 반복검사간 청력역치의 최대치와 최소치의 차이가 각 주파수마다 10dB 이내일 것

    ㉤ 순음청력도상 어음역(500Hz, 1,000Hz, 2,000Hz)에서의 주파수간 역치변동이 20dB 이내이면 순음청력역치의 3분법 평균치와 어음청취역치의 차이가 10dB 이내일 것

03 청력검사의 목적

청력검사는 청력손실의 유무를 판별하고 청력손실이 존재할 경우 그 정도와 유형을 평가하여 정확한 진단, 치료 및 재활의 기본적인 자료를 제공하는 것을 목적으로 한다.

① 기도 청력검사

    난청의 정도 파악

② 골도 청력검사

    난청의 유형 파악(전음성 난청과 감각신경성 난청을 구분하고, 감각신경기관의 민감도를 결정하기 위함)

04 청각검사(청력측정법의 종류)

① 주관적 검사

    ㉠ 음차청력검사(Tuning Fork Test)

   ⓛ 순음청력검사(Pure Tone Audiometry)

    ⓐ 기도(Air) : 소리가 공기를 통하여 외이도를 거쳐 내이에 전달되는 과정

    ⓑ 골도(Bone) : 소리가 두개골을 통하여 내이에 전달되는 과정

    ⓒ 그 외 특수청각검사

   ⓒ 어음청력검사(Speech Audiometry)

    ⓐ 어음청취역치(SRT)

    ⓑ 어음명료도(WRS)

   ⓔ 아동청력검사

    ⓐ 유희검사(Play Audiometry)

    ⓑ 행동관찰검사

    ⓒ 시각강화검사

 ② 객관적 검사

   ㉠ 중이검사(Immittance Audiometry)

    ⓐ 고막운동도검사(Tympanometry)

    ⓑ 등골근반사역치(ART)

   ㉡ 이음향반사검사(Otoacoustic Emission Test)

   ㉢ 청성 유발반응검사(Auditory Evolved Potential Test)

05 특수건강검진(D_1)의 판정기준(직업병 판정기준) ●출제율 30%

① 소음작업의 직업력이 인정되어야 한다.

② 감각신경성 난청이어야 하며 중이질환, 약물중독, 급성 전염병, 열성 질환, 매독, 메니엘씨 증후군, 재해성 폭발음 장해, 두부외상 등에 의한 난청, 가족성 난청, 그리고 순수한 노인성 난청에 의한 청력손실이 아니어야 한다.

③ 순음어음청력정밀검사상 4,000Hz의 고음영역에서 50dB 이상의 청력손실이 인정되고 기도오디오메타, 골도오디오메타 측정검사에 의하여 500Hz(a), 1,000Hz(b), 2,000Hz(c)에 대한 청력손실정도를 측정하여 $(a+b+c)/3$ 산식에 의하여 산출한 순음어음영역 평균청력손실이 30dB 이상이어야 한다.

④ 린네씨 검사결과 양성이어야 한다.

06 장해 보상 시의 판정기준

6분법을 적용하여 귀의 청력손실이 40dB 이상이 되는 감각신경성 난청의 증상 또는 소견이 있을 경우 보상기준이 된다.

07 평균청력손실 평가방법

① 3분법

$$평균청력손실(dB) = \frac{a+b+c}{3}$$

여기서, a : 옥타브 밴브 중심주파수 5,00Hz에서의 청력손실(dB)
b : 옥타브 밴브 중심주파수 1,000Hz에서의 청력손실(dB)
c : 옥타브 밴브 중심주파수 2,000Hz에서의 청력손실(dB)

② 4분법

$$평균청력손실(dB) = \frac{a+2b+c}{4}$$

③ 6분법

$$평균청력손실(dB) = \frac{a+2b+2c+d}{6}$$

여기서, d : 옥타브 밴드 중심주파수 4,000Hz에서의 청력손실(dB)

참고 순음청력검사에 관한 지침 ● 출제율 50%

1. 용어 정의
   ① "기도전도(이하 "기도"라 한다)"
      음이 공기를 통하여 외이도를 거쳐 내이에 전달되는 과정을 말한다.
   ② "골도전도(이하 "골도"라 한다)"
      음이 두개골을 통해 내이에 전달되는 과정을 말한다.
   ③ "청력역치(이하 "역치"라 한다)"
      신호 자극음에 대해 들을 수 있는 가장 작은 음의 강도를 말한다.

④ "순음청력검사기(Pure-tone audiometer ; 이하 "청력검사기"라 한다)"

보정된 상태의 선별 주파수에서 순음을 신호 자극음으로 제공하는 전기음향 발생기를 말한다.

⑤ "보정된 청력검사기(Calibrated audiometer)"

청력검사기가 지정하고 있는 주파수와 강도가 검사기에서 실제로 내보내고 있는 주파수와 강도가 동일하고, 신호를 보내기로 되어 있는 헤드폰에만 검사 신호를 보내며, 외부의 잡음이 없고, 검사에 필요하지 않은 신호는 보내지 않는 검사기를 말한다.

⑥ "차폐(Masking)"

나쁜 쪽 귀를 검사할 때 좋은 쪽 귀가 반응하지 않도록 소음을 주어 차단시키는 것을 말한다.

⑦ "양 귀 사이의 음감쇠 현상(Interaural attenuation)"

청력검사 시 검사측 귀에 음자극을 주면 두개골을 통해서 반대측 내이의 달팽이관에서도 듣게 되는데 이러한 전달과정에서 음이 약해지는 현상을 말한다.

⑧ "폐쇄효과(Occlusion effect)"

골도 청력검사 시 반대측 귀를 차폐할 때 헤드폰 때문에 음압이 증가되어 더 잘 듣게 되는 현상을 말한다.

⑨ "오디오그램(Audiogram)"

주파수별 순음 청력역치 결과를 그림으로 표시한 것을 말한다.

2. 청력검사기의 보정점검방법

① 청력검사기

㉠ 청력검사기는 수동식, 자기기록식(Bekesy라고 알려져 있음) 및 자동식이 있다. 임상에서의 표준 청력검사방법은 수동식 청력검사기이다.

㉡ 청력검사기는 기본적으로 자극음 - 순음, 어음, 차폐음(Masking noise), FM 등 변환기 - 헤드폰, 골 진동자(Bone oscillator), 스피커 등으로 구성되어 있다. 자극음에 대해서는 주파수, 강도 및 연속 또는 정지된 음을 선택할 수 있으며, 차폐음으로 협대음(Narrow-band), 어음(Speech), 백색잡음(White noise)으로 구성되어 있다.

㉢ 청력검사기의 주파수는 적어도 500Hz에서 8,000Hz까지, 음압은 -10dB에서 90dB 이상의 범위에서 검사할 수 있어야 한다.

㉣ 헤드폰은 해당 청력검사기에 맞추어 보정되어 있어야 하며, 다른 검사기에는 사용할 수 없다.

② 기능보정점검

㉠ 매일 청력검사기를 사용하기 전에 청력역치 수준이 안정된 사람의 역치 수준을 기준으로 하여 좌우 귀에서 1,000Hz와 4,000Hz의 순음에 대한 역치전이를 관찰하는 기능보정점검을 실시한다.

㉡ 검사 대상자의 수준과 기계가 나타내는 수준의 차이가 10dB 이상일 경우에는 음향보정점검을 실시한다.

③ 음향보정점검

㉠ 청력검사기의 정기 음향보정점검은 연 1회하며, 수시 음향보정점검은 기능보정 값이 10dB 이상의 편차가 있을 때 실시한다.

㉡ 청력검사기의 음향보정은 한국공업규격 KS C-1502나 미국 ANSI S.1.4-1983 Type 2, ANSI S.1.11-1986 Type 1 또는 그 이상의 성능을 가진 소음계로 실시한다.

㉢ 청력검사기의 음향보정점검으로 출력음압점검과 직선성 검사를 하여야 하며, 출력음압의 허용오차는 500~3,000Hz에서 3dB, 4,000Hz에서 4dB, 6,000Hz와 8,000Hz에서 5dB 이내이어야 한다. 직선성 검사 시 허용오차는 15dB 이내이어야 한다.

㉣ 허용오차를 넘을 경우는 정밀보정점검을 실시한다.

3. 청력검사방법
  ① 청력검사방법의 개요
    ㉠ 청력검사기의 다양한 강도와 주파수에서 발생시킨 순음 자극이 헤드폰을 통해 피검자의 귀에 전달되었을 때 피검자는 신호를 감지하면, 손을 들거나 반응 스위치를 눌러서 반응을 표시한다.
    ㉡ 검사자는 양쪽 귀에서, 각 주파수에서 청력역치가 측정될 때까지 정해진 방법에 의하여 순음 강도를 변화시켜 나간다.
  ② 청력검사를 하기 위한 사전준비
    ㉠ 당일 첫 검사를 하기 전에 10분 이상 청력검사기를 가동시켜 예열한다.
    ㉡ 10분 이상 가동된 청력검사기의 작동상태를 완전하게 점검한다.
    ㉢ 기능보정점검을 하고 그 결과를 기록 · 보존한다.
  ③ 청력검사를 위한 유의사항
    ㉠ 청력검사는 소음노출이 중단된 후 14시간 이상 경과한 피검자에 대해서만 실시한다.
    ㉡ 피검자에게 청력검사의 목적과 의의, 그리고 역치에 대해 설명한다.
    ㉢ 검사 도중 일련의 음을 듣게 될 것이라고 알려주며, 음을 들었거나 들었다고 생각할 때 즉시 반응을 표시하도록 지시한다.
    ㉣ 반응은 단추(Response button)를 누르거나 손을 들도록 한다.
    ㉤ 피검자는 조작 다이얼과 떨어진 위치에 앉게 하고 검사하는 동안 피검자 얼굴을 측면에서 관찰하도록 하고 직접적인 눈의 접촉은 피한다.
    ㉥ 검사 전에 귀바퀴(Pinna)에 헤드폰을 정확하게 장착하기 위하여 안경, 머리핀, 헤어밴드, 클립, 껌 등은 검사 전에 제거하고 헤드폰과 귀바퀴 사이에 머리카락이 끼지 않게 한다.
  ④ 기도 청력검사방법
    ㉠ 선별 청력검사
       일반건강진단에서 1,000Hz, 특수건강진단에서 2,000Hz, 3,000Hz, 4,000Hz의 특정 주파수에서만 기도 청력검사를 실시하는 것을 제외하고는 정밀 청력검사방법과 동일하다.
    ㉡ 정밀 청력검사
      – 헤드폰은 음원의 중심부가 외이도 중심축과 직각이 되도록 잘 착용시킨다.(적색 : 오른쪽 귀, 청색 : 왼쪽 귀)
      – 헤드폰은 검사자가 씌워주어야 하며, 피검자가 되도록 만지지 않도록 한다.
      – 청력검사는 청력이 더 좋은 쪽부터 시작하며, 어느 쪽이 더 청력이 좋은지 모르는 경우에는 오른쪽 귀부터 실시한다.
      – 주파수는 1,000Hz부터 시작해서 2,000Hz, 3,000Hz, 4,000Hz, 6,000Hz의 순으로 검사하고 1,000Hz에서 재검사를 한 후 500Hz, 250Hz의 순으로 한다.
      – 신호의 강도선정방법에는 상승법, 하강법, 수정상승법이 있으며, 이 중 수정상승법을 표준청력검사로 사용한다.
        수정상승법은 30dB HL에서 시작하여, 피검자가 들을 수 있을 때까지 20dB씩 상승시킨다.
      – 검사자가 보낸 신호에 피검자가 일단 반응한 후에는, 피검자가 음을 들을 수 없어서 반응을 하지 않을 때까지 다시 10dB씩 강도를 줄여나간다.
      – 반응이 없는 수준까지 도달되었을 때, 검사신호에 대한 반응이 관찰될 때까지 강도를 다시 5dB씩 높인다.
      – 피검자가 신호음에 다시 반응하면, 신호 강도를 10dB씩 줄인다.(5dB 증가, 10dB 감소의 규칙을 엄격히 따른다)

- 역치가 결정될 때까지 10dB 하강, 5dB 상승 과정을 반복한다.
- 역치는 수정상승법의 일련의 과정 중에서 피검자가 동일한 주파수에서 3회의 신호를 보낸 것 중 적어도 2회 이상의 반응을 보이는 가장 낮은 수준으로 정의한다.
- 자극지속시간으로 음을 1~2초간 주어야 하나 자극간격은 불규칙적으로 한다.
- 1,000Hz에서 행한 재검사 결과가 이전 검사결과와 ±10dB 또는 그 이상이면, 다시 설명하고 재검사를 실시한다.
- 같은 방법으로 다른 귀에 대해 검사한다.
- 오디오그램에 가청역치를 기록한다.
- 검사자는 피검자의 이름, 검사 날짜를 쓰고 오디오그램에 서명한다.

⑤ 골도 청력검사방법
  ㉠ 골 진동자를 유양돌기 부분에 고정시키고 500Hz, 1,000Hz, 2,000Hz, 3,000Hz, 4,000Hz에서 역치를 측정한다.
  ㉡ 골도 검사 시에는 어느 부위거나 자극음이 거의 차이 없이 양쪽 귀에 전해지기 때문에 차폐를 한다.
  ㉢ 골 진동자의 고정 부위만 제외하고는 검사방법에 있어서 기도 청력검사방법과 동일하다.

⑥ 차폐(Masking) 방법
  ㉠ 기도 청력검사
    - 기도 청력검사 시 난청이 심한 쪽을 검사할 때 자극음이 반대 쪽 귀로 교차하여 좋은 쪽 귀가 반응하지 않도록 차폐음을 주어 차단한다.
    - 청력검사 유형에 따른 순음의 주파수별 양 귀 사이의 최소 음감쇠 수준은 다음 표와 같다. 임상현장에서 전 주파수에 평균적으로 적용되는 헤드폰의 양 귀 사이의 음감쇠 수준은 40dB이다.

❖ 순음의 주파수별 양 귀 사이의 음감쇠 수준

순음주파수 (Hz)	250	500	1,000	2,000	3,000	4,000	6,000	8,000
헤드폰	40	40	40	45	45	50	50	50
골 진동자	0	0	0	0	0	0		

    - 기도 청력검사 시에 검사측 귀의 기도역치가 반대측 귀의 기도 또는 골도 역치에 음감쇠 수준을 더한 역치 값보다 높으면 반대측 귀를 차폐한다.
    - 차폐음 수준은 보통 차폐하는 비검사측 귀의 기도역치보다 10~15dB 높게 시작한다. 최대 차폐음은 검사측 귀의 골도역치에 양 귀 사이의 음감쇠 수준을 더한 값보다 높을 수 없다.
    - 첫 차폐음 수준에서 검사측 귀의 기도 자극음에서 반응하면 차폐음을 5~10dB씩 올리고, 반응이 없으면 검사측 귀의 기도 자극음 강도를 5dB 올린다.
    - 반대측 귀를 차폐한 상태에서의 검사측 귀의 기도역치는 반대측 귀의 차폐음 수준을 올릴 때 세 번 연속 반응한 검사측 귀의 자극음의 강도를 말한다.
  ㉡ 골도 청력검사
    - 골도 청력검사 시의 골전도에서는 이론적으로 양 귀 사이의 음감쇠 현상이 없이 전달되기 때문에 비검사측 귀를 차폐한다. 대체적으로 골 진동자로 인한 양 귀 사이의 음감쇠 수준은 10dB 이하이다.

- 골도 청력검사 시 차폐는 기도역치가 골도역치보다 10dB 이상 차이가 날 때 시행한다.
- 폐쇄효과는 골도 검사 시 반대측 귀를 차폐할 때 이어폰 때문에 음압이 증가되어 더 잘 듣게 되는 현상으로 주파수별 증가하는 음압은 다음 표와 같다.

◎ 주파수별 폐쇄효과에 의해 증가하는 음압수준

순음주파수(Hz)	250	500	1,000	2,000 이상
헤드폰	15	15	10	0

- 차폐음 수준은 검사측 귀의 골도역치에 주파수별 폐쇄효과에 의해 증가하는 음압 수준(또는 검사 반대측 귀의 Air-bone gap)과 10~15dB를 더하여 시작한다. 최대 차폐음은 검사측 귀의 골도역치에 음감쇠 수준을 더한 값보다 높을 수 없다.
- 첫 차폐음 수준에서 검사측 귀의 골도 자극음에서 반응하면 차폐음을 5~10dB씩 올리고, 반응이 없으면 검사측 귀의 골도 자극의 강도를 5dB 올린다.
- 반대측 귀를 차폐한 상태에서의 검사측 귀의 골도역치는 반대측 귀의 차폐음 수준을 올릴 때 세 번 연속 반응한 검사측 귀의 자극음의 강도를 말한다.

〈출처 : 순음청력검사에 관한 지침 KOSHA GUIDE H-56-2014〉

참고 기타 용어 정의 ◎출제율 20%

1. 청력역치(Hearing thershold)
   주파수별(125~8,000Hz)로 순음을 들려주었을 때 각 주파수대에서 피검자가 들을 수 있는 가장 작은 소리 즉 최초로 음을 탐지하는 수준(소리의 강도)을 의미한다.
2. 청력도(Audiogram)
   ① 순음청력역치를 기록하기 위해 사용하는 도표이며, 기도(Air conduction)와 골도(bone conduction) 청력도가 제시된다.
   ② 가로축에는 음의 고저와 관련된 주파수(보통 125, 250, 500, 1,000, 2,000, 4,000, 8,000(Hz), 세로축에는 음의 크기와 청력수준(0~120dB)을 표시하도록 하여 그래프화한다.
   ③ 기도 전도의 경우 오른쪽 귀는 ○, 왼쪽 귀는 X로 표시한다.
   ④ 골도 전도의 경우 오른쪽 귀는 '['로 왼쪽 귀는 ']'로 표시한다.
3. 골전도(Bone conduction)
   ① 청각에서 음파가 두개골을 진동시켜 그것이 내이의 액체에 도달되어 감각기에 전달되는 음의 전도과정이다.
   ② 구분
   　　㉠ 간접골전도
   　　　외래의 음파가 두개골을 경우하여 전해지며 2kHz 이상의 고음에서는 이러한 전도가 유력함
   　　㉡ 직접골전도
   　　　두 개에 직접 접하는 물체의 진동이나 자신의 소리 같은 신체 내에서 일어나는 진동이 전해짐
   ③ 골질의 진동은 고막 또는 중이에 전해져 내이에 도달하는 경우도 있으며 두개골 실전도라고 한다.
   ④ 공기전도를 잃은 청력장애자에 대한 보조수단으로 골전도에 의한 청력보완을 고안하고 있다.

4. 공기전도(Air conduction : 기도전도)
   ① 외이도로 돌아온 음파에 의한 고막 진동이 이소골 연쇄를 거쳐 난원창으로 전달되는 과정이다.
   ② 정상적으로 소리를 들을 때 음파는 고막과 이소골을 통해 내이로 전달되는데 이를 이소골전
     도라고 한다.
5. 차폐(Masking)
   ① 검사하지 않는 귀의 불필요한 참여를 소음으로 방해하는 것을 말한다.
   ② Voice masking은 소음 대책 중의 하나로 두 음이 동시에 있을 때 한쪽이 큰 경우 작은 음은
     더 작게 들리는 현상 즉 큰 음, 작은 음이 동시에 들릴 때, 큰 음만 듣고 작은 음은 잘 듣지
     못하는 현상으로 음의 간섭에 의해 일어난다.
6. 순음 청력검사(Pure tone audiometry)
   ① 단일 한주파수만으로 구성된 음(순음)을 이용해서 소리의 크기(강도)를 올리거나 내려가면서
     가장 작은 크기에서 소리를 들을 수 있는 역치를 찾는 검사이다.
   ② 일반적으로 소리의 크기 측정은 −10dB HL까지 이루어질 수 있지만 모든 주파수에서 동일한
     크기까지 측정되는 것은 아니다. 예를 들면 125Hz에서 75dB HL 이상의 측정이 불가능하다.
     그 이유는 기계적인 한계도 있지만 울림이 너무 커서 촉각적 지각인지 아니면 청각적 지각
     인지를 판단하기 어려울 수 있기 때문이다.
   ③ 순음 주파수는 크게 125Hz, 250Hz, 500Hz, 1,000Hz, 2,000Hz, 4,000Hz, 8,000Hz의 7개로
     나뉜다. 각 주파수에서 들을 수 있는 크기가 50% 이상에 해당하는 강도를 찾아내는데, 이것
     이 최소가청역치가 된다. 그러나 주파수 간 청력역치가 20dB HL 이상 차이가 날 경우 두 주
     파수의 중간에 위치한 주파수에서도 최소가청역치를 측정해야 한다.
   ④ 검사방법
     ㉠ 기도검사
       이어폰을 통해 말소리나 순음을 들려주고 반응을 측정한다. 즉, 소리는 외이도를 통해 고
       막과 중이를 가로질러 내이, 대뇌의 청각영역으로 전달된다.
     ㉡ 골도검사
       − 전형적으로 귀 뒤에 있는 유양돌기 위에 진동자를 놓고 진동자극에 반응하는 역치를 측
         정한다. 즉, 진동자는 두개골의 뼈를 진동시켜 내이의 와우에 소리를 전달해주는 역할을
         한다. 이때는 외이나 중이를 통하지 않는다.
       − 골전도를 통해 듣지 못한다면 내이나 청신경의 손상이 있다는 것을 의미하며, 이를 감음
         신경성 청각손실(sensorineural hearing loss)이라 한다.

08 폐쇄효과(Occlusion effect) ●출제율 20%

(1) 정의

골도 청력검사 시 각 귀마다 정확한 골도역치를 측정하려면 반대측 귀를 차폐해야 하는
데 이때 반대측 외이도를 헤드폰으로 막게 되는데 이로 인하여 외이도의 음압레벨이 상승
하여 검사귀의 역치가 낮아진다. 즉 외이도를 막음으로써 발생하는 음압 또는 역치의 변
화를 폐쇄효과라 한다.

(2) 특징

① 전음성 난청자는 거의 안 나타나고 정상인이나 감각신경성 난청자에게 나타난다.
② 정확한 역치 측정뿐만 아니라 보청기 착용 효과를 예측하는데 중요한 요인이 된다.

필수 예상문제   ✔ 출제확률 50%

A공장에서 근무하는 근로자의 청력을 검사하였다. 검사주파수별 청력손실이 다음 표와 같을 때 4분법 청력손실이 28dB이었다. 500Hz에서의 청력손실은?

검사주파수(Hz)	청력손실(dB)
63	2
125	5
250	8
500	( )
1K	30
2K	38
4K	56

풀이 평균청력손실(4분법)$= \dfrac{a+2b+c}{4}$(dB)

$$28 = \frac{a+(2\times30)+38}{4}$$

∴ a(500Hz에서 청력손실)$= 14$dB

기출문제

1년 동안 85dB(A) 이상의 소음에 노출된 A 작업자의 2010년도 청력검사 결과는 다음 표와 같다. 이 작업자가 소음성 난청(D_1)자로 판정될 수 없는 법적 기준을 설명하시오.

◐ 2010년도 A 작업자의 청력검사 결과

주파수별	500Hz	1,000Hz	2,000Hz	4,000Hz
청력손실치	20dB	30dB	40dB	45dB

풀이 (1) 소음성 난청 판정기준

　　　① 4,000Hz에서 50dB 이상 청력손실

　　　② 3분법에 의하여 30dB 이상의 청력손실

(2) 이유

① 4,000Hz에서 45dB이므로 50dB 이상은 아님

② 3분법에 의한 청력손실= $\dfrac{20+30+40}{3}$ =30dB이므로 30dB 이상이 아니다.

기출문제

모 사업장의 소음노출 작업부서 근로자에 대한 특수건강진단 시 청력검사 결과가 다음과 같이 나왔을 때 각 물음에 답하시오.

◆ 근로자 청력검사 결과

주파수별	500Hz	1,000Hz	2,000Hz	4,000Hz
청력손실치(dB)	25	35	40	55

(1) 특수건강진단 시(직업병)의 판정기준과 장해보상 시의 판정기준에 대하여 설명하시오.
(2) 위 기준을 적용하여 각각 평가하고, 판정하시오.

풀이 (1) 특수건강진단 시 및 장해보상 시의 판정기준

① 특수건강검진(D_1)의 판정기준

㉠ 소음작업의 직업력이 인정되어야 한다.

㉡ 감각신경성 난청이어야 하며 중이질환, 재해성 폭발음 장해, 두부외상 등에 의한 난청, 매독, 메니엘씨 증후군, 약물중독, 급성 전염병, 열성 질환 등에 의한 난청, 가족성 난청, 그리고 순수한 노인성 난청에 의한 청력손실이 아니어야 한다.

㉢ 순음 청력정밀검사상 4,000Hz의 고음역에서 50dB 이상의 청력손실 기도 및 골도 측정검사에 의하여 500Hz(a), 1,000Hz(b), 2,000Hz(c)에 대한 청력손실정도를 측정하여 $(a+b+c)/3$ 산식에 의하여 산출한 순음영역 평균청력손실이 30dB 이상이어야 한다.

㉣ 린네씨 검사결과 양성이어야 한다.

② 장해보상 시의 판정기준

㉠ 연속음으로 85dB(A) 이상의 소음에 노출되는 작업장에서 3년 이상 종사하고 있거나 3년 이상 경력이 있는 근로자로서 한 귀의 청력손실이 40dB 이상이 되는 감각 심경성 난청의 증상이나 또는 소견이 있을 것

㉡ '㉠'의 규정에 의한 근로자의 증상이 다음의 요건을 충족할 것

• 고막 또는 중이에 뚜렷한 병변이 없을 것

• 순음청력검사 결과 기도청력역치와 골도청력역치 사이에 뚜렷한 차이(10dB 이하)가 없고, 청력장해가 저음역보다 고음역에서 클 것

• 내이염, 약물중독, 열성 질환, 메니에르씨 증후군, 매독, 두부외상, 돌발성 난청, 가족성 난청, 노인성 난청 또는 재해성 폭발음 등에 의한 난청이 아닐 것

(2) 평가, 판정

① 특수건강진단

㉠ 판정기준

• 4,000Hz에서 50dB 이상 청력손실

• 3분법에 의하여 30dB 이상 청력손실

㉡ 계산

$$3분법에 의한 청력손실 = \frac{25+35+40}{3} = 33.3dB$$

㉢ 판정

소음성 난청(D_1)으로 판정한다.

② 장해보상 시

㉠ 판정기준

업무상 재해인정기준(산업재해 보상보험법) 별표에 의함

㉡ 계산

$$6분법에 의한 청력손실 = \frac{25+(2\times35)+(2\times40)+55}{6} = 38.3dB$$

참고 **소음의 특수건강검진**

1. 특수검진 시행기준
   1일 8시간 작업을 기준으로 소음이 85dB 이상 발생하는 공정
2. 건강진단 주기
   ① 기본주기 : 2년에 1회
   ② 주기를 1/2로 단축할 수 있는 조건
      ㉠ 작업환경을 측정한 결과 소음 노출기준(90dB) 이상인 경우
      ㉡ 소음 유해인자에 의한 직업병 유소견자(D_1)가 발견된 경우
      ㉢ 주기를 단축해야 한다는 의사의 소견을 받은 근로자
   ③ 첫 번째 배치 후 건강진단 : 배치 전 검진을 받은 날부터 1년 이내
3. 건강진단 검사항목
   ① 특수 1차 건강진단 항목
   2,000Hz, 3,000Hz, 4,000Hz의 주파수에서 기도청력검사
   (배치 전 건강진단 : 500Hz, 1,000Hz, 2,000Hz, 3,000Hz, 4,000Hz, 6,000Hz 주파수에서 기도정력검사)
   ② 특수 2차 건강진단 항목
      ㉠ 순음청력검사(양측 기도 및 골도), 중이검사(고막운동검사)
      ㉡ 기도검사(500Hz, 1,000Hz, 2,000Hz, 3,000Hz, 4,000Hz, 6,000Hz 순음검사)
4. 2차 건강진단 실시기준
   특수건강진단에서 2,000Hz에서 30dB, 3,000Hz에서 40dB, 4,000Hz에서 40dB 이상의 청력손실을 어느 하나라도 보이는 경우에 양쪽 귀에 대한 정밀청력검사를 실시

SECTION 10 개인보호구 차음효과를 예측하는 방법

01 NIOSH 제1방법(Long method) ●출제율 30%

① 개요

NIOSH에서 권장하는 방법으로 가장 정확한 방법으로 인정받고 있다.

② 계산과정

㉠ 제1단계

주파수별 소음 측정

㉡ 제2~3단계

A 특성 보정치를 계산하여 주파수별 A 특성치를 계산하고 합성소음도 계산

㉢ 제4~5단계

개인보호구 제조사의 자료로부터 주파수별 차음 평균치와 '2×표준편차'를 계산

㉣ 제6단계

ⓐ 보호구 착용 시 귀에 들리는 주파수별 음압수준 계산 후 합산

ⓑ 보호구 착용 시의 주파수별 음압수준[dB(A)]=dB(A)값－차음 평균치＋(2×표준편차)

㉤ 제7단계

ⓐ 차음효과 계산

ⓑ 차음효과＝총 음압수준[dB(A)]－보호구 착용 시의 총 음압수준[dB(A)]

02 미국 EPA의 NRR 계산법 ●출제율 30%

① 개요

미국 환경청(EPA)은 개인보호구 제작자에게 각 보호구에 차음효과를 나타내는 단일 숫자인 차음평가수(NRR ; Noise Reduction Rating)를 명시하도록 규정하고 있다.

② 계산과정

㉠ 제1단계

주파수별 음압수준 측정

㉡ 제2~3단계

dB(C)값을 주파수로 환산한 후 합산하여 총 음압수준 계산

㉢ 제4~5단계

dB(A)값을 주파수로 환산한 후 합산하여 총 음압수준 계산

㉣ 제6~7단계

개인보호구 제조사의 자료로부터 보호구의 차음 평균치와 '2×표준편차'를 계산

㉤ 제8단계

사람이 듣는 음압수준, dB(A)값을 주파수별로 계산하고 합산

㉥ 제9단계

NRR값을 계산

NRR(dB)=총 음압수준[dB(C)]−보호구 착용 시의 총 음압수준[dB(A)]

03 미국 OSHA의 계산방법

① 개요

미국 OSHA에서 소음 측정치의 정확성을 고려하여 계산하는 방법이다.

② 계산방법

차음효과(dB)=(NRR−7)×0.5

여기서, NRR : 차음평가수

0.5 : 안전계수

기출문제

M사업장의 음압수준이 95dB(A)이고, 근로자는 차음평가수(NRR)가 19인 귀덮개를 착용하고 있다. 차음효과와 근로자가 노출되는 음압수준을 구하시오. (단, 차음효과는 미국 OSHA의 계산방법을 이용한다.)

풀이 ① 차음효과=(NRR−7)×50%=(19−7)×0.5=6dB(A)

② 근로자 노출 음압수준=95dB(A)−6dB(A)=89dB(A)

기출문제

음압수준이 102dB(A)인 자동차 부품제조공장의 연마실에서 귀마개(NRR=23)를 착용하고 작업을 하고 있는 근로자가 있다. 이 귀마개의 차음효과와 근로자가 노출되는 음압수준을 OSHA의 계산방법을 이용하여 예측하시오.

풀이 ① 차음효과=(NRR−7)×50%=(23−7)×0.5=8dB(A)

② 근로자 노출 음압수준=102dB(A)−8dB(A)=94dB(A)

SECTION 11 청력보존 프로그램
(HCP ; Hearing Conservation Program)

●출제율 40%

01 용어 정의

① "청력보존 프로그램"

소음성 난청을 예방하고 관리하기 위하여 소음노출 평가, 소음노출기준 초과에 따른 공학적 대책, 청력보호구의 지급 및 착용, 소음의 유해성과 예방에 관한 교육, 정기적 청력검사 · 평가 및 사후관리, 문서 및 기록 · 관리 등을 포함하여 수립한 종합적인 계획을 말한다.

② "소음작업"

1일 8시간 작업을 기준으로 85dB(A) 이상의 소음이 발생하는 작업을 말한다.

③ "연속음"

소음발생 간격이 1초 미만을 유지하면서 계속적으로 발생되는 소음을 말하고, '충격음'이라 함은 소음이 1초 이상의 간격을 유지하면서 최대음압수준이 120dB(A) 이상의 소음을 말한다.

④ "청력보호구"

청력을 보호하기 위하여 사용하는 귀마개와 귀덮개를 말한다.

⑤ "청력검사"

순음청력검사기로 기도 및 골도 청력역치를 측정하는 것을 말한다.

⑥ "청력평가"

청력보존 프로그램 시행을 위해 순음청력검사기로 측정한 2,000Hz, 3,000Hz 및 4,000Hz의 기도 청력역치에서 각각의 연령을 고려한 표준역치 변동값의 평균값 (3분법)을 말한다.

⑦ "연령보정"

작업에 기인한 소음성 난청의 발생 시 연령에 의한 기여분을 제외하기 위한 방법으로서 연령보정표를 통해 연령 증가에 따른 청력상승의 변동량 수치를 적용하는 것을 말한다.

⑧ "표준역치변동"

기초 청력역치에 대한 현재 청력역치의 변동량으로 상대적인 청력역치 평가방법을 말한다.

⑨ "기초 청력"

청력평가의 표준역치변동에 적용되는 현재 근무하는 사업장의 소음작업장에 최초 배치된 시점의 기준 청력을 말한다.

02 청력보존 프로그램의 목표

① 작업환경측정과 특수건강진단 등의 청력손실방지를 위한 활동을 확장하여 보다 적극적인 소음성 난청의 예방과 청력보호를 목표로 한다.

② 근로자의 청력을 보호함으로써 의료·보상 비용의 절감, 근로일수의 손실방지 및 필요한 인적자원의 확보를 목표로 한다.

03 청력보존 프로그램의 기본 내용

① 소음성 난청의 예방과 청력보호를 위한 교육의 제공
② 작업장 소음 수준의 정기적인 측정과 평가
③ 소음을 제거하기 위한 공학적인 관리와 소음노출을 줄이기 위한 작업관리
④ 청력보호구의 제공과 착용지도
⑤ 소음작업 근로자에 대한 배치 시 및 정기적 청력검사·평가와 사후관리
⑥ 청력보존 프로그램의 수립·시행의 문서 및 기록·관리
⑦ 청력보존 프로그램의 수립·시행 결과에 대한 정기적인 평가와 보완

04 청력보존 프로그램의 순서

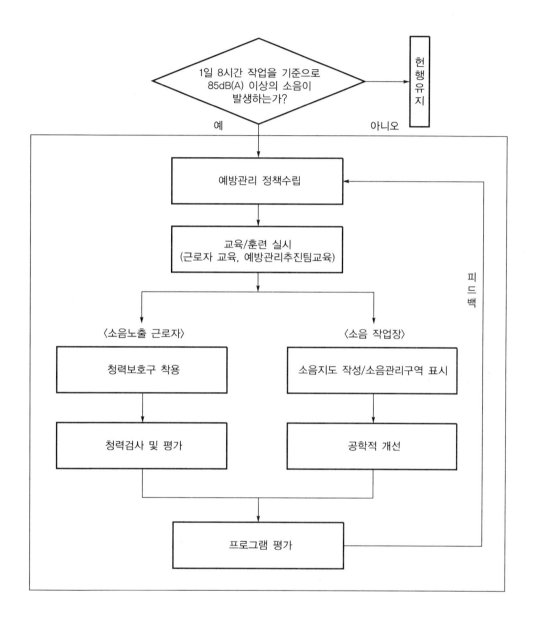

05 소음측정 및 노출평가

① 목적
  ㉠ 청력보존 프로그램에 포함시켜야 되는 대상근로자의 확인
  ㉡ 소음이 발생하는지 여부 확인
  ㉢ 공학적인 개선대책 수립
  ㉣ 소음감소 방안의 우선순위 결정
  ㉤ 공학적 개선대책의 효과 평가
② 청력보전 프로그램을 운영하는 사업장은 80dB(A) 이상의 모든 연속음과 120dB(A) 이상의 충격음에 대하여 소음측정과 평가를 수행한다.
③ 사업주는 8시간 시간가중평균 90dB(A) 이상 노출된 근로자에게 그 결과를 통보한다.
④ 지역 소음측정 결과에 따라 소음지도를 작성하거나 소음수준에 따라 소음관리구역을 설정하고 표시한다. 소음수준은 85dB(A) 미만(녹색지역), 85~90dB(A)(황색지역), 90~100dB(A)(주황색지역), 100dB(A) 이상(적색지역) 등으로 구분한다.

06 청력보존 프로그램 평가에 의한 공학적 대책

① 소음노출기준을 초과할 가능성이 있는 경우에는 시설 · 설비, 작업방법 등을 점검한 후 개선하고, 소음노출기준을 초과한 경우에는 시설 · 설비, 작업방법 등에 대한 개선대책을 수립하여 시행한다.
② 기계 · 기구 등의 대체, 시설의 밀폐, 흡음 또는 격리 등 공학적 대책을 적용한다.
③ 공장이 설계, 시공단계 및 도입 시설 장비의 설치 시 저소음 공정, 저소음 장비, 저소음의 자재를 사용한다.
④ 기존의 작업소음에 대한 공학적 대책은 소음원의 수정, 소음 전파경로의 수정 및 소음노출 근로자에 대한 공학적 대책으로 구분한다.
  ㉠ 소음원의 수정방법으로는 저소음 기계로의 교체를 통한 저소음화 및 마모된 부품의 교체 등 발생원인의 제거, 방음장치로서 방음실 · 방음 스크린 · 소음기 · 흡음 덕트의 활용, 방진고무 · 스프링 · 제진재 활용을 통한 방진 · 제진, 공장자동화 및 배치 변경 등의 운전방법의 개선을 적용한다.

    ⓛ 소음 전파경로의 수정방법으로는 배치 변경을 통한 거리 감쇠효과, 차폐물·방음벽의 차폐효과, 실내 흡음처리를 통한 흡음대책, 음원의 방향조정의 지향성 대책을 적용한다.

    ⓒ 소음노출 근로자에 대한 공학적 대책으로는 방음감시실(Control room)을 통한 차음방법을 적용한다.

  ⑤ 공학적 대책을 적용하기 곤란한 경우 근로자 노출시간의 저감, 순환근무의 실시 또는 개인 청력보호구의 착용 등 작업관리적 대책을 실시한다.

07 청력검사 실시하는 경우

청력보존 프로그램을 시행하여야 하는 사업장, 즉 소음의 작업환경측정 결과 소음수준이 90dB(A)를 초과하는 사업장이나 소음으로 인하여 근로자에게 건강장해(소음성 난청 유소견자)가 발생한 사업장에서 소음작업을 하는 근로자는 매년 청력검사를 한다.

08 청력보호구의 지급 및 착용

  ① 사업주는 소음작업 근로자에 대해 다양한 청력보호구를 제공하여 선택하도록 하고, 당해 근로자는 반드시 청력보호구를 착용한다.

  ② 소음측정 평가결과 노출기준을 초과하는 작업장에는 청력보호구 착용에 관한 안전·보건 표지를 설치하거나 부착한다.

  ③ 청력보호구의 선택과 착용 및 효과에 대한 유의사항은 다음과 같다.

    ㉠ 여러 가지 청력보호구를 제공한 후 편안하고 착용하기 쉬운 청력보호구를 선택하여 착용하도록 지도하는 것이 청력보호구의 착용 순응도와 효과를 높일 수 있는 방법이다.

    ⓛ 청력보호구의 실제 차음효과는 제조회사에서 제시하는 수치보다는 작을 수 있다.

    ⓒ 소음작업장에서 작업하는 동안 청력보호구를 지속적으로 착용하지 않으면 소음 감소 효과가 떨어지므로 작업 시 계속 착용하여야 한다.

    ⓔ 청력보호구는 근로자가 노출되고 있는 소음의 특성과 작업특성을 고려하여 선정·제공한다.

ⓜ 청력보호구의 사용환경과 장 · 단점

종류	귀마개	귀덮개
사용 환경	• 덥고 습한 환경에 좋음 • 장시간 사용할 때 • 다른 보호구와 동시 사용할 때	• 간헐적 소음노출 시 • 귀마개를 쓸 수 없을 때
장점	• 작아서 휴대에 간편 • 안경이나 머리카락 등에 방해받지 않음 • 저렴함	• 착용여부 확인 용이 • 귀에 이상이 있어도 착용 가능
단점	• 착용여부 파악 곤란 • 착용 시 주의할 점이 많음 • 많은 시간과 노력이 필요 • 귀마개 오염 시 감염될 가능성 있음	• 장시간 사용 시 내부가 덥고, 무겁고, 둔탁함 • 보안경 사용 시 차음효과 감소 • 값이 비쌈

ⓗ 청력보호구는 보호구의 착용으로 8시간 시간가중평균 90dB(A) 이하의 소음노출수준이 되도록 차음효과가 있어야 한다. 단, 소음성 난청 유소견자나 유의한 역치변동이 있는 근로자에 대해서는 청력보호구의 착용 효과로 소음노출수준이 최소한 8시간 시간가중평균 85dB(A) 이하가 되어야 한다.

ⓧ 작업장의 소음 수준이 증가하였을 때에는 이전보다 차음효과가 큰 청력보호구를 지급한다.

ⓞ 한 종류의 청력보호구로 충분한 감쇠효과를 가질 수 없는 고소음 작업장에서는 귀마개와 귀덮개를 동시에 착용하여 차음효과를 높여준다.

참고 청력보호구 종류에 따른 성능 구분 ●출제율 20%

종류	등급	기호	성능
귀마개	1종	EP-1	저음부터 고음까지 차음하는 것
	2종	EP-2	주로 고음을 차음하여 회화음 영역인 저음은 차음하지 않는 것
귀덮개		EM	

참고 청력보호구 착용 및 선택 시 주의사항 출제율 30%

1. 귀마개는 개인의 외이도에 맞는 것을 사용해야 하며 처음 사용 시에는 딱딱한 감을 느낄 수 있으므로 깨끗한 손으로 외이도의 형태에 맞게 형태를 갖추어 삽입하여야 한다.
2. 귀마개는 가급적이면 일회용을 사용하여 자주 교체해 주어 항상 청결을 유지해야만 귀의 염증을 예방할 수 있다.
3. 귀마개는 부피가 작아 분실의 위험이 크므로 양쪽을 끈으로 묶어 모자나 상의 주머니에 매어 사용하도록 한다.
4. 귀덮개는 귀 전체가 완전히 덮일 수 있도록 높낮이 조절을 적당히 한 후 착용해야 한다.
5. 115dB 이상의 고소음 작업장에서는 귀마개와 귀덮개를 동시에 착용해서 차음 효과를 높혀주어야 한다.(탱크 내 밀폐된 공간에서의 해머작업 등)
6. 작업 도중 주위의 경고음이나 신호음 등을 들어야 하는 곳에서는 안전사고의 위험이 있을 수 있으므로 귀덮개 착용에 주의해야 한다.

09 청력보존 프로그램의 평가

① 소음노출 평가방법 및 결과의 적정성
② 공학적 및 작업관리적 대책수립의 적합성
③ 작업특성에 따른 청력보호구의 선정, 사용 및 유지관리의 적정성
④ 청력검사와 평가 시스템의 적정성
⑤ 근로자에 대한 교육 · 훈련의 적정성 등

SECTION 12 실내(작업장)의 소음저감

01 평균흡음률($\overline{\alpha}$)

$$\overline{\alpha} = \frac{\sum S_i \alpha_i}{\sum S_i} = \frac{S_1 \alpha_1 + S_2 \alpha_2 + S_3 \alpha_3 + \cdots}{S_1 + S_2 + S_3 + \cdots}$$

여기서, $S_1, S_2, S_3, \cdots\cdots$: 실내 각 부분의 면적(m^2)

(일반적으로 실내는 천장, 바닥, 벽면을 고려)

$\alpha_1, \alpha_2, \alpha_3, \cdots\cdots$: 실내 각부의 흡음률(흡음계수)

02 흡음력(A)

$$A = S\overline{\alpha} = \sum_{i=1}^{n} S_i \alpha_i (\text{m}^2 \text{ ; sabin})$$

여기서, S : 실내 내부의 전 표면적(m^2)

$\overline{\alpha}$: 평균흡음률

$S_i \alpha_i$: 각 흡음재의 면적과 흡음률

03 실정수(R)

$$R = \frac{S \cdot \overline{\alpha}}{1 - \overline{\alpha}} (\text{m}^2 \, ; \, \text{Sabin})$$

여기서, S : 실내 내부의 전 표면적(m^2)

$\overline{\alpha}$: 평균흡음률

04 잔향시간(T) 출제율 20%

① 정의

잔향시간은 실내에서 음원을 끈 순간부터 직선적으로 음압레벨이 60dB(에너지 밀도가 10^{-6} 감소) 감쇠되는데 소요되는 시간(sec)으로 잔향시간을 이용하면 대상 실내의 평균흡음률을 측정할 수 있다.

② 관계식

$$T = \frac{0.161 \, V}{A} = \frac{0.161 \, V}{S \cdot \overline{\alpha}} (\text{sec})$$

$$\overline{\alpha} = \frac{0.161 \, V}{ST}$$

여기서, T : 잔향시간(sec)

V : 실의 체적(부피)(m^3)

A : 총 흡음력($\sum S_i \alpha_i$)($\text{m}^2 \, ; \, \text{sabin}$)

$\overline{\alpha}$: 평균흡음률

S : 실내 내부의 전 표면적(m^2)

05 감음계수(소음저감계수, NRC) 〔출제율 20%〕

① 정의

NRC는 1/3 옥타브 대역으로 측정한 중심주파수 250Hz, 500Hz, 1,000Hz, 2,000Hz에서의 흡음률의 산술평균치이다.

② 관련식

$$감음계수(NRC) = \frac{1}{4}\left(\alpha_{250} + \alpha_{500} + \alpha_{1,000} + \alpha_{2,000}\right)$$

③ 특징

㉠ 주파수에 따라 상이한 흡음률을 평균적으로 나타내는 방법이다.

㉡ 일반적으로 실내 벽면에 흡음대책을 세워 감음을 하고자 할 때 실내 흡음대책에 의해 기대할 수 있는 경제적인 한계는 5~10dB 정도이다.

06 실내 소음저감량(ΔL, NR)

① 흡음대책에 의한 실내 소음저감량(감음량)은 흡음대책 전후의 실정수(R), 흡음력(A)으로 구한다.

② 관계식

$$\Delta L = 10\log\frac{R_2}{R_1} = 10\log\frac{A_2}{A_1} = 10\log\frac{\overline{\alpha}_2(1 - \overline{\alpha}_1)}{\overline{\alpha}_1(1 - \overline{\alpha}_2)}\,(\mathrm{dB})$$

$$\Delta L = 10\log\left(\frac{A_1 + A_\alpha}{A_1}\right)(\mathrm{dB})$$

여기서, ΔL : 실내 소음저감량(감음량)(dB)

R_1, R_2 : 흡음대책 전 · 후의 실정수(m^2 ; sabin)

A_1, A_2 : 흡음대책 전 · 후의 실정수(m^2 ; sabin)

$\overline{\alpha}_1$, $\overline{\alpha}_2$: 흡음대책 전 · 후의 평균흡음률

A_α : 부가(증가)된 흡음력(m^2 ; sabin)

필수 예상문제 ✔ 출제확률 40%

가로, 세로, 높이가 각각 8m, 10m, 4m인 작업장의 바닥, 벽, 천장의 흡음률이 각각 0.01, 0.25, 0.3이다. 천장에 흡음 처리를 하여서 흡음률을 0.8로 증가시켰을 때 이 작업장 내부의 평균흡음률 증가량은?

풀이 천장 흡음률 증가 전 평균흡음률($\overline{\alpha}_1$)

- $S_천 = 8 \times 10 = 80 \text{m}^2$
- $S_벽 = (8 \times 4 \times 2) + (10 \times 4 \times 2) = 144 \text{m}^2$
- $S_바 = 8 \times 10 = 80 \text{m}^2$

$$\overline{\alpha}_1 = \frac{(80 \times 0.3) + (144 \times 0.25) + (80 \times 0.01)}{80 + 144 + 80} = 0.2$$

천장 흡음률 증가 후 평균흡음률

$$\overline{\alpha}_2 = \frac{(80 \times 0.8) + (144 \times 0.25) + (80 \times 0.01)}{80 + 144 + 80} = 0.33$$

∴ 증가량 $= \overline{\alpha}_2 - \overline{\alpha}_1 = 0.33 - 0.2 = 0.13$

필수 예상문제 ✔ 출제확률 50%

바닥면적이 5m × 5m이고 높이가 3m인 방이 있다. 바닥 및 천장의 흡음률이 0.3일 때 벽체에 흡음재를 부착하여 실내의 평균흡음률을 0.55 이상으로 하고자 한다면 벽체 흡음재의 흡음률은 얼마 정도가 되어야 하는가?

풀이 $\overline{\alpha} = \dfrac{S_천 \alpha_천 + S_벽 \alpha_벽 + S_바 \alpha_바}{S_천 + S_벽 + S_바}$

$S_천 = 5 \times 5 = 25 \text{m}^2$

$S_벽 = 5 \times 3 \times 4 = 60 \text{m}^2$

$S_바 = 5 \times 5 = 25 \text{m}^2$

$$0.55 = \frac{(25 \times 0.3) + (60 \times \alpha_벽) + (25 \times 0.3)}{25 + 60 + 25}$$

∴ $\alpha_벽 = 0.76$

필수 예상문제 ✔ 출제확률 60%

어느 전자공장 내 소음대책으로 다공질재료로 흡음매트 공법을 벽체와 천장부에 각각 적용하였다. 작업장 규격은 25L×12W×5H(m)이고, 대책 전 바닥벽체 및 천장부의 평균 흡음률은 각각 0.02, 0.05와 0.1이었다면 잔향시간 비(대책 전/대책 후)는? (단, 흡음매트의 평균흡음률은 0.45로 한다.)

풀이 ① 대책 전 잔향시간(T_1)

$$T_1 = \frac{0.161 \times V}{S\overline{\alpha}}$$

S(실내의 전 표면적) : $S_\text{바} = 25 \times 12 = 300\text{m}^2$

$$S_\text{벽} = (25 \times 5 \times 2) + (12 \times 5 \times 2) = 370\text{m}^2$$

$$S_\text{천} = 25 \times 12 = 300\text{m}^2$$

V(실내의 체적) : $25 \times 12 \times 5 = 1{,}500\text{m}^3$

$$\overline{\alpha}(\text{평균흡음률}) : \frac{(300 \times 0.02) + (370 \times 0.05) + (300 \times 0.1)}{300 + 370 + 300} = 0.056$$

$$= \frac{0.161 \times 1{,}500}{970 \times 0.056} = 4.45\text{sec}$$

② 대책 후 잔향시간(T_2)

$$T_2 = \frac{0.161 \times V}{S\overline{\alpha}}$$

$$\overline{\alpha}(\text{평균흡음률}) : \frac{(300 \times 0.02) + (370 \times 0.45) + (300 \times 0.45)}{300 + 370 + 300} = 0.317$$

$$= \frac{0.161 \times 1{,}500}{970 \times 0.317} = 0.785\text{sec}$$

$$\therefore \frac{\text{대책 전 잔향시간}}{\text{대책 후 잔향시간}} = \frac{4.45}{0.785} = 5.67$$

필수 예상문제 ✔ 출제확률 30%

평균흡음률이 0.02인 방을 방음 처리하여 평균흡음률을 0.27로 만들었다. 이때 흡음으로 인한 감음량은 몇 dB인가?

풀이 소음저감량(ΔL)

$$\Delta L = 10\log\frac{R_2}{R_1} = 10\log\frac{\overline{\alpha}_2(1-\overline{\alpha}_1)}{\overline{\alpha}_1(1-\overline{\alpha}_2)} = 10\log\frac{0.27(1-0.02)}{0.02(1-0.27)} = 12.5\text{dB}$$

필수 예상문제　　　　　　　　　　　　✔ 출제확률 40%

흡음재를 부착하여 실내 소음을 6dB 저감시켰을 경우 평균흡음률은? (단, 감쇠량 ΔL = $10\log\dfrac{R_2}{R_1}$(dB)을 사용하여 계산하고 흡음 전 실정수는 50m², 실내의 전 표면적은 600m²)

풀이 $\Delta L = 10\log\dfrac{R_2}{R_1}$

$$6 = 10\log\dfrac{R_2}{50}$$

$$R_2 = 10^{0.6} \times 5 = 100\text{m}^2$$

$$199 = \dfrac{S \cdot \overline{\alpha}}{1 - \overline{\alpha}}$$

$$199(1 - \overline{\alpha}) = 600\overline{\alpha}$$

$$\therefore \overline{\alpha} = 0.25$$

필수 예상문제　　　　　　　　　　　　✔ 출제확률 40%

가로, 세로, 높이가 각각 10m, 8m, 3m인 방의 벽, 천장, 바닥의 1kHz 밴드에서의 흡음률이 각각 0.1, 0.2, 0.3이다. 천장재를 1kHz 밴드에서의 흡음률이 0.7인 흡음재로 대체할 경우 감음량(dB)을 구하시오.

풀이 실내 소음저감량(NR)

$$\text{NR} = 10\log\dfrac{R_2}{R_1} = \dfrac{\dfrac{S\overline{\alpha}}{1 - \overline{\alpha}}}{\dfrac{S\overline{\alpha}}{1 - \overline{\alpha}}}$$

(1) 대책 전

① $S = (10 \times 8 \times 2) + (10 \times 3 \times 2) + (8 \times 3 \times 2) = 268\text{m}^2$

② $\overline{\alpha} = \dfrac{(108 \times 0.1) + (80 \times 0.2) + (80 \times 0.3)}{108 + 80 + 80} = 0.1896$

(2) 대책 후

① $S' = 268\text{m}^2$

② $\overline{\alpha} = \dfrac{(108 \times 0.1) + (80 \times 0.7) + (80 \times 0.3)}{108 + 80 + 80} = 0.3388$

$$\therefore 10\log\dfrac{\left(\dfrac{268 \times 0.3388}{1 - 0.3388}\right)}{\left(\dfrac{268 \times 0.1896}{1 - 0.1896}\right)} = 3.4\text{dB}$$

기출문제

다음과 같은 작업장이 있다. 이때 다음 물음에 답하시오. (단, 편의상 문이나 창문 등은
고려하지 않음. 없다고 가정함)

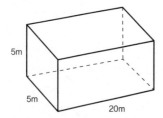

구 분	흡음계수(α)
천장	0.2
벽	0.3
바닥	0.4

(1) 이 작업장의 소음수준이 99dB이었다. 소음수준을 감소시키기 위해 천장에 흡음재를
부착하여 천장의 흡음계수가 0.8로 증가되었다. 이와 같은 개선 후 작업장의 소음
수준은 얼마가 될 것으로 추정하는가?

(2) 개선 후에 이 작업장의 소음수준은 8시간 작업시간을 기준으로 우리나라 노출기준에
적합한가? 만약 노출기준을 초과한다면 귀마개를 착용시키고자 한다. OSHA의 기준
대로 평가하여 귀마개의 차음효과를 인정한다면 귀마개의 최소 NRR은 얼마가 되어
야 하는가?

풀이 (1) 개선 후 작업장의 소음수준

① 천장 흡음률 증가 전 평균흡음률($\overline{\alpha}_1$)

$$\overline{\alpha}_1 = \frac{\sum S_i \alpha_i}{\sum S_i} = \frac{(S_{천} \alpha_{천}) + (S_{벽} \alpha_{벽}) + (S_{바} \alpha_{바})}{S_{천} + S_{벽} + S_{바}}$$

천장면적($S_{천}$) $= 5\text{m} \times 20\text{m} = 100\text{m}^2$

벽면적($S_{벽}$) $= (5\text{m} \times 5\text{m} \times 2) + (5\text{m} \times 20\text{m} \times 2) = 250\text{m}^2$

바닥면적($S_{바}$) $= 5\text{m} \times 20\text{m} = 100\text{m}^2$

$$\overline{\alpha}_1 = \frac{(100 \times 0.2) + (250 \times 0.3) + (100 \times 0.4)}{100 + 250 + 100} = 0.3$$

② 천장 흡음률 증가 후 평균흡음률($\overline{\alpha}_2$)

$$\overline{\alpha}_2 = \frac{(100 \times 0.8) + (250 \times 0.3) + (100 \times 0.4)}{100 + 250 + 100} = 0.43$$

③ 소음저감량(NR)

$$\text{NR} = 10\log\frac{A_2}{A_1} = 10\log\frac{(\overline{\alpha}_2 S)}{(\overline{\alpha}_1 S)} = 10\log\left(\frac{0.43 \times 450}{0.3 \times 450}\right) = 1.56\text{dB}$$

④ 개선 후 작업장 소음수준$= 99\text{dB} - 1.56\text{dB} = 97.44\text{dB}$

(2) 우리나라 노출기준 적합유무

우리나라 소음의 노출기준은 1일 8시간 노출 시 소음수준 90dB(A)이다. 노출
기준을 초과하므로 노출기준에 적합하지 않다.

• 차음효과

    차음효과 $= (NRR - 7) \times 50\%$ 이므로

    $(97.44 - 90) = (NRR - 7) \times 0.5$

    $\therefore NRR = 21.88$

기출문제

가로가 50m, 세로가 10m, 높이가 4m인 작업장의 총 흡음량이 1,523sabins였다. 이 작업장의 소음수준은 97dB이었다. 흡음재를 더 처리한 작업환경을 개선한 결과 흡음량은 총 3,818sabins이 되었다. 우리나라 소음에 대한 노출기준은 다음 표와 같다. 다음 물음에 답하시오.

◐ 소음의 노출기준(충격소음 제외)

1일 노출시간(hr)	소음강도[dB(A)]
8	90
4	95
2	100
1	105
$\frac{1}{2}$	110
$\frac{1}{4}$	115

[주] 115dB(A)를 초과하는 소음수준에 노출되어서는 안 된다.

(1) 흡음재를 처리한 후 이 작업장에서 소음수준은 얼마가 되겠는가?

(2) 흡음재를 처리한 후 이 작업장의 소음수준에서 노출 허용시간은 얼마가 되겠는가?

(3) 흡음재를 처리한 후 이 작업장에서 잔향시간은 총 몇 초인가?

풀이 (1) 흡음재 처리 후 작업장 소음수준

    ① 소음 저감량(NR) $= 10\log\left(\dfrac{A_2}{A_1}\right) = 10\log\left(\dfrac{3,818}{1,523}\right) = 4dB$

    ② 흡음재 개선 후 작업장 소음수준 $= 97dB - 4dB = 93dB$

(2) 작업장의 소음수준이 93dB일 경우 노출 허용시간

    노출 허용시간 $= \dfrac{8}{2^{\left(\frac{93-90}{5}\right)}} = 5.28hr$ 미만

(3) 흡음재 처리 후 잔향시간

    잔향시간(T) $= \dfrac{0.161V}{A} = \dfrac{[0.161 \times (50 \times 10 \times 4)]}{3,818} = 0.08\sec$

기출문제

다음과 같은 작업장(가로 30m, 세로 6m, 높이 4m)에 소음을 감소시키고자 벽면과 천장에 흡음재를 부착하여 흡음처리를 하였다. 다음 물음에 답하시오. (단, 창문이나 문은 없다고 가정하며, 벽면과 바닥, 천장은 균일하다고 가정한다.)

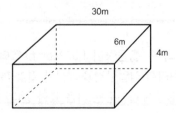

구 분	흡음계수	
	처리 전	처리 후
바닥	0.2	0.8
벽면	0.3	0.7
천장	0.2	0.6

(1) 흡음재 처리 전 소음이 98dB이었다면, 흡음처리 후 소음수준은 얼마가 되겠는가?
(2) 흡음재를 처리하기 전과 흡음재 처리 후의 실내 반향시간(Reverberation)을 계산하시오.

풀이 (1) 흡음처리 후 소음기준

① 흡음처리 전 평균흡음률($\overline{\alpha}_1$)

$$\overline{\alpha}_1 = \frac{(S_{바}\alpha_{바}) + (S_{벽}\alpha_{벽}) + (S_{천}\alpha_{천})}{S_{바} + S_{벽} + S_{천}}$$

바닥면적($S_{바}$) = 30m × 6m = 180m^2

벽면적($S_{벽}$) = (30m × 4m × 2) + (6m × 4m × 2) = 288m^2

천장면적($S_{천}$) = 30m × 6m = 180m^2

$$= \frac{(180 \times 0.2) + (288 \times 0.3) + (180 \times 0.2)}{180 + 288 + 180} = 0.244$$

② 흡음처리 후 평균흡음률($\overline{\alpha}_2$)

$$\overline{\alpha}_2 = \frac{(180 \times 0.8) + (288 \times 0.7) + (180 \times 0.6)}{180 + 288 + 180} = 0.7$$

③ 소음 저감량(NR)

$$NR = 10\log\frac{A_2}{A_1} = 10\log\frac{(\overline{\alpha}_2 S)}{(\overline{\alpha}_1 S)} = 10\log\left(\frac{0.7 \times 648}{0.244 \times 648}\right) = 4.58dB$$

④ 흡음처리 후 소음수준 = 98dB − 4.58dB = 93.42dB

(2) ① 흡음재 처리 전 실내 반향시간

$$반향시간(T_1) = \frac{0.161V}{A_1} = \frac{[0.161 \times (30 \times 6 \times 4)]}{(0.244 \times 648)} = 0.73sec$$

② 흡음재 처리 후 실내 반향시간

$$반향시간(T_2) = \frac{0.161V}{A_2} = \frac{[0.161 \times (30 \times 6 \times 4)]}{(0.7 \times 648)} = 0.26sec$$

SECTION 13 차음

01 개요

① 차음은 흡음과는 상반된 메커니즘을 통하여 음에너지를 반사, 흡수하여 감쇠시키는 것을 말한다.
② 흡음재는 재료 자체에서 음을 소산시켜 저감시키는 재료이며, 차음재는 재료를 통하여 음이 투과되는 것을 방지하는 재료이다.
③ 차음재는 흡음재에 상대적으로 고밀도이며, 기공이 없고 흡음재로는 바람직하지 않다.

02 투과손실(TL) 및 총합 투과손실($\overline{TL}$)

① 투과손실(Transmission Loss)
투과손실은 투과율(τ)의 역수를 상용대수로 취한 후 10을 곱한 값으로 정의한다.

$$투과손실(TL) = 10\log\frac{1}{\tau} = 10\log\left(\frac{I_i}{I_t}\right)(\text{dB})$$

$$\tau(투과율) = \frac{투과음의 세기(I_t)}{입사음의 세기(I_i)}\left(\tau = 10^{-\frac{TL}{10}}\right)$$

② 총합 투과손실($\overline{TL}$)

벽이 여러 가지 재료로 구성되어 있는 경우 벽 전체의 투과손실을 총합 투과손실이라 한다.

$$\text{총합 투과손실}(\overline{TL}) = 10\log\frac{1}{\tau}$$

$$\overline{\tau}(\text{평균투과율}) = \frac{\sum S_i \tau_i}{\sum S_i} = \frac{S_1\tau_1 + S_2\tau_2 + \cdots}{S_1 + S_2 + \cdots}$$

$$= 10\log\frac{\sum S_i}{\sum S_i\tau_i} = \frac{S_1 + S_2 + \cdots}{S_1\tau_1 + S_2\tau_2 + \cdots}$$

여기서, S_i : 벽체 각 구성부의 면적(m^2)

$\overline{\tau}_i$: 해당 각 벽체의 투과율

벽에 개구부가 있는 경우에는 그 면적이 작을지라도 투과율(τ)이 1이 되기 때문에 총합 투과손실은 현저히 저하된다.

필수 예상문제　　　　　　　　　　　✔ 출제확률 40%

벽체면적 100m^2 중 유리창의 면적이 20m^{2}이다. 벽체의 투과손실은 35dB이고 유리창의 투과손실이 20dB이라고 할 때 총합 투과손실(dB)은 얼마인가?

풀이 $\overline{TL} = 10\log\frac{1}{\tau} = 10\log\frac{S_1 + S_2}{S_1\tau_1 + S_2\tau_2}$

구 분	면적(m^2)	투과손실(dB)	투과율
벽체	80	35	$10^{-\frac{35}{10}}$
유리창	20	20	$10^{-\frac{20}{10}}$

$$\therefore \overline{TL} = 10\log\frac{80 + 20}{\left(80 \times 10^{-\frac{35}{10}}\right) + \left(20 \times 10^{-\frac{20}{10}}\right)} = 26.5\text{dB}$$

필수 예상문제 ✔ 출제확률 40%

공장벽면(높이 5m, 폭 20m)이 콘크리트벽(면적 58m², $TL = 50$dB), 유리(면적 40m², $TL = 30$dB), 그리고 환기구(면적 2m², $TL = 0$dB)로 구성되어 있다. 이 벽면의 총합 투과손실(dB)은?

풀이 $\overline{TL} = 10\log\dfrac{1}{\overline{\tau}} = 10\log\dfrac{S_1 + S_2 + S_3}{S_1\tau_1 + S_2\tau_2 + S_3\tau_3}$

구 분	면적(m²)	투과손실(dB)	투과율
콘크리트벽	58	50	$10^{-\frac{50}{10}}$
유리	40	30	$10^{-\frac{30}{10}}$
환기구	2	0	$10^{-\frac{0}{10}}$

$\therefore \overline{TL} = 10\log\dfrac{58 + 40 + 2}{(58 \times 10^5) + (40 \times 10^{-3}) + (2 \times 10^{-0})} = 17$dB

필수 예상문제 ✔ 출제확률 40%

40m×12m인 콘크리트벽의 투과손실은 47dB이며, 이 벽 중앙의 크기 3m×7m의 문을 달아 총합 투과손실이 38dB이 되게 하고자 할 때 이 문의 투과손실(dB)은?

풀이 총합 투과손실($\overline{TL}$)

$\overline{TL} = 10\log\dfrac{1}{\overline{\tau}} = 10\log\left(\dfrac{\sum S_i}{\sum S_i\tau_i}\right)$dB

$38 = 10\log\left[\dfrac{480}{(459 \times 10^{-4.7}) + (21 \times 10^{-\frac{TL}{10}})}\right]$

$10^{-\frac{TL}{10}} = -277.6$

$\therefore TL = \log 277.6 \times 10 = 23.57$dB

03 단일벽 투과손실 출제율 20%

① 음파가 수직입사할 경우

ⓐ 단일 벽체의 전부가 피스톤 진동을 하고 양쪽 면에 입사하는 공기의 속도는 동일하다고 가정하면 단일벽 투과손실은 다음과 같다.

ⓑ 관계식

$$TL = 20\log(m \cdot f) - 43\,(\text{dB})$$

여기서, TL : 투과손실(dB)

m : 벽체의 면밀도(kg/m^2)

f : 벽체에 수직 입사되는 주파수(Hz)

ⓒ 투과손실은 벽의 면밀도와 주파수의 곱의 대수 값에 비례한다. 이것을 단일벽의 수직 입사음에 대한 차음의 질량 법칙(Mass law)이라 한다.

ⓓ 벽체의 면밀도가 2배 증가할 때마다 투과손실은 약 6dB씩 증가한다.

② 음파가 난입사할 경우

ⓐ 벽의 법선에 대한 음파의 입사각을 θ라 하면, $\theta = 0 \sim 90°$의 범위에서 TL의 평균치

$$TL = 20\log(m \cdot f) - 43\,(\text{dB})$$

ⓑ $\theta = 0 \sim 78°$일 때의 평균치

$$TL_{\alpha} = TL - 5\,(\text{dB})$$

이 식을 음장입사에 대한 질량 법칙이라 한다.

ⓒ 실용식

$$TL = 18\log(m \cdot f) - 44\,(\text{dB})$$

필수 예상문제 ✔ 출제확률 40%

두께 0.1m, 밀도 0.28×10^{-2}kg/cm³의 콘크리트 단일벽에 300Hz의 순음이 수직입사할 때 이 벽의 투과손실(dB)은?

풀이 $TL = 20\log(m \cdot f) - 43 \text{(dB)}$

$\qquad m = 0.28 \times 10^{-2}\text{kg/cm}^3 \times 10\text{cm} = 280\text{kg/m}^2$

$\qquad = 20\log(280 \times 300) - 43$

$\qquad = 55.49\text{dB}$

필수 예상문제 ✔ 출제확률 40%

밀도가 950kg/m³인 벽체(두께 : 25cm)에 600Hz의 순음이 통과할 때의 TL(dB)은? (단, 음파는 벽면에 난입사한다.)

풀이 난입사 시 투과손실(TL)

$\qquad TL = 18\log(m \cdot f) - 44 \text{(dB)}$

$\qquad\qquad m(\text{면밀도}) = \text{밀도} \times \text{두께} = 950\text{kg/m}^3 \times 0.25\text{m} = 237.5\text{kg/m}^2$

$\qquad = 18\log(237.5 \times 600) - 44$

$\qquad = 48.8\text{dB}$

04 차음재료의 선정 대책 시 유의사항 ●출제율 30%

① 차음에 가장 영향이 큰 것은 틈이므로 틈이나 파손된 것은 보수하고, 이음새는 여러 방법으로 메꾸도록 한다.

② 차음은 음에너지의 반사작용을 이용한 것으로 차음벽 뒤에는 음파가 발생되지 않도록 하는 것으로 흡음재와 혼동해서는 안 된다.

③ 서로 다른 재료가 혼용된 벽의 차음효과를 높이기 위해 $S_i \tau_i$ 차이가 서로 유사한 재료를 선택한다.

④ 차음벽에서 면의 진동은 위험하므로 가진력이 큰 기계가 설치된 공장의 차음벽은 방진지지(탄성지지) 및 방진 합금의 이용이나 Damping(제진) 처리 등을 검토한다.

⑤ 큰 차음효과를 바라는 경우에는 다공질 흡음재를 충진한 이중벽으로 하고 공명투 과 주파수 및 일치주파수 등에 유의하여 설계하여야 한다.

⑥ 흡음도 차음에 많은 도움이 되므로 차음재의 음원 측에 흡음재료를 붙인다. 저주파 에 대해서는 충분한 공기층을 유지시킨다.

⑦ 콘크리트 블록을 차음벽으로 사용하는 경우 표면에 모르타르 마감을 하는 것이 차 음 효과가 크다. 한쪽만 바를 때는 5dB, 양쪽을 다 바를 때는 10dB 정도 투과손 실이 개선된다.

⑧ 투과손실의 수치는 잔향실에서 측정되는 것으로서 차음도와는 다르다. 벽의 차음 도는 벽의 양측의 음압레벨의 차로 표시되는 값으로서 TL과 혼동하면 안 된다.

⑨ 차음재료를 선정할 때는 투과손실이 큰 것을 택할 필요가 있다.

⑩ 차음재료의 단위면적당 중량(면밀도)이 크고 주파수가 높을수록 투과손실은 크게 된다. 즉 차음은 음에너지의 반사가 클수록 효과가 좋다는 점을 감안할 때 질량 법 칙에 의하여 벽체의 면밀도가 큰 재료를 선정하여야 한다.

SECTION 14 소음기

●출제율 40%

01 개요

소음기는 주로 유체의 흡배기 경로에 사용되며, 음원에서의 소음을 감소시키는 장치로 널리 이용된다.

02 종류 ●출제율 30%

① 흡음 덕트형 소음기
  ㉠ 원리
    내부에서 음향에너지 흡수를 목적으로 하는 소음기, 즉 덕트 내(공동 내부)에 흡음재(유리솜, 암면)를 부착하여 흡음재의 흡음효과에 의해 소음을 감쇠시킨다.
  ㉡ 감음(흡음) 특성 : 중 · 고음역에서 좋다.
  ㉢ 특징
    ⓐ 최대감음주파수는 다음 범위 내에 있어야 한다.

$$\frac{\lambda}{2} < D < \lambda$$

여기서, λ : 대상음의 파장(m)
D : 덕트의 내경(m)

    ⓑ 덕트의 내부 직경이 대상음의 파장보다 큰 경우에는 cell형이나 splitter형으로 하여 소음을 감음시켜야 한다.

ⓒ 감쇠치(ΔL)

$$\Delta L = K \cdot \frac{P \cdot L}{S} = 1.05\alpha^{1.4} \cdot \frac{P \cdot L}{S}\,(\text{dB})$$

여기서, K : 흡음계수($K = \alpha - 0.1$)

α : 흡음률

P : 덕트 내부 주장(m)

S : 덕트 내부 단면적(m^2)

L : 덕트의 길이(m)

ⓓ 덕트의 최단 횡단길이는 고주파 beam을 방해하는 크기여야 한다.

ⓔ beam은 가장 작은 횡단길이의 7배보다 적은 파장의 주파수에서 발생한다.

ⓕ 통과유속은 20m/sec 이하로 하는 것이 좋다.

ⓖ 송풍기 소음을 방지하기 위한 흡음재 두께는 1″(1inch), 흡음 체임버 내의 흡음재 두께는 2″~4″ 두께로 부착하는 것이 좋다.

② 팽창형 소음기

㉠ 원리

단면 불연속부의 음에너지 반사에 의해 감음하는 구조로 급격한 관경 확대로 음파를 확대하고 유속을 낮추어 음향에너지 밀도를 희박화하고 공동단을 줄여서 감음하는 것으로 단면적비에 따라 감쇠량을 결정하는 소음기이다.

㉡ 감음(흡음) 특성

감음 특성은 저 · 중음역에 좋으며, 팽창부에 흡음재를 부착하면 고음역 감음량이 증가한다.

㉢ 특징

ⓐ 감쇠의 주파수(감음주파수)는 소음기의 감쇠량이 최대로 되는 주파수이며, 이 주파수는 주로 팽창부의 길이(L)로 결정하고 주파수 성분을 가장 유효하게 감쇠시킬 수 있는 길이는 $L = \dfrac{\lambda}{4}$로 하면 좋다.

ⓑ 투과손실(TL)

$$TL = 10\log\left[1 + \frac{1}{4}\left(m - \frac{1}{m}\right)^2 \sin^2 KL\right]\,(\text{dB})$$

$$\text{여기서, } m : \text{단면적비}\left(\frac{A_2}{A_1} = \frac{\text{팽 창 후 단면적}}{\text{팽 창 전 단면적}}\right)$$

$$K : \text{파수}\left(\frac{2\pi f}{c}\right)$$

여기서, f : 대상주파수(Hz)

$\pi : 180°$

c : 음속(m/sec)

L : 팽창부의 길이(m)

ⓒ 최대투과손실은 발생주파수(f)의 홀수배($3f$, $5f$, …)에서는 최대가 되지만 짝수배($2f$, $4f$, …)에서는 0dB이 된다.

ⓓ 단면적비(m)가 클수록 투과손실치는 커진다.

ⓔ 팽창부의 길이(L)가 커지면 협대역 감음, 즉 최대투과손실은 변화가 없으나 통과주파수 대역의 수가 증가한다.

③ 간섭형 소음기

㉠ 원리

음의 통로 구간을 둘로 나누어 각각의 경로차를 반파장($\lambda/2$)에 가깝게 하는 구조, 즉 서로간의 위상차에 의해 소리의 에너지가 감쇠되는 원리를 이용한 것이다.

㉡ 감음(흡음) 특성 : 저·중음역의 탁월주파수 성분에 좋다.

㉢ 특징

ⓐ 감음주파수는 두 경로차(소음의 길이)에 따라 결정되며, 경로차가 $\lambda/2$가 되게 하는 것이 좋다.

ⓑ 최대투과손실치는 f(Hz)의 홀수배 주파수에서는 발생하나 이론적으로 무한대가 된다.

ⓒ 최대투과손실치는 f(Hz)의 짝수배 주파수에서는 0dB이 된다.

ⓓ 최대투과손실치는 실용적으로 20dB 내외이다.

ⓔ 압축기, 송풍기, 디젤기관 등의 흡·배기음의 소음에 사용된다.

④ 공명형 소음기

㉠ 원리

ⓐ 헬름홀츠 공명기의 원리를 응용한 것으로 공명주파수에서 감음하는 방식이다. 즉 관로 도중에 구멍을 판 공동과 조합한 구조, 즉 내관의 작은 구멍과 그 배후 공기층이 공명기를 형성하여 흡음한다.

ⓑ 공동이 공진주파수와 일치하는 음의 주파수를 목부에서 열에너지로 소산시
킨다.

ⓛ 감음(흡음) 특성

감음 특성은 저 · 중음역의 탁월주파수 성분에 좋으며, 소음기의 공동 내에 흡음
재를 충진하면 저주파음 소거의 탁월현상이 완화된다.

ⓒ 특징

일반적으로 흐르는 배관이나 덕트의 선상에 부착하여 협대역(탁월) 저주파음을
방지하는 소음기 형식이다.

SECTION 15 작업장 내 흡음측정법 (평가방법)

●출제율 50%

01 Sabin법

① 표면의 흡음계수(흡음률)에 의한 계산법으로 재료별 면적과 흡음률 계산에 의한 방법이다.
② 이 방법은 작업장의 기계에 의한 흡음은 고려하지 않는다.
③ 흡음을 실제보다 과소평가하기 쉽다.
④ 관련식
  ㉠ 평균흡음률($\overline{\alpha}$)

$$\overline{\alpha} = \frac{\sum S_i \alpha_i}{\sum S_i} = \frac{S_1\alpha_1 + S_2\alpha_2 + S_3\alpha_3 + \cdots}{S_1 + S_2 + S_3 + \cdots}$$

여기서, S_1, S_2, S_3, $\cdots$: 실내 각부의 면적(m^2)
  일반적으로 실내는 천장, 바닥, 벽면을 고려
  α_1, α_2, α_3, $\cdots$: 실내 각부의 흡음률
  ㉡ 흡음력(A)

$$A = S\overline{\alpha} = \sum_{i=1}^{n} S_i \alpha_i (\text{m}^2, \text{ sabin})$$

여기시, S : 실내 내부의 전 표면적(m^2)
  $\overline{\alpha}$: 평균흡음률
  S_i, α_i : 각 흡음재의 면적과 흡음률

ⓒ 실정수(R)

$$R = \frac{S\overline{\alpha}}{1 - \overline{\alpha}}\,(\mathrm{m}^2,\ \mathrm{sabin})$$

여기서, S : 실내 내부의 전 표면적(m^2)

$\overline{\alpha}$: 평균흡음률

02 Terrel 등의 흡음 평가법 ●출제율 30%

Sabin법의 흡음이 실제보다 과소평가되는 것을 보완하기 위해 사용한다.

① 음의 잔향시간을 이용하는 방법(Reverbration time method)

ⓐ 반향시간(잔향시간)이란 음압수준이 60dB 감소하는데 소용되는 시간을 말한다.

ⓑ 반향시간을 측정하려면 2개의 나무판을 부딪쳐서 소리를 내고 그 소리가 60dB 만큼 감소하는 시간을 측정한다.

ⓒ 배경소음이 존재 시 60dB 떨어지는 것을 측정하기가 어려워 60dB까지 떨어지지 못할 경우 감소하는 기울기를 측정하여 외삽으로 60dB 감소시간을 추정한다.

ⓓ 관련식

$$T(\text{반향시간 : sec}) = \frac{0.161\,V}{A} = \frac{0.161\,V}{S\overline{\alpha}}$$

$$A = \frac{0.161\,V}{T},\ \overline{\alpha} = \frac{0.161\,V}{ST}$$

여기서, V : 작업공간의 부피(m^3)

A : 총 흡음력(sabin, m^2)

S : 실내 전체 표면적(m^2)

② 음력법(Sound Power method)

ⓐ 작업장의 음압수준, 소음원의 음력수준, 방향성, 거리를 알 때 이용하는 방법이다.

ⓛ 계산

$$L_P(\text{dB}) = L_W + 10\log\left(\frac{Q}{4\pi r^2} + \frac{4}{R}\right)$$

여기서, L_P : 음압수준(SPL, dB)

L_W : 음력수준(PWL, dB)

Q : 방향성(지향계수)

r : 소음원과의 거리(m)

R : 실정수(sabin, m^2) 또는 A(흡음력)

일반적으로 다음 식으로 사용

$$L_P(\text{dB}) = L_W + 10\log\left(\frac{Q}{4\pi r^2} + \frac{4}{R}\right)$$

소음원으로부터 거리(r)가 크면 $Q/4\pi r^2$항은 무시되므로 A(R을 A개념으로 봄)에 대하여 정리하면

$$A = 10^{(L_W - L_P + 6)/10}\,(\text{sabin})$$

③ 거리에 의한 소음의 소실을 이용하는 방법(Loss Due to Distance method, LDD)
  ㉠ 소음의 반향이 전혀 없는 곳(자유음장)에서는 소음원에서 발생한 소음은 거리가 2배 증가함에 따라 6dB씩 감소(역이승 법칙)하나 실제 산업장에서는 소음의 반향에 의하여 6dB보다 훨씬 적게 감소한다.
  ㉡ 관련식

$$
\begin{aligned}
\Delta L_P &= L_{Pr} - L_{P2r} \\
&= L_W + 10\log\left(\frac{Q}{4\pi r^2} + \frac{4}{A}\right) - L_W - 10\log\left[\frac{Q}{4\pi(2r)^2} + \frac{4}{A}\right] \\
&= 10\log\left(\frac{Q}{4\pi r^2} + \frac{4}{A}\right) - 10\log\left[\frac{Q}{4\pi(2r)^2} + \frac{4}{A}\right] \\
A &= \frac{64\pi r^2\left(1 - 10^{\Delta L_P/10}\right)}{Q\left(10^{\Delta L_P/10} - 4\right)}\,(\text{sabin})
\end{aligned}
$$

기출문제

양식기 공장의 바닥 중앙에 연마기 한 대가 가동하고 있다. 연마기로부터 10m와 20m 떨어진 지점에서 1,000Hz의 음압수준을 측정한 결과 각각 100dB과 97.5dB이었다. 이 작업장의 총 흡음량(sabin)을 구하시오.

풀이 총 흡음량$(A) = \dfrac{64\pi r^2\left(1-10^{\Delta L_P/10}\right)}{Q\left(10^{\Delta L_P/10}-4\right)}$

두 값의 차$(\Delta L_P) = 2.5$dB

거리$(r) = 10$m

방향성$(Q) = 2$

$\therefore \ A = \dfrac{64\times3.14\times(10)^2\left[1-10^{2.5/10}\right]}{2\left(10^{2.5/10}-4\right)} = 3,522\text{s abin}\,(1,000\text{Hz})$

SECTION 16 진동

01 진동의 정의

어떤 물체가 외력에 의하여 평형상태에 있는 위치에서 좌우 또는 상하로 평형점을 중심으로 흔들리는 현상이고 공해진동이란 사람에게 불쾌감을 주는 진동을 말하며, 생체에 작용하는 방식에 따라 전신진동과 국소진동으로 구분할 수 있다.

02 진동수에 따른 구분

① 전신진동 진동수(공해진동 진동수) : 1~90Hz
② 국소진동 진동수 : 8~1,500Hz
③ 인간이 느끼는 최소진동역치 : 55±5dB

03 진동의 크기를 나타내는 단위(진동 크기 3요소)

① 변위(Displacement)
  ㉠ 물체가 정상 정지위치에서 일정시간 내에 도달하는 위치까지의 거리
  ㉡ 단위 : mm(cm, m)

② 속도(Velocity)

　　㉠ 변위의 시간변화율이며, 진동체가 진동의 상한 또는 하한에 도달하면 속도는 0이
　　　고 그 물체가 정상위치인 중심을 지날 때 그 속도의 최대가 된다.

　　㉡ 단위 : cm/sec(kine), m/sec

③ 가속도(Acceleration)

　　㉠ 속도의 시간변화율이며, 측정이 간편하고 변위와 속도로 산출할 수 있기 때문
　　　에 진동의 크기를 나타내는데 주로 사용하며, 인간이 일반적으로 느낄 수 있는
　　　진동가속도 범위는 $1\sim1,000\text{Gal}(0.01\text{m/sec}^2 10\text{m/sec}^2)$이다.

　　㉡ 단위 : $\text{cm/sec}^2(1\text{cm/sec}^2=1\text{Gal})$, m/sec^2

참고 진동가속도 레벨(VAL ; Vibration Acceleration Level)

1. 음의 음압레벨에 상당하는 값으로 진동의 물리량을 dB 값으로 나타낸 것이다.
2. 관련식

$$VAL = 20\log\left(\frac{A_{rms}}{A_0}\right)dB$$

여기서, A_{rms} : 측정대상 진동가속도 진폭의 실효치 값

$$A_{rms} = \frac{A_{\max}}{\sqrt{2}}(\text{m/s}^2)$$

A_0 : 기준진동의 가속도 실효치 값

$$A_0 = 10^{-5}\text{m/s}^2(\text{0dB})$$

$$\text{ISO} : 10^{-6}\text{m/s}^2$$

---

04 진동에 의한 생체반응에 관여하는 인자 ●출제율 20%

① 진동의 강도(진동의 가속도)

　진동이 손으로 전해지는 공구의 지점 혹은 가장 가까운 곳에서의 3개의 직교방향
　으로 전달되는 물리적인 힘의 세기로 진동의 노출수준을 가늠하는 요소

② 진동수

　진폭의 주기현상을 가리키는 것으로 국소진동은 $8\sim1,500\text{Hz}$ 정도의 진동수가 문제

③ 진동의 방향(수직, 수평, 회전)

④ 진동 폭로시간(노출시간)

　전체 작업시간 동안 진동 공구를 사용함으로써 노출되는 실제 공구사용시간

05 전신진동 및 국소진동

① 전신진동

지지구조물을 통해서 전신에 전파되는 진동이고 주로 대형차량, 선박, 항공기, 기중기, 분쇄기 등을 운전할 때 다리 등을 통해 전신에 퍼지는 특징을 가지고 있으며, 요통과도 밀접한 관련이 있다.

② 국소진동

국소적으로 손, 발 등 신체의 특정부위에 전달되는 진동으로 에어임펙터, 착암기, 연마기, 굴착기, 전기톱, 체인톱, 그라인더 등 각종 내연기관, 압착공기, 전동모터 등 동력을 이용한 작업공구를 사용하는 작업자들에게 문제가 되고 있다.

06 진동장애와 관련된 공명주파수 범위

① 전신진동

㉠ 수직방향 공명주파수 범위 : 4~8Hz(일반적 5Hz)

㉡ 수평방향 및 측면방향 공명주파수 범위 : 1~2Hz

② 국소진동 공명주파수 범위

100~250Hz(세 곳의 선형 축에서의 주파수 범위)

07 진동이 인체에 미치는 영향

① 전신진동

㉠ 말초혈관의 수축과 혈압상승 및 맥박수 증가

㉡ 발한, 피부 전기저항의 저하

㉢ 산소소비량 증가와 폐환기량 증가

㉣ 위장장애, 내하하수증, 척추이상, 내분비계 장해

㉤ 자율신경 특히 순환기에 영향을 크게 나타냄

㉥ 수평 및 수직 진동이 동시에 가해지면 2배의 자각현상

② 국소진동

ⓐ 중추신경계 기능장해

머리가 무겁고 땀을 많이 흘리며 두통, 수면장해, 건망증, 초조감, 우울감, 피로감, 성급함, 정서불안 등이 나타난다.

ⓑ 근육 및 관절 장해

심한 진동을 받으면 뼈, 관절부위가 아프고 관절염 및 퇴행성 증상이 나타나며, 일반적으로 손에 쥐는 힘(약력)이 떨어지게 된다.

ⓒ 말초신경장해

국소진동이 손이나 팔을 통해 노출되게 되면 손가락이 저리고, 아프고 창백해지면서 말초신경 혹은 감각신경에 장해를 일으켜 감각 및 운동의 민감도가 저하되고 수작업의 능력 및 쥐는 힘이 떨어지게 된다.

ⓓ 말초혈관장해

초기 징후로써 손가락 끝부분에 일시적인 창백현상이 나타나고 특히 추운온도에 노출될 때 증상은 심해지며, 손가락 혹은 손 전체로 확장되면서 심해지면 정상적인 온도에서도 창백현상이 지속된다(레이노드 현상 : Reynaud's phenomena).

참고 **레이노씨 현상(Raynaud's 현상)** ●출제율 40%

1. 손가락에 있는 말초혈관운동의 장애로 인하여 수지가 창백해지고 손이 차며, 저리거나 통증이 오는 현상
2. 한랭작업조건에서 특히 증상이 악화됨
3. 압축공기를 이용한 진동공구, 즉 착암기 또는 해머 같은 공구를 장기간 사용한 근로자들의 손가락에 유발되기 쉬운 직업병
4. dead finger 또는 white finger라고도 하고 발증까지 약 5년 정도 걸림
5. 진동증후군의 단계를 0부터 4까지 5단계로 구분하였다.

단 계	정 도	증상 내용
0	없음	없음
1	미미	가벼운 증상으로 하나 또는 하나 이상의 손가락 끝부분이 하얗게 변하는 증상을 의미하며 이따금씩 나타남
2	보통	하나 또는 그 이상의 손가락 가운데 마디 부분까지 하얗게 변하는 증상이 나타남(손바닥 가까운 기저부에는 드물게 나타남)
3	심각	대부분의 손가락에 빈번하게 나타남
4	매우 심각	대부분의 손가락이 하얗게 변하는 증상과 함께 손끝에서 땀의 분비가 제대로 일어나지 않는 등의 변화가 나타남

08 진동대책

① 진동 특성을 이해하여 발생원에서 진동을 감소
- ㉠ 가진력 감쇠
- ㉡ 불평형력의 평형유지
- ㉢ 기초 중량의 부가 및 경감
- ㉣ 탄성지지
- ㉤ 진동원 제거

② 개인보호구(방진 장갑) 이용
- ㉠ 탄성을 지닌 재료의 장갑 이용
- ㉡ 국소진동으로부터 보호를 하고 손의 온감을 제공, 손의 열상을 예방
- ㉢ 국소진동은 손가락 끝(fingertips)에서 시작하여 결국에는 손가락의 밑뿌리 (roots)로 영향을 주기 때문에 감각 피드백을 조장하는 절단 장갑은 이 문제에 대한 근본적인 해결방안은 아님

③ 작업방법 개선
- ㉠ 국소진동의 경우
  - ⓐ 진동 수공구는 적합하게 유지·보수하고, 최소로 진동수준을 유지하고자 할 때는 교체
  - ⓑ 작업시간은 매 1시간 연속진동 노출에 대해 10분 휴식하는 것이 좋음(총 동일한 시간을 휴식한다면 여러 번 자주 휴식하는 것이 좋음)
  - ⓒ 작업자에게는 안전하게 작업을 하고 공구조작을 유지하면서 가능한 가벼운 공구를 사용(진동공구의 무게는 10kg 이상 초과하지 않도록 함)
  - ⓓ 공구는 가능한 많은 물체 또는 지지대에 닿아야 함
  - ⓔ 작업 시에는 따뜻하게 체온을 유지해 줌
  - ⓕ 가능한 공구는 낮은 속력에서 작동함
  - ⓖ 진동공구의 사용 시에는 장갑을 착용하고 공구의 손잡이를 너무 세게 잡지 않음
  - ⓗ 진동공구 작업 시 흡연금지(니코틴이 혈관을 수축함)

④ 진동을 최소화하기 위해서 모든 항목을 반드시 고려
각 항목 요소의 정확한 선정은 진동문제의 특성에 따라 달라짐

⑤ 작업자 교육

09 전신진동의 작업방법 시 권고사항(대책) ●출제율 30%

① 진동노출이 문제되는 장소에서는 원격제어 또는 로봇을 이용한다.
② 작업자는 진동하는 발생 표면에 서 있거나 앉지 않아야 한다.
③ 운전자는 요철이 많고 불규칙한 도로에서 자동차를 운전하지 않아야 한다.
④ 운전자는 air-ride 또는 작업자의 체중에 의해 조절되는 현가장치가 있는 좌석을 이용한다.
⑤ 자동차의 충격흡수장치, 타이어 등 노후 시 교체한다.
⑥ 작업자는 그들의 신체로 공구진동을 댐핑하지 말아야 한다.(국소진동 문제를 전신진동 문제로 전환 가능함)

참고 진동의 측정 ●출제율 30%

1. 개요
   ㉠ 측정은 3차원, 즉 x, y, z축을 따라 실시한다.
   ㉡ 손-팔 진동의 경우 구한 값을 사용하여 진동 총 값(벡터)을 계산하는 반면 전신진동의 경우에는 개별 방향을 따로 평가한다.
   ㉢ 손-팔 측정은 특히 양쪽 손잡이에서 측정해야 하기 때문에 매우 복잡하다.
   ㉣ 평가는 빈도 가중치를 적용한 가속도와 일일 노출 값 A(8)를 근거로 한다.
   ㉤ 근무일 동안 수행한 작업의 대표 활동(이에 따른 일부도 포함) 및 작업장 분석이 매우 중요하다.
2. 국소진동 측정
   ㉠ 손-팔 측정은 휴대용 또는 손-보호용 공구의 손잡이에서 수행한다.
   ㉡ 측정을 위해 특수 설계된 3축 가속도계를 손잡이에 클램프로 고정하거나 접착제로 붙인다.
   ㉢ 손-팔 진동은 3개 방향 측정 값의 벡터 합이 되는 3개 진동방향 모두에서 빈도 가중치를 적용한 가속도의 진동 총 값을 근거로 평가한다.
   ㉣ 측정은 작업장에서의 전형적인 작업 순서 동안 수행해야 한다.
3. 전신진동 측정
   ㉠ 전신진동 측정은 예를 들어 조사대상 차량의 운전석 시트에서 수행한다면 3축 가속도계 패드를 시트에 접착 테이프로 붙인다.
   ㉡ 주의하여 가속도계의 방향을 올바로 일치시키고(x=가슴에서 등, y=어깨에서 어깨, z=척추방향) 운전자의 실제 체중에 맞게 시트 설정을 조절해야 한다.
   ㉢ 측정 지속시간은 통상적인 차량의 일일 주행거리 및/또는 해당 작업과 "반복성"에 따라 달라지지만 반드시 15분 이상이 되어야 한다.
   ㉣ 고려대상 작업을 대표하도록 일상적인 작업 동안 측정을 수행해야 한다.
   ㉤ 위에 나타난 3개 방향의 3개 가속도 값 모두를 기록한다.
   ㉥ 전신진동은 3개 측정방향의 빈도 가중치 적용 가속도 가운데 가장 큰 유효 값을 근거로 평가한다.
   ㉦ 유의할 점으로, 먼저 수평 가속도 값에 1.4의 수정계수를 곱해야 한다.
   ㉧ 수평과 수직방향에서 노출한계 값이 서로 다르기 때문에 측정 값을 따로 평가해야 한다.
   x축 : $a_w=1.4a_{wx}$, y축 : $a_w=1.4a_{wy}$, z축 : $a_w=1.0a_{wz}$
   ㉨ 데이터를 사용하여 일일 진동 노출 값을 계산하며, 이때 유효 노출의 실제 지속시간을 고려한다.
   〈출처 : 전신 및 손-팔에 가해지는 진동으로 인한 위험(ISBN 978-3-941441-52-1)〉

참고 **국소진동 측정 및 평가** 출제율 30%

1. 국소진동의 측정·평가 값에 영향을 주는 인자
   ㉠ 진동의 주파수 스펙트럼
   ㉡ 진동의 크기
   ㉢ 진동 노출시간
   ㉣ 누적 노출량
   ㉤ 손에 전달되는 진동방향
   ㉥ 작업방법과 작업 숙련도
   ㉦ 작업자의 연령, 신체조건 및 건강상태
   ㉧ 작업시간대별 노출형태
   ㉨ 진동공구를 잡는 힘의 크기
   ㉩ 손, 팔 및 몸의 자세
   ㉪ 진동원의 형태와 조건
   ㉫ 진동에 노출되는 손의 면적과 위치

2. 국소진동 측정방법 구분(작업형태 및 시간에 따른 구분)
   ㉠ 연속작업에 대한 측정
   • 진동발생 작업시간이 연속적이고 길며, 작업시간 동안 작업자의 신체가 진동원에 지속적으로 접촉되어 있는 때에는 해당 작업의 모든 시간동안 측정한다.
   • 1일 진동 노출량을 측정하기 위해서는 노출진동의 크기와 시간을 조사한다.
   ㉡ 간헐작업에 대한 장시간 측정
   • 진동발생 작업시간이 길고 발생되는 진동이 간헐적이어서 무진동 노출시간이 작업시간 사이에 짧게나마 있으나 작업자의 신체가 진동원의 표면에 지속적으로 접촉되어 있는 때에는 해당 작업의 모든 시간동안 측정한다. 이 경우 무진동 노출시간은 해당 작업시간의 일부로 본다.
   • 1일 진동 노출량을 측정하기 위해서는 노출진동의 크기와 시간을 조사한다. 이 경우 진동노출시간의 산정에는 무진동 노출시간도 포함한다.
   ㉢ 간헐작업에 대한 단시간 측정
   • 진동발생 작업시간이 짧고 간헐적이지만 무진동 시간동안 작업자의 신체가 진동원의 표면에서 떨어져 있거나 진동이 없는 다른 기계·기구 등에 접촉되는 때에는 진동발생 작업시간 동안만 측정한다.
   • 측정시간이 지나치게 짧아 신뢰할 만한 결과 값의 산출이 어려운 때에는 실제작업 조건과 유사한 상태에서 이루어지는 모의 진동노출을 통하여 측정하는 등 충분한 시간동안 측정이 이루어지도록 한다.
   • 1일 진동 노출량을 측정하기 위해서는 노출진동의 크기와 시간을 조사한다.
   ㉣ 단일 또는 반복 충격작업에 대한 측정
   • 충격진동이 발생하는 시간을 정히여 측정히되 측정시간은 무진동시간이 최소화될 수 있도록 한다.
   • 1일 진동 노출량을 측정하기 위해서는 노출진동의 크기, 충격진동의 발생 횟수 및 측정한 충격진동의 횟수를 산출한다.
   • 임팩트렌치 또는 리베팅해머의 사용 등과 같이 단일 또는 반복되는 충격진동에 작업자가 노출되는 경우로서 실 노출시간의 산출이 곤란하고 충격진동 횟수의 산출만이 가능한 경우에 적용한다.

3. 국소진동 측정에 사용되는 변환기
  ㉠ 진동 변환기로서 가속도계를 사용하는 경우의 적합조건
- 사용되는 가속도계의 공진주파수는 30kHz 이상이어야 한다.
- 가속도계의 무게는 진동원 손잡이 등 무게의 5% 미만이어야 한다. 가속도계 등의 무게가 커서 진동측정에 영향을 줄 가능성이 있는 때에는 가속도계 등의 무게와 동일한 무게를 진동원에 부착시킨 전후의 측정결과를 비교하여 큰 차이가 있을 때에는 보다 가벼운 가속도계를 사용한다.
- 측정대상 주파수인 6.3~1,250Hz(1/3 옥타브 밴드 기준)의 주파수에서 충분한 감도를 가지면서 충격에 견딜 수 있는 가속도계를 사용한다.
- 온 · 습도 등 환경조건이 측정 감도에 영향을 받지 않는 가속도계를 사용한다.

  ㉡ 변환기의 부착위치 및 방향
- 국소진동 측정 위치는 그림에서와 같이 기본 중심 좌표계 또는 생체역학 좌표계를 중심으로 3개 직교 좌표축의 가속도 값을 나타낼 수 있도록 한다.

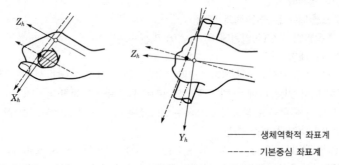

————— 생체역학적 좌표계
------- 기본중심 좌표계

(a) 손으로 잡는 위치(원기둥 막대를 손으로 잡는 것을 표준으로 함)

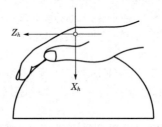

(b) 평평한 손바닥 위치(원을 손으로 누르는 것을 표준으로 함)

∥국소진동의 측정을 위한 3개 직교 좌표축∥

- 3개 축에 대한 진동의 측정은 동시에 실시한다. 다만, 동시 측정이 작업 등의 특성상 곤란한 때에는 한 개 또는 두 개의 축에 대한 측정을 실시한 후 나머지 축들에 대한 측정을 연속적으로 실시할 수 있다. 이 경우 작업자의 진동에 대한 노출조건이 유사하여야 한다.
- 국소진동은 진동체의 표면으로서 진동원을 잡는 위치의 중심 부위에 가까운 곳에서 측정하고 변환기의 부착 위치를 기록한다.

4. 국소진동의 평가
  ㉠ 3축 가중 가속도 값의 계산
- 대부분의 진동원은 3개 직교축 모두에 대한 진동을 발생시키고 모든 축이 동일하게 인체에 영향을 줄 수 있으므로 x, y 및 z축에 대한 주파수 가중 가속도 실효값을 각각 기록한다.

- 국소진동의 노출평가에는 3개 직교축의 진동값을 고려한 3개 축의 가속도 실효값(Root-sum-of-square)을 적용하고 3축 가중 가속도 값의 계산은 다음 식과 같다.

$$a_{hv} = \sqrt{(a_{hwx})^2 + (a_{hwy})^2 + (a_{hwz})^2}$$

여기서, a_{hv} : 3축 가중 가속도 값(m/s²), a_{hwx} : x축에 대한 가속도 실효값(m/s²)

a_{hwy} : y축에 대한 가속도 실효값(m/s²), a_{hwz} : z축에 대한 가속도 실효값(m/s²)

- 3개 축에 대한 측정이 곤란하여 1개 또는 2개 축에 대한 측정만이 이루어진 경우에는 최대 진동 노출 축을 반드시 포함시켜야 하며, 측정결과 값에 1.0~1.7에 해당하는 가중값을 곱하여 3축 가중 가속도 값을 산출하고 보고서에 측정결과와 함께 가중값과 선정사유를 기재한다.

ⓛ 1일 노출량 계산

- 국소진동 노출 평가는 노출진동의 크기와 시간을 고려한 8시간 등가에너지 값인 1일 진동 노출량으로 하며, 이 값의 계산은 다음 식과 같다.

$$A(8) = a_{hw}\sqrt{\frac{T}{T_0}}$$

여기서, $A(8)$: 1일 진동 노출량, a_{hw} : 가속도 실효값(m/s²)

T : 1일 진동 노출시간, T_0 : 8시간 해당 기준시간(28,800초)

- 작업자가 여러 개의 서로 다른 가속도의 국소진동에 노출되는 경우의 1일 진동 노출량은 다음 식을 따라 구한다.

$$A(8) = \sqrt{\frac{1}{T}\sum_{i=1}^{n}(a_{hvi})^2 T_i}$$

여기서, a_{hvi} : i작업에 대한 가속도 실효값(m/s²)

n : 1일 총 진동 작업수, T_i : i 작업의 지속시간

ⓒ 국소진동에 대한 1일 노출량과 인체영향과의 관계

국소진동에 의한 인체영향은 10% 작업자에게서의 수지백증 발생가능 평균 진동 노출기간과 1일 진동 노출량의 관계로 나타낼 수 있다. 두 인자간의 관계는 다음 식과 같다. 이 식에 의한 진동 노출 작업자군의 평균 진동 노출기간은 작업자군에 대한 평균의 개념이므로 개인에 대하여는 적용하지 않는다.

$$D_y = 31.8[A(8)]^{-1.06}$$

여기서, D_y : 진동 노출 작업자군의 평균 진동 노출기간(년)

A(8) : 1일 진동 노출량

〈출처 : 국소진동 측정 및 평가지침 KOSHA CODE H-23-2004〉

참고 소음 · 진동 관련용어(산업안전보건법) **출제율 20%**

1. "소음작업"
   1일 8시간 작업을 기준으로 85데시벨 이상의 소음이 발생하는 작업을 말한다.
2. "강렬한 소음작업"
   다음의 어느 하나에 해당하는 작업을 말한다.
   ㉠ 90데시벨 이상의 소음이 1일 8시간 이상 발생하는 작업
   ㉡ 95데시벨 이상의 소음이 1일 4시간 이상 발생하는 작업
   ㉢ 100데시벨 이상의 소음이 1일 2시간 이상 발생하는 작업
   ㉣ 105데시벨 이상의 소음이 1일 1시간 이상 발생하는 작업

ⓜ 110데시벨 이상의 소음이 1일 30분 이상 발생하는 작업

ⓗ 115데시벨 이상의 소음이 1일 15분 이상 발생하는 작업

3. "충격소음작업"

소음이 1초 이상의 간격으로 발생하는 작업으로서 다음의 어느 하나에 해당하는 작업을 말한다.

㉠ 120데시벨을 초과하는 소음이 1일 1만회 이상 발생하는 작업

㉡ 130데시벨을 초과하는 소음이 1일 1천회 이상 발생하는 작업

㉢ 140데시벨을 초과하는 소음이 1일 1백회 이상 발생하는 작업

4. "진동작업"

다음의 어느 하나에 해당하는 기계 · 기구를 사용하는 작업을 말한다.

㉠ 착암기(鑿巖機)

㉡ 동력을 이용한 해머

㉢ 체인톱

㉣ 엔진 커터(engine cutter)

㉤ 동력을 이용한 연삭기(研削機)

㉥ 임팩트 렌치(impact wrench)

㉦ 그 밖에 진동으로 인하여 건강장해를 유발할 수 있는 기계 · 기구

5. "청력보존 프로그램"

소음노출 평가, 소음노출 기준 초과에 따른 공학적 대책, 청력보호구의 지급과 착용, 소음의 유해성과 예방에 관한 교육, 정기적 청력검사, 기록 · 관리 사항 등이 포함된 소음성 난청을 예방 · 관리하기 위한 종합적인 계획을 말한다.

6. "연속음"

소음발생 간격이 1초 미만을 유지하면서 계속적으로 발생되는 소음을 말하고, '충격음'이라 함은 소음이 1초 이상의 간격을 유지하면서 최대음압수준이 120dB(A) 이상의 소음을 말한다.

7. "청력보호구"

청력을 보호하기 위하여 사용하는 귀마개와 귀덮개를 말한다.

8. "청력검사"

순음청력검사기로 기도 및 골도 청력역치를 측정하는 것을 말한다.

9. "청력평가"

청력보존 프로그램 시행을 위해 순음청력검사기로 측정한 2,000Hz, 3,000Hz 및 4,000Hz의 기도 청력역치에서 각각의 연령을 고려한 표준역치 변동값의 평균값(3분법)을 말한다.

10. "연령보정"

작업에 기인한 소음성 난청의 발생 시 연령에 의한 기여분을 제외하기 위한 방법으로서 연령보정표를 통해 연령 증가에 따른 청력상승의 변동량 수치를 적용하는 것을 말한다.

11. "표준역치변동"

기초 청력역치에 대한 현재 청력역치의 변동량으로 상대적인 청력역치 평가방법을 말한다.

12. "기초청력"

청력평가의 표준역치 변동에 적용하는 현재 근무하는 사업장의 소음작업장에 최초 배치된 시점의 기준청력을 말한다.

참고문헌

[관련 기관 및 사이트]

국소배기장치 검사원 양성교육, 한국산업안전보건공단
보건복지부(질병관리본부), 유비저 관리지침
한국방송통신대학교출판부, 산업독성학
한국산업안전부건공단, 산업안전보건 연구원 자료실
한국환경공단
한국환경정책 평가연구원, 유해 대기오염물질 규제에 관한 국내 대응방안 연구
호남권 중대산업사고 예방센터, VOC 처리설비의 안전
환경부, 대기관리(전문가과정)
환경연구정보시스템(DICER)

[관련 도서]

GC/MS를 이용한 현장의 유기미지시료 분석, 최인자
건축환경계획, 문운당, 이경회, 2010, p154
건축환경공학, 서우, 김재수, 2008, p156
산, 염기 시료의 분석방법 비교, 정지애,
산 · 염기 시료의 분석방법 비교, 정지애(산재의료관리원 안산중앙병원)
산업독성학, 한국방송통신대학교 출판부
산업보건위생, 신광문화사, 한돈희 외
산업위생학, 신광문화사, 한돈희 외
석탄을 원료로 하는 활성단의 제조와 물성에 대한환경공학회지, 1998, 김상철 · 홍인권
유해물질 작업환경 측정 · 분석 방법, 안전보건연구원
작업환경측정 및 평가, 백남원 외, 신광출판사
저농도 물질 측정분석의 검출한계, 정량한계 및 그 이하 자료처리, 윤충식
제로조건에 따른 활성탄의 특성 및 수은흡착효율, 한국대기환경학회지, 민효기 외
중금속 측정 및 분석, 산업안전보건연구원, 이병규
중금속 측정 및 분석, 한국산업안전보건공단, 이병규
화학물질 위험성 평가 매뉴얼, 산업안전보건공단, 2012
전신 및 손-팔에 가해지는 진동으로 인한 위험
사업위생 핸드북, 안전보건공단
용접작업안전, 안전보건공단

[KOSHA GUIDE]

고객응대 근로자의 감정노동 평가지침(KOSHA GUIDE, H-163-2016)
고열작업환경관리지침(KOSHA GUIDE, W-12-2015)
국소진동 측정 및 평가지침(KOSHA GUIDE, H-23-2004)
나노물질제조 · 취급 근로자 안전보건에 관한 지침(KOSHA GUIDE, W-20-2012)

노말헥산의 생물학적 노출지표물질 분석에 관한 기술지침(KOSHA GUIDE, H-139-2013)
농약방제작업 근로자 안전보건에 관한 기술지침(KOSHA GUIDE, W-19-2012)
물질안전보건자료 작성 지침(KOSHA GUIDE, W-15-2016)
밀폐공간 보건작업 프로그램 시행에 관한 기술 지침(KOSHA GUIDE, H-80-2012)
보건관리자의 업무에 관한 기술지침(KOSHA GUIDE, H-185-2016)
비전리전자기파 측정 및 평가에 관한 지침(KOSHA GUIDE, W-22-2016)
비파괴 작업근로자의 방사선 노출관리지침(KOSHA GUIDE, H-155-2014)
사업장 공기매개 감염병 확산·방지 지침(KOSHA GUIDE, H-186-2016)
산업재해 형태별 응급처치 요령(KOSHA GUIDE, H-187-2016)
산업환기설비에 관한 지침(KOSHA GUIDE, W-1-2010)
소음청력검사에 관한 지침(KOSHA GUIDE, H-56-2014)
수은에 대한 작업환경측정·분석 기술지침(KOSHA GUIDE, A-44-2015)
순음청력검사에 관한 지침(KOSHA GUIDE, H-50-2014)
실험실 안전보건에 관한 기술지침(KOSHA GUIDE, G-82-2012)
실험실 안전보건에 관한 기술지침(KOSHA GUIDE, G-82-2012)
용접작업의 관리 지침(KOSHA GUIDE, H-73-2015)
의료기관 근로자의 공기매개 감염병에 대한 관리지침(KOSHA GUIDE, H-93-2015)
자외선 소독기에서 발생하는 자외선의 노출평가 및 관리지침(KOSHA GUIDE, H-78-2012)
작업장에서의 소음측정 및 평가방법(KOSHA GUIDE, W-23-2016)
잠수작업자 보건관리지침(KOSHA GUIDE, H-54-2011)
직업성 암의 업무관련성 평가지침(KOSHA GUIDE, H-48-2011)
폐활량 검사 및 판정에 관한 기술지침(KOSHA GUIDE, H-119-2014)
한랭작업환경관리지침(KOSHA GUIDE, W-17-2015)
호흡기 감작물질 노출근로자의 보건관리지침(KOSHA GUIDE, H-44-2011)
호흡기 감작물질 노출근로자의 보건관리지침(KOSHA GUIDE, H-44-2011)
휘발성 유기화합물(VOC) 처리에 관한 기술지침(KOSHA GUIDE, P-104-2012)
고객응대업무 종사자 건강보호 매뉴얼 작성지침(KOSHA GUIDE, H-203-2018)
직장 따돌림 예방관리지침(KOSHA GUIDE, H-204-2018)
작업환경상 건강유해요인에 대한 위험성평가 지침(KOSHA GUIDE, H-205-2018)
포름알데히드에 대한 작업환경측정·분석 기술지침(가스크로마토그래피법)(KOSHA GUIDE, A-57-2018)
톨루엔에 대한 작업환경측정·분석 기술지침(KOSHA GUIDE, A-72-2018)
이황화탄소에 대한 작업환경측정·분석 기술지침(KOSHA GUIDE, A-99-2018)
불화수소에 대한 작업환경측정·분석 기술지침(KOSHA GUIDE, A-154-2018)

[KOSHA CODE]
교대작업자의 보건관리지침(KOSHA-CODE, H-22-2011)
근골격계부담작업 유해요인 조사지침(KOSHA-CODE, H-9-2016)
직무스트레스 요인 측정 지침(KOSHA-CODE, H-67-2012)

[고용노동부 고시]
근로자 건강증진활동 지침(고용노동부 고시)
석면조사 및 안전성 평가 등에 관한 고시(고용노동부 고시)
영상표시단말기(VDT) 취급근로자 작업관리지침(고용노동부 고시)
작업환경측정 및 지정측정기관 평가 등에 관한 고시(고용노동부 고시)

MEMO

산업위생관리기술사 상권

2018. 1. 15. 초 판 1쇄 발행
2025. 1. 8. 개정 8판 1쇄(통산 10쇄) 발행

지은이 | 서영민 · 양홍석 · 임대성
펴낸이 | 이종춘
펴낸곳 | **BM** ㈜도서출판 **성안당**

주소 | 04032 서울시 마포구 양화로 127 첨단빌딩 3층(출판기획 R&D 센터)
10881 경기도 파주시 문발로 112 파주 출판 문화도시(제작 및 물류)
전화 | 02) 3142-0036
031) 950-6300
팩스 | 031) 955-0510
등록 | 1973. 2. 1. 제406-2005-000046호
출판사 홈페이지 | **www.cyber.co.kr**
ISBN | 978-89-315-8418-9 (13530)
정가 | 50,000원

이 책을 만든 사람들
기획 | 최옥현
진행 | 이용화, 곽민선
교정 | 곽민선
전산편집 | 이다혜
표지 디자인 | 박원석
홍보 | 김계향, 임진성, 김주승, 최정민
국제부 | 이선민, 조혜란
마케팅 | 구본철, 차정욱, 오영일, 나진호, 강호묵
마케팅 지원 | 장상범
제작 | 김유석

www.cyber.co.kr
성안당 Web 사이트